先秦儒家的道德世界

许建良 著

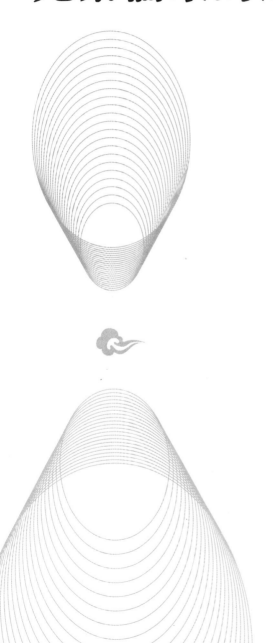

中国社会科学出版社

图书在版编目（CIP）数据

先秦儒家的道德世界/许建良著．—北京：中国社会科学
出版社，2008.8

ISBN 978-7-5004-7101-1

Ⅰ．先… Ⅱ．许… Ⅲ．儒家—伦理学—研究—先秦时代
Ⅳ．B82-092　B222.05

中国版本图书馆 CIP 数据核字（2008）第 109591 号

策划编辑　冯　斌
责任编辑　丁玉灵
责任校对　周　昊
封面设计　部落艺族
版式设计　戴　宽

出版发行　中国社会科学出版社
社　　址　北京鼓楼西大街甲 158 号　　邮　编　100720
电　　话　010－84029450（邮购）
网　　址　http://www.csspw.cn
经　　销　新华书店
印　　刷　华审印刷厂　　　　　　　装　订　广增装订厂
版　　次　2008 年 8 月第 1 版　　　印　次　2008 年 8 月第 1 次印刷
开　　本　880×1230　1/32
印　　张　22.875　　　　　　　　　插　页　2
字　　数　600 千字
定　　价　60.00 元

国家"985"哲学社会科学创新基地
东南大学"科技伦理与艺术"项目成果

总　序

　　东南大学的伦理学科起步于 20 世纪 80 年代前期，由著名哲学家、伦理学家萧焜焘教授、王育殊教授创立，90 年代初开始组建一支由青年博士构成的年轻的学科梯队，至 90 年代中期，这个团队基本实现了博士化。在学界前辈和各界朋友的关爱与支持下，东南大学的伦理学科得到了较大的发展。自 20 世纪末以来，我本人和我们团队的同仁一直在思考和探索一个问题：我们这个团队应当和可能为中国伦理学事业的发展作出怎样的贡献？换言之，东南大学的伦理学科应当形成和建立什么样的特色？我们很明白，没有特色的学术，其贡献总是有限的。2005 年，我们的伦理学科被批准为“985 工程”国家哲学社会科学创新基地，这个历史性的跃进推动了我们对这个问题的思考。经过认真讨论并向学界前辈和同仁求教，我们将自己的学科特色和学术贡献点定位于三个方面：道德哲学、科技伦理和重大应用。

　　以道德哲学为第一建设方向的定位基于这样的认识：伦理学在一级学科上属于哲学，其研究及其成果必须具有充分的哲学基础和足够的哲学含量；当今中国伦理学和道德哲学的诸多理论和现实课题必须在道德哲学的层面探讨和解决。道德哲学研究立志并致力于道德哲学的一些重大乃至尖端性的理论课题的探讨。在这个被称为“后哲学”的时代，伦理学研究中这种对哲学的执著、眷念和回归，着实是一种"明知不可为而为之"之举，但我们坚信，它是我们这个时代稀缺的学术资源和学术努力。科技伦理的定位是依据我们这个团队的历史传统、东南大学的学科生态，以及对伦理道德发展的新前沿而作出的判断和谋划。东南大学最早的研究生培养方向就是"科学伦理学"，当年我本人就在这个方向下学习和研究；而东南大学以科学技术为主体、文管艺医综合发展的学科生态，也使我们这些 90 年代初成长起来的"新生代"再次认识到，选择科技伦理为学科生长点是明智之举。如果说道德哲学与科技伦理的定位与我们的学科传统有关，那么，重大应用的定位就是基于对伦理学的现实本性以及为中国伦理道德建设作出贡献愿望和抱负而作出的选择。定位"重大应用"而不是一般的"应用伦理学"，昭明我们在这方面有所为也有所不为，只是试图在伦理学应用的某些重大方面和重大领域进行我们的努力。

基于以上定位，在"985 工程"建设中，我们决定进行系列研究并在长期积累的基础上严肃而审慎地推出以"东大伦理"为标识的学术成果。"东大伦理"取名于两种考虑：这些系列成果的作者主要是东南大学伦理学团队的成员，有的系列也包括东南大学培养的伦理学博士生的优秀博士论文；更深刻的原因是，我们希望并努力使这些成果具有某种特色，以为中国伦理学事业的发展作出自己的贡献。"东大伦理"由五个系列构成：道德哲学研究系列；科技伦理研究系列；重大应用研究系列；与以上三个结构相关的译著系列；还有以丛刊形式出现并在 20 世纪 90 年代已经创刊的《伦理研究》专辑系列，该丛刊同样围绕三大定位组稿和出版。

"道德哲学系列"的基本结构是"两史一论"。即道德哲学基本理论；中国道德哲学；西方道德哲学。道德哲学理论的研究基础，不仅在概念上将"伦理"与"道德"相区分，而且从一定意义上将伦理学、道德哲学、道德形而上学相区分。这些区分某种意义上回归到德国古典哲学的传统，但它更深刻地与中国道德哲学传统相契合。在这个被宣布"哲学终结"的时代，深入而细致、精致而宏大的哲学研究反倒是必须而稀缺的，虽然那个"致广大、尽精微、综罗百代"的"朱熹气象"在中国几乎已经一去不返，但这并不代表我们今天的学术已经不再需要深刻、精致和宏大气魄。中国道德哲学史、西方道德哲学史研究的理念基础，是将道德哲学史当作"哲学的历史"，而不只是道德哲学"原始的历史"、"反省的历史"，它致力于探索和发现中西方道德哲学传统中那些具有"永远的现实性"精神内涵，并在哲学的层面进行中西方道德传统的对话与互释。专门史与通史，将是道德哲学史研究的两个基本纬度，马克思主义的历史辩证法是其灵魂与方法。

"科技伦理系列"的学术风格与"道德哲学系列"相接并一致，它同样包括两个研究结构。第一个研究结构是科技道德哲学研究，它不是一般的科技伦理学，而是从哲学的层面、用哲学的方法进行科技伦理的理论建构和学术研究，故名之"科技道德哲学"而不是"科技伦理学"；第二个研究结构是当代科技前沿的伦理问题研究，如基因伦理研究、网络伦理研究、生命伦理研究等等。第一个结构的学术任务是理论建构，第二个结构的学术任务是问题探讨，由此形成理论研究与现实研究之间的互补与互动。

"重大应用系列"以目前我作为首席专家的国家哲学社会科学重大招标课题和江苏省哲学社会科学重大委托课题为起步，以调查研究和对策研究为重点。目前我们正组织四个方面的大调查，即当今中国社会的伦理关系大调查、道德生活大调查、伦理—道德素质大调查和伦理—道德发展状况及其趋向大调查。我们的目标和任务，是努力了解和把握当今中国伦理道德的真实状况，在此基础上进行理论推进和理论创新，为中国伦理道德建设提出具有战略意义和创新意义的对策思路。这就是我们对"重大应用"的诠释和理解，今后我们将沿着这个方向走下去，并贡献出团队和个人的研究成果。

"译著系列"、《伦理研究》丛刊，将围绕以上三个结构展开。我们试图进行的努力是：这两个系列将以学术交流，包括团队成员对国外著名大学、著名学术机构、著名学者的访问，以及高层次的国际国内学术会议为基础，以"我们正在做的事情"为主题和主线，由此凝聚自己的资源和努力。

马克思曾经说过，历史只能提出自己能够完成的任务，因为任务的提出表明完成任务的条件已经具备或正在具备。也许，我们提出的是一个自己难以完成或不能完成的任务，因为我们完成任务的条件尤其是我本人和我们这支团队的学术资质方面的条件还远没有具备。我们期图通过漫漫兮求索乃至几代人的努力，建立起以道德哲学、科技伦理、重大应用为三元色的"东大伦理"的学术标识。这个计划所展示的，与其说是某些学术成果，不如说是我们这个团队的成员为中国伦理学事业贡献自己努力的抱负和愿望。我们无法预测结果，因为哲人罗素早就告诫，没有发生的事情是无法预料的，我们甚至没有足够的信心展望未来，我们唯一可以昭告和承诺的是：

我们正在努力！

我们将永远努力！

樊 浩

谨识于东南大学"舌在谷"

2007 年 2 月 11 日

目　录

A BRIEF INTRODUCTION

The Moral World of Confucianism in Pre-Qin Dynasty is the second one of my three works on Chinese original moral philosophy. (The first one is *The Moral World of Taoism in Pre-Qin Dynasty* which was published by China Social Science Press in December, 2006; and the third one is *The Moral World of Legalists in Pre-Qin Dynasty* which is being written.) It consists of six parts: preface, the moral thought of "ambition is devoted to way-making and action is based on efficacy" of Confucius, the moral thought of "respecting efficacy and enjoying way-making" of Mencius, the moral thought of "obeying the morality and being rational to appropriateness" in *Zhou Yi*, the moral thought of "perfect morality and high intelligence" of Xun Zi, synthetic review.

In a sense, Confucian morality is the synonym of Chinese morality and it is an ancient and well-known topic. The reality itself poses difficult problems for researching. In other words, how can I carry out this research in order to avoid or be far away platitudinous limitations? Hence, the dimension of two entireties and one reality becomes the most appropriate method to try to solve the challenges. The two entireties mean that one is the dimension of omni-directional thought which not only grasps Chinese moral philosophy but also consults other culture patterns around the world; the other is the arrangement of overall materials which not only concretely analyzes thinkers' materials but also refers to the relevant studying achievements of Chinese and foreign scholars. The one reality means practically reading the thinkers' original literature and truly analyzing studying achievements, thereby finding where the problems are and the solutions of them.

In preface, two big problems are posed. They are the practical principle of research and the essence of Confucian morality. The practical principle of research should be the combination of entirely scanning and overall grasping. Its only standpoint is the reality of China. Besides human standard, the essence of Confucian morality is individual standard. The essence of "authoritative conduct" is loving person, i. e. "showing affection to dear ones". In the practice of concrete authoritative conduct, which takes "showing affection to dear ones" as authoritative conduct, the behavior choice of taking consanguinity as central love-knot becomes the highest pursuit and the maximum orientation. In value orientation of the concrete action, the others who are out of the consanguinity relationship always can't take their deserved positions. Therefore, the Confucian moral practice itself can't bloom the flowers of real social morality. When being promoted in the actual life, the ethical love-knot of person-loving must be in accordance with "serving relatives" and "respecting relatives".

As a result, once the action of person-loving goes into the relationship orbit, the love-knot will become single consanguineous filial sentiment. And along with the movement of human's role place, the filial sentiment will move into all other fields without any changes. Actually, the essential stipulation of "serving relatives" and "respecting relatives" has already confined the person's connotation objectively. That is to say, the relationship of two persons, firstly, is consanguineous and not the relation between two random persons in common social relatives. Therefore, "person-loving" is first the action in consanguinity. In the relation without consanguinity, the action of "person-loving" can't be naturally taken. In static state, the concrete promotion of authoritative conduct is accordance with "serving relatives and respecting relatives". However, in dynamic state, it's the pattern of "putting oneself before others", "introspecting oneself", "doing you would be done by", "one should treat others as one would like to be treated", all prove this point. In the relationship between oneself and others, Confucianism emphasizes oneself first and brings oneself first into the field of vision. Thereby, it analogizes from oneself to others and up to the world. Individual is the original of Confucian morality's coordinate and it manifests the value system of individual standard. The natural accumulation of dynamic practice is the value orientation of "taking oneself as centre" and oneself becomes the criterion of judging everything.

The four parts, the moral thought of "ambition is devoted to way-making and action is based on efficacy" of Confucius, the moral thought of "respecting efficacy and enjoying way-making" of Mencius, the moral thought of "obeying the morality and being rational to appropriateness" in *Zhou Yi*, the moral thought of "perfect morality and high intelligence" of Xun Zi, belong to individual analysis of moral thought in this book. On the basis of entirely arranging and analyzing thinkers' materials, their relevant moral thoughts are exhaustively summarized. I try my best to depend on the materials themselves and naturally elicit conclusion from the facts instead of sticking to predecessors' achievement. And there isn't any bind of theoretical frame. What it follows is the spirit truth of Taoist "letting everything has its efficacy in its own way".

In synthetic review, five big problems are enumerated: the confrontation of good and evil, the opposition of virtue and desire, the resistance of appropriateness and benefit, the absence of codes, the narrowness of knowledge.

The confrontation of good and evil. Since the beginning of Mencius' "good nature" and Xun Zi's "evil nature", the situation of formal confrontation of good and evil has been natural formula in practice. In the formed coordinate of confrontation of good and evil, evil hasn't its own position at all and only has the value as a symbol which is opposite to good. Even if in the thinkers' own systems, good and evil are opposite too. The effect of practical aspect is that evil can't be good and good is firmly not evil. And it includes the whole practice process of action. This means the good action has real value only in the opposite struggle against the evil action. Undoubtedly, the extreme value orientation raises the moral position to an unsuitable height without any basis. In aspect of human nature, to one, he can't be in the route of good all the time and it's natural to be evil once in a while. Confucian thoughts didn't think over or affirm this situation. That is an unrealistic illusion. And the reality was rectified by Japanese thinkers during the process of Confucianism Japanizaton.

The opposition of virtue and desire. Confucius and Mencius classified desire as the sort of authoritative conduct, appropriateness and morality. And till Xun Zi, he not only put forward the concept of "selfish desire" but also made "fair play" opposite to "selfish desire" and endowed it absolute meaning in theory of value. "Fairness" isn't the accumulation and concentration of "selfishness" and "fairness" is only the rival of "selfishness". Because of those, "selfishness" doesn't get its deserved connotation and doesn't have the right position. *Liji* • *Yueji* put forward "human desire". From "selfish desire" to "human desire", it is fundamental transformation rather than the difference in a single word. Originally, "selfish desire" has the possible aspect of reflecting the desire feature, because the original intention of desire is personal affair which doesn't refer to others. The "human desire" changes the original personal affair into human affairs in general sense. That accomplishes the set of general theory premise for killing human by morality. Since then, the history of China took "human desire" as great scourges and human desire has always been attached by "fair play", so that it hadn't rightful position. The last was "letting the moral codes exist and human desire eradicate" which put one to the condition of just empty body.

The resistance of appropriateness and benefit. There is the thought of "one possesses both appropriateness and benefit" which means both morality and benefit are necessary for one. But at the aspect of setting the relationship of them, to one, the satisfaction of benefit is very secondary. What should be considered is the achievement of way-making rather than fundamental livelihood such as keeping alive. This is called "morality first". Even if one considers livelihood, he should "eating without demanding fullness and living without demanding safety". Morality is everything and one could take morality as food to live on. When morality conflicts with the benefit, the choice of one should be "thinking justice when seeing benefit", "thinking justice when seeing acquisitions". There is no position for the law which one takes as the basis of his action. When there is contradiction between morality and life, the choice of one is "giving up one's body to achieve virtue", "laying down one's life for appropriateness". The value of morality exceeds the value of life which we can't find its relevant item in Confucian dictionary.

The absence of codes. Confucianism attached importance to internality and mainly developed the part of self-cultivation which is absent in the Taoist model. It forms the system link of self-cultivation and possesses the feature of subjective arbitrariness. Taoism emphasizes the establishment of external unified rule which is way-making. This is a direction from others to oneself and is the fundamental prerequisite and condition which a stable society needs. And it creates a good prerequisite for the forming of equal value view and good human relationships. When Confucianism absorbed the thought of self-cultivation from Taoism, it absolutely neglected "way-making" which was taken as practical code of self-cultivation. This is relevant to internal temperament which is emphasized by Confucianism. Not only does one possess good nature but also the right of both doing good works and being sage lies in himself. So long as oneself practices, it could come true or it is called "inferring the loving-kindness" . However, a fact which can't be neglected is that one possesses desire and if he treats it improperly, it is easy to go into evil. Confucianism mainly depends on the pledge of consanguinity of "authority" to design the satisfaction of human desire. In other words, in consanguinity, authority could voluntarily care for their own satisfaction of human desire. However, authority is only minority. Most persons don't relate to authority at the aspect of consanguinity. Actually, the problem is how to begin "inferring the loving-kindness" . But on the concrete link of "inferring the loving-kindness", there is lack of practical consideration. As a result, the theory which possesses the feature of ambiguity and "inferring the loving-kindness" becomes an unknown number of Utopias. It is a kind of irresponsible offense to disregard the external request of code. Undoubtedly, it's harmful to the construction of social codes.

The narrowness of knowledge. The knowledge which was emphasized by Confucianism was the field of morality and other knowledge was neglected. In their field of vision, there was neither universal everything nor others. At the beginning, the morality which is set up by Confucianism is lack of the filtering of healthy atmosphere. It's one's own affairs that whether someone could possess magnanimity or not. At the aspect of society, peaceful society could come true only through personal self-cultivation. A moral action must be promoted by morality, so in order to practice magnanimity one must possess "efficacy" first. Therefore, Confucian moral impetus is in inner of one's mind. It emphasizes the introspection of one's mind. However, all these are incapable before the practical life. For example, one can't become his own justice in the face of desire. The Confucian moral theory places the moral legislation and judicature on one oneself and inner of one's mind. This can only be the libretto of stage and only produce the effect of deceiving oneself and others. Undouhtedly, it's poisonous opium. They are short of reasonable and scientific pondering and lack macroscopic and comprehensive scanning. Because of considering the morality as it stands, there won't be any morality for ever. The reason is that morality can't have its own kingdom and it must get fixed position and takes his own place in the whole universe and the social system.

In a word, it is a complicated problem to scan the essence of Confucian morality and to investigate its actual effect. One of the reasons is that its essence is individual standard that is shrewdly disguised by authoritative conduct. Therefore, we must think of Confucian morality out of the circle of itself. We must rethink and set the value of Confucian morality beyond the domain of China. Confucian thoughts came out the first position after "a hundred schools of thought contend". Its existent vigor is the objective fact, which is stupid to neglect the fact. However, any thought is the reflection of the spirit in its era. The Confucian morality couldn't thoroughly be the nutriment of modernization today. Because on the whole, its symbolic function is beyond the applied function. But in the construction of modernization, we can't get rid of absorbing the rational factors of Confucianism, especially the effect on individual accomplishment. However, we can't garble it. The fact that Chinese prefer Confucian morality proves that up to now the practice of absorbing basically lacks the whole grasping and makes us absorb it without measure. We must learn a lesson and absorb it on the basis of whole grasping and dynamic relation between Chinese culture and foreign culture.

绪　　论

众所周知，道家、儒家、佛家在中国思想史的舞台上都实现过辉煌，但是，在中国占统治地位的是儒家思想，这对儒家思想家而言，应该是一个欣慰。不过，儒家学说的创始人孔子对自己的学说并不满意，也没有任何优越感。下面的故事就可以告诉我们这一点：

有一天，孔子、老子和如来佛三位圣人在极乐世界里相遇，他们一致哀叹，在这个堕落的时代，世风日下，人心不古，他们优秀的教义在"中央帝国"没有什么进展。一番讨论之后，他们一致认为，尽管他们的教义精妙绝伦，令人赞叹，但如果没有一个永恒的榜样，人类就无法实践这些教义。因此，他们决定，分头到人间找一个可以担此重任的人。他们立即行动，四处找了一段时间之后，孔子首先遇见一位德高望重的老人，见孔子来了，老人端坐不动，只是请孔子坐下，和他谈起古代的教义以及今天人们对它的忽视。老人在言谈之中表现出对古代圣言了如指掌，其渊博的学识和敏锐的判断力使孔子极其高兴，他们谈了很长时间，孔子准备告辞。但孔子起身要走的时候，老人却没有起身相送。孔子找到一无所获的老子和如来佛，把自己的经历告诉了他们，并建议他们也轮流去拜访那位端坐的哲人，看看他对他

们两人的教义是否一样精通。老子先去，他极为兴奋地看
到，这位老人对道教的熟悉不亚于老子本人，其口才与热情
也堪称典范。老子也发现，尽管这位老人态度上极其尊敬，
却一直坐在那里不动。同样，如来佛也获得了令人惊喜的成
功，老人还是没有起身，但他对佛教内在含义有着深刻的洞
察，这是不多见的。①

老人的不动，是因为他下身是石头，无法行动，这预示人们，儒
家等学说只能饱其口福，无法在生活里实行，对此津津乐道的
人，都是石头身，所以只能停留于口头。这是西方人对儒家等中
国思想的评价，自然值得我们认真思考。

　　与道家、佛家相比，儒家不该有不满足，尽管没有切实付诸
实践的内力，但总是不失在思想领域统治地位的特殊待遇。可以
说，儒家虽然是一个古老的话题，但却是一个不断在翻新的课
题，21世纪中国在全球建立100所"孔子学院"的举措，就是
一个鲜活的例证。众所周知，在一定意义上，称儒家道德为中国
道德，也并非任何惊人之举，儒家道德实际就是中国道德的代名
词。在这样的境遇里，儒家道德研究之多也就纯属自然、见怪不
怪的事情了。本课题以这样一个古老的课题为研究对象，自然不
是无视已有研究成果的事实，如果是那样，无疑是沽名钓誉地玩
学术游戏之举了；而以道德哲学为切入的学术视觉和平台，也不
是追求标新立异之举，当然，也不是为了昭示儒家道德哲学阐释
标的的重要性；仅仅想做的是，客观全面地审视儒家道德，让文
献自身说话，以史引论，决不理念先行，人云亦云。

---

　　① 《多元信仰》，〔美〕亚瑟·亨·史密斯著：《中国人的德行》，陈新峰译，金
城出版社2005年版，第343—344页。

一　研究的实践性原则

众所周知，中国不仅有"六经注我"、"我注六经"的正相反的学理追求，而且有对此谁是谁非的评价争论。显然，在六经与人的关系里，绝对不是简单的谁决定谁的问题，如果一方决定另一方成立，无论在什么意义上，都是对人自身的限制，对文明的狭隘理解，这是人本身所不能容忍的事情。在人与六经的关系里，一方面人就是人，六经就是六经；另一方面，六经是人类生活实践经验的总结，人是六经的创造者和见证人；因此，人可以通过六经来反观自身的文明进化历程，从而调适自己当下的生活实践；正是在这个意义上，才有古老课题的不断翻新研究。虽然我们可以说，任何古代思想的研究都是当下的研究、现实的研究，但是，并不是说当下研究就可以无视古代文献的客观性，纯粹抽取只言片语而为我所用即所谓的"建构"。其实，严格而言，这不是真正的研究，最多也只能是想当然的行为，这是科学研究的大忌，因为，它缺乏起码责任意识的树立。但是，综观中国儒家思想的研究，就不得不感叹，我们至今都身陷这种大忌的旋涡之中，始终无法得到自拔。究其深层的原因，不外乎儒学国学化的历史轨迹，误把现象当成了本质，从而松懈了中华子孙静观自身的意欲，当然，随之失去的是优化、舒适自己的诸多机会。本研究将紧贴中国建设的客观现实，在世界文明文化的氛围里，来对儒家道德思想做整体全面的理解。

(一)　整体性审视

儒家道德思想必须加以整体性的审视，绝对不能肢解而孤立地来为我所用。

在儒家思想发展中，"新儒家"的概念自然已经不是人们所陌生的事情了，海外研究也有把宋明理学家等称为新儒家的用例。但是，就目前的情况而言，习惯称为新儒家的当指海外的一批汉学思想家。可以说这是文化发展的一种世界现象，不能孤立而毫无条件地跟儒家思想联系到一起，或者说捆绑在一起径直作为考量儒家思想现实价值的砝码。其实，海外这些儒家思想的推崇者，生长的土壤不是中国本土，而是海外地区，他们在海外提倡推重儒家思想，显然是适应所在环境文化的需要，为他们所推重的儒家思想因子，自然是"适者生存"的结果。实际上，对海外的汉学家而言，推崇儒家的思想，是一种世界文化嫁接的实践尝试，虽然我们现在还无法对此进行整体价值的评价，但这种勇敢的尝试是值得肯定的。

当我们面对这一现实时，首先应该注意的是，"适者生存"的"适者"是适应海外的环境，"生存"是儒家思想因子在海外环境里得到生长发展，尽管是非常局限的。显然，我们不能因为儒家思想产生于中国本土，我们可以照搬为海外聚焦的儒家的思想。海外环境里存在的文化预设和形成的客观价值体系都跟儒家思想所依托的背景不同，也跟我们现实的环境相异，所以，对海外这些成果的借鉴，必须克服这内在的双重相异。这是整体性要求之一。

先秦儒家文献当中，虽然《孟子》的思想比较可靠，但反映孔子思想的《论语》是对话录，自然不是孔子本人的作品，这是无争的事实；《荀子》的思想也比较复杂，道家、法家思想的影响随处可见；《周易》不仅《易经》和《易传》存在明显的时间差异，而且《易传》十翼形成在时间上同样差异明显，这一现实本身要求我们对儒家思想作整体性的理解，不能一叶障目、断章取义，诸如把《论语》说成政治哲学、修身哲学的研究法，应该说本身就是断章取义的做法，不值一提。中国有儒家，作为一种学术现象，是中国人的骄傲。但是，长期以来，儒学没有在理性的轨道上得到良性的发展，尤其是经过汉武帝时代"罢黜百家，独尊儒术"的强化和定位以后，儒学就驰入了一条不健康的轨道，尤其是理学。尽管经过魏晋玄学、近代思想家、五四新文化运动等的冲击，但都未能在根本上改变这种趋势。所以，儒学成为统治中国的思想，致使其他思想都不约而同地失去了生发力量的资源性利用的机会，在这样的境遇里，儒家思想本身无疑也失去了由张弛运动带来的自然优化的绝好机会。

儒家思想的深在本质在整体上是"自己本位"，这至今并没有引起国人的重视，反而从儒学推重"仁"出发，过分夸大儒学集体主义倾向的方面。而关于这一点，日本思想家也注意到了，诸如涩泽荣一就说：

> 在中国，尽管有上流社会，有下层社会，但却不存在成为社会中坚的中流社会。识见、人格都非常卓越的人物虽然不能说少，但从国民整体来观察时，个人主义、利己主义却很突出，缺乏国家观念。由于缺乏真正的忧国之心，一个国家而不存在中流社会，国民全体缺乏国家观念，可以说这是中国现今最大的缺点。①

---

① 《实业与士道·应以相爱忠恕之道交往》，〔日〕涩泽荣一著：《论语与算盘——人生·道德·财富：算盘与权利》，王中江译，中国青年出版社1996年版，第164页。

个人主义、利己主义在价值天平上，显示的都是"自己本位"；对此，《礼记·中庸》就有"成己，仁也；成物，知也"① 的总结。这是应该引起我们充分注意的地方，关于"自己本位"的详细内容，将在绪论的第二个问题里展开。

以上是整体性审视的必不可少的课题。

（二）全面性把持

分析儒家道德哲学，不仅需要整体性审视的原则，而且必须依仗全面性把持的视野；这不仅要求以世界文明作为参照系，而且呼唤把儒家道德哲学放在中国道德哲学文化的整体结构里来加以认证，立足点是中国的现实。

1. 世界文明所传递的价值信息

我记得日本思想巨擘福泽谕吉有一句名言："争利就是争理。"用我们今天的话语来表达的话，就是道理在利益那里。这可谓精当之极。令福泽谕吉本人捧腹大笑的事实是，21 世纪的世界舞台上演的正是 Power 就是一切的现代剧！这一切都是福泽谕吉名言的应验和确证。

我们可以用霸权主义来翻译 Power，但显然是不准确的。Power 是力量，对个人而言，可以理解为能力；对一个民族而言，可以理解为军事力；拿发达国家而言，他们不仅具有强大的军事力，而且国民获取的人均收入也已经在 3 万美元以上，这不仅显示了民众生命价值的提升，而且预示了民力的强大；显然，这是对少数发达国家有利的规则，因为，在本质上，民众个人在这些国家里自身利益得到了最大限度的保证。Power 本身就是民

---

① 《礼记·中庸》，（清）阮元校刻：《十三经注疏》，中华书局 1980 年版，第 1633 页上。

力的凝聚，民力是 Power 的基础。但是，其他国家无力改变这一不尽如人意的游戏规则，就是连说话的机会也没有多少。

在这一事实里值得我们思考的问题是，福泽谕吉这个精通儒家思想的思想家，为什么没有过分强调"见利思义"、"见得思义"，而是提出"争利"的课题？

2. 儒家道德哲学不是中国道德哲学之源

中国道德哲学的源头在道家，不在儒家，是老子最先演绎了中国"道"、"德"哲学的图式，道家道德哲学不仅具有普世性的特征，而且具有他人优位的特点①。但是，由于政治的原因，儒家成为占统治地位的意识形态样式，其他学派的思想失去了改良和自然发展的机会和土壤，魏晋以后就看不到道家思想大的波澜了，以至这些学派的思想至今都没有得到作为资源而利用的公平机会。

具有讽刺意义的是，与中国的事实相反，在西方受到重视的不是儒家经典《论语》，而是《道德经》。据统计，从 1816 年至今，出版的各种西文版的《道德经》已约有 500 种；又据联合国教科文组织的统计，在被译成外国文字发行量最大的世界文化名著中，《道德经》排名第二，仅次于《圣经》，这是中国人没有想到的，自然也一直是没有兴趣去加以注意的事情，这与我们对儒家思想情有独钟的现实形成鲜明的反差。

不能无视的是，中国先秦是一个百家争鸣的时代，只有争鸣，才能维持张弛的活力。尽管中国思想史发展的事实，是儒家以外的学派思想没有得到应有的正视，而这一事实对大多数中国人来说，已经是习以为常的事实，并简单地归结为儒学本身的伟

---

①　参照《综论》，许建良著：《先秦道家的道德世界》，中国社会科学出版社2006年版，第382—462页。

大，而忽视了宽广层面上缘由的追问。我们必须正视和认识这一事实，因为我们没有退路，就是现在认识到这一事实也不晚，这是作为中国人的责任。

3. 整体全面理解儒家思想的典范

在现实的层面，过分强调儒家思想威力的学者，往往死抱住日本、韩国等现代化发展的事实，在他们看来，日本、韩国与中国同属于东亚文化圈，这个正好可以证明儒家思想对现代化存在并能够实际产生功效的问题。事实上，这就大错特错了，因为仅止步于日本、韩国等在历史上与儒学存在过一些联系的表面现象，而忽视了这些历史联系的具体演绎发展的轨迹，最主要的原因是缺乏对日本、韩国等文化所持有的深在本质的精当认识。在内在实质上，日本、韩国等对儒家思想做出了符合本国发展的解释和定位。就拿日本来说，中国汉籍的传入大约在 6 世纪中叶，它们最初只成为对上层人进行讲解的材料，圣德太子就是最好的例子，他是刻苦学习的典范，把许多典籍活用到他的政绩中，他制定的《宪法十七条》，不仅吸收了《诗》《书》《论语》《孟子》等儒家的经典，而且也借鉴了《庄子》的思想。所以，毋庸置疑的是，在起点上，日本、韩国等就没有把儒家思想当成中国文化的唯一存在或者代表，只是其中之一。

大家知道，在道德与利益的问题上，孔子是对立两者关系的，所以会有"君子喻于义，小人喻于利"、"杀身成仁"的说法，到后来的宋明理学，就得出了"存天理，灭人欲"的极端结论。而日本接受中国思想重在贯通，譬如，精通中国四书的日本石门心学的始祖、商人伦理学家石田梅岩（1685—1744），就认为商人就是经商，经商是天下不可或缺的。"商人的买卖则是天下的辅助，给贫穷工匠的工钱是工匠的俸禄，给农民下达耕种的间隙（使农民得以休息），同于工匠的俸禄。天下万民没有生计的话，以何立身呢?"① 在客观的效果上，商人的买卖，流通了商品，激活了经济，对天下是最大的辅助。但商人经商，跟工匠、农民一样，首先要保证生计，没有生计，无以立身。所以，商人经营的目的就是赢利，"获利是商人之道，未闻以赔本钱为道之事……无买卖之利的话，不可能有富。商人的赢利同于武士的俸禄，没有赢利就如武士没有俸禄一样"②。显然，赢利绝不是淫欲和非道，没有赢利的话，不可能产生富裕。他不仅等同商人和武士，而且赋予商人追求利益的正当性。因为，在当时的日本，武士具有最高的社会地位，享受最好的俸禄，相对而言，商人的社会地位就比较低下。石田梅岩对利益肯定的思想，自然为后来福泽谕吉"争利"思想的提出，作好了最为切实的铺垫和准备。

另外，实业思想家涩泽荣一的《论语与算盘》，当是日本思想家定位儒学的典型代表。我在这里提出《论语与算盘》，其一个主要原因是，一些学者在强调儒学的现实功用时，往往搬出《论语与算盘》来作为佐证，这实际上与上面提到的情况是一样的，就是忽视了日本对待儒学与我们存在着很大的相异性。同样在利益问题上，涩泽荣一说：

> 我认为真正的谋利而不以仁义道德为基础的话，那么就决不会持续久远。这样说，搞不好也许会陷入轻利、不顾人情、超然世外的观念中。坚持这种观念，看待社会中的利益虽然未尝不可，但是人世间一般都是根据自身的利益而工作的，这样就会忽视仁义道德。而缺乏仁义道德，社会就会不

---

① 《某学者讥讽商人之学问段》，石田梅岩著，足立栗园校订：《都鄙问答》，日本岩波书店 1999 年版，第 61 页。

② 同上书，第 57 页。

断衰落下去。

　　说到学者们痛心的事，在中国的学问中，尤其是一千年左右以前时，宋代的学者也经历了像现在这样的情形。但由于他们倡导仁义道德的时候，没有考虑按照这种顺序去发展，完全陷入了空论，认为利欲之心是可以去掉的。可是发展到顶点，就使个人消沉，国家也因而衰弱。结果到宋末年受到元的进攻，祸乱不断，最终被元所取代，这是宋的悲剧。由此可知，仅仅是空理空论的仁义，也挫伤了国家元气，减弱物质生产力，最后走向了亡国。因此，必须认识到，仁义道德搞不好也会导致亡国。①

应该注意到话题的变化，这里是"谋利"在先，显然是在吸取中国后世儒学空谈道德而导致亡国的历史经验后得出的结论。正因为视野不同，所以，对相同的《论语》，涩泽荣一就品出了与中国人不同的味道，并得出了相异的结论。

　　在道德与利益的关系里，儒家过分强调道德的重要性，而看轻人本身生命的价值，这一行为本身就脱离了对人的本性所应有的客观的认识和把握，而把人过分理想化了，以这种人为对象而提出的道德，对生活里的人自然不会产生任何真正而有效的作用。所以，儒家道德思想为中国现代化的资源服务，必须在世界道德文明的域场里，遵行道德产生效用模式的轨道，与其他不同的道德模式样态实现科学合理的嫁接互动，才有可能。

----

① 《仁义与富贵·真正的生财之道》，〔日〕涩泽荣一著：《论语与算盘——人生·道德·财富：仁义与富贵》，王中江译，中国青年出版社1996年版，第75—76页。

二　儒家道德的本质

在人类文明发展的长河里，中西差距之一就是对上帝（即神）的认识，或者说人对上帝的定位的不同。对西方人而言，上帝在他们的心中，因为他们相信神能够保佑他们。所以，他们通过许多教会和相应的仪式来祈求上帝的保佑，上帝和他们的关系是实实在在的，而且他们与上帝处在统一的关系里，上帝扮演的是神益人类的角色。所以，西方人要通过固定的方式定期与上帝对话，以得到他们的启发和指引；上帝的存在是人生活的动力源。就中国人而言，相对于西方上帝的是"天"或"天帝"，从一开始起，人就知道一种外在于自己而自己又无法逾越的力量的存在，我们的祖先称之为"天"，诸如"今二月帝不令雨"①、"帝令雨足年，帝令雨弗其足年"②，天帝不仅支配着自然界，而且也同样控制着人类社会，诸如"有夏多罪，天命殛之"③、"天命玄鸟，降而生商"④；在原初的阶段，由于"天命靡常"⑤，人无法驾驭这"天"，因此只能听从天命而生活；所以，从一开始起，"天"与人处在控制与反控制的对立之中，人与"天"的关

①　郭沫若著：《卜辞通纂》三六五，科学出版社 1983 年版，第 364 页。

②　同上。

③　《尚书·商书·汤誓》，（清）阮元校刻：《十三经注疏》，中华书局 1980 年版，第 160 页上。

④　《诗经·商颂·玄鸟》，（清）阮元校刻：《十三经注疏》，中华书局 1980 年版，第 622 页下。

⑤　《诗经·大雅·文王》，（清）阮元校刻：《十三经注疏》，中华书局 1980 年版，第 505 页上。

系是被动消极的，而不是相适应的，跟西方明显不同。这种消极
被动的关系，在本质上决定于人对自身世界的情有独钟，认为人
的世界的事情只能由人来决定，不能由天帝来插手。所以，人与
天帝是对立的关系，不是适应的关系。所以，整个中华民族的文
明史就成为人与天帝的斗争史，到后来人定胜天观念等的出现，
都说明这个倾向；这个倾向带来的自然结果就是，天帝始终在人
的外面，不在心中，人和天帝在对立中消长，天帝无法成为推动
人类行为的任何形式的力量，哪怕是精神的抚慰。对此，下面的
论述可以引发我们的深思。

　　　　对无神论是否正确这一问题的漠不关心，要比纯粹的无
　　神论更可怕。在中国，多神论与无神论是骰子上相对的两个
　　侧面，可很多受过教育的中国人却感到二者没什么矛盾之
　　处。令人悲哀的是，中国人从本性上对最深奥的宗教真理是
　　绝对冷漠的，他们随时乐于接受一个没有灵魂的肉体，一个
　　没有心灵的灵魂，一个没有生命的心灵，一个没有缘由的秩
　　序和没有上帝的宇宙。①

肉体需要灵魂，灵魂需要心灵，心灵需要生命，生命的演绎需要
符合自身规律的秩序，宇宙秩序不能没有在人心灵里生活的"上
帝"的关照来显示多样多元的和谐。

(一)"仁"的渊源

　　对中国人而言，人无法从外在的天帝那里得到援助，自然也

---

　　① 《多元信仰》，〔美〕亚瑟·亨·史密斯著：《中国人的德行》，陈新峰译，金
城出版社 2005 年版，第 345 页。

不注重向天帝祈祷和沟通对话，与此相应的设施诸如西方的教堂等也不见踪影。因此，中国人的事情只能靠自己来解决，不能指望上帝的赐福。在道德哲学的长河里，反映这种现象的就是西周对道德的重视，诸如"惟不敬厥德，乃早坠厥命"①，把社会发展的原因从外在的天帝那里，拉到了人自身这里，而且把这种原因狭隘地归结为道德，对此，王国维的总结最能说明问题。

> 中国政治与文化之变革，莫剧于殷周之际……殷周间之大变革，自其表言之，不过一姓一家之兴亡与都邑之移转；自其里言之，则旧制度废而新制度兴，旧文化废而新文化兴……周人制度大异于商者，一曰立子立嫡之制，由是而生家法及丧服之制，并由是而有封建子弟之制，君天子臣诸侯之制。二曰庙数之制。三曰同姓不婚之制。此数者，皆周之所以纲纪天下，其旨则在纳上下于道德，而合天子诸侯卿大夫士庶民以成一道德之团体……故知周之制度典礼，实皆为道德而设……周之制度典礼乃道德之器械，而尊尊、亲亲、贤贤、男女有别四者之结体也。②

道德仿佛制度本身，而本来应该在制度的大厦里占有重要位置的其他部门反而受到冷落，这一开始就是不健康的，而我们历来以此为骄傲的做法显然也是非常值得反省和质疑的。

津津乐道于"周监于二代，郁郁乎文哉！吾从周"③ 的儒学

① 《尚书·周书·召诰》，（清）阮元校刻：《十三经注疏》，中华书局1980年版，第213页上。

② 《殷周制度论》，王国维著：《观堂集林》，中华书局1959年版，第451—477页。

③ 《论语·八佾》，杨伯峻译注：《论语译注》，中华书局1980年版，第28页。

创始人孔子，自然不会忽视周代的制度文化特征。"从周"就是对周代制度文化的选择，就是对周代"敬德"价值取向的认同和选择，这就使儒学在一开始就驶上了道德一维的轨道，从此，周公的"敬德"就变成了对仁德的永恒追求。对"仁"的理解，有人赞成从字形上进行理解①，有人反对，我赞成在字形上来理解"仁"（具体的分析将在下面进行，这里从略）。"仁"由于是彰明人际关系的②，所以，在上面分析中国人与天帝关系时也已经指出，中国人重视的仅仅是人类社会的事务，没有给上帝在人类社会留下席位，客观的事实是，人自身无法理智地完成好所有的事务。但这一现象正好说明了"仁"的发展历史，绝对不是从孔子开始的，在孔子以前就有记载历史实践的"仁"的事实。在总体上，"仁"指的是内在的德性，诸如"惟天无亲，克敬惟亲。民罔常怀，怀于有仁。鬼神无常享，享于克诚。天位艰哉！德惟治，否德乱。与治同道，罔不兴；与乱同事，罔

---

① 参照"中文的'仁'字，不像其他与情感有关的字那样有'竖心旁'，它也根本没有'心字底'。中国的善，也是无诚心可言，其后果我们已经注意到了。慈善活动应是一种本能，不管何时何地，都要自觉地找机会表现出来——这种心理状态中国人完全没有。这的确不是人类的进步。如果中国人想创造出真正的慈善，就必须经历西方人经历过的历程，把仁慈变成人生的重要成分"（《仁慈行善》，[美] 亚瑟·亨·史密斯著：《中国人的德行》，陈新峰译，金城出版社 2005 年版，第 224 页）。

② 这个在《周易》帛书和通行本的差异中可以得到佐证。《帛书周易》曰："天地之大思曰生，圣人之大费曰立立，何以守立曰人，何以聚人曰材，理材正辞，爱民安行曰义。"（《系辞下》，邓球柏著：《帛书周易校释》，湖南人民出版社 2002 年版，第 524 页）通行本《周易》曰："天地之大德曰生，圣人之大宝曰位，何以守立曰仁，何以聚人曰财，理财正辞，禁民为非曰义。"（《系辞下》，（魏）王弼著，楼宇烈校释《王弼集校释》，中华书局 1980 年版，第 558 页）这里"人"与"仁"的使用是互相置换的。

不亡。终始慎厥与，惟明明后"①和"虽有周亲，不如仁人"②
里的"有仁"以及"仁人"，就是最好的说明，这很难用一句话
来表达清楚。

但是，这并不是说，在孔子之前的"仁"，除了宽泛的德性
规定之外，就没有其他可以挂齿的内涵信息了呢？当然不是！细
读文献，仍然可以找到说明问题的证据。

1. 表示一定的"度"

"酒以成礼，不继以淫，义也；以君成礼，弗纳于淫，仁
也"③，就是证据。这里"义"和"仁"相对，"不继以淫"和
"弗纳于淫"的意思也基本相同；"淫"是放纵、肆意的意思，这
里用的都是否定意。所以，昭示的是适度的意思。可以说，后来
儒家的中庸正是在这个基点上发展起来的。

2. 不忘记祖宗

"不背本，仁也；不忘旧，信也；无私，忠也；尊君，敏也。

---

① 《尚书·商书·太甲下》，（清）阮元校刻：《十三经注疏》，中华书局 1980 年
版，第 165 页上—下。

② 参照"西土有众，咸听朕言。我闻吉人为善，惟日不足。凶人为不善，亦惟
日不足。今商王受，力行无度。播弃犁老，昵比罪人。淫酗肆虐，臣下化之。朋家
作仇，胁权相灭。无辜吁天，秽德彰闻。惟天惠民，惟辟奉天。有夏桀，弗克若天，
流毒下国。天乃佑命成汤，降黜夏命。惟受罪浮于桀。剥丧元良，贼虐谏辅。谓己
有天命，谓敬不足行，谓祭无益，谓暴无伤。厥监惟不远，在彼夏王。天其以予义
民，朕梦协朕卜，袭于休祥，戎商必克。受有亿兆夷人，离心离德。予有乱臣十人，
同心同德。虽有周亲，不如仁人。天视自我民视，天听自我民听。百姓有过，在予
一人，今朕必往。我武惟扬，侵于之疆，取彼凶残。我伐用张，于汤有光。勖哉夫
子！罔或无畏，宁执非敌。百姓懔懔，若崩厥角。呜呼！乃一德一心，立定厥功，
惟克永世"（《尚书·周书·泰誓中》，（清）阮元校刻：《十三经注疏》，中华书局
1980 年版，第 181 页上—182 页上）。

③ 《春秋左传》卷九《庄公二十二年》，（清）阮元校刻：《十三经注疏》，中华
书局 1980 年版，第 1775 页上。

仁以接事，信以守之，忠以成之，敏以行之，事虽大必济。"①
"不背本"的"本"，指的是本宗族的意思，引申就是宗本的意
思，这里强调的是不背离祖宗，不违背根本；后面的"仁以接
事"正是在这样的意义上使用的。

3. 表示举止的庄敬和处事的谨慎

"出门如宾，承事如祭，仁之则也"②，表示的就是这个道
理。"出门如宾"的意思是，出门好像去接待宾客一样，这是就
自己的衣装说的，说明姿态要整齐；"承事如祭"昭示的是，承
担具体事务时，仿佛承办祭祀典礼一样，这要求谨慎有序，要按
规范办事；这两个方面的整合就是仁德的规则。在此，我们可以
体悟到"仁"与"礼"的联系性③。

4. 仁可以使国家坚固

"智者虑，义者行，仁者守，有此三者，然后可以出会"④，
"智"的功用是能够考虑问题，"义"的功用是行为的指针，"仁"
的功用是可以守卫，有了这三者就可以走出去干一番事业了，并
可以起到"殿邦国"的作用，即"夫乐以安德，义以处之，礼以
行之，信以守之，仁以厉之，而后可以殿邦国，同福禄，来远

---

① 《春秋左传》卷二十六《成公九年》，（清）阮元校刻：《十三经注疏》，中华
书局 1980 年版，第 1906 页上。

② 《春秋左传》卷十七《僖公三十三年》，（清）阮元校刻：《十三经注疏》，中
华书局 1980 年版，第 1833 页下。

③ 孔子也有相似的议论，显然是对此的借鉴。参照"仲弓问仁。子曰：出门如
见大宾，使民如承大祭。己所不欲，勿施于人。在邦无怨，在家无怨。仲弓曰：雍
虽不敏，请事斯语矣"（《论语·颜渊》，杨伯峻译注：《论语译注》，中华书局 1980
年版，第 123 页）。

④ 《春秋穀梁传》卷一《隐公二年》，（清）阮元校刻：《十三经注疏》，中华书
局 1980 年版，第 2366 页下。

人，所谓乐也"①。"仁"能够成为"殿邦国"的因子之一，是因为具有"厉之"即振奋人、激励人的功效。具体地说，就是"恤民为德，正直为正，正曲为直，参和为仁"②，"厉之"也就是"参和"，最后真正承担起"乐"的因子的作用。通过音乐来调节道德教化的实践，这正是后来儒家所重视的，原点应该在这里。

5. 仁与武的结合才所向披靡

这方面的资料主要有："叔于田，巷无居人；岂无居人，不如叔也，洵美且仁。叔于狩，巷无饮酒；岂无饮酒，不如叔也，洵美且好。叔适野，巷无服马；岂无服马，不如叔也，洵美且武"③、"卢令令，其人美且仁；卢重环，其人美且鬈；卢重鋂，其人美且偲"④。立即使人注目的是"美且仁"，"洵美"、"美"指的无疑是外在的方面，"仁"就是内在的素质方面；而且"仁"不是唯一的，必须与"好"、"武"组成一个小系统；"好"的意思是"善"，"武"的意思是勇猛，它们都是内在的品质；仅仅"仁"是不够的，因为"仁而不武，无能达也"⑤，要实现通达，必须具备"武"的品性。

6. 大国对小国的怜悯

勇猛绝对不是冷酷，"小所以事大，信也。大所以保小，仁

---

① 《春秋左传》卷三十一《襄公十一年》，（清）阮元校刻：《十三经注疏》，中华书局 1980 年版，第 1951 页中。

② 《春秋左传》卷三十《襄公七年》，（清）阮元校刻：《十三经注疏》，中华书局 1980 年版，第 1938 页下。

③ 《诗经·国风·郑风·叔于田》，（清）阮元校刻：《十三经注疏》，中华书局 1980 年版，第 337 页中。

④ 《诗经·国风·齐风·卢令》，（清）阮元校刻：《十三经注疏》，中华书局 1980 年版，第 353 页中—下。

⑤ 《春秋左传》卷三十一《宣公四年》，（清）阮元校刻：《十三经注疏》，中华书局 1980 年版，第 1869 页中。

也。背大国，不信。伐小国，不仁。民保于城，城保于德。失二
德者，危将焉保"①、"仁者杀人以掩谤，犹弗为也，今吾子杀人
以兴谤，而弗图，不亦异乎？"② 大国攻打小国是"不仁"的行
为，大国之所以有小国追随，就是因为仁道；失去仁道是非常危
险的事情。此外，"幸灾不仁"③、"乘人之约，非仁也"④，对他
人幸灾乐祸是"不仁"的。这些都体现出对他人的怜悯，对人的
价值的重视。

　　至此，不得不提醒大家注意的是，在上面的分析里，"仁"
有时在"义"等其他德目后面得到定位，诸如"义者行，仁者
守"、"礼以行之，信以守之，仁以厉之"等就是具体例证，"仁"
在与其他德目组成的系统里，只是其中的一个因子，没有绝对的
位置赋予⑤；另外，虽然对其功能有一定的认识，但对其内涵几
乎没有精确的规定。这正成为儒家思想家创立儒学理论的契机和
平台。事实上，儒家就是在这样的前提下创设了儒学理论，这一
事实虽然为人所了解，不过，让人失望和吃惊的是，儒家道德的
本质至今仍然为人所忽视，或者说，即使谈及仍然没有"中的"，
所引起国人重视的所谓实质，实际上只是表面的现象。这也为笔

---

　　① 《春秋左传》卷五十八《哀公七年》，（清）阮元校刻：《十三经注疏》，中华
书局 1980 年版，第 2163 页上。

　　② 《春秋左传》卷五十二《昭公二十七年》，（清）阮元校刻：《十三经注疏》，
中华书局 1980 年版，第 2117 页中。

　　③ 《春秋左传》卷十三《僖公十四年》，（清）阮元校刻：《十三经注疏》，中华
书局 1980 年版，第 1803 页中。

　　④ 《春秋左传》卷五十四《成公四年》，（清）阮元校刻：《十三经注疏》，中华
书局 1980 年版，第 2136 页下。

　　⑤ 在《郭店楚墓竹简》里，"仁"的地位就明显变化了。参照"有仁有智，有
义有礼。有生有智，而后好恶生"（《物由望生》，李零著：《郭店楚简校读记》，北京
大学出版社 2002 年版，第 158 页）。

者发表自己见解创设了最好的机会。

(二)"仁"的本质①

在本质的意义上,"道德"就是目中有人、你中有我,而对这一问题的何谓、为何、如何等层面的思考,就成为道德哲学的自然内容。我们是一个儒家文化占支配地位的社会,而且这种现象至今仍在演绎。因此,分析研究儒家道德,不仅是道德哲学本身在中国合理而科学发展不可缺少的环节,而且也是中国现代化建设效益化、在世界舞台上尽速占有人均份额的关键所在。审视现实,尽管儒家道德的研究纷呈繁多,但是具体的分析难免见表而障里,演绎的推断也无法为人心服。因此,不囿于既有的视野,以公德、私德为切入口,深入而又全面地考察儒家道德的价值坐标,就是笔者的一个追求的尝试。

1."仁"的"事亲"本质

儒家思想虽然长期支配中国社会,但是,中国社会至今仍然缺失公德也是一个不言而喻的事实。所以,儒家仁义之学形式上虽然重视人际关系,但在"亲亲"为仁的具体的仁德实践中,以血缘关系为中心情结的行为选择成为最高的追求和最大的取向,血缘关系以外的他人始终无法在具体行为的价值取向中占有应有的位置,因此,儒家道德实践的本身开不出真正意义上的公德之花。

在中国文化里,"德"与"得"是相通的。在动态的意义上,"德"既是"外得于人",又是"内得于己";前者是公德的方面,后者则是私德的部分;在价值判断上都是一种"得"。因此,在

---

① 这一部分的主要内容曾经公开发表。参照许建良:《自己本位——儒家道德的枢机》,载《人文杂志》2006 年第 2 期,第 66—71 页。

理论上，公德与私德在价值的实现上完全是同质的，只是具体化的范围不同罢了。产生这一现象的原因是它们在利益取向上的同向性，反映儒家道德概貌的从家到天下的模式，便是最好的说明。

> 古之欲明明德于天下者，先治其国；欲治其国者，先齐其家；欲齐其家者，先修其身；欲修其身者，先正其心；欲正其心者，先诚其意；欲诚其意者，先致其知，致知在格物。物格而后知至，知至而后意诚，意诚而后心正，心正而后身修，身修而后家齐，家齐而后国治，国治而后天下平。①

在格物、致知、诚意、正心、修身、齐家、治国、平天下的"八条目"里，只有治国、平天下才属于"外得于人"的领域，其他都是"内得于己"的部门，它们的整合就是同向价值链的最好诠释。在理论上，利益的一致是这一模式成立的前提。因此，儒家道德显然包含着公德与私德融通的隐性因子，而公德没有得到发展的原因，是它本身没有装备驱动公德因子的机制。"所以《大学》的主要方法……把'修身'作一切的根本。格物、致知、正心、诚意，都是修身的工夫。齐家、治国、平天下，都是修身的效果。这个'身'，这个'个人'，便是一切伦理的中心点。"②

众所周知，儒家道德根干范畴的"仁"，无疑是"八条目"

---

① 《礼记·大学》，（清）阮元校刻：《十三经注疏》，中华书局 1980 年版，第 1673 页上。

② 《荀子以前的儒家》，胡适著：《中国哲学史大纲》，河北教育出版社 2001 年版，第 210 页。

行为决策的依据，"仁也者，人也；合而言之，道也"①，人之所以为人，是因为他能行仁，人能行仁就是有道。人之所以能行仁，是因为仁是内在于人的德性②，即"仁，内也"③，外化时它成为一种"爱人"④ 的情感⑤。但是，在儒家那里，爱人并不是毫无限制的行为，"仁，亲以为宝"⑥、"仁为可亲也，义为可尊也，忠为可信也，学为可益也，教为可类也"⑦。显然，它是以血缘亲情为重心的行为，即"亲亲，仁也"⑧、"仁之实，事亲是也；义之实，从兄是也；智之实，知斯二者，弗去是也"⑨。"亲

————————

① 《孟子·尽心下》，（清）阮元校刻：《十三经注疏》，中华书局 1980 年版，第 2774 页下。

② 参照"仁，内也。义，外也。礼乐，共也。内立父、子、夫也，外立君、臣、妇也……父圣，子仁，夫智，妇信，君义，臣忠。圣生仁，智率信，义使忠。"（《六德》，李零著：《郭店楚简校读记》，北京大学出版社 2002 年版，第 131—132 页）

③ 《孟子·告子上》，（清）阮元校刻：《十三经注疏》，中华书局 1980 年版，第 2748 页中。

④ 《论语·颜渊》，杨伯峻译注：《论语译注》，中华书局 1980 年版，第 131 页。

⑤ 参照"丧，仁也。义，宜也。爱，仁也。义，处之也，礼，行之也"（《父无恶》，李零著：《郭店楚简校读记》，北京大学出版社 2002 年版，第 148 页）、"不变不悦，不悦不戚，不戚不亲，不亲不爱，不爱不仁"（《五行》，李零著：《郭店楚简校读记》，北京大学出版社 2002 年版，第 79 页）、"颜色容貌温变也。以其中心与人交，悦也。中心悦游，迁于兄弟，戚也。戚而信之，亲【也】。亲而笃之，爱也。爱父，其继爱人，仁也"（《五行》，李零著：《郭店楚简校读记》，北京大学出版社 2002 年版，第 80 页）。

⑥ 《礼记·檀弓下》，（清）阮元校刻：《十三经注疏》，中华书局 1980 年版，第 1300 页中。

⑦ 《尊德义》，李零著：《郭店楚简校读记》，北京大学出版社 2002 年版，第 139 页。

⑧ 《孟子·告子下》，（清）阮元校刻：《十三经注疏》，中华书局 1980 年版，第 2756 页上。

⑨ 《孟子·离娄上》，（清）阮元校刻：《十三经注疏》，中华书局 1980 年版，第 2723 页中。

亲"彰显的无疑是血缘的特性，也就是说，仁的具体实践是围绕
人的血缘性关系而具体展开演绎的。在操作方法上，它的实质就
是侍奉亲族的"事亲"，而所谓的"智"，也只是对事亲、从兄等
事务的深刻认识。

"事亲"、"从兄"等事务实际上也就是孝悌的行为，"孝弟也
者，其为仁之本与！"① 对人来说，有许多"事"，但"事孰为
大？事亲为大……孰不为事，事亲，事之本也"②、"孝子之至，
莫大乎尊亲"③。在儒家看来，"不得乎亲，不可以为人；不顺乎
亲，不可以为子"④，"舜尽事亲之道，而瞽瞍底豫"就是"大
孝"⑤ 的表现。显然，事亲尊亲占据着至高无上的地位，它以血
缘为惟一依归。由于古代中国社会是宗法制的，家、国的界限实
际上是模糊的。换言之，实际上是家中有国，国中有家，因此，
君父、臣子的角色往往是二位一体的，所以，臣对君的"忠"和
子对父的"孝"也就浑然难分。曾子说，"身也者，父母之遗体
也。行父母之遗体，敢不敬乎？居处不庄，非孝也；事君不忠，
非孝也；涖官不敬，非孝也；朋友不信，非孝也；战阵无勇，非
孝也。五者不遂，灾及于亲，敢不敬乎……父母既没，慎行其
身，不遗父母恶名，可谓能终矣。仁者，仁此者也；礼者，履此

---

① 《论语·学而》，杨伯峻译注：《论语译注》，中华书局1980年版，第2页。

② 《孟子·离娄上》，（清）阮元校刻：《十三经注疏》，中华书局1980年版，第
2722页下。

③ 《孟子·万章上》，（清）阮元校刻：《十三经注疏》，中华书局1980年版，第
2735页下。

④ 《孟子·离娄上》，（清）阮元校刻：《十三经注疏》，中华书局1980年版，第
2723页下。

⑤ 同上。

者也；义者，宜此者也；信者，信此者也；强者，强此者也"①，实际上就是"居处恭，执事敬，与人忠"②，不仅"不忠"、"非孝"一致，而且仁、礼、义、信等行为规范的内容都在加强孝的分量中得到彰显和各自价值的实现。

显然，仁与孝是统一的，这为仁的"事亲"本质所决定。

2."尊亲"的推进路径

由于"仁"字在字形结构上，左边为"人"，右边是"二"，合之为两个人，讲的是两个人的关系，加上又有爱人的内容，所以，在表面上存在着视之为公德规范的可能性，这也是许多研究形成的共识，也正是儒家道德以假象惑人而占据支配地位的外在客观条件。问题是，爱人的伦理情结在现实生活里驱动时必须以"事亲"、"尊亲"为依归，所以，一旦爱人的行为在亲情的轨道上运行时，这种情结就成了单一的血缘孝情，而且这种孝情会随着人的角色场所的移动而毫不变动地迁移到其他一切领域，"孝者，所以事君也；弟者，所以事长也；慈者，所以使众也"③，就是最好的说明。实际上，"事亲"、"尊亲"的本质规定，已经客观地限制了人的内涵，也就是说，两个人的关系首先是血缘关系，而绝不是一般社会关系里的任意两个人，故爱人首先是在血缘关系里的行为④。"把一个'孝'字看得太重了，后来的结果，

---

① 《礼记·祭义》，（清）阮元校刻：《十三经注疏》，中华书局 1980 年版，第 1598 页中一下。

② 《论语·子路》，杨伯峻译注：《论语译注》，中华书局 1980 年版，第 140 页。

③ 《礼记·大学》，（清）阮元校刻：《十三经注疏》，中华书局 1980 年版，第 1674 页下。

④ 参照"仁为可亲也，义为可尊也，忠为可信也，学为可益也，教为可类也。教非改道也，教之也。学非改伦也，学己也"（《尊德义》，李零著：《郭店楚简校读记》，北京大学出版社 2002 年版，第 139 页）。

便把个人埋没在家庭伦理之中。'我'竟不是一个'我',只是'我的父母的儿子'。"① 在没有亲情的关系里,爱人的行为自然无法成立。

以血缘为依归的爱,实际上是一种偏爱,这也是后来墨子倡导以"兼爱"为武器来对抗儒家"爱人"的原因所在,诸如"文王之兼爱天下之博大也,譬之日月兼照天下之无有私也"②。不难推知,相对于"兼爱"的"无有私"的公平无差别行为,爱人则是"有私"的显示差别的行为;"私"就是在血缘上的"偏",是"爱有等差","君子笃于亲,则民兴于仁"③、"君子之于物也,爱之而弗仁;于民也,仁之而弗亲;亲亲而仁民,仁民而爱物"④,就是最好的佐证。这告诉人们,爱是一个链子,起码有三个环节:亲、民、物。在具体的境遇关系里,首先是爱亲,其次是爱民,最后才是爱物,这是一个从亲到疏、从近到远的价值推进取向,与"泛爱众,而亲仁"⑤ 所揭示的价值取向相一致。毫无疑问,这里虽然存在着从"泛爱众"引发公德因子的可能,但儒家道德本身没有昭示在从近到远的具体推进过程里,如何在爱亲的同时又驱动爱人的轮子的具体问题的解决方案。因此,本有的"泛爱众"的因子就在"事亲"、"尊亲"为大的境遇里趋于自然夭折的境地。也就是说,体系本身无法逾越爱亲的屏障而最

　　① 《荀子以前的儒家》,胡适著:《中国哲学史大纲》,河北教育出版社 2001 年版,第 210 页。
　　② 《墨子·兼爱下》,孙诒让著:《墨子闲诂》,中华书局 1954 年版,第 76 页。
　　③ 《论语·泰伯》,杨伯峻译注:《论语译注》,中华书局 1980 年版,第 78 页。
　　④ 《孟子·尽心上》,(清)阮元校刻:《十三经注疏》,中华书局 1980 年版,第 2771 页上。
　　⑤ 《论语·学而》,杨伯峻译注:《论语译注》,中华书局 1980 年版,第 4—5 页。

终走向爱民、爱物的征程。孔子面对"其父攘羊，而子证之"的
"直躬"的行为，毫不隐晦地提出了"父为子隐，子为父隐，直
在其中矣"①的观点，显然，为了父子之间的血缘情结而无视事
实，以相互隐瞒为"直"的品行，事实上是十足的"偏"的典型
表现。就是孟子强调的"仁者无不爱也"，也带有"急亲贤之为
务"的限制条件。同样，被推扬的"尧舜之仁"，也不过是"不
遍爱人，急亲贤也"②的实用样式而已。

　　儒家的仁爱不仅在内容上趋偏，而且在形式上也囿于一隅。
对修身、齐家、治国、平天下的诉诸，虽是道家和儒家相同的选
择③，可以说，这是中国宗法社会背景里的自然选择，但儒家与
道家不同的是，着重发展了修身的系统，为了切实修身，它又设
计了格物、致知、诚意、正心四个环节，组成了一个修身链，为
齐家提供铺垫和帮助，相对于治国、平天下具有外在的特点，它
们都具有内在的特征，是内在的心灵体悟，而不是通过具体物事
的践行而实现的体得。由于是体悟，行为的对象和对行为的评价
标准都在人的内心，对外在的他者而言，无疑具有极大的主观性
和不易把握性。即使是处于链条起点的"格物"也是一样，因为
这里的"物"并非具体的物事，而是心灵的事理，这从汉儒开
始，就几乎成为公论，如赵岐把"万物皆备于我"的"物"解释

----

　　①　《论语·子路》，杨伯峻译注：《论语译注》，中华书局1980年版，第139页。

　　②　《孟子·尽心上》，（清）阮元校刻：《十三经注疏》，中华书局1980年版，第
2771页上。

　　③　参照《老子》五十四章的"善建者不拔，善抱者不脱，子孙以祭祀不辍。修
之于身，其德乃真；修之于家，其德乃馀；修之于乡，其德乃长；修之于国，其德
乃丰；修之于天下，其德乃普"（（魏）王弼著，楼宇烈校释：《王弼集校释》，中华
书局1980年版，第143—144页）。

为"事也"① 和程颐的"格犹穷也，物犹理也，犹曰穷其理而已也。穷其理，然后足以致之，不穷则不能致也"②，就是最好的解释。不难理解，这里的"事"是人自己作为人伦存在的事，"理"则是表述"事"的具体之理，是人的伦理符号。不仅如此，而且在本质上，这种人伦存在是心灵存在。因此，在最终的意义上，一方面"心即理也"③，另一方面，"心外无理，心外无事"④，一切只要在心上做来，"天下之物，本无可格者；其格物之功，只在身心上做"⑤。总之，一切的实践操作都是心意的运动，即："身之主宰便是心，心之所发便是意，意之本体便是知，意之所在便是物。如意在于事亲，即事亲便是一物；意在于事君，即事君便是一物；意在于仁民爱物，即仁民爱物便是一物；意在于视听言动，即视听言动便是一物。"⑥ 简单地说，心灵是事理的元素，事理则是心灵的故事。由于偏执在内在的心理体悟，既缺乏客观标准的诉求，又忽视了外在显性的具体施行，"泛爱众"的本有因子，最终自然就失去了活性化乃至实现自身价值的一切机会，最后全部归向血缘情结的发达。

因此，仅仅看到儒家道德仁爱里"泛爱众"的一面，而无视

① 《孟子·尽心上注》，（清）阮元校刻：《十三经注疏》，中华书局 1980 年版，第 2764 页中。
② 《伊川先生语十一》，（宋）程颢、程颐撰，潘富恩导读：《二程遗书》，上海古籍出版社 2000 年版，第 373 页。
③ 《传习录上》，（明）王守仁撰，吴光等编校：《王阳明全集》，上海古籍出版社 1992 年版，第 2 页。
④ 同上书，第 15 页。
⑤ 《传习录下》，（明）王守仁撰，吴光等编校：《王阳明全集》，上海古籍出版社 1992 年版，第 120 页。
⑥ 《传习录上》，（明）王守仁撰，吴光等编校：《王阳明全集》，上海古籍出版社 1992 年版，第 6 页。

其爱人链条的环节性以及它本身对推进环节运思忽视等方面的因素，认为儒家道德具有推重公德的话，我们自然无法理解为何在儒家道德占支配地位的中国，公德发展不尽如人意的二律背反现象。

　　3. 先"己"后"人"的语言形式

　　偏重血缘情结而导致"泛爱众"那样可能向公德发展的因子的夭折，实际上也只是现实层面的浅表现象；在深在的价值视角上，产生这一现象的实质在儒家道德的自己本位性。儒家以"仁"为自身理论的根干本身就是最好的说明，因为仁是偏于血缘境遇里人际关系的文化预设。在理想的角度，仁爱以人际关系的和谐为价值依归，为了实现这种和谐，儒家选择了从自己到他人的进路方向。换言之，"己"是儒家道德坐标的原点。

　　(1) "反求诸己"。儒家道德彰显的是向内的追求，诸如作为五伦之一的"信"，就是"有诸己"①，存在于自己内心的真情实感，它是真正顺亲的必须。在行仁的过程中，"爱人不亲，反其仁；治人不治，反其智；礼人不答，反其敬。行有不得者，皆反求诸己。其身正，而天下归之。诗云：永言配命，自求多福"②，也告诫人们，出现"爱人不亲"、"治人不治"、"礼人不答"的情况时，应该以"仁"、"智"、"敬"等为依归，来检查观照自身的行为即"反其仁"、"反其智"、"反其敬"，如果还有不到之处，那首先应该反省自己。实际上，"仁者如射，射者正己而后发，

---

　　① 《孟子·尽心下》，(清) 阮元校刻：《十三经注疏》，中华书局1980年版，第2775页下。

　　② 《孟子·离娄上》，(清) 阮元校刻：《十三经注疏》，中华书局1980年版，第2718页下。

发而不中，不怨胜己者。反求诸己而已矣"①，这跟射箭一样，
应该"正己而后发"，如果自己"发而不中"，也不能怨恨超过自
己的他人，而应该在自己身上找原因，即"反求诸己"②，以便
确认是否真正还维持着"有诸己"的状态。

"反求诸己"尽管在人生的实践里有一定的积极性，但在完
全忽视外在客观条件的诉诸和思考，而仅仅局限于内求的运思框
架里，这种积极的意义最终必然消解殆尽。因为，在这种思维境
遇里，自己始终是价值坐标的基点或重心，后果只能是对自己的
关注。况且，整体上的道德的完美实现，绝对不仅仅维系于自我
的反省，它离不开外在于个人的社会条件的整备和支撑。

（2）将心比心。在人际关系里，应该设身处地地站在他人的
立场上来考虑具体的事务，"己所不欲，勿施于人"③ 和"施诸
己而不愿，亦勿施于人"④，昭示的都是自己不愿意的事情，不
要强加给他人。在另一意义上则应该推己及人，"夫仁者，己欲
立而立人，己欲达而达人"⑤，自己想建立、成就的事业也应该

---

① 《孟子·公孙丑上》，（清）阮元校刻：《十三经注疏》，中华书局 1980 年版，
第 2691 页中。

② 参照"上不以其道，民之从之也难。是以民可敬导也，而不可掩也；可御
也，而不可牵也。故君子不贵庶物，而贵与民有同也。秩而比次，故民欲其秩之遂
也。富而分贱，则民欲其富之大也。贵而能让，则民欲其贵之上也。反此道也，民
必因此重也以复之，可不慎乎？故君子所复之不多，所求之不远，窃反诸己而可以知
人。是故欲人之爱己也，则必先爱人；欲人之敬己也，则必先敬人"（《教》，李零
著：《郭店楚简校读记》，北京大学出版社 2002 年版，第 121—122 页）。"反求诸己"
就是"反诸己"，爱人、敬人的动机在爱己、敬己。

③ 《论语·颜渊》，杨伯峻译注：《论语译注》，中华书局 1980 年版，第 123 页。

④ 《礼记·中庸》，（清）阮元校刻：《十三经注疏》，中华书局 1980 年版，第
1627 页上。

⑤ 《论语·雍也》，杨伯峻译注：《论语译注》，中华书局 1980 年版，第 65 页。

创造条件让他人实现，"人人亲其亲长其长"①、"老吾老，以及人之老；幼吾幼，以及人之幼"② 也一样，显示的都是一种向外"推"的倾向。在儒家的心目中，古代圣人的过人之处，就是"善推其所为而已"③。但是，"推"表明的仍是从自己到他人的思维模式，而且在没有回答如何"及人"的具体方法的情况下，最终的结果只能是自己个人的发达，而不是他人的发展。总之，"始于孔子所谓'恕'，以己度人，虽然荀子在该语境中没有使用这个词。但你从中发现，人际关系应该怎样通过以己度人来使之有序。'圣人何以不欺？曰：圣人者，以己度者也（《荀子·非相》）'"④，自己始终是审视外在他人的标准。

（3）"克己复礼为仁"。在方法论上，儒家道德一方面坚持要想直人，先得自己正，"吾未闻枉己而正人者也，况辱己以正天下者乎？圣人之行不同也，或远或近，或去或不去，归洁其身而已矣"⑤，"枉己"、"辱己"显然在"正人"、"正天下"之前，所以，端正自己是第一位的；"正己而不求于人，则无怨。上不怨天，下不尤人"⑥，不要责备天和人，只要能够正自己，就可以无怨恨。显然，不仅自己本位，而且自己就是一

---

　　① 《孟子·离娄上》，（清）阮元校刻：《十三经注疏》，中华书局 1980 年版，第 2721 页中。

　　② 《孟子·梁惠王上》，（清）阮元校刻：《十三经注疏》，中华书局 1980 年版，第 2760 页下。

　　③ 同上。

　　④ 《天人分途》，〔英〕葛瑞汉著，张海晏译《论道者：中国古代哲学论辩》，中国社会科学出版社 2003 年版，第 297 页。

　　⑤ 《孟子·万章上》，（清）阮元校刻：《十三经注疏》，中华书局 1980 年版，第 2738 页下。

　　⑥ 《礼记·中庸》，（清）阮元校刻：《十三经注疏》，中华书局 1980 年版，第 1627 页中。

切；人价值实现的其他外在关联因素全部予以否定，不责备自己以外的他人，实际上是无视他人对你存在客观影响的隐性做法。不仅如此，在外在的表现形式上，还装饰着惑人的宽容性和自谦性，或者说高度的律己性，正是这个倾向，被后来情感化地拔高发挥。

另一方面，"在以自己作中心的社会关系网络中，最主要的自然是'克己复礼'，'壹是皆以修身为本'"①。克制自己无疑是为了人际关系的和谐，不过克制的行为必须以"礼"为依归，即："克己复礼为仁，一日克己复礼，天下归仁焉。为仁由己，而由人乎哉？"②儒家之所以以"克己"为"复礼"的前提或条件，是因为在儒家道德的坐标里，人具有"克己"的内在能力，这为人的善性所支撑。显然，"正己"、"克己"也是从自己到他人的价值取向。

毋庸置疑，儒家道德包含的"君子有诸己而后求诸人，无诸己而后非诸人"③，有以身作则的一面。但在人己的关系里，首先是"己"，然后才是"人"，自己是第一位的，他人是第二位的。在发展伦理的视野里，儒家道德虽然在成就自己的同时顾及到了成物的方面，即"诚者非自成己而已也，所以成物也；成己，仁也；成物，知也。性之德也，合外内之道也"④，这里"成己"规定为"成物"的理由和根据即"所以成物"，所以"成

---

① 《系维着私人的道德》，费孝通著：《乡土中国》，北京生活·读书·新知三联书店1985年版，第31页。

② 《论语·颜渊》，杨伯峻译注：《论语译注》，中华书局1980年版，第123页。

③ 《礼记·大学》，（清）阮元校刻：《十三经注疏》，中华书局1980年版，第1674页下。

④ 《礼记·中庸》，（清）阮元校刻：《十三经注疏》，中华书局1980年版，第1633页上。

己，仁也"始终是第一位的，"成物，知也"只能居于次要从属的地位。人性的合理发展和运作，就是内外之道的整合和统一，这对个人而言，就是最大的获取或获得，即所谓的"性之德"。另外，就是在"子路，人告之以有过则喜。禹，闻善言则拜。大舜有大焉，善与人同，舍己从人，乐取于人以为善，自耕稼陶渔以至为帝，无非取于人者。取诸人以为善，是与人为善者也"①的论述里，"善与人同，舍己从人"，虽在形式上有以他人为重的假象，但也是"乐取于人以为善"，是以成就自己的"大"为动机的，"大舜有大"就是最好的说明，成就自己无疑是最大的功利考虑。

　　总之，在人己关系上，儒家强调的首先是自己，纳入视野的也首先是自己，从而从自己向外推至他人，直至天下，自己是儒家道德的坐标原点，显示的是自己本位主义的价值体系。在这样的价值系统里，微生高在他人来借醋时，不说出自己没有的实情而向邻居转讨以满足他人需要的事情，在孔子的价值天平上，自然只能表示为"不直"②，因为，微生高的行为是以他人的需要满足为行为主轴和基点的，儒家的"直"当然是以自己为本位的行为。在儒家道德的系统里，认识论的取向也是从自己开始的，即"知己而后知人，知人而后知礼，知礼而后知行"③，显然，这也是有失偏颇的。

----

①　《孟子·公孙丑上》，（清）阮元校刻：《十三经注疏》，中华书局1980年版，第2691页下。

②　参照"子曰：孰谓微生高直？或乞醯焉。乞诸其邻而与之。子曰：巧言令色、足恭，左丘明耻之，丘亦耻之。匿怨而友其人，左丘明耻之，丘亦耻之"（《论语·公冶长》，杨伯峻译注：《论语译注》，中华书局1980年版，第51—52页）。

③　《物由望生》，李零著：《郭店楚简校读记》，北京大学出版社2002年版，第159页。

4. 自己中心的价值取向

儒家道德所持有的自己本位的特性,在哲学上为其以人为中心的存在论所决定,其理论的主干"仁"本身代表二人关系这一点就已经充分诠释了这一问题,因此无须赘述。换言之,万物对儒家来说,是一个被忽视的概念乃至不包括人的其他物。"唯天下至诚,为能尽其性;能尽其性,则能尽人之性;能尽人之性,则能尽物之性;能尽物之性,则可以赞天地之化育;可以赞天地之化育,则可以与天地参矣"① 的论述,在表面上给我们提供的是一幅天地万物共生的图景;但是细加分析的话,就会发现,它展示的从"其性"(自己之性)→"人之性"→"物之性"的一个进程,显然,这里的"物"是不包括人的他物。

如果说以上含有推论的因素、不足使人信服的话,下面我们再来看具体的文本实例。在《论语》里我们无法找到万物的概念,孔子只讲到"天何言哉?四时行焉,百物生焉,天何言哉?"②,这里的"百物"③ 当是人以外的他物,或是人眼里的他物,这从天、四时的语序里也能推出。《孟子》仅仅一处提到"万物皆备于我矣"④,赵岐释曰:"物,事也;我,身也",完全可以推测这里的万物不仅不包含人,而且本身表示的就是个人成

---

① 《礼记·中庸》,(清)阮元校刻:《十三经注疏》,中华书局 1980 年版,第 1632 页中。

② 《论语·阳货》,杨伯峻译注:《论语译注》,中华书局 1980 年版,第 188 页。

③ 郭店竹简儒家文献里,也有一个"百物"的用例。参照"天生百物,人为贵。人之道也,或由中出,或由外入"(《物由望生》,李零著:《郭店楚简校读记》,北京大学出版社 2002 年版,第 158 页)。

④ 《孟子·尽心上》,(清)阮元校刻:《十三经注疏》,中华书局 1980 年版,第 2764 页中。

善的具体事务，体现的是以自己为中心的倾向①。《大学》也没有出现万物的概念，《中庸》约有5处使用万物，都和万物的发育相关，可用"大哉圣人之道，洋洋乎发育万物，峻极于天"②来加以概括。因此，在儒家那里，物、万物都是人以外的存在，人对万物具有居高临下的权威。其局限是非常明显的。所以，在人的心目中，要么无视其他物种，或者最多把他物作为自身发展的工具，如"万物皆备于我"就是这样。据此可以说，在宇宙存在论上，人是自我本位的，这一思维训练的自然延伸，就是在人际关系里的"己"本位，在最终的意义上，自己本位主义是人自我本位宇宙存在论的自然演绎③。

在根本上，儒家道德的"己"本位，在宗法血缘的土壤里，具有最有效的生长生态，因为，只要有人的地方，就存在血缘的差异，人无法阻挡来自血缘亲近威力的渗透和诱惑，而且，家庭最多也只是一己的自然扩充，相对于国、天下，它仍是一个大己。儒家道德虽然在理论上客观存在着"泛爱众"、"成物"、"老吾老以及人之老"等可能引发公德发展的因素，但是这些因素又为其理论本身没有提供切实而合理的如何从成就自己走向成就他人的具体操作方法而扼杀。所以，这种因子根本没有驱动、发展

---

① 郭店竹简儒家文献里虽然也有"万物"用例1个，不过是间接的引用。参照"《虞诗》曰：'大明不出，万物皆暗。圣者不在上，天下必坏。'治之至，养不肖；乱之至，灭贤"（《唐虞之道》，李零著：《郭店楚简校读记》，北京大学出版社2002年版，第95—96页）。

② 《礼记·中庸》，（清）阮元校刻：《十三经注疏》，中华书局1980年版，第1633页。

③ 值得注意的是，虽然在《易传》里我们也能找到"万物"的用例约31个，《荀子》里约有50个"万物"的用例，但《易传》《荀子》明显受道家老子等的影响，道家的概念在与儒家思想的搅拌中，显示出超乎寻常的复杂性，所以，在说明这个问题时，没有使用它们的用例，以避免误解。

的契机。不仅自己第一，他人第二，而且只要内在自己追求，就可以心安理得而无怨于外在他人，这种对他人貌似慷慨的宽容不责备，实际上是把自己架空于他人之上，是目空一切，放弃了自己对他人、社会的责任的真实表现。实际上，社会的良性发展，离不开每个人对社会的要求的诉诸，离不开对他人实现价值机会的尊重，"我们所有的是自我主义，一切价值是以'己'作为中心的主义"①；对此，西方学者花之安博士在他的《儒教汇纂》一书的最后，用了一个章节来写"儒教的不足与错误"，一针见血地指出儒教的不足与错误在于，"现世现报，无形中培育和鼓励了利己主义，不是贪婪，就是野心勃勃"②。

　　总之，在儒家道德的系统里，也根本引申不出公德发达的问题，因为，儒家文化本身没有装备驱动公德因素的合理因子和机制，这为其"己"本位的道德枢机所决定。就是在 21 世纪的今天，参照异文化的实践也可得出这一结论。有人的地方，就有血缘，血缘是维系人的最基本的情结。所以，私德的丰厚是公德发达的基础，因为，私德和公德只是调节领域的不同罢了，在价值取向上完全是一致的。不过，历史的客观事实是，"在法家与儒家学说的冲突中，人们非常清楚地看到，儒家作为由家庭向外递减的道德义务的概念，实际上成为有权有势的家族的集体自私的辩护"③，私德的发展最终通向了"自私"的发达，公德的缺失就不足为奇了。所以，反思透析儒家道德的"己"本位以及在实

　　① 《差序格局》，费孝通著：《乡土中国》，北京生活·读书·新知三联书店1985 年版，第 26 页。
　　② 《多元信仰》，〔美〕亚瑟·亨·史密斯著：《中国人的德行》，陈新峰译，金城出版社 2005 年版，第 342 页。
　　③ 《天人分途》，〔英〕葛瑞汉著：《论道者：中国古代哲学论辩》，张海晏译，中国社会科学出版社 2003 年版，第 335 页。

践上单一内求性的弊端，摆正儒家道德时下资源化的合理分寸，寻找建立人己平等或者先他人后自己价值观的现实切入口，这是最重要的。因为，在最终的意义上，讲伦理道德，实际上就是在人际关系里认同他人，使自己眼里有他人，现实生活里诸如随地吐痰、无视信号等缺乏遵守公共秩序、讲究公共卫生的规范意识的情况，都是无视外在规范、他人、以自己为本位的结果。要达到目中有人，在伦理的领域里，通过否定某一道德而发展另一道德的做法，是我们历来尝试最多却收效微薄的方法。代之以此，我们更应该考虑如何使提倡的道德成为可能的问题，因为，务虚的学理研究对现实道德的优化不会有丝毫益处，这是我们最缺失的，同时也是最紧迫的课题。这就是分析儒家道德必须重视的课题。

第 一 章

孔子"志于道，据于德"的道德思想

孔子（生卒年不详），先秦儒家学派的创始人和主要代表之一。关于他的生平事迹，《史记》称"孔了生鲁昌平乡陬邑，其先宋人也……生而首上圩顶，故因名曰丘，云字仲尼，姓孔氏"①，"贫且贱。及长，尝为季氏史，料量平；尝为司职吏而畜蕃息。由是为司空"②。当时，鲁是周公之后礼文最为殷富之处，这一得天独厚的人文文化背景，为孔子礼乐文章的卓越修养奠定了先天的基础。孔子志向高尚③，虽曾以其道周游列国但终不为用；晚年，乃删《诗》《书》，定礼乐，修《春秋》，喜易象，"以

---

① 《孔子世家》，（汉）司马迁撰：《史记》卷四十七，中华书局 1982 年版，第 1905 页。

② 同上书，第 1909 页。

③ 参照"孔子学鼓琴师襄子，十日不进。师襄子曰：可以益矣。孔子曰：丘已习其曲矣，未得其数也。有闲，曰：已习其数，可以益矣。孔子曰：丘未得其志也。有闲，曰：已习其志，可以益矣。孔子曰：丘未得其为人也。有闲，（曰）有所穆然深思焉，有所怡然高望而远志焉。曰：丘得其为人，黯然而黑，几然而长，眼如望羊，如王四国，非文王其谁能为此也！师襄子辟席再拜，曰：师盖云文王操也"（《孔子世家》，（汉）司马迁撰：《史记》卷四十七，中华书局 1982 年版，第 1925 页）。

诗书礼乐教,弟子盖三千焉,身通六艺者七十有二人"①。《史记》还记载他到周向老子请教"礼"的故事,他把老子视为"不能知其乘风云而上天"的"龙"②。可以说,孔子与老子是同时代的学术大师。

孔子自称"述而不作,信而好古,窃比于我老彭"③,作为他言论汇编的《论语》④,是研究其道德思想的主要资料。显然,《论语》不是他一个人的东西,其中必然包括他学生的思想,这是学界已经认可的公案。因此,更准确地说,孔子具有的是符号的意思,不是孔子个人的专利;本研究自然也在这个前提之下来进行。此外,《郭店楚墓竹简》里的《穷达以时》《唐虞之道》《尊德义》等资料也是研究孔子思想的绝好辅助资料。

一　"志于道,据于德"的道德依据论

与道家的创始人老子重视自然、道相比,孔子作为儒家学派

---

①　《孔子世家》,(汉)司马迁撰:《史记》卷四十七,中华书局1982年版,第1938页。

②　参照"孔子适周,将问礼于老子。老子曰:子所言者,其人与骨皆已朽矣,独其言在耳。且君子得其时则驾,不得其时则蓬累而行。吾闻之,良贾深藏若虚,君子盛德,容貌若愚。去之骄气与多欲,态色与淫志,是皆无益于子之身。吾所以告子,若是而已。孔子去,谓弟子曰:鸟,吾知其能飞;鱼,吾知其能游;兽,吾知其能走。走者可以为罔,游者可以为纶,飞者可以为矰。至于龙,吾不能知其乘风云而上天。吾今日见老子,其犹龙邪!"(《老子韩非列传》,(汉)司马迁撰:《史记》卷六十三,中华书局1982年版,第2140页)

③　《论语·述而》,杨伯峻译注:《论语译注》,中华书局1980年版,第66页。

④　参照"《论语》者,孔子应答弟子、时人及弟子相与言而接闻于夫子之语也。当时弟子各有所记,夫子既卒,门人相与辑而论纂,故谓之《论语》"(《艺文志》,(汉)班固撰:《汉书》卷三十,中华书局1959年9月,第1717页)。

的创始人，重视的是天、人道，虽然在形式上也是道，但关注的内涵却是截然不同的。孔子作为西周文化的崇拜者，在道德本原的问题上，持的又是什么观点呢？这自然是讨论他道德思想时首先要纳入视野的问题。下面将通过五个方面来演绎孔子这方面的具体思想。

1. "获罪于天，无所祷也"的天论

在孔子的时代，重视天与人的分际已经成为人的自觉①，因此，"天"也是孔子思想的一个重要概念。他说："王孙贾问曰：与其媚于奥，宁媚于灶，何谓也？子曰：不然！获罪于天，无所祷也"②、"吾十有五而志于学，三十而立，四十而不惑，五十而知天命，六十而耳顺，七十而从心所欲，不逾矩"。③"获罪于天"的"天"自然不是自然之"天"，即老庄道家思想里的"天然"意义上的"天"，而当是客观天理的意思。因此，一个人要得罪于天理的话，无论如何祷告也没有用。也就是说，祷告的理由荡然无存，所以，也就没有地方可以供你祷告了。这里的"天"，实际上与下面的"天命"是等义的。不过，在孔子的心目中，"天命"并不是完全超越人的存在，跟我们一般所说的天命明显存在着差别，这一点是显而易见的。因为，"天命"作为一种外在的存在，在人生

---

① 参照"有天有人，天人有分。察天人之分，而知所以行矣。有其人，无其世，虽贤弗行矣。苟有其世，何难之有哉？"（《穷达以时》，李零著：《郭店楚简校读记》，北京大学出版社 2002 年版，第 86 页）这里的"察天人之分"与西汉司马迁的"究天人之际"的意义当是相同的，重视天人的关系也是儒家一贯的主张，自然，这种倾向根源于孔子，这是应该注意的。

② 《论语·八佾》，杨伯峻译注：《论语译注》，中华书局 1980 年版，第 27 页。

③ 《论语·为政》，杨伯峻译注：《论语译注》，中华书局 1980 年版，第 12 页。

的认知阶梯上，它是能够为人所攻克的，孔子本身的人生实践就充分证明了这一事实。当然，它除讲天理、天命以外，还谈"天道"①。

2．"人能弘道，非道弘人"的道论

"天"是不能得罪的，孔子对此的认识是非常深刻的。不过，孔子在谈天道的同时，也强调人道②。"道"虽然也是孔子思想里的一个重要概念，在形式上与道家重视"道"存在一定的相似性，但这是形似，不是神似，因此与道家系统里的道、德是完全不一样的。孔子说："人能弘道，非道弘人"③、"朝闻道，夕死可矣"④、"士志于道，而耻恶衣恶食者，未足与议也"⑤。在道与人的关系上，是人能光大道，而不是相反，显示的是人对道的创造性、规定性，而不是道对人的向导性；显然，与道家的价值取向是完全相悖的。道家重视的是独立存在于万物之间的道，而儒家孔子推重的是人对道的旨意性、掌控

---

①　参照"子贡曰：夫子之文章，可得而闻也；夫子之言性与天道，不可得而闻也"（《论语·公冶长》，杨伯峻译注：《论语译注》，中华书局1980年版，第46页）。

②　参照"禹以人道治其民，桀以人道乱其民。桀不易禹民而后乱之，汤不易桀民而后治之。圣人之治民，民之道也。禹之行水，水之道也。造父之御马，马之道也。后稷之艺地，地之道也。莫不有道也，人道为近。是以君子，人道之取先"（《穷达以时》，李零著：《郭店楚简校读记》，北京大学出版社2002年版，第139页）。在"水之道"、"马之道"、"地之道"与"人道"之间，只有人道离人最近，所以，对人来说，首先应该推重人道。

③　《论语·卫灵公》，杨伯峻译注：《论语译注》，中华书局1980年版，第168页。

④　《论语·里仁》，杨伯峻译注：《论语译注》，中华书局1980年版，第37页。

⑤　同上。

性、支配性①。所以，在孔子的价值体系里，对人来说，"志于道"即探索道，是非常重要的，而且应该不息地追求，就是"朝闻道，夕死可"；追求道，不能以"恶衣恶食"为耻辱。

3. "志于道，据于德"的德论

虽然有天道的视野，但由于赋予人的意志的主导地位，天道也就带上了浓厚的人的色彩，在这个意义上，天道也就是人道了。由于与人紧密关联，因此，孔子在讲道的同时，还谈德，道、德在他的心目中，又与"仁"密不可分。他说：

> 季子然问：仲由、冉求，可谓大臣与？子曰：吾以子为异之问，曾由与求之问。所谓大臣者，以道事君，不可则止。今由与求也，可谓具臣矣。②
>
> 志于道，据于德，依于仁，游于艺。③

---

① 可以参照"'人能弘道，非道弘人'。这种不诉求超验而安顿生命的能力，无论是作为前存在与可普遍应用的道德原则，法律规定抑或自然法，都是可能的，因为他对宇宙与社会秩序有着不同的概念。郝大维和安乐哲（在《通过孔子而思》）区分了超验原则或法则设置的'逻辑的'或'理性的'秩序与'天'与'道'包含在里面的和谐的相互关联的'审美的'秩序。孔子偏爱由'礼'、'乐'和完成行为式的'名'所维系的'审美的'秩序，而不是用法则、刑罚所维系的'理性的'秩序，它最终被法家明显地理性化了"（《天命秩序的崩溃》，〔英〕葛瑞汉著：《论道者：中国古代哲学论辩》，张海晏译，中国社会科学出版社2003年版，第39—40页）。其实生活不是一首审美诗，在最终的意义上，审美的秩序是无法裨益现实生活里的人的，这也是被后来法家所改造的地方。当然，中国的法家的命运，又暂时无法来解释用法律来取代儒家审美秩序的优越性，因为，历史提供的图画是，最终法家为发展了的儒家思想而湮没。当然，历史没有结束，还必须继续，儒家表现出来的缺陷已经越发为人所注意，尤其是一些西方学者的视野，值得我们警醒和思考。

② 《论语·先进》，杨伯峻译注：《论语译注》，中华书局1980年版，第117页。

③ 《论语·述而》，杨伯峻译注：《论语译注》，中华书局1980年版，第67页。

参乎！吾道一以贯之……曾子曰：夫子之道，忠恕而已矣。①

"以道事君"的"道"，实际上就是仁德，或者说是仁德之道，在这里所展示的"志于道，据于德，依于仁，游于艺"的序列，"游于艺"既是传播前三者的载体，又是实现它们的手段。"道"、"德"、"仁"三者是相通的，或者也可以说，是同一概念的不同表述。在这个意义上，道、德也就是仁道、仁德②，其中心点则在仁。其实这也正合孔子仁学的价值方向，他"一以贯之"的道——"忠恕"，实际上也就是仁的具体反映，这将在下面论述，在此省略。

4. "乡原，德之贼也"的不德论

道德就是仁德，把一般意义上的道德涂上了儒家思想的特色，很难讲没有把儒家仁德等同于一切道德的嫌疑。"仁"作为儒家学说的主要理论，自然有一定的客观规定性；对现实生活里的仁道、仁德之方的评价，也有坚持客观标准的要求。在这个问题上，有两点值得提起。

(1) "乡原，德之贼也"③。

"乡原"根据《孟子》的解释，可以理解为言行不一致、没

---

① 《论语·里仁》，杨伯峻译注：《论语译注》，中华书局1980年版，第39页。

② 参照《论语·学而》"有子曰：其为人也孝弟，而好犯上者，鲜矣；不好犯上而好作乱者，未之有也。君子务本，本立而道生。孝弟也者，其为仁之本与（何晏注……先能事父兄，然后仁道可大成）"（（清）阮元校刻：《十三经注疏》，中华书局1980年版，第2457页中）、"弟子入则孝，出则悌，谨而信，泛爱众，而亲仁，行有余力，则以学文（正义曰……亲仁者，有仁德者……）"（同上书，第2458页上）。

③ 《论语·阳货》，杨伯峻译注：《论语译注》，中华书局1980年版，第186页。

有自己的是非观念而同流合污的人①，但在现实生活里，这样的人在外表上，反倒取悦于他人，所以，它是"德之贼"。真正的道德应该言行一致、表里合一。

（2）"道听而涂说，德之弃也"②。

以道听途说作为道德判断的依据，是对道德的亵渎，对道德的抛弃。换言之，真正的道德应该抛弃道听途说的做法，以真凭实据作为道德评价的标准。

在这个问题上，孔子强调的实际上就是两个字——合一。在个人的意义上，人的言行要合一；在动态的道德实践评价层面，价值的评价必须依据人的行为和言论的两相对照。这就是真正道德的内涵。

5. "众恶之，必察焉"的仁德评价论

以上"德之贼"、"德之弃"，实际上在不同的层面上，就是价值判断以后得出的结论。由于人的言行之间存在一定的不吻合性，有时这些又很难为他人所洞察，所以，道德的价值判断存在着客观的复杂性。确定仁德的最好方法，在孔子看来：

　　　子贡问曰：乡人皆好之，何如？子曰：未可也。乡人皆恶之，何如？子曰：未可也；不如乡人之善者好之，其不善

---

① 参照《孟子·尽心下》"曰：其志嘐嘐然……孔子：过我门而不入我室，我不憾焉者，其惟乡原乎？乡原，德之贼也。曰：何如斯可谓之乡原矣。曰：何以是嘐嘐也。言不顾行，行不顾言，则曰古之人，古之人。行何为踽踽凉凉？生斯世也，为斯世也，善斯可矣。阉然媚于世也者，是乡原也。万子曰：一乡皆称原人焉，无所往而不为原人。孔子以为德之贼，何哉？曰：非之无举也，刺之无刺也，同乎流俗，合乎污世，居之似忠信，行之似廉絜，众皆悦之，自以为是，而不可与入尧舜之道，故曰：德之贼也"（（清）阮元校刻：《十三经注疏》，中华书局1980年版，第2779页下—2780页上）。

② 《论语·阳货》，杨伯峻译注：《论语译注》，中华书局1980年版，第186页。

者恶之。①

　　众恶之，必察焉；众好之，必察焉。②

　　对曰：子夏曰，可者与之，其不可者拒之。③

　　当仁，不让于师。④

众人都"好之"或"恶之"的东西，也不等于就能断然地依照众人的评价为标准，简单地定为"善"（好）或"恶"。理智的方法是应该具体审察详情，尤其是评价人的具体情况即上面提到的是否"合一"。一般来说，以"善者"的"好之"为善，"不善者"的"恶之"为恶，比较客观可靠。交友也一样，不能随便，应该严格区分"可"与"不可"，对不可的应该严加拒绝。而面临真正的仁德时，就是老师在场，自己也不该谦让。

　　毫无疑问，孔子在此注意到了道德客观评价的重要性的一面，但是，把真正道德的标准，营建在以"善者"为原点的价值坐标里，在一定程度上，这种客观性又完全消解在主观性的海洋里，因为，"善者"与否的标准本身就是主观的。也就是说，"善者"、"不善者"有谁来确定，所以，孔子犯了一个严重的错误，本来是讨论如何客观公正地来进行道德的价值判断的问题的，为了得出"善"，必须先假设一个"善者"，为了得出"恶"，必须先假设一个"不善者"；换言之，为了善必须先有善，为了杜绝"恶"，必须先有恶。另外，孔子的"天命"虽不是一般意义上的

---

　　①　《论语·子路》，杨伯峻译注：《论语译注》，中华书局1980年版，第142页。

　　②　《论语·卫灵公》，杨伯峻译注：《论语译注》，中华书局1980年版，第168页。

　　③　《论语·子张》，杨伯峻译注：《论语译注》，中华书局1980年版，第199页。

　　④　《论语·卫灵公》，杨伯峻译注：《论语译注》，中华书局1980年版，第170页。

不可战胜的天命，而是可以逾越的存在，人类认识能力的进步在这里得到了自然的反映，尽管是非常朦胧的，但也是难能可贵的。换言之，"天命"是孔子在形下世界设置的超经验的道德命令，具有普遍性、永恒性、绝对性①。不过，在另一方面，孔子又是非常保守落后的，这就是他立论的参照系的基点不是客观现实，而是历史的周代，视觉是向后的，不是朝前的，他说："夫召我者，而岂徒哉？如有用我者，吾其为东周乎！"② 这是应该引为注意的③。

　　一言以蔽之，在人的世界以人自己为立法者和司法者，不参照人以外其他世界客观存在的情况，虽然是对人的彰显，但人无法在自己封闭的世界里生活，而保持生活是客观的事实，所以，人永远处在受到外在冲击的过程里，越是冲击越是在人的内心世界寻找解决的动力和途径，所以，人永远走在一个自我描绘的世界里。相对于宇宙世界，人的世界是独立的；相对于他人社会，个人又是独立的。就是为了解决道德价值评价的公正，也只能搬出独立于人的世界的评价系统的"善者"和"不善者"，显示的

　　　　　　——————————

　　① 参照李零《〈穷达以时〉与儒家天道观》（李零著：《郭店楚简校读记》，北京大学出版社 2002 年版，第 89—92 页）。

　　② 《论语·阳货》，杨伯峻译注：《论语译注》，中华书局 1980 年版，第 182 页。

　　③ 参照"孔子的所谓天命或天道或天，用最简捷的语言表达出来，实际是指道德的超经验的性格而言；因为是超经验的，所以才有其普遍性、永恒性。因为是超经验的，所以在当时只能用传统的天、天命、天道来加以征表。道德的普遍性、永恒性，正是孔子所说的天、天命、天道的真实内容。孔子'五十而知天命'的'知'，是'证知'的知，是他从十五志学以后，不断地'下学而上达'，从经验的积累中，从实践的上达中，证知了道德的超经验性。这种道德的超经验性，在孔子便由传统的观念而称之为天、天道、天命"（《孔子在中国文化史上的地位及其性与天道的问题》，徐复观著：《中国人性论史》，上海生活·读书·新知三联书店 2001 年版，第 77 页）。

是一切从主观出发，不是探讨道德的本质是何谓的问题，没有丝毫客观的可把握性，而中国的思维倾向也就从这里开始了。非常遗憾的是，孔子虽然向老子问礼，但是，道家重视大道所包含的推重外在客观的特征，在孔子这里没有丝毫的表现。

二　"见危致命，见得思义"的道德范畴论

孔子所建立的仁德是一个体系，他把道德当作仁德来规定的运思，是通过一系列的道德范畴来体现和展示的，里面不仅有关于性、命等概念的论述，而且也有仁、义、礼、知、信等儒家主干德目的分析，此外，还有名分、中道、正直、孝等德目的规定；以下将逐一进行讨论。

1．"性相近也，习相远也"的本性论

众所周知，在道家的主要经典著作《老子》和《庄子》内篇里，我们无法找到"性"的概念，而只有在外、杂篇里才有出现①。在《论语》里，一共两次谈到"性"。

（1）"鸟兽不可与同群"。

人具有特定的规定性。孔子说："夫子怃然曰：鸟兽不可与同群，吾非斯人之徒与而谁与？天下有道，丘不与易也。"② 孔子施行改革（易）的原因之一，就在于天下无道。显然，这里的"道"只是人道的"道"。而在宇宙世界里，人道有着独特性，因为，人与其他动物是不能同群的，只能人类自身过同群的生活。

---

① 具体参照许建良著：《先秦道家的道德世界》（中国社会科学出版社2006年版）的相关论述。

② 《论语·微子》，杨伯峻译注：《论语译注》，中华书局1980年版，第194页。

当然，孔子没有明确指出人在与其他动物的境遇里之所以为自身的关键所在，这也是中国古代学人仅仅重视做什么的方面，而无视是什么的领域的具体表现。

（2）"性相近也，习相远"。

《论语》里的两处谈"性"的具体内容是："子贡曰：夫子之文章，可得而闻也；夫子之言性与天道，不可得而闻也"①、"性相近也，习相远也"②。子贡所说的孔子关于性与天道的言论，我们无法听到，实际上，留下来的就只有一条。长期来，对此一般理解为，人的先天本性是相近而没有什么差异的，但在后天的生活里，因逐渐形成差异而趋于相远，这主要是由于"习"的作用。可以说，孔子开了中国本性学说的先河，而且这是一个开放性的系统，因为他既没有表明先天本性的内涵，又没有在价值论上给本性定性，正是这一特点，赋予后人想象、发展、超越的无限机会。而《孟子·告子上》里的"其好恶与人相近也者，几希"的"相近"③，则是在孟子性善论基础

---

① 《论语·公冶长》，杨伯峻译注：《论语译注》，中华书局1980年版，第46页。

② 《论语·阳货》，杨伯峻译注：《论语译注》，中华书局1980年版，第181页。

③ 参照"牛山之木尝美矣，以其郊于大国也。斧斤伐之，可以为美乎？是其日夜之所息，雨露之所润，非无萌蘖之生焉，牛羊又从而牧之，是以若彼濯濯也。人见其濯濯也，以为未尝有材焉，此岂山之性也哉！虽存乎人者，岂无仁义之心哉！其所以放其良心者，亦犹斧斤之于木也，旦旦而伐之，可为美乎？其日夜之所息，平旦之气，其好恶与人相近也者，几希。则其旦昼之所为，有梏亡之矣。梏之反覆，则其夜气不足以存；夜气不足以存，则其违禽兽不远矣。人见其禽兽也，而以为未尝有才者，是岂人之情也哉！故苟得其养，无物不长；苟失其养，无物不消"（《孟子·告子上》，（清）阮元校刻：《十三经注疏》，中华书局1980年版，第2751页中）。并参考《孔子在中国文化史上的地位及其性与天道的问题》，徐复观著：《中国人性论史》，上海生活·读书·新知三联书店2001年版，第68—71页。

上的立论,与这里的本义是不吻合的;当然,也绝不是如宋儒所说的"气质之性"①。

如上所述,孔子的性论,在最终的意义上,表明的只是在静态和动态两个层面上对人的本性审视的结果,并没有对性的内涵与性质做任何规定;"相近"是静态层面上的图画,"相远"是动态视野里的描绘。为何"相近"?为何"相远"?这在孔子那里永远是一个谜团,在儒家学理的序列里,也永远是一个不解的谜,因为,在儒家看来,这是不需要疑问的,无问题可言。这是解读文本得出的结论。

2."必覆命"的命论

与人的本性相连的是"命"的问题。上面我们已经分析了天命,在孔子的系统里,命除具有天命的意思以外,在道德的领域,还具有性命、使命、命运的意思②。以下分而论之。

(1)"见危授命"。

"命"的最初的意思从天命转向人自身时,往往首先得到重视的因子之一就是自己的性命。

> 子张曰:士见危致命……祭思敬,丧思哀,其可已矣。③

----

① 参照"此所谓性,兼气质而言者也。气质之性,固有美恶之不同矣。然以其初而言,则皆不甚相远也。但习于善则善,习于恶则恶,于是始相远耳……程子曰:此言气质之性。非言性之本也。若言其本,则性即是理,理无不善,孟子之言性善是也。何相近之有哉?"(《论语集注》卷九《阳货》,(宋)朱熹撰:《四书章句集注》,中华书局1983年版,第175—176页)

② 此外还具有辞令的意思,如"为命,裨谌草创之,世叔讨论之,行人子羽修饰之,东里子产润色之"(《论语·宪问》,杨伯峻译注:《论语译注》,中华书局1980年版,第147页)。

③ 《论语·子张》,杨伯峻译注:《论语译注》,中华书局1980年版,第199页。

> 子路问成人。子曰……今之成人者何必然？见利思义，见危授命，久要不忘平生之言，亦可以为成人矣。①

> 哀公问：弟子孰为好学？孔子对曰：有颜回者好学，不迁怒，不贰过，不幸短命死矣。今也则亡，未闻好学者也。②

"见危致命"、"见危授命"的"命"都是性命的意思，完整的意思是，一个士或成人必备的素质之一，就是身临险境、面临两难的选择时，能够不惜自己的性命即身。"不幸短命死"的"命"指的也是性命。这个"命"是来自先天的存在。

尽管在古文字里，"生"与"性"是相通的。但是，谈"命"时，主要应该是性命，而不是生命，性命不等于生命，但生命不能没有性命。因为，生命是性命的展开，一个人的性命能否完全得到展开，其裁决权往往不完全决定于个人。也就是说，人的性命在展开的动态过程里，必然要受到一些外在客观因素的影响，而这些反映到文字里，就是生命的"生"，它包含着存活的意思，而性命的存活是一个过程。在这个意义上，性命当是一个静态意义上使用的概念，具有先天一时性；而生命是一个动态意义上使用的概念，具有后天的连续性。因此，在价值论的意义上，性命本身的意义是没有差别的，也就是说，无论对什么人，具有性命的意义是一样的。另一方面，生命的意义是存在着客观的差异的，不同的人，具有不同的生命的意义，这取决于该人的性命在具体的存活过程里对社会他人产生的具体影响。因此，在孔子的文本语境里，主要还是侧重在"命"作为客观事实这一方面，而

① 《论语·宪问》，杨伯峻译注：《论语译注》，中华书局1980年版，第149页。
② 《论语·雍也》，杨伯峻译注：《论语译注》，中华书局1980年版，第55页。

不是它存活的过程的方面①。

（2）"必覆命"。

孔子说："君召使摈，色勃如也，足躩如也。揖所与立，左右手，衣前后，襜如也。趋进，翼如也。宾退，必复命曰：宾不顾矣。"② 这里描写的是孔子负责迎接宾客的过程。"必复命"的意思是必定回复所命③，这是担任的使命所赋予的职责，因此，这里的"命"指的是使命④。这是来自于后天人为的命。

（3）"死生有命，富贵在天"。

这里的"命"是另一意义上的存在物。

伯牛有疾，子问之，自牖执其手，曰：亡之，命矣夫！斯人也而有斯疾也！斯人也而有斯疾也！⑤

司马牛忧曰：人皆有兄弟，我独亡。子夏曰：商闻之矣：死生有命，富贵在天。⑥

道之将行也与，命也；道之将废也与，命也。公伯寮其如命何！⑦

---

① 杨伯峻认为"见危致命"的"命"是生命的意思。参考杨伯峻译注：《论语译注》，中华书局 1980 年版，第 249 页。

② 《论语·乡党》，杨伯峻译注：《论语译注》，中华书局 1980 年版，第 97 页。

③ 参照钱穆著：《论语新解》，上海生活·读书·新知三联书店 2002 年版，第 251 页。

④ 徐复观先生认为"《论语》上凡单言一个'命'字的，皆指运命之命而言"（《孔子在中国文化史上的地位及其性与天道的问题》，徐复观著：《中国人性论史》，上海生活·读书·新知三联书店 2001 年版，第 74 页）。这一结论显然是值得商榷的。

⑤ 《论语·雍也》，杨伯峻译注：《论语译注》，中华书局 1980 年版，第 58 页。

⑥ 《论语·颜渊》，杨伯峻译注：《论语译注》，中华书局 1980 年版，第 124—125 页。

⑦ 《论语·宪问》，杨伯峻译注：《论语译注》，中华书局 1980 年版，第 157 页。

人有病，不能存活，这是"命矣夫"，即是命中注定的事情，这里的"命"就是命运的意思；"死生"以及道的"将行"、"将废"，都取决于命运，是人力所难能左右的①。

天命作为经验世界里的道德命令，对人具有绝对的权威；命运作为经验世界的抽象存在，虽然具有不可捉摸性，但对人却具有现实的消解个人客观不足、疑惑等的作用，以及平衡、平静人们内心世界的道德功效，或者说是轻松人生的宗教性良药。孔子这里虽然有"性"和"命"的讨论，在命中也有性命的意思，但是，在形式上没有出现"性命"这一概念。

3. "杀身以成仁"的仁德论

孔子虽然是仁学的奠基者，但"仁"这一概念，并不是孔子创造的，孔子借用仁这一概念，也正是他好古的表现。孔子对仁古为今用，率先创建了仁学，仁学的中心概念自然是仁。那么，仁的内在规定是什么呢？

（1）"爱人"。

首先，仁字在字形结构上，左边为"人"，右边是"二"，合之为两个人，所以，仁讲的是两个人的关系。而在人类认识的低级阶段，对这种两个人关系的认识，首先是局限于血缘之内的，我们姑且不说人类是先有对自己的认识，还是先有对他人的认识，因此，爱人首先是在血缘关系里的行为，这也是后来墨子倡导"兼爱"为武器来对抗孔子"爱人"②的原因所在，这是应该首先明确的。

其次，"亲仁"。应该注意，在孔子的系统里，民与人当不是

---

① 参照"季路问事鬼神。子曰：未能事人，焉能事鬼？"（《论语·先进》，杨伯峻译注：《论语译注》，中华书局1980年版，第113页）这里的立脚点在人，不在鬼。

② 《论语·颜渊》，杨伯峻译注：《论语译注》，中华书局1980年版，第131页。

同内涵的概念，用民一般指民众、百姓，而用人时，一般指不包括民在内的贵族，这是应该区分的。所以，作为仁基本规定之一的"爱人"，也该是这个意义。《说文解字》释"仁"为"亲也"①，讲的就是亲情。关于这一点，在《郭店楚墓竹简》的资料里，也得到了有力的证明。《尊德义》里说："仁为可亲也，义为可尊也，忠为可信也，学为可益也，教为可类也。"② 这里正是在"亲"的意义上阐释仁的，可以说，这是仁的原本意义。换言之，血缘亲就是仁。以下的资料是最好的佐证："弟子入则孝，出则弟，谨而信，泛爱众，而亲仁"③、"君子笃于亲，则民兴于仁"④、"君子务本，本立而道生。孝弟也者，其为仁之本与！"⑤ "孝弟"是"为仁之本"，具体的进路是从"孝"开始而终于"仁"，因此，要在仁德上有所建树的话，那先得在亲情上做厚实。在这个基础上，推而广之，才进到普遍的人际关系层面。

再次，"居处恭"。仁者爱人仅是总体上的规定，在具体的行为关系里，还有具体的要求。

　　　　樊迟问仁。子曰：居处恭，执事敬，与人忠。虽之夷狄，不可弃也。⑥
　　　　子张问仁于孔子。孔子曰：能行五者于天下为仁矣。请

　　① 参照（汉）许慎撰、（清）段玉裁注：《说文解字注》，上海古籍出版社1981年版，第365页上左。
　　② 李零著：《郭店楚简校读记》，北京大学出版社2002年版，第139页。
　　③ 《论语·学而》，杨伯峻译注：《论语译注》，中华书局1980年版，第4—5页。
　　④ 《论语·泰伯》，杨伯峻译注：《论语译注》，中华书局1980年版，第78页。
　　⑤ 《论语·学而》，杨伯峻译注：《论语译注》，中华书局1980年版，第2页。
　　⑥ 《论语·子路》，杨伯峻译注：《论语译注》，中华书局1980年版，第140页。

> 问之。曰：恭、宽、信、敏、惠。恭则不侮，宽则得众，信则人任焉，敏则有功，惠则足以使人。[①]

"居处恭"讲的是人独处时应该谦恭，"执事敬"指的是主管执掌具体事务时必须端肃庄敬，"与人忠"的意思是与人交往必须忠厚笃实。而作为一般的个人品德，还应该有"恭"、"宽"、"信"、"敏"、"惠"等德目的涵育；"恭"就是上面说的谦恭，能够做到谦恭，就不会遭人侮辱；"宽"是宽容的意思，能够做到宽容，就能够得到他人的响应；"信"是信实的意思，做到信实，就能够得到他人的任用；"敏"是勤敏的意思，能够勤勉于具体的事务，肯定能够显出事功；"惠"是仁慈的意思，仁慈就能够使唤人。这些都是仁的内容之一，昭示着人在不同情境里的具体行为要求。"忠"、"信"、"宽"是人际关系里行为规范，其他只是个人品性素质的修养要求。

最后，"未知，焉得仁"。仁是综合的素质，光具备某一方面的素质，是称不上仁的。

这里有两种情况，先说第一种：

> 孟武伯问子路仁乎？子曰：不知也。又问。子曰：由也，千乘之国，可使治其赋也，不知其仁也。求也何如？子曰：求也，千室之邑，百乘之家，可使为之宰也，不知其仁也。赤也何如？子曰：赤也，束带立于朝，可使与宾客言也，不知其仁也。[②]

---

① 《论语·阳货》，杨伯峻译注：《论语译注》，中华书局1980年版，第183页。
② 《论语·公冶长》，杨伯峻译注：《论语译注》，中华书局1980年版，第44页。

孟武伯向孔子请教子路有没有仁德的问题，孔子的回答是还不知道；至于仲由，他可以管理具有一千辆兵车国家的军饷工作，但不知道他有无仁德；冉求也一样，做"千室之邑"、"百乘之家"的官吏是称职的，是否有仁德则不知道；其他如公西赤也一样，接待宾客是没有问题的，但不知道有无仁德。这是一种情况，他们都存在管理国家事务的一个方面的才能和敬业精神，而且在相关的方面也得到孔子的认可，但是，跟仁德仍然没有实现并完成对接。

另一种情况是：

> 子张问曰：令尹子文三仕为令尹，无喜色；三已之，无愠色。旧令尹之政，必以告新令尹。何如？子曰：忠矣。曰：仁矣乎？曰：未知，焉得仁？崔子弑齐君，陈文子有马十乘，弃而违之。至于他邦，则曰：犹吾大夫崔子也。违之。之一邦，则又曰：犹吾大夫崔子也。违之。何如？子曰：清矣。曰：仁矣乎？曰：未知，焉得仁？[1]

令尹子文三次做令尹的官，没有喜悦的表现；三次被罢免，没有怨恨的表现；每次移交，都把自己的施政纲领告诉新接位的人。在孔子看来，他属于忠心职守的人，至于是否具备仁德，那就不知道了。诸如崔杼杀掉了齐庄公，陈文子当时有 40 匹马，舍弃不要而离开齐国。但到了另一个国家，觉得这里的执政者与齐国的崔杼差不多，于是又到一个国家。但这个新到的国家的执政者与齐国的崔杼还是差不多，结果又离开了。这个陈文子怎样？孔

---

[1] 《论语·公冶长》，杨伯峻译注：《论语译注》，中华书局 1980 年版，第 49 页。

子认为他非常清白。至于他是否具备仁德，孔子的答案还是不知道，如何得到具有仁德的名称呢？这里值得注意的是，为了保持自己的清白，宁愿舍弃自己的财产而远离他乡，三次换国家，但结果是一样的，没有适合保持自己清白的地方，可谓天下乌鸦一般黑。

以上的两个情况告诉我们，具备办具体事务能力的普通知识人，称不上具有仁德；为了保持自己的人格清白，宁愿舍弃家财而背离祖国，寻找新的适宜于自己人格生长的环境，只能算清白，不能算有仁德。人作为能够群居生活的存在体，光有个人一己的清高显然是不够的，对群的责任如何体现？这种责任也就是我们今天所说的社会责任，是公德的必然内容；这种情况实际上也就是近代思想家梁启超所批判的"束身寡过"的行为，这种行为存在似乎不错的表象，但是，在本质上，是不完整的人的行为，因为人是群居的存在体，不对群体尽责就是不行。尽管这里孔子认为仅有清白不能算有仁德，容易使我们产生仁德具有公德因子的想法，但这都是虚拟的现象，因为，仁的舞台的实际影响力只能在血缘关系之中。在此，我们不禁要追问的是，具备实际能力的人，无法与仁德实现或构成对接，那么，仁德载体的生存基础又是什么呢？因为在我们看来，没有实务的仁者，最多也只能是无根之草，无花之果，是空中的楼阁。既然现实没有使人保持清白的环境，那仁者的价值在哪里才能得到体现？到底有没有仁者？要回答以上问题，在孔子的系统里，显然是困难重重的。我只能说，孔子想营筑的仁学，是脱离现实的，很难在现实找到对接的切入口。

（2）"仁者，其言也切"。

仁既然是一个综合素质，其具体的表现是通过不同的侧面来实现的，诸如在言表的方面，具备仁德的人就具有非常明显的特点。孔子说：

> 刚、毅、木、讷近仁。①
> 司马牛问仁。子曰：仁者，其言也讱。曰：其言也讱，
> 斯谓之仁已乎？子曰：为之难，言之得无讱乎？②
> 仁者乐山……仁者静……仁者寿。③

具备刚强（刚）、果决（毅）、质朴（木）、不轻易言说（讷）等
品质的就是仁，"讷"的品性与"乐山"的特性是一样的，山具
有不动的特点，由于不为外在因素影响所动，始终保持平静，所
以，就能实现长寿。而这种品性的外在表现就是"讱"，不轻易
快捷地言语，具有稳重的特色。

（3）"己所不欲，勿施于人"。

在人际关系上，应该如何把握爱人的尺度呢？这也是一个不
得不考虑的现实问题。我们在"仲弓问仁。子曰：出门如见大
宾，使民如承大祭。己所不欲，勿施于人。在邦无怨，在家无
怨"④、"子贡问曰：有一言而可以终身行之者乎？子曰：其恕
乎！己所不欲，勿施于人"⑤ 的论述里，不难找到答案。"恕"
是一个人可以终生履行的德目，它的内在规定就是"己所不欲，
勿施于人"，即自己不想要的物件或不愿施行的事情，不能强加
给他人或强迫他人去干，这样的话，在邦国、在家族内外就不会

---

① 《论语·子路》，杨伯峻译注：《论语译注》，中华书局1980年版，第143页。
② 《论语·颜渊》，杨伯峻译注：《论语译注》，中华书局1980年版，第124页。
③ 《论语·雍也》，杨伯峻译注：《论语译注》，中华书局1980年版，第62页。
④ 《论语·颜渊》，杨伯峻译注：《论语译注》，中华书局1980年版，第123页。
⑤ 《论语·卫灵公》，杨伯峻译注：《论语译注》，中华书局1980年版，第166页。

产生怨恨①。可以说，这是仁在人际关系里消极方面的规定性。

（4）"己欲立而立人"。

其实，人际关系是非常现实的，也不可能是一维的，既然存在消极方面的考量，肯定也有积极方面的运思，"子贡曰：如有博施于民而能济众，何如？可谓仁乎？子曰：何事于仁，必也圣乎！尧、舜其犹病诸！夫仁者，己欲立而立人，己欲达而达人。能近取譬，可谓仁之方也已"②，就是具体的回答。"博施于民"并能"济众"的话，这就不仅仅是仁了，已经是圣了。在这方面，即使被称为圣王的尧、舜，也不是十全十美的。那么，仁只是"己欲立而立人，己欲达而达人"，简而言之，就是自己想立的，一定使他人也能立；自己想达的，一定使他人也能达。换言之，自己想有所成就的地方，也一定使他人在相应的地方有所成就。不仅如此，而且这些并非好高骛远的空论，能从最切近处努力，这就是真正仁的行为之方。可以说，这就是仁在积极方面的规定性。

无论是消极的方面，还是积极的领域，在人际关系上，体现的都是人、己相统一的图画，不过，不能忽视的是，在此向人们展示的价值坐标的原点是己、我，而不是人、他，是从己、我到人、他的价值方向，这是不能忽视的。无疑存在着为他人利益考虑的因素，但是，驱动运思的原初动因是行为主体自己，而不是他人；这也是我们在学习孔子这一被人称为黄金规则理论时应该具有的理性自觉。

---

① 杨伯峻把"己所不欲"解释为"自己所不喜欢的事物"（参照杨伯峻译注：《论语译注》，中华书局1980年版，第124页）、钱穆释此为"自己所不欲的"（参照钱穆著：《论语新解》，上海生活·读书·新知三联书店2002年版，第305页），前者显得狭窄，后者较为允当。

② 《论语·雍也》，杨伯峻译注：《论语译注》，中华书局1980年版，第65页。

　　（5）"无求生以害仁，有杀身以成仁"。

　　以上是人际关系上的情况，在个体自身的系统里，仁有什么位置呢？这也是一个不得不考虑的问题。"人而不仁，如礼何？人而不仁，如乐何"①、"唯仁者能好人，能恶人"②、"仁者不忧……"③等告诉我们，一个人不能践行仁德的话，对礼仪制度和音乐就无可奈何了。掌握仁的行为之方，并能行仁德的话，就能行使符合规范又合理的善恶标准，所以，对他们来说，根本就没有什么忧虑、忧愁、忧患。显然，奉行仁德，对个体来说，是其立身的主要条件之一。但是，当个体的身与仁发生矛盾的时候，应该奉行的价值尺度则是"志士仁人，无求生以害仁，有杀身以成仁"④。也就是说，不能为了求生而危害、损害仁德的光辉，而应该用自己的性命即身来成就仁德的价值实现，来维持仁德的至上虚幻地位，这就是在两难选择中，孔子昭示我们的抉择之方。同时，也可以毫无夸张地说，这也设定了中国几千年来一贯不变的重视道德价值而轻视个人生命价值的定势，在非常深在而又宽广的层面上，影响并禁锢着中国人的思维，这种导向的极端之处就是为抽象的道德规范而牺牲个人的性命和全部生活的意义。这是值得我们认真思考的问题所在。

　　在此，我想提醒大家注意的一点是，中国的许多知识人都以我们的祖先具有忧患意识而骄傲，这是民族生存的希望之光，至今仍在津津乐道不已。但是，孔子儒家这里告诉我们的是"仁者不忧"，"不忧"就是不担心、不担忧、不忧愁，显然，在具备仁

　　①　《论语·八佾》，杨伯峻译注：《论语译注》，中华书局1980年版，第24页。
　　②　《论语·里仁》，杨伯峻译注：《论语译注》，中华书局1980年版，第35页。
　　③　《论语·子罕》，杨伯峻译注：《论语译注》，中华书局1980年版，第95页。
　　④　《论语·卫灵公》，杨伯峻译注：《论语译注》，中华书局1980年版，第163页。

德的人那里，我们根本找不到忧患的因子。那么，一个社会不可能都是仁者，由于仁者无法脱离人际关系而生活，这是为爱人的内涵决定的，这样的话，如何实现整个社会的"不忧"，就要遭到质疑了。

（6）"为仁由己"。

上面曾经分析到，仁在总体上虽然是爱人，但爱人行为的展开，就呈现为各种不同的行为要求，所以，在道德评价上给予仁德结论的行为，不是容易能够实现的。但是，在践行仁德的问题上，他人不能给予你任何帮助，这是个人的事务。因为在孔子这里，仁作为调节人际关系的德目，对人来说，并不是天生就有的，必须后天习得。

首先，"志于仁"。仁是一个非常宽泛的存在，对于个人而言，首先应该从内心立志做仁者。

> 苟志于仁矣，无恶也。①
> 我未见好仁者，恶不仁者。好仁者，无以尚之；恶不仁者，其为仁矣，不使不仁者加乎其身。有能一日用其力于仁矣乎？我未见力不足者。盖有之矣，我未之见也。②

人若能立志于行仁德，对他是没有任何坏处的。孔子没有见过爱好仁德的人和厌恶不仁的人，真正爱好仁德，那就会觉得没有什么超过仁德了；能厌恶不仁，本身就是仁德行为，就会谨防自身染于不仁。只要用心力去行仁德，就一定能成功，每个人都具备这样的心力。但不知道有无这样的人存在，孔子还没有看到。

---

① 《论语·里仁》，杨伯峻译注：《论语译注》，中华书局1980年版，第36页。
② 同上书，第36—37页。

　　立志做仁者，首先必须爱好仁德和厌恶不仁，但现实生活里没有这样的人，可见爱好仁德不是一件容易的事情。但是，何为爱好？孔子没有给我们提供帮助；没有爱好，何谈力行呢？每个人虽然都有践仁的内在能力，但如何发动出来呢？

　　其次，"求仁而得仁"。在孔子的系统里，仁德的实现，仅有内心的爱好和志向是不够的，所以，还必须向外诉求。

　　　　子贡曰……伯夷、叔齐何人也？曰：古之贤人也。曰：
　　怨乎？曰：求仁而得仁，又何怨？[①]
　　　　颜渊问仁。子曰……为仁由己，而由人乎哉？[②]
　　　　仁远乎哉？我欲仁，斯仁至矣。[③]

　　伯夷、叔齐由于互相推让，都不肯做孤竹国的国君，就跑到了国外，子贡问孔子他们有怨悔吗？孔子认为他们求仁德，就能得到仁德，因此，没有什么怨悔。追求仁德只能靠自己，不能指望他人来帮忙。仁德是可以求得的，只要我们想仁德的话，仁德就来了。这是因为客观上仁德离我们并不遥远。

　　从内心的爱好到外在追求，应该说是在不断推进伸展着行为链。但是，等我们考虑结果怎样的时候，就会发现我们仍然在原地没动，一切的活动都只是心灵的实践，问题不是别的什么，就是在现实层面孔子并没有直面如何行仁德的问题。这个问题不解决，其他一切也只能是睡觉时的催眠曲。

　　最后，"非礼勿视"。为了保证施行仁德实践的正当方向，实

---

①　《论语·述而》，杨伯峻译注：《论语译注》，中华书局1980年版，第70页。
②　《论语·颜渊》，杨伯峻译注：《论语译注》，中华书局1980年版，第123页。
③　《论语·述而》，杨伯峻译注：《论语译注》，中华书局1980年版，第74页。

践本身不能毫无依归，这依归就是"礼"。

> 颜渊问仁。子曰：克己复礼为仁。一日克己复礼，天下
> 归仁焉……颜渊曰：请问其目？子曰：非礼勿视，非礼勿
> 听，非礼勿言，非礼勿动。颜渊曰：回虽不敏，请事斯
> 语矣。①

"克己复礼为仁"② 说得是：克制自己，使自己的行为始终依归
礼仪的轨道，这就是仁。只要一日这样，天下就会如同我之践行
仁德之心，仁满寰宇了。成就仁德完全在自身，而不在别人。在
具体的实行次序上，则在于用礼仪来规范自己的"视"、"听"、
"言"、"动"等行为，这几乎包括了人的一切活动范围。在这个
意义上，礼仪则是实现仁德的枢机和航标，在礼仪以外的东西，
则不是"视"、"听"、"言"、"动"等行为的对象。

    在此我们不禁要质问，在一个以上分析的陈文子三换国家而
寻找保持自己清白人格而终不能的氛围下，颜渊的"请事斯语"
的现实操作性又在哪里呢？这里仍然存在纯粹个人掌握自主权的
求仁实践是否可行的疑问，仁难道真的是纯粹个人的事务吗？所
以，仁一开始就陷入了无参照、无牵制、无标准的境遇里，自己
既是立法者，自己又是司法者；从此走向一个斩不断理还乱的难
能自拔的困境。

    4. "见得思义"的义论

    "义"是道义的意思，它是又一个重要德目，它也是与"利"

---

① 《论语·颜渊》，杨伯峻译注：《论语译注》，中华书局 1980 年版，第 123 页。
② "克己复礼"并不是孔子的创造，是他借鉴古代文化的表现。《春秋左传·昭
公十年》载有："仲尼曰：古也有志，克己复礼，仁也。"（（清）阮元校刻：《十三经
注疏》，中华书局 1980 年版，第 2064 页下）

相对的一个概念。《论语》里"义"字约 24 见，"利"字约 10 见；在它们各自出现的频率上，也足见孔子对"义"的重视。其具体的运思，将在下面的纲目里得到演绎。

（1）"自行束修以上，吾未尝无诲焉"。

在对孔子道德思想的研究中，历来认为他对利是持否定态度的，这在总体上是可以成立的。但是，实际上它是一个复杂的问题，难能轻易地得出结论。

首先，"罕言利"。我们找不到孔子谈利益的地方，只有"子罕言利与命与仁"[1] 的例证。不过，孔子对物质方面的需要倒也持肯定的态度："自行束修以上，吾未尝无诲焉"[2]、"事君，敬其事而后其食"[3]，就是明证。"束修"也就是我们今天所说的干肉串，这里是学费的表征，孔子教学生也是收取学费的。侍奉君主，应该把敬业置于第一位，把俸禄放在第二位。从这两处言论来看，孔子根本没有完全否定利益，而且把敬业放在第一位也根本就没有错，这在今天仍有积极意义。凭劳动所得，劳动在先，得在后，这是天经地义的。这是应该引起重视的。

其次，"鲁人必拯溺者"。孔子肯定利益的思想，我们在《吕氏春秋·先识览·察微》里也能找到可供参考的佐证：

> 鲁国之法，鲁人为人臣妾于诸侯，有能赎之者，取其金于府。子贡赎鲁人于诸侯，来而让不取其金。孔子曰：赐失之矣。自今以往，鲁人不赎人矣。取其金，则无损于行；不

---

① 《论语·子罕》，杨伯峻译注：《论语译注》，中华书局 1980 年版，第 86 页。
② 《论语·述而》，杨伯峻译注：《论语译注》，中华书局 1980 年版，第 67 页。
③ 《论语·卫灵公》，杨伯峻译注：《论语译注》，中华书局 1980 年版，第 170 页。

取其金，则不复赎人矣。子路拯溺者，其人拜之以牛，子路
受之。孔子曰：鲁人必拯溺者矣。①

鲁国的法律规定，如果鲁国人在外国沦为奴隶，有人出钱把他们
赎出来，可以到国库中领取赎金。子贡赎了一个在外国沦为奴隶
的鲁国人，回来后谦让而不向国家领取赎金。孔子对他说：端木
赐（子贡的名字），你这样做就不对了。你开了一个坏的先例，
从今以后，鲁国人就不肯再替沦为奴隶的本国同胞赎身了。你领
取赎金，也不会损害你的德行；你不拿赎金，以后也不会有人施
行赎人的行为了。子路救了落水者，被救者牵牛来谢他，他收下
了。孔子说，以后鲁国的人看到落水者一定会去救。

　　这是完全不同的两件事。子贡破坏了鲁国领取赎金的法律。
大家知道，子贡是最有钱的孔门弟子，他是一个成功的商人。所
以他在商业营运中周游列国，有机会也有经济实力赎出在外国沦
为奴隶的鲁国人。虽然在经济实力上，他可以不领取国家的赎
金；但在法律上，作为鲁国公民，必须遵守国家的法律而领取赎
金。至于你不在乎这赎金，那领取后可以再作他图。而为了自己
的德行而谦让不领，这确实开了一个不好的头。给他人的行为选
择设置了难题，而且把道德凌驾于法律之上，过分夸大道德的重
要性。

　　子路救落水者，这是一般的行为境遇。救人的行为，无疑付
出了艰苦的劳动，而且需要胆量和勇气，付出劳动而领取别人的
回报，在情理上也是没有问题的。鲁国虽然在法律上没有给予明
文的规定，但是孔子给予了肯定。从孔子对这两件事的看法上，
不难发现，他已经充分洞察到了道德与经济的关系，认识到道德

_____

① 高诱注：《吕氏春秋注》，中华书局 1954 年版，第 191—192 页。

不该是空中楼阁，没有否定利益①。但是，这是微观上的情况，而且肯定的程度是非常有限的。这在下面还会出现，这里就不做进一步的分析了。

(2)"放于利而行，多怨"。

孔子虽没有否定利益，但对利益并没有给予充分活动的余地和空间。

> 子夏为莒父宰，问政。子曰：无欲速，无见小利。欲速，则不达；见小利，则大事不成。②
> 放于利而行，多怨。③
> 君子喻于义，小人喻于利。④

治理政事，不能图快，也不能拘泥于细小的利益。因为，图快就很难达到目的，拘泥于眼前些微利益的话，就必然干不成大事。如听任利欲的指令而行动的话，就势必引来他人的怨恨。在现实生活里，君子明了的是义，而小人明了的则是利。这无形中把义利设置为君子和小人的分界岭，由于小人在道德大厦里没有自己的位置，这一设置实际上就赋予了否定利益的无限可能，这可能

---

① 作为德目的"仁"本身，也不是排斥利益的。例如："尧舜之王，利天下而弗利也……利天下而弗利也，仁之至也。故昔贤仁圣者如此。身穷不贪，没而弗利，穷仁矣。"（《唐虞之道》，李零著：《郭店楚简校读记》，北京大学出版社 2002 年版，第 95 页）"仁"的全部即"穷仁"，就是"身穷不贪，没而弗利"，在此，"不贪"和"弗利"当是同义的，说的是不过分利益自身的意思，在这个意义上，"利天下而弗利"的意思，就是利益天下而不过分利益自己。所以，"仁"本身并没有否定对利益的一定的追求。

② 《论语·子路》，杨伯峻译注：《论语译注》，中华书局 1980 年版，第 139 页。

③ 《论语·里仁》，杨伯峻译注：《论语译注》，中华书局 1980 年版，第 38 页。

④ 同上书，第 39 页。

是孔子本人始料所不及的。但这里的对立已经形成，这一事实是无法否认的。

（3）"徙义，崇德也"。

由于义利是区别君子与小人的标准，所以，"君子之于天下也，无适也，无莫也，义之与比"[1]、"子张问崇德辨惑。子曰：主忠信，徙义，崇德也……"[2]。没有什么一定要适从的，也没有什么一定要否定的，只要符合义便可遵从；闻义而能即从，则能提升人的道德品位。但这对人来说，并不是容易之事。孔子说："见善如不及，见不善如探汤；吾见其人矣，吾闻其语矣。隐居以求其志，行义以达其道；吾闻其语矣，未见其人也。"[3]看到善行就努力实践，生怕来不及似的；遇到不善的就极力避免，仿佛手伸进热汤似的；孔子看到过这样的人，也听到过这样的言论。对退而隐居以求我志，进而行义以达我道的事情，孔子虽然听到过这样的言论，但没有见到过这样的人。也就是说，行义存在着困难。正如下面"见义不为，无勇"[4] 所说，见义能否挺身而有所为，还有个勇敢的问题。

众所周知，现实生活里，随处可以看到"见义勇为"的标语，我想当是基于孔子"见义不为，无勇"的引论。要注意的是，在原本孔子的思想里，"见义不为，无勇"不是作为一种行为之方来加以提倡的，而是一种价值判断，是对"见义不为"行为的价值判断。而"见义勇为"已经不是一种价值判断了，而是作为一种理想的行为之方来提倡了，价值判断和当为的行为之方

---

① 《论语·里仁》，杨伯峻译注：《论语译注》，中华书局 1980 年版，第 37 页。
② 《论语·颜渊》，杨伯峻译注：《论语译注》，中华书局 1980 年版，第 127 页。
③ 《论语·季氏》，杨伯峻译注：《论语译注》，中华书局 1980 年版，第 177 页。
④ 《论语·为政》，杨伯峻译注：《论语译注》，中华书局 1980 年版，第 22 页。

完全是两回事。正是在这个意义上，真实的孔子又被理想的光环笼罩住了，也正是这理想的光环，隔断了孔子思想与现实的连接点，这自然是对孔子思想的扭曲，其责任我想在中国哲学文化本身。直到最近，人们对"见义勇为"的提法的不适当性给予了一定的关注，一些地方的中学生守则里，也已经删除了"见义勇为"的条款，有的径直提出"见义智为"来是正"见义勇为"。显然，否定的并不是"义"的价值，而是惊醒人们思考"为"的方式。而在这里显示的是，人们对自身价值的意识，对自身的重视，这自然是儒家文化现代化的具体发展之一，而且这在一定程度上，虽然说不上回归孔子，因为孔子本身没有倡导"见义勇为"的意思，却是回归理性，回归智慧，这是人类进步的表现，这是人对自身认识的深化。这是不能轻视乃至忽视的。

（4）"见得思义"。

在具体行为的选择上，尤其在获取各种利益时，要以义的标准来加以衡量。

> 子问公叔文子于公明贾曰：信乎，夫子不言，不笑，不取乎？公明贾对曰：以告者过也。夫子时然后言，人不厌其言；乐然后笑，人不厌其笑；义然后取，人不厌其取。①
>
> 君子有九思：视思明，听思聪，色思温，貌思恭，言思忠，事思敬，疑思问，忿思难，见得思义。②
>
> 今之成人者何必然？见利思义，见危授命，久要不忘平生之言，亦可以为成人矣。③

---

① 《论语·宪问》，杨伯峻译注：《论语译注》，中华书局1980年版，第150页。
② 《论语·季氏》，杨伯峻译注：《论语译注》，中华书局1980年版，第177页。
③ 《论语·宪问》，杨伯峻译注：《论语译注》，中华书局1980年版，第149页。

如果言说能把握恰当的时机，谈笑能以感情的快乐与否为自然机制，他人就不会厌弃你的言笑。获取也一样，若能以是否符合道德义理为标准来决定获取与否，他人自然不会鄙弃你的获取；"见得思义"① 和"见利思义"也是同样的道理。"思义"是君子"九思"的内容之一，而"见得"、"见利"则是"思义"行为的具体境遇设置。"得"自然是获得、得到；"利"则是面对利益的选择以及诱惑的境遇。对个人来说，外在的因素可以利益自己，在这样的境遇里，应该"思义"，审视它是否符合道德之宜，然后再决定利益的获得，如果在道德之宜的轨道上获得，那么，这时的"得"就是德了，也是成人人格的素质之一。

这里我们应该思考的是，在前面分析的孔子对子贡救人不到国库里领取赎金给予批评的事情，以及对子路收取被救者谢礼给予肯定的事例，显示的是对劳动所得的肯定，包括收取学生学费的事情，显示的也是这样的价值取向，劳动所得自然没有必要考虑道义的问题，而与这里的论述存在一定的矛盾也是非常明显的。从上面作为依据的例子的来源来看，只能作为参考。因此，在总体上，孔子是道义第一论者。

（5）"百姓不足，君孰与足"。

前面讲的是一般的义利关系的问题，在国家利益与民众利益的问题上，也存在如何把握的问题。

> 哀公问于有若曰：年饥，用不足，如之何？有若对曰：盍彻乎？曰：二，吾犹不足，如之何其彻也？对曰：百姓

---

① 参照"子张曰：士见危致命，见得思义，祭思敬，丧思哀，其可已矣"（《论语·子张》，杨伯峻译注：《论语译注》，中华书局 1980 年版，第 199 页）。

足，君孰与不足？百姓不足，君孰与足？①

　　原思为之宰，与之粟九百，辞。子曰：毋！以与尔邻里乡党乎！②

年成不好，国家财政不足，用十分抽二来征税还不够，应该如何来解决这个问题呢？税率的高低直接关系到国家与民众的利益分享，税率高了，必然影响到民众的利益，所以，应该慎重处理。对一个君主来说，百姓用度丰足，自己就不存在不足；反过来，百姓用度不足，自己也不存在足够的时候。"以与尔邻里乡党"说的也是这个道理，原思是孔子的管家，孔子给他"九百"小米作为报酬，他不肯受，孔子就说了上面这段话。意思是你有多余的话，就分给乡里吧，"邻里乡党"即今天我们所说的乡邻。所以，顾及民众的利益满足也是孔子所重视的一个方面。应该指出的是，孔子在此注意到了国家与民众的关系，取之于民，用之于民，国家的足与否，在百姓是否足。但是，他没有回答作为国家的君主应该如何使百姓丰衣足食，而不是在财政不足时，用百姓足的高论来消解现实矛盾，因此，孔子立论的基点不在百姓，而在统治者一方。这也是不得不明辨的。而且分给"邻里乡党"也是在自己有余的前提之下的选择，价值坐标的原点始终是自己，是由自己向他人迸发的方向。

　　已经说过，孔子把义利作为君子与小人的区别，并把义凌驾于利之上，并成为人们获取利益的评价标准。可以说，这是他作为教化的教条，强调了它的理想性。以上对子贡和子路的评价，则是建立在现实的基础之上的。现实的孔子和理想的孔子是大相

---

① 《论语·颜渊》，杨伯峻译注：《论语译注》，中华书局1980年版，第127页。
② 《论语·雍也》，杨伯峻译注：《论语译注》，中华书局1980年版，第56页。

径庭的。而孔子理论在中国历史上的演绎，则是朝着理想化的方向发展的，"见义勇为"就是最好的证明。

　　5. "和为贵"的礼论

　　关于"礼"，实际上在前面分析行仁的问题时，已经触及孔子把礼作为实施仁行依归的问题，但没有触及礼的具体内容。礼是孔子道德图谱里的一个重要德目，它有着自己的内在规定。

　　(1) "礼之用，和为贵"。

　　礼的目的是什么呢？"有子曰：礼之用，和为贵。先王之道，斯为美，小大由之。有所不行，知和而和，不以礼节之，亦不可行也"①，就是具体的回答。礼的现实功用，应该以和谐为贵，先王的政治实践充分说明了这一点，无论何事都由此来运作。但遇到行不通的时候，不能知道礼的"和为贵"的特点，为了使事情通行而放弃礼的原则采取随和的应对之方，如不用礼来加以节制，也是行不通的。和谐可以说是礼的目的设计，其目的对象自然是人际关系，不包括人与自然关系和谐的方面，这也构成孔子儒家道德思想的先天不足或缺失。

　　(2) "恭而无礼则劳"。

　　在现实生活里，礼具有自己独特的价值功能。

　　　　有子曰……恭近于礼，远耻辱也。②
　　　　能以礼让为国乎？何有？不能以礼让为国，如礼何？③
　　　　恭而无礼则劳，慎而无礼则葸，勇而无礼则乱，直而无

---

　　①　《论语·学而》，杨伯峻译注：《论语译注》，中华书局1980年版，第8页。
　　②　同上。
　　③　《论语·里仁》，杨伯峻译注：《论语译注》，中华书局1980年版，第38页。

礼则绞。①

遵循礼的价值标准，对人谦恭则耻辱就会远离你而去。一个国家，如果不能用礼让来进行治理，那礼还有什么用呢？"恭"即谦恭，"慎"即谨慎，"勇"即勇敢，"直"即率直，这虽是四种美德，但如果运作起来不合礼，就势必导致"劳"（劳役）、"葸"（畏惧）、"乱"（犯上）、"绞"（急切）四种不良结果的出现。在相反的意义上，则不难理解，礼具有防止美德迷失航向的功用。

礼成为"恭"等行为所遵循的规则，这也是必须注意到的。功能的发挥自然首先在遵循它。

（3）"君使臣以礼，臣事君以忠"。

在不同的生活领域，有不同的礼仪规定。"子曰：事君尽礼，人以为谄也。定公问：君使臣，臣事君，如之何？孔子对曰：君使臣以礼，臣事君以忠。"② 在君臣之间，君主对臣下必须使用礼，而臣下侍奉君主时必须以忠心职守。但是，施行礼节，既要讲仪式，又需注意一定的变通。"子贡欲去告朔之饩羊。子曰：赐也！尔爱其羊，我爱其礼"③、"林放问礼之本。子曰：大哉问！礼，与其奢也，宁俭；丧，与其易也，宁戚"④。子贡想去掉用来祭祀的活羊，孔子批评子贡太爱惜羊，孔子更爱重礼仪本身。用活羊来祭祀，在一定程度上，是为了保证祭祀仪式的庄重性、端肃性。另一方面，孔子又反对礼仪的奢侈，宁可选择节俭；在进行丧礼时，并不强调礼仪的周到，而推重感情的极端悲

---

① 《论语·泰伯》，杨伯峻译注：《论语译注》，中华书局 1980 年版，第 78 页。
② 《论语·八佾》，杨伯峻译注：《论语译注》，中华书局 1980 年版，第 30 页。
③ 同上书，第 29 页。
④ 同上书，第 24 页。

哀。在此，孔子虽坚持的是外在仪式的不变性，但又反对具体细节上的面面俱到，而应该追求人感情上的真正切合。这体现原则性和灵活性的完美结合。尤其是这种注重仪式庄严性的运思，今天反为汉学圈里的日本等国家很好继承，诸如他们对丧祭仪式等的讲究就是明证，而在我们自己的文化里反倒淡化了。

（4）"周监于二代，郁郁乎文哉"。

在分析道德时，曾提到孔子思维的参照坐标是古代，是朝后看的，而不是朝前的。在礼仪的问题上，自然也是这样。

> 夏礼、吾能言之，杞不足征也；殷礼，吾能言之，宋不足征也。文献不足故也。足，则吾能征之矣。[1]
>
> 周监于二代，郁郁乎文哉！吾从周。[2]
>
> 麻冕，礼也；今也纯，俭，吾从众。拜下，礼也；今拜乎上，泰也。虽违众，吾从下。[3]

夏礼、殷礼，尽管因为文献不足无法进行详尽的证明，但孔子都"能言之"。他最推重的则是周代的礼仪制度，它是在夏、殷二代的基础上形成的，所以，其礼乐文章是最完美的，应该遵从周代的礼仪制度，而周公就是他遵从的楷模[4]。在价值方向上，这也是向后的。在对待具体礼仪使用的工具上，他虽然有从众的一面，但在礼仪施行的方法上，他赞成的又是古代既成的样态，而反对精简的式样。

---

① 《论语·八佾》，杨伯峻译注：《论语译注》，中华书局1980年版，第26页。
② 同上书，第28页。
③ 《论语·子罕》，杨伯峻译注：《论语译注》，中华书局1980年版，第87页。
④ 参照"甚矣吾衰也！久矣吾不复梦见周公！"（《论语·述而》，杨伯峻译注：《论语译注》，中华书局1980年版，第67页）

在以上分析的基础上，礼的和谐仅仅是限制在人类社会层面，而没有与自然环境和谐相处的诉求；礼具有鲜明的等级性；虽然有对礼的价值功能的揭示，但是，对何谓礼这个"是"层面的问题，显然是无视的，当然，这是孔子儒学的一贯做法。《说文解字》解释曰："禮，履也。所以事神致福也。"① "履"就是具体去做即践行；在另一意义上，礼就是礼仪，"仪"是"人"和"义"的组合，也就是说，人是否具有道义，不是纸上文章，而是通过具体的礼仪显示出来的，是做出来的，在这个意义上，孔子对如何为礼的细节问题也是交的白卷。

孔子以周代为理想的时代，从而来论证现实社会制度的合理性；道家则以原始素朴时代为标本，从而论证现实社会的失衡性；两者的具体思路虽然不同，但都是以过去为参照系，兼容于同一思维框架，而且都具有理想主义的色彩。这是值得重视的课题。

6．"知者利仁"的知论

"知"是仁义礼智德目之一。《论语》中只有"知"，没有"智"，表示智慧、聪明时也用"知"。关于"知"的思想，主要有以下几个方面。

（1）"知之为知之"。

何谓知？这也是一个不得不搞清的问题。

　　由！诲女知之乎？知之为知之，不知为不知，是知也！②

---

① （汉）许慎撰，（清）段玉裁注：《说文解字注》，上海古籍出版社1981年版，第2页下左。

② 《论语·为政》，杨伯峻译注：《论语译注》，中华书局1980年版，第19页。

　　　　问知。子曰：知人。①

　　　　樊迟问知。子曰：务民之义，敬鬼神而远之，可谓
　　知矣。②

　　知就为知，不知就为不知，这是聪明的举止即"智"。这里"是
知"、"问知"、"可谓知"的知，指的就是聪明才智的意思，它的
内涵包括"知人"即能识别人，以及专心推进民众行义的实践、
对待鬼神则敬而远之③等。"知之为知之，不知为不知"，也就是
我们今天经常说的不懂不要装懂。关于人的聪明才智，并非天生
就有，而是后天获得的。他又说："我非生而知之者，好古，敏
以求之者也"④、"里仁为美，择不处仁，焉得知？"⑤ 孔子本人就
是"敏以求之者"，而非天生聪明。但是，"求"必须有个客观的
良性环境，居住在仁德氛围里是最好的，选择住处，如果不以仁
德为依归的话，又如何使自己变得聪明起来呢？

　　显然，孔子没有一般层面上对"知"的界定，只是经验层面
上对其内容的具体诉说，当然，出现这种情况是受人的理性发展
的限制所致。

　　（2）"有德者必有言"。

　　在上面讨论了"择不处仁，焉得知"的问题，聪明才智与仁
德有着不可分割的联系。所以，分析一下道德的孔子定位，对认

---

　　① 《论语·颜渊》，杨伯峻译注：《论语译注》，中华书局 1980 年版，第 131 页。

　　② 《论语·雍也》，杨伯峻译注：《论语译注》，中华书局 1980 年版，第 61 页。

　　③ 参照"季路问事鬼神。子曰：未能事人，焉能事鬼？"（《论语·先进》，杨伯
峻译注：《论语译注》，中华书局 1980 年版，第 113 页）

　　④ 《论语·述而》，杨伯峻译注：《论语译注》，中华书局 1980 年版，第 72 页。

　　⑤ 《论语·里仁》，杨伯峻译注：《论语译注》，中华书局 1980 年版，第 35 页。

识和把握知将不无益处。孔子说:"天生德于予,桓魋其如予何"①、"德不孤,必有邻"②。道德具有天生的一面,这是与知不一样的地方,而且有道德的人,必然朋友遍天下,始终会处在得助的境地里③。与知相比,道德更重要。孔子说:

> 德行:颜渊、闵子骞、冉伯牛、仲弓。言语:宰我、子贡。政事:冉有、季路。文学:子游、子夏。④
>
> 有德者必有言,有言者不必有德。仁者必有勇,勇者不必有仁。⑤

孔子评论学生时,把"德行"置于首位,紧接着才是"言语"、"政事"、"文学"等部门,在包括智慧在内的人文系统里,道德有着非常重要的位置。而且,在孔子看来,有道德的人一定有言论,但有言论的人不一定具备道德,仁和勇的关系也一样。所以,仁者的勇是智勇,而勇者由于不一定具备仁德,所以势必表现为莽勇。因此,把道德、仁德置于言论、勇敢之上,而不是限于言论、勇敢本身来作出评价,而置于道德的网络之中,道德化的倾向是不言而喻的。

(3)"知者利仁"。

在道德与聪明才智的关系上,道德虽是主要的,但是,知并

---

① 《论语·述而》,杨伯峻译注:《论语译注》,中华书局1980年版,第72页。

② 《论语·里仁》,杨伯峻译注:《论语译注》,中华书局1980年版,第41页。

③ 参照"直,其正也;方,其义也。君子敬以直内,义以方外,敬义立而德不孤。"(《周易·文言·坤》,(魏)王弼著,楼宇烈校释:《王弼集校释》,中华书局1980年版,第229页)

④ 《论语·先进》,杨伯峻译注:《论语译注》,中华书局1980年版,第110页。

⑤ 《论语·宪问》,杨伯峻译注:《论语译注》,中华书局1980年版,第146页。

非完全被动，它对道德也存在着独特的作用。

首先，"知者利仁"。孔子讨论"知"的问题，始终没有脱离与仁德的关系，"可与言而不与之言，失人；不可与言而与之言，失言。知者不失人，亦不失言"①、"不仁者不可以久处约，不可以长处乐。仁者安仁，知者利仁"②，就是明证。具有智慧的人能够把握好言说的时机，避免错过人才和浪费语言的结果。一般而论，不具备仁德的人，不能长久地居住在简约和安乐的境遇里；具备仁德的人则能通过自己的仁行来安和、丰满仁这一德目的内涵，具备智慧的人则能通过自己的慧眼使自己的行为不偏离仁的航道，从而滋润、利益仁的内质③。也就是说，在知与德的关系坐标里，它们具有作用与反作用的一面，并不是德对知的单一支配性，明辨这一点是非常重要的。

其次，"知及之"。智慧具有认识物事的作用。也就是说，"知者不惑……"④、"知及之，仁不能守之，虽得之，必失之。知及之，仁能守之，不庄以莅之，则民不敬。知及之，仁能守之，庄以莅之，动之不以礼，未善也"⑤。具备智慧的人没有惑乱，这是因为他能明辨是非。"知及之"表明的就是依靠聪明

① 《论语·卫灵公》，杨伯峻译注：《论语译注》，中华书局1980年版，第163页。

② 《论语·里仁》，杨伯峻译注：《论语译注》，中华书局1980年版，第35页。

③ 对"仁者安仁，知者利仁"，一般的解释都是作安于仁道，利用仁道的解释，在知与德的关系里，显示的是一方支配另一方的价值倾向，笔者认为存有商量的余地。参照钱穆著：《论语新解》（上海生活·读书·新知三联书店2002年版）第84—85页、杨伯峻译注：《论语译注》（中华书局1980年版）第35页、（宋）朱熹撰：《四书章句集注》（中华书局1983年版）第69页。

④ 《论语·子罕》，杨伯峻译注：《论语译注》，中华书局1980年版，第95页。

⑤ 《论语·卫灵公》，杨伯峻译注：《论语译注》，中华书局1980年版，第169页。

才智来认识、把握具体物、事的过程，这是最基本的环节，仁德最多也不过是对认知成果的防守或维护，没有最基本的环节，也根本谈不上仁德的卫护，当然也绝对没有得失的问题；其他的"不庄以莅之"、"动之不以礼"，表明的也都是对仁德的配合协调动作的强调，但这些协调动作良性效果的实现，如果离开基本环节的"知及之"，就会变得毫无意义，这是不证自明的道理。

　　在智慧与道德的问题上，我们以前仅仅注意到了孔子重视道德的一面，而忽视了他重视协调共作的方面，而这一点主要集中在对"仁者安仁，知者利仁"的不当理解上，这是应该引起注意的。当然，从对"里仁为美"、"择不处仁"等的强调看，孔子所谓的"知"，侧重的主要是道德知识，而不是一般的知识，这也是不能忽视的。也就是说，"知"的活动天地是非常有限的。

　　7. "言而有信"的信论

　　"主忠信"① 历来是孔子所强调的，信德是仁、义、礼、知、信这一链条上的最后一个德目。具体地说，它包括以下这些内容。

　　(1) "言而有信"。

　　孔子把"老者安之，朋友信之，少者怀之"② 作为自己的志向，可见，使朋友相信、信任是三种人际关系的重要组成部分之一。信德在孔子那里具有非常重要的地位。

　　首先，"谨而信"。在人的生活实践里，"信"具有重要的意义。"弟子入则孝，出则悌，谨而信，泛爱众，而亲仁。行有馀

---

① 《论语·学而》，杨伯峻译注：《论语译注》，中华书局1980年版，第6页。

② 《论语·公冶长》，杨伯峻译注：《论语译注》，中华书局1980年版，第52页。

力，则以学文"①、"道千乘之国，敬事而信，节用而爱人，使民以时"②。"谨而信"、"敬事而信"的"信"指的是信实，因为无论在个人的行为中，还是在治理国家的大事中，信实都是非常重要的。在字的形体上，信＝人＋言。因此，我们可以看作两个人之间的言语、言论，推而广之，就是人际之间的言语、言论；人际关系要维系，就必须保持言论的真心诚意，这是维持人际关系的纽带，人一刻也离不开信德。

其次，"言而有信"。人不能没有信实。

　　……与朋友交而不信乎?③

　　人而无信，不知其可也。大车无輗，小车无軏，其何以行之哉?④

　　子夏曰：贤贤易色；事父母，能竭其力；事君，能致其身；与朋友交，言而有信。虽曰未学，吾必谓之学矣。⑤

孔子每天进行反省的内容之一，就是与朋友交往是否诚实，在他看来，一个人没有诚实，就好比车缺乏安装横木的"輗"或"軏"无法行驶一样，将寸步难行。与朋友交往，说话应该诚实守信。这除有传达信实对人具有重要的意义以外，还蕴涵着一个非常重要的信息，就是信德也不是先天而降的，而是后天学得的（必谓之学），这一点与他思想体现的总方向是一致的。

---

① 《论语·学而》，杨伯峻译注：《论语译注》，中华书局1980年版，第4—5页。

② 同上书，第4页。

③ 同上书，第3页。

④ 《论语·为政》，杨伯峻译注：《论语译注》，中华书局1980年版，第21页。

⑤ 《论语·学而》，杨伯峻译注：《论语译注》，中华书局1980年版，第5页。

（2）"质犹文也"。

信实虽然对人很重要，但其内涵规定是什么呢？"棘子成曰：君子质而已矣，何以文为？子贡曰：惜乎，夫子之说君子也，驷不及舌。文犹质也，质犹文也。虎豹之鞟犹犬羊之鞟。"① 棘子成认为君子重要的不过是内在品质罢了，至于文就无所谓了。文相当于现在的外在形象，质相当于内在本质。孔子不同意棘子成的说法，认为"文犹质"、"质犹文"，两者必须互相配合。这在一定意义上告诉我们，内与外必须一致，内在如何，必须在外部把它相应地表现出来，这也是给他人提供客观评价依据的需要。基于此，信实要求不欺，"悾悾而不信，吾不知之矣"②、"子路问事君。子曰：勿欺也，而犯之"③、"二三子以我为隐乎？吾无隐乎尔。吾无行而不与二三子者，是丘也"④。内质空虚而对人又不诚实，这种人之所以为他的因素又在什么地方呢？不仅臣侍奉君主要"勿欺"，一般的人际之间也不能欺骗，孔子对他的弟子就是无所隐瞒。勿欺、无隐是信在"质犹文"规定方面的具体要求。

（3）"巧言乱德"。

以上都是正面对信德的规定，而在反面切入，也不失为深刻认识信德本质的方法。

首先，"巧言乱德"。欺诈行为就是信德失落的表现，"巧言乱德"⑤、"巧言令色，鲜矣仁"⑥、"巧言、令色、足恭，左丘明

---

①　《论语·颜渊》，杨伯峻译注：《论语译注》，中华书局1980年版，第126页。

②　《论语·泰伯》，杨伯峻译注：《论语译注》，中华书局1980年版，第83页。

③　《论语·宪问》，杨伯峻译注：《论语译注》，中华书局1980年版，第153页。

④　《论语·述而》，杨伯峻译注：《论语译注》，中华书局1980年版，第72页。

⑤　《论语·卫灵公》，杨伯峻译注：《论语译注》，中华书局1980年版，第167页。

⑥　《论语·学而》，杨伯峻译注：《论语译注》，中华书局1980年版，第3页。

耻之，丘亦耻之。匿怨而友其人，左丘明耻之，丘亦耻之"①，都是具体说明。花言巧语、伪善的外表足以败坏道德，这本身也正是仁德缺乏的表征，孔子以此为耻辱。花言巧语、伪善都是不真、不诚实的举动，完全与信德相悖的。而这些情况的产生，正是现实社会道德败落的证明。

其次，"古之愚也直，今之愚也诈"。站住历史的维度上，我们可以看到，"古者民有三疾，今也或是之亡也。古之狂也肆，今之狂也荡；古之矜也廉，今之矜也忿戾；古之愚也直，今之愚也诈而已矣"②。孔子认为古代之民有三种疾病，或许现在没有相同程度的那些疾病了。具体地说，古代的狂人倒也肆意直言，现今的狂人却放荡不羁；古代矜持的人倒也方正威廉，现今矜持的人却是愤怒乖张；古代素朴的人倒也率直，现今素朴的人只有欺诈。这第三种情况，反映了古今民风的变化。要注意的是，这里的"愚"不是智愚的"愚"，而应该是不擅长包装的意思，也就是素朴。现代人与古人同样是"愚"，但仅仅是外在形式上的相同，实质上已经变化相异了，换言之，是形同实异，即由"直"变化为"诈"。所以，对现代人而言，虽然表面上看起来是素朴的，但实际上是诈伪实质的虚假表现。

从"直"到"诈"的变化，即是率直的失落，欺诈的产生。这不是简单的事情，而是社会民风衰落的写照。孔子的情感紧联在古代，在这一点上，与道家主张的道德等人文进步是随着素朴遭到破坏以后出现的运思模式，呈现相似性。在总体上，孔子对"信"的规定主要从正反两个方面进行的，强调人际之间信实的重要，这主要是从个人言行上切入的，思想呈现凌乱的特点。

---

① 《论语·公冶长》，杨伯峻译注：《论语译注》，中华书局 1980 年版，第 52 页。
② 《论语·阳货》，杨伯峻译注：《论语译注》，中华书局 1980 年版，第 187 页。

8."直道而事人"的直论

上面，我们已经注意到了孔子"直"与"诈"的对应使用，其实，"直"也是孔子道德系统里的一个重要德目。下面就来加以分析。

(1)"人之生也直"。

在词义上，"直"即率直、正直的意思，是一种具有正义感的行为。孔子对"直"的规定，主要集中在对功用的重视上。

> 人之生也直，罔之生也幸而免。①
>
> 直哉史鱼！邦有道，如矢；邦无道，如矢。君子哉蘧伯玉！邦有道，则仕；邦无道，则可卷而怀之。②

正直是人生存的根据和价值所在，不正直的人虽然也可以生存，但那是一时的侥幸。可以说，正直是人的立身之本。史鱼不管国家政治是否符合义理，都能如矢箭一样正直，把持着自己之所以为自己的根本之所在。但这里没有明言如何保持正直这一问题，不过，这在后面蘧伯玉的例子里得到了充分的说明。蘧伯玉在国家政治符合义理时就出来做官，在政治黑暗时就退出，这是君子的行为，后者说明了具备正直品德的人，无法于黑暗政治中找到适合自己生活的方式，所以，最好是退出政治，以保持自己正直品德的不变③。

---

① 《论语·雍也》，杨伯峻译注：《论语译注》，中华书局1980年版，第61页。

② 《论语·卫灵公》，杨伯峻译注：《论语译注》，中华书局1980年版，第163页。

③ 并参照"晋文公谲而不正，齐桓公正而不谲"（《论语·宪问》，杨伯峻译注：《论语译注》，中华书局1980年版，第151页）、"狂而不直，侗而不愿，悾悾而不信，吾不知之矣"（《论语·泰伯》，杨伯峻译注：《论语译注》，中华书局1980年版，第83页）。

（2）"父为子隐，子为父隐，直在其中矣"。

对于正直的客观现实，孔子可谓看破红尘，"柳下惠为士师，三黜。人曰：子未可以去乎？曰：直道而事人，焉往而不三黜？枉道而事人，何必去父母之邦？"① 柳下惠曾几次被贬职，有人劝他到别的地方去发展。柳下惠认为，在当时的社会，采取正直的行为之方来行事，无论到何处都会被贬职，这与前面讨论仁德时提到的齐国陈文子为了保持自己的清白而三换国家，还是没有找到适合清白生长的环境的情况是一样的，也就是孔子时代礼崩乐坏的真实写照。

但是，如果用不正直的方法来行事的话，也不一定要离开自己的祖国。那么，到底什么样的行为能称得上正直呢？《论语》载有"叶公语孔子曰：吾党有直躬者，其父攘羊，而子证之。孔子曰：吾党之直者异于是，父为子隐，子为父隐，直在其中矣"② 的故事。叶公的正直观是：父亲偷了羊，其儿子能出来作证父亲偷羊这一事实；而孔子所主张的正直观是：父亲能为儿子隐瞒，儿子也能为父亲隐瞒，即父子之间相互隐瞒。显然，前者是率直的，后者则相反；前者尊重客观事实，在这个角度上，行为者是正直的；后者抛弃本应用来作为行为判断依据的客观事实，而以血缘亲情为行为判断的依据，无形中抛弃牺牲了与事实关系相连的外在人际利益，诸如被偷羊人的利益等，而选择了狭隘血缘关系里的亲情利益，显然这与孔子上面所说的"文犹质"所载有的内外一致的价值信息是矛盾的。

---

① 《论语·微子》，杨伯峻译注：《论语译注》，中华书局1980年版，第192页。
② 《论语·子路》，杨伯峻译注：《论语译注》，中华书局1980年版，第139页。

可以说，上面是孔子对正直的一般规定，而下面是在亲情关系这个特定境遇里的选择。虽然也能从隐恶扬善的方面来理解"父为子隐，子为父隐"①，但他毕竟以亲情之理置于一般人际之理之上，这一行为使其对正直的认识，失去了客观事实的有力支撑，从而正直也失去了自身当有的价值意义。以亲情之理为标准，缺乏客观的依据，实际上，在客观生活中，在离开血缘关系的一切生活领域里，都处于无情无理的境地。这是分析孔子文本得出的结论。另一方面，若从隐恶扬善的角度来分析，实际上，"隐恶"行为本身在价值评价上，就是恶行，依靠恶行也根本达不到扬善的主观期望和客观效果。

孔子在"直"的问题上表现出的是，内胜外，血缘情理胜物际事理，其实，这只能是自欺欺人。因为，在总体的外在环境上，没有形成适宜正直品质生存的氛围和条件，而勉强地规定互隐的正直内容，不过私自宽心而已。而且，没有保持清白、正直的外在环境，就退出政治，这不是根本解决问题的治本方法，而是推卸责任的借口而已。所以，孔子的仁德设计是一维的，就是对个人的要求和规定，而没有其他方面的诉诸，问题不能解决时就退出，那么，问题到底由谁来加以解决？客观的事实只能有一个，问题永远是问题。

9．"公则说"的公私论

关于公私的概念，在《论语》里虽不多见，但我们却能找到道德意义上的用例。

（1）"省其私"。

孔子说："吾与回言终日，不违，如愚。退而省其私，亦足

---

①　钱穆认为"隐恶而扬善，亦人道之直。"参照钱穆著：《论语新解》，上海生活·读书·新知三联书店2002年版，第341页。

以发，回也不愚"①、"私觌，愉愉如也。"②"省其私"的"私"指的是颜回自己的言行，即私人言行；"私觌"是私下里相见的意思，这是相对于公开的正式行为而言的，正是我们今天所说的公私意义上的私。前者是个人与集体、国家等对应语境里的公私用例，非常接近于今天日语里的"私"，日语里的"私"指的一般不是公私意义上的私，而是表示我，上面颜回自己的言行，在颜回自己的立场上，也就是我自己的言行即私行。在此，我们可以看到日语与汉语语境里的"私"的联系，但是，这种用法在今天的汉语里已经荡然无存了，反而在日语里得到保存。

（2）"公则说"。

关于"公"的用例，在《论语》里也不多见。

> 子游为武城宰。子曰：女得人焉尔乎？曰：有澹台灭明者，行不由径，非公事，未尝至于偃之室也。③
> 宽则得众，信则民任焉，敏则有功，公则说。④

"非公事，未尝至于偃之室"里的"公事"，也就是我们今天所说的公事公办的公事，而它体现也正是公私分明、不假公行私的意义。"公则说"的"公"则是公平的意思，它是调动民众的积极性、愉悦民众情感的条件，自然也是得民心的前提。在这里，孔子主要是在政治生活里讨论的，包括前面所说的"宽"即宽厚、宽容能得到民众的支持，"敏"是敏速的意思，

① 《论语·为政》，杨伯峻译注：《论语译注》，中华书局1980年版，第16页。
② 《论语·乡党》，杨伯峻译注：《论语译注》，中华书局1980年版，第99页。
③ 《论语·雍也》，杨伯峻译注：《论语译注》，中华书局1980年版，第59页。
④ 《论语·尧曰》，杨伯峻译注：《论语译注》，中华书局1980年版，第209页。

敏速则易于出功绩①。

值得注意的是，孔子对"私"的规定，是在词义上使用的，主要指私人，相对于公家；对"公"的规定，既有与私相对的意思，也有引申的意义即公平，这是就公的内涵而言的。由于私仅使用的一般词义，所以，对公私的规定当是客观的，也没有形成对立的关系，只是相对关系的确认，这是应该清楚的。

10."孝弟……仁之本"的孝论

孝德作为中国古代道德的重要德目之一，在中国历史上起到了超越一般想象的作用。这自然跟孔子对孝德的价值定位分不开。

(1)"孝弟……仁之本"。

在社会功能上，"有子曰：其为人也孝弟，而好犯上者，鲜矣；不好犯上，而好作乱者，未之有也。君子务本，本立而道生。孝弟也者，其为仁之本与！"② 为人孝顺父母、尊敬兄长的，而喜欢触犯上级的人是很少的；而不喜欢触犯上级，却喜欢肇事生乱的人，从来没有过。对一个人来说，立身先得立本；"孝弟"则是仁德之本。

(2)"不敬，何以别乎"。

那么，何谓孝呢？

事父母几谏，见志不从，又敬不违，劳而不怨……父母

----

① 参照"子张问仁于孔子。孔子曰：能行五者于天下为仁矣。请问之。曰：恭，宽，信，敏，惠。恭则不侮，宽则得众，信则人任焉，敏则有功，惠则足以使人"（《论语·阳货》，杨伯峻译注：《论语译注》，中华书局1980年版，第183页）。

② 《论语·学而》，杨伯峻译注：《论语译注》，中华书局1980年版，第2页。

在，不远游，游必有方……父母之年，不可不知也；一则以
喜，一则以惧。①

　　孟懿子问孝。子曰：无违。樊迟御。子告之曰：孟孙问
孝于我，我对曰，无违。樊迟曰：何谓也？子曰：生，事之
以礼；死，葬之以礼，祭之以礼。孟武伯问孝。子曰：父母
唯其疾之忧。子游问孝。子曰：今之孝者，是谓能养。至于
犬马，皆能有养。不敬，何以别乎？子夏问孝。子曰：色
难。有事，弟子服其劳；有酒食，先生馔，曾是以为
孝乎？②

在父母生前，针对父母的过错，应该婉转地劝阻，自己的意见即
使不为他们采纳，也应该照样尊敬他们而没有丝毫违背，平时虽
然劳役而不生怨恨之心；父母活着的时候，不出远门，无奈远游
也一定要报告所去的方位；另外一定要记住父母的年龄，这虽然
使你既喜悦又忧惧。应该注意的是，除应以礼仪来侍养父母以
外，尊敬也是孝德的一个重要内容，而且最为重要，这是人区别
于禽兽的地方。

　　这里的"喜"和"惧"，主要用的是相对的意思，两个是反
义词；但"惧"不仅仅是忧虑，而是忧惧，实际上，"惧"是危
惧、危机、忧惧的意思，这里我们可以领略到"忧"与"惧"的
差异，而危机等的运思在《易传》里有相对系统的讨论。

　　（3）"三年无改于父之道"。

　　孝敬父母，其表现不仅应该在他们活着的时候，而且必须延

---

　　① 《论语·里仁》，杨伯峻译注：《论语译注》，中华书局1980年版，第40页。
　　② 《论语·为政》，杨伯峻译注：《论语译注》，中华书局1980年版，第13—15
页。

续到他们死后。

首先，"父没，观其行"。

> 父在，观其志；父没，观其行；三年无改于父之道，可谓孝矣。①
>
> 曾子曰：吾闻诸夫子，孟庄子之孝也，其他可能也；其不改父之臣与父之政，是难能也。②

对做儿子的来说，父亲活着的时候，要观察其志向；去世以后，则当考察其行为；三年内不改父亲生时的行为之方，也就称得上孝了。如孟庄子在父亲死后继续使用其僚属和遵循其政治体制，实在是难能可贵。

其次，"三年之丧"。还有一点非常重要，就是对父母死后守孝的具体做法。

> 宰我问：三年之丧，期已久矣。君子三年不为礼，礼必坏；三年不为乐，乐必崩。旧谷既没，新谷既升，钻燧改火，期可已矣。子曰：食夫稻，衣夫锦，于女安乎？曰：安！女安则为之。夫君子之居丧，食旨不甘，闻乐不乐，居处不安，故不为也。今女安，则为之。宰我出。子曰：予之不仁也！子生三年，然后免于父母之怀。夫三年之丧，天下之通丧也。予也有三年之爱于其父母乎？③

---

① 《论语·学而》，杨伯峻译注：《论语译注》，中华书局1980年版，第7页。
② 《论语·子张》，杨伯峻译注：《论语译注》，中华书局1980年版，第202页。
③ 《论语·阳货》，杨伯峻译注：《论语译注》，中华书局1980年版，第188页。

孔子认为宰我不仁，因为他主张把三年守孝变成一年，而且能安于衣食。在孔子看来，三年守孝，即使不为礼乐也没有关系，而且必须从内心上表现出孝德之情，即"食旨不甘，闻乐不乐，居处不安"的感情，必须反省是否把爱报答给了父母。

显然，孔子所说的孝的对象是父母，尽管也包含有"慎终追远，民德归厚矣"①的内容，即在慎重地对待父母的死亡以外，还有追念远代祖先的内容，但主要是为了报答父母的养育之恩，这是凝聚家庭血缘力的无形的心理机制，所以，"三年之丧，天下之通丧"②。在孔子的系统里，孝敬之德是属于仁德里的子星座，没有绝对的权威，但是，有一点是非常中肯的，就是为人孝悌的话，一定顺从不好犯上，所以，作乱者也少，这是根本，这也是孔子把孝敬作为仁德之本的原因。所以，孔子重视仁德、孝敬的最大价值追求就是稳定，家庭的稳定，社会的稳定，而不是人的合本性的发展。在此，也使我想到日本道德的价值取向，仁并没有最高的地位，他们认为仁的要求是不恰合实际的，具有最高地位的是孝道③，而在孝道中，对天

---

① 《论语·学而》，杨伯峻译注：《论语译注》，中华书局1980年版，第6页。

② 参照"日本的'孝道'只是局限在直接接触的家庭内部。充其量只包括父亲、祖父，以及伯父、伯祖父及其后裔，其含意就是在这个集团中，每个人应当确定与自己的辈分、性别、年龄相适应的地位"（《各得其所，各安其分》，〔美〕鲁思·本尼迪克特著：《菊与刀》，吕万和等译，商务印书馆1990年版，第37页）。

③ 参照"孝道在日本就成了必须履行的义务，甚至包括宽宥父母的恶行或无德。只有在与天皇的义务冲突时可以废除孝道，此外，无论父母是否值得尊敬，是否破坏自己的幸福，都不能不奉行孝道"（《报恩于万一》，〔美〕鲁思·本尼迪克特著：《菊与刀》，吕万和等译，商务印书馆1990年版，第84页）。

皇的孝敬占有最高的地位[1]，显然与中国的情况是存在区别的，这也是中国儒学与日本儒学的区别之一。

11.　"允执其中"的中庸论

"中庸"作为儒家道德的一个重要德目，最早出现在《论语》里。"中庸"实际上当是"中"和"庸"组成的复合词，在时间上，"中庸"要晚出于"中"和"庸"的使用。在《论语》里，我们无法找到"庸"的用例。"中"在论语里，主要有四种意思：一是中的之"中"（读去声）[2]；二是取义"内"的中[3]；三是表示"一般"的中[4]；四是中庸之道的中。非常明显，前三种情况的哲学意味并不明显，不是这里作为德目讨论的对象，这里主要讨论最后一种情况。

（1）"允执其中"。

作为中庸之道的"中"，也就是正好的意义，其具体的内容则在不同的场景相异而至。

　　　　尧曰：咨！尔舜！天之历数在尔躬，允执其中。四海困

---

①　参照"日本战俘则明确表示，对天皇的忠诚与对军国主义及侵略战争的政策是两回事。但是，对他们来说，天皇和日本是分不开的。'日本没有天皇就不是日本'，'日本的天皇是日本国民的象征，是国民宗教生活的中心，是超宗教的信仰对象。'即使日本战败，天皇也不能因战败而受谴责。'老百姓是不会认为天皇应对战争负责的。''如果战败，也应有内阁和军部领导来负责，天皇是没有责任的。''纵然日本战败，所有的日本人仍会继续尊崇天皇。'"（《战争中的日本人》，〔美〕鲁思·本尼迪克特著：《菊与刀》，吕万和等译，商务印书馆1990年版，第23页）

②　参照"回也其庶乎，屡空。赐不受命，而货殖焉，亿则屡中"（《论语·先进》，杨伯峻译注：《论语译注》，中华书局1980年版，第115页）。

③　参照"吾党之直者异于是，父为子隐，子为父隐，直在其中矣"（《论语·子路》，杨伯峻译注：《论语译注》，中华书局1980年版，第139页）。

④　参照"中人以上，可以语上也；中人以下，不可以语上也"（《论语·雍也》，杨伯峻译注：《论语译注》，中华书局1980年版，第61页）。

穷，天禄永终。①

　　子贡问：师与商也孰贤？子曰：师也过，商也不及。曰：然则师愈与？子曰：过犹不及。②

"允执其中"的"中"，当为中庸之道的"中"，皇侃《疏》云："中，谓中正之道也"③。中者正也，恰到好处。实际上，也就是"过犹不及"，过头与不及一样，都是不完美的，应该采取中道④。

　　（2）"中庸之为德也，其至矣乎"。

　　孔子说："中庸之为德也，其至矣乎！民鲜久矣"⑤、"不得中行而与之，必也狂狷乎。狂者进取，狷者有所不为也"⑥。中庸作为德目，占有最高的位置，但现实生活里，民众长期以来缺乏它。中庸与"狂狷"比，有着独特的价值，因为，"狂者"存有激进的一面，"狷者"存在有所不为的地方，所以，最好的选择是"得中行而与之"，与具有中庸道德的人相来往。可以说，具备中庸道德的人是介于"狂者"和"狷者"之间的存在，"得中行"也就是得中的意思。应该注意的是，"夫人不言，言必有

----

　　① 《论语·尧曰》，杨伯峻译注：《论语译注》，中华书局 1980 年版，第 207 页。

　　② 《论语·先进》，杨伯峻译注：《论语译注》，中华书局 1980 年版，第 114 页。

　　③ 《论语尧曰第二十疏》，何晏集解，皇侃义疏：《论语集解义疏》卷十，台湾商务印书馆文渊阁四库全书，第 195 册，第 521 页。

　　④ 参照"舜其大知也与！舜好问而好察迩言，隐恶而扬善，执其两端，用其中于民，其斯以为舜乎"（《礼记·中庸》，（清）阮元校刻：《十三经注疏》，中华书局 1980 年版，第 1626 页上）、"道之不行也，我知之矣。知者过之，愚者不及也。道之不明也，我知之矣。贤者过之，不肖者不及也。人莫不饮食也，鲜能知味也"（同上书，第 1625 页下）。

　　⑤ 《论语·雍也》，杨伯峻译注：《论语译注》，中华书局 1980 年版，第 64 页。

　　⑥ 《论语·子路》，杨伯峻译注：《论语译注》，中华书局 1980 年版，第 141 页。

中"① 的"有中"，并不是得中的意思，而是上面所分析的在动词意义上读为去声的"中"，这是应该区别的②。

众所周知，孔子关于中庸的思想，在后来《礼记》的《中庸》篇里得到了进一步的发挥，而这一价值追求也一直是中国文化的主要内容之一。当然，追求中道，并不是儒家的专利，道家也提中道，不过它们不是"过犹不及"式的中道，而是无善恶的中道，这是应该注意的③。因为，在道家看来，善恶只是各执一端或是偏执一端的举措，这似乎可以使我们受到一些启发。

12. "名不正，则言不顺"的名分论

"名"一般来说指的就是名分，孔子本人也是非常重视名分的。

（1）"名不正，则言不顺"。

孔子强调言语表达的准确性，实际上，要求名称与实际存在要保持一致。

> 子路曰：卫君待子而为政，子将奚先？子曰：必也正名乎！子路曰：有是哉，子之迂也！奚其正？子曰：野哉，由也！君子于其所不知，盖阙如也。名不正，则言不顺；言不顺，则事不成；事不成，则礼乐不兴；礼乐不兴，则刑罚不

---

① 《论语·先进》，杨伯峻译注：《论语译注》，中华书局 1980 年版，第 114 页。

② "中庸"还有"时中"的意思，由于没有出现在《论语》里，在这里就不作分析了。参照"君子中庸，小人反中庸。君子之中庸也，君子而时中；小人之中庸也，小人而无忌惮也"（《礼记·中庸》，（清）阮元校刻：《十三经注疏》，中华书局 1980 年版，第 1625 页下）。

③ 参照"天地不仁，以万物为刍狗；圣人不仁，以百姓为刍狗。天地之间，其犹橐籥乎？虚而不屈，动而愈出。多言数穷，不如守中"（《老子》五章，（魏）王弼著，楼宇烈校释：《王弼集校释》，中华书局 1980 年版，第 13—14 页）。

中；刑罚不中，则民无所错手足。故君子名之必可言也，言
之必可行也。君子于其言，无所苟而已矣。①

政治的运营应该从"正名"开始。如果名不正的话，言说起来就
不顺；言不顺的话，事情就难以有成；事情不成的话，就无法兴
旺礼乐；礼乐不兴旺的话，刑罚就不会适中即恰到好处；刑罚不
中的话，民众就成天诚惶诚恐而难以安宁。所以，君子给它名称
就意味着一定能解释表达它，表达它后就意味着一定能加以践
行。因此，君子对于"言"，是一点也不马虎的。
　　(2)"不在其位，不谋其政"。
　　那么，孔子名分的具体内容是什么呢？下面的内容可以帮助
我们解决这个问题。

　　　　齐景公问政于孔子。孔子对曰：君君、臣臣、父父、子
子。公曰：善哉！信如君不君、臣不臣、父不父、子不子，
虽有粟，吾得而食诸？②
　　　　不在其位，不谋其政。曾子曰：君子思不出其位。③

君君、臣臣、父父、子子，就是具体的名分内容，讲的是君主要
像君主，臣子要像臣子，父亲要像父亲，子女要像子女。也就是
说，各自应该谨守自己的职责，而不要越轨行事，如果破坏了
"君君"等的关系，那现存的生活秩序就会遭到破坏，从此产生
混乱，即使有粮食，当吃的人也不一定能吃得上。在政治上，这

---

① 《论语·子路》，杨伯峻译注：《论语译注》，中华书局 1980 年版，第 133—134 页。
② 《论语·颜渊》，杨伯峻译注：《论语译注》，中华书局 1980 年版，第 128 页。
③ 《论语·宪问》，杨伯峻译注：《论语译注》，中华书局 1980 年版，第 154—155 页。

种名分关系，要求"不在其位，不谋其政"，就是不属于自己职责范围内的事情，就不要去干涉。总之，君子要"思不出其位"。换言之，就是不要越轨行动。

孔子名分的思想，虽然对现实家庭、社会生活里的秩序的稳定有一定的意义，而且，我们也不能对"思不出其位"[①] 等运思一概作否定的评价，其实，这对角色意识的养成，是一条较为现实的途径。但是，在孔子系统里，对君君、臣臣、父父、子子系统的激励、动力、调节、制御等机制的方面，我们无法找到相应的构想，孔子推重的仅仅是该系统的稳定的心理机制的一个方面，所以，离开其他机制的配合，角色意识是无法养成的，诸如基本权利的保障等，这也是长期来中国人缺乏角色意识的一个原因。实际上，一个社会在社会各项制度都配套到位并形成相互张力的情况下，名分、职分的意识是非常重要的，这是真正保证社会稳定的武器；在实行职分管理的情况下，人的创造力发挥的成果必须能够得到迅疾的体现，并营设实在的鼓励个人能力发挥的有效途径，以及支撑体现个人能力发挥成果的机制，这些方面就是保证名分、职分运行的必不可少的配套工程，这是社会管理必须考虑的问题。孔子强调的名分思想即不要逾越轨道行使违规行为的运思，实际上，被西晋时期的思想家郭象所继承和发挥[②]，但是，现实生活里得到发展并延续至今

---

① 参照"君子以思不出其位"（《周易·象传下·艮》，（魏）王弼著，楼宇烈校释：《王弼集校释》，中华书局 1980 年版，第 480 页）。孔子这一运思当是受《周易》的影响，《周易》中《彖》《象》的可信度早就得到学者普遍的认可，诸如郭沂先生就持这种看法（参考《文献与史实》，郭沂著：《郭店竹简与先秦学术思想》，上海教育出版社 2001 年版，第 297 页）。

② 详细内容参照许建良：《郭象"量力受用"的现代诠释》，《江淮论坛》2004 年第 1 期，第 110—115 页。

的事实是，不仅人们很难做到安位职守，而且名分、职分成为人们憎恶的对象，反而把名分思想说成是禁锢人创造力的杀手而给予完全否定，因此，根本没有角色意识的涵养，这是中国人规范意识低下的一个重要原因，当然，这是孔子始料所不及的。

　　不过，关于孔子名分的思想，倒为日本民族所吸收①，而且实现了绝妙的转换和对接，主要是外在社会层面制度上对处于不同位置上的人的利益的保证②。日本社会是一个等级社会，名分的设置非常严密，但大家都安心自己得到的职位而工作，并力争尽职，而社会上也有表达人们不满的具体通道，诸如历代德川将军中的最开明者就开设过"诉愿箱"③，而它现在成为世界第二个经济强国。因此，可以肯定，名分、职分不是现代化的死敌，关键是如何把它合理开发成资源进行适时的利用，这是一个值得

---

　　①　参照"每个日本人最初都是在家庭中学习等级制的习惯，然后再将其所学到的这种习惯运用到经济生活以及政治等广泛的领域。他懂得一个人要向'适得其所'的人表示一切敬意，不管他们在这个集团中是非真正具有支配力"（《各得其所，各安其分》，〔美〕鲁思·本尼迪克特著：《菊与刀》，吕万和等译，商务印书馆1990年版，第40页）。

　　②　参照"在这种制度之中，日本人并没有像一些生活在强力等级制统治下的民族那样，变成温良恭顺的民族。重要的是要承认，日本各个阶层都受其某种保障。甚至贱民阶层也得到保证垄断他们的特种职业，他们的自治团体也是经当局认可的。每个阶层所受的限制很大，但又是有秩序和安全的"（同上书，第50页）。

　　③　参照"历代德川将军中的最开明者甚至设置了'诉愿箱'（控诉箱），任何一个公民都可以把自己的抗议投进箱中。只有将军持有打开这个箱子的钥匙。在日本，有真正的保证足以纠正侵犯性行为，只有这种行为是现存行为规范所不允许的。人们非常相信这种规范，并且只要遵守它，就一定安全。一个人的勇气和完美表现在与这些规范保持一致，而不是反抗或修改这些规范。在它宣布的范围内，它是一个可知的世界，因而在他们眼中也是一个可信赖的世界。它的规则并不是摩西十诫中那些抽象的道德原则，而是极为详细的规定：这种场合应该如何，那种场合又该如何；武士应该如何，平民又该如何；兄长应该如何，弟弟又该如何；如此等等"（同上书，第50页）。

我们思考的世纪课题。而且，在中国道德哲学的长河里，法家的"循名责实"也与此存在联系。

13. "富而好礼"的富贵论

富贵是与义利紧密相连的概念，本应该放在德目义的后面讨论，鉴于一些习惯的因素，姑且在这里加以分析。

（1）"富与贵，是人之所欲"。

富贵是人人所向往的。

> 富而可求也，虽执鞭之士，吾亦为之。如不可求，从吾所好。[1]
>
> 富与贵，是人之所欲也；不以其道得之，不处也。贫与贱，是人之所恶也；不以其道得之，不去也。[2]

对孔子来说，富贵可以求得的话，就是执鞭的贱职，他也愿意做；如不可求，那就干其所喜好的事情。富贵是人人都想得到的，但若不以当然合理之道而取得，君子是不安处这样的富贵的；贫贱虽是人人都不想沾边乃至厌恶的，但若不以当然合理之道而获取（获得是为了脱离贫贱的处境）[3]，宁愿不离开贫贱。

是富贵还是贫贱，都不能随自己的意愿而行，必须以道为依归来行为。

（2）"邦有道，贫且贱焉，耻也"。

富贵不仅要以道为标准，而且还制约于其他的因素。

---

[1] 《论语·述而》，杨伯峻译注：《论语译注》，中华书局1980年版，第69页。

[2] 《论语·里仁》，杨伯峻译注：《论语译注》，中华书局1980年版，第36页。

[3] 参照《论语集注》卷二《里仁》，（宋）朱熹撰：《四书章句集注》，中华书局1983年版，第70页。

首先，"不义而富且贵，于我如浮云"。富贵不能忘记礼义。

　　贫而无怨难，富而无骄易。①
　　子贡曰：贫而无谄，富而无骄，何如？子曰：可也。未若贫而乐，富而好礼者也。②
　　饭疏食饮水，曲肱而枕之，乐亦在其中矣。不义而富且贵，于我如浮云。③

与富裕而不傲慢相比，贫穷却不生怨恨是很难的；贫穷而不奉承巴结他人，富有而不傲慢，这虽是应该肯定的，但与贫穷却乐道、富裕却好礼者相比，就见逊色了。粗茶、淡饭、简居，同样其乐无穷，依靠不当手段得来的富贵，好像空中漂浮的烟云，不会长久。

　　其次，"邦无道，富且贵焉，耻也"。富贵等不仅存在用什么手段去取得的问题，而且，还必须与外在环境保持一致。

　　好勇疾贫，乱也；人而不仁，疾之已甚，乱也。④
　　笃信好学，守死善道。危邦不入，乱邦不居。天下有道则见，无道则隐。邦有道，贫且贱焉，耻也；邦无道，富且贵焉，耻也。⑤

---

①　《论语·宪问》，杨伯峻译注：《论语译注》，中华书局 1980 年版，第 149 页。
②　《论语·学而》，杨伯峻译注：《论语译注》，中华书局 1980 年版，第 9 页。
③　《论语·述而》，杨伯峻译注：《论语译注》，中华书局 1980 年版，第 70—71 页。
④　《论语·泰伯》，杨伯峻译注：《论语译注》，中华书局 1980 年版，第 82 页。
⑤　同上。

尽管"好勇疾贫"以及过分憎恨不道德者，都是祸乱的原因。但是，在孔子的心目中，国家若有良好的政治社会秩序，而人却仍然居于贫贱之位的话，这是羞耻的；若国家政治混乱无道，而人却仍然居于富贵的位置的话，这也是可耻的。也就是说，富贵与贫贱，跟社会的"有道"与否应该是一致的，政治清明时，人应该是富贵的；政治黑暗时，人应该是贫贱的。而且，在一定程度上，贫富决定着贱贵，也就是社会地位必须与人的经济状态保持一致。

　　这里，孔子没有区分贫富、贵贱与社会的有道与否的关系，而是把贫贱、富贵看成同类的东西，显然存在着误区。与贵贱与社会的有道与否的紧密关系相比，贫富与社会的有道与否的关系要显得淡薄一些，当然，在孔子的时代，这样的差异是不易被察觉的。另外，"有道则见，无道则隐"的思想，虽然表现出一些人格上的清高、清白，但是，毕竟把自己与已经形成的现实社会环境相分离，其实，现实环境的造成，他也有其中一个部分的责任，而代替以运思如何来对社会尽责任，反倒选择逃避，这实在是一种推卸责任的做法；正是在这里，也又一次证明了孔子的思想过分重视个人如何以合格的身份来被社会接受，而根本不考虑社会如何为保证个人成为合格的公民而最大限度地提供必要条件，所以，当社会混乱时，孔子的对策就是"隐"，这是非常致命的，没有对社会方面制度建设等的诉求，不仅仁德无法实现，而且社会建设的效益化也难以实现。

　　（3）"不患寡而患不均，不患贫而患不安"。

　　在上面的分析里，我们已经基本领略了孔子安贫乐道的思想追求，也涉及了富贵等与政治秩序的关系等问题，但在富贵等与政治秩序的关系里，孔子重视的是政治秩序本身。

　　季氏富于周公，而求也为之聚敛而附益之。子曰：非吾徒也，小子鸣鼓而攻之，可也。①

　　孔子曰：求，君子疾夫舍，曰欲之而必为之辞。丘也闻，有国有家者，不患寡而患不均，不患贫而患不安。盖均无贫，和无寡，安无倾。夫如是，故远人不服，则修文德以来之；既来之，则安之。今由与求也，相夫子，远人不服，而不能来也；邦分崩离析，而不能守也；而谋动干戈于邦内。吾恐季氏之忧，不在颛臾，而在萧墙之内也。②

　　孔子反对季氏比周公富裕，所以，对冉求帮季氏敛财的行为，显示了强烈的反对之情，让弟子们鸣鼓而攻击他。为何要这样呢？最大的原因之一就是季氏当时不过是一个诸侯之卿，而周公却是一个国家的君主，而且是孔子所崇拜并作为理想楷模的对象；从名分上看，季氏的财富不能超过周公，没有这样的理由。另一方面，无论对家庭还是国家，应该担心的不是寡少和贫穷的问题，而是是否均平和安定的问题，所以，利益分配以及享受上的均平和生活秩序上的安定，是国、家生命的最重要的因素。实行均平分配就不可能有贫穷；人们和合、协和，力量就大，也就不存在寡少的问题；社会生活秩序安定，国、家就稳定不可倾。在这样的条件下，远方的住民还不顺服的话，就再修礼乐教化使他们顺服，使他们产生安定感。现在仲由与冉求辅助季氏，本来是自己想干的，但总是找理由为自己开拓

---

　　① 《论语·先进》，杨伯峻译注：《论语译注》，中华书局 1980 年版，第 115 页。
　　② 《论语·季氏》，杨伯峻译注：《论语译注》，中华书局 1980 年版，第 172 页。

和辩解，这是君子最反对的。所以，远方的住民不愿顺服，他们反而还想在国内动用武力，所以，"季氏之忧"不在其他地方，而在"萧墙之内"。

在贫贱、富贵问题上，孔子虽承认人追求富贵的正当性，以及获取贫贱、富贵手段的正当性，但更强调的是用道德手段来获取富贵，即富贵的正当合理性在是否符合道义，道义是唯一的判断准则；道义是软性的存在，不是硬性的规定。以"不患寡而患不均，不患贫而患不安"作为价值目标，把社会秩序的稳定放在富贵利益之上，这一公式的极端演绎就是，只要社会秩序安定，即使贫穷也心甘情愿。把痛恨贫穷作为祸乱之根，对冉求帮助季氏敛财的行为表示反对也属当然。显然，他忽视了敛财与社会秩序的主次关系，尽管这种关系具有互作性，但富即财是第一位的，起着主导的决定性作用，这应是社会的基础。

以上分析的13个德目，是依据孔子文献的资料可行性而选取的，其先后的排列顺序，也完全是任意的，但是一个系统，这是应该明确的①。可以说，在广义上，都是人际关系里的行为之方即德目，即使是本性方面的"性相近，习相远"的命题，也决定了其内涵绝不是个人本身所能囊括的；但诉求的仅仅是个人为了在社会上立身而必须具备的道德资质，而社会必须起码为个人道德资质切实装备提供什么条件的方面，几乎成为空白，因为，对孔子而言，道德世界道德就是一切，根本不需要其他。

在德目群里，仁是最重要而带根本性的德目，支配着其他一切德目，可以说，其他德目，都是仁德的具体体现和在不同境遇

---

①　此外孔子还有关于"权"的论述，由于资料较少，这里从略。参照"可与共学，未可与适道；可与适道，未可与立；可与立，未可与权"（《论语·子罕》，杨伯峻译注：《论语译注》，中华书局1980年版，第95页）。

里的规定样态。因为，仁德最基本的内容是"爱人"，而爱人的心理基础在血缘情感，这种血缘情感又在具体的家庭生活里，得到发展膨胀，这就是孔子孝德的规定，作为临时性的应对之策（指父母之死），把子女孝顺放在履行一般性的礼乐等义理之上。而作为一个人，没有谁不知道自己从哪里来的问题，所以，这种血缘对人的认同性和可接受性是其他选择无法比拟的。而且，在孔子的系统里，这一切又为父子相隐的"直"的规定所强化和专一化，也使得原本情理相合的仁德坐上了情感化的独轮车，从此，拉开了中国道德思想史上道德乌托邦的序幕，开始了中国儒家道德的万里长征。

三 "举善而教不能"的道德教化论

孔子非常重视提拔人才，"仲弓为季氏宰。问政。子曰：先有司，赦小过，举贤才"①，就是明证。人才来自何处，自然跟教化分不开。在孔子的视野里，既有习，又有学和教，可以说，习是综合学和教的概念，所以，就有"习相远"的故事。以下就顺着这个思路来展开孔子道德教化思想的分析。

1. "学而时习之"的学论

孔子非常强调"习"，因为这对巩固知识具有非常重要的作用。

(1) "学而时习之，不亦说乎"。

大家知道，孔子学生曾子曾说"传不习乎"②，意思为老师

---

① 《论语·子路》，杨伯峻译注：《论语译注》，中华书局1980年版，第133页。
② 《论语·学而》，杨伯峻译注：《论语译注》，中华书局1980年版，第3页。

传授的知识是否复习了呢？"习"对孔子也一样，"学而时习之，不亦说乎"①、"温故而知新，可以为师矣"②。"习"《说文解字》解释为"数飞也"③，旧习字为"習"，上部为鸟的羽毛，"数飞"指的是鸟的多次飞翔，因此，具有多次的意义。学并时常复习，这是一件快乐的事情；复习并不是机械的重复，而是在复习中"知新"。如能这样，就可以为老师了。

（2）"学如不及，犹恐失之"。

孔子自己就不是生而知之的人，而是靠学来丰富自己知识的。

> 卫公孙朝问于子贡曰：仲尼焉学？子贡曰：文武之道，未坠于地，在人。贤者识其大者，不贤者识其小者，莫不有文武之道焉，夫子焉不学，而亦何常师之有？④
>
> 十室之邑，必有忠信如丘者焉，不如丘之好学也。⑤

生活中没有什么常师，一人之所以能成为他人的老师，就在于他不断地学。孔子就是这样的人，不断学周文王、武王之道，这是贤人认识的高明之举。孔子自己也认为，在忠信方面，别人与他可以平起平坐；但在学的方面，别人就相形见绌了。

----

① 《论语·学而》，杨伯峻译注：《论语译注》，中华书局1980年版，第1页。

② 《论语·为政》，杨伯峻译注：《论语译注》，中华书局1980年版，第17页。

③ 参照（汉）许慎撰，（清）段玉裁注《说文解字注》，上海古籍出版社1981年版，第138页上右。

④ 《论语·子张》，杨伯峻译注：《论语译注》，中华书局1980年版，第203—204页。

⑤ 《论语·公冶长》，杨伯峻译注：《论语译注》，中华书局1980年版，第53页。

子夏曰：日知其所亡，月无忘其所能，可谓好学也已矣。[1]

默而识之，学而不厌，诲人不倦，何有于我哉?[2]

学如不及，犹恐失之。[3]

何谓"好学"呢？就是每天知道原本不知道的，每月不忘复习自己即使已经能够做的内容。孔子对自己非常严格，经常在"默而识之，学而不厌，诲人不倦"三个方面对照自己，检查自己是否做好了。在他心目里，学仿佛"不及"一样，这犹如惧怕学而复失一样。

（3）"博学于文……亦可以弗畔矣夫"。

在社会人文的部门里，学具有其他部门无法替代的作用。

由也，女闻六言六蔽矣乎？对曰：未也。居，吾语女。好仁不好学，其蔽也愚；好知不好学，其蔽也荡；好信不好学，其蔽也贼；好直不好学，其蔽也绞；好勇不好学，其蔽也乱；好刚不好学，其蔽也狂。[4]

博学于文，约之以礼，亦可以弗畔矣夫!⑤

加我数年，五十以学《易》，可以无大过矣。⑥

① 《论语·子张》，杨伯峻译注：《论语译注》，中华书局1980年版，第200页。

② 《论语·述而》，杨伯峻译注：《论语译注》，中华书局1980年版，第66页。

③ 《论语·泰伯》，杨伯峻译注：《论语译注》，中华书局1980年版，第83页。

④ 《论语·阳货》，杨伯峻译注：《论语译注》，中华书局1980年版，第184页。

⑤ 《论语·雍也》，杨伯峻译注：《论语译注》，中华书局1980年版，第63—64页。

⑥ 《论语·述而》，杨伯峻译注：《论语译注》，中华书局1980年版，第71页。

"好仁"、"好知"、"好信"、"好直"、"好勇"、"好刚"等的行为，如果不与"好学"相结合，就必然有迂腐、放荡不拘、伤害自身、急切不通人情、犯上作乱、狂妄自大的弊端，因此，学具有避免这些弊端产生的功用。而且，"博学于文，约之以礼"，就不会离经叛道，一个人如果再学《周易》的话，就不会有大的过失了。

（4）"学以致其道"。

孔子强调学，还存在着明显的目的性。"子夏曰：百工居肆以成其事，君子学以致其道"[1]、"子夏曰：仕而优则学，学而优则仕"[2]。学主要的目的就是"致其道"，在这个前提下，对做官的人来说，工作以外，如还有余力的话，就投入学，学好了就去做官。在孔子的时代，私学刚刚产生，在社会的层面，还没有形成像后来那样的选拔人才的科举制度，孔子一方面把学作为做官人的余事，另一方面又把它作为做官的条件。在"学"与"仕"的关系里，我们仅凭此实在无法确定他更重视哪一边，结合其时代的实际情况，似乎还应该从文章原有的顺序来加以理解才不失其合理性。因为，在孔子或稍前的时代，官与学是统一的，一般的人是无法问津学的，官的位置对他们自然也是无法企及的，孔子也正是站在这一现实的土壤上，展开以上议论的。

（5）"学而不思，则罔"。

学的成果还离不开"思"的支持，必须与"思"相结合。

> 学而不思，则罔；思而不学，则殆。[3]

---

① 《论语·子张》，杨伯峻译注：《论语译注》，中华书局1980年版，第200页。
② 同上。
③ 《论语·为政》，杨伯峻译注：《论语译注》，中华书局1980年版，第18页。

> 子夏曰：博学而笃志，切问而近思，仁在其中矣。①
>
> 吾尝终日不食，终夜不寝，以思，无益，不如学也。②

光学而不思，就会迷茫；光思而不学，就会处于危殆的境地。对人来说，广博地学，坚定自己的志向，切合自己的实际而思、问，仁德也就在其中了。但是，在学、思的关系上，思是以学为前提条件和平台的，学可以获取很多信息与资源，这直接可以成为思的原料，离开这个环节而仅仅投注思，那最多也只能是空想，对人将毫无益处。正是在这个意义上，孔子得出了思"不如学"的结论。

> 子贡问曰：孔文子何以谓之文也？子曰：敏而好学，不耻下问，是以谓之文也。③
>
> 曾子曰：以能问于不能，以多问于寡；有若无，实若虚，犯而不校，昔者吾友尝从事于斯矣。④

孔子本人不仅能学能思，而且还能问。称孔子"文"，就在于他不仅学，而且问，合学问于一身⑤。而且还把有能力的人向没有能力的人、知识多的人向知识少的人请教当作美谈，认为这是

---

① 《论语·子张》，杨伯峻译注：《论语译注》，中华书局1980年版，第200页。

② 《论语·卫灵公》，杨伯峻译注：《论语译注》，中华书局1980年版，第168页。

③ 《论语·公冶长》，杨伯峻译注：《论语译注》，中华书局1980年版，第47页。

④ 《论语·泰伯》，杨伯峻译注：《论语译注》，中华书局1980年版，第80页。

⑤ 参照"多闻阙疑，慎言其余，则寡尤；多闻阙殆，慎行其余，则寡悔。言寡尤，行寡悔，禄在其中矣"（《论语·为政》，杨伯峻译注：《论语译注》，中华书局1980年版，第19页）。

"有若无，实若虚"的境界，并非一般人所能为。大家知道，提倡虚静是道家道德实践的主要方法之一，孔子在此也注意到了有无、实虚之间的关系，而且基本等同了"有"与"实"、"无"与"虚"的关系。所以，"有"就是"实有"，"无"则为"虚无"。在这个意义上，"实有"与"虚无"自然相对，尽管缺乏形而上的意义，但有无、实虚等在孔子的时代进入思想家视野已经成为不可否认的事实。

学的事实是人类早有的故事，春秋时代已经有了明确的学的自觉，诸如"夫学，殖也，不学将落"①，就是明证，但似乎还缺乏对学习方法慎思的自觉。对学习方法显示出极大自觉的，应该是孔子，他不仅强调"博学于文"、"博学而笃志"，即广泛地摄取知识，而且推重"切问而近思"，即紧贴实际生活并进行质疑和思考，以及主张"多闻阙疑"、"多闻阙殆"，即实际深入生活，亲身体验生活。此外，在学习的方法上，还高扬"温故而知新"，从已经掌握的知识里，重新学习而发掘出新的认识，这些都在中国认识论的历史上抹上了浓重的一笔。

2."举善而教不能"教化论

在前面的分析里，不难看到，在师生的关系上，学生对老师是学，反之则为教，所以，学与教是紧密联系的，而它们的成果又在习的实践里得到检验、巩固和发展。所以，孔子的学也绝对不是仅仅限于个人领域里的行为，这是应该引起注意的。

孔子非常重视教育，在他的时代，教育的内容基本上是道德的劝善，因此，用道德教化来加以概括将不失精当的意义。

---

① 《春秋左传》卷四十八《昭公十八年》，（清）阮元校刻：《十三经注疏》，中华书局1980年版，第2086页中。

孔子说："临之以庄，则敬；孝慈，则忠；举善而教不能，则
劝。"① 认为认真对待民众，就会受到他们的尊敬；尊老爱幼，
就会使民众忠心；提拔具有仁德的人来教育能力较差的人，就
会使民众勤勉起来。应该注意的是，这里的"不能"，并不是
我们今天所说的综合能力的意思，而主要是指道德能力，这在
"举善"的语意里也可得到证明，因为，孔子没有使用"举能
而教不能"。无论如何，善恶是道德判断境遇里的用语，这是
应该明确的。

（1）"知德者鲜矣"。

教化的施行，是否具有直接的动因，这是不得不究明的
问题。

首先，"知德者鲜矣"。孔子说："由！知德者鲜矣"②、"群
居终日，言不及义，好行小慧，难矣哉！"③ 现实生活里，知道
道德的人是非常少的，一些人终日聚集在一起，但谈话不及义理
道德，而光用小聪明，若遇到这样的人，就比较难办了。

其次，"未见好德如好色者"。以上是现实生活里的现象，那
么，就人本身而言，又怎样呢？孔子说："已矣乎！吾未见好德
如好色者也"④、"中人以上，可以语上也；中人以下，不可以语
上也"⑤。在美德与美貌之间，孔子从来没有看到如"好色"一
般地"好德"的人，人的本性更接近喜好美貌对人感官的愉悦与

---

① 《论语·为政》，杨伯峻译注：《论语译注》，中华书局 1980 年版，第 20
页。

② 《论语·卫灵公》，杨伯峻译注：《论语译注》，中华书局 1980 年版，第 162
页。

③ 同上书，第 165 页。

④ 同上书，第 164 页。

⑤ 《论语·雍也》，杨伯峻译注：《论语译注》，中华书局 1980 年版，第 61 页。

满足。另外，在个人的内在素质上，存在着智能上的差距，即上、中、下三等，对智能处在下等的人，一般是无法对他传授高深知识的。

所以，无论是外在的社会生活现实，还是个体内在的本性特征与素质智能等方面，都存在着教化的客观必要性。

（2）"多见而识之；知之次也"。

在孔子看来，教化也存在着客观的可能性。他说："唯上知与下愚不移"[1]、"生而知之者上也，学而知之者次也；困而学之，又其次也；困而不学，民斯为下矣"[2]、"盖有不知而作之者，我无是也。多闻，择其善者而从之；多见而识之，知之次也"[3]。孔子虽然承认"上知"和"下愚"的区别，"上知"即"生而知之者"，它与"下愚"同属两极，处在这两极的人是不能改变的"不移"。就孔子自己称自己为学知这一点来说，"上知"和"下愚"的人当属少数，大部分人属于这两者之间的存在，即可以通过学而达到知的存在，以及在生活里遇到困难以后，知道要学而获取知识的人，只有那些遇到困难还不学的人，才是下等的。下等自当与"下愚"相等同，这是无法改变的，因为既然不是生知，又不肯学，那不当下等公民又做什么呢？而"多闻"、"多见而识之"等都是学的不同方法罢了，都属于学知这一类。因此，对大部分人来说，通过学与教化来提高自己的智能等素质，完全不是天方夜谭。

（3）"有教无类"。

教化虽然存在必要性和可能性，但没有对象是不行的。

---

[1]　《论语·阳货》，杨伯峻译注：《论语译注》，中华书局1980年版，第181页。
[2]　《论语·季氏》，杨伯峻译注：《论语译注》，中华书局1980年版，第177页。
[3]　《论语·述而》，杨伯峻译注：《论语译注》，中华书局1980年版，第73页。

厩焚。子退朝，曰：伤人乎？不问马。①

善人教民七年，亦可以即戎矣。子曰：以不教民战，是谓弃之。②

子张曰：何谓四恶？子曰：不教而杀谓之虐……③

在马与人之间，孔子重视人，马棚烧了以后，他只问有没有伤人，而不问马。好的治世者教民七年以后才派他们去打仗；不教百姓打仗的技术和经验，就直接派他们上战场的话，就等于抛弃他们，是践踏生命的表现；不施行教育就加以杀戮的行为是残害。总之，无论是打仗还是其他，孔子都反对在不教育民众的情况下就使用他们的做法。显而易见，他的教化对象是所有民众，即"有教无类"④，具有广泛性⑤。

（4）"子以四教"。

以什么来教化民众，回答是"四教"即"文，行，忠，信"⑥，除文以外，其他三者都是道德的范畴，行是德行的方面，忠、信则是心性的部门。而对文的掌握，又有助于其他三方面的推进，它们是相辅相成的。这一点是难能可贵的。主要在于他打

---

①　《论语·乡党》，杨伯峻译注：《论语译注》，中华书局1980年版，第105页。

②　《论语·子路》，杨伯峻译注：《论语译注》，中华书局1980年版，第144页。

③　《论语·尧曰》，杨伯峻译注：《论语译注》，中华书局1980年版，第210页。

④　《论语·卫灵公》，杨伯峻译注：《论语译注》，中华书局1980年版，第170页。

⑤　参照"仁为可亲也，义为可尊也，忠为可信也，学为可益也，教为可类也。教非改道也，教之也。学非改伦也，学己也。禹以人道治其民，桀以人道乱其民。桀不易禹民而后乱之，汤不易桀民而后治之。圣人之治民，民之道也。禹之行水，水之道也。造父之御马，马之道也。后稷之艺地，地之道也。莫不其有道焉，人道为近。是以君子，人道之取先"（《尊德义》，李零著：《郭店楚简校读记》，北京大学出版社2002年版，第139页）。

⑥　《论语·述而》，杨伯峻译注：《论语译注》，中华书局1980年版，第73页。

破就道德讲道德的框架，具有合理的微光。

首先，"称其德"。孔子主要还是推重道德的方面。

> 骥不称其力，称其德也！①

> 子路曰：桓公杀公子纠，召忽死之，管仲不死。曰：未仁乎？子曰：桓公九合诸侯，不以兵车，管仲之力也。如其仁！如其仁！②

骥马的价值所在，不是因为它的气力，而是其"德"，即德性与人的相同相和，换言之，就是通人性。桓公杀公子纠，作为师傅的召忽也因此自杀，但同样是师傅的管仲继续活着，桓公多次联盟诸侯，制止了战争，都是管仲仁德的力量。孔子对此是极力肯定的。

其次，"为政以德"。下面有几个"德"字，但意思是不一样的。

> 或曰：以德报怨，何如？子曰：何以报德？以直报怨，以德报德。③

> 为政以德，譬如北辰，居其所而众星共之。④

> 民之于仁也，甚于水火。水火，吾见蹈而死者矣，未见蹈仁而死者也！⑤

如何理解"以德报怨"以及"以德报德"，是一个比较棘手的问

---

① 《论语·宪问》，杨伯峻译注：《论语译注》，中华书局1980年版，第156页。
② 同上书，第151页。
③ 同上书，第156页。
④ 《论语·为政》，杨伯峻译注：《论语译注》，中华书局1980年版，第11页。
⑤ 《论语·卫灵公》，杨伯峻译注：《论语译注》，中华书局1980年版，第169页。

题，因为至今很难找到令人满意的解释，解决问题的关键当在如何理解"德"和"怨"；其实，"以直报怨"的"直"可以给予我们很大的启发。众所周知，"德"也写作"悳"，上面是"直"，下面是心，而"怨"的下面也是心，所不同的只是上面，"德"是"直"，"怨"是"夗"，因此，完全可以推测"怨"的上面是"不直"，由于"不直"，所以有怨恨，这正好与"以直报怨"相呼应。综合上面的意思，是否可以作以下的理解："以德报怨"的意思为以正常之心来回应因怨恨而来的失常之心，"以德报德"也是以正常之心回应正常之心①，这种正常之心是具体的人具有的，这里无疑有尊重客体对象的意思，这方面与老子道家有一定的关联性。

但是，必须清楚的是，在孔子的系统里，人的正常之心就是仁德之心，本来在词义上没有价值色彩的东西，在孔子这里就自动地带上了道德的色彩，所以，在孔子这里，道德对民众有着不可低估的力量。用道德来治理民众，仿佛众星围绕北斗星一样。自然，道德仿佛北斗星，因为，民众需要道德比水火等日常生活品还要迫切，人踩踏水火能死，但还没看见履行仁德而死的情况呢?!

（5）"因民之所利而利之"。

以上讨论的是教化在理论层面上的问题，当它进入具体实施的阶段以后，保持这一过程的顺畅也是不得不考虑的事情，这就是教化活性化的问题。对此，孔子有自己精到的设计。

首先，"民可使由之，不可使知之"。可以说，因循是孔子所崇尚的一个重要的价值之方。"子张问：十世可知也？子曰：殷

---

①　可以参照"大小多少，报怨以德"（《老子》六十三章，（魏）王弼著，楼宇烈校释：《王弼集校释》，中华书局 1980 年版，第 164 页）。孔子的运思当是来自老子的启发，在老子的思想系统里，就是强调对待怨恨时，不要有意而为，应该根据"道"来对待具体的万物。

因于夏礼，所损益，可知也；周因于殷礼，所损益，可知也。其或继周者，虽百世，可知也"①，就是佐证。"殷因于夏礼"、"周因于殷礼"的"因"就是因循、沿袭的意思。我们知道，"因"、"循"在《老子》里无法找到，在《庄子》里虽有"因"、"循"分别使用的个例，但还是没有因循作为一个词合用的例子②。在孔子看来，殷商是因循夏朝的礼仪而做具体损益的，周朝也是因循殷商而做损益的。对礼仪制度应该作因循，在因循的基础上进行损益，这损益正是在因循的前提下所作的主动行为。对教化的人也一样③。孔子说："民可使由之，不可使知之。"④ 这是众所周知的概念，一般都认为这反映了孔子的愚民思想⑤。当然，这种看法一直延续到最近。仅从这里看的话，似乎很难排除孔子愚民思想的嫌疑。但是，随着1993年《郭店楚墓竹简》的出土，学界许多已经成为定说的观点，都相应地遭到了冲击，而且，这些冲击是惊人的。其中既包括道家的领域，也包括儒家的堡垒。对以上孔子的言论，也有值得我们借鉴的部分。

在《郭店楚墓竹简》的《尊德义》《教》中，有一段文章与

① 《论语·为政》，杨伯峻译注：《论语译注》，中华书局1980年版，第21—22页。
② 详细可参照许建良《为"因循"翻案》，《新世纪的哲学与中国——中国哲学大会（2004）文集》上卷《传统与现代》，中国社会科学出版社2005年版，第575—585页。
③ 参照"师古曰：论语载孔子之言。谓忠敬与文，因循为教，立政垂则，不远此也"（《董仲舒传》注7，（汉）班固撰《汉书》卷五十六，中华书局1959年版，第2519页）。
④ 《论语·泰伯》，杨伯峻译注：《论语译注》，中华书局1980年版，第81页。
⑤ 杨伯峻认为"老百姓，可以使他们照着我们的道路走去，不可以使他们知道那是为什么"（杨伯峻译注：《论语译注》，中华书局1980年版，第81页）、钱穆的解释为："在上者指导民众，有时只可使民众由我所指导而行，不可使民众尽知我所指导之用意所在"（钱穆著《论语新解》，上海生活·读书·新知三联书店2002年版，第209页）。

此有联系，现摘录如下，以供比较：

> 尊仁、亲忠、敬壮、归礼，行矣而无违，养心于子谅，忠信日益而不自知也。民可使道之，而不可使知之；民可道也，而不可强也。①
>
> 上不以其道，民之从之也难。是以民可敬导也，而不可掩也；可御也，而不可牵也。②

这讨论的是如何德化民众的问题。其中"民可使道之，而不可使知之"一句，与《论语》"民可使由之，不可使知之"十分相近。仅"道"与"由"之别。"道"《说文解字》释为"所行，道也"，段注为"道者，人所行"③，指的是行所凭借的工具或载体；"由"通"繇"，意思为"随从"④。两者可以相通，随从与行所凭借的工具是相合的，行所凭借的工具讲的是凭借什么而行，即凭借道路而行，或者随从道路而行。基于以上的分析，可以肯定，《论语》的一句当是《尊德义》中的一句。但是《论语》少掉了紧接着的一句，而这一句又至关重要。可以说，"民可道也，而不可强也"是对"民可使道之，而不可使知之"的具体说明，同时也是这一行为选择的具体理由的交代。对为政者来说，如果能使民众沿着"尊仁、亲忠、敬壮、归礼"来"无违"地践行、养身的话，那忠信就会日益增进。不过，民众"不自知"，但这一效果实现的条件是，必须引导即"敬道"，充满着敬意的引导，

---

① 《尊德义》，李零著：《郭店楚简校读记》，北京大学出版社 2002 年版，第 140 页。

② 《教》，李零著：《郭店楚简校读记》，北京大学出版社 2002 年版，第 121 页。

③ 参照（汉）许慎撰，（清）段玉裁注：《说文解字注》，上海古籍出版社 1981 年版，第 75 页下右。

④ 同上书，第 643 页上右。

要做到这一点，就必须公开透明，让民众知情，让民众在自身内在驱动力的激发下投入自觉行动的状态，用这里的话说就是"不可掩"，对民众进行掩盖，自然不是"敬道"的路数；"不可掩"是为了让民众投入自觉的行动。换言之，说的就是不能强迫的事情，不能让民众感到自己是在被外力引导着、牵引着即成为"牵"的行为的对象，如果不是"敬道"，那必然趋向牵强附会。而这种"不自知"的客观效果，在民众看来是自然而然的。所以，他们是无意识的，这跟道家强调的由自然无为而引起的效果基本上是一样的，这样的效果是统御治理的效果，而不是强为所致，所以，是"可御也，而不可牵也"。我们还应该注意的是，引导的行为体现的是对客体的重视，要真正施行好这一行为，最重要的就是应该因循、尊重客体的特性，顺乎民心，在因循被动的前提下，施行主体的主动行为，这是不能忽视的，而这一点也正是"道"、"由"本义上所具有的随从的意义所赋予的①。

其次，"因民之所利而利之"。上面分析了顺乎民心来施行德化的问题。从上面的分析里可以知道，孔子在讨论礼仪制度时用了"因"，在以人为对象时用的是"由"。其实，在以人为对象时，孔子也强调"因"：

　　子张问于孔子曰：何如斯可以从政矣？子曰：尊五美，屏四恶，斯可以从政矣。子张曰：何谓五美？子曰：君子惠而不费，劳而不怨，欲而不贪，泰而不骄，威而不猛。子张曰：何谓惠而不费？子曰：因民之所利而利之，斯不亦惠而

---

① 关于引导民众的事情，可以说是儒家一贯的主张，诸如"君子之于教也，其导民也不浸，则其淳也弗深矣"（《教》，李零著：《郭店楚简校读记》，北京大学出版社2002年版，第121页），也是具体的证明。

不费乎？择可劳而劳之，又谁怨？欲仁而得仁，又焉贪？君子无众寡，无小大，无敢慢，斯不亦泰而不骄乎？君子正其衣冠，尊其瞻视，俨然人望而畏之，斯不亦威而不猛乎？①

孔子解释"五美"中"惠而不费"为"因民之所利而利之，斯不亦惠而不费乎"，意思是因循、依据民众的"所利"而利益他们，这样既实惠又不费财；"所利"即能够利益民众的东西和理由。应该引起注意的是，在语言结构上，"因民之所利而利之"是一个复杂的形式，可以表达为：动词1（因）→宾语1（民之所利）→动词2（利）→宾语2（之，指民众），是一个双动双宾的形式，表达了在因循的被动前提下，施行了"利"这一主动的行为，因为，"利"这一行为是主体发出的；前后两个宾语，只能说内涵基本一样，但存在细微差别是显而易见的，因为，"民之所利"与民众本身是不一样的，前者具有抽象的外在性，所以，依据的对象不是民众本身，这也是应该注意的。可以说，在孔子那里，因循是教化、德化操作上的一个总体原则，有着非常重要的地位。而在具体的演绎上，就是我们常说的"因材施教"：

　　子路问：闻斯行诸？子曰：有父兄在，如之何其闻斯行之？冉有问：闻斯行诸？子曰：闻斯行之。公西华曰：由也问闻斯行诸，子曰：有父兄在。求也问闻斯行诸，子曰：闻斯行之。赤也惑，敢问。子曰：求也退，故进之；由也兼人，故退之。②

---

① 《论语·尧曰》，杨伯峻译注：《论语译注》，中华书局 1980 年版，第 209—210 页。
② 《论语·先进》，杨伯峻译注：《论语译注》，中华书局 1980 年版，第 117 页。

射不主皮,为力不同科,古之道也。[①]

孔子针对弟子冉求、仲由所提的同一问题,作了不同的回答,公西华迷惑不解。孔子的解释是,因为冉求、仲由分别具有"退"、"兼人"的不同特征,所以采取了"进之"、"退之"的不同的教育方法。射箭也一样,不能用一个标准来衡量一切人,因为,人的力量是不一样的,力气小的人,就不能射穿靶子。无疑,这是因循原则的具体运用,而习惯上用"因材施教"来加以概括并非最好选择,实际上是因循理论在教化上的具体演绎。这是应该引起注意的[②]。

　　最后,"天何言哉……百物生焉"。孔子强调"因",是否是

---

　　① 《论语·八佾》,杨伯峻译注:《论语译注》,中华书局1980年版,第29页。

　　② 参照"教非改道也,教之也。学非改伦也,学己也。禹以人道治其民,桀以人道乱其民。桀不易禹民而后乱之,汤不易桀民而后治之。圣人之治民,民之道也。禹之行水,水之道也。造父之御马,马之道也。后稷之艺地,地之道也。莫不有道也,人道为近。是以君子,人道之取先"(《穷达以时》,李零著:《郭店楚简校读记》,北京大学出版社2002年版,第139页)。应该注意的是,这里的教学,既不是"改道",又不是"改伦",而"道"与"伦"的行为主体,就是"之"与"己",可以说,"之"在这里指的就是人,是具体的人,不是泛称。而"己"也就是作为个体的人他自身,因此,两者实际上都是人、具体的人。在这个意义上,"道"与"伦"也就是人之道、人之伦。在完整的意义上,教就是教人之所以为人的道理,学则是学习自己之所以为自己的道理,而不是别的什么。因为在宇宙世界里,民、水、马、地都有自身的行为之方即道,所以,治理民众就在于遵循民众之道,"行水"则关键在遵循"水之道","御马"则应该遵循"马之道","艺地"则在遵循"地之道"。在这些方面,圣人、禹、造父、后稷等做出了很好的实践。所以,每一种物类都有自己之所以为自己的规律和存在之方,不过在宇宙世界里,人道对人是最重要的。强调个物之所以为个物的特征,这不仅显示着对个物的重视,而且揭示着教育等应该以成就个人之所以为个人的方面为目标和目的,无疑,孔子以上的思想与儒家的道统是一致的。儒家这一思想,跟道家人是万物中的一个存在、与自然一体的构想是非常接近的,不能忽视。

受道家的影响，这是一个复杂的问题，但他并不是任意偶然的选择，有着理论的支撑。

　　　　无为而治者其舜也与？夫何为哉？恭己正南面而已矣。①

　　　　予欲无言。子贡曰：子如不言，则小子何述焉？子曰：天何言哉？四时行焉，百物生焉，天何言哉？②

舜治理政治，采取的是自然无为的方法，收到了很好的效果。孔子本人也曾"欲无言"，因为他认为"天"也根本没有说什么，但四时照常运行，百物照常生长③。

　　孔子的"无言"，与道家"不言之教"的"不言"，在意思上应该是相融的，但不同的是孔子只是发展到"欲无言"的阶段，并没有由此继续向前推进；而道家的老子、庄子却明确地推行了"不言之教"，这当是道家与儒家的区别所在，这是否是孔子向老子请教礼仪问题后所受影响的一个具体表现呢？这实在是一个复杂的问题，不是这里讨论的范围。提出这个问题，旨在激发大家探讨的冲动，但在整体上，孔子的"天"是一个有意志的存在，相对于老子的"天"是自然的存在，孔子的"天"乃具有神性的

　　①　《论语·卫灵公》，杨伯峻译注：《论语译注》，中华书局 1980 年版，第 162 页。

　　②　《论语·阳货》，杨伯峻译注：《论语译注》，中华书局 1980 年版，第 187—188 页。

　　③　《论语》里没有"万物"的用例，只有"百物"的使用，百物在《郭店楚墓竹简》的儒家类文献里也能找到用例。参照"天生百物，人为贵。人之道也，或由中出，或由外入。由中出，仁、忠、信。由【外入者，礼、乐、刑。】"（《物由望生》，李零著：《郭店楚简校读记》，北京大学出版社 2002 年版，第 158 页）

意义①。

(6)"诗，可以兴"。

在中国历史上，历来存在着艺术与道德关系的讨论，即是为道德而艺术，还是为艺术而艺术，前者强调艺术的完美应以追求张扬道德为依归，后者强调艺术的价值在自身。孔子强调的是前者，显示的是把音乐等艺术作为传播道德的载体的倾向。

首先，"不学诗，无以言"。孔子强调"兴于诗，立于礼，成于乐"②，从诗开始，经过礼，再到乐，乐作为成熟的形式，正是合艺术与道德一体的样式。

> （子曰）学诗乎？（伯鱼）对曰：未也。不学诗，无以言。鲤退而学诗。他日，又独立，鲤趋而过庭，曰：学礼乎？对曰：未也。不学礼，无以立。鲤退而学礼。③
>
> 小子何莫学夫诗？诗，可以兴，可以观，可以群，可以怨。迩之事父，远之事君。多识于鸟兽草木之名。④

孔子认为，不学诗就无法讲话，不学礼就无法立身，这是因为学诗激发人的想象力，提高人的观察力，锻炼人的合群力，增进人

---

①　参照"《论语》中的'天'，有一处是很例外的：'天何言哉？四时行焉，百物生焉，天何言哉？'（《阳货》篇）这里是说，四时的运行与百物生长并不是出于天意的支配，它们是自然如此的。从这'天'的'无为而治'的观念，可以看出孔子所受老子'无言之旨'的影响。"（《老子与孔子思想比较研究》，陈鼓应著：《老庄新论》，上海古籍出版社1992年版，第68页）

②　《论语·泰伯》，杨伯峻译注：《论语译注》，中华书局1980年版，第81页。

③　《论语·季氏》，杨伯峻译注：《论语译注》，中华书局1980年版，第178页。

④　《论语·阳货》，杨伯峻译注：《论语译注》，中华书局1980年版，第185页。

的诉怨力。从近处看，这些能力足以侍奉父母；从远处讲，这些能力则足以侍奉君主。不仅如此，而且还可通过诗识得鸟兽草木等的名称。总之，诗具有开发人素质能力的功能。换言之，诗是丰富的信息载体。

其次，"闻《韶》，三月不知肉味"。音乐对人具有感化的功能。

> 子语鲁大师乐，曰：乐其可知也：始作，翕如也；从之，纯如也，皦如也，绎如也，以成。①
>
> 子与人歌而善，必使反之，而后和之。②

音乐的制作有一个过程，开始是兴奋而振作，既而纯一而和谐，清晰而明亮，直至绵绵不绝，正是这种严密的内在机制，深深地吸引和感化着人。孔子每当与别人一起唱歌时，感觉唱的好的话，一定还要请别人再来一遍，从而自己"和之"。

> 子在齐闻《韶》，三月不知肉味，曰：不图为乐之至于斯也！③
>
> 子谓伯鱼曰：女为《周南》《召南》矣乎？人而不为《周南》《召南》，其犹正墙面而立也与！④

---

① 《论语·八佾》，杨伯峻译注：《论语译注》，中华书局1980年版，第32页。

② 《论语·述而》，杨伯峻译注：《论语译注》，中华书局1980年版，第75页。

③ 同上书，第70页。

④ 《论语·阳货》，杨伯峻译注：《论语译注》，中华书局1980年版，第185页。

恶郑声之乱雅乐也。①

孔子在齐国听《韶》后,长期不知肉的味道,他自己也没有想到音乐对人具有如此的影响力,所以,一个人不精通《周南》《召南》的话,就好比面墙而立,前面没有通道。另一方面,应该厌恶劣质的音乐损害好音乐的现象。

最后,"尽美矣,又尽善也"。音乐等艺术对人的感化功能,除内在的机制以外,就是道德的内容。

> 《关雎》,乐而不淫,哀而不伤。②
>
> 子谓《韶》:尽美矣,又尽善也。谓《武》:尽美矣,未尽善也。③
>
> 吾自卫反鲁,然后乐正,《雅》、《颂》各得其所。④
>
> 颜渊问为邦。子曰:行夏之时,乘殷之辂,服周之冕,乐则《韶》《舞》。放郑声,远佞人,郑声淫,佞人殆。⑤

孔子推崇《关雎》,是因为它"乐而不淫,哀而不伤",即快乐而不放荡,悲伤而不痛苦;《韶》不仅形式完美,而且内容无伦,是尽美尽善的样态;与《韶》相比,《武》虽然形式完美,但内容没有达到"尽善"的地步。在治理国家的立场上,自然是"乐则《韶》《舞》",废弃郑国的音乐,因为它是淫猥的,具有腐蚀

---

① 《论语·阳货》,杨伯峻译注:《论语译注》,中华书局 1980 年版,第 187 页。
② 《论语·八佾》,杨伯峻译注:《论语译注》,中华书局 1980 年版,第 30 页。
③ 同上书,第 33 页。
④ 《论语·子罕》,杨伯峻译注:《论语译注》,中华书局 1980 年版,第 92 页。
⑤ 《论语·卫灵公》,杨伯峻译注:《论语译注》,中华书局 1980 年版,第 164页。

人的作用①。

(7)"择不处仁，焉得知"。

在德化问题上，孔子还注意到环境对人的影响：

> 里仁为美。择不处仁，焉得知？②
>
> 贤者辟世，其次辟地，其次辟色，其次辟言。③
>
> 子贡问为仁。子曰：工欲善其事，必先利其器。居是邦也，事其大夫之贤者，友其士之仁者。④

居住不选择仁德滋润的地方，这如何使自己聪明起来呢？有仁德的人，遇到浊世就会避开，遇到不好的环境也会避开，其他诸如他人不好的脸色、言语等都会避开。所以，居住在一个国家，应该侍奉具有仁德的贤人，应该与具有仁德的人交友。实际上，这些都是注意环境对人的影响，所以，选择良性的环境，对德化的活性化是非常有利的。

(8)"其身正，不令而行"。

---

① 重视音乐的道德感化的作用，向来是儒家坚持的方面，譬如："察者出，所以知己。知己所以知人，知人所以知命，知命而后知道，知道而后知行。由礼知乐，由乐知哀。有知己而不知命者，无知命而不知己者。有知礼而不知乐者，无知乐而不知礼者。"（《尊德义》，李零著：《郭店楚简校读记》，北京大学出版社2002年版，第139页）音乐不仅给他人传播哀乐等的感情，而且也传送着礼仪的信息。所以，认知音乐与认知礼仪是统一的，因为礼仪是音乐的内容，但反之则不行，即知道礼仪不等于知道音乐。所以，把音乐作为载体来向民众传播道德信息，历来是儒家的选择。这是不能忽视的。

② 《论语·里仁》，杨伯峻译注：《论语译注》，中华书局1980年版，第35页。

③ 《论语·宪问》，杨伯峻译注：《论语译注》，中华书局1980年版，第157页。

④ 《论语·卫灵公》，杨伯峻译注：《论语译注》，中华书局1980年版，第163页。

重视榜样的感人作用,这历来是我国教化中强调的一个方面,孔子也不例外。

首先,"周之德,其可谓至德也"。孔子一贯推崇周公等的仁德。

> 禹,吾无间然矣。菲饮食而致孝乎鬼神,恶衣服而致美乎黻冕,卑宫室而尽力乎沟洫。禹,吾无间然矣。[1]
> 如有周公之才之美,使骄且吝,其余不足观也已。[2]
> 周之德,其可谓至德也已矣。[3]

禹作为一个帝王,自己在吃穿住等方面显示的都是最低标准,而把祭品、祭服做得非常精美;还在水利上投入精力。周公的美德也是无与伦比的,在周公的影响下,周代到达了道德的最高水准。

其次,"百姓有过,在予一人"。"周有大赉,善人是富。虽有周亲,不如仁人。百姓有过,在予一人"[4]、"孟氏使阳肤为士师,问于曾子。曾子曰:上失其道,民散久矣。"[5] 政治的昌盛,应该使善人都富裕起来;与亲戚相比,具有仁德者更有优势;百姓有过错的话,责任在治世者。在上的人不遵道而行的话,百姓就会如一盘散沙。

再次,"其身正,不令而行"。身正重于言教,历来是中国知识人的追求之一。

---

① 《论语·泰伯》,杨伯峻译注:《论语译注》,中华书局1980年版,第84页。
② 同上书,第82页。
③ 同上书,第84页。
④ 《论语·尧曰》,杨伯峻译注:《论语译注》,中华书局1980年版,第208页。
⑤ 《论语·子张》,杨伯峻译注:《论语译注》,中华书局1980年版,第203页。

　　　　季康子问政于孔子。孔子对曰：政者，正也。子帅以
正，孰敢不正？①
　　　　苟正其身矣，于从政乎何有？不能正其身，如正
人何？②
　　　　其身正，不令而行；其身不正，虽令不从。③

政治就是"正"，领导者能正的话，还有谁敢不正呢？领导者的
正当先从身正开始，如果能正身，那治理社会还有什么难处呢？
不能正己身的话，怎么能去正他人呢？所以，身正的话，虽不发
命令，也会一切皆行；身不正，即使下达命令，下面也不会听
从。领导者以身作则，从而以此感化他人，这样的力量是强大无
比的④。
　　　　最后，"上好礼，则民易使"。这也是统治者以身作则的
问题。

　　　　樊迟请学稼。子曰：吾不如老农。请学为圃。曰：吾不
如老圃。樊迟出。子曰：小人哉，樊须也！上好礼，则民莫
敢不敬；上好义，则民莫敢不服；上好信，则民莫敢不用
情。夫如是，则四方之民襁负其子而至矣，焉用稼？⑤

---

　　①　《论语·颜渊》，杨伯峻译注：《论语译注》，中华书局1980年版，第129页。
　　②　《论语·子路》，杨伯峻译注：《论语译注》，中华书局1980年版，第138页。
　　③　同上书，第136页。
　　④　参照"君子之德，风；小人之德，草；草，上之风，必偃"（《论语·颜渊》，
杨伯峻译注：《论语译注》，中华书局1980年版，第129页），讲的也是君子对他人的
影响力，仿佛风吹草一样。
　　⑤　《论语·子路》，杨伯峻译注：《论语译注》，中华书局1980年版，第135页。

上好礼，则民易使也。[①]

在孔子看来，在上的人喜好礼、义、信等道德的话，民众就必然会尊敬他、服从他、真心地对待他。如此的话，四方之民就都会来归顺，自己就根本不用种庄稼了。

孔子深刻地看到了统治者的以身作则对治理民众的重要作用，这也一直成为我国道德教化所张扬的一个方面，这自然具有英雄救国式的过分强调个人作用的消极的方面[②]。

（9）"道之以政，齐之以刑"。

上面分析梳理的问题，实际上也属于教化活性化的范畴，孔子除注意到以上这些方面之外，还在道德与经济、道德与法度等方面，留下了值得关注的痕迹。

首先，"富之……教之"。在经济与教化的关系上，孔子说："子适卫，冉有仆。子曰：庶矣哉！冉有曰：既庶矣，又何加焉？曰：富之。曰：既富矣，又何加焉？曰：教之。"[③]人口多了以后，最紧要的事情是如何使他们富裕起来，富裕的问题解决以后，就应该马不停蹄地对他们进行教化。在此，孔子把富裕放在教化的前面，看到了经济作为人生活第一需要的重要性，具有合理性。当然，富裕与否是动态的概念，没有固定的标准，因此，具有相对性。孔子在此注意的主要是人们基本生活条件的保证，

---

①　《论语·宪问》，杨伯峻译注：《论语译注》，中华书局1980年版，第158页。

②　参照"唐虞之道，禅而不传。尧舜之王，利天下而弗利也。禅而不传，圣之盛也。利天下而弗利也，仁之至也。故昔贤仁圣者如此。身穷不贪，没而弗利，穷仁矣。必正其身，然后正世，圣道备矣"（《唐虞之道》，李零著：《郭店楚简校读记》，北京大学出版社2002年版，第95页）。

③　《论语·子路》，杨伯峻译注：《论语译注》，中华书局1980年版，第136—137页。

并不是无条件的满足。

　　其次，"道之以政，齐之以刑"。法度在社会事务中的作用已经到了不容忽视的地步。

　　　　听讼，吾犹人也，必也使无讼乎。①

　　　　道之以政，齐之以刑，民免而无耻。道之以德，齐之以礼，有耻且格。②

　　　　季康子问政于孔子曰：如杀无道，以就有道，何如？孔子对曰：子为政，焉用杀？子欲善而民善矣。③

孔子并没有否定刑法的存在④。审理案件，最好是使诉讼的案件完全消灭，因为，在孔子的心目里，刑法虽有其存在的价值，但并不是最终的目的，最终的目的是人不违反规则并按道德要求而生活。在他看来，用政法、刑法来整治民众的话，民众虽能免于罪过，但仍然没有羞耻之心；若用道德、礼仪来规范民众的话，民众不仅产生羞耻之心，而且能实现心悦诚服。所以，他反对杀

---

① 《论语·颜渊》，杨伯峻译注：《论语译注》，中华书局 1980 年版，第 128 页。
② 《论语·为政》，杨伯峻译注：《论语译注》，中华书局 1980 年版，第 12 页。
③ 《论语·颜渊》，杨伯峻译注：《论语译注》，中华书局 1980 年版，第 129 页。
④ 英国汉学家葛瑞汉认为："'人能弘道，非道弘人'。这种不诉求超验而安顿生命的能力，无论是作为前存在与可普遍应用的道德原则，法律规定抑或自然法，都是可能的，因为他对宇宙与社会秩序有着不同的概念。郝大维和安乐哲（《通过孔子而思》，许建良注）区分了超验原则或法则设置的'逻辑的'或'理性的'秩序与'天'与'道'包含在里面的和谐的相互关联的'审美的'秩序。孔子偏爱由'礼'、'乐'和完成行为式的'名'所维系的'审美的'秩序，而不是用法则、刑罚所维系的'理性的'秩序，它最终被法家明显地理性化了。"（《天命秩序的崩溃》，〔英〕葛瑞汉著：《论道者：中国古代哲学论辩》，张海晏译，中国社会科学出版社 2003 年版，第 39—40 页）值得参考。

人，认为统治者良善的话，民众也一定良善①。

在教化的问题上，孔子尤其重视操作实践中的活性化方面，在因循的理论前提下，通过艺术、环境、榜样、刑法等几个方面，营建了活性化的链子。最值得注意的是，是对孔子"民可使由之，而不可使知之"的理解，应该与"民可道也，而不可强也"一起来进行思考，这是一个整体，而且也与孔子的整个思想相吻合。因为，他主张"有教无类"，充分说明其对象的广泛性。教化是为了开启民众，因此，说他具有愚民的思想，似乎很难成立。竹简的资料显示的正是应该随从民众、引导他们，而不是强迫他们。这是应该注意的。另外，不得不说的是，孔子虽然也显示了对因循的重视，正是在这里我们可以看到他与道家的联系，不过，在因循的规则等方面，并没有明确规定，这也与孔子单一地重视道德资质养成上个人完全自主自决的作用，而忽视乃至无视外在社会等提供必要支撑条件加以保证的价值取向相一致；而且，人在这里并没有真正成为因循的对象，成为对象的是"民之所利"，这也是不能忽视的地方，跟道家因循思想最大限度地尊重个体是完全相异的，而且道家的个体在本性上具备自足、自能的机制。

四　"德之不修……是吾忧也"的道德修养论

孔子仁学的一大特色就是"知其不可而为之"②，这在某种

---

①　此外，孔子还注意从启发个体的方面来活性教化过程，即："子曰：不愤不启，不悱不发，举一隅不以三隅反，则不复也。"（《论语·述而》，杨伯峻译注：《论语译注》，中华书局1980年版，第68页）

②　《论语·宪问》，杨伯峻译注：《论语译注》，中华书局1980年版，第157页。

程度上，也是孔子的象征。虽然上面我们分析到，因循无为的一面，但这仅是局部的、次要的方面，主要而占支配位置的仍然是其努力为仁的一面。而且，为仁具有不竭的意欲，这种意欲源于其思想机制本身，曾子病中召集门下弟子共勉《诗经》"战战兢兢，如临深渊，如履薄冰"①的思想情结，就是充分说明。这不是一般的情结，是一种危机意识，正是这种意识，成为激活人的源泉。综观孔子思想，修养无疑是其为仁的不可或缺的部分。

1. "德之不修……是吾忧也"的修德论

修德是解忧乃至无忧的条件之一，"子张曰：执德不弘，信道不笃，焉能为有，焉能为亡"②、"岁寒，然后知松柏之后凋也"③、"德之不修……是吾忧也"④、"子夏曰：大德不逾闲，小德出入可也"⑤。一个人如果执德不能弘推，信道不能笃实，那怎么才能证明他在这方面有德性与否呢？松柏最后落叶，也是不断磨炼、适应环境的结果。所以，人如果不能修德，那是最应该令人担忧的事情。不过，修德主要应该注意重大操守"不逾闲"就行了，私德（小德）可以看轻一些。在此有区分公德与私德的意向，不过没有贯彻到底，实在令人遗憾。因为，在中国道德文化里，公私始终是混一不分的，以至假公济私、损公肥私仍是文明品位难以提升的主要屏障。

在修养上只重视"大德不逾闲"，而容忍"小德出入可"，本来有给予"小德"合理位置的可能性，但是，由于过分强调"大德"的方面，乃至儒学逐渐发展趋向于"大德"为一切的境地。

① 《论语·泰伯》，杨伯峻译注：《论语译注》，中华书局1980年版，第79页。
② 《论语·子张》，杨伯峻译注：《论语译注》，中华书局1980年版，第199页。
③ 《论语·子罕》，杨伯峻译注：《论语译注》，中华书局1980年版，第95页。
④ 《论语·述而》，杨伯峻译注：《论语译注》，中华书局1980年版，第67页。
⑤ 《论语·子张》，杨伯峻译注：《论语译注》，中华书局1980年版，第201页。

"小德"无人问津，无人敢问津，因为在儒学的系统里没有设置问津"小德"的环节，"小德"在"大德"的呼声中最终湮没。中国历史上没有私德地位的现实，不能说跟这里的最初设定没有关系，私德由于没有正当登场的权利，但是，作为生活实践中的客观存在，在相悖的取向上得到演绎，自己的生存就只能在"假公"（假公济私）、"以公"（以公谋私）的名义下得到完成和实现的环境，养成的是私德的发达，这是不健康的情况，是一种异化扭曲的实践反映，也成为近代思想家梁启超抨击中国私德发达，公德缺乏的理由所在。

2. "在邦必达，在家必达"的达论

人生修养，不能没有具体的目标，在孔子看来，人生的追求，实现"达"即做"达者"很重要。

> 子张问：士何如斯可谓之达矣？子曰：何哉，尔所谓达者？子张对曰：在邦必闻，在家必闻。子曰：是闻也，非达也。夫达也者，质直而好义，察言而观色，虑以下人。在邦必达，在家必达。夫闻也者，色取仁而行违，居之不疑。在邦必闻，在家必闻。①

子张请教孔子知识人如何才能称为达者，而子张达者的内涵是做国家的官时一定要有名望，在大夫家工作时一定要有名望。孔子不同意子张的观点，认为这是"闻"，不是"达"；"闻"是表面上仿佛喜好仁德，但行为上却相悖于仁德，还自己以达者自居而毫不怀疑，这样的人，无论是在邦还是在家都只是为了骗取名声。达者就不一样，本性正直而爱好仁义，在人际关系里，能察

---

① 《论语·颜渊》，杨伯峻译注：《论语译注》，中华书局1980年版，第130页。

言观色，以处下的思维之方来应对他人，这样的人无论在哪里，一定显达。

修养的个人目标就是要做达者。在此应该注意的是，"虑以下人"的运思与道家"以言下之"①、"强大处下，柔弱处上"②有一定的切合点，这又是道儒融合的实例之一。

3."宽则得众"的宽容论

人生的达与不达，都是相对的，因为没有绝对的标准，这是因为，它是在与他人相比较的价值体系里的价值审视。因此，达的价值评价，自然包含着他人的认同，这是应该注意的。在这个意义上，允当与他人的关系，显得格外重要。在总体上，孔子主张"道不同，不相为谋"③，志同道合是最为重要的，其他一切都是在这一前提下的具体演绎。

（1）"不患人之不己知，患不知人也"。

人总是以自己为思考问题的起点和中心，这并不一定允当。

---

① 参照"江海所以为百谷王，以其能为百谷下，是以能为百谷王。圣人之在民前也，以身后之；其在民上也，以言下之；其在民上也，民弗重也；其在民前也，民弗害也。天下乐推而不厌，以其不争，故天下莫能与之争"（《老子》六十六章，（魏）王弼著，楼宇烈校释：《王弼集校释》，中华书局1980年版，第170页，并参照《老子C》第五组，崔仁义著：《荆门郭店楚简〈老子〉研究》，科学出版社1998年版，第44页）。

② 参照"人之生也柔弱，其死也筋肕坚强。万物草木之生也柔脆，其死也枯槁。故曰：坚强者死之徒，柔弱者生之徒。是以兵强则不胜，木强则烘。故强大处下，柔弱处上"（《老子》七十六章，（魏）王弼著，楼宇烈校释：《王弼集校释》，中华书局1980年版，第185页，并参照高明撰：《帛书老子校注》，中华书局1996年版，第197—202页）。

③ 《论语·卫灵公》，杨伯峻译注：《论语译注》，中华书局1980年版，第170页。

不患人之不己知，患不知人也。①

不患无位，患所以立；不患莫己知，求为可知也。②

不患人之不己知，患其不能也。③

在人我的关系上：不要担心他人不了解自己，而应该担心自己不了解他人；不要担心没有自己的位置，应该担心自己不具备能力，即"患所以立"；也不需担心没有人了解自己，而应该切实求得能够成为他人了解的资本或素质。可见，孔子的基点不在他人，而在自己，昭示的价值信息是人应该严于律己，这是人之所以为人的根本所在。但是，客观的现实是世风日下，让人叹息不已，即"古之学者为己，今之学者为人"④。"为己"即为了自己之所以为自己而求学，"为人"即为了他人的认同等利益需求而求学，前者是"是人"的追求，后者是"做人"的迎合，孔子所否定的"为人"的风气，至今仍干扰蚀化着文明的进程，实在是令人遗憾的地方。

（2）"不怨天，不尤人"。

人在律己的同时，还应该将心比心地对待他人，"子贡曰：我不欲人之加诸我也，吾亦欲无加诸人"⑤、"不怨天，不尤人，下学而上达。知我者其天乎！"⑥

---

① 《论语·学而》，杨伯峻译注：《论语译注》，中华书局1980年版，第10页。

② 《论语·里仁》，杨伯峻译注：《论语译注》，中华书局1980年版，第38—39页。

③ 《论语·宪问》，杨伯峻译注：《论语译注》，中华书局1980年版，第155页。

④ 同上书，第154页。

⑤ 《论语·公冶长》，杨伯峻译注：《论语译注》，中华书局1980年版，第46页。

⑥ 《论语·宪问》，杨伯峻译注：《论语译注》，中华书局1980年版，第156页。

　　自己不想他人强加、欺侮自己，但自己也不应该强加、欺侮他人①，更不能怨天责备人。因为，一个人的仁德的有无，原因不在外在的他人，而主要在自己②，自己的"下学"非常重要，没有"下学"就不可能实现"上达"；至于"下学"的内容和"上达"的具体内容，或者说"学"和"达"的具体对象是什么的问题，这历来是一个有争议的问题，笔者认为可以参考前面分析的孔子的"学"来理解"下学"；至于"上达"，也当是达者的业务，这也在前面分析修养的目标时论证过了③。不过能否实现"达"，并非个人能够完全决定的事务。

　　（3）"躬自厚而薄责于人"。

　　人际关系的顺畅，还在于采用宽容的行为之方，因为"宽则得众"④。

> 子张曰……君子尊贤而容众，嘉善而矜不能。我之大贤与，于人何所不容？我之不贤与，人将拒我，如之何其拒人也？⑤
>
> 躬自厚而薄责于人，则远怨矣。⑥

---

　　① 参照"仲弓问仁。子曰……己所不欲，勿施于人。在邦无怨，在家无怨"（《论语·颜渊》，杨伯峻译注：《论语译注》，中华书局1980年版，第123页）。

　　② 参照"为仁由己，而由人乎哉？"（同上）

　　③ "下学，学人事；上达，达天命。我既学人事，人事有泰有否，故不尤人。上达天命，天命有穷有通，故我不怨天也。"（《论语宪问第十四疏》，何晏集解，皇侃义疏：《论语集解义疏》卷七，台湾，商务印书馆文渊阁四库全书，第195册，第475页）这一解释可以参考。

　　④ 《论语·尧曰》，杨伯峻译注：《论语译注》，中华书局1980年版，第209页。

　　⑤ 《论语·子张》，杨伯峻译注：《论语译注》，中华书局1980年版，第199页。

　　⑥ 《论语·卫灵公》，杨伯峻译注：《论语译注》，中华书局1980年版，第165页。

……不知言，无以知人也。①

君子尊敬具有贤德的人并容纳众人，嘉许具有善德的人并哀矜无能的人；假如我是大贤，那对什么人不能容纳呢？假若我自己不贤，他人将会拒绝我，根本等不到我去拒绝他人。显然，拒绝的权利在人的德性素质，所以，我们应该多责备自己而少责备他人，这样怨恨就会远你而去。"薄责于人"要求"知人"，而"知人"应该从"知言"着手，这里的"言"当与我们习惯所说的"三不朽"中的"立言"相同，这是人之所以为人的符号表现，所以，首先应该从这里开始②。

孔子宽容思想的坐标原点是人自己，而不是他人，而且，宽容的资本不是别的，是人的贤明等所谓的德性素质能力，主要是道德力，在这个前提下，有道德的人都应该是容人的。这与上面孔子反对学者"为人"的构想是一致的。

4."听其言而观其行"的知行论

强调践行、知行的统一，是孔子修养的又一个重要组成部分。这些思想将通过以下几个方面来展示。

（1）"吾不与祭，如不祭"。

孔子说：

> 居上不宽，为礼不敬，临丧不哀，吾何以观之哉？③
> 或问禘之说。子曰：不知也。知其说者之于天下也，其

---

① 《论语·尧曰》，杨伯峻译注：《论语译注》，中华书局1980年版，第211页。
② 参照《孟子·公孙丑上》"我知言，我善养吾浩然之气"；赵注曰："孟子云：我闻人言能知其情所趋，我能自养育我之所有浩然之大气也。"（（清）阮元校刻：《十三经注疏》，中华书局1980年版，第2685页下）
③ 《论语·八佾》，杨伯峻译注：《论语译注》，中华书局1980年版，第34页。

如示诸斯乎！指其掌。祭如在，祭神如神在。子曰：吾不与
祭，如不祭。①

孔子对在上的人不宽宏大量、行礼时不严肃认真、参加丧礼时感
情不悲哀的现象，从心里看不下去，这与他看重践行与情感的统
一分不开。所以，祭祀等如本人不能亲自参加，也绝对不能让别
人去代理。这里给我们送一个信息，一定要自己去做，做与说是
两码事，有些事情看起来很简单，但不做的话，不一定就等于能
做。这一点，值得我们深刻反思。

（2）"听其言而观其行"。

一个人的言行必须一致。

古者言之不出，耻躬之不逮也。②
君子欲讷于言而敏于行。③
宰予昼寝。子曰：朽木不可雕也，粪土之墙不可杇也；
于予与何诛？子曰：始吾于人也，听其言而信其行；今吾于
人也，听其言而观其行。于予与改是。④

古代人不轻易出言，就是怕自己不能亲自去做。君子应该对言语
慎重，而勤勉于具体的行动。孔子譬喻宰予白天睡觉的行为，是
朽木不可雕刻，粪土之墙不可粉刷；他对于他人，开始是听其言
就相信其定能做到，从宰予的事情以后，认识到评价一个人，一

---

① 《论语·八佾》，杨伯峻译注：《论语译注》，中华书局 1980 年版，第 27 页。
② 《论语·里仁》，杨伯峻译注：《论语译注》，中华书局 1980 年版，第 40 页。
③ 同上书，第 41 页。
④ 《论语·公冶长》，杨伯峻译注：《论语译注》，中华书局 1980 年版，第 45
页。

定要听其言，然后观察其行为是否到位。

(3)"我欲仁，斯仁至"。

仁德重在自己去修炼。

> 季文子三思而后行。子闻之，曰：再，斯可矣。[①]
>
> 仁远乎哉？我欲仁，斯仁至矣。[②]
>
> 譬如为山，未成一篑，止，吾止也。譬如平地，虽覆一篑，进，吾往也。[③]

行必须与思省相结合，思省是避免盲目行为的关键；仁德离我们是不远的，只要想成为具备仁德的人，仁德一定会来到你的身上。对人来说，不惜努力是最重要的，好比堆土成山，在再缺一筐就成功的时点上停止的话，就是你的责任了；又譬如平地堆土成山，才倒下去一筐土，还需不断进发，我会继续朝前的。这也正是孔子一生不可为而为之的真实写照。

知行统一是非常重要的，这是应该肯定的；通过聆听某人的言语，再检查他的行为是否与言语一致，这虽然也是值得借鉴的方法。但是，一个不可否认的事实是，孔子是着重在效果论上立论的，而没有提供人们如何从言语走向行为的建议，这无疑拉远了理论与现实的距离，道德仿佛乌托邦的花园。

5."不善不能改，是吾忧也"的省过论

上面虽然分析了孔子强调个人自己修行仁德的重要性，但是，仅是笼统的提法，如何自己行仁并没有明确揭示。不过，审

---

① 《论语·公冶长》，杨伯峻译注：《论语译注》，中华书局1980年版，第50页。

② 《论语·述而》，杨伯峻译注：《论语译注》，中华书局1980年版，第74页。

③ 《论语·子罕》，杨伯峻译注：《论语译注》，中华书局1980年版，第93页。

视孔子的思想，其对反省、改过、立志的强调，可谓对上面不明确问题的补充回答。

（1）"吾日三省吾身"。

人应该每天反省检查自己的行为。

> 君子有九思：视思明，听思聪，色思温，貌思恭，言思忠，事思敬，疑思问，忿思难，见得思义。[①]
> 见贤思齐焉，见不贤而内自省也。[②]
> 吾日三省吾身，为人谋而不忠乎？与朋友交而不信乎？传不习乎？[③]

君子的"九思"，实际也是一种反省检查。看到具有仁德的人，就思考如何去向他看齐；看到没有仁德的人，就应该反省自己，是否也存在如那人一样的毛病。关于反省的内容，具体地说，就是为人谋是否忠、对朋友是否诚信、对老师传授的知识是否已经温习等。

应该说，反省是个人通过道德修养而立德的一个重要方法，在动机和效果的层面上，也是通过反省而达到行为动机纯正的方法追求之一，因为反省仍然属于"思"的环节，而在人的行为链中，动机也仍然是"思"的阶段的课题[④]；在此，应该注意的另一个问题是，反省不是一般的思考和省察，它是以行为主体自身

---

① 《论语·季氏》，杨伯峻译注：《论语译注》，中华书局1980年版，第177页。

② 《论语·里仁》，杨伯峻译注：《论语译注》，中华书局1980年版，第39页。

③ 《论语·学而》，杨伯峻译注：《论语译注》，中华书局1980年版，第3页。

④ 徐复观先生也注意到了"反省"的问题，并且从积极性的方面进行了理解，可以参考（参照《孔子在中国文化史上的地位及其性与天道的问题》，徐复观著：《中国人性论史》，上海生活·读书·新知三联书店2001年版，第66页）。

的行为乃至自身为思考和省察的对象的，所以，在严格的意义上，它是内省，通过内省来追求个体自身在行为实现上的责任，这是不能忽视的。

（2）"不善不能改，是吾忧也"。

经过反省，一旦发现自己有缺点，就应该及时改正。

首先，"过而不改，是谓过"。孔子担忧发现自己的过错而不加以改正的情况，"已矣乎，吾未见能见其过而内自讼者也"①。对他人知道自己缺点一事，应该感到庆幸，即"丘也幸，苟有过，人必知之"②。那么，什么是"过"呢？"过而不改，是谓过矣"③、"不善不能改，是吾忧也"④。有过错但不改正，这才是真正的过错。所以，孔子担忧的是，自己不善却又不能改正，而不在有过错本身。

其次，"过则勿惮改"。人应该如何对待过错呢？最好的方法是"……过则勿惮改"⑤、"三人行，必有我师焉：择其善者而从之，其不善者而改之"⑥。一个人不可能不犯错误，有了过错，不要畏惧改正⑦。与他人相处时，应该选择他们的优点而随从，对不善的地方就自觉加以警察并在行动中予以防范。

孔子告诉我们，人不是神。在生活实践中，人总是会犯这样那样的错误，问题的关键不在是否犯错误，而是错误既成事实以

---

① 《论语·公冶长》，杨伯峻译注：《论语译注》，中华书局1980年版，第53页。

② 《论语·述而》，杨伯峻译注：《论语译注》，中华书局1980年版，第74页。

③ 《论语·卫灵公》，杨伯峻译注：《论语译注》，中华书局1980年版，第168页。

④ 《论语·述而》，杨伯峻译注：《论语译注》，中华书局1980年版，第67页。

⑤ 《论语·学而》，杨伯峻译注：《论语译注》，中华书局1980年版，第6页。

⑥ 《论语·述而》，杨伯峻译注：《论语译注》，中华书局1980年版，第72页。

⑦ 另参照"主忠信，毋友不如己者，过则勿惮改"（《论语·子罕》，杨伯峻译注：《论语译注》，中华书局1980年版，第94页）。

后的姿态。当有的行为是敢于承认错误，在改正错误面前没有畏惧心理。因为，切实改正错误也是强调自己的一个重要方面，这是人的内省行为的继续，是对内省行为的切实的效果检验和支持，这是不能忽视的。

重视道德修养是孔子儒家的重要特色之一，因此，如果存在"德之不修"的情况，是让孔子最为担忧的事情。修养的最为现实的功利目的就是实现人生的"达"，"达"的品性不仅显示本性正直而爱好仁义的特点，而且能以处下的思维之方来应对他人；人要在人际关系里生活得自在，必须对他人采取宽容的态度即"宽则得众"，要宽容就必须严格要求自己，诸如"不患人之不己知，患不知人也"、"不怨天，不尤人"、"躬自厚而薄责于人"等，都是具体的要求；虽然要对他人采取宽容的态度，但在人际关系里，判断他人时，不能仅仅根据其言论，应该把言论与具体的行为进行对照，言行一致最为重要；在人生实践里，应该使自己的行为尽量行进在道德的轨道上，要做到这一点，内在式的反省方法可以检查自己的行为实践，促使自己行为动机的纯洁；人不是神，所以，犯错是难免的，关键不在错误本身，而在有无改正错误的胆量以及能否切实改正错误；以上这些组成孔子道德修养的实践网络，每个环节切实做到了，通向人生之顺达自然也就没有问题了。

在道德修养方面，应该注意的是，孔子强调个人真情的实行，一定要亲自去做，这一点非常重要，也正是我们现实生活里所缺失的方面。空论、高论成为时尚，具体的操作反而成为雕虫小技，受人冷落，这不能说是正常的事情。而这些在中国失落的东西在汉学圈的日本、韩国等却意外地保存完好。日本作为社会道德教化（包括家庭、企业等）的主要手段之一，就是着重从具体的事情做起，而不是光讲，他们有民间的组织，机构严密，每天的实行就是主要方法。众所周知，有些事情，只要坚持做，就能习惯变自然，譬如，国外的遵守交通秩序，就是从幼儿园开始做起，到大了以后，就成自然了，你叫他破坏交通秩序，他反倒会产生疑问。现在，我们着力的道德教化也一样，其实有些内容从小注意养成的话，比长大了再说教效果更好。

当然，不得不指出的是，孔子把仁德实现的可能性思考完全归结到个人那里，即"我欲仁，斯仁至"，这对激发个人的道德热情无疑存在一定的积极意义，但是，在科学的维度上，能否实现仁德，往往不是简单地为个人所能够决定的，外在的因素同样存在着重大的作用，孔子恰恰是在道德问题上过分夸大了个人力量的作用，所以，始终诉诸个人的力量而忽视外在社会因素的整备，使道德在最初的阶段就进入一个怪圈，这也是我们应该深刻反思的地方。

五　"君子成人之美，不成人之恶"的理想人格论

孔子曾说："圣人，吾不得而见之矣；得见君子者，斯可矣……善人，吾不得而见之矣；得见有恒者，斯可矣。亡而为有，虚而为盈，约而为泰，难乎有恒矣。"[1] 显然，孔子在这里提出了两个评价人的序列：一是圣人和君子，具体内涵都没有做具体的规定[2]。一是善人和"有恒者"，善人用我们现在的话来

---

[1]　《论语·述而》，杨伯峻译注：《论语译注》，中华书局1980年版，第73页。

[2]　参照"子夏闻之，曰：噫！言游过矣！君子之道，孰先传焉？孰后倦焉？譬诸草木，区以别矣。君子之道，焉可诬也？有始有卒者，其惟圣人乎！"（《论语·子张》，杨伯峻译注：《论语译注》，中华书局1980年版，第201页）

说，就是有道德的人，这在现实生活里也是无法见到的，所以，对此也没有具体规定；本来没有却伪装成有，本来空虚却伪装成充盈，本来生活简约却伪装成丰泰，这是生活告诉我们的失恒、无恒的事实。综观上面的论述，可以看出，孔子比较有信心的是对君子的期望。他在谈君子人格时，也涉及大人，把它作为君子三畏的内容之一①，但对此也没作更深的规定。因此，孔子的理想人格，主要以君子为主线，此外还讨论了"士"、"成人"②。鉴于资料的可使用性，这里将集中讨论士与君子。

1. "行己有耻"的士人格论

关于"士"，《说文解字》释曰："士，事也。数始于一，终于十，从一十。孔子曰：推十合一为士。"段玉裁注曰："……引申之，凡能事其事者称士。《白虎通》曰：士者，事也，任事之称也。"③许慎以"事"解释士，自然有其客观的道理，但他并没有明辨"事"的内涵，所以，仅仅据此还不足以确定士的具体职业。但是，对此的辨明，并非这里的主旨。但在中国文化的演进中，士后来成为知识人的代称，这一点在学术界几乎没有

---

① 参照"君子有三畏：畏天命，畏大人，畏圣人之言。小人不知天命而不畏也，狎大人，侮圣人之言"（《论语·季氏》，杨伯峻译注：《论语译注》，中华书局1980年版，第177页）。这里的"大人"，并非作为一种人格类型的存在，而主要是指在上位的人。

② 参照"子路问成人。子曰：若臧武仲之知，公绰之不欲，卞庄子之勇，冉求之艺，文之以礼乐，亦可以为成人矣。曰：今之成人者何必然？见利思义，见危授命，久要不忘平生之言，亦可以为成人矣"（《论语·宪问》，杨伯峻译论：《论语译注》，中华书局1980年版，第149页）。显然，"见利思义，见危授命"是成人人格的主要特征。

③ 参照（汉）许慎撰，（清）段玉裁注：《说文解字注》，上海古籍出版社1981年版，第20页上左。

异议①。

士作为理想道德人格的一种类型,在孔子的体系里有着重要的位置。

(1)"士志于道"。

孔子说:"士而怀居,不足以为士矣"②、"士志于道,而耻恶衣恶食者,未足与议也"③。留恋于安逸,就够不上士的条件,士应该立志于道,而不该以恶衣恶食为可耻,如果以恶衣恶食为可耻的话,就不值得与他相议了。总之,士不应该安逸于衣食住等方面的小事,而应该立志推广道于天下的大事。

(2)"行己有耻……不辱君命"。

耻辱感的有无是判断士的一个标准。

> 子贡问曰:何如斯可谓之士矣?子曰:行己有耻,使于四方,不辱君命,可谓士矣。曰:敢问其次。曰:宗族称孝焉,乡党称弟焉。曰:敢问其次。曰:言必信,行必果,硁硁然小人哉!抑亦可以为次矣。④

在孔子看来,士的人格本身具有一个序列,最高是对自己的行为保持羞耻之心,出使四方而不辱没君主之命;其次是被宗族称为孝顺,被乡邻称为恭敬尊长;再次是出言必定信实,行为必定果决。这第三层次的士实际上跟小人没有什么区别,姑且称他为最差的士吧,其原因是这种不顾情况的综合把握,而只是依据微观

---

① 参照《古代知识阶层的兴起与发展》,余英时著:《士与中国文化》,上海人民出版社1987年版,第1—83页。

② 《论语·宪问》,杨伯峻译注:《论语译注》,中华书局1980年版,第145页。

③ 《论语·里仁》,杨伯峻译注:《论语译注》,中华书局1980年版,第37页。

④ 《论语·子路》,杨伯峻译注:《论语译注》,中华书局1980年版,第140页。

场面上的事情实话实说，显然不符合其父子相互为隐而正直在其中的原则。

（3）"仁以为己任"。

在总体上，士具有以下的特征。

> 曾子曰：士不可以不弘毅，任重而道远。仁以为己任，不亦重乎？死而后已，不亦远乎？[1]

> 子路问曰：何如斯可谓之士矣？子曰：切切偲偲，怡怡如也，可谓士矣。朋友切切偲偲，兄弟怡怡。[2]

士应该宏大刚毅，因为肩负重任，征程远大；把弘扬仁德作为自己的抱负，这难道不重大吗？一生不息努力，难道不远大吗？另一方面，对待朋友，能相互批评磋商；兄弟之间，能和睦共处。这是一种共生共存的价值观，可以说，这正是仁德精神的具体体现。

总之，士是一个具有耻辱感、以传播仁德为己任、力行孝悌并享受家庭天伦之乐的人格形象。

2．"成人之美"的君子人格论

君子是孔子道德体系里的重要存在之一，有着丰富的内涵和详尽的规定。

（1）"知命"。

孔子认为：

> 君子有三畏：畏天命，畏大人，畏圣人之言。小人不知

---

[1]　《论语·泰伯》，杨伯峻译注：《论语译注》，中华书局1980年版，第80页。

[2]　《论语·子路》，杨伯峻译注：《论语译注》，中华书局1980年版，第143页。

天命而不畏也，狎大人，侮圣人之言。[①]

不知命，无以为君子也。[②]

君子有三件敬畏的事情，就是天命、大人、圣人之言。显然，君子敬畏天命，是因为对其有相应的认识，而具备这种认识是成为君子的条件之一；而小人由于不知天命，所以，也根本不敬畏。这里的天命，与在本书的开头部分分析的天命、天道，当是相同的概念，是一种带有道德性格的存在。

（2）"食无求饱"。

上面分析过，士如怀居，就不是真正的士。因此，孔子对"怀居"是持否定态度的，对君子的规定也一样。

子欲居九夷。或曰：陋，如之何？子曰：君子居之，何陋之有?[③]

君子食无求饱，居无求安。[④]

君子谋道不谋食。耕也，馁在其中矣；学也，禄在其中矣。君子忧道不忧贫。[⑤]

君子固穷，小人穷斯滥矣。[⑥]

君子食不求饱腹，居住不求安逸；君子运思的是道的发扬光大，

---

① 《论语·季氏》，杨伯峻译注：《论语译注》，中华书局1980年版，第177页。

② 《论语·尧曰》，杨伯峻译注：《论语译注》，中华书局1980年版，第211页。

③ 《论语·子罕》，杨伯峻译注：《论语译注》，中华书局1980年版，第91页。

④ 《论语·学而》，杨伯峻译注：《论语译注》，中华书局1980年版，第9页。

⑤ 《论语·卫灵公》，杨伯峻译注：《论语译注》，中华书局1980年版，第168页。

⑥ 同上书，第161页。

而不是衣食等问题；耕种庄稼，如遇年成不好，也会有饿肚皮的时候；但学习，对人益处无穷，仿佛学习里有俸禄一样；君子担心的是道的不明不行，而不担心因为贫穷而没有饭吃。正因为如此，所以君子即使贫穷也能坚持，而小人要贫穷的话，行为就放肆而失去方寸了。

（3）"敏于事而慎于言"。

君子推重实行。

> 君子不器……先行其言，而后从之……君子周而不比，小人比而不周。①
>
> 君子……敏于事而慎于言。②
>
> 君子耻其言而过其行……君子道者三，我无能焉：仁者不忧，知者不惑，勇者不惧。③

君子不为具体的规定所限制④，能先实行自己想说的言论，然后把它表达出来，也就是说，能勤勉快捷地投入具体事务，谨慎地

---

① 《论语·为政》，杨伯峻译注：《论语译注》，中华书局 1980 年版，第 17 页。

② 《论语·学而》，杨伯峻译注：《论语译注》，中华书局 1980 年版，第 9 页。

③ 《论语·宪问》，杨伯峻译注：《论语译注》，中华书局 1980 年版，第 155 页。

④ 法国汉学家安德烈·莱维从词性出发，详细进行了分析，认为"器"是名词，在《论语》里一般在名词前边用"非"，如果能用副词"不"，也肯定是名词动用的情况，"君子不器"是唯一的用例。《论语》里共有 6 处"器"的用法，有一处是动词用法，即"及其使人也，器之"（《论语·子路》，杨伯峻译注：《论语译注》，中华书局 1980 年版，第 143 页），这给我们对"器"以名词动用提供了依据，因此，可以翻译为"君子不把任何人当器皿对待"（详细参考〔法〕安德烈·莱维著，孟华译《试论〈论语〉中一个四言句的翻译》，中国传统文化网 http//www. enweiculture. com）。这个可以作为参考。但是，关于"器"的名词动用这一点，杨伯峻《论语译注》的《论语词典》里，就明确地标明为 2 处，而不是 1 处，其中 1 处就是"君子不器"，这也是应该注意的。

对待自己的言论，以多说少干为羞耻；与他人团结和谐，而不像小人那样无原则的勾结；只有这样，才能很好地推行自己的道。一般来说，君子之道有三，即使具备仁德的人不忧虑、具备智慧的人不迷惑、具备勇敢的人不惧怕。

（4）"博学于文"。

学又是君子的一个特征。

> 质胜文则野，文胜质则史。文质彬彬，然后君子。①
> 君子博学于文，约之以礼，亦可以弗畔矣夫！②
> 子夏曰：百工居肆以成其事，君子学以致其道。③

质朴胜过文采，就像乡下人一样；若文采胜过质朴，则如庙里的祝官；只有两者配合适中，才是君子。而文采正是学习的结果，君子能"博学于文"，并以达到道的境界为目标，具有高屋建瓴的风采，以区别于百工只能成就具体的事情。

（5）"怀德"。

君子几乎是道德的同名词。

> 君子怀德，小人怀土；君子怀刑，小人怀惠。④
> 君子惠而不费，劳而不怨，欲而不贪，泰而不骄，威而不猛。⑤
> 子谓子产：有君子之道四焉：其行己也恭，其事上也

---

① 《论语·雍也》，杨伯峻译注：《论语译注》，中华书局1980年版，第61页。
② 同上书，第63—64页。
③ 《论语·子张》，杨伯峻译注：《论语译注》，中华书局1980年版，第200页。
④ 《论语·里仁》，杨伯峻译注：《论语译注》，中华书局1980年版，第38页。
⑤ 《论语·尧曰》，杨伯峻译注：《论语译注》，中华书局1980年版，第210页。

　　敬，其养民也惠，其使民也义。①

　　君子义以为上。君子有勇而无义为乱；小人有勇而无义为盗。②

　　曾子曰：可以讬六尺之孤，可以寄百里之命，临大节而不可夺也——君子人与？君子人也！③

君子胸怀道德和法度，而小人怀念乡土和恩惠。君子给民众恩惠，而自己不盲目耗费；劳役百姓，但百姓没有怨恨④；自己有欲仁德等欲望，但不贪求；安泰矜持而不骄傲⑤；庄重威严而不凶猛。除此以外，君子还行为恭敬，侍上认真负责；对待民众以义为依归⑥，这也就是上面所说的百姓没有怨恨的原因，危难之际而从不丢弃自己的节操⑦。

---

　　①　《论语·公冶长》，杨伯峻译注：《论语译注》，中华书局 1980 年版，第 47—48 页。

　　②　《论语·阳货》，杨伯峻译注：《论语译注》，中华书局 1980 年版，第 190 页。

　　③　《论语·泰伯》，杨伯峻译注：《论语译注》，中华书局 1980 年版，第 80 页。

　　④　参照"子夏曰：君子信而后劳其民；未信，则以为厉己也。信而后谏；未信，则以为谤己也"（《论语·子张》，杨伯峻译注：《论语译注》，中华书局 1980 年版，第 201 页）。

　　⑤　另参照"君子易事而难说也。说之不以道，不说也；及其使人也，器之。小人难事而易说也。说之虽不以道，说也；及其使人也，求备焉……君子泰而不骄，小人骄而不泰"（《论语·子路》，杨伯峻译注：《论语译注》，中华书局 1980 年版，第 143 页）。

　　⑥　另参照"君子义以为质，礼以行之，孙以出之，信以成之。君子哉！"（《论语·卫灵公》，杨伯峻译注：《论语译注》，中华书局 1980 年版，第 166 页）

　　⑦　另参照"先进于礼乐，野人也；后进于礼乐，君子也。如用之，则吾从先进"（《论语·先进》，杨伯峻译注：《论语译注》，中华书局 1980 年版，第 109 页）、"子路曰：不仕无义。长幼之节，不可废也；君臣之义，如之何其废之？欲洁其身，而乱大伦。君子之仕也，行其义也。道之不行，已知之矣"（《论语·微子》，杨伯峻译注：《论语译注》，中华书局 1980 年版，第 196 页）。

（6）"无所争"。

不争本来是道家的标志性特征之一，但孔子的君子人格也有这个特点。

> 君子无所争，必也射乎！揖让而升，下而饮，其争也君子。[①]
>
> 君子矜而不争，群而不党。[②]
>
> 君子和而不同，小人同而不和。[③]
>
> 君子有三戒：少之时，血气未定，戒之在色；及其壮也，血气方刚，戒之在斗；及其老也，血气既衰，戒之在得。[④]

君子无所争，实在要说争的话，那就是与人比箭这样的竞赛，不过也是彬彬有礼地相争。平时虽然矜持但合群，不结党营私；与他人协和但从来不同一，即保持自己的特色。"三戒"之中的戒斗，也就是不争。

（7）"成人之美"。

这是人际关系上的行为之方。

首先，"学道则爱人"。

> 子游对曰：昔者偃也闻诸夫子曰：君子学道则爱人，小

---

① 《论语·八佾》，杨伯峻译注：《论语译注》，中华书局1980年版，第25页。

② 《论语·卫灵公》，杨伯峻译注：《论语译注》，中华书局1980年版，第166页。

③ 《论语·子路》，杨伯峻译注：《论语译注》，中华书局1980年版，第141页。

④ 《论语·季氏》，杨伯峻译注：《论语译注》，中华书局1980年版，第176页。

人学道则易使也。①

　　司马牛忧曰：人皆有兄弟，我独亡！子夏曰：商闻之
矣：死生有命，富贵在天。君子敬而无失，与人恭而有礼。
四海之内皆兄弟也，君子何患乎无兄弟也？②

"学道"的"道"，当是仁道，这从后面爱人的内容规定中也能得
到佐证。爱人的内容，在一个人没有兄弟的情况下，就是"四海
之内皆兄弟"，这已进到了超越血缘关系的泛爱。

　　其次，"成人之美"。爱人并不是一个空洞的概念。

　　　曾子曰：君子以文会友，以友辅仁。③

　　　子贡曰：君子亦有恶乎？子曰：有恶：恶称人之恶者，
恶居下而讪上者，恶勇而无礼者，恶果敢而窒者。④

　　　君子成人之美，不成人之恶。小人反是。⑤

君子以"文"会聚朋友，并借助他们的力量来广大丰满仁德，厌
恶传播他人瑕疵、在下位而诽谤在上的人⑥、勇敢而没有礼节、
果敢而不通事理的人，所以，君子成就别人的优点，而不是逆向

―――――――――――

　　① 《论语·阳货》，杨伯峻译注：《论语译注》，中华书局1980年版，第181页。
　　② 《论语·颜渊》，杨伯峻译注：《论语译注》，中华书局1980年版，第124—
125页。
　　③ 同上书，第132页。
　　④ 《论语·阳货》，杨伯峻译注：《论语译注》，中华书局1980年版，第190页。
　　⑤ 《论语·颜渊》，杨伯峻译注：《论语译注》，中华书局1980年版，第129
页。
　　⑥ 参照"子贡曰：纣之不善，不如是之甚也。是以君子恶居下流，天下之恶
皆归焉"（《论语·子张》，杨伯峻译注：《论语译注》，中华书局1980年版，第203
页）。

驱动、彰明他人的缺点，这是与小人截然相反的地方。

最后，"修己以安人"。君子爱人、成就他人的行为，在实践上，都是通过整肃自身行为开始的。

> 君子病无能焉，不病人之不己知也……君子求诸己，小人求诸人……君子不以言举人，不以人废言。①
>
> 子路问君子。子曰：修己以敬……修己以安人……修己以安百姓。修己以安百姓，尧舜其犹病诸。②

君子担心的不是他人不认识自己，而是自己没有实际的能力；一般都从要求自己开始，而不苛求他人；也不仅仅凭一句话而提拔人，也不因为具体的人（诸如口碑不好或行为存在明显缺陷等）而鄙夷其有价值的言论。通过修身而使行为敦敬，并安稳、安定、安逸他人乃至所有的百姓。"修己以安百姓"是最高的境界，就是尧、舜在这方面也有不足。

不难知道，君子显示出效果论的倾向，如"不以言举人，不以人废言"，说的就是这个，而且强调先从修养自己的行为开始，然后推向他人、百姓。这是一条从自己开始到他人终止的方向。不过，不能忽视的是，这里推重的仍是榜样的感化力量。

（8）"内省不疚"。

君子不是神，而是人，所以，也有错误。

---

① 《论语·卫灵公》，杨伯峻译注：《论语译注》，中华书局1980年版，第166页。

② 《论语·宪问》，杨伯峻译注：《论语译注》，中华书局1980年版，第159页。

君子坦荡荡，小人长戚戚。①

子贡曰：君子之过也，如日月之食焉：过也，人皆见之；更也，人皆仰之。②

君子……就有道而正焉，可谓好学也已。③

司马牛问君子。子曰：君子不忧不惧。曰：不忧不惧，斯谓之君子已乎？子曰：内省不疚，夫何忧何惧？④

君子心胸坦荡，小人则局促忧愁；君子坦荡的心胸来自修炼，改过就是修炼的内容之一。君子的过错，仿佛日食、月食，大家都一目了然，等到改正以后，大家也都特别敬仰。那么，如何来改过呢？最常用的方法之一就是"就有道而正"，贴近具有仁德的人来匡正自己。君子之所以能改过，还在于它能"内省"，即反省自己，有错就改的话，也就没有什么惭愧了。所以，在"内省不疚"之间，有一个改过的机制，这既是消化"内省"的信息而采取的具体补正的手段，又是实现"不疚"的枢机⑤。之所以能"内省不疚"，所以，君子也就没有什么忧虑，这与他规定的仁者

---

① 《论语·述而》，杨伯峻译注：《论语译注》，中华书局1980年版，第77页。

② 《论语·子张》，杨伯峻译注：《论语译注》，中华书局1980年版，第203页。

③ 《论语·学而》，杨伯峻译注：《论语译注》，中华书局1980年版，第9页。

④ 《论语·颜渊》，杨伯峻译注：《论语译注》，中华书局1980年版，第124页。

⑤ 此外孔子关于君子人格的论述还有"君子上达，小人下达"（《论语·宪问》，杨伯峻译注：《论语译注》，中华书局1980年版，第154页）、"君子而不仁者有矣夫，未有小人而仁者也"（同上书，第147页）、"君子不可小知而可大受也；小人不可大受而可小知也"（《论语·卫灵公》，杨伯峻译注：《论语译注》，中华书局1980年版，第169页）、"君子贞而不谅"（同上书，第170页），可作进一步参考。

可以说是毫无二致的，因为"仁者不忧"①。

　　孔子的理想人格，主要是君子人格。在君子人格的规定里，最重要的当是从自己向他人推进的价值之方，强调从自己开始，而不苛责于他人，这是中国人文思想里严于律己运思的渊源所在；但是，在认识论上，这是单一的一厢情愿的思维方式，你君子可以"四海之内皆兄弟"，问题是他人是否把你也当兄弟，事实上是不可能的，这与墨子"兼相爱"的构想面临同样的困境，即如何可能的问题。实际上，孔子君子人格的一些内容只能是纸上排列的文章而已，这与他完全忽视外在的诉求直接相关。另一方面，应该注意的是，君子不争的特点，正构成与道家实践道德相通的切入口，这又是道儒相通在人格上的一个具体表现，这当是孔子受道家老子思想影响之所致②。

　　孔子的道德思想，是一个以仁为核心的系统，而仁的标志性特征在于其血缘性。仁的最高追求是"无求生以害仁，有杀身以成仁"，在生命、性命与仁的关系里，抽象的仁德原则成了最高的选择，而人生命的价值反倒成了成全仁德的工具。为了实现仁德，在消极的方面，孔子推重"己所不欲，勿施于人"，即自己不欲想的，决不强加给他人；在积极的方面，孔子主张"己欲立而立人，己欲达而达人"，即自己欲想成就的，也一定帮助或允许他人成就。这两方面的整合，就是我们常说的将心比心，推己

---

　　①　《论语·子罕》，杨伯峻译注：《论语译注》，中华书局1980年版，第95页。
　　②　参照"上善若水。水善利万物而不争，处众人之所恶，故几于道。居善地，心善渊，与善仁，言善信，正善治，事善能，动善时。夫唯不争，故无尤"（《老子》八章，（魏）王弼著，楼宇烈校释：《王弼集校释》，中华书局1980年版，第20页）、"夫唯不争，故天下莫能与之争。古之所谓曲则全者，岂虚言哉！诚全而归之"（《老子》二十二章，（魏）王弼著，楼宇烈校释：《王弼集校释》，中华书局1980年版，第56页）。

及人。孔子的道德思想，应该引为重视的是他的道德实践思想，他强调"民可使由之，而不可使知之"，对此的理解，显然应该以《尊德义》为参照，与"民可道也，而不可强也"一起加以考察，这是一个整体，而且也与孔子的整个思想相吻合。因为，他主张"有教无类"，充分说明其对象的广泛性，教化是为了开启民众，因此，说他具有愚民的思想，似乎很难成立。而且，他提倡的"因民之所利而利之"，在语言结构上，可以表达为：动词1（因）→宾语1（民之所利）→动词2（利）→宾语2（之，指民众）。是一个双动双宾的形式，表达了在因循的被动前提下，施行了"利"这一主动的行为，因为，"利"这一行为是主体发出的；不过，作为因循的对象，不是民众本身，而是"民之所利"，这也是应该注意的。竹简的资料显示的正是应该随从民众、引导他们，而不是强迫他们。关于教化，孔子的"无言"，与道家"不言之教"的"不言"，在意思上理当是相融的，但不同的是孔子止步于"欲无言"的阶段，并没有继续向前推进；而道家的老子、庄子却明确地以"不言之教"来加以实践，这当是道家与儒家的区别所在。

　　孔子道德的特点在仁德实现的取决权为个人，不仅在设计上是"己所不欲，勿施于人"的从自己到他人的方向，而且在方法上也是"我欲仁，斯仁至"，仁德始终在人的附近，唾手可得。这虽然给人以一定的希望，但这种希望缺乏持续力。问题是道德无法在自己的天地里生存，必须在与其他星座共同组成的宇宙里占有自己的位置，而无视自身以外的一切，结果只能走向乌托邦。其实，在微观的视野里，孔子道德的合理性是随处可见的，问题是它们如何才能动作、运作，没有内在的驱动力，即使把仁德有无的决定全归于个人，但仅限制于空洞的说教，最终无法启动人的动力装置。所以，有人认为中国人仁德实践的结果是使大家反而变得"麻木不仁"①，因此，人们把仁德的实践变成了口头的唱本，这是得之延续的最佳形式，而根本无人问津效果如何？这值得我们认真思考和总结。

① 参照"无论我们从哪个方面去看中国人，我们都会发现，中国人是而且肯定一直是一个谜。我们只有相信，与我们相比，中国人生来就是'麻木不仁'，这样我们才会毫不困难地理解他们。这个意味深长的推断将来如何影响这个民族与我们的关系，我们不想冒昧猜测，但这种影响肯定会与日俱增。我们至少相信适者生存这一普遍规律。在20世纪的生存斗争中，最适应者是'神经过于紧张的'欧洲人，还是不知疲倦、不急不躁的中国人呢？"（《麻木不仁》，〔美〕亚瑟·亨·史密斯著：《中国人的德行》，陈新峰译，金城出版社2005年版，第109页）

第 二 章

孟子"尊德乐道"的道德思想

  孟子（约前371—前289），先秦儒家的重要代表人物之一。关于他的生平，《史记》载有："孟轲，驺人也。受业子思之门人。道既通，游事齐宣王，宣王不能用。适梁，梁惠王不果所言，则见以为迂远而阔于事情。当是之时，秦用商君，富国强兵；楚、魏用吴起，战胜弱敌；齐威王、宣王用孙子、田忌之徒，而诸侯东面朝齐。天下方务于合从连衡，以攻伐为贤，而孟轲乃述唐、虞、三代之德，是以所如者不合。退而与万章之徒序诗书，述仲尼之意，作《孟子》七篇。"[①] 从资料不难看出，孟子先"游事"齐王，这并非偶然，原因之一就是数代齐王都爱好学术，并在首都西门——稷门附近，创建了学术中心，名为"稷下"，齐王嘉"稷下先生"为"列大夫，为开第康庄之衢，高门大屋，尊宠之。览天下诸侯宾客，言齐能致天下贤士也"[②]。自然，孟子也一度曾是著名的"稷下先生"，是孔子思想的传承者

---

  ① 《孟子荀卿列传》，（汉）司马迁撰：《史记》卷七十四，中华书局1982年版，第2343页。

  ② 同上书，第2347—2348页。

之一①。

研究孟子道德思想的资料是《孟子》，它后来被推崇为"四书"之一，成为中国教育的基础内容。

一 "尊德乐道"的道德依据论

众所周知，"三才"是中国思想家所追问、探索的主题之一，从天开始，到人结束，这是一般的展开方向；不过，在这一过程里，由于对天人关系认识的不同，因此在天人关系上采取的对策也不一样，这主要是侧重点或依归点的不同，即在"三才"中以何为依归来运思协调三者关系并形成行为之方。一般而言，在依归天或人的问题上形成思想的分野，依归天的代表之一就是道家，而依归人的代表之一就是儒家，而儒家思想家最初在这方面提出完整思想的思想家就是孟子，这方面的思考，也奠定了他道德依据的理论基础。下面拟通过三个方面来演绎孟子的具体运思。

1. "天时不如地利，地利不如人和"的天道论

在天地人的宇宙坐标系里，不能忽视"道"的存在价值。孟子说：

天时不如地利，地利不如人和。三里之城，七里之郭，环而攻之而不胜。夫环而攻之，必有得天时者矣，然而不胜

---

① 冯友兰认为："孟子代表儒家的理想主义的一翼，稍晚的荀子代表儒家的现实主义的一翼。"（《儒家的理想主义派：孟子》，冯友兰著：《中国哲学简史》，北京大学出版社 1985 年版，第 83—84 页）

者，是天时不如地利也。城非不高也，池非不深也，兵革非
不坚利也，米粟非不多也，委而去之，是地利不如人和也。
故曰域民不以封疆之界，固国不以山溪之险，威天下不以兵
革之利，得道者多助，失道者寡助。寡助之至，亲戚畔之；
多助之至，天下顺之。以天下之所顺，攻亲戚之所畔，故君
子有不战，战必胜矣。①

天下有道，小德役大德，小贤役大贤；天下无道，小役
大，弱役强。斯二者，天也。顺天者存，逆天者亡。②

在天时、地利、人和的宇宙序列里，人和的因素最为重要。历史
的经验告诉我们："封疆之界"、"山溪之险"、"兵革之利"，是不
能达到"域民"、"固国"和"威天下"的，所以关键在人和；要
实现人和，其关键就在于能否实现"得道"；得道就能得到人的
辅助和支持，其正面的极端表现就是趋向"天下顺之"，如能这
样，就不用打仗了。在另一方面，实现得道的境遇，也就是"天
下有道"的境遇，在那里，小德、小贤的人就会自觉地靠近并驱
使于大德、大贤的人。但在"道"不发挥作用抑或"失道"的境
遇里，小德、小贤的人即使在表面上也驱使于大德、大贤的人，
但并非自觉自愿，而是迫于压力。这两种情况就是"天"，即属
于自然规律。客观的实际告诉人们，顺从这规律的人，就能实现
自己的存在价值，反之则走向死亡。这里，孟子虽承认"德"、
"贤"存在着大小的差异，但向我们暗示了"德"、"贤"的巨大

---

① 《孟子·公孙丑下》，（清）阮元校刻：《十三经注疏》，中华书局 1980 年版，
第 2693 页下。

② 《孟子·离娄上》，（清）阮元校刻：《十三经注疏》，中华书局 1980 年版，第
2719 页上。

力量，以及与人实现生存的关系。这是应该注意的。

2. "仁也者，人也，合而言之，道也"的人道论

维系人和的主要因素是道，在道正常运转的态势里，德才会实现自己的价值。那么，何谓道呢？孟子说：

> 仁也者，人也，合而言之，道也。①
>
> 丈夫生而愿为之有室，女子生而愿为之有家。父母之心，人皆有之。不待父母之命，媒妁之言，钻穴隙相窥，逾墙相从，则父母国人皆贱之。古之人未尝不欲仕也，又恶不由其道。不由其道而往者，与钻穴隙之类也。②
>
> 天下有道，以道殉身；天下无道，以身殉道。未闻以道殉乎人者也。③

在分析孔子的道德思想时曾提起过，《说文解字》解释"仁"为"亲"，另外，《尊德义》也载有"仁为可亲也，义为可尊也，忠为可信也，学为可益也，教为可类也"④。"亲"显示的是两人即人际之间的亲情，在这个意义上，"仁"也可表达为仁恩。能行仁恩者就是人，人和行仁的整合则为"道"。换言之，行仁的行为之方就是道。对个人来说，一切行为都必须以道为依归来进行决策，诸如婚嫁、入世等，必须由道来得以推进，不然的话，就

---

① 《孟子·尽心下》，（清）阮元校刻：《十三经注疏》，中华书局1980年版，第2774页下。

② 《孟子·滕文公下》，（清）阮元校刻：《十三经注疏》，中华书局1980年版，第2711页上—中。

③ 《孟子·尽心上》，（清）阮元校刻：《十三经注疏》，中华书局1980年版，第2770页下。

④ 李零著：《郭店楚简校读记》，北京大学出版社2002年版，第139页。

是不登大雅之堂的"钻穴隙之类"①。在现实的层面上，社会有道的话，人们就会身体力行地行道，并能积累推广；社会失道无序的话，人们虽能守道，但却隐而不扬。道有着自身的内涵，所以，从来也没有听到道跟着世俗之人亦步亦趋的事情。对此，公孙丑和孟子的对话告诉我们：

> 公孙丑曰：道则高矣美矣，宜若登天然，似不可及也。何不使彼为可几及，而日孳孳也。孟子曰：大匠不为拙工改废绳墨，羿不为拙射变其彀率。君子引而不发，跃如也。中道而立，能者从之。②

在公孙丑看来，道是既高又美的存在，行道仿佛登天一样，有可望不可即的感觉。所以，对一般的人而言，自然有望而却步之感，应该拉近道与一般人的距离，使他们能够日渐行道。孟子却认为，大匠不能为"拙工"而"改废绳墨"，羿不能为"拙射"而改变"彀率"。也就是说，道作为行仁的行为之方，具备内在客观的规定，而这些客观规定是无法随意改变的。君子的"引而不发"，正是灵活对待道的方法，不是废道而依从具体的人，而是等待中道者、能者的出现。

显然，这里的道主要是人道，或者说是行仁之道。既然是行仁之道，与人的行为保持协调一致非常重要，而不能无视人们的接受能力而高高在上，这也就是公孙丑的想法，但是，孟子过分

---

① 参照"欲见贤人而不以其道，犹欲其人而闭之门也。夫义，路也；礼，门也。惟君子能由是路，出入是门也"（《孟子·万章下》，（清）阮元校刻：《十三经注疏》，中华书局1980年版，第2745页下）。

② 《孟子·尽心上》，（清）阮元校刻：《十三经注疏》，中华书局1980年版，第2770页下。

推重其不可变性，使它带上了脱离人而不切实际的意味，这大概就是他的理想性的具体表现吧，也显示了他为道德而道德的乌托邦倾向。

3.	"辅世长民莫如德"的德论

行仁的客观实践并非如人意，这跟世道的衰微紧密相连。

（1）"圣人之道衰"。

孟子以推行广大孔子之道为己任，但现状不容乐观。

> 尧舜既没，圣人之道衰，暴君代作，坏宫室以为污池，民无所安息，弃田以为园囿，使民不得衣食，邪说暴行又作。园囿污池，沛泽多而禽兽至。及纣之身，天下又大乱。[①]
>
> 天下之言，不归杨则归墨。杨氏为我，是无君也；墨氏兼爱，是无父也。无父无君，是禽兽也。公明仪曰：庖有肥肉，厩有肥马，民有饥色，野有饿莩，此率兽而食人也。杨墨之道不息，孔子之道不著。是邪说诬民，充塞仁义也。仁义充塞，则率兽食人，人将相食。吾为此惧。闲先圣之道，距杨墨，放淫辞，邪说者不得作。作于其心，害于其事；作于其事，害于其政。[②]

圣人之道衰微，导致民众进入"无所安息"、"不得衣食"的境地，形成天下大乱。在理论上，主要是"杨墨之道"泛滥而湮没了"孔子之道"的原因。杨氏偏执在"为我"，实际上是"无君"

---

①	《孟子·滕文公下》，（清）阮元校刻：《十三经注疏》，中华书局 1980 年版，第 2714 页下。

②	同上书，第 2714 页下—2715 页上。

的表现；墨氏推重"兼爱"，实际上是"无父"的表现；"无君"、
"无父"的行为，禽兽以外无他处安身。这一情况的直接客观效
应就是造成"仁义充塞，则率兽食人，人将相食"局面的产生，
它对人的心境、社会事务、政治的通畅都是有害无利的。仁义是
社会立身的根本，所以，他寄希望于"孔子之道"。

（2）"辅世长民莫如德"。

"德"也是孟子重视的范畴，他的德实际上也就是仁德。

　　　　夫国君好仁，天下无敌。今也欲无敌于天下而不以仁，
　　是犹执热而不以濯也。①

　　　　天下有达尊三：爵一，齿一，德一。朝廷莫如爵，乡党
　　莫如齿，辅世长民莫如德。恶得有其一，以慢其二哉？故将
　　大有为之君，必有所不召之臣。欲有谋焉则就之，其尊德乐
　　道，不如是不足以有为也。故汤之于伊尹，学焉而后臣之，
　　故不劳而王。桓公之于管仲，学焉而后臣之，故不劳
　　而霸。②

以仁道来推行政治的话，就会无敌于天下③。在孟子的心目中，
"爵"、"齿"、"德"是社会的三达尊。"爵"就是爵位，往往有爵
位的人而无德；"齿"就是长辈，这里推扬的是尊长的意欲，具

---

　　① 《孟子·离娄上》，（清）阮元校刻：《十三经注疏》，中华书局 1980 年版，第
2719 页中。

　　② 《孟子·公孙丑下》，（清）阮元校刻：《十三经注疏》，中华书局 1980 年版，
第 2694 页中。

　　③ 参照"古之贤王，好善而忘势。古之贤士，何独不然？乐其道而忘人之势，
故王公不致敬尽礼，则不得亟见之。见且由不得亟，而况得而臣之乎？"（《孟子·尽
心上》，（清）阮元校刻：《十三经注疏》，中华书局 1980 年版，第 2764 页下）

有基于血缘的因素；"德"就是道德，强调的是在社会层面上的尚贤，这是"辅世长民"的工具，"长民"的"长"用的是生长的意思，也就是育养。对在位的人来说，不能有了爵位就轻视其他两者。一般而言，有为的君主，总是自己主动靠近有能力、有谋略的人，而不是采用召见的方式，这是"尊德乐道"的实际观照，也是实现作为的充分理由；不这样做的话，就不可能实现"有为"，诸如汤对伊尹、桓公对管仲，都是"学焉而后臣之"，最后实现了"不劳而王"、"不劳而霸"的效应。

在以上的分析里，不难发现，孟子重视"人和"，并把得道作为实现人和的必要前提；得道的关键在于人行为的"由道"，道是人和社会的立身之本；道的内涵就是践行仁，能切实行仁，就是德，这是辅助润滑时世、育养民众的最好手段。在这个意义上，孟子的德就是孔子的仁德，而且，孟子的目的是非常明确的，就是通过推行仁德实现"有为"即有所作为，在语言形式上显示了与道家无为的差异，有让人一目了然的效果。

二　"仁义礼智根于心"的道德范畴论

从上面的分析里不难得到，孟子"尊德乐道"显示的是对道德即仁德的推重，而他的"道"与"德"，可以说完全是同义词，因此，他的道主要是行仁之道的人道。我们也不难想起，在上一个问题开始时，我提到天地人"三才"的关系，并揭示了在依归天还是依归人的分野不同上，区分了道家和儒家，显然，依照这个规则，孟子无疑是依归人道来决定行为之方的，尽管看到了天时、地利的客观存在，但并没有把它们放在该有的位置上来进行定位，一开始就显示着以人为中心的特点。那么，以人为中心的道德在现实的层面上，又是如何展开自身的形象的呢？对此，孟子主要从内外两个方面进行了具体的设计。

1. "人性之善"的性善论

孔子在运思其仁德生长点的时候，也是建筑在人的本性的基础上的，虽然没有明确昭示性善这一点，但人已经装备了想实现仁德、仁德就唾手可得的神奇能力，只是这一特征孔子没有内置于人性，不过已经内置于人。孟子作为一个思想家具有的灵敏，可谓精当地把握了孔子仁德思想的真谛，把孔子没有明言的事情，旗帜鲜明地用性善来加以概括，首先举起中国人性历史上人性善的旗帜。其具体的内容，将通过以下几个方面来展示。

(1) "食色，性也"。

关于本性，孔子仅提出"性相近也，习相远也"①，"相近"的具体内涵，并没有明确规定。孟子在一定程度上回答了这方面的问题。

> 形色，天性也。②
> 告子曰：食色，性也。③
> 口之于味也，有同嗜焉；耳之于声也，有同听焉，目之于色也，有同美焉。④

对"形色"的理解，我们可以参考注释。也就是说，是指人的形

---

① 《论语·阳货》，杨伯峻译注：《论语译注》，中华书局1980年版，第181页。
② 《孟子·尽心上》，（清）阮元校刻：《十三经注疏》，中华书局1980年版，第2770页上。
③ 《孟子·告子上》，（清）阮元校刻：《十三经注疏》，中华书局1980年版，第2748页中。
④ 同上书，第2749页下。

体和容貌，属于人的自然条件，这是天性的范畴，靠后天外在的努力是无法改变的，尽管我们今天的实际情况与此相异。因为，凭借科技来进行美容，可以在一定程度上改观人的形体和容貌，但无法在根本上加以改变。另一方面，孟子赞成告子以"食色"为性的观点，用今天的话来说，就是人具有满足食欲、色欲等方面的需要，这就是人性。而且，这对所有的人来说，都是相同的，诸如"口之于味"、"耳之于声"、"目之于色"具有"同嗜"、"同听"、"同美"的特点。也就是说，人所具有的基本需要是一样的。这是在人类范围里的情况。

那么，打开人类通向生物界的大门，在整个生物界里，人与其他动物相比的情况，又如何呢？

> 告子曰：生之谓性。孟子曰：生之谓性也，犹白之谓白与？曰：然。然白羽之白也，犹白雪之白，白雪之白，犹白玉之白与？曰：然。然则犬之性犹牛之性，牛之性犹人之性与？[①]

在告子看来，一生下来就有的素质就是性，本来在词义上，"生"与"性"是相通的，但孟子并不作如是观。在此，"白羽之白"、"白雪之白"、"白玉之白"的坐标和"犬之性"、"牛之性"、"人之性"的坐标一样，具有相同的逻辑关系。如果肯定前者符合逻辑，乃后者也必然符合逻辑。如果否定前者的逻辑关系，则后者的逻辑关系也无所附丽。实际上这两者都是符合逻辑的。相通于前者的是"白"，相通于后者的则是"性"；白色的东西在颜色上

---

① 《孟子·告子上》，（清）阮元校刻：《十三经注疏》，中华书局1980年版，第2748页上。

都属于"白",这是毫无疑问的,我们虽能证明"白羽"与"白玉"的不同,但却无法验证"白羽"之"白"与"白玉"之"白"有什么不同。换言之,我们无法证明具有抽象意义的白颜色有什么不同。同理,在后者的关系里,"犬"、"牛"和"人"的相异是不证自明的事实,但同样我们无法证明"犬之性"、"牛之性"和"人之性"的"性"存在什么不同。换言之,在生物学的意义上,不论是犬、牛还是人,都具有共同的"性",诸如需要食欲、性欲等的满足,一是保证自身的生存,二是保证物种的生存延续,就是在今天高科技发展的时代,这一事实仍是无法推翻的。可以说,以上是自然的推论。就此而论,我们无法推断出孟子的观点与告子有什么不同。但从行文语境来看,这里包含着一个悖论。也就是说,孟子的论证在生物学的意义上是不矛盾的,因为人也属于生物的一个种类,但问题是,与其他种类的生物相比,人之所以为人的因素又是什么呢?也就是说,人与犬、牛能相互区别的东西,孟子立论的基点或出发点就是人之所以为人的个别性,而不是生物的类性,而类性包含着共通性。可以说,在人本性的问题上,孟子既看到了生物学意义上人与其他种类的共同性,又着眼于人之所以为人的个性,而且主要的重点在于诉诸人的个性。也就是说,他的兴趣在人之所以为人的个性,而不在人的生物性,这是应该注意的。

(2)"人性之善"。

孟子认为人类的属性不同于犬、牛类的属性,那么,这种不同到底是什么呢?

首先,"人无有不善"。人性都是善的,一开始就从价值判断的平台切入。

　　　　告子曰:性犹湍水也,决诸东方则东流,决诸西方则西

流。人性之无分于善不善也，犹水之无分于东西也。孟子
曰：水信无分于东西，无分于上下乎？人性之善也，犹水之
就下也。人无有不善，水无有不下。今夫水，搏而跃之，可
使过颡，激而行之，可使在山。是岂水之性哉？其势则然
也。人之可使为不善，其性亦犹是也。①

乃若其情，则可以为善矣，乃所谓善也。若夫为不善，
非才之罪也。②

告子认为，人性没有善与不善的区分，客观上存在的人性善恶的
情况，是后天的结果，这仿佛水一样，你把它往东引，它就向东
流，把它往西引，它就往西流，而水自身并没有东西之分。但
是，孟子不赞成告子的观点，认为人性是善的，其善仿佛"水之
就下"，具有绝对性。不仅如此，而且所有人的本性都是善的，
就如水没有不往下游流淌一样。为了区别先天的本性与后天因
素，孟子把本性的先天因素称为"才"，这是绝对善的；"情"是
从"才"发动而来的，可以成为善，或者说存在着成为善的可能
性；如果最后的结果是"不善"，这也不是才性的过错，因为才
性是绝对善的。

应该引起注意的是，之所以存在不善的情况，是因为物在才
性的外在价值的实现过程中，并不能完全自己决定自己的行为走
向，要受到外界其他因素的干扰或影响。所以，水的"搏而跃
之"、"激而行之"等现象，并非水的本性所致。同样，人性的不
善，也不是性的自然状态。

---

① 《孟子·告子上》，（清）阮元校刻：《十三经注疏》，中华书局1980年版，第
2748页上。

② 同上书，第2749页上。

其次，"仁义忠信……天爵"。上面已经明确昭示人性是善的，但这仅是一个价值判断的结果，并没有昭示善的内在规定。

> 孟子道性善，言必称尧舜。[1]
>
> 尧舜，性之也。[2]
>
> 有天爵者，有人爵者。仁义忠信，乐善不倦，此天爵也；公卿大夫，此人爵也。[3]

正如在上面说过的那样，孔子本人对本性的论述，并没有明确标明性善或性恶，只是说人的本性是相近的，而孟子明确揭起"性善"的旗帜，并认为尧舜喜好仁义是本性之自然。而且这种自然强调的是先天的情况，即"天爵"，具体的内容就是"仁义忠信，乐善不倦"。这里要注意的是，人性不仅仅是"仁义忠信"本身，而且还包括对它们的不息追求，即"乐善不倦"，说明人性具有趣善的先天因子，这是不能忽视的。相对于此，"公卿大夫"这些社会名位，只是"人爵"即社会赋予的头衔或角色名称，具有后天人为性。

最后，"有四端于我"。人性的"天爵"，其具体内容虽是"仁义忠信"，但这并没有达到完美的境地，孟子有其独到的见解。

---

① 《孟子·滕文公上》，（清）阮元校刻：《十三经注疏》，中华书局 1980 年版，第 2701 页上。

② 《孟子·尽心上》，（清）阮元校刻：《十三经注疏》，中华书局 1980 年版，第 2769 页上。

③ 《孟子·告子上》，（清）阮元校刻：《十三经注疏》，中华书局 1980 年版，第 2753 页中。

　　人皆有不忍人之心。先王有不忍人之心，斯有不忍人之政矣。以不忍人之心，行不忍人之政，治天下可运之掌上。所以谓人皆有不忍人之心者，今人乍见孺子将入于井，皆有怵惕恻隐之心，非所以内交于孺子之父母也，非所以要誉于乡党朋友也，非恶其声而然也。由是观之，无恻隐之心，非人也；无羞恶之心，非人也；无辞让之心，非人也；无是非之心，非人也。恻隐之心，仁之端也；羞恶之心，义之端也；辞让之心，礼之端也；是非之心，智之端也。人之有是四端也，犹其有四体也。有是四端而自谓不能者，自贼者也。谓其君不能者，贼其君者也。凡有四端于我者，知皆扩而充之矣。若火之始燃，泉之始达。苟能充之，足以保四海；苟不充之，不足以事父母。①

　　仁义礼智，非由外铄我也，我固有之也，弗思耳矣。故曰：求则得之，舍则失之。或相倍蓰而无算者，不能尽其才者也。②

作为人，都具有不忍害人之心，先王也一样，这是不忍害人之政产生的条件。如果能以不忍害人之心，推行不忍害人之政的话，就能顺利地治理天下。那么，不忍害人之心的具体内涵又是什么呢？这就是看到小孩掉进泉井时，就自然产生惊骇和同情之心，即使不是小孩的父母，也不是为了在乡人面前夸耀自己，更不是因为自己有不好的名声而要去洗清它才这么做。所以，人都有

　　① 《孟子·公孙丑上》，（清）阮元校刻：《十三经注疏》，中华书局1980年版，第2690页下—2691页上。
　　② 《孟子·告子上》，（清）阮元校刻：《十三经注疏》，中华书局1980年版，第2749页上。

"恻隐之心"、"羞恶之心"、"恭敬之心"、"是非之心"①，不然就称不上人，这就是人区别于犬、牛的所在。但是，"羞恶"等四种心，并不是完美成熟的状态，而是一种萌芽状态，即"四端"或者说仁义礼智四种萌芽。人具有这"四端"，就仿佛具有四体一样，是"非由外铄我"的"我固有"。无疑，这"四端"为人成善、求善提供了客观可能的前提条件，仿佛"火之始燃，泉之始达"。但仅这"四端"无疑是不够的，就是侍奉父母也是不够的。所以，必须对此加以扩充，这样才能"足以保四海"，扩充也就是育养。

显然，孟子发展了孔子本性相近的理论，从价值判断上定位于本性善，这并没有杜绝人后天努力的必要性，因为这种性善在先天的时点上，只是一种仁义礼智的萌芽（端），仅仅凭此是不能把人驱动到社会人际的轨道上的。所以，必须加以后天的扩充。

（3）"仁义礼智根于心"。

在生活里存在的人，他们自然都具有着仁义礼智"四端"，但"四端"是否是最后的依据呢？

首先，"仁义礼智根于心"。"四端"的本根在心。

> 广土众民，君子欲之，所乐不存焉。中天下而立，定四海之民，君子乐之，所性不存焉。君子所性，虽大行不加焉，虽穷居不损焉，分定故也。君子所性，仁义礼智根于

---

① 参照"恻隐之心，人皆有之；羞恶之心，人皆有之；恭敬之心，人皆有之；是非之心，人皆有之。恻隐之心，仁也；羞恶之心，义也；恭敬之心，礼也；是非之心，智也"（《孟子·告子上》，（清）阮元校刻：《十三经注疏》，中华书局 1980 年版，第 2749 页上）。

心，其生色也，啐然见于面，盎于背，施于四体，四体不言
而喻。①

这里主要讨论了君子"欲之"、"乐之"、"所乐"、"所性"的关
系的问题。大家知道，孟子强调对天下实行王道仁政，如果仅
仅局限于"广土众民"，那么，"中天下而立，定四海之民"这
一所乐就"不存"；但仅以"中天下而立，定四海之民"即称
王为乐的话，那"所性不存"；所以，在孟子的心目中，存
"所性"非常重要，"所性"就是仁义礼智，仁义礼智的家园在
心，即"根于心"，不仅如此，而且还自然地表露于身体四肢。
就是说，他人可以从一个人的姿态、表情上看到或阅读出其所
持有的仁义礼智的品性。

通过上面的分析，不难知道，不能以称王为最大的快乐，而
应该以施行仁政为最大的快乐，这是与"所性"保持一致的需
要。实际上，施行仁政包含着对礼仪等的教育，这也与孟子以教
育天下英才为三大快乐的运思相统一。应该注意的是，孟子把心
性的内涵限制在价值判断的层面，使心本身也带上了道德的光
环。我们不禁要追问，把道德的驱动机制建立在这样一个先天狭
隘的层面上，能够驱动人自觉去行善吗？

其次，"理义之悦我心"。心的本质是什么？

至于心，独无所同然乎？心之所同然者，何也？谓理
也，义也，圣人先得我心之所同然耳。故理义之悦我心，犹

---

① 《孟子·尽心上》，（清）阮元校刻：《十三经注疏》，中华书局1980年版，第
2766页上一中。

刍豢之悦我口。①

　　桀纣之失天下也，失其民也。失其民者，失其心也。得天下有道，得其民，斯得天下矣。得其民有道，得其心，斯得民矣。得其心有道，所欲与之聚之，所恶勿施尔也。民之归仁也，犹水之就下，兽之走圹也。②

人心所相同的是"理"与"义"，因为"理"与"义"对人心具有诱发愉悦感的功能，仿佛牛羊等具有激发人的味觉功效一样。不仅如此，审视历史也一样，政治的得失，就在民的得失，而民的得失，则在其心的得失；得心之道在顺应民众的需要而行事，这需要也就是对仁义的向往，这种向往就如水之向下流一样。不仅如此，而且心还具有"思"的功能。他又说："耳目之官不思而蔽于物，物交物，则引之而已矣。心之官则思，思则得之，不思则不得也。"③ 根据注释，"官"就是人的精神的所在，人有五官，当外在物欲等侵入人的疆界时，"官"具有排解即"引之"的功用，使外物与人保持一致。心也一样具有"思"的功能，对人来说，只有不断发动这一功能，才能有所得，不然就不会有所得，不得则必然会有所失。

　　不得不注意的是，把"理"与"义"作为人心之同然的存在，并没有直面回答人心是何的问题，而只是如对待人性问题一样，把心也驶上了价值判断的轨道，完全剥夺了对心做事实判断

　　① 《孟子·告子上》，（清）阮元校刻：《十三经注疏》，中华书局1980年版，第2749页下。
　　② 《孟子·离娄上》，（清）阮元校刻：《十三经注疏》，中华书局1980年版，第2721页上。
　　③ 《孟子·告子上》，（清）阮元校刻：《十三经注疏》，中华书局1980年版，第2753页中。

的权利。

(4)"苟得其养，无物不长"。

"四端"毕竟是仁义礼智四种萌芽，不扩充是无法立身的。

首先，"存其心，养其性"。在上面我已经提到，不善的产生不是才性的过错，因为还有个人无法完全控制的其他因素的存在，为了防止不善的产生，个人的存养也是非常重要的。

> 牛山之木尝美矣，以其郊于大国也，斧斤伐之，可以为美乎？是其日夜之所息，雨露之所润，非无萌蘗之生焉，牛羊又从而牧之，是以若彼濯濯也。人见其濯濯也，以为未尝有材焉，此岂山之性也哉？虽存乎人者，岂无仁义之心哉。其所以放其良心者，亦犹斧斤之于木也。旦旦而伐之，可为美乎？其日夜之所息，平旦之气，其好恶与人相近也者几希，则其旦昼之所为，有梏亡之矣。梏之反复，则其夜气不足以存，夜气不足以存，则其违禽兽不远矣。人见其禽兽也，而以为未尝有才焉者，是岂人之情也哉？故苟得其养，无物不长，苟失其养，无物不消。孔子曰：操则存，舍则亡，出入无时，莫知其乡。惟心之谓与！[1]
>
> 尽其心者，知其性也，知其性，则知天矣。存其心，养其性，所以事天也。[2]

如果任意砍伐林木或放牧牛羊的话，则势必会破坏林木之美，

---

[1] 《孟子·告子上》，（清）阮元校刻：《十三经注疏》，中华书局1980年版，第2751页中。

[2] 同上书，第2764页上。

使之面临生存的危机，其实这并不是林木本身的不材。同理，对人也一样，其仁义之心不加以存养的话，也就如任意砍林木一样，势必走向禽兽的行列。如果在结果上着手，认为人性不才的话，那并非实情，因为造成这种结果，并不是人的才性本身的原因，而是没有存养的结果。只要存养，没有不生长之物；如不存养，没有不败落的本性。而存养的实践，必须从心开始，尽可能运作心的功能，这样才能认知性，认知了性，才能认识天。简而言之，就是存养心性，这是"事天"的理由和资本。这里的"天"，自然不是道家的自然之天，在内容上，应该与本性的内质是一致的，所以当是社会之天。这是应该明辨的。

其次，"顺杞柳之性"。要切实贯彻存养心性的实践，没有切实可感的标准不行。

> 告子曰：性，犹杞柳也；义，犹杯棬也。以人性为仁义，犹以杞柳为杯棬。孟子曰：子能顺杞柳之性而以为杯棬乎？将戕贼杞柳而后以为杯棬也？如将戕贼杞柳而以为杯棬，则亦将戕贼人以为仁义与。率天下之人而祸仁义者，必子之言夫！①

告子以人性为材质，以义为成养之器，材质经过成养之器的过滤，就发生了形体上的变化，但木之性并没有变。也就是说，"杞柳"与"杯棬"的不同，仅仅在形体上，在材质上完全是一样的。但是，体现不同的原因在于后天的作为，没有

---

① 《孟子·告子上》，（清）阮元校刻：《十三经注疏》，中华书局1980年版，第2747页下。

这后天的所谓"义"的作为，"杞柳"只能永远是"杞柳"，而无法成为"杯棬"。如以仁义为人性，那就是以"杞柳"为"杯棬"。

孟子与告子持不同的观点，认为人性则不然，因为它最初只有"四端"，经过教化与存养，完全可以实现扩充，而且人自身也能充分认识这一点，这不是形体上的变化，而是本性本身的变化，即从萌芽的状态向完整状态的变化，所以，这里的重点在本性而不在形体。这里的"顺杞柳之性"，虽然是以疑问的形式提出的，但它意欲向人们输送的信息是，应该顺从杞柳之性来成就"杯棬"；在人性的存养上，应该顺从人性的特征，这是实现"事天"的条件。"顺"就是"循"。刘熙《释名·言语》云："顺，循也。循其理也。"实际上，这里的顺性，也就是《中庸》所说的"率性"。《尔雅·释诂》曰："率，循也。"

在人性问题上，孟子反对告子性不善不恶的思想，把人性的"四端"定位在善的坐标上，给后天的存养实践设置了内在的必要性。尤其值得重视的是，其顺从本性来存养的构想，大家知道，顺性在《庄子》内外篇里都有明确的论述，但在《论语》里，我们无法找到顺性的论述。所以，在儒家的文本里，孟子明确强调"顺杞柳之性"，其意义是非常重要的。当然，正如上面提到的一样，这一顺性与《中庸》"率性"的构想是完全一样的①。另外，不得不注意的是，孟子虽然没有否定人性"食色"的方面，但是，在总体上是对立人与其他动物诸如牛、犬等本性

---

① 参照"天命之谓性，率性之谓道，修道之谓教。道也者，不可须臾离也，可离非道也"（《礼记·中庸》，（清）阮元校刻：《十三经注疏》，中华书局1980年版，第1625页中）。

的关系，这实际上否定了人的生物性的一面，把人提到了神的地位。在这样的情况下，即使仁义等存在于人的心性之中，又如何来驱动没有生物性的人呢？道德的乌托邦世界在孟子这里继续上演着。

　　2.“莫之致而至者”的命论

　　与心性紧密相连的是“命”。孟子的“命”，不仅具有性命、天命的意思，而且还有命运的意味。

　　(1)“修身以俟之，所以立命也”。

　　孟子在讲到存心、养性是“事天”的理由时说：“夭寿不贰，修身以俟之，所以立命也……是故知命者不立乎岩墙之下。尽其道而死者，正命。桎梏死者，非正命也。”①仁者对于仁道，始终不受他人或寿或夭的影响，坚持如一，敦修仁义，装备自己的主观条件而等待客观的机会，这是应有的“立命”的根据和理由，修身实际上也就是“尽道”，能尽道就能实现“正命”。这里的“命”，实际上都是性命即寿命的意思②。

　　(2)“莫之致而至者，命也”。

　　“命”还具有天命的意思。

　　　　口之于味也，目之于色也，耳之于声也，鼻之于臭也，
　　四肢之于安佚也，性也，有命焉，君子不谓性也。仁之于父
　　子也，义之于君臣也，礼之于宾主也，智之于贤者也，圣人

---

① 《孟子·尽心上》，(清)阮元校刻：《十三经注疏》，中华书局1980年版，第2764页上。

② 全文为“(孟子曰)夭寿不贰，修身以俟之，所以立命也……莫非命也，顺受其正。是故知命者不立乎岩墙之下。尽其道而死者，正命也。桎梏死者，非正命也”(同上)。“莫非命也，顺受其正”的“命”是否可以解释为性命，值得商议。

之于天道也，命也，有性焉，君子不谓命也。①

　　丹朱之不肖，舜之子亦不肖。舜之相尧，禹之相舜也，历年多，施泽于民久。启贤，能敬承继禹之道。益之相禹也，历年少，施泽于民未久。舜禹益相去久远，其子之贤不肖，皆天也，非人之所能为也。莫之为而为者，天也；莫之致而至者，命也。②

　　口对味道、眼睛对颜色、耳朵对声音、鼻子对芳香、四肢对安逸，这都是人性之所欲，不过，在具体的境遇里，并非人人都能实现其欲望的满足，这有天命的因素。就一般的人而言，都有追求欲望而求满足的倾向，但君子能以仁义为重，自觉来引导情欲的发展。这是内在本性的方面。在外在的方面，仁义礼智对于父子、君臣、宾主、贤者的关系，以及圣人对于天道的关系，这虽也是天命所致，源于人的本性。在这个意义上，也可以说，仁义礼智等对于父子、君臣、宾主、贤者的依存关系，是人类性命需要、要求之一，不应该过分强调客观而采取听天由命的对策（偏于命运的方向），因为人的本性中毕竟存在着"四端"，只要修行，定能扩充。所以，君子是不讲天命的。天命的"命"，在本质上，揭示的是"非人之所能为"。在人看来，天命是对"莫之为而为"和"莫之致而至"的情况的最好解释；另外应该注意的是，"莫之为而为"和"莫之致而至"，实际上还有合规律而运作的意思。在这样的情况下，即

---

　　①　《孟子·尽心下》，（清）阮元校刻：《十三经注疏》，中华书局1980年版，第2775页下。

　　②　《孟子·万章上》，（清）阮元校刻：《十三经注疏》，中华书局1980年版，第2738页上。

使人自身的力量够不上，但也能够实现"为"、"至"的客观结果。因此，我们不难推测，合规律的运作本身就是最好的为，是具有天命效应的为①。

（3）"求之有道，得之有命"。

与天命紧密相连的是命运。

　　　　君子行法，以俟命而已矣。②

　　　　求则得之，舍则失之，是求有益于得也，求在我者也。
　　　　求之有道，得之有命，是求无益于得也，求在外者也。③

"俟命"和"得之有命"的"命"，指的是命运的意思。命运对人来说，具有一定的偶然性，君子顺从本性，以道德为依归，但能否实现自己的理想（这里主要当指人爵），只能等待命运的判决。一般的追求也一样，其行为虽有主体的人来承担，但行为本身是外在于人的，所追求的对象也是外在于人的东西，即使你遵循"道"来行为，但追求能否获得，决定权并不全在个人，而主要在命运。总之，在孟子看来，"四端"是内在于人性的，人只要修养，就能有所得，因为，"四端"属于天爵

---

① 陈鼓应认为，孟子"莫之为而为者，天也"的运思，来源于老子"莫之命而常自然"的观点（《老子与孔子思想比较研究》，陈鼓应著：《老庄新论》，上海古籍出版社1992年版，第73页）。这值得参考，实际上，"莫之为而为者"就是"莫之命而常自然"的行为，换言之，也就是天然的行为之方。

② 《孟子·尽心下》，（清）阮元校刻：《十三经注疏》，中华书局1980年版，第2779页上。

③ 《孟子·尽心上》，（清）阮元校刻：《十三经注疏》，中华书局1980年版，第2764页中。

的范畴；但对人爵来说，则"得之有命"①，命运是人必须面临和无法逃避的。

在此应该注意的是，对"四端"进行扩充的人性修养，属于天爵的范畴，这是人能自己加以把握的，也就是孔子的"我欲仁，斯仁至矣"②；但对社会名位等人爵方面的事务，人却无法左右，而只能"得之有命"。这一结论本身，暗藏了自身机制无法克服的矛盾和无法找到获取驱动力的门径。这就是对人的天爵成果如何进行社会评价的问题，因为，在孟子的时代，社会名位正是对人进行社会评价的一种重要方式，这也是激励人切实投入人性修养的动力源。孟子自己没有提供评价标准的参考本身，预示着他也深深地陷落在迷茫之中，因为社会缺乏公正的标准，对许多应该而最后没有成为现实的事情，孟子只能诉诸命运来加以消解，从而达到慰藉人们心灵的效果。换言之，在孟子的时代，社会运行的评价标准与人的实际才能是游离的，而这种游离对社会进步本身自然是致命的。

3."事亲"的仁论

众所周知，仁作为儒家标志性的概念，孔子的解释是"爱人"；王道仁政作为孟子的追求之一，重视仁也是自然之举，他不仅让仁生根于人的内在心性，而且对仁提出了独特的理解，丰

---

① 参照"万章问曰：或谓孔子于卫，主痈疽，于齐，主侍人瘠环。有诸乎？孟子曰：否，不然也。好事者为之也。于卫主颜雠由，弥子之妻，与子路之妻，兄弟也。弥子谓子路曰：孔子主我，卫卿可得也。子路以告，孔子曰：有命。孔子进以礼，退以义，得之不得曰有命。而主痈疽与侍人瘠环，是无义无命也。孔子不悦于鲁卫，遭宋桓司马，将要而杀之，微服而过宋。是时，孔子当轭，主司城贞子，为陈侯周臣。吾闻观近臣，以其所为主；观远臣，以其所主。若孔子主痈疽与侍人瘠环，何以为孔子？"（《孟子·万章上》，（清）阮元校刻：《十三经注疏》，中华书局1980年版，第2739页上）

② 《论语·述而》，杨伯峻译注：《论语译注》，中华书局1980年版，第74页。

富了仁学的体系。

（1）"仁也者，人也"①。

仁是以人为中心而建立自己的理论的。

> 恻隐之心，人皆有之……恻隐之心，仁也……仁义礼
> 智，非由外铄我也，我固有之也，弗思耳矣。②
>
> 分人以财谓之惠，教人以善谓之忠，为天下得人者：谓
> 之仁。③

仁是"恻隐之心"，即对他人的同情心，是人固有的存在，而且人人都有。从字形上看，在一个人的系统里，无所谓仁，只有在人际的关系里，仁才有意义，这是应该首先明确的。在具体的人际关系里，孟子认为，相对于"分人以财"称为"惠"、"教人以善"称为"忠"那样，"为天下得人者"则称为"仁"。这里的"得人"，我认为可有两种解释：一是得贤人，这是通常的说法；二是"德人"，因为"得"与"德"是相通的，在这个意义上，就是德化人，而且后者也符合孟子仁政理想的取向。

（2）"亲亲"。

仁虽是以人为中心的，但是，孟子对仁还有着具体的规定，

---

① 《孟子·尽心下》，（清）阮元校刻：《十三经注疏》，中华书局1980年版，第2774页下。

② 《孟子·告子上》，（清）阮元校刻：《十三经注疏》，中华书局1980年版，第2749页上。

③ 《孟子·滕文公上》，（清）阮元校刻：《十三经注疏》，中华书局1980年版，第2706页上。

"亲亲，仁也"①、"仁之实，事亲是也"②。"亲亲"彰显的是血缘的特性，也就是说，仁是围绕人的血缘性关系而具体展开的。在操作实践上，它的实质就是"事亲"，即侍奉亲族。而在侍奉的方式上，孟子继承了孔子的思想，以"爱"为切入口。

> 不仁哉梁惠王也。仁者以其所爱，及其所不爱，不仁者以其所不爱，及其所爱。公孙丑曰：何谓也？梁惠王以土地之故，糜烂其民而战之，大败，将复之，恐不能胜，故驱其所爱子弟以殉之。是之谓以其所不爱及其所爱也。③

> 知者无不知也，当务之为急；仁者无不爱也，急亲贤之为务。尧舜之知而不遍物，急先务也。尧舜之仁，不遍爱人，急亲贤也。④

对统治者来说，爱民是最为重要的，不能为了土地等政治上的原因，而不惜民众的生命，这就叫"以其所不爱及其所爱"，这是违背仁的"以其所爱，及其所不爱"的内质的，所以是不仁的。但仁不是遍爱一切人，应该有缓急的区分，"急亲贤"是尧舜仁政的具体写照。显然，孟子用"所爱"向"所不爱"渗透，并以此为理想的价值目标。但是，"所爱"、"所不爱"的判断标准不

---

① 《孟子·告子下》，（清）阮元校刻：《十三经注疏》，中华书局 1980 年版，第 2756 页上。

② 《孟子·离娄上》，（清）阮元校刻：《十三经注疏》，中华书局 1980 年版，第 2723 页中。

③ 《孟子·尽心下》，（清）阮元校刻：《十三经注疏》，中华书局 1980 年版，第 2773 页上。

④ 《孟子·尽心上》，（清）阮元校刻：《十三经注疏》，中华书局 1980 年版，第 2771 页上。

在行为的客体，而在行为的主体。上面说的统治者、仁者的情况，判断标准则在统治者、仁者本人，而不在民众。当然，在"所爱"、"所不爱"所揭示的爱和不爱的理由里，自然包括着统治者和民众这一人际关系的考虑，不过，在总体上，体现的是自我本位的价值观。

人的爱心，实际上是人性里的一种普遍因子，"人皆有所不忍，达之于其所忍，仁也……人能充无欲害人之心，而仁不可胜用也"①。人皆有所爱，而不忍加恶于他人之心，把这种心推向自己所不爱的对象，这就是仁的行为。换言之，人如果没有"害人之心"的话，那仁德就会充满天下，人们则会得益无穷。

（3）"仁之胜不仁也，犹水胜火"。

以上我们对仁及其内涵进行了界定，其实，在孔孟儒家的体系里，重视仁，是因为仁具有自身独特的功能。"自暴者不可与有言也，自弃者不可与有为也。言非礼义，谓之自暴也；吾身不能居仁由义，谓之自弃也。仁，人之安宅也……旷安宅而弗居……哀哉！"② 仁是人安居乐业的家园，人如果不能"居仁由义"的话，就仿佛空旷家园而不居住，这是值得悲哀的"自弃"。

> 不信仁贤，则国空虚。无礼义，则上下乱。无政事，则财用不足……不仁而得国者，有之矣；不仁而得天下者，未之有也。③

---

① 《孟子·尽心下》，（清）阮元校刻：《十三经注疏》，中华书局1980年版，第2778页下。

② 《孟子·离娄上》，（清）阮元校刻：《十三经注疏》，中华书局1980年版，第2721页中。

③ 《孟子·尽心下》，（清）阮元校刻：《十三经注疏》，中华书局1980年版，第2774页中。

仁之胜不仁也，犹水之胜火。今之为仁者，犹以一杯水，救一车薪之火也。不熄，则谓之水不胜火，此又与于不仁之甚者也，亦终必亡而已矣……五谷者，种之美者也。苟为不熟，不如荑稗。夫仁亦在乎熟之而已矣。[1]

"不仁"可以一时获得国家，但是无法长久取得天下，因为仁是国家厚实的条件。仁能战胜不仁，仿佛水能克火一样。但这也并非毫无条件，假如仁的力量微不足道，而不仁的力量非常强大时，往往仁的功效也不易显示，这仿佛"五谷"是"种之美者"，但如果半途夭折不能成熟的话，那就毫无用处。仁也一样，因为在每个人的本性里存在的先天的素质，不过是具备成善可能的"四端"，要把这种萌芽推向成熟的境地，就必须坚持存养。所以，不难看出，孟子对仁的功能的审视，并不是站在先天"四端"的立场上，而在后天存养实践的土壤上，具有现实的可滋生性，这是应该注意的[2]。

在此，应该注意的是，孟子仁与不仁相对，而且断定仁肯定战胜不仁，尽管看到了这一过程的艰巨性。但是，既然仁能够战胜不仁，那为什么有不仁的产生？这也是我们必须思考的问题，这实际上已经暴露了孟子思想体系的内在矛盾性，这种价值判断一切化的做法带来的弊端实在太多。

（4）"苟不志于仁，终身忧辱"。

完美的仁尽管具有一定的功能，但是对每个人来说，如何实

---

[1]　《孟子·告子上》，（清）阮元校刻：《十三经注疏》，中华书局1980年版，第2753页下—2754页上。

[2]　参照"尽信书，则不如无书。吾于武成，取二三策而已矣。仁人无敌于天下，以至仁伐至不仁，而何其血之流杵也"（《孟子·尽心下》，（清）阮元校刻：《十三经注疏》，中华书局1980年版，第2773页中）。

现这完美的境界，都是一个现实而不得不直面的课题。

> 民之归仁也，犹水之就下，兽之走圹也。故为渊驱鱼
> 者，獭也；为丛驱爵者，鹯也；为汤武驱民者，桀与纣
> 也。今天下之君有好仁者则，诸侯皆为之驱矣。虽欲无
> 王，不可得已。今之欲王者，犹七年之病，求三年之艾
> 也。苟为不畜，终身不得。苟不志于仁，终身忧辱，以陷
> 于死亡。①
>
> 淳于髡曰：先名实者为人也，后名实者自为也。夫子在
> 三卿之中，名实未加于上下而去之，仁者固如此乎？孟子
> 曰：居下位，不以贤事不肖者，伯夷也。五就汤，五就桀
> 者，伊尹也。不恶污君，不辞小官者，柳下惠也。三子者不
> 同道，其趋一也。一者何也？曰仁也。君子亦仁而已矣，何
> 必同？②

一般民众之性都具有归仁的趋向，仿佛水喜欢低下、兽喜欢旷
野一样。獭是水栖的食鱼鼬科动物，水里有獭的话，鱼就没有
安身之处了；鹯是一种猛禽，森林里有它的存在，雀（爵通
雀）就没有栖息地了；汤武好仁，桀纣由于施行暴政，民众没
有安身之处，正好成全了汤武为政。如果天下之君以汤武为楷
模的话，其诸侯皆为之驱民，仿佛桀纣为汤武驱民一样，即使
想"无王"，也是没有办法阻止贤君称王的。但君主的仁政，

---

① 《孟子·离娄上》，（清）阮元校刻：《十三经注疏》，中华书局1980年版，第
2721页上。

② 《孟子·告子下》，（清）阮元校刻：《十三经注疏》，中华书局1980年版，第
2757页中。

必须依靠平时积累仁德，没有仁德，没法治理国家，这也就是"苟为不畜，终身不得"，要积累仁德，首先必须立志终身不辍地行仁道，如果不立志仁道，那将是终身的忧虑和耻辱。千万不能着急，"七年之病，求三年之艾"就是着急的表现。客观的事实也证明了这一点。伯夷、伊尹、柳下惠虽然具体的行为之方相异，即"不同道"，但有一点是相同的，这就是追求仁德。因此，对君子来说，根本就是求仁，但求仁的途径没有必要求同。

值得注意的是，孟子在孔子"爱人"的基础上，明确地规定了仁的本质，即"亲亲"和"事亲"，把爱人作为"事亲"的方法。在理性的层面，无疑拓深了仁的内涵；而且设置仁与不仁的对立，把仁设定为永恒的胜利者；并在内在的方面，强调"志于仁"的重要性，不然会"终身忧辱"；当然，这些都是说教式解释法，并没有正面回答为何的问题，而且还缺乏孔子那样从自己到他人的具体的将心比心方面的考虑。这也是我们不得不注意的地方。

4. "舍生"的义论

与仁紧密联系的是"义"，在总体上，孟子不同意告子"仁内"、"义外"的观点。

> 告子曰……仁，内也，非外也；义，外也，非内也。孟子曰：何以谓仁内义外也？曰：彼长而我长之，非有长于我也。犹彼白而我白之，从其白于外也。故谓之外也。曰：异。于白马之白也，无以异于白人之白也。不识长马之长也，无以异于长人之长与？且谓长者义乎？长之者义乎？曰：吾弟则爱之，秦人之弟则不爱也。是以我为悦者也，故谓之内。长楚人之长，亦长吾之长，是以长为悦者也，故谓

之外也。①

　　告子为了说明仁内义外的观点，区分了"长"与"长之"的概念，用今天的话来讲，前者就是长者，后者则为尊敬长者。在告子看来，人产生尊敬长者的情感，原因在外在的长者，而不在人的内心。孟子认为，尊敬长者的行为虽然必须依据长者而作出，但作出行为的主体是我，而不是外在的长者，而且尊敬之情也是出于我之内心，这种情显示的是我与长者的外在之宜，宜即义。所以，也可以说，义虽是外在之宜，但源于我心，所以，义外的说法似乎很难自圆其说。不过，仁为人内在的德性是以"我"为依归的，即"以我为悦"，诸如我爱我的弟弟，而不爱秦人的弟弟，是因为弟弟与我存在血缘的联系；义属于外在的规定在于它以外在于我的"长"为依归的，即"以长为悦"，楚人的长者也是我的长者，尊敬他们是出于义的要求，跟我没有血缘关系。

　　就一般的情况而言，义着意标明的是外在人际之间的适宜度，这种适宜度主要是依靠规范的遵行来保证的，而不是个人的情感。实际上，孟子这里混淆了规范与情感的界限，这与他把情感作为行为的催化剂的运思分不开。而重视义外的运思，正是为通过训练养成习惯从而使外在的义变成人内在的素质之一，也即产生习惯成自然的效应，营设了最好的条件和切入口。另外，孟子注重内，也与他如果人没有内在本性善的先决条件，就不可能施行道德行为的整体运思分不开。

　　（1）"羞恶之心，义也"。

　　那么，在孟子的心目中，义到底是什么呢？

---

　　① 《孟子·告子上》，（清）阮元校刻：《十三经注疏》，中华书局1980年版，第2748页中。

　　羞恶之心，人皆有之……羞恶之心，义也……仁义礼智，非由外铄我也，我固有之也，弗思耳矣。①

　　义之实，从兄是也。②

　　敬长，义也。③

　　夫义，路也；礼，门也。惟君子能由是路，出入是门也。诗云：周道如底，其直如矢，君子所履，小人所视。④

义是"羞恶之心"，每人都有，而且不是后天获得的固有；在本质上，义就是从兄，即"敬长"，这与仁为"亲亲"的界定是互相吻合的。在礼学的系统里，义是出入礼这一门户的路径，能否切实遵由此路而行，也是区别君子与小人的分水岭。

　　（2）"义，人之正路也"。

　　义作为通向礼这一门户的路径，显然充满着尊卑等级性，尽管如此，对人来说，它是非常重要的。

　　自暴者不可与有言也，自弃者不可与有为也。言非礼义，谓之自暴也；吾身不能居仁由义，谓之自弃也……义，

---

　　①　《孟子·告子上》，（清）阮元校刻：《十三经注疏》，中华书局1980年版，第2749页上。

　　②　《孟子·离娄上》，（清）阮元校刻：《十三经注疏》，中华书局1980年版，第2723页中。

　　③　《孟子·尽心上》，（清）阮元校刻：《十三经注疏》，中华书局1980年版，第2765页下。

　　④　《孟子·万章下》，（清）阮元校刻：《十三经注疏》，中华书局1980年版，第2745页下。

    人之正路也……舍正路而不由，哀哉！[①]

      人皆有所不为，达之于其所为，义也……人能充无欲穿窬之心，而义不可胜用也。人能充无受尔汝之实，无所往而不为义也。士未可以言而言，是以言餂之也；可以言而不言，是以不言餂之也。是皆穿逾之类也。[②]

"自暴"、"自弃"的人，怎么与他"有言"、"有为"呢?！言语不以礼义为依归，这就是"自暴"；不能以仁为家园，行为不能遵义的就是"自弃"。对人来说，义是"人之正路"，所以，行为不由之的话，是非常可悲的事情。具体地说，人有"所不为"和"所为"，诸如贫贱等是人所不想为的，而富贵等就是人所愿为的，这两者存在互相矛盾的一面，容易纷扰人的精神。作为人，不能忘记其"所为"，就是应该以义为依归来施行自己的行为。"穿"和"窬"指的都是逾越常理、规范的意思，假如人没有逾越规范等的心动，那就能给义的充分运作保证条件。在上面说过，义就是现实之宜，如"未可以言而言"是"以言餂之"即用甜言蜜语诱取的意思，"可以言而不言"是用不言来诱取的意思，两者都属于逾越规范的行列，因为没有把握好时机，缺乏时机之宜。

    显然，孟子对义的功用的设定，是在人们"能充无欲穿窬之心"的前提条件下的运思，这是不能忽视的。重视的是内在的心，而不是外在的其他。把外在规范的遵守建筑在心的不动上，

---

    ① 《孟子·离娄上》，（清）阮元校刻：《十三经注疏》，中华书局1980年版，第2721页中。

    ② 《孟子·尽心下》，（清）阮元校刻：《十三经注疏》，中华书局1980年版，第2778页下。

显然缺乏现实驱动力的运思和预设。

（3）"舍生而取义"。

人的心能否保持不动，直接影响到能否避免逾越规范之事的发生。但是，在现实生活里，影响人心的因素很多，人往往处在两难选择旋涡的中心，在这样的境遇里，人又应该如何来选择行为呢？孟子说：

> 鱼，我所欲也，熊掌，亦我所欲也，二者不可得兼，舍鱼而取熊掌者也。生，亦我所欲也，义，亦我所欲也，二者不可得兼，舍生而取义者也。生亦我所欲，所欲有甚于生者，故不为苟得也。死亦我所恶，所恶有甚于死者，故患有所不辟也。如使人之所欲莫甚于生，则凡可以得生者何不用也。使人之所恶莫甚于死者，则凡可以辟患者何不为也。由是则生而有不用也，由是则可以辟患而有不为也。是故所欲有甚于生者，所恶有甚于死者，非独贤者有是心也，人皆有之，贤者能勿丧耳。①

你同时想得到鱼和熊掌，但两者不能同时兼得，权衡轻重而取熊掌，这是取其重，是人性的普遍表现。当你面临生和义的两难选择时，权衡轻重而该取义，这是"舍生而取义"。这是因为"所欲"义的理由充分，所以，不能"苟得"生。人虽然厌恶死，但存在比死更应厌恶的理由时，则不应苟于避患。在无义可取的境遇里，生就是人最大的"所欲"，应该以得生为是，即"得生者何不用"；死就是人最大的"所恶"，则应该以避患为是，即"可

---

① 《孟子·告子上》，（清）阮元校刻：《十三经注疏》，中华书局1980年版，第2752页上。

以辟患者何不为"。总之，义是人生的标的，生而不义，绝不苟生；生而义则不苟死。显而易见，前者重在批判贪生亡义者，后者则直指轻生而妄义者。所以，孟子试图向人们传达的信息是：生死本身并不是义，义是直面生死时的当为，即当生时作生的选择，当死时则毅然地作死的抉择。义之心（所欲有甚于生者，所恶有甚于死者）是人人都具有的，所以，每人都装备着进行"舍生而取义"的选择能力①。

所以，孟子的"舍生而取义"并不是无条件的，"何不为"、"何不用"表明的正是具体境遇里的当为，所以，应该进行区别对待。当然，他对境遇的设定是在没有义的前提下进行的，只要义存在，义就是唯一最高的依归准则，在道义与生命问题上显示的是对立的价值导标，这也是应该注意的。

5."是非之心"的智论

毫无疑问，五伦里的"智"，也是孟子关心的内容之一。

（1）"是非之心，智也"。

何为"智"？孟子说："是非之心，人皆有之……是非之心，智也。仁义礼智，非由外铄我也，我固有之也，弗思耳矣。"②智是"人皆有之"的是非之心，不仅如此，而且是非"外铄我"的"固有之"，它是"弗思"的存在状态。

在孟子那里，同时有"智"与"知"的使用。关于这两个

---

① 参照"一箪食，一豆羹，得之则生，弗得则死，呼尔而与之，行道之人弗受，蹴尔而与之，乞人不屑也。万钟则不辩礼义而受之，万钟于我何加焉。为宫室之美，妻妾之奉，所识穷乏者得我与？向为身死而不受，今为宫室之美为之；向为身死而不受，今为妻妾之奉为之；向为身死而不受，今为所识穷乏者得我而为之，是亦不可以已乎。此之谓失其本心"（《孟子·告子上》，（清）阮元校刻：《十三经注疏》，中华书局1980年版，第2752页上—中）。

② 同上书，第2749页上。

字,《说文解字注》的解释基本是一样的①。不难得知,在古代,这两字是互相通用的。在《论语》里,还没有"智",表示"智"时用的是知。我们再来看一下孟子的见解,"仁之实,事亲是也;义之实,从兄是也;智之实,知斯二者,弗去是也"②。在孟子看来,智的实在就是认识仁义"事亲"、"从兄"这两方面的实质内容,及其在现实生活里的实际效用,也就是说,这里的"实"是相对于"名"而言的。在孟子看来,仅仅知道仁义的"名",并不是真正的"知",而且对仁义本身是有百害而无一利的,正是在这个意义上,孟子重视"实"。所以,"智"就是要认识仁义之"实"。不仅如此,还应该"弗去","弗去"就是切实贯彻到日常生活之中,履行不辍。所以说,只有正确认识,才能累积成"智"的实在。换言之,"知"代表的是认识的实践,具有过程性;"智"标明的是认识的成果,是人所获得的一种能力,具有静态的观照性。在这里,"知"就是"智"的前提条件,两者并不完全等同,这也是不能忽视的。

关于"知",孟子还有一个著名的论述:"人之所不学而能者,其良能也,所不虑而知者,其良知也。孩提之童,无不知爱其亲者,及其长也,无不知敬其兄也。"③ "良能"是"不学而能"的存在,"良知"则为"不虑而知"的存在,这仿佛如小孩没有不知道爱他们的父母那样,到长大以后,也没有不知道尊敬他们的兄长的。这都是自然而然地获得的素质,不需要后天的学

---

①　参照(汉)许慎撰,(清)段玉裁注:《说文解字注》,上海古籍出版社1981年版,第127页上左和第227页下右,段注认为两字是互相通用的。

②　《孟子·离娄上》,(清)阮元校刻:《十三经注疏》,中华书局1980年版,第2723页中。

③　《孟子·尽心上》,(清)阮元校刻:《十三经注疏》,中华书局1980年版,第2765页下。

习和思考。显然，"良能"和"良知"指的都是人的先天的一种素质或能力，即知道爱父母的能力，这是人的一种素朴的道德能力，与他性善论思想是统一的。与上面的分析对照一下，将不难知道，"良能"和"良知"与"智"应该是相同层面的概念。唯一的区别是，在"良能"和"良知"的阶段，强调的仅仅是其先天性，而"智"既包括人的先天的资源，也涵括后天认识的成果，这也是应该明辨的。

还不得不指出的是，孟子的"智"，实际上包含着当为的因素。

> 万章问曰：或曰百里奚，自鬻于秦养牲者，五羊之皮，食牛，以要秦穆公，信乎？孟子曰：否，不然，好事者为之也。百里奚，虞人也，晋人以垂棘之璧与屈产之乘，假道于虞以伐虢，宫之奇谏，百里奚不谏。知虞公之不可谏而去之秦，年已七十矣，曾不知以食牛干秦穆公之为污也，可谓智乎？不可谏而不谏，可谓不智乎？知虞公之将亡而先去之，不可谓不智也。时举于秦，知穆公之可与有行也而相之，可谓不智乎？相秦而显其君于天下，可传于后世，不贤而能之乎？自鬻以成其君，乡党自好者不为，而谓贤者为之乎？[1]

"可"、"不可"是价值判断的结果，"智"与此紧密相关。"不可谏而不谏"，并不是不智的行为，而是智者的举动。诸如百里奚知道虞公之不可谏而去相秦国，因为他知道可以与秦穆公"有行"，这种行为正是贤能才能做到的，贤能显示的就是"智"。显

---

① 《孟子·万章上》，（清）阮元校刻：《十三经注疏》，中华书局 1980 年版，第 2739 页中—下。

然，这里的"可"、"不可"，表明的是道德上当为与否，这是应该注意的。

（2）"虽有智慧，不如乘势"。

虽然人人具有"良能"和"良知"，但是，"智"的良性运作，还离不开其他因素的牵制。

> 齐人有言曰：虽有智慧，不如乘势；虽有镃基，不如待时。今时则易然也。夏后殷周之盛，地未有过千里者也，而齐有其地矣。鸡鸣狗吠相闻，而达乎四境，而齐有其民矣。地不改辟矣，民不改聚矣，行仁政而王，莫之能御也。且王者之不作，未有疏于此时者也；民之憔悴于虐政，未有甚于此时者也。饥者易为食，渴者易为饮。①

"智慧"就是我们今天说的智慧，是人的一种能力；"镃基"则是耕种庄稼的工具。孟子援引齐人的谚语，曲折地表达了自己的观点。这里的"时"、"势"，指的都是一种外在的客观因素，人无法对此进行制御。"时"重在自然因素的方面，如农民耕种土地，必须依赖自然气候的条件；"势"则主要强调人文社会因素的方面，诸如人心向背等的情况。智慧虽能帮助人进行决策，但不能保证最后的成功，因为还有"势"的因素。齐人的谚语是总结齐国的历史而得出的结论，这一结论表明，因循时势，能收到事半功倍的效用。

（3）"以德服人，中心悦而诚服"。

上面分析的智慧与时势的关系问题，实际上包含着孟子对

---

① 《孟子·公孙丑上》，（清）阮元校刻：《十三经注疏》，中华书局 1980 年版，第 2684 页中。

"智"的价值定位的方面，在此，再重点分析一下这个问题。价值定位主要要究明的是"智"在孟子道德系统里的位置，这也是一个非常重要的问题。

首先，"贤者在位，能者在职"。在孟子看来，有能力的人，应该给予其相应的职位，以便让其发挥作用，"仁则荣，不仁则辱。今恶辱而居不仁，是犹恶湿而居下也。如恶之，莫如贵德而尊士。贤者在位，能者在职，国家间暇，及是时，明其政刑，虽大国必畏之矣"①，就是具体的说明。孟子在强调仁德的同时，主张"贤者在位，能者在职"，也就是应该给予具有贤德和能力的人以相应的位置。虽然没有明确提出惟能是用的观点，但仍然注意到了能力在国家机构运行中的重要性，尽管"能"在"贤"的后面，但毕竟已经给予"能"应有的位置。他又说：

> 惟仁者为能以大事小。是故汤事葛，文王事昆夷。惟智者为能以小事大。故太王事獯鬻，勾践事吴。以大事小者，乐天者也。以小事大者，畏天者也。乐天者保天下，畏天者保其国。②

仁者的特点是能够"以大事小"，智者则正好相反，就是"以小事大"，虽然一字之差，但在孟子的心目中，这并不是偶然的排列，而是他价值观的自然反映。在他看来，"以大事小"属于

---

　　① 《孟子·公孙丑上》，（清）阮元校刻：《十三经注疏》，中华书局 1980 年版，第 2689 页下。

　　② 《孟子·梁惠王下》，（清）阮元校刻：《十三经注疏》，中华书局 1980 年版，第 2674 页下—2675 页上。

"乐天"，"以小事大"则属于"畏天"，两者对待天的态度不一样，而"乐天"的人能够实现"保天下"，反之，"畏天"的人只能实现"保其国"。这与上面分析的不用仁可以一时得国家，而不能长久得天下一样①。换言之，也就是夺取政权依靠武力也未尝不可，但治理天下光靠武力就不行了。显然，在智慧与道德的关系里，道德居于首要的地位，这是应该肯定的，而这一方向也是孔子儒家的方向。

其次，"以德服人者，中心悦而诚服"。在上面的分析中，我们已经讨论过，孟子的"智"，是一种认识能力，既有先天的成分，又有后天的因素。所以，在此有必要讨论一下孟子有关"力"的问题。孟子说：

> 伯夷，圣之清者也。伊尹，圣之任者也。柳下惠，圣之和者也。孔子，圣之时者也。孔子之谓集大成。集大成也者，金声而玉振之也。金声也者，始条理也；玉振之也者，终条理也。始条理者，智之事也；终条理者，圣之事也。智，譬则巧也；圣，譬则力也。由射于百步之外，其至，尔力也；其中，非尔力也。②

伯夷的"清"、伊尹的"任"、柳下惠的"和"，都是圣人的不同表现，孔子时行则行，时止则止，能够继承先圣的优点而成就自己的品德，是能够始终如一的"集大成也者"，即"金声而玉振

---

① 参照"不信仁贤，则国空虚。无礼义，则上下乱。无政事，则财用不足……不仁而得国者，有之矣；不仁而得天下者，未之有也"（《孟子·尽心下》，（清）阮元校刻：《十三经注疏》，中华书局1980年版，第2774页中）。

② 《孟子·万章下》，（清）阮元校刻：《十三经注疏》，中华书局1980年版，第2740页下—2471页上。

之”的存在。始就是“始条理”，根据“智者知理物”的注释，不难得知，“始条理者”显示的就是对物的治理、整备，即认识物理，这是“智之事”；终就是“终条理”，即成就物事，或者说在遵循物理的轨道上成就物事，这是“圣之事”。所以，在孟子看来，在比喻的意义上，“智”就是人具有的认识物理的技巧，“圣”就是人具备的成就物事的力度。根据一般的意义，两者是紧密联系的，人的技巧的提高，自然对力度的增强有着积极的价值。而在动态的意义上，这两者存在着变数，这也正是他“智”所包含的后天方面因素的作用所致。假如用射箭来作比喻的话，要把箭射向百步以外的目标，首先要有力量，力量不够的话，箭就无法送到目的地，这是力的方面。另一方面，能否射中远处的目标，那就不仅仅是力量的问题了，还有一个技巧的因素，这是人的力量所不能决定的。射中目标，显示的是“智”与“力”完美结合的行为效应。

　　不得不注意的是，孟子虽注意到了“智”与“力”的联系，但在总体上，他是轻视“力”的。

　　　　或劳心，或劳力。劳心者治人，劳力者治于人。治于人者食人，治人者食于人。天下之通义也。[1]
　　　　以力假仁者霸，霸必有大国。以德行仁者王，王不待大。汤以七十里，文王以百里。以力服人者，非心服也，力不赡也。以德服人者，中心悦而诚服也。如七十子之服孔子也。[2]

　　　　————

　　①　《孟子·滕文公上》，（清）阮元校刻：《十三经注疏》，中华书局1980年版，第2705页下。
　　②　《孟子·公孙丑上》，（清）阮元校刻：《十三经注疏》，中华书局1980年版，第2689页下。

"劳力者"要受"劳心者"的支配，而且"劳心者"以"劳力者"为食，并把这个定为天下的通义。在政治生活里，想用力来使人顺服的话，往往达不到目的，因为力无法使人心服，没有心服，也自然就没有信服。所以，他的结论是"力不赡"，即力无法胜任使人顺服的重任。只有用道德来治理国家，才能达到使人顺服的目的，这种顺服不是形式上的服从，而是内在的心服、信服。因此，可以清楚地看到，孟子轻视的力，实际上是体能、生理上的力量，不包括心力的因素，这是非常明显的。另外，他对"以力假仁"的行为，实际上也是持肯定的态度的，这也是不能忽视的部分①。

（4）"知者无不知"。

在孟子看来，智者是没有不知道的，"知者无不知也，当务之为急……尧舜之知而不遍物，急先务也"②、"人之有德慧术知

———————————

①　参照"分人以财谓之惠，教人以善谓之忠，为天下得人者谓之仁。是故以天下与人易，为天下得人难。孔子曰，大哉尧之为君，惟天为大，惟尧则之；荡荡乎，民无能名焉；君哉舜也；巍巍乎，有天下而不与焉。尧舜之治天下，岂无所用其心哉？亦不用于耕耳"（《孟子·滕文公上》，（清）阮元校刻：《十三经注疏》，中华书局1980年版，第2706页上）、"燕人畔，王曰：吾甚惭于孟子。陈贾曰：王无患焉。王自以为与周公，孰仁且智？王曰：恶，是何言也。曰：周公使管叔监殷，管叔以殷畔。知而使之，是不仁也。不知而使之，是不智也。仁智，周公未之尽也。而况于王乎？贾请见而解之。见孟子问曰：周公何人也？曰：古圣人也。曰：使管叔监殷，管叔以殷畔也，有诸？曰：然。曰：周公知其将畔而使之与？曰：不知也。然则圣人且有过与？曰：周公，弟也，管叔，兄也。周公之过，不亦宜乎？且古之君子，过则改之。今之君子，过则顺之。古之君子，其过也，如日月之食，民皆见之，及其更也，民皆仰之。今之君子，岂徒顺之，又从为之辞"（《孟子·公孙丑下》，（清）阮元校刻：《十三经注疏》，中华书局1980年版，第2698页上—中）。

②　《孟子·尽心上》，（清）阮元校刻：《十三经注疏》，中华书局1980年版，第2771页上。

者，恒存乎疢疾。独孤臣孽子，其操心也危，其虑患也深，故达"①。智者虽然无所不知，但应区别先后缓急。尧舜就是深知"急先务"而没有必要"遍物"的，也就是说抓住如何使用贤达的头等大事，因此，孟子的"急务"显然是对道德的深刻认识，这也是儒家的方向。除此以外，孟子虽然肯定良知是不虑而知的，但由于承认"智"的后天性因素，所以，也给经验对积淀智慧的积极作用留下了立足的余地。"疢疾"就是患难，经历患难的磨炼，可以锻炼积累人的"德慧术知"，而这是人实现"达"的决定性条件之一②。

（5）"智者亦行其所无事"。

上面虽然提到了经验对智慧形成的积极意义的方面，但是，对人来说，如何来实现"智"，仍然是一个最大的课题之一。

首先，"反求诸己"。在总体上，孟子认为："梓匠轮舆，能与人规矩，不能使人巧"③，"梓匠轮舆"只能给人规矩，"不能使人巧"。那么，如何来实现"巧"呢？孟子说：

　　夫仁，天之尊爵也，人之安宅也。莫之御而不仁，是不智也。不仁不智，无礼无义，人役也。人役而耻为役，由弓人而耻为弓，矢人而耻为矢也。如耻之，莫如为仁。仁者如射，射者正己而后发，发而不中，不怨胜己者，反求诸己而

---

① 《孟子·尽心上》，（清）阮元校刻：《十三经注疏》，中华书局 1980 年版，第 2765 页下。

② 参照《论所谓纲常》，张岱年著：《中国伦理思想研究》，上海人民出版社 1989 年版，第 162—164 页。

③ 《孟子·尽心下》，（清）阮元校刻：《十三经注疏》，中华书局 1980 年版，第 2773 页下。

已矣。①

不仁是不智的表现，不仁不智也就是无礼无义，只能成为他人所
役使的对象。虽然以为人所役使而耻辱，诸如弓人、矢人以自己
的职业为耻辱，但又不改变自己不仁不智的现实境遇，这是令人
困惑的事情。如果真正从内心感到耻辱的话，就没有比践行仁道
更能排解这种耻辱感的了，这仿佛"射"一样，"射"之前，首
先要摆正自己的姿势，然后才能"发"，如果别人射中了，自己
没有射中，不能责怪他人超过自己，而应该反省自己，从自己这
里找原因。

　　其次，"行其所无事"。求智虽然得从自己开始，但应该以什
么方法呢？孟子又说：

　　　　天下之言性也，则故而已矣，故者以利为本。所恶于智
　　者，为其凿也。如智者若禹之行水也，则无恶于智矣。禹之
　　行水也，行其所无事也。如智者亦行其所无事，则智亦大
　　矣。天之高也，星辰之远也，苟求其故，千岁之日至，可坐
　　而致也。②

人们厌恶智者的原因或理由，是由于他们过分用智而无视物的自
然本性，"凿"即妄加穿凿的意思。如果像大禹治理水那样，人
们就不会厌恶智慧，因为，大禹治理水的方法，是"行其所无

---

　　① 《孟子·公孙丑上》，（清）阮元校刻：《十三经注疏》，中华书局1980年版，
第2691页中。
　　② 《孟子·离娄下》，（清）阮元校刻：《十三经注疏》，中华书局1980年版，第
2730页上—中。

事"，也就是"禹之行水，水之道也"①，即不违背水的特性而任意干预，显示的是自然而然的特点。智者如果也能"行其所无事"的话，那就是最大的智。天、星辰虽然高远，如能究明故常的话，就可以得知"千岁之日至"的日期。"故常"表明的是规律，所以，依据规律来求智最重要。

在以上的分析中，我们可以看到，孟子的"智"，既具有先天性，诸如不学而能、不虑而知等部分，但也涵括后天的经验等因素，虽然在总体上，他轻视体能生理上的力量，而重视心力，或"以力假仁"式的力量，始终把道德置于智慧之上，强调智慧也都是在道德轨道上的设定物，明显具有局限性，这是不能忽视的方面。另外，值得一提的是，他对求智的考虑，就是"行无事"的运思，这实际上就是因循客观规律来行事的方向，这是值得肯定的。在局部的方面，孟子也有与道家相同的方法选择，这是受道家思想影响的具体表现。

6."天之道"的诚信论

五伦之一的"信"，在孟子那里，与诚的意思是相同的，所以，有时孟子以诚信言之。

(1)"有诸己之谓信"。

何谓信？这也是孟子当时提出的疑问，其具体运思是：

---

① 参照"白圭曰：丹之治水也，愈于禹。孟子曰：子过矣。禹之治水，水之道也。是故禹以四海为壑。今吾子以邻国为壑。水逆行谓之洚水，洚水者，洪水也。仁人之所恶也，吾子过矣"（《孟子·告子下》，（清）阮元校刻：《十三经注疏》，中华书局1980年版，第2761页中）、"禹以人道治其民，桀以人道乱其民。桀不易禹民而后乱之，汤不易桀民而后治之。圣人之治民，民之道也。禹之行水，水之道也。造父之御马，马之道也。后稷之艺地，地之道也"（《尊德义》，李零著：《郭店楚简校读记》，北京大学出版社2002年版，第139页）。

　　浩生不害问曰：乐正子何人也？孟子曰：善人也，信人也。何谓善？何谓信？可欲之谓善，有诸己之谓信，充实之谓美，充实而有光辉之谓大，大而化之之谓圣，圣而不可知之谓神。乐正子，二之中，四之下也。①

信是"有诸己"，"有"自然是相对于"无"的有，因此是实有。在这个意义上，"有诸己"就是自己真实的持有，所以，信也就是信实的意思。一个人如能使自己存有的素质扩而充之，使它达到充实完备的状态，就是"美"。如再在此基础上，把这种充实的素质向外辐射，光耀四方的话，这就是"大"、"圣"、"神"，它们都是在此基础上的进一步发展。显然，孟子在回答了"善"和"信"之后，又进一步发挥了"美"、"大"、"圣"、"神"四个概念，而这四个概念都是从"信"生发出来的，"信"是它们的基础和条件，这是应该注意的。

　　（2）"诚者，天之道也"。

　　孟子对于"诚"的规定，与《中庸》关于"诚"的理论是紧密相连的，如《中庸》为子思所作，乃当先于孟子。就理论的系统性而言，《中庸》也胜于孟子②。

_____

　　① 《孟子·尽心下》，（清）阮元校刻：《十三经注疏》，中华书局1980年版，第2775页下。

　　② 参照"在下位，不获乎上，民不可得而治矣。获乎上有道，不信乎朋友，不获乎上矣。信乎朋友有道，不顺乎亲，不信乎朋友矣。顺乎亲有道，反诸身不诚，不顺乎亲矣。诚身有道，不明乎善，不诚乎身矣。诚者，天之道也；诚之者，人之道也。诚者不勉而中，不思而得，从容中道圣人也。诚之者，择善而固执之者也。博学之，审问之，慎思之，明辨之，笃行之。有弗学，学之弗能弗措也。有弗问，问之弗知弗措也……人一能之，己百之，人十能之，己千之。果能此道矣，虽愚必明，虽柔必强"（《礼记·中庸》，（清）阮元校刻：《十三经注疏》，中华书局1980年版，第1632页上—中）。

居下位而不获于上，民不可得而治也；获于上有道，不
信于友，弗获于上矣；信于友有道，事亲弗悦，弗信于友
矣；悦亲有道，反身不诚，不悦于亲矣；诚身有道，不明乎
善，不诚其身矣。是故，诚者，天之道也；思诚者，人之道
也。至诚而不动者，未之有也。不诚，未有能动者也。①

万物皆备于我矣。反身而诚，乐莫大焉。②

这段文字，基本上与《中庸》的相关论述一样③，主要不同之处
就是："顺乎亲"与"悦于亲"和"诚之者"与"思诚者"④。人
的天性里，具有诚的因子，遵循天道而思行其诚，则是人的立身
之道；赤诚之行必然感动他人，不诚就不可能打动他人。在此，
孟子信与诚也是互用的，足见其意思完全是相同的。朋友之间信
实的取得，在于使其父母愉悦；使父母愉悦，身诚最为重要。自
身的行为如能诚实无欺，也就是成人的实践"皆备于我"，就是

---

① 《孟子·离娄上》，（清）阮元校刻：《十三经注疏》，中华书局 1980 年版，第
2721 页中。

② 《孟子·尽心上》，（清）阮元校刻：《十三经注疏》，中华书局 1980 年版，第
2764 页中。

③ 徐复观认为"孟子之言性善，乃吸收了《中庸》下篇以诚言性的思想而更进
一步透出的。且从政治思想上说，《论语》言'德治'，《中庸》上篇言'忠恕'之
治，《孟子》言'王政'，本质相同，但在政治思想的内容上，究系一种发展"（《从
命到性——〈中庸〉的性命思想》，徐复观著：《中国人性论史》，上海生活·读书·
新知三联书店 2001 年版，第 123 页）。

④ 参照"诚者，自成也，而道自道也。诚者物之终始，不诚无物。是故君子诚
之为贵。诚者非自成己而已也，所以成物也。成己，仁也；成物，知也。性之德也，
合外内之道也。故时措之宜也"（《礼记·中庸》，（清）阮元校刻：《十三经注疏》，
中华书局 1980 年版，第 1633 页上）。

最大的快乐①。在这里，非常明显的是，《中庸》的"诚之者"，孟子用"思诚者"代之，本来"诚之者"就是对如何诚的问题的思考，但是，在语言形式上，不是这么明确，孟子的"思诚者"正是从意蕴上揭示了"诚之者"的真意，这也说明孟子借鉴《中庸》的事实。

（3）"言不必信……惟义所在"。

信实虽然重要，但在孟子的体系里，仍有一定的限制。他说：

> 大人者，言不必信，行不必果，惟义所在。②
>
> 昔者有馈生鱼于郑子产，子产使校人畜之池。校人烹之，反命曰：始舍之，圉圉焉，少则洋洋焉，攸然而逝。子产曰：得其所哉，得其所哉！校人出曰：孰谓子产智，予既烹而食之，曰得其所哉，得其所哉！故君子可欺以其方，难罔以非其道。彼以爱兄之道来，故诚信而喜之。奚伪焉？③

在大人那里，言语不一定要信实，行为也不一定要见效，只要以义为依归就够了，义比信实占有明显的优位④。"君子可欺以其

---

① "万物皆备于我"，赵岐以"事"注"物"，"万物"就是万事，即成就自己的实践，这是应该注意的。另外，在语言形式上，与《管子·内业》的"抟气如神，万物备存"（黎翔凤撰：《管子校注》，中华书局2004年版，第943页）具有相同性，但所指的对象显然是不一样的。

② 《孟子·离娄下》，（清）阮元校刻：《十三经注疏》，中华书局1980年版，第2726页下。

③ 《孟子·万章上》，（清）阮元校刻：《十三经注疏》，中华书局1980年版，第2734页下。

④ 参照"言必信，行必果，硁硁然小人哉！"（《论语·子路》，杨伯峻译注：《论语译注》，中华书局1980年版，第140页）孟子的运思是对孔子思想的承继。

方"也正好说明了这一点，"欺"只要有合理的"方"，也未尝不可。这个"方"是比拟、类比的意思，类比得当，自然很难产生"非其道"的怀疑，如果以爱兄的仁爱之心来理解的话，肯定对此相信并愉悦不已，怎么可能产生这是"伪"的想法呢[①]？

可以清楚地看到，在诚信问题上，孟子虽然注意到了"有诸己"的方面，并强调人对诚信的追求，但是，在动态的层面上，孟子把道义作为唯一的标准，为了道义，可以放弃"有诸己"的要求。换言之，为了成全道义，"无诸己"也未尝不可，为假话、瞎话的登场开辟了道路，而道义的标准往往又是以自己为依归的，诸如孔子的父子相互隐瞒的事情，成为正直的道义标准一样。孟子在承继孔子思想的同时，指出了"君子可欺以其方"，只要类比有理就行，因为君子坚信只有内心具备道德的人，才能施行道德行为的黄金律。事实上，子产和校人的故事，就风趣地讽刺了外在赋予本性的善性，最终是无法成为道德行为的必然因子的。

7."无后为大"的孝论

重视血缘是儒家的总体特色，而重视血缘的具体表现就是对"孝"的推重，在这个问题上，孟子基本行进在孔子的轨道上。

(1)"不孝有三，无后为大"。

与孝相对的就是不孝，世俗关于不孝的说法，主要有五个方面。

---

① 关于"诚信"概念的用例，在《管子》那里就可以找到。参照"先王贵诚信。诚信者，天下之结也"(《管子·枢言》，黎翔凤撰：《管子校注》，中华书局2004年版，第246页)。

　　世俗所谓不孝者五：惰其四支，不顾父母之养，一不孝也；博弈好饮酒，不顾父母之养，二不孝也；好货财，私妻子，不顾父母之养，三不孝也；从耳目之欲，以为父母戮，四不孝也；好勇斗狠，以危父母，五不孝也。章子有一于是乎？夫章子，子父责善而不相遇也。责善，朋友之道也。父子责善，贼恩之大者。夫章子，岂不欲有夫妻子母之属哉？为得罪于父，不得近，出妻屏子，终身不养焉。其设心以为不若是，是则罪之大者，是则章子已矣。①

　　不孝有三，无后为大。舜不告而娶，为无后也。君子以为犹告也。②

在不顾父母之养的前提下，懈惰、酗酒、贪婪和危及父母安全的纵欲、鲁莽等五种情况，都是不孝的行为。章子因为得罪于父亲，而无法亲近父亲，还不得不"出妻屏子"，终身不为妻子所奉养，尽管他心中是多么想夫妻相守、子母相伴啊！但不这样加以自我惩罚，罪就更大了。这是世俗的情况。另一方面，在孟子看来，不孝有三种具体的情况③，无后是最为严重的一种。舜担心因为无后而失孝，故不告父母而娶妻，这虽然有背礼仪，但其出发点是为了尽孝，是权衡的结果。所以，君子认为这就和

---

　　① 《孟子·离娄下》，（清）阮元校刻：《十三经注疏》，中华书局 1980 年版，第 2731 页中。

　　② 《孟子·离娄上》，（清）阮元校刻：《十三经注疏》，中华书局 1980 年版，第 2723 页中。

　　③ 参照注释"于礼有不孝者三事，谓阿意曲从，陷亲不义，一不孝也；家穷亲老，不为禄仕，二不孝也；不娶无子，绝先祖祀，三不孝也。三者之中，无后为大"（同上）。

"告"没有什么两样了①。

（2）"事亲为大"。

"事亲"是孝行的重头戏。孟子说：

> 事孰为大，事亲为大；守孰为大，守身为大。不失其身
> 而能事其亲者，吾闻之矣。失其身而能事其亲者，吾未之闻
> 也。孰不为事，事亲，事之本也；孰不为守，守身，守之本
> 也。曾子养曾皙，必有酒肉。将撤，必请所与。问有余，必
> 曰有。曾皙死，曾元养曾子，必有酒肉。将撤，不请所与。
> 问有余，曰亡矣，将以复进也。此所谓养口体者也。若曾
> 子，则可谓养志也。事亲若曾子者，可也。②

在侍奉的事务里，养亲最重要，在守备的事务里，养身最为重
要；两者相比，养身则是养亲的条件。养亲不是一般的满足物质

---

① 关于舜的孝行，还可参照"万章问曰：舜往于田，号泣于旻天，何为其号泣
也？孟子曰：怨慕也。万章曰：父母爱之，喜而不忘，父母恶之，劳而不怨，然则
舜怨乎？曰：长息问于公明高曰，舜往于田，则吾既得闻命矣。号泣于旻天于父母，
则吾不知也。公明高曰，是非尔所知也。夫公明高以孝子之心，为不若是恝。我竭
力耕田，共为子职而已矣，父母之不我爱，于我何哉？帝使其子九男二女，百官牛
羊仓廪备，以事舜于畎亩之中，天下之士多就者。帝将胥天下而迁之焉。为不顺
于父母，如穷人无所归。天下之士悦之，人之所欲也，而不足以解忧。好色，人之
所欲，妻帝之二女，而不足以解忧。富，人之所欲，富有天下，而不足以解忧。贵，
人之所欲，贵为天子，而不足以解忧。人悦之、好色、富贵，无足以解忧者，惟顺
于父母，可以解忧。人少，则慕父母。知好色，则慕少艾。有妻子，则慕妻子。仕
则慕君，不得于君则热中。大孝终身慕父母。五十而慕者，予于大舜见之矣"（《孟
子·万章上》，（清）阮元校刻：《十三经注疏》，中华书局1980年版，第2733页下—
2734页上）。

② 《孟子·离娄上》，（清）阮元校刻：《十三经注疏》，中华书局1980年版，第
2722页下。

方面的需要，还包括着"养志"的内容，即物质需要以外的"有余"，也就是"敬"，曾子的实践就是这方面的楷模。而曾元养曾子则重在养其口体，即解决物质层面的生存需要，可以说，这是孝的基本层次，仅有此是不够的。

（3）"尊亲"。

"事亲"由于包括着身心两个方面，而身的方面一般都比较容易做到，关键是心的方面，要做好自然存在着一定的难度。在这个意义上，"事亲"也就是"尊亲"，如上面提到的"敬"。

> 咸丘蒙曰：舜之不臣尧，则吾既得闻命矣。《诗》云，普天之下，莫非王土；率土之滨，莫非王臣。而舜既为天子矣，敢问瞽瞍之非臣，如何？曰：是诗也，非是之谓也。劳于王事，而不得养父母也。曰：此莫非王事，我独贤劳也。故说诗者，不以文害辞，不以辞害志。以意逆志，是为得之……孝子之至，莫大乎尊亲；尊亲之至，莫大乎以天下养。为天子父，尊之至也；以天下养，养之至也。[1]

> 天下大悦而将归己，视天下悦而归己，犹草芥也，惟舜为然。不得乎亲，不可以为人；不顺乎亲，不可以为子。舜尽事亲之道，而瞽瞍底豫，瞽瞍底豫而天下化，瞽瞍底豫而天下之为父子者定。此之谓大孝。[2]

"瞽瞍"即舜之父亲。在孟子看来，最高的孝行，就是"尊亲"；

---

[1]　《孟子·万章上》，（清）阮元校刻：《十三经注疏》，中华书局1980年版，第2735页下。

[2]　《孟子·离娄上》，（清）阮元校刻：《十三经注疏》，中华书局1980年版，第2723页下。

最高的"尊亲"，就是以天下养父母，这应该成为人们奉行的法则，舜为我们做出了榜样，他不以天下归己而快乐，反而对此不屑一顾。对"不得"、"不顺"的理解，可以参照朱熹的注解："得者，曲为承顺以得其心之悦而已。顺则有以谕之于道，心与之一而未始有违，尤人所难也。"[①] 也就是说，"得亲"在于使亲心悦，"顺亲"要求从内心不违。心诚承顺的行为，就是最顽固的父母也能被感化；每个人的父母都能被感化的话，天下也就感化了，这是"大孝"。

　　尊亲是在精神的层面显示出来的对父母的尊敬之情，显然，它要高于在物质方面满足父母的生活需要的层次。在孝道的实践历程里，往往满足父母物质需要是比较容易做到的，但在精神人格上尊敬他们并不容易为每个人做到，而最上的尊敬，就是"以天下养"，它并非容易为人人做到，其实只有天子一人能够做到，条件的限制是非常明显的。当然，如果把"以天下养"简单地理解为利用权力攫取天下财物来奉养父母的话，就不免令人啼笑皆非了，这里不过是顺着"事亲"、"尊亲"路径而自然拓展的"天下养"。换言之，就是以天下人的苦乐为苦乐，与天下人同甘苦，这自然不是一般人能够做到的，只有天子的父亲才有这个胸襟和待遇，对他而言，具有无限的荣光。所以，"事亲"、"尊亲"、"天下养"构成孝行的三个境界，"事亲"是基本的境界，"天下养"是最高境界。"天下养"虽然是天子父亲才具有的特权，但是，孟子苦心运思的意义，绝不限于这里，"天下养"在一般人那里，就自然演绎为如何在"事亲"、"尊亲"的同时，打破狭隘血缘的疆界，在人际的关系里自然地尊敬他人，一旦做到这点，

---

　　① 《孟子集注》卷七，（宋）朱熹撰：《四书章句集注》，中华书局 1983 年版，第 287 页。

对自己的父母而言，就是最大的荣幸，自然增光添彩，切实使父母得尊、受尊、被尊。就孝行的动态过程而言，只有这时，才是"尊"的主客体统一，动机与效果统一的图景只有此时才能得到真正的赏析。

（4）"惟送死，可以当大事"。

尽孝不仅包括生的世界的"养"和"敬"，而且涵括死的世界的"三年之丧"。

> 滕定公薨，世子谓然友曰：昔者孟子尝与我言于宋，于心终不忘。今也不幸至于大故，吾欲使子问于孟子，然后行事。然友之邹问于孟子，孟子曰：不亦善乎。亲丧固所自尽也。曾子曰，生，事之以礼，死，葬之以礼，祭之以礼。可谓孝矣。诸侯之礼，吾未之学也。虽然，吾尝闻之矣。三年之丧，斋疏之服，饦粥之食，自天子达于庶人，三代共之。①
>
> 养生者，不足以当大事；惟送死，可以当大事。②

孟子非常赞成曾子的说法，对待自己的"亲"，在世时应该按礼仪来侍奉，死的时候应该按礼仪来施行丧葬，以后还应该按照礼仪来进行祭祀。尤其重要的是"三年之丧"，在形式上应该做到"斋疏之服，饦粥之食"，即节衣缩食。所以，对死者的哀悼不仅应该表现在心里，还应该具体落实到形式上。在孟子的心目中，

---

① 《孟子·滕文公上》，（清）阮元校刻：《十三经注疏》，中华书局1980年版，第2701页中—下。

② 《孟子·离娄下》，（清）阮元校刻：《十三经注疏》，中华书局1980年版，第2726页下。

养亲并不是什么大事，只有给亲"送死"，才更能检验出一个人是否具有真正的孝顺之心。

三年之丧的运思，与孔子的运思完全是一致的。

（5）"象至不仁，封之有庳"。

养亲、尊亲，推重的无疑是子女对父母亲的亲情回报，情是主干。但在现实生活里，当一个人在家中的角色与在社会生活里的角色重叠时，对亲情的处理，往往影响的不仅仅是家庭生活，更多的是社会生活。对此，孟子又是如何运思的呢？有关这一方面，相关的资料有两个，也是新近讨论的一个热门话题①，这里想作一简单的分析。

首先，"象至不仁，封之有庳"。《孟子》里记载着这样一个故事：

　　万章问曰：象日以杀舜为事，立为天子则放之，何也？孟子曰：封之也，或曰，放焉。万章曰：舜流共工于幽州，放驩兜于崇山，杀三苗于三危，殛鲧于羽山，四罪而天下咸服，诛不仁也。象至不仁，封之有庳。有庳之人奚罪焉？仁人固如是乎？在他人则诛之，在弟则封之？曰：仁人之于弟也，不藏怒焉，不宿怨焉，亲爱之而已矣。亲之，欲其贵也；爱之，欲其富也。封之有庳，富贵之也。身为天子，弟为匹夫，可谓亲爱之乎？敢问或曰放者，何谓也？曰：象不得有为于其国，天子使吏治其国，而纳其贡税焉，故谓之放。岂得暴彼民哉！虽然，欲常常而见之，故源源而来，不

———————
①　参照网站（http：//www.confucius2002.com）的相关讨论。

及贡，以政接于有庳。此之谓也。①

象总是要谋害舜，这是最大的不仁，其罪大于共工、驩兜、三苗、鲧，但舜成为天子以后，处罚了共工等四个人，对象却网开一面，只是将其放逐，万章对此感到费解，并就此事请教了孟子。孟子告诉他，舜并没有放逐象，还将有庳封给他，有人不知其理，以为是放逐罢了。舜这样做完全是正确的，因为仁人对于弟弟，是不计较过去的恩怨的，只是以亲爱为行为之方罢了。亲爱自然希望其富贵，所以，封之有庳，正是为了使其富贵。不然自己身为天子，弟弟却变为一介草民，那还能称得上亲爱吗？万章又问，那为什么有人以为是放逐呢？孟子说，象在其封国并没有实权，实权是由天子委派的官吏掌握的，按时纳贡税与之，有人根据这种情况才说象被放逐了。但只有这样，既能体现舜的亲爱之情，又能使象不强暴那里的民众，使他们安居乐业。尽管这样，象仍享受着一定的特权，诸如"不及贡，以政接于有庳"等，这都是亲情的力量所驱使的自然结果。

在以上的分析里，不难看出，最不仁的象，非但没有如共工等人那样受罚，反而受封到"有庳"，原因就是他是舜的弟弟。孟子回答万章的质疑，认为这种做法正是仁人对弟弟的亲爱之情的自然流露，是希望弟弟富贵的选择。所以，在孟子的系统里，亲情超过了国家的法律规则，可以不受国家法律等的限制。这样的话，在现实生活里，就很难有真正的平等了，平等自然成了统治者用来装潢门面的口号。显然，孟子把亲情凌驾于国家法律之上，为仁人违法设定了情理基础。当然，孟子在此也谈到了"岂得暴

----

① 《孟子·万章上》，（清）阮元校刻：《十三经注疏》，中华书局1980年版，第2735页上一中。

彼民哉"，民众的利益虽然没有得到完全的无视，但这也是为了佐证舜封象的行为的正当性而发的议论。换言之，孟子的立足点不在民众，而在统治者，强调的是人治的方面，不是法治的部分。

其次，"窃负而逃"。《孟子》里还记载着另一个故事：

> 桃应问曰：舜为天子，皋陶为士，瞽瞍杀人，则如之何？孟子曰：执之而已矣。然则舜不禁与？曰：夫舜恶得而禁之？夫有所受之也。然则舜如之何？曰：舜视弃天下犹弃敝蹝也。窃负而逃，遵海滨而处，终身䜣然，乐而忘天下。[1]

桃应问孟子，瞽瞍一旦杀了人，舜怎么办呢？孟子不能说不抓瞽瞍，因为瞽瞍毕竟犯了法；但又不能让舜眼睁睁地看着瞽瞍去坐牢。面对这个两难的局面，孟子设定了一个解决的方案：舜舍弃天子之位，偷偷把父亲背上逃走，在海边悠然自得，乐忘天下为贵也。

自己的父亲瞽瞍犯了杀人罪，舜不禁止有司执其父，如禁止的话，就违背了法律。但是，孟子在此没有讨论舜应该依据法律惩治父亲的必要性，而是设定了舜舍弃王位，携父亲远逃，其目的自然是为了躲避法律的追究。在孟子的视野里，王位与孝子相比，后者更为重要，也就是说，亲情是孟子价值坐标里的最重要的星座。

前面在分析孔子思想的时候，也曾谈到他"父为子隐，子为父隐，直在其中"[2] 的观点，所以，孟子重视亲情价值的思想，

---

① 《孟子·尽心上》，（清）阮元校刻：《十三经注疏》，中华书局 1980 年版，第 2769 页下。

② 参照《论语·子路》，杨伯峻译注：《论语译注》，中华书局 1980 年版，第 139 页。

与孔子是完全相承的，也是儒家思想的一大特色，显示的是情理大于法理。法律作为国家的象征，始终消解在家庭情理之中。在另一意义上，也就是国家公渗透、消融在家庭私之中。用今天的眼光来看的话，就是公私无法分明的思想历史根源，也是中国人心理根源之一，家和国始终难以建立起分明的界限，以及公私的转化机制等，一直困扰着中国人，这是我们应该严肃思考的问题。而忽视法理的力量，情理本身就是一个富有弹性的概念，用它来规范社会的话，难以生成公平的态势和境遇；况且，强调情理本身就包含着"言不必信"的因子，这一方面呈现的是主观随意化的倾向。

8."执中为近之"的中庸论

强调中庸，不仅是儒家的特色之一，也是道家文化的特色之一，作为先秦儒家的代表之一，孟子也推重"执中"，"杨子取为我，拔一毛而利天下，不为也。墨子兼爱，摩顶放踵，利天下，为之。子莫执中，执中为近之"①。杨子为我，而不为天下；墨子兼爱，而为天下。两者各执一端，强调之处都有过火的地方，所以莫属"执中"，能"执中"的话，就接近圣人之道了。

"执中"实际上就是恰到好处，因为过犹不及。

> 万章问曰：孔子在陈曰：盍归乎来，吾党之士狂简，进取不忘其初。孔子在陈，何思鲁之狂士？孟子曰：孔子不得中道而与之，必也狂狷乎。狂者进取，狷者有所不为也。孔子岂不欲中道哉，不可必得，故思其次也。敢问何如斯可谓狂矣？曰：如琴张、曾晳、牧皮者，孔子之所谓狂矣。何以

---

① 《孟子·尽心上》，（清）阮元校刻：《十三经注疏》，中华书局1980年版，第2768页下。

谓之狂也？曰：其志嘐嘐然。曰古之人，古之人，夷考其行
而不掩焉者也。狂者又不可得，欲得不屑不絜之士而与之，
是狷也，是又其次也。①

"狂者"具有进取的特点，往往志向高大，行为不能包容言
语，用今天的话来说，也就是不能作到言行一致，往往说得
比做得要好听，俗话说，雷声大而雨点小。"狷者"的特点是
"有所不为"，"不为"即不妄为，具体的细节就是"欲得不
屑不絜之士而与之"，不以污秽为洁，虽然不如"狂者"那样
进去，但也不做坏事。但是，狂狷的行为是在无法选择"中
道"的情况下的临时选择，最高的行为自然是"中道"，这是
应该明确的。

显然，孟子关于"执中"的思想，是凌乱而浅表的，几乎没
有提出什么新的概念，狂狷也是孔子使用的概念，就是中庸概念
本身也没有使用，最多也是对孔子"中行"思想的借鉴②。

9．"权然后知轻重，度然后知长短"的经权论

经权也是中国道德哲学中固有的德目，法家思想家那里比较
多见，诸如管子就对"权"的概念非常重视。儒家孔子虽然对此
没有形成系统的运思，但孟子却倾注了自己的心力。一般而言，
经权昭示的是规则和变通的关系。

（1）"经正则庶民兴"。

孟子说：

---

① 《孟子·尽心下》，（清）阮元校刻：《十三经注疏》，中华书局1980年版，第
2779页下。

② 参照"子曰：不得中行而与之，必也狂狷乎！狂者进取，狷者有所不为也"
（《论语·子路》，杨伯峻译注：《论语译注》，中华书局1980年版，第141页）。

非之无举也，刺之无刺也。同乎流俗，合乎污世，居之
似忠信，行之似廉洁，众皆悦之，自以为是，而不可与入尧
舜之道。故曰德之贼也。孔子曰：恶似而非者。恶莠，恐其
乱苗也。恶佞，恐其乱义也。恶利口，恐其乱信也。恶郑
声，恐其乱乐也。恶紫，恐其乱朱也。恶乡愿，恐其乱德
也。君子反经而已矣。经正则庶民兴，庶民兴，斯无邪
慝矣。①

在孟子看来，经最为重要，经就是常，君子的本根就在"反经"；
"反"即是归，就是以经为依归。对一个国家来说，经能正的话，
庶民就一定兴旺，庶民兴旺的话，也就没有邪恶的产生。在孟子
的体系里，经显然就是仁义礼智信等道德规范，这在上面的引文
里也不难找到根据。"恶莠"、"恶佞"、"恶利口"、"恶郑声"、
"恶紫"、"恶乡愿"的原因，就是因为担心它们扰乱、侵袭
"苗"、"义"、"信"、"乐"、"朱"、"德"的生长环境，而"莠"
对"苗"的危害，以及"紫"对"朱"影响，几乎是不言而喻的
事实。由于非常形象，所以也利于理解，这也正是帮助我们理解
"佞"对"义"、"利口"对"信"、"郑声"对"乐"、"乡愿"对
"德"构成危害的切入口。

这里应该注意的是，在上面分析到诚信的时候，已经指出孟
子肯定"君子可欺以其方"。严格地说，这里提出"利口"对
"信"的危害，两者无疑是互相矛盾的，所以，孟子思维的逻辑
也不是十分严密的。

（2）"权然后知轻重"。

---

① 《孟子·尽心下》，（清）阮元校刻：《十三经注疏》，中华书局1980年版，第
2779页下—2780页上。

　　孟子在强调"经"的同时，也毫不忽视"权"在行为决策过程中的作用。他说："权然后知轻重，度然后知长短，物皆然，心为甚"[1]、"执中为近之。执中无权，犹执一也。所恶执一者，为其贼道也。举一而废百也"[2]。"权"就是权度，这是认知轻重、长短的手段；物离不开权度，心也一样。不知权度也是不识时变的表现，仿佛"执中"而不权度的话，犹如"执一"，"一"是一端、一极的意思，因为顽固偏执一端，而无形中废弃了许多有效的途径。

　　（3）"嫂溺援之以手者，权也"。

　　权实际上是灵活应对经的举措，是一种变通行为。

　　　　淳于髡曰：男女授受不亲，礼与？孟子曰：礼也。曰：嫂溺，则援之矣以手乎？曰：嫂溺不援，是豺狼也。男女授受不亲，礼也；嫂溺援之以手者，权也。曰：今天下溺矣，夫子之不援，何也？曰：天下溺，援之以道；嫂溺，援之以手。子欲手援天下乎？[3]

男女授受不亲是礼的规定之一，但在自己的嫂嫂落水这样特定的紧急境遇里，救不救嫂嫂呢？如果按照礼经的要求去机械行事的话，就不应该救。但孟子认为，在这样的情况下，如不救助的话，那人跟豺狼就没有什么两样了。所以，在这种境遇里，合理

　　①　《孟子·梁惠王上》，（清）阮元校刻：《十三经注疏》，中华书局1980年版，第2670页下—2671页上。

　　②　《孟子·尽心上》，（清）阮元校刻：《十三经注疏》，中华书局1980年版，第2768页下。

　　③　《孟子·离娄上》，（清）阮元校刻：《十三经注疏》，中华书局1980年版，第2722页中。

的行为之方就是随机应变，采取"权"的方法，用手救助嫂嫂，这样并不违背经的规定。当然，救助天下就不是用手能解决问题的了，而不得不用道。

可以说，经对人存在着客观无形的限制，是人行为必须依归的对象；确立权存在的必要性，又为人自由度的获得提供了机会，自然体现着对人的关怀，这也是不能忽视的。孟子"嫂溺援之以手"的事例，就是最好的说明。儒家经权的讨论，孟子是我们现在看到的最早的思想家，尽管经权还没有形成一个概念，只是分散地论述在各处，但反映经权本义的思想是非常明显的，无疑这是孟子对儒家道德哲学的一个贡献。

10. "食志"和"食功"的志功论

志功的问题也就是动机与效果的问题，这是道德哲学固有的问题之一。在孔子的思想里，我们很难找到明确的运思，可以说，孟子是较早重视这一问题的思想家，关于这一点，西方思想家也已经给予了关注①。关于志与功的问题，孟子有两段相关的论述。

----

① 参照"对孟子来说，如果一个人不是出于合适的动机，他不能做（真正的）道德的行动。相反，对于亚里士多德来说，一种道德行为只需要是一个有道德的人所做的行为（正像一个正确的发音是一个好的发音者所发出的一样）。因此，根据亚里士多德，即使你没有使你成为真正有道德的人的动机，你也能做一种有道德的行为（就像即使你在总体上是一个糟糕的发音者，你也可能在偶尔的情况下发出正确的音一样）。尽管两个哲学家都十分重视人性，孟子和亚里士多德在德性是否是'天生的'问题上存在分歧。孟子明确地认为，我们的德性能力是由我们的性善所保证的（《告子上》），而亚里士多德则说'德性在我们身上产生不是出于本性，也不是违反本性，但是，我们在本性上能接受它们，并通过我们的习惯而达到完善'"（《孟子的动机和道德行动》，〔美〕倪德卫著，〔美〕万百安编：《儒家之道：中国哲学之探讨》，周炽成译，江苏人民出版社 2006 年版，第 143—144 页）。

"食功"。与"志"相比,"功"占有更为重要的位置。

> 彭更问曰:后车数十乘,从者数百人,以传食于诸侯,不以泰乎?孟子曰:非其道,则一箪食不可受于人。如其道则舜受尧之天下不以为泰。子以为泰乎?曰:否,士无事而食,不可也。曰:子不通功易事,以羡补不足,则农有余粟,女有余布。子如通之,则梓匠轮舆皆得食与子。与此有人焉,入则孝,出则悌,守先王之道,以待后之学者,而不得食于子……子何尊梓匠轮舆,而轻为仁义者哉?曰:梓匠轮舆,其志将以求食也。君子之为道也,其志亦将以求食与?曰:子何以其志为哉。其有功于子,可食而食之矣。且子食志乎,食功乎?曰:食志。曰:有人于此,毁瓦画墁,其志将以求食也,则子食之乎?曰:否。曰:然则子非食志也,食功也。①

孟子不同意彭更士"无事而食"的观点,人为士(相当于今天的知识分子)的工作也是一种劳动。不同的职业,无疑都有自己独特的一面,而无法包含一切。一方面的充足无法否定其他方面的不足,但不同职业都有着自己的平衡,采用"通功易事,以羡补不足",即用自己的有余去换取其他行业的有余,从而弥补各自的不足。"守先王之道"的人,依靠自己对道的理解与修炼的积累,扶持后来的学者,以不废先人之道,这是有功的表现,难道不应该受取俸禄吗?如是这样的话,就是轻视仁义等的教育事业,而只重视"梓匠轮舆"等实业了。孟子认为,做出了实际的

① 《孟子·滕文公下》,(清)阮元校刻:《十三经注疏》,中华书局1980年版,第2711页中—下。

功绩，"可食而食之"是当之无愧的，所以，孟子主张的是"食功"，而不是"食志"。

但是，另一方面，他还强调"尚志"。

> 王子垫问曰：士何事？孟子曰：尚志。曰：何谓尚志？曰：仁义而已矣。杀一无罪，非仁也。非其有而取之，非义也。居恶在，仁是也。路恶在，义是也。居仁由义，大人之事备矣。[①]

"尚志"就是应该具有崇高的理想，而这种理想的内容主要为仁义道德。在孟子的心目中，士从事的传播仁德的实践，是非常崇高的事业。不难想起，在上面分析时提到了"苟不志于仁，终身忧辱"，强调立志求仁的重要性；"尚志"的内容与这个是一致的。

不难推测，孟子虽然看到了效果优先的重要性，但是，由于个人从事的道德行为，决定于内在装备着的仁德之善性，在这个机制里，微观上效果优先的合理性，就自然地让位给了动机优先乃至动机决定的价值取向。对人而言，没有动机就不可能有行为，更谈不上效果。在这样的梳理下，孟子本来显示志与功相统一即肯定动机与效果相统一的倾向，也就在动机高于一切的最终定位里消失了。

11."亦有仁义而已"的义利论

义与利的问题，实际上就是道德与利益、道德与经济关系的问题，这是中国道德哲学史上的一个非常重要的问题。说它

---

①　《孟子·尽心上》，（清）阮元校刻：《十三经注疏》，中华书局1980年版，第2769页中。

重要，是因为这一思想的历史定向，至今仍对现实产生着辐射的力量。这里用的历史定向，主要是指儒家的方面。在分析孔子道德思想时说过，对孔子来说，不义的富贵仿佛烟云一样，而且在义与利的两难选择上，揭示的标准是杀身成仁，显然，仁德的价值超过生命；孟子继承了孔子思想的倾向，并把它推到了极端。关于这一点，可以通过义利的使用例来昭示。在《孟子》里，"义"的用例大约出现108次，"利"的用例约有39次，在这形式上的数据里，也自然可以窥视出孟子的追求和用意了。

（1）"周于德者，邪世不能乱"。

在利益与道德的关系上，道德具有稳定心志的巨大作用，"周于利者，凶年不能杀；周于德者，邪世不能乱"①、"诸侯之宝三：土地、人民、政事。宝珠玉者，殃必及身"②。对利益用心周遍，虽然可以在凶年免于亡命的危险；对仁德用心周遍，即使身处邪世，自己的心志也能保持不乱，这不仅对人的身心健康意义重大，而且对社会的稳定也价值无比。因为在孟子的心目里，"宝珠玉"即以珠玉为财宝而不断追求的话，只能给人带来灾祸。

（2）"有恒产者有恒心"。

虽然道德具有巨大的功能，但在义利关系上，孟子也具有的客观的运思。他说：

　　　　无恒产而有恒心者，惟士为能。若民，则无恒产，因

---

① 《孟子·尽心下》，（清）阮元校刻：《十三经注疏》，中华书局1980年版，第2774页上。

② 同上书，第2778页上。

无恒心。苟无恒心，放辟邪侈，无不为已。及陷于罪，然后从而刑之，是罔民也。焉有仁人在位，罔民而可为也！是故，明君制民之产，必使仰足以事父母，俯足以畜妻子；乐岁终身饱，凶年免于死亡。然后驱而之善，故民之从之也轻。今也制民之产，仰不足以事父母，俯不足以畜妻子；乐岁终身苦，凶年不免于死亡。此惟救死而恐不赡，奚暇治礼义哉！王欲行之，则盍反其本矣。五亩之宅，树之以桑，五十者可以衣帛矣。鸡豚狗彘之畜，无失其时，七十者可以食肉矣。百亩之田，勿夺其时。八口之家可以无饥矣。谨庠序之教，申之以孝悌之义，颁白者不负戴于道路矣。老者衣帛食肉，黎民不饥不寒；然而不王者，未之有也！[①]

没有恒产而能有恒心的人，只有"士"才能做到。一般的民众，没有恒产就不可能具备恒心；没有恒心的话，就必然"放辟邪侈"，处处为己，几乎没有什么不做的，直至违反法律而犯罪，等到民众犯罪以后，再对他们进行刑法处理，这是陷害即"罔民"的行为。对于在位的仁人而言，不存在施行陷害民众行为的任何理由。所以，对统治者来说，确立"制民之产"是最为明智的做法，而"制民之产"最重要的是应该保证民众侍奉父母、赡养家庭的基本需要的满足，在好的年成能饱衣足食，在坏的年成能不至于死亡。然后，再来激励他们步入从事善行的道路，这样民众也会比较愿意遵行。而现在的政治，根本做不到这一点，所

---

① 《孟子·梁惠王上》，（清）阮元校刻：《十三经注疏》，中华书局1980年版，第2671页中。

以根本没有余暇来治理礼义等道德工程，这是治理国家的根本所在①。所以，要推行王道的话，就应该从根本上做起。"谨庠序之教，申之以孝悌之义"，应该在"老者衣帛食肉，黎民不饥不寒"的基础上进行，而"五亩之宅，树之以桑"、"百亩之田，勿夺其时"，就是保证民众生活的基本措施。显然，孟子注意到了道德的现实立足生长点的问题。换言之，必须首先解决人的生活问题，保证他们维持生命的基本条件，这是道德的生态条件，也就是"恒产"的内容，有了这个保证，人们才有可能具备"恒心"，而人们恒心的具备，正是王者实现长久社会治理的前提条件。这是应该肯定的。

在孟子那里，恒心也就是不动心，能够不受外物干扰的影响，保持自己运行的航道方向。

（3）"人亦孰不欲富贵"。

人必须生活，因此，基本的利益需求是必要的，但追求利益的方法必须正当。

> 孟子去齐，居休。公孙丑问曰：仕而不受禄，古之道乎？曰：非也。于崇，吾得见王，退而有去志，不欲变，故

---

① 参照"民事不可缓也。诗云：昼尔于茅，宵尔索绹；亟其乘屋，其始播百谷。民之为道也：有恒产者有恒心，无恒产者无恒心；苟无恒心，放辟邪侈，无不为已。及陷乎罪，然后从而刑之，是罔民也；焉有仁人在位，罔民而可为也！是故，贤君必恭俭，礼下，取于民有制"（《孟子·滕文公上》，（清）阮元校刻：《十三经注疏》，中华书局1980年版，第2702页中）、"阳虎曰：为富不仁矣，为仁不富矣。夏后氏五十而贡，殷人七十而助，周人百亩而彻：其实皆什一也。彻者，彻也；助者，藉也。龙子曰：治地莫善于助，莫不善于贡。贡者校数岁之中以为常。乐岁粒米狼戾，多取之而不为虐，则寡取之；凶年粪其田而不足，则必取盈焉。为民父母，使民盻盻然，将终岁勤勤，不得以养其父母，又称贷而益之，使老稚转乎沟壑：恶在其为民父母也！"（同上）

不受也。继而有师命，不可以请。久于齐，非我志也。①

孟子认为，做事就应该获取俸禄，他自己不接受齐王的俸禄，是因为齐王不接受别人的建议，所以，他不想长久呆在齐国。他又说：

> 鸡鸣而起，孳孳为善者，舜之徒也。鸡鸣而起，孳孳为利者，跖之徒也。欲知舜与跖之分，无他，利与善之间也。②
> 然。夫时子恶知其不可也？如使予欲富，辞十万而受万，是为欲富乎？季孙曰：异哉子叔疑，使己为政，不用，则亦已矣，又使其子弟为卿。人亦孰不欲富贵，而独于富贵之中，有私龙断焉。古之为市也，以其所有，易其所无者，有司者治之耳。有贱丈夫焉，必求龙断而登之，以左右望而罔市利，人皆以为贱，故从而征之。征商自此贱丈夫始矣。③

舜与跖的区别，没有别的，就在"利与善之间"；舜着力于为善，而跖奔忙于为利。从孟子上面不否定基本的利益需要来看，这里否定跖的原因，当是因为他无止境地追求利益欲望的满足，所以，追求利益，应该把握好相应的度，这是非常重要的。除此以

---

① 《孟子·公孙丑下》，（清）阮元校刻：《十三经注疏》，中华书局 1980 年版，第 2699 页下—2700 页上。

② 《孟子·尽心上》，（清）阮元校刻：《十三经注疏》，中华书局 1980 年版，第 2768 页下。

③ 《孟子·公孙丑下》，（清）阮元校刻：《十三经注疏》，中华书局 1980 年版，第 2698 页下。

外，追求利益还应该采取合理的方法。因为人都有想富贵的欲望，但如果"必求龙断而登之"的话，就不足取了，而且也应该鄙视，这样的人称为"贱丈夫"，并对这些人征收其利，后来也就仿照这种做法征收其他商人的税赋即"征商"。不仅如此，追求富贵，在孟子看来，应该切实，而不是沽名钓誉式的虚无缥缈的富贵[①]。

（4）"王何必曰利？亦有仁义而已矣"。

上面分析了追求利益的具体方法的问题，往往在具体行为选择的实践中，人们会处于两难的境地。也就是说，义与利只能选择其中的一方。孟子也为我们做了设计。

首先，"去利怀仁义"。君臣父子兄弟之间的相处，应该以仁义为依归。

> 宋牼将之楚，孟子遇于石丘，曰：先生将何之？曰：吾闻秦楚构兵，我将见楚王说而罢之。楚王不悦，我将见秦王说而罢之。二王我将有所遇焉。曰：轲也请无问其详，愿闻其指。说之将何如？曰：我将言其不利也。曰：先生之志则大矣，先生之号则不可。先生以利说秦楚之王，秦楚之王悦于利，以罢三军之师，是三军之士，乐罢

----

① 参照"齐人有一妻一妾而处室者。其良人出，则必餍酒肉而后反。其妻问所与饮食者，则尽富贵也。其妻告其妾曰，良人出，则必餍酒肉而后反，问其与饮食者，尽富贵也，而未尝有显者来，吾将瞰良人之所之也。早起，施从良人之所之，遍国中无与立谈者，卒之东郭坟间，之祭者乞其余，不足，又顾而之他。此其为餍足之道也。其妻归，告其妾曰，良人者，所仰望而终身也，今若此。与其妾讪其良人，而相泣于中庭，而良人未之知也，施施从外来，骄其妻妾。由君子观之，则人之所以求富贵利达者，其妻妾不羞也，而不相泣者几希矣"（《孟子·离娄下》，（清）阮元校刻：《十三经注疏》，中华书局1980年版，第2732页上—中）。

而悦于利也。为人臣者，怀利以事其君，为人子者，怀利以事其父，为人弟者，怀利以事其兄，是君臣父子兄弟，终去仁义，怀利以相接。然而不亡者，未之有也。先生以仁义说秦楚之王，秦楚之王悦于仁义，而能罢三军之师，是三军之士，乐罢而悦于仁义也。为人臣者怀仁义以事其君，为人子者怀仁义以事其父，为人弟者怀仁义以事其兄，是君臣父子兄弟，去利怀仁义以相接也。然而不王者，未之有也。何必曰利。[①]

今之事君者皆曰：我能为君辟土地，充府库。今之所谓良臣，古之所谓民贼也。君不向道，不志于仁，而求富之，是富桀也。我能为君约与国，战必克。今之所谓良臣，古之所谓民贼也。君不向道，不志于仁，而求为之强战，是辅桀也。由今之道，无变今之俗，虽与之天下，不能一朝居也。[②]

君臣、父子、兄弟之间，如果怀利而相处，最终必然弃绝仁义，原有的关系会随之破裂；如果君臣、父子、兄弟都能"去利怀仁义"，再不称王的事，从来没有出现过，所以，没有必要说利益。孟子讨论的虽然是如何称王这件事，但无意之间，他把父子、兄弟都纳入了自己的视野。可以说，这里是一般论，并不是特殊的政治论。总之，应该选择仁义，追求富贵、富强也应该在有志于仁义的前提下驱动，不然就是"富桀"、"辅桀"。

---

① 《孟子·告子下》，（清）阮元校刻：《十三经注疏》，中华书局1980年版，第2756页下。

② 同上书，第2760页下。

其次，"未有仁而遗其亲者也"。因为人不能没有基本欲望或利益的满足，所以，抛弃利益，依归仁义，是否能够带来生活的稳定呢？这也是一个现实的问题。下面梁惠王与孟子的对话，就是这一问题的答案。

> 王曰：叟，不远千里而来，亦将有以利吾国乎？孟子对曰：王何必曰利？亦有仁义而已矣。王曰：何以利吾国？大夫曰：何以利吾家？士庶人曰：何以利吾身？上下交征利，而国危矣！万乘之国，弑其君者，必千乘之家；千乘之国，弑其君者，必百乘之家。万取千焉，千取百焉，不为不多矣；苟为后义而先利，不夺不餍。未有仁而遗其亲者也，未有义而后其君者也。王亦曰仁义而已矣，何必曰利？①

上下交相"征利"的话，国家必然危亡，诸如"千乘之家"在消灭"万乘之国"的基础上取得位置，"百乘之家"在消灭"千乘之家"的基础上取得位置，就是具体的例证。如果真的"后义而先利"的话，则不篡夺君位，就不足使欲望满足；换言之，利益在先的行为，只能产生争夺和无尽的欲望；对仁者而言，遗忘亲族的事情是没有的；对义者而言，没有把君主置于后的。所以，治理国家最重要的是仁义，不是利益。

简单而言，抛弃利益依归仁义的可行性在人的血缘情结，义不过是血缘情结在社会层面上的扩展。

显然，尽管孟子也看到了利益对人们生活的重要性，在一定

---

① 《孟子·梁惠王上》，（清）阮元校刻：《十三经注疏》，中华书局 1980 年版，第 2665 页上—中。

程度上注意到了应该在保证人们基本生活条件的基础上，推行道德教化，而且也认为凭劳动获取所得是合理的。但是，在利益与道德的两难选择中，他最终抛弃了利益，选择了仁义道德，把仁义道德放到至高无上的地位。可以说，这与他"舍生而取义"的运思是一致的。而在这一定式里，人们基本生活需要的保证，又自然地转移到了仁人框架下的血缘情结的自发保证上。但是，就现实社会而言，仁人毕竟属于少数派，仁人以外的大多数人，与仁人不存在实际的血缘情结，不就是事实上的被遗忘者吗?! 因为，在最终的意义上，本性里存在仁义等善端，跟仁人毕竟是两回事。所以，在这样意义上的一般论，在孟子的道德天下里，一般人的基本生活需要满足是无所附丽的。尽管这在孟子本人那里没有什么矛盾，因为人人可以成为仁人。但是，可能反映的只是一种倾向考量，不是现实，把人的基本需要的满足置于"可能"的世界，那最后人的命运就可想而知了。在此，我们可以进行无穷的追问：道德如何才得以驱动？一个人连生命都不要了，那道德之树的营养来自何处？因为，道德是人的行为的自然结晶，离开人，道德必然走向死亡，这是今天我们讨论孟子利益与道德思想时引发的思考。

12. "公事毕，然后敢治私事"的公私论

公私也是孟子所关注的一个方面，关于公私，主要有以下思想。

(1) "私受之"。

这里的"私"，实际上就是私下里的意思。

沈同以其私问曰：燕可伐与？孟子曰：可。子哙不得与人燕，子之不得受燕于子哙。有仕于此，而子悦之，不告于王而私与之吾子之禄爵。夫士也亦无王命而私受之于子，则

可乎？①

"私问"、"私与"、"私受"的"私"都是私下的意思，即非正式的、非公开的，是相对于公的公开的意思而言的，是私的一般的意义②。

（2）"好货财，私妻子"。

私还有偏的意思，"好货财，私妻子，不顾父母之养，三不孝也"③，就是这个意思。"私妻子"就是偏于妻子，在妻子、父母组成的系统里，如果偏妻子的话，自然就有失公平于父母了。显然，这里是以公平为立论的参照系的，虽然没有出现"公"的字样。

（3）"公事毕，然后敢治私事"。

以上是单独"私"的情况，不仅如此，而且公私还有相对的情况。

　　　　子之君将行仁政，选择而使子，子必勉之。夫仁政，必

---

① 《孟子·公孙丑下》，（清）阮元校刻：《十三经注疏》，中华书局 1980 年版，第 2697 页下。

② 参照"然。夫时子恶知其不可也？如使予欲富，辞十万而受万，是为欲富乎？季孙曰：异哉子叔疑，使己为政，不用，则亦已矣，又使其子弟为卿。人亦孰不欲富贵，而独于富贵之中，有私龙断焉。古之为市也，以其所有，易其所无者，有司者治之耳。有贱丈夫焉，必求龙断而登之，以左右望而罔市利，人皆以为贱，故从而征之。征商，自此贱丈夫始矣"（同上书，第 2698 页下）、"君子之泽，五世而斩；小人之泽，五世而斩。予未得为孔子徒也，予私淑诸人也"（《孟子·离娄下》，（清）阮元校刻：《十三经注疏》，中华书局 1980 年版，第 2728 页上）。这里的"私"也都是私下的意思。

③ 《孟子·离娄下》，（清）阮元校刻：《十三经注疏》，中华书局 1980 年版，第 2731 页中。

自经界始，经界不正，井地不钧，谷禄不平，是故暴君污吏，必慢其经界。经界既正，分田制禄，可坐而定也。夫滕壤地偏小，将为君子焉，将为野人焉？无君子莫治野人，无野人莫养君子。请野九一而助，国中什一使自赋。卿以下必有圭田，圭田五十亩，余夫二十五亩。死徙无出乡，乡田同井，出入相友，守望相助，疾病相扶持，则百姓亲睦。方里而井，井九百亩。其中为公田，八家皆私百亩，同养公田。公事毕，然后敢治私事，所以别野人也。此其大略也，若夫润泽之，则在君与子矣。①

"私百亩"是相对于公田而言的，尽管孟子设定的"分田制禄"的蓝图，存在明显的等级制的痕迹，但是，他以私田养公田的构想是非常清楚的。而且强调官吏只有在办完公事以后，才能料理自己的私事，这尽管有先公后私的萌芽，但毕竟不明显。应该强调的倒是他严格区分公事和私事的运思，这是非常重要的，不过他没有展开讨论。另外，在他提倡的"分田制禄"的制度里，充满着"出入相友"、"守望相助"、"疾病相扶持"的一幅幅"百姓亲睦"的景象。因为，对古人来说，"死徙无出乡，乡田同井"，即世世代代都守在一个地方，也是农业民族的一个普遍特点，因为不易迁徙，所以，大家在一起，要战胜靠人的力量并不能认识和驾驭的自然力量，互相协力帮助就是最自然的需要冲动，这也是最能保全自己的最简易而有实效的方法。很明显，"相助"等行为是以互利为前提和基础的，并不是什么高调，你如不这样的话，就会失去生存的平台和空间

---

① 《孟子·滕文公上》，（清）阮元校刻：《十三经注疏》，中华书局1980年版，第2702页下—2703页上。

乃至机会①。

应该说，孟子关于公私的讨论，在前人的基础上推进了一步，这就是对公事和私事的区分，尽管对其内涵没有作明确的界定，这已经就很不简单了。但是，对公事和私事的空泛讨论，事实上就等于模糊设定，对以后中国公私的不健康发展自然是推波助澜的。这也是不能忽视的一点。当然，这不是孟子一个人的责任，他也是顺势的选择罢了。

以上对孟子性、命、仁、义、智、诚信、孝、中庸、经权、志功、义利、公私12个道德范畴进行了讨论。具体的排列只是本着先内在后外在的方向，自然这不是必然的组合。具体地说，性、命是对人内在素质的分析；仁、义、智、诚、孝、中庸，不仅是中国固有的道德概念，也可以称为德目，这些是规范个人行为的标准；经权、志功是道德实践里的两对范畴，对个人以及人际之间的道德实践的活性化具有非常重要的意义；义利、公私主要是人际关系里的行为之方，它们昭示人们如何把握自己与他人之间的利益标准。它们又是一个系统，是如何使人过道德生活的系统。

在总体上，这个范畴系统，是以血缘情结为基础的，其本质是仁义至高，仁义成为衡量一切的唯一标准，即使对个人需要的基本满足的肯定，也是建筑在"未有仁而遗其亲者也，未有义而后其君者"的仁义的大厦里的。但是，在现实的层面上，能够在仁义大厦里占有位置的人，毕竟是少数，因此，人的需要的满足也成为由于根源于心性的仁义等善端而无法真正在现实的层面生

---

① 参照"诗云：雨我公田，遂及我私。惟助为有公田，由此观之，虽周亦助也"（《孟子·滕文公上》，（清）阮元校刻：《十三经注疏》，中华书局1980年版，第2702页中—下）。

长而最终走向夭折。这样的话，为了仁义而舍弃生命的提法也就没有什么惊人之处了，因为在根本上没有人基本需要满足保证的运思，"有恒产者有恒心"不过是虚幻的光芒，最终为"去利怀仁义"所覆盖。

最后，还必须提到的是，这里没有专门分析"礼"①，孟子实际上有时以"礼义"② 作为一个概念使用。另外，礼仪的概念一次也没有出现，可见，孟子对礼的规定，没有关注其仪式方面的特性，这也是他区别于荀子的地方。

三　"沛然德教溢乎四海"的道德教化论

在孟子的体系里，人的后天知识主要来源于两种方式：一是"见而知之"，一是"闻而知之"③。前者就是我们今天所说的亲身实践所获得的知识，后者则是通过"闻"而获得的知识。毫无疑问，教化当在后者的行列。人具有知识，享受教育，也是与禽兽相区别的一个关键因素，即"人之有道也，饱食暖衣，逸居而

---

① "礼"大约出现59个。

② "礼义"概念一共约有5个用例。参照"不信仁贤，则国空虚。无礼义，则上下乱。无政事，则财用不足"（《孟子·尽心下》，（清）阮元校刻：《十三经注疏》，中华书局1980年版，第2774中页）。

③ 参照"由尧舜至于汤，五百有余岁，若禹皋陶，则见而知之，若汤，则闻而知之。由汤至于文王，五百有余岁，若伊尹莱朱，则见而知之，若文王，则闻而知之。由文王至于孔子，五百有余岁，若太公望散宜生，则见而知之，若孔子，则闻而知之。由孔子而来，至于今，百有余岁，去圣人之世，若此其未远也。近圣人之居，若此其甚也。然而无有乎尔，则亦无有乎尔"（同上书，第2780页中一下）。

无教，则近于禽兽"①。审视历史，重视教化历来是运行政治的
一种手段。孟子说：

> 设为庠序学校以教之。庠者养也，校者教也，序者射
> 也。夏曰校，殷曰序，周曰庠。学则三代共之，皆所以明人
> 伦也。人伦明于上，小民亲于下。有王者起，必来取法，是
> 为王者师也。②

> 为政不难，不得罪于巨室。巨室之所慕，一国慕之；一
> 国之所慕，天下慕之。故沛然德教溢乎四海。③

对学校的称呼尽管三代不同，但"学"本身始终相通于三代，学
校的设立，主要是用来明扬人伦的；人伦得到彰明，民众才能相
亲而处。而政治昌明的主要标志之一就是"沛然德教溢乎四海"，
这是孟子王政的目标。这里的"德教"就是道德教化，"得天下
英才而教育之"是孟子的三大快乐之一④。可以说，"德教"是
孟子首次使用的概念，以下将对他教化的思想作一系统的整理和
分析。

---

① 《孟子·滕文公上》，（清）阮元校刻：《十三经注疏》，中华书局1980年版，
第2705页下。

② 《孟子·滕文公上》，（清）阮元校刻：《十三经注疏》，中华书局1980年版，
第2702页下。

③ 《孟子·离娄上》，（清）阮元校刻：《十三经注疏》，中华书局1980年版，第
2719页上。

④ 参照"君子有三乐，而王天下不与存焉。父母俱存，兄弟无故，一乐也。仰
不愧于天，俯不怍于人，二乐也。得天下英才而教育之，三乐也。君子有三乐而王
天下不与存焉"（《孟子·尽心上》，（清）阮元校刻：《十三经注疏》，中华书局1980
年版，第2766页上）。

1. "善教之得民"的教化功能论

在孟子看来，政治与教化相比，后者存在着绝对的优位，"仁言，不如仁声之入人深也。善政，不如善教之得民也。善政民畏之，善教民爱之。善政得民财，善教得民心"[①]。合理的政治即善政与合理的教化即善教相比，善教有着无限的优越性，这主要表现在"得民"的程度上；善政虽然也能"得民财"，但是民众对它存在着畏惧之心。善教由于为民众所喜爱，所以能获得他们的心赞。因此，在凝聚民心上，善教具有善政无法比拟的功效。

2. "邪说诬民，充塞仁义"的教化必要论

由于教化存在着政治无法比拟的功能，所以，它对孟子的意义极大。孟子认为，现实的社会，道德沦落，不堪目睹。

> 圣王不作，诸侯放恣，处士横议，杨朱墨翟之言盈天下。天下之言，不归杨则归墨。杨氏为我，是无君也；墨氏兼爱，是无父也。无父无君，是禽兽也……杨墨之道不息，孔子之道不著。是邪说诬民，充塞仁义也。仁义充塞，则率兽食人，人将相食……我亦欲正人心，息邪说，距诐行，放淫辞，以承三圣者。岂好辩哉，予不得已也。能言距杨墨者，圣人之徒也。[②]
>
> 公孙丑曰：君子之不教子，何也？孟子曰：势不行也。教者必以正，以正不行，继之以怒。继之以怒，则反夷矣。

---

① 《孟子·尽心上》，（清）阮元校刻：《十三经注疏》，中华书局1980年版，第2765页中。

② 《孟子·滕文公下》，（清）阮元校刻：《十三经注疏》，中华书局1980年版，第2714页下—2715页上。

夫子教我以正，夫子未出于正也，则是父子相夷也。父子相
夷，则恶矣。古者易子而教之。父子之间①不责善，责善则
离，离则不祥莫大焉。②

由于杨墨之道盛行，孔子之道无法显现。其实际的客观社会效果
是"邪说诬民，充塞仁义"，诸如"父子相夷"的现象，因为父
子相互伤害是坏的事情，这跟父子之间相互"责善"而必然疏离
一样，在这些现象的背后，实际上是当有的仁义之德失落的原
因。而仁义一旦不能张扬，那民众就没有良性的生存土壤，所
以，有排斥杨墨之道的现实必要性③。

也就是说，仁义不能顺畅通行的话，人心也就无法就正道，
社会层面"行正"的可能就没有，所以，通过教化来改变社会的
现实，而使仁义通畅运行是非常必要的。

3. "圣人与我同类"的教化可能论

教化不仅存在必要性，实际上，教化也完全是可能的，这种
可能性主要表现在两个方面。

（1）"民之归仁也，犹水之就下"。

在内在的方面，民众具有趋仁的先天因子。孟子说：

---

① 原文为"闻"，是"间"之误。参照疏的解释和（清）焦循撰：《孟子正义》，
中华书局1987年版，第523页。

② 《孟子·离娄上》，（清）阮元校刻：《十三经注疏》，中华书局1980年版，第
2722页中。

③ 从"有天爵者，有人爵者。仁义忠信，乐善不倦，此天爵也；公卿大夫，此
人爵也。古之人，修其天爵，而人爵从之。今之人，修其天爵，以要人爵，既得人
爵而弃其天爵。则惑之甚者也，终亦必亡而已矣"（《孟子·告子上》，（清）阮元校
刻：《十三经注疏》，中华书局1980年版，第2753页中）看，也有实行教化的必要
性。

　　舜之居深山之中，与木石居，与鹿豕游，其所以异于深
山之野人者几希。及其闻一善言，见一善行，若决江河，沛
然莫之能御也。[①]

　　民之归仁也，犹水之就下，兽之走圹也。[②]

舜长期居住在深山之中，与那里的居民相比，所不同的也就没有
多少了。但是，当他有机会听到善言，见到善行，其从善的意想
和冲动，仿佛具有决江河那样的不可阻挡的力量。人都具有向善
的因子，这种因子在善的境遇里，具有"水之就下，兽之走圹"
那样不可阻挡的势头。这是因为，在孟子的思想坐标里，人都具
有"仁义礼智"这"四端"，而且这不是外加于人的，是人固有
的素质[③]。

　　（2）"圣人与我同类"。

　　在内在的方面，虽然人都具有"仁义礼智"这"四端"，但
"四端"能否在后天现实境遇里得到长足的扩充和发展，这将不
仅直接影响到侍奉父母和保全四海的大业，而且对人本身来说，
也具有激励的机制。孟子的回答是肯定的。

　　首先，"圣人之于民……出于其类，拔乎其萃"。圣人与民众

　　① 《孟子·尽心上》，（清）阮元校刻：《十三经注疏》，中华书局1980年版，第
2765页下。

　　② 《孟子·离娄上》，（清）阮元校刻：《十三经注疏》，中华书局1980年版，第
2721页上。

　　③ 参照"乃若其情，则可以为善矣，乃所谓善也。若夫为不善，非才之罪也。
恻隐之心，人皆有之；羞恶之心，人皆有之；恭敬之心，人皆有之；是非之心，人
皆有之。恻隐之心，仁也；羞恶之心，义也；恭敬之心，礼也；是非之心，智也。
仁义礼智，非由外铄我也，我固有之也，弗思耳矣。故曰：求则得之，舍则失之。
或相倍蓰而无算者，不能尽其才者也"（《孟子·告子上》，（清）阮元校刻：《十三经
注疏》，中华书局1980年版，第2749页上）。

在类质上是相同的。

> 宰我子贡有若，智足以知圣人，污不至阿其所好。宰
> 我曰：以予观于夫子，贤于尧舜远矣。子贡曰：见其礼而
> 知其政，闻其乐而知其德，由百世之后，等百世之王，莫
> 之能违也。自生民以来，未有夫子也。有若曰：岂惟民
> 哉，麒麟之于走兽，凤凰之于飞鸟，泰山之于丘垤，河海
> 之于行潦，类也。圣人之于民，亦类也。出于其类，拔乎
> 其萃。①
>
> 储子曰：王使人瞷夫子，果有以异于人乎？孟子曰：何
> 以异于人哉？尧舜与人同耳。②

在儒家自己的系统里，孔子虽然不是政治上的圣人，但他比尧舜
要贤明得多，其贤明的具体表现就是"见其礼而知其政，闻其乐
而知其德"，而且百世之后也没有改变其内容，所以，"自生民以
来，未有夫子也"。在语言上，我们不能忽视，这里把"生民"
与"夫子"相提并论，这是因为，圣人与民众都是人类，仿佛麒
麟与走兽、凤凰与飞鸟、泰山与丘垤、河海与行潦都是同类一
样。圣人不过是同类里出类拔萃的存在，即"出于其类，拔乎其
萃"。与其他的民众相比，不过是在体得义理上比一般民众先走
一步罢了③。尧舜等政治上的圣人也一样，与人是相同的。应该

---

① 《孟子·公孙丑上》，（清）阮元校刻：《十三经注疏》，中华书局1980年版，第2686页中一下。

② 《孟子·离娄下》，（清）阮元校刻：《十三经注疏》，中华书局1980年版，第2732页上。

③ 参照"富岁子弟多赖，凶岁子弟多暴，非天之降才尔殊也，其所以陷溺其心者然也。今夫𪲔麦，播种而耰之，其地同，树之时又同，浡然而生至于日至之时，皆

指出的是，孟子所强调的"同"，不是终点上的"同"，而是出发点上的"同"。换言之，是先天德性上的相同，这也正是他理想主义的特色之一，即以先天人性为立论的基点，这是不能混淆的。

其次，"人皆可以为尧舜"。这里的"为"是做的意思，孟子认为，人人都可以做尧舜。

> 曹交问曰：人皆可以为尧舜，有诸？孟子曰：然。交闻文王十尺，汤九尺，今交九尺四寸以长，食粟而已，如何则可？曰：奚有于是，亦为之而已矣。有人于此，力不能胜一匹雏，则为无力人矣。今曰举百钧，则为有力人矣。然则举乌获之任，是亦为乌获而已矣。夫人岂以不胜为患哉？弗为耳。徐行后长者谓之弟，疾行先长者谓之不弟。夫徐行者，岂人所不能哉？所不为也。尧舜之道，孝悌而已矣。子服尧之服，诵尧之言，行尧之行，是尧而已矣。子服桀之服，诵桀之言，行桀之行，是桀而已矣。①

熟矣，虽有不同，则地有肥硗，雨露之养，人事之不齐也。故凡同类者，举相似也，何独至于人而疑之？圣人与我同类者。故龙子曰：不知足而为屦，我知其不为蒉也，屦之相似，天下之足同也。口之于味，有同嗜也，易牙先得我口之所嗜者也。如使口之于味也，其性与人殊，若犬马之与我不同类也，则天下何嗜皆从易牙之于味也？至于味，天下期于易牙，是天下之口相似也。惟耳亦然，至于声，天下期于师旷，是天下之耳相似也。惟目亦然，至于子都，天下莫不知其姣也，不知子都之姣者，无目者也。故曰，口之于味也，有同嗜焉；耳之于声也，有同听焉，目之于色也，有同美焉。至于心，独无所同然乎？心之所同然者，何也？谓理也，义也，圣人先得我心之所同然耳。故理义之悦我心，犹刍豢之悦我口"（《孟子·告子上》，（清）阮元校刻：《十三经注疏》，中华书局1980年版，第2749页中—下）。

① 《孟子·告子下》，（清）阮元校刻：《十三经注疏》，中华书局1980年版，第2755页下—2756页上。

在孟子看来，在某一件事上的"有力"与"无力"，都是相对的，其关键就在于你是否真正去做了，只要切实去履行，是不存在人所不能的疆域。但是，履行的对象是非常关键的，所以应该精心选择。因为，在他看来，践行尧舜之道，就能成为尧舜式的人；践行桀之道，也必定成为桀式的人。所以，成为什么样的人，关键在践行对象的选择。不仅如此，孟子还认为："西子蒙不洁，则人皆掩鼻而过之。虽有恶人，斋戒沐浴，则可以祀上帝"①、"尧舜，性之也；汤武，身之也；五霸，假之也。久假而不归，恶知其非有也"②。在中国文化里，祭祀上帝是非常神圣的事情，不仅祭祀的人应该内外整洁，而且用来祭祀的物品历来也非常讲究。但在孟子看来，恶人只要经过"斋戒沐浴"，也可以参加祭祀上帝的仪式。所以，他教化可能性的内涵，不仅包括扩充发展"四端"的方面，而且隐含改造恶人的内容。另一方面，修炼、履行而得到的品质，仿佛自然一样。"性之"、"身之"、"假之"，时间长了就变成自己的一部分，也就分不清是"性之"，还是"身之"或"假之"了。在此不禁使我们想起，魏晋玄学崇有论的代表之一郭象性论的思想，即随着实践而形成的本性的素质，也与自然素质一样③。

　　我们不得不思考的是，孟子用圣人、尧舜来说明，他们与一般人是相同的，我在前面也已经提到，这种相同只是先天本性方

---

　　①　《孟子·离娄下》，（清）阮元校刻：《十三经注疏》，中华书局1980年版，第2730页上。

　　②　《孟子·尽心上》，（清）阮元校刻：《十三经注疏》，中华书局1980年版，第2769页上。

　　③　参照"言天下之物，未必皆自成也，自然之理，亦有须冶锻而为器者耳"（《庄子·大宗师注》，郭庆藩辑：《庄子集释》，中华书局1961年版，第280页）、"言物虽有性，亦须数习而后能耳……习以成性，遂若自然"（《庄子·达生注》，郭庆藩辑：《庄子集释》，中华书局1961年版，第642页）。

面即"四端"的相同，"尧舜之道，孝悌而已"也是着重在血缘
情结上立论的，而且尧舜等圣人并不是现实生活里的存在，而是
历史的存在，或者说，在儒家的系统里，这已经成为利用的历史
符号，对人不可能产生现实的推动或者触动，在理论上存在着内
在的缺陷，这也是不能忽视的方面。

4."辅之翼之，使自得之"的教化价值定位论

在终极的意义上，教化不能离开人。那么，在人的发展过程
里，教化的角色设定又如何呢？这是一个价值定位的问题，要弄
清的是教化的当为。

（1）"揠苗助长"。

这一成语是大家所熟悉的。其出典就在孟子。

> 宋人有闵其苗之不长而揠之者，芒芒然归，谓其人曰，
> 今日病矣，予助苗长矣。其子趋而往视之，苗则槁矣。天下
> 之不助苗长者寡矣。以为无益而舍之者，不耘苗者也；助之
> 长者，揠苗者也。非徒无益，而又害之。[①]

担心苗不长而人为地拔高苗的行为，最终只能带来苗枯萎的惟一
结果。"助"的本义是帮助，助人要用力，所以，"助"的右边是
力。显然，人为的痕迹比较明显。所以，"助苗长"的行为，不
仅仅限制于无益，而且对苗的成长是非常有害的，这种有害的代
价就是死亡。对此，孟子是持否定态度的。

这里应该注意的是，"揠苗"固然不对，但矫枉过正，"不耘
苗"的行为对苗的生长也是不利的，所以，适度非常重要。

---

① 《孟子·公孙丑上》，（清）阮元校刻：《十三经注疏》，中华书局1980年版，
第2686页上。

（2）"辅吾志"。

"辅"是孟子思想中的一个重要概念，在词源的意义上，"辅"即是辅助的意思，即英语的 assist，是对主体的支持，坐标的核心始终在主体，这是应该明辨的。孟子对"辅"的重视，不仅表现在强调政治上的"相与辅相"[①]，而且演绎在推扬教化上的"辅吾志"[②]，也就是"放勋曰劳之来之，匡之直之，辅之翼之，使自得之，又从而振德之。"[③]"辅吾志"、"辅之翼之"的

———————

① 参照"文王何可当也。由汤至于武丁，贤圣之君六七作，天下归殷久矣，久则难变也。武丁朝诸侯有天下，犹运之掌也。纣之去武丁，未久也。其故家遗俗流风善政，犹有存者。又有微子微仲王子比干箕子胶鬲，皆贤人也，相与辅相之，故久而后失之也。尺地莫非其有也，一民莫非其臣也。然而文王犹方百里起，是以难也。齐人有言曰：虽有智慧，不如乘势；虽有镃基，不如待时。今时则易然也。夏后殷周之盛，地未有过千里者也，而齐有其地矣。鸡鸣狗吠相闻，而达乎四境，而齐有其民矣。地不改辟矣，民不改聚矣，行仁政而王，莫之能御也。且王者之不作，未有疏于此时者也；民之憔悴于虐政，未有甚于此时者也。饥者易为食，渴者易为饮。孔子曰，德之流行，速于置邮而传命。当今之时，万乘之国，行仁政，民之悦之，犹解倒悬也。故事半古之人，功必倍之。惟此时为然"（《孟子·公孙丑上》，（清）阮元校刻：《十三经注疏》，中华书局 1980 年版，第 2684 页中—下）、"孟子为卿于齐，出吊于滕。王使盖大夫王驩为辅行，王驩朝暮见，反齐滕之路，未尝与之言行事也。公孙丑曰：齐卿之位，不为小矣，齐滕之路，不为近矣，反之而未尝与言行事，何也？曰：夫既或治之，予何言哉"（《孟子·公孙丑下》，（清）阮元校刻：《十三经注疏》，中华书局 1980 年版，第 2696 页上）。

② 参照"然则小固不可以敌大，寡固不可以敌众，弱固不可以敌强。海内之地，方千里者九，齐集有其一，以一服八，何以异于以邹敌楚哉？盖亦反其本矣。今王发政施仁，使天下仕者，皆欲立于王之朝，耕者皆欲耕于王之野，商贾皆欲藏于王之市，行旅皆欲出于王之涂，天下之欲疾其君者，皆欲赴诉于王。其若是，孰能御之？王曰：吾惛，不能进于是矣。愿夫子辅吾志，明以教我。我虽不敏，请尝试之"（《孟子·梁惠王上》，（清）阮元校刻：《十三经注疏》，中华书局 1980 年版，第 2671 页上—下）。

③ 《孟子·滕文公上》，（清）阮元校刻：《十三经注疏》，中华书局 1980 年版，第 2705 页下—2706 页上。

"辅"，都是辅助的意思，辅助行为主体，目的并不是改变他们，而是使他们自得，从而振兴德性，良化德操。

必须注意的是，"辅"与上面提到的"助"的意思是完全不一样的，尽管我们可以用辅助来解释"辅"。因为，"助"的意思是帮助，是根据行为主体的主观愿望来帮助他人，他人自己的意愿等情况没有得到充分的重视；"辅"从车，甫声。本义是车旁横木，也就是说，辅所以益辐，使之能承受重载，是由于"辅"有一个客观的依据。所以，"辅"也就是解决"揠苗"和"不耘苗"等不良行为的钥匙。

（3）"辅世长民莫如德"。

孟子选择"辅"，还因为道德本身具有辅助的功能，"天下有达尊三：爵一，齿一，德一。朝廷莫如爵，乡党莫如齿，辅世长民莫如德"[①]。在政治的治理中，"尊德乐道"非常重要，而道德本身就具有"辅世长民"的内在功效，"长民"即养育民众的意思，本质上就是一个教化的问题。

总之，在孟子看来，教化只能对人起到辅助的作用，支持他们按自己的特性更好地发展，而不是改变人的本性。众所周知，中国因循哲学的源头在老子对"辅"的重视，即"以辅万物之自然，而不敢为"[②]，这里我们也能够看到孟子思想与老子思想相融的一面，当然，这种相融也不能无限夸大，其实是非常有限的，诸如"辅之翼之，使自得之"的"自得"，就不是自然而得的意思，而是个人自己去得的意思，"辅之翼之"是帮助人装备具有自得的能力。

---

① 《孟子·公孙丑下》，（清）阮元校刻：《十三经注疏》，中华书局1980年版，第2694页中。

② 《老子》六十四章，（魏）王弼著，楼宇烈校释：《王弼集校释》，中华书局1980年版，第166页。

5.“不教民而用之，谓之殃民”的教化对象论

以上讨论的几个问题，都是教化理论层面的内容，无疑为教化的实践奠定了切实的基础；在考虑教化施行的具体事务时，遇到的首要问题就是对谁施行教化的问题，孔子对此的回答是“有教无类”。那么，孟子的运思是什么呢？下面将通过两个方面来展示其具体的思想。

(1)“如有不嗜杀人者，则天下之民，皆引领而望之矣”。

孟子所提倡的王政的主要内容之一，就是“保民而王”[①]，这样才能坚不可摧。所以，他是反对杀人的。

> 孟子见梁襄王。出，语人曰：望之不似人君，就之而不见所畏焉。卒然问曰：天下恶乎定？吾对曰：定于一。孰能一之？对曰：不嗜杀人者能一之。孰能与之？对曰：天下莫不与也。王知夫苗乎？七八月之间旱，则苗槁矣。天油然作云，沛然下雨，则苗渤然兴之矣。其如是，孰能御之？今夫天下之人牧，未有不嗜杀人者也，如有不嗜杀人者，则天下之民，皆引领而望之矣。诚如是也，民归之，由水之就下，沛然谁能御之？[②]

---

① 参照“齐宣王问曰：齐桓晋文之事，可得闻乎？孟子对曰：仲尼之徒，无道桓文之事者，是以后世无传焉，臣未之闻也。无以，则王乎。曰：德何如，则可以王矣？曰：保民而王，莫之能御也。曰：若寡人者，可以保民乎哉？曰：可。曰：何由知吾可也？曰：臣闻之胡龁曰，王坐于堂上，有牵牛而过堂下者，王见之，曰，牛何之？对曰，将以衅钟。王曰，舍之。吾不忍其觳觫，若无罪而就死地。对曰，然则废衅钟与？曰，何可废也，以羊易之。不识有诸？曰：有之。曰：是心足以王矣。百姓皆以王为爱也，臣固知王之不忍也”(《孟子·梁惠王上》，(清)阮元校刻：《十三经注疏》，中华书局1980年版，第2670页中)。

② 同上书，第2670页上。

不杀人，实际上是仁政的具体内容之一，如能切实实行，民众就会"引领而望"，并如"水之就下"那样，归向那里，是谁也挡不住的。

在当时"未有不嗜杀人"的情况下，如果能够尊重人的生命价值而不随便杀人，得到人们尊重是自然的事情，这仿佛干旱的炎夏，庄稼突然遇到大雨而勃然兴旺生长一样，这是任何人力都无法阻挡的。

（2）"不教民而用之，谓之殃民"。

在孟子的思想体系里，人际之间虽然存在着尊卑、高下的区别①和劳心与劳力的差异②，但在教化对象的选择上，不存在弃人的情况。

---

①　参照"北宫锜问曰：周室班爵禄也，如之何？孟子曰：其详不可得闻也。诸侯恶其害己也，而皆去其籍。然而轲尝闻其略也。天子一位，公一位，侯一位，伯一位，子男同一位，凡五等也。君一位，卿一位，大夫一位，上士一位，中士一位，下士一位，凡六等。天子之制，地方千里，公侯皆方百里，伯七十里，子男五十里，凡四等。不能五十里，不达于天子，附于诸侯曰附庸。天子之卿，受地视侯，大夫受地视伯，元士受地视子男。大国地方百里，君十卿禄，卿禄四大夫，大夫倍上士，上士倍中士，中士倍下士，下士与庶人在官者同禄，禄足以代其耕也。次国地方七十里，君十卿禄，卿禄三大夫，大夫倍上士，上士倍中士，中士倍下士，下士与庶人在官者同禄，禄足以代其耕也。小国地方五十里，君十卿禄，卿禄二大夫，大夫倍上士，上士倍中士，中士倍下士，下士与庶人在官者同禄，禄足以代其耕也。耕者之所获，一夫百亩，百亩之粪，上农夫食九人，上次食八人，中食七人，中次食六人，下食五人。庶人在官者，其禄以是为差"（《孟子·万章下》，（清）阮元校刻：《十三经注疏》，中华书局1980年版，第2741页中—下）、"用下敬上谓之贵贵，用上敬下谓之尊贤。贵贵尊贤，其义一也"（同上书，第2742页下）、"齐宣王问卿，孟子曰：王何卿之问也？曰：卿不同乎？曰：不同。有贵戚之卿，有异姓之卿。王曰：请问贵戚之卿。曰：君有大过则谏，反复之而不听，则易位。王勃然变乎色。曰：王勿异也，王问臣，臣不敢不以正对。王色定，然后请问异姓之卿。曰：君有过则谏，反复之而不听，则去"（同上书，第2746页中）。

②　参照"故曰：或劳心，或劳力。劳心者治人，劳力者治于人。治于人者食人，治人者食于人。天下之通义也"（《孟子·滕文公上》，（清）阮元校刻：《十三经注疏》，中华书局1980年版，第2705页下）。

> 不教民而用之，谓之殃民。殃民者，不容于尧舜
> 之世。①
>
> 中也养不中，才也养不才，故人乐有贤父兄也。如中也
> 弃不中，才也弃不才，则贤不肖之相去，其间不能以寸。②

在使用民众之前，必须进行教化，这相当于我们今天所说的岗前职业培训，既包括职业技术的内容，也含有职业道德的因素。如果不进行培训，就使用民众的话，这是"殃民"即残害、为害民众，这在尧舜的时代是绝对不允许的。一切民众都是教化的对象。这里的"中"与"不中"，不是就才而言的，而指的主要是相对于才的、在本性上禀受中和之气的人，中和是孟子及其儒家所推重的价值追求之一。"才"自然是俊杰之才的意思；"中"、"才"、"不中"、"不才"，都是客观的存在。孟子的决策是以"中"、"才"养"不中"、"不才"，如果反之以"中"、"才"弃"不中"、"不才"的话，那贤与不肖就很难区分了。这里的"寸"是小的意思，在贤与不肖之间，连"寸"的差别也无法作出，显然，"中"、"才"存在的价值和意义就会受到质疑。

还应该注意的是，孟子"中也养不中，才也养不才"的观点，实际上给"中"和"才"赋予了教化他人的责任与义务，隐含着一花独秀不是春，只有万紫千红才是春的哲理。"殃民"的运思，也与孔子反对不对民众进行教化就让他们去打仗的思想相

---

① 《孟子·告子下》，（清）阮元校刻：《十三经注疏》，中华书局1980年版，第2760页中。

② 《孟子·离娄下》，（清）阮元校刻：《十三经注疏》，中华书局1980年版，第2726页中。

一致。所以，孟子虽然没有明确地指出教化对象的问题，但是，我们仍然不难推测，他的对象也是一切人。

6."教以人伦"的教化内容论

在确定对象以后，还必须面对的是，对民众教化什么？这是教化内容的事务，在孟子那里，主要有两方面的内容。

（1）"使契为司徒，教以人伦"。

孟子说：

> 当尧之时，天下犹未平，洪水横流，泛滥于天下，草木畅茂，禽兽繁殖，五谷不登，禽兽逼人，兽蹄鸟迹之道交于中国，尧独忧之，举舜而敷治焉。舜使益掌火，益烈山泽而焚之，禽兽逃匿。禹疏九河，瀹济漯，而注诸海。决汝汉，排淮泗，而注之江。然后中国可得而食也……后稷教民稼穑，树艺五谷，五谷熟而民人育。人之有道也，饱食暖衣，逸居而无教，则近于禽兽。圣人有忧之，使契为司徒，教以人伦。父子有亲，君臣有义，夫妇有别，长幼有序，朋友有信。[①]

尧的时代，不仅洪水横流，而且禽兽繁殖，导致五谷不登，人受到禽兽的威胁。于是，尧让舜来辅助治理，舜任命益来治理自然火灾，禹治理河流，这样才保证了中国之地可得耕种而食，后稷教人耕种庄稼，使人生活得到保证。不过，人与禽兽的区别主要在于有无教化，教化的内容是人伦，具体地说，就是"父子有亲，君臣有义，夫妇有别，长幼有序，朋友有信"。父子的"有

---

① 《孟子·滕文公上》，（清）阮元校刻：《十三经注疏》，中华书局1980年版，第2705页下。

亲"、夫妇的"有别"是关于家庭内部的道德要求；长幼的"有序"、朋友的"有信"是社会公德的内容，当然，家庭里也有"长幼有序"的问题；君臣的"有义"则是国家政治生活里的道德要求，这些都是教化的具体内容。

（2）"位卑而言高，罪也"。

孟子认为：

> 仕非为贫也，而有时乎为贫；娶妻非为养也，而有时乎为养。为贫者，辞尊居卑，辞富居贫。辞尊居卑，辞富居贫，恶乎宜乎，抱关击柝。孔子尝为委吏矣，曰，会计当而已矣。尝为乘田矣，曰，牛羊茁壮长而已矣。位卑而言高，罪也。立乎人之本朝而道不行，耻也。[1]

仕本来不是贫穷的原因，但有时也有这样的情况；娶妻是为了传后，但有时也有为了"养"的原因。所以，"辞尊居卑"、"辞富居贫"，是安所宜，仿佛如会计之要在"当"，"乘田"的职责在"牛羊茁壮长"一样，总之，"位卑而言高，罪也"，在什么位置上，说什么话，做什么事，这实际上是一种角色意识的教育。立本朝，应该以大道不行为耻辱。

总之，教化的内容就是父子、君臣、夫妇、长幼、朋友之间的规范，对人来说，关键在适宜，做称职的事情，不要逾越自己的位置，但是，孟子并没有明言父子等各自的利益是如何保证的问题，如果处在低下位置上的人的利益能够按照规则得到保证，在他没有能力往上行进时，还是可以考虑接受现实来安居的，诸

---

[1]《孟子·万章下》，（清）阮元校刻：《十三经注疏》，中华书局 1980 年版，第 2744 页下。

如日本的等级制度就是这样来维持的。在今天看来，角色意识是我国国民素质中相对较为缺乏的因子之一，这种意识的教育，虽有愚民的嫌疑，但如果它能建立与岗位直接挂钩而不与具体的人相关的机制的话，不失其合理性。这值得我们深思。

7. "从其大体为大人，从其小体为小人"的教化活性化论

教化的理论设计能否在实践中行得通，或者在实践中遇到障碍时，能否迅捷地进行调整使之畅通，这就是教化活性化的问题。当然，调整的途径越多，具有的活性化的程度就越大。孟子在这方面的运思主要有以下几个方面。

(1) "养生丧死无憾"。

经济与道德的关系问题，在上面的分析中，已经涉及一些，在此想以活性化为切入口，重新来审视一下这一问题。孟子说：

> 王如知此，则无望民之多于邻国也。不违农时，谷不可胜食也。数罟不入洿池，鱼鳖不可胜食也。斧斤以时入山林，材木不可胜用也。谷与鱼鳖不可胜食，材木不可胜用，是使民养生丧死无憾也。养生丧死无憾，王道之始也。五亩之宅，树之以桑，五十者可以衣帛矣。鸡豚狗彘之畜，无失其时，七十者可以食肉矣。百亩之田，勿夺其时，数口之家，可以无饥矣。谨庠序之教，申之以孝悌之义，颁白者不负戴于道路矣。七十者衣帛食肉，黎民不饥不寒，然而不王者，未之有也。狗彘食人食而不知检，途有饿莩而不知发。人死，则曰非我也，岁也。是何异于刺人而杀之，曰非我也，兵也。王无罪岁，斯天下之民至焉。①

---

① 《孟子·梁惠王上》（清）阮元校刻：《十三经注疏》，中华书局1980年版，第2666页中一下。

"谷与鱼鳖不可胜食"、"材木不可胜用",说明具有丰厚的资源,能使民众"养生丧死无憾"。能做到这些,就是真正王道的开始。治世最重要的任务之一,就是要保证民众的生活基本需要的满足,这是实现生存的必要条件。在解决好生存问题的基础之上,则应该精心于设立学校,通过教化来张扬孝悌等仁义道德,使年老者安其所安。这里不仅显示了孟子对教化的价值定位,而且表现出旨在通过保证人们的生活来润滑教化的苦心。

　　在此,我们仍然应该注意的是,孟子强调开发生产,作为"王道之始",有一定的合理性。但是,如果一旦实行了王道,或者王道不仁政的情况如何办?而社会的现实往往更多地处在这样的境遇下,孟子在这个时段上的运思,就是"去利怀仁义"。因为"未有仁而遗其亲"、"未有义而后其君",利益和需要的满足在血缘情结那里消失了,或者为血缘情结所取代,血缘情结实际上成为人利益需要的掌门人,而"有仁"、"有义"毕竟不是普遍的规律,所以,对在血缘情结无法与仁义者对接的个案里,又如何来保证利益需要的满足?孟子思想的戏人处就在这不经意处,具有相当的隐蔽性。

　　(2)"不以规矩,不能成方圆"。

　　对规矩与教化的关系,孟子也有一定的注意。

　　首先,"规矩,方圆之至"。孟子说:

　　　　离娄之明,公输子之巧,不以规矩,不能成方圆。师旷
　　之聪,不以六律,不能正五音。尧舜之道,不以仁政,不能
　　平治天下。今有仁心仁闻,而民不被其泽,不可法于后世
　　者,不行先王之道也。故曰:徒善不足以为政,徒法不足以
　　自行。诗云:不愆不忘,率由旧章。遵先王之法而过者,未

之有也。①

> 规矩，方圆之至也；圣人，人伦之至也。欲为君尽君道，
> 欲为臣尽臣道，二者皆法尧舜而已矣。不以舜之所以事尧事君，
> 不敬其君者也；不以尧之所以治民治民，贼其民者也。②

公输子的"巧"等，离开规矩，也根本成不了"巧"；师旷的
"聪"，如果离开六律，也根本无法正五音；尧舜治理天下之道，
如果离开仁政，也就根本无法平治天下。所以，没有规矩，就难
以成方圆，规矩是方圆的必要条件，仿佛圣人是人伦的具象一样。
这里的规矩，不同于作为匠人工具的规矩③，当是"法"。那么，
应该以什么为规矩呢？孟子的运思是"遵先王之法而过者，未之
有"，即法先王，在孟子的时代，这个先王就是尧舜之道④。

其次，"学者亦必以规矩"。教化上也必须有规矩。

> 羿之教人射，必志于彀，学者亦必志于彀。大匠诲人，
> 必以规矩，学者亦必以规矩。⑤
>
> 公孙丑曰：道则高矣美矣，宜若登天然，似不可及也。

---

① 《孟子·离娄上》，（清）阮元校刻：《十三经注疏》，中华书局1980年版，第
2717页上。

② 同上书，第2718页上。

③ 参照"梓匠轮舆，能与人规矩，不能使人巧"（《孟子·尽心下》，（清）阮元
校刻：《十三经注疏》，中华书局1980年版，第2773页下）。

④ 参照"说大人，则藐之，勿视其巍巍然。堂高数仞，榱题数尺，我得志弗为
也。食前方丈，侍妾数百人，我得志弗为也。般乐饮酒，驱骋田猎，后车千乘，我得
志弗为也。在彼者皆我所不为也，在我者皆古之制也。吾何畏彼哉？"（同上书，第
2779页上）

⑤ 《孟子·告子上》，（清）阮元校刻：《十三经注疏》，中华书局1980年版，第
2754页上。

何不使彼为可几及，而日孳孳也。孟子曰：大匠不为拙工改
废绳墨，羿不为拙射变其彀率。君子引而不发，跃如也。中
道而立，能者从之。①

"羿之教人射"必须以"彀"即箭靶为标准，"大匠诲人"也必须
以规矩为标准，不然没有依归，规矩不是随便能改变的，"大匠
不为拙工改废绳墨"、"羿不为拙射变其彀率"等说明的都是这一
点。所以，君子施行教化，是"引而不发"，期望"中道而立，
能者从之"的客观效果。

这里的规矩就是具体的标准，这种标准具有客观性，具有法
的机能，可以说是具体领域里的法度，但还不是一般领域里的法
度，这也是应该注意的。不过，在总体上，孟子也强调"徒善不
足以为政，徒法不能以自行"②，对法度与道德的共作有一定的
考量。

（3）"养其小者为小人，养其大者为大人"。

规矩对教化的活性化存在非常重大的意义，在动态的意义
上，坚持因循的操作法也是非常重要的。

首先，"因先王之道"。这里主要不是讨论先王之道的，主要
是想突出"因"即因循的问题。

圣人既竭目力焉，继之以规矩准绳，以为方圆平直，不
可胜用也。既竭耳力焉，继之以六律，正五音，不可胜用

---

① 《孟子·尽心上》，（清）阮元校刻：《十三经注疏》，中华书局 1980 年版，第
2770 页下。

② 《孟子·离娄上》，（清）阮元校刻：《十三经注疏》，中华书局 1980 年版，第
2717 页上。

也。既竭心思焉，继之以不忍人之政，而仁覆天下矣。故曰：为高必因丘陵，为下必因川泽。为政不因先王之道，可谓智乎?①

要成为高，必须"因丘陵"；要成为下，就必须"因川泽"。这里的"因"，就是依托、因循的意思。在孟子看来，为政也一样，必须因循先王之道，这是智慧的表现。审视孟子的思想体系，不难看到，他非常重视"顺"，诸如在前面提到的顺本性等，"顺"与"因"的着重点是一样的，都是外在的客观性②。

其次，"无以小害大，无以贱害贵"。因循思想在教化上的运用，就是根据对象的特点而具体培养对象。

----

① 《孟子·离娄上》，（清）阮元校刻：《十三经注疏》，中华书局1980年版，第2717页中。

② 参照"天下有道，小德役大德，小贤役大贤；天下无道，小役大，弱役强。斯二者，天也。顺天者存，逆天者亡"（《孟子·离娄上》，（清）阮元校刻：《十三经注疏》，中华书局1980年版，第2719页上）、"以顺为正者，妾妇之道也"（《孟子·滕文公下》，（清）阮元校刻：《十三经注疏》，中华书局1980年版，第2710页下）、"恭者不侮人，俭者不夺人。侮夺人之君，惟恐不顺焉，恶得为恭俭？恭俭，岂可以声音笑貌为哉"（《孟子·离娄上》，（清）阮元校刻：《十三经注疏》，中华书局1980年版，第2722页上）、"告子曰：性犹杞柳也，义犹杯棬也。以人性为仁义，犹以杞柳为杯棬。孟子曰：人能顺杞柳之性而以为杯棬乎？将戕贼杞柳而后以为杯棬也？如将戕贼杞柳而以为杯棬，则亦将戕贼人以为仁义与。率天下之人而祸仁义者，必子之言夫"（《孟子·告子上》，（清）阮元校刻：《十三经注疏》，中华书局1980年版，第2747页下）、"世俗所谓不孝者五：惰其四肢，不顾父母之养，一不孝也；博弈好饮酒，不顾父母之养，二不孝也；好货财，私妻子，不顾父母之养，三不孝也；从耳目之欲，以为父母戮，四不孝也；好勇斗狠，以危父母，五不孝也。章子有一于是乎？夫章子，子父责善而不相遇也。责善，朋友之道也。父子责善，贼恩之大者。夫章子，岂不欲有夫妻子母之属哉？为得罪于父，不得近，出妻屏子，终身不养焉。其设心以为不若是，是则罪之大者，是则章子已矣"（《孟子·离娄下》，（清）阮元校刻：《十三经注疏》，中华书局1980年版，第2731页中）。

人之于身也，兼所爱。兼所爱，则兼所养也。无尺寸之肤不爱焉，则无尺寸之肤不养也。所以考其善不善者，岂有他哉，于己取之而已矣。体有贵贱，有小大。无以小害大，无以贱害贵。养其小者为小人，养其大者为大人。今有场师，舍其梧槚养其樲棘，则为贱场师焉。养其一指，而失其肩背而不知也，则为狼疾人也。饮食之人，则人贱之矣，为其养小以失大也。饮食之人无有失也，则口腹岂适为尺寸之肤哉？[①]

公都子问曰：均是人也，或为大人，或为小人，何也？孟子曰：从其大体为大人，从其小体为小人。曰：均是人也，或从其大体，或从其小体，何也？曰：耳目之官不思而蔽于物，物交物，则引之而已矣。心之官则思，思则得之，不思则不得也。此天之所与我者，先立乎其大者，则其小者不能夺也。此为大人而已矣。[②]

在孟子看来，心志最为重要，故称为"大"或"大体"，其他一般的欲望就是"小"或"小体"。客观效果上大人与小人的不同，主要在因循大体还是小体上结果的不同，这里的"从"，就是"因"的意思。当然，这主要在告诉个体，在人生的实践里，应该因循自己的大体来发展自己。自然，对教化而言，也提醒教化的施行者，应该依据因循人的大体来教育人的方面。但是，孟子没有否定人的小体的方面，不过，应该注意调节在"无以小害大，无以贱害贵"的适度上。

---

① 《孟子·告子上》，（清）阮元校刻：《十三经注疏》，中华书局 1980 年版，第 2752 页下—2753 页上。

② 同上书，第 2753 页上—中。

再次，"教亦多术"。人是多样的存在，所以，教化应该多样化。

> 教亦多术矣。予不屑之教诲也者，是亦教诲之而已矣。①
>
> 孟子之滕，馆于上宫，有业履于牖上，馆人求之弗得。或问之曰：若是乎从者之廋也？曰：子以是为窃履来与？曰：殆非也，夫子之设科也，往者不追，来者不拒。苟以是心至，斯受之而已矣。②

"多术"就是多种方法，"不屑之教诲"实际上也是一种方法，旨在让个体发挥主观能动性。因为，对孟子来说，虽然坚持"往者不追，来者不拒"，但并非对人毫无要求，这要求就是"苟以是心至，斯受之而已"，即"心至"，而这正是他主观上"不屑之教诲"成为客观上"亦教诲之"的条件保证。这是应该注意的③。

坚持用因循的方法来调节教化的实践，主要是强调尊重个人的各种不同的特点，让他们都得到合理的发展，而不是以一个来否定另一个。

（4）"尊贤使能，俊杰在位"。

教化成果社会化的程度，将直接影响到教化活性化的效率。

---

① 《孟子·告子下》，（清）阮元校刻：《十三经注疏》，中华书局1980年版，第2762页中。

② 《孟子·尽心下》，（清）阮元校刻：《十三经注疏》，中华书局1980年版，第2778页中。

③ 参照"君子之所以教者五：有如时雨化之者，有成德者，有达财者，有答问者，有私淑艾者。此五者，君子之所以教也。"（《孟子·尽心上》，（清）阮元校刻：《十三经注疏》，中华书局1980年版，第2770页中）

首先，"幼而学之，壮而欲行之"。学当有所用。

> 孟子谓齐宣王曰：为巨室，则必使工师求大木，工师得大木，则王喜，以为能胜其任也。匠人斫而小之，则王怒，以为不胜其任矣。夫人幼而学之，壮而欲行之，王曰：姑舍汝所学而从我，则何如？今有璞玉于此，虽万镒，必使玉人雕琢之。至于治国家，则曰姑舍汝所学而从我，则何以异于教玉人雕琢玉哉？[①]

对一个人来说，舍弃自己原本所学的，而从事其他的职业，这是最可怕的。匠人使木"斫而小之"、玉人雕琢万镒璞玉，在外行看来，这是"不胜其任"的浪费。实际上，这正是实现胜任和美观的手段，因为，他们都依据木工和雕琢之道行事，而凭借自己的权力，让他们"舍汝所学而从我"，即按照你个人的想法来施行木工和玉人的事务，这是不可取的，因为，你的想法与木工和雕琢之道是不一样的。对社会来说，一个人小时候学习的东西，长大了能否得到使用的机会，这对社会的发展非常重要，所以，一定要使用人的特长，把他们的学用到该用的地方。

其次，"贤者在位，能者在职"。在一般的意义上，社会层面应该按人的能力来使用人。

> 尊贤使能，俊杰在位，则天下之士皆悦，而愿立于其朝矣。[②]

---

① 《孟子·梁惠王下》，（清）阮元校刻：《十三经注疏》，中华书局 1980 年版，第 2680 页上。

② 《孟子·公孙丑上》，（清）阮元校刻：《十三经注疏》，中华书局 1980 年版，第 2690 页中。

仁则荣，不仁则辱。今恶辱而居不仁，是犹恶湿而居下也。如恶之，莫如贵德而尊士。贤者在位，能者在职，国家闲暇，及是时明其政刑，虽大国必畏之矣。①

王道的主要标志之一，就是能够真正做到"尊贤使能"，使"贤者在位，能者在职"，再配备上法律，就会无敌于天下。这是因为"尊贤使能"的策略，能保证人才源源不竭，而人才及时得到社会的认可，无疑对推动教化本身是种无形的支持，这种支持是通过激发受教育者的积极性而得以落实和体现的。

使用人的特长，在客观上给人学有所用的认识，对推动他们的学习无疑存在积极的意义；整个社会按照能力来使用人，也就是每个社会角色都与能力紧密联系，这样也使学习与社会层面的角色相联系，对巩固和推动学习实践自然也有积极的意义。大家知道，这方面的运思，在孔子那里无法找到，这是孟子根据儒学的现实命运而提出的增进其活力的方法论努力，这一思想在后来重视外在礼的荀子那里也得到推重。而这种运思在先秦道家、先秦法家、魏晋玄学思想家那里，都是得到高扬的。

（5）"王子若彼者，其居使之然也"。

孟子也注意环境对教化效果的影响。

孟子谓戴不胜曰：子欲子之王之善与？我明告子。有楚大夫于此，欲其子之齐语也，则使齐人傅诸，使楚人傅诸？曰：使齐人傅之。曰：一齐人傅之，众楚人咻之，虽日挞而

---

① 《孟子·公孙丑上》，（清）阮元校刻：《十三经注疏》，中华书局 1980 年版，第 2689 页下。

求其齐也，不可得矣。引而置之庄岳之间数年，虽日挞而求
其楚，亦不可得矣。①

楚大夫希望自己的孩子学习齐国的语言，请了齐国的人来楚国做
他孩子的老师，由于楚国的人都嘲笑他，结果虽然每日敦促他学
好齐语，但还是事与愿违。这就好比把他放到深山里呆上几年，
你再去催促他讲好楚语而不可能一样。因为，具体的环境对人的
影响力是非常大的。他又说：

伯夷，目不视恶色，耳不闻恶声，非其君不事，非其民
不使，治则进，乱则退。横政之所出，横民之所止，不忍居
也。思与乡人处，如以朝衣朝冠坐于涂炭也。当纣之时，居
北海之滨，以待天下之清也。故闻伯夷之风者，顽夫廉，懦
夫有立志。②

伯夷就非常注重居住的具体环境，"横政之所出，横民之所止，
不忍居也"。纣的时代，他就隐居而等待天下的清明③。齐王之

———

① 《孟子·滕文公下》，（清）阮元校刻：《十三经注疏》，中华书局1980年版，
第2712页下。
② 《孟子·万章下》，（清）阮元校刻：《十三经注疏》，中华书局1980年版，第
2740页下。
③ 气氛清明就出来做事，不清明就隐居；或者为了保持自己人格的清高，而离
开自己的国家，也就是选择其他环境，这样的做法，也是孔子思想里的一个因子，
诸如陈文子放弃自己拥有的40匹马，离开齐国，并连续几次为了寻找环境清明而不
断的到其他国家去，但是，结果是没有清明的环境。孟子这里选择历史材料来说明
问题的立足点即"治则进，乱则退"，与孔子完全是一样的。我在分析孔子思想时已
经指出，这实际上也是一种逃避责任，这是片面向内追求而出现的必然结果。

子的情况，也充分说明居住环境对人成长质量的重要性①，重视环境对人成长的影响，是孟子一贯的思想②。

当然，应当注意的还有，伯夷耳目不与"恶声"、"恶色"对接的行为，到底应该如何评价？在本质的意义上，既然耳目不对接"恶声"、"恶色"，那么，如何知道"恶声"、"恶色"呢？你不对接"恶声"、"恶色"，它们就能消失吗？大家都不对接"恶声"、"恶色"，带来的结果只有一个，就是"恶声"、"恶色"更加旺盛地发展；这在另一方面提醒我们，既然"恶声"、"恶色"是客观存在的，我们就更应该正视它们，从而找到调节的适宜度，即在保证"恶声"、"恶色"等不影响社会正常秩序的前提下进行调节。所以，在本质的意义上，伯夷的行为是逃避责任，也显示出动机上的善根本无法保证行为效果上也是善。孟子的理论只是一相情愿的作为。

（6）"君正莫不正"。

重视榜样在教化活性化过程中的作用，也是孟子道德思想的内容之一。

首先，"与民守之，效死而民弗去"。在为政的过程中，君主

———————————

①　参照"孟子自范之齐，望见齐王之子，喟然叹曰：居移气，养移体。大哉居乎！夫非尽人之子与？孟子曰：王子宫室车马衣服多与人同，而王子若彼者，其居使之然也。况居天下之广居者乎？鲁君之宋，呼于垤泽之门，守者曰：此非吾君也，何其声之似我君也？此无他，居相似也"（《孟子·尽心上》，（清）阮元校刻：《十三经注疏》，中华书局1980年版，第2769页下—2770页上）。

②　参照"非之无举也，刺之无刺也。同乎流俗，合乎污世，居之似忠信，行之似廉洁，众皆悦之，自以为是，而不可与入尧舜之道。故曰德之贼也。孔子曰：恶似而非者。恶莠，恐其乱苗也。恶佞，恐其乱义也。恶利口，恐其乱信也。恶郑声，恐其乱乐也。恶紫，恐其乱朱也。恶乡原，恐其乱德也。君子反经而已矣。经正则庶民兴，庶民兴，斯无邪慝矣"（《孟子·尽心下》，（清）阮元校刻：《十三经注疏》，中华书局1980年版，第2779页下—2780页上）。

的行为直接影响着一个国家的命运。

> 滕文公问曰：滕，小国也，间于齐楚，事齐乎，事楚
> 乎？孟子对曰：是谋，非吾所能及也。无已，则有一焉。凿
> 斯池也，筑斯城也，与民守之，效死而民弗去，则是可
> 为也。[①]

一个国家的君主，如果能把自己的命运与民众紧密连在一起，而
不是只考虑自己的得失，那民众就会把国家的事情当成自己的事
情而倾注全力，战斗坚持到最后，这是值得努力而为的。

其次，"君仁莫不仁，君义莫不义"。在道德建设上也一样。

> 君仁莫不仁，君义莫不义，君正莫不正。一正君而国
> 定矣。[②]
> 是以惟仁者宜在高位，不仁而在高位，是播其恶于众
> 也。上无道揆也，下无法守也。朝不信道，工不信度，君子
> 犯义，小人犯刑，国之所存者幸也。[③]

君主自身的道德素质、施行道德行为的程度，都将直接影响民
众。君主如能以仁义为自己的行为之方的话，那民众不会有不按
仁义的要求而行为的，这样的话，国家也就安定了。所以，在社
会地位的配置上，居于高位的，理应是具备高道德品位的人，不

---

① 《孟子·梁惠王下》，（清）阮元校刻：《十三经注疏》，中华书局 1980 年版，
第 2681 页下。

② 《孟子·离娄上》，（清）阮元校刻：《十三经注疏》，中华书局 1980 年版，第
2723 页上。

③ 同上书，第 2717 页中。

然的话，就等于向民众播恶。"揆"是度的意思，"道揆"指的是用道来审度具体事务。在上的人，如做不到这一点，那么在下的人也一定不会守法尽职，所以，国家的安定维系于在上人的道德素养以及行为所含的道德参数。

仁者行为的教育作用的确是非常巨大的，俗话说，上梁不正下梁歪，这在今天仍然具有积极的意义。

孟子的道德教化思想，有着非常丰富的内容，强调对民众的教化在国家事务中的重要性，"善教"比"善政"具有"得民"的威慑力。教化不仅有成善的可能，而且有化恶的能力，化恶的成果一样是本性的素质；尤其是他对教化的价值定位，即辅助支持人的发展，而不是改变人的本性，这里可以看到他借鉴道家老子思想的一面，尽管是非常有限的。看到了规矩对教化的动态效应，强调规矩的不可改变性，不是规矩随着人改变，而是人随着规矩跑，实际上，规矩具有优于人的位置，这与他"舍生而取义"所体现的价值取向是一致的；并显示出在道德的前提下，利用法度在治理社会秩序上相得益彰的用心。在道德教化问题上，他比孔子高明的地方，是看到了教化成果的巩固必须依靠社会的支撑，即实行"贤者在位，能者在职"，没有继续在为教化而教化的泥潭里爬行，这是值得肯定的，也正是在这个问题上，我们看到这一思想在道家、法家、儒家之间共通的情况，这证明一个道理，不管是什么学派，面对的现实是一样的，无论你如何追求相异，但在一些问题上的对策只有一个答案，而且这一规则在不同民族之间也是相通的；孟子的这一运思在荀子那里也得到了坚持，后来历史上的科举考试，实际上也是这一运思的产物。

同时，我不得不指出的是，尽管孟子注意到法度在社会治理上的作用，但最终的结论是"辅世长民莫如德"，道德的作用是至上的，这是儒家泛道德主义倾向的继续，正是这个内在原因，所以，作为儒家代表之一的孟子表面上肯定的人的基本需求等，但最终还是在道德的浪潮里化为泡影，这就是仁义者没有遗忘亲、君的运思所持内在缺陷所带来的自然果实。因为，在现实生活里，仁义者毕竟是少数，大部分人的需要满足只能被永远地遗忘，因此，社会似乎具有仁义道德就足够了，提出"去利而怀仁义"也就水到渠成了。实际上，"怀仁义"、"志于仁"① 是孟子最为热衷使用的词语，"怀"、"志"都与心分不开，可以说，这是他重视心性语言系统里的词语或术语。所以，仁义主要也是心里的活动，诸如想念，而不是现实生活里的行动，这与孔子的"我欲仁，斯仁至"的运思异曲同工；而孔子"仁远乎哉"的疑问，在孟子这里已经把仁义搬到了人的内心；但内心与外在的现实之间，没有如何对接的运思，道德永远只能是为道德而道德，道德只能继续在乌托邦世界里得到定位并占有自己的位置。

四　"苟得其养,无物不长"的道德修养论

毫无疑问，在注重道德教化的同时。孟子也对道德修养倾注了关注。在他所倡导的价值体系里，显示的也是中国哲学固有的修身、齐家、治国、平天下的价值方向。他认为"人有恒言，皆曰天下国家。天下之本在国，国之本在家，家之本在身"②，其

---

① 孔子也有"苟志于仁矣，无恶也"（《论语·里仁》，杨伯峻译注：《论语译注》，中华书局 1980 年版，第 36 页）的运思，显然，孟子是对孔子思想的承继。

② 《孟子·离娄上》，（清）阮元校刻：《十三经注疏》，中华书局 1980 年版，第 2718 页下。

落脚点仍是"身"。修养最终要在人际关系里进行并完成，而在人际关系问题上，把握好自己与他人关系的度是必须首先要解决的问题。

1. "反求诸己"的人己价值定位论

在人己的关系上，孟子的逻辑起点在自己，而不是他人。这些思想主要包括以下几个方面。

（1）"反求诸己"。

做人首先自身立得正。

> 枉己者，未有能直人者也。①
>
> 爱人不亲，反其仁；治人不治，反其智；礼人不答，反其敬。行有不得者，皆反求诸己。其身正，而天下归之。②

自身不正，就无法对他人施加影响。如果在人己关系上有什么不到位的事情，诸如"爱人不亲"、"治人不治"、"礼人不答"等情况，"不亲"、"不治"、"不答"，是自己的行为没有收到相应的反馈回应，这就是"行有不得"的事实，其解决的方法是反省自己③；自身立得正的话，天下都会归向你。圣人的伟大之处，就

---

① 《孟子·滕文公下》，（清）阮元校刻：《十三经注疏》，中华书局1980年版，第2710页中。

② 《孟子·离娄上》，（清）阮元校刻：《十三经注疏》，中华书局1980年版，第2718页下。

③ 参照"仁者如射，射者正己而后发，发而不中，不怨胜己者。反求诸己而已矣"（《孟子·公孙丑上》，（清）阮元校刻：《十三经注疏》，中华书局1980年版，第2691页中）。

在于能够身正①。

（2）"推恩"。

孟子说：

> 老吾老，以及人之老；幼吾幼，以及人之幼，天下可运
> 于掌。诗云：刑于寡妻，至于兄弟，以御于家邦。言举斯
> 心，加诸彼而已。故推恩足以保四海，不推恩无以保妻子。
> 古之人所以大过人者无他焉，善推其所为而已矣。②
>
> 道在迩而求诸远，事在易而求诸难。人人亲其亲长其长
> 而天下平。③

"老吾老"、"幼吾幼"的行为，实际上就是"亲其亲长其长"
的行为，然后以这个为基点，再推及"人之老"、"人之幼"，
最后直至天下。对个人来说，在人己关系上，如果不从自己向

---

① 参照"天之生此民也，使先知觉后知，使先觉觉后觉也。予，天民之先觉者
也。予将以斯道觉斯民也，非予觉之而谁也？思天下之民，匹夫匹妇有不被尧舜之
泽者，若己推而纳之沟中。其自任以天下之重如此。故就汤而说之，以伐夏救民。
吾未闻枉己而正人者也，况辱己以正天下者乎？圣人之行不同也，或远或近，或去
或不去，归洁其身而已矣。吾闻其以尧舜之道要汤，未闻以割烹也"（《孟子·万章
上》，（清）阮元校刻：《十三经注疏》，中华书局 1980 年版，第 2738 页下）、"有人
曰：我善为陈，我善为战。大罪也。国君好仁，天下无敌焉。南面而征，北狄怨；
东面而征，西夷怨。曰：奚为后我？武王之伐殷也，革车三百两，虎贲三千人。王
曰：无畏，宁尔也，非敌百姓也，若崩厥角，稽首。征之为言正也，各欲正己也，
焉用战？"（《孟子·尽心下》，（清）阮元校刻：《十三经注疏》，中华书局 1980 年版，
第 2773 页下）

② 《孟子·梁惠王上》，（清）阮元校刻：《十三经注疏》，中华书局 1980 年版，
第 2670 页下。

③ 《孟子·离娄上》，（清）阮元校刻：《十三经注疏》，中华书局 1980 年版，第
2721 页中。

外推进即"推恩"的话，可能出现的结果就是"无以保妻子"。如果能实行推恩的行为，必然的结果就是"足以保四海"。在孟子看来，古代圣人的过人之处，就在于善于"推其所为而已"。所以，人不应舍近而求远，舍易而求难，应该从自己身边的事情做起。

这里应该注意的是，孟子使用的是"推恩"，也就是说，"老吾老"、"幼吾幼"都是"恩"内的事情，从"老吾老"、"幼吾幼"到"人之老"、"人之幼"，就进入了"推恩"的阶段。"恩"是血缘关系里的产物，所以，经过"推"这一行为驱动以后的"恩"，显然没有了原来的血缘关系，那是什么呢？孟子在这里没有明言。但从孟子其他思想来看，也不难推测这就是"义"，因为，在孟子那里，"义之实，从兄是也"[①]、"敬长，义也"[②]，无论如何，兄长都是外在于自己的存在，在这个意义上，可以说，"义"就是自己与他人关系的规范，尽管孟子不同意告子"义，外也"的观点，但在实质上是没有任何区别的[③]。而孟子没有严格明确区别"恩"与"义"的不同，尤其是在该区别的地方没有区别明示，这是非常致命的。其实际的效果就是"恩"与"义"不分，直接导致公私不分。而这个方面，日本在接受中国儒学的过程中进行了改造，他们不是把

---

① 《孟子·离娄上》，（清）阮元校刻：《十三经注疏》，中华书局1980年版，第2723页中。

② 《孟子·尽心上》，（清）阮元校刻：《十三经注疏》，中华书局1980年版，第2765页下。

③ 参照"仁，内也。义，外也。礼乐，共也。内立父、子、夫也，外立君、臣、妇也……父圣，子仁，夫智，妇信，君义，臣忠。圣生仁，智率信，义使忠"（《六德》，李零著：《郭店楚简校读记》，北京大学出版社2002年版，第131—132页）。"义外"可以说是儒家一贯的观点。

"仁"置于最高而绝对的地位,而是赋予"义"以最高的地位,"在日本,所谓'义'就是确认自己在各人相互有恩的巨大网络中所处的地位,既包括对祖先,也包括对同时代的人"①。显然,"义"与"恩"是紧密联系的,在一定程度上,"义"就是无限的"恩",因为,人与外在的联系是无限的。就个体而言,除非死去,这种联系才结束,所以,本尼迪克特又说:"日本人把恩分为各具不同规则的不同范畴:一种是在数量上和持续时间上都是无限的;另一种是在数量上相等并须在特定时间内偿还的。对于无限的恩,日本人称之为'义务',亦即他们所说的'难以报恩于万一',义务又有两类:一类是报答父母的恩——'孝',另一类是报答天皇的恩——'忠'。这两者都是强制性的,是任何人生而具有的。日本的初等教育被称为'义务教育',这实在是太恰当了,没有其他词能如此表达其'必修'之意。"② 在重新思考儒家道德思想的价值时,这是值得参考的,至今对儒家本身采取模糊数学的研究方法显然是不行的。

(3)"舍己从人"。

孟子虽然强调从自己开始,但必要时自己也应该让步。

> 子路,人告之以有过则喜。禹,闻善言则拜。大舜有大焉,善与人同,舍己从人,乐取于人以为善,自耕稼陶渔以

---

① 《历史和社会的负恩者》,〔美〕鲁思·本尼迪克特著:《菊与刀》,吕万和等译,商务印书馆 1990 年版,第 68 页。

② 《报恩于万一》,〔美〕鲁思·本尼迪克特著:《菊与刀》,吕万和等译,商务印书馆 1990 年版,第 8 页。

　　至 为 帝，无 非 取 于 人 者。取 诸 人 以 为 善，是 与 人 为 善
　　者 也。①

　　子路听到他人告诉他的过错时就高兴，大禹听到"善言"就下
拜，这都是在人己关系上重视他人的具体表现。舜的特点之一就
是善于与他人取同，用他人之所长，甚至能做到"舍己从人"的
地步。不仅如此，而且还能以与他人取同为"善"，这实际上就
是与人为善的行为②。
　　（4）"与民同乐"。
　　由于在古代，圣人与统治者是二位一体的，所以，一般意义
上的与人为善，在政治意义上就是"与民同乐"。

　　　庄暴见孟子曰：暴见于王，王语暴以好乐，暴未有以
　　对也。曰好乐何如？孟子曰：王之好乐甚，则齐国其庶几
　　乎！他日见于王曰，王尝语庄子以好乐，有诸？王变乎色
　　曰：寡人非能好先王之乐也，直好世俗之乐耳。曰：王之

---

　　①　《孟子·公孙丑上》，（清）阮元校刻：《十三经注疏》，中华书局1980年版，
第2691页下。
　　②　参照"万章问曰：敢问友？孟子曰：不挟长，不挟贵，不挟兄弟而友也。友
也者，友其德也，不可以有挟也。孟献子，百乘之家也，有友五人焉，乐正裘、牧
仲，其三人，则予忘之矣。献子之与此五人者友也，无献子之家者也。此五人者，
亦有献子之家，则不与之友矣。非惟百乘之家为然也，虽小国之君亦有之。费惠公
曰，吾于子思，则师之矣；吾于颜般，则友之矣；王顺长息，则事我者也。非惟小
国之君为然也，虽大国之君亦有之。晋平公之于亥唐也，入云则入，坐云则坐，食
云则食。虽疏食菜羹，未尝不饱也。盖不敢不饱也。然终于此而已矣，弗与共天位
也，弗与治天职也，弗与食天禄也。士之尊贤者也，非王公之尊贤也。舜尚见帝，
帝馆甥于贰室，亦飨舜，迭为宾主。是天子而友匹夫也。用下敬上谓之贵贵，用上
敬下谓之尊贤。贵贵尊贤，其义一也"（《孟子·万章下》，（清）阮元校刻：《十三经
注疏》，中华书局1980年版，第2742页下）。

好乐甚，则齐其庶几乎！今之乐，犹古之乐也。曰：可得
闻与？曰：独乐乐，与人乐乐，孰乐？曰：不若与人。
曰：与少乐乐，与众乐乐，孰乐？曰：不若与众。臣请为
王言乐。今王鼓乐于此，百姓闻王钟鼓之声，管籥之音，
举疾首蹙额而相告曰，吾王之好鼓乐，夫何使我至于此极
也？父子不相见，兄弟妻子离散。今王田猎于此，百姓闻
王车马之音，见羽旄之美，举疾首蹙额而相告曰，吾王之
好田猎，夫何使我至于此极也？父子不相见，兄弟妻子离
散。此无他，不与民同乐也。今王鼓乐于此，百姓闻王钟
鼓之声，管籥之音，举欣欣然有喜色而相告曰，吾王庶几
无疾病与，何以能鼓乐也？今王田猎于此，百姓闻王车马
之音，见羽旄之美，举欣欣然有喜色而相告曰，吾王庶几
无疾病与，何以能田猎也？此无他，与民同乐也。今王与
百姓同乐，则王矣。①

对统治者来说，好乐是理所当然的，但不是世俗之乐，而是
先王之乐。另外，在乐的方式选择上，还存在着"独乐乐"、
"与少乐乐"、"与众乐乐"的问题，理想的方式自然是"与
众乐乐"，即与民同乐。要做到这一点，其关键是要求统治者
要以民众之苦乐为苦乐，这样才能实现苦乐内质上的相通，
不然，即使相互知道形式上是苦还是乐，但并不知道其实质
内容。

　　在上面的分析中，不难知道，孟子在人己关系上，强调的首
先是自己，纳入视野的也首先是自己，从而从自己向外推进，直

---

　　① 《孟子·梁惠王下》，（清）阮元校刻：《十三经注疏》，中华书局 1980 年版，
第 2673 页下—2674 页上。

至天下，这可以说跟他总体上的修养的价值取向是吻合的，在这个意义上，似乎可以称孟子为自己本位主义，自己是他价值坐标的原点。由于向外推进时，没有明确规定用何种规范形式来代替"恩"，这也就使他的理论最终走上自欺欺人的道路，因为，血缘以外的人，跟我没有关系，我为什么要向他们"推恩"呢？这里缺乏转化环节的设置，这本身也反映了孟子思想虚无无力的特征。

2. "我善养吾浩然之气"的养气论

在中国修养历史上，孟子较早地提出了养气的设想，其具体运思，将通过以下几个层面来演绎。

(1)"尚志"。

上面提到的"怀仁义"、"志于仁"，"尚志"不过是"怀"、"志"行为的名词化。

王子垫问曰：士何事？孟子曰：尚志。曰：何谓尚志？曰：仁义而已矣。[1]

孟子去齐，充虞路问曰：夫子若有不豫色然。前日虞闻诸夫子曰：君子不怨天，不尤人。曰：彼一时，此一时也。五百年必有王者兴，其间必有名世者。由周而来，七百有余岁矣，以其数则过矣，以其时考之则可矣。夫天未欲平治天下也，如欲平治天下，当今之世，舍我其谁也。吾何为不豫哉![2]

---

[1]　《孟子·尽心上》，(清)阮元校刻：《十三经注疏》，中华书局1980年版，第2769页中。

[2]　《孟子·公孙丑下》，(清)阮元校刻：《十三经注疏》，中华书局1980年版，第2699页下。

"尚志"就是崇尚高尚志向的意思，它的内容就是仁义。用我们今天的话来说，就是要立志在仁德的实践中干一番事业，诸如"当今之世，舍我其谁也"的志向。在孟子看来，"古之人，得志，泽加于民，不得志，修身见于世"①，实现志向的话，一定要把由志向带来的成果推向民众，如果志向实现不了，那也要努力修身，以健康的形象立于世。

（2）"苦其心志"。

"尚志"行为的价值实现，其首要条件就是必须有"志"，因此，孟子非常注意"养志"②，同时，还注意锻炼自己的"心志"。

> 舜发于畎亩之中，傅说举于版筑之间，胶鬲举于鱼盐之中，管夷吾举于士，孙叔敖举于海，百里奚举于市。故天将降大任于是人也，必先苦其心志，劳其筋骨，饿其体肤，空乏其身，行拂乱其所为，所以动心忍性，增益其所不能。人恒过，然后能改。困于心，衡于虑，而后作。征于色，发于声，而后喻。入则无法家拂士，出则无敌国外患者，国恒

---

① 《孟子·尽心上》，（清）阮元校刻：《十三经注疏》，中华书局 1980 年版，第 2765 页上。

② 参照"事孰为大，事亲为大；守孰为大，守身为大。不失其身而能事其亲者，吾闻之矣。失其身而能事其亲者，吾未之闻也。孰不为事，事亲，事之本也；孰不为守，守身，守之本也。曾子养曾皙，必有酒肉。将撤，必请所与。问有余，必曰有。曾皙死，曾元养曾子，必有酒肉。将撤，不请所与。问有余，曰亡矣，将以复进也。此所谓养口体者也。若曾子，则可谓养志也。事亲若曾子者，可也"（《孟子·离娄上》，（清）阮元校刻：《十三经注疏》，中华书局 1980 年版，第 2722 页下）。

亡。然后知生于忧患而死于安乐也。[①]

舜最初勤劳于"畎亩之中"，傅说是在"版筑之间"被举为相的，胶鬲则为避乱世而在从商之中被文王举为臣的，管夷吾是在士官里被举为相国的，孙叔敖是隐居耕作于海边被举为令尹的，百里奚是隐于都市时被举为相的，总之，这些人在做出成就之前，都有过艰难的经历。所以，孟子的结论是："天将降大任"于你前，一定要先"苦其心志"、"劳其筋骨"、"饿其体肤"、"空乏其身"，这些都是锻炼人的意志、培养志向所不可缺少的，从而达到"行拂乱其所为，所以动心忍性"，增强自己的"所不能"，并使人真正认识到"生于忧患而死于安乐"的真理[②]。"动心忍性"指的是在受到外在因素干扰时，能把自己的行为忍耐克制在本性的轨道上，即不逾矩。

（3）"养心莫善于寡欲"。

在孟子看来，一个人只要修养，就没有得不到发展的。他说："故苟得其养，无物不长，苟失其养，无物不消……其惟心之谓与！"[③]"失其养"的话，人一定会销蚀下去，而修养的关键就是养心。具体的途径有两条。一是：

　　告子曰：不得于言，勿求于心，不得于心，勿求于

[①]　《孟子·告子下》，（清）阮元校刻：《十三经注疏》，中华书局1980年版，第2762页上。

[②]　"人恒过，然后能改"，指的是人谁都会经常犯错误，但关键是应该改过，这样才能进步，改过也是人生修养的一种方法。

[③]　《孟子·告子上》，（清）阮元校刻：《十三经注疏》，中华书局1980年版，第2751页中。

气。不得于心，勿求于气，可；不得于言，勿求于心，
不可。夫志，气之帅也；气，体之充也。夫志至焉，气
次焉。故曰持其志，无暴其气。既曰志至焉，气次焉，
又曰持其志，无暴其气者，何也？曰：志壹则动气，气
一则动志也。今夫蹶者趋者，是气也，而反动其心。敢
问夫子恶乎长？曰：我知言，我善养吾浩然之气。敢问
何谓浩然之气？曰：难言也。其为气也，至大至刚，以
直养而无害，则塞于天地之间。其为气也，配义与道，
无是，馁也。是集义所生者，非义袭而取之也。行有不
慊于心，则馁矣。①

　　在孟子看来，"志"是"气之帅"，"气"是"体之充"。换言之，
人是由气所生成的，但对人来说，最重要的是"志"，其次才是
"气"，但两者又是相辅相成的，所以，必须通过养气来养志，即
"养吾浩然之气"②，它"至大至刚"并充塞于天地之间。但光有
气还是不够的，还必须配备上"义与道"。所以，在完整的意义
上，气是"集义所生者，非义袭而取之"的存在，而这一切又统

---

① 《孟子·公孙丑上》，（清）阮元校刻：《十三经注疏》，中华书局 1980 年版，
第 2685 页下。

② 类似"浩然之气"的说法，可以参照"精存自生，其外安荣。内藏以为泉
原，浩然和平，以为气渊。渊之不涸，四体乃固；泉之不竭，九窍遂通。乃能穷天
地，被四海。中无惑意，外无邪灾；心全于中，形全于外；不逢天灾，不遇人害，
谓之圣人"（《管子·内业》，黎翔凤撰：《管子校注》，中华书局 2004 年版，第 938—
939 页）。

摄于人心之中①。

二是："养心莫善于寡欲。其为人也寡欲，虽有不存焉者，寡矣。其为人也多欲，虽有存焉者，寡矣。"② 在养气的同时，还必须"寡欲"③。在现实中，虽有少欲而亡者，然而很少；虽有贪欲而存者，但也很少，倒是不存者多。

显然，养气与寡欲是互相联系的两个方法，寡欲是实现养气的具体手段，是对养气的有力支持。总之，长期来，"苦其心志，劳其筋骨"一直成为千古名言，激励中国人在人格品位的修养上耕耘，其意义是积极的。但是，不能忽视的是，这里"养心"和"寡欲"，实际上设置了先天的对立，就是要"养心"，就必须"寡欲"，不"寡欲"就无法完成"养心"，使人的欲望与人的心性处在对立之中，这实际上也是孟子道德思想的必然结论。因为，在最终的意义上，孟子对人的欲望满足的设计，主要是依附

---

① 参照"孟子曰：否。我四十不动心。曰：若是，则夫子过孟贲远矣。曰：是不难，告子先我不动心。曰：不动心有道乎？曰：有。北宫黝之养勇也，不肤挠，不目逃，思以一毫挫于人，若挞之于市朝。不受于褐宽博，亦不受于万乘之君。视刺万乘之君，若刺褐夫。无严诸侯，恶声至，必反之。孟施舍之所养勇也。曰：视不胜，犹胜也。量敌而后进，虑胜而后会，是畏三军者也。舍岂能为必胜哉？能无惧而已矣。孟施舍似曾子，北宫黝似子夏。夫二子之勇，未知其孰贤，然而孟施舍守约也。昔者曾子谓子襄曰：子好勇乎？吾尝闻大勇于夫子矣。自反而不缩，虽褐宽博，吾不惴焉；自反而缩，虽千万人，吾往矣。孟施舍之守气，又不如曾子之守约也"（《孟子·公孙丑上》，（清）阮元校刻：《十三经注疏》，中华书局1980年版，第2685页中—下）。

② 《孟子·尽心下》，（清）阮元校刻：《十三经注疏》，中华书局1980年版，第2779页中。

③ 这是区别于道家的，诸如老子主张"见素保朴，少私须欲"（《老子C》第五组，崔仁义著：《荆门郭店楚简〈老子〉研究》，科学出版社1998年版，第44页），虽然通行本上是"少私寡欲"，但就老子道家的整体思想而言，"少私须欲"比较符合其本意。详细参照《老子"孔德之容，惟道是从"的道德思想》，许建良著：《先秦道家的道德世界》，中国社会科学出版社2006年版，第49—51页。

于仁者血缘情结的保证，而大多数人在血缘上与仁者又没有实际的情结，这时出现的问题实际上就是"推恩"的问题，而在"推恩"的具体环节上又缺乏切实的操作性考虑，使理论披上了模糊性的外衣，"推恩"也只能成为乌托邦的未知数。这里形成的"养心"和"寡欲"对立的事实，实际上是对这一问题的不同视野的挑明。换言之，也可以说，孟子之所以没有在"推恩"的具体环节上明确化，正是基于本身理论上心性与欲望对立设置的本质，因此，"推恩"就成为文字游戏。

　　3. "言弗行也，则去之"的言行论

　　对人来说，言行一致是最为重要的。

　　　　存乎人者莫良于眸子。眸子不能掩其恶，胸中正，则眸子嘹焉；胸中不正，则眸子眊焉。听其言也，观其眸子，人焉叟哉![1]
　　　　陈子曰：古之君子，何如则仕？孟子曰：所就三，所去三。迎之致敬以有礼，言将行其言也，则就之。礼貌未衰，言弗行也，则去之。其次，虽未行其言也，迎之致敬以有礼，则就之。礼貌衰，则去之。其下，朝不食，夕不食，饥饿不能出门户，君闻之曰，吾大者不能行其道，又不能从其言也，使饥饿于我土地，吾耻之。周之。亦可受也。免死而已矣。[2]

我们观察人时，往往可以察言观色，即"听其言也，观其眸子"，这样人就没有什么可以隐藏的了。君子决定是否"仕"往往有三

_____

　　① 《孟子·离娄上》，（清）阮元校刻：《十三经注疏》，中华书局1980年版，第2722页上。

　　② 《孟子·告子下》，（清）阮元校刻：《十三经注疏》，中华书局1980年版，第2761页下。

种情况。一是待人礼貌到位，笑容可掬，声称实行自己的计划，就应该就位；虽然礼貌未衰，但不实行自己的计划，就应该离开。二是虽然没有言行一致，但是待人礼貌到位，就应该就位；礼貌不行的话，就不需要看其他了，应该离开。三是穷困到没有饭吃的地步，既不能行道，又不能听从他人的意见，自然应该离开；考虑到困而周之，亦可以选择留下，但只是为了免死的缘故。这里最重要的是言行的一致。

不过，应该注意的是，孟子虽把礼貌和言行一致作为首位的选择，但他又把唯一的礼貌与否作为次要的选择，仍然不能排除道德空洞性的嫌疑，这也可看出孟子过分强调作为符号的道德，而把对此的履行置于次要地位的倾向。

4. "居之安"的自得论

在分析《老子》和《庄子》的道德思想时已经接触到，自得、自为在道家那里是一个非常重要的概念，道家的自得显示的是自然而然地获得，而不是个人自己去获得。儒家的"自得"有异于此，主要强调的是个人自己通过修行而获得，孟子在这方面具有一定的代表性，自得、自养、自为①等都是他强调的修养的

---

① 参照"陈相见孟子，道许行之言曰：滕君，则诚贤君也。虽然，未闻道也。贤者与民并耕而食，饔飧而治。今也滕有仓廪府库，则是厉民而以自养也。恶得贤？孟子曰：许子必种粟而后食乎？曰：然。许子必织布而后衣乎？曰：否。许子衣褐。许子冠乎？曰：冠。曰：奚冠？曰：冠素。曰：自织之与？曰：否。以粟易之。曰：许子奚为不自织？曰：害于耕。曰：许子以釜甑爨，以铁耕乎？曰：然。自为之与？曰：否，以粟易之。以粟易械器者，不为厉陶冶，陶冶亦以其械器易粟者，岂为厉农夫哉？且许子何不为陶冶，舍皆取诸其宫中而用之？何为纷纷然与百工交易？何许子之不惮烦？曰：百工之事，固不可耕且为也。然则治天下独可耕且为与？有大人之事，有小人之事。且一人之身，而百工之所为备。如必自为而后用之，是率天下而路也"（《孟子·滕文公上》，（清）阮元校刻：《十三经注疏》，中华书局1980年版，第2705页中—下）。

方法。

(1)"自得之，则居之安"。

人生应该提倡自得，这样才能"居之安"。

> 君子深造之以道，欲其自得之也。自得之，则居之安。居之安，则资之深。资之深，则取之左右逢其原。①

在体道的实践上，君子进行深在的修炼，只有掌握了道之纲要，才能获得自得的能力，使自己受用不止；实现自得后，就仿佛自己所自有，这就是"居之安"，只有这样才能从根本上获取，步入左右逢源的境地。

"资之深"的"资"，当是资质、能力的意思。左右逢源的条件就是能力的不断加深、厚实。所以，实现自得非常重要。

(2)"人必自侮，然后人侮之"。

孟子说：

> 不仁者可与言哉？安其危而利其菑，乐其所以亡者。不仁而可与言，则何亡国败家之有？有孺子歌曰：沧浪之水清兮，可以濯我缨；沧浪之水浊兮，可以濯我足。孔子曰：小子听之，清斯濯缨，浊斯濯足矣。自取之也。夫人必自侮，然后人侮之；家必自毁，而后人毁之；国必自伐，而后人伐之。②

---

① 《孟子·离娄下》，（清）阮元校刻：《十三经注疏》，中华书局1980年版，第2726页下—2727页上。

② 《孟子·离娄上》，（清）阮元校刻：《十三经注疏》，中华书局1980年版，第2719页下。

对沧浪之水的清和浊而分别采取"濯我缨"和"濯我足"的不同对策。这用今天的话来说，就是与时俱进，合理而巧妙地利用资源。但是，采取什么样的对策，其决定权都在个人。"濯我缨"和"濯我足"的方法，是人"自取"即自我选择的结果。所以，在孟子看来，别人侮辱一个人，是因为这人自己的可侮慢行为导致的结果；他人诋毁一家、诛伐一国，也是因为这家、国自己先行毁慢之道、诛伐之政而引发的。总之，祸福都是自求的[①]，所以，必须注意自己的行为修养，以保证自得的实现。

显然，自得的修养方法，体现的是自求的精神实质，但它要求自求的方法必须以自得为价值目标，这样才能实现正价值的积累，诸如自侮、自毁、自伐等自求只能带来负价值的亏损，这是应该注意的。实际上，孟子的自得不过是性善道德系统在动态层面里如何作为的概括，简单概括的话，就是人因为性善，所以才能履行善行，而实现善行的方法就是自得。善行的全过程就完全为个人自己掌控了。既然这样，哪来不仁行为的存在？

5. "专心致志"和"夜以继日"的恒论

专心和持之以恒，对人的修养也是必不可少的。

---

①　参照"仁则荣，不仁则辱。今恶辱而居不仁，是犹恶湿而居下也。如恶之，莫如贵德而尊士。贤者在位，能者在职，国家闲暇，及是时明其政刑，虽大国必畏之矣。诗云：迨天之未阴雨，彻彼桑土，绸缪牖户，今此下民，或敢侮予。孔子曰：为此诗者，其知道乎？能治其国家，谁敢侮之？今国家闲暇，及是时，般乐怠敖，是自求祸也。祸福无不自己求之者。诗云：永言配命，自求多福。太甲曰：天作孽，犹可违，自作孽，不可活。此之谓也"（《孟子·公孙丑上》，（清）阮元校刻：《十三经注疏》，中华书局1980年版，第2689页下—2690页上）。

　　　　无或乎王之不智也。虽有天下易生之物也，一日曝之，
　　　十日寒之，未有能生者也。吾见亦罕矣，吾退而寒之者至
　　　矣，吾如有萌焉何哉。今夫弈之为数，小数也，不专心致
　　　志，则不得也。弈秋，通国之善弈者也，使弈秋诲二人弈，
　　　其一人专心致志，惟弈秋之为听。一人虽听之，一心以为有
　　　鸿鹄将至，思援弓缴而射之，虽与之俱学，弗若之矣。为是
　　　其智若与？曰：非然也。[①]

　　　　禹恶旨酒而好善言。汤执中，立贤无方。文王视民如
　　　伤，望道而未之见。武王不泄迩，不忘远。周公思兼三王，
　　　以施四事，其有不合者，仰而思之，夜以继日，幸而得之，
　　　坐以待旦。[②]

　　"一日曝之，十日寒之"的行为，绝对不会有什么好的结果，这
是因为持之以恒很重要，周公"思兼三王"的事实也说明了这一
点，离不开"夜以继日"、"坐以待旦"。另外，还应该专心。例
如，两个人同时学下棋，其中一人专心致志，听老师讲解，另一
人虽在听讲，但心里又以为鸿鹄将要来了，想着如何射之。虽然
一起学，自然不会有相同的效果，这不是"智"的问题，主要是
恒心有无的问题。

　　"专心致志"昭示的是专一的信息，只有集中专注于一个方
面，才能为做出成就创造条件；"夜以继日"表明的是持之以恒

---

　　① 《孟子·告子上》，（清）阮元校刻：《十三经注疏》，中华书局1980年版，第
2751页下。
　　② 《孟子·离娄上》，（清）阮元校刻：《十三经注疏》，中华书局1980年版，第
2727页下。

的方面，乌龟和兔子比赛的故事就是最鲜活的证明；两者的结合，是构成人生成功的基础。

孟子修养的起始点是自己，这是修养坐标的原点，一切都由自己往外推。推的资本来源于修养本身，它通过劳其筋骨、苦其心志、寡欲等手段来完成，最终实现自得，这是根本。实现了自得，人就具备了资源和能力，可以左右逢源，得心应手地应对外部的世界。这里的自得，是自己去获得，不同于道家在结果上的自然而然地获得，这是应该注意的。修养本来是个人的实现，但人不是真空里的存在，必须在具体的境遇里存活，这具体的境遇是与其他人组成的世界，人际之间的差异又是客观存在的，所以仅仅局限于自己个人的修养，而没有人际关系规范的训练，这正好使孟子本性善的道德哲学彻底地走上了空洞无力的道路。而这一切在理论上，孟子走得比孔子更远，因为，心性本善，所以，对个人而言，只要"怀仁义"、"志于仁"就足够了，从心性开始，到心理活动结束，社会层面的事务自然不在视野之中，因为，"推恩"没有指出如何而为？个人修养由于缺乏外在参照要求的约束训练，其成果最终也只能在血缘关系里获得使用的执照。

五　"居仁由义,大人之事
备矣"的理想人格论

中国道德哲学理论的浓缩版就是理想人格，同时，它也是检验道德实践成果的具体标的，因此，它历来是古代思想家讨论的重点，诸如孔子就有士、君子人格的详细论述。孟子也不例外，

虽然"善人"、"信人"、"贤者"①也是他讨论的内容之一，鉴于资料，在此我们只分析他关于君子、大丈夫、大人、圣人人格的思想。

1. "修其身而天下平"的君子人格论

在孔子的人格规定中，君子是最为详尽的人格形象。孟子对君子的规定，也是在其人格规定中最为详细的人格类型。

（1）"修其身而天下平"。

从修身开始，也就是从自己开始的价值取向。

> 言近而指远者，善言也，守约而施博者，善道也。君子之言也，不下带而道存焉。君子之守，修其身而天下平。人病舍其田而芸人之田。所求于人者重，而所以自任者轻。②

善言的行为，往往"言近而指远"，即虽实际言说的对象近在咫

---

① 参照"浩生不害问曰：乐正子，何人也？孟子曰：善人也，信人也。何谓善？何谓信？曰：可欲之谓善，有诸己之谓信，充实之谓美，充实而有光辉之谓大，大而化之之谓圣，圣而不可知之之谓神。乐正子，二之中，四之下也"（《孟子·尽心下》，（清）阮元校刻：《十三经注疏》，中华书局1980年版，第2775页下）、"齐宣王见孟子于雪宫。王曰：贤者亦有此乐乎？孟子对曰：有。人不得，则非其上矣。不得而非其上者，非也。为民上而不与民同乐者，亦非也。乐民之乐者，民亦乐其乐。忧民之忧者，民亦忧其忧。乐以天下，忧以天下，然而不王者，未之有也"（《孟子·梁惠王下》，（清）阮元校刻：《十三经注疏》，中华书局1980年版，第2675页下）、"贤者以其昭昭，使人昭昭。今以其昏昏，使人昭昭"（《孟子·尽心下》，（清）阮元校刻：《十三经注疏》，中华书局1980年版，第2775页上）。必须注意的是，"昭昭"、"昏昏"的概念在老子那里也能够找到，虽然可以推测孟子与老子思想的渊源性，但这里的价值取向似乎不一致。参照"我愚人之心也哉！沌沌兮。俗人昭昭，我独昏昏；俗人察察，我独闷闷。澹兮其若海，飂兮若无止。众人皆有以，而我独顽且鄙。我独异于人，而贵食母"（《老子》二十章，（魏）王弼著，楼宇烈校释：《王弼集校释》，中华书局1980年版，第47—48页）。

② 《孟子·尽心下》，（清）阮元校刻：《十三经注疏》，中华书局1980年版，第2778页下。

尺，但意旨深远，诸如仁德从心性开始，通过推恩到四海；善道的行为，往往"守约而施博"，即虽信守时非常简约，施行时却非常广博，诸如仁义，既可以约守，又可以推施于天下；君子就是善言、善道的人，君子的操守，重在修身而平天下，而修身则重在"自任"，不是"舍其田而芸人之田"，而应该以这种行为为"病"，对人要求太多，必定对自己要求太轻，这里追求的是实在的自得①。他又说："食而弗爱，豕交之也。爱而不敬，兽畜之也。恭敬者，币之未将者也。恭敬而无实，君子不可虚拘。"② "食"、"爱"、"敬"是人实现生存的必要因素，但它们不是并列的关系，而是递进的关系，"食"是最低的层次，"敬"是最高的层次，但它并不缥缈，却是实在的，君子的人格品质之一就是"不可虚拘"。

"言近"、"守约"是君子修身实践体现的总体特征，在本质上则是有实而不虚无。

(2)"亲亲而仁民，仁民而爱物"。

上面已经提到了从修身到天下的推进方向，这里是对此的进一步详说。

首先，"无君子莫治野人，无野人莫养君子"。在孟子看来，现实生活里，既有君子，又有野人。

　　　　子之君将行仁政，选择而使子，子必勉之。夫仁政，必

---

　　① 参照"君子深造之以道，欲其自得之也。自得之，则居之安。居之安，则资之深。资之深，则取之左右逢其原。故君子欲其自得之也"(《孟子·离娄下》，(清)阮元校刻：《十三经注疏》，中华书局1980年版，第2726页下—2727页上)、"君子行法，以俟命而已矣"《孟子·尽心下》，(清)阮元校刻：《十三经注疏》，中华书局1980年版，第2779页上)。

　　② 《孟子·尽心上》，(清)阮元校刻：《十三经注疏》，中华书局1980年版，第2770页上。

> 自经界始，经界不正，井地不钧，谷禄不平，是故暴君污
> 吏，必慢其经界。经界既正，分田制禄，可坐而定也。夫滕
> 壤地偏小，将为君子焉，将为野人焉？无君子莫治野人，无
> 野人莫养君子。[①]

君子和野人互为依存的条件，君子存在的价值是为了治理野人，野人存在的价值在于奉养君子，这是人世界需要的自然。用一般的观点来说，君子属于脑力劳动者，野人则属于体力劳动者。

其次，"亲亲而仁民，仁民而爱物"。在对待物、民、亲的关系上，孟子认为："君子之于物也，爱之而弗仁；于民也，仁之而弗亲。亲亲而仁民，仁民而爱物。"[②] 人对"物"应该爱育之，是人生存不可缺少的，但不要像对待人那样采取仁爱的态度。显然，这里的"物"不包括人；对待民众就应该采取仁爱，但不需亲爱，因为不是亲族。孟子在这里显示的总的价值方向是"亲亲"→"仁民"→"爱物"，这是三个级别，在血缘的依归上，呈现的是从近到远的取向。换言之，对亲族是亲爱，对民众是慈爱，对物是爱护，这与他总体的价值追求趋于一致，即由近至远的、由内向外的推进。

最后，"君子所过者化，所存者神"。君子具有感化人的能力。

> 霸者之民，欢虞如也。王者之民，皞皞如也。杀之而不

---

① 《孟子·滕文公下》，（清）阮元校刻：《十三经注疏》，中华书局 1980 年版，第 2702 页下。

② 《孟子·尽心上》，（清）阮元校刻：《十三经注疏》，中华书局 1980 年版，第 2771 页上。

怨，利之而不庸，民日迁善而不知为之者。夫君子所过者
化，所存者神，上下与天地同流，岂曰小补之哉？[①]

霸者与王者的不同，主要是前者在形式上有明显的标志，容易为
民众留下印象；后者则正好相反，由于道通天地而德难见，注重
在内心上驯服民众，使他们甘心情愿，而王者本身却不显示自己
的功劳，因此，"民日迁善而不知为之者"。君子感化人的作用就
仿佛如此，对民众补益无穷。

　　应该注意的是，这里对亲、民、物的区别对待。在孟子的系
统里，亲亲就是血缘范围里的亲爱，我把它称为"恩"，落实到
行为上，主要是孝悌行为，规范就是"孝悌之义"；仁民则是血
缘范围之外的人际之间的应对之方，我称它为"推恩"，落实到
行为上，主要有诚信等行为，规范的形式主要有君臣有义、夫妇
有别、长幼有序、朋友有信，可以说，这是仁爱在不同场合的不
同要求；爱物则超出人际范围而进到了物际的世界，人只是作为
一个类存在，表示对其他物类的关爱。在此，可以看到孟子人与
宇宙一体的思想萌芽，人必须与宇宙他物协调生长，才能实现自
己的良性生存，在与道家道德思想的联系上，也不难推测他接受
道家道德思想影响的事实。当然，这种影响是有限的，因为人在
孟子这里不是万物之中的一个存在，而是万物的支配者，这是本
质上的相异，是应该注意的关键。

　　（3）"非仁无为也"。

　　君子的行为之方始终以仁义为依归。

　　首先，"由仁义行，非行仁义也"。孟子说：

―――――――――

　　① 《孟子·尽心上》，（清）阮元校刻：《十三经注疏》，中华书局1980年版，第
2765页中。

　　人之所以异于禽兽者几希，庶民去之，君子存之。舜明于庶物，察于人伦，由仁义行，非行仁义也。①

　　君子之于禽兽也，见其生，不忍见其死；闻其声，不忍食其肉。是以君子远庖厨也。②

人与禽兽相区别的东西，在一般人那里，已经没有了，但君子还保存着，这就是"由仁义行"的素质，仁义在内在的心性，即依据内在心性特征来施行仁义，而不是勉强推行仁义。在本质上，这源通于不忍人之心，即对禽兽"见其生，不忍见其死"、"闻其声，不忍食其肉"的素质。

　　其次，"以仁存心"。君子既崇尚仁，又崇尚道③。孟子说：

---

　　①　《孟子·离娄下》，（清）阮元校刻：《十三经注疏》，中华书局 1980 年版，第2727 页中。

　　②　《孟子·梁惠王上》，（清）阮元校刻：《十三经注疏》，中华书局 1980 年版，第 2670 页中—下。

　　③　参照"鲁欲使慎子为将军，孟曰：不教民而用之，谓之殃民。殃民者，不容于尧舜之世。一战胜齐，遂有南阳，然且不可。慎子勃然不悦曰：此则滑厘所不识也。曰：吾明告子，天子之地方千里，不千里，不足以待诸侯。诸侯之地方百里，不百里，不足以守宗庙之典籍。周公之封于鲁，为方百里也，地非不足，而俭于百里。太公之封于齐也，亦为方百里也。地非不足也，而俭于百里。今鲁方百里者五，子以为有王者作，则鲁在所损乎，在所益乎？徒取诸彼以与此，然且仁者不为，况于杀人以求之乎？君子之事君也，务引其君以当道，志于仁而已"（《孟子·告子下》，（清）阮元校刻：《十三经注疏》，中华书局 1980 年版，第 2760 页上—中）、"孔子，登东山而小鲁，登泰山而小天下。故观于海者难为水，游于圣人之门者难为言。观水有术，必观其澜，日月有明，容光必照焉。流水之为物也，不盈科不行，君子之志于道也，不成章不达"（《孟子·尽心上》，（清）阮元校刻：《十三经注疏》，中华书局 1980 年版，第 2768 页下）。

　　君子所以异于人者，以其存心也。君子以仁存心，以礼
存心。仁者爱人，有礼者敬人。爱人者人恒爱之，敬人者人
恒敬之。有人于此，其待我以横逆，则君子必自反也，我必
不仁也，必无礼也，此物奚宜至哉？其自反而仁矣，自反而
有礼矣，其横逆由是也，君子必自反也，我必不忠。自反而
忠矣，其横逆由是也，君子曰：此亦妄人也已矣。如此则与
禽兽奚择哉，于禽兽又何难焉？是故君子有终身之忧，无一
朝之患也。乃若所忧则有之。舜人也，我亦人也，舜为法于
天下，可传于后世，我由未免为乡人也。是则可忧也。忧之
如何？如舜而已矣。若夫君子所患则亡矣。非仁无为也，非
礼无行也。如有一朝之患，则君子不患矣。①

　　君子与一般人相异之处就是注重心的积累，即"存心"，其具体
的内容就是仁与礼，它们体现的是爱敬之情，由于君子能够爱
敬，所以，君子恒常地得到他人的爱敬。而且在具体的实践过程
中，如果遇到他人不爱不敬即"待我以横逆"的情况时，能够积
极地自我反省即"自反"，而不是在外在他人那里寻找原因。也
就是说，君子"以仁存心，以礼存心"的获得，靠的是"自反而
仁"和"自反而有礼"，由于一切行为能以仁义为依归并能积极
反省自己，所以，能处于"不患"的境地。

　　君子虽然"非仁无为"、"非礼无行"，而且践行自我反省，
但是，与外在他人仍有不通之处，孟子称这样的人为禽兽。在
此，不禁要问，这样的人的心性，其内置的密码与其他人有什么
不同吗？如果没有，那为何会产生这样的结果呢？这事实的本身

---

①　《孟子·离娄下》，（清）阮元校刻：《十三经注疏》，中华书局1980年版，第
2730页下。

就是对孟子"推恩"理论的致命打击。

(4)"过则改之"。

孟子非常推崇古时的君子。

> 且古之君子，过则改之。今之君子，过则顺之。古之君
> 子，其过也，如日月之食，民皆见之，及其更也，民皆仰
> 之。今之君子，岂徒顺之，又从为之辞。①
>
> 取诸人以为善，是与人为善者也。故君子莫大乎与人为善。②

古时君子与现在君子的区别之一，就是对待过错的态度。前者是
有过错就改，而且民众对此也很清楚，所以，等到他改正以后，
民众也就非常敬仰他；后者是有过错却听任自然，不仅如此，还
找言辞来加以掩饰。显然，理想的君子人格就是古时的君子，能
够"与人为善"的君子，这是君子应该最注重践行的③。

---

① 《孟子·公孙丑下》，（清）阮元校刻：《十三经注疏》，中华书局1980年版，第2698页上—中。

② 《孟子·公孙丑上》，（清）阮元校刻：《十三经注疏》，中华书局1980年版，第2691页下。

③ 并参照"陈子曰：古之君子何如则仕？孟子曰：所就三，所去三。迎之致敬以有礼，言将行其言也，则就之。礼貌未衰，言弗行也，则去之。其次，虽未行其言也，迎之致敬以有礼，则就之。礼貌衰，则去之。其下，朝不食，夕不食，饥饿不能出门户，君闻之曰：吾大者不能行其道，又不能从其言也，使饥饿于我土地，吾耻之。周之，亦可受也。免死而已矣"（《孟子·告子下》，（清）阮元校刻：《十三经注疏》，中华书局1980年版，第2761页下）、"古者不为臣不见。段干木，逾垣而辟之。泄柳，闭门而不内。是皆已甚。迫，斯可以见矣。阳货欲见孔子而恶无礼。大夫有赐于士，不得受于其家，则往拜其门，阳货瞰孔子之亡也，而馈孔子蒸豚，孔子亦瞰其亡也，而往拜之。当是时，阳货先，岂得不见？曾子曰，胁肩谄笑，病于夏畦。子路曰，未同而言，观其色赧赧然。非由之所知也。由是观之，则君子之所养可知已矣"（《孟子·滕文公下》，（清）阮元校刻：《十三经注疏》，中华书局1980年版，第2714页上）。

　　实际上，改过本身就是"取诸人以为善"的过程，是以他人为参照系的，改过的过程，就是与他人的一种沟通实践。

　　在君子人格里，最值得注目的，是其行为的价值取向，这是一个从"亲"到"民"、再到"物"的方向，即从人的世界到物的世界的方向。自然，立论的基点在人是万物的中心上，缺乏《庄子》"无用之用"的运思和体现出来的人文关怀。从人到物的过程，实际上也是一个"推恩"的过程，但是，血缘情感向外扩推如何可能的问题仍然是非常严峻的，不回答这个问题，仁民、爱物的思想只有文字符号的价值，没有任何现实的意义。君子是仁者，仁者能够做到不遗漏亲人和君子，但其他的多数人怎么办？在这样的设问下，君子不断远离我们而模糊起来。这种情况都与孟子对从事道德行为的人，必须先有道德心，"如果没有这些先天的倾向，让人们变得道德将会是不可能的。这样，孟子就被引导去把道德情感作为在其运用过程中成长的东西，作为以合适的程度于行动中体现的东西……例如，《尽心下》中令人迷惑的短格言'亲亲而仁民，仁民而爱物'就可以从这个角度来理解。这不是一个单纯的顺口溜，而是重申了孟子和夷之在《滕文公上》中都同意的看法：我自然地对父母有感情，要由此而发展为对所有人的爱"①。这是多么美好的想象啊！

　　2."独行其道"的大丈夫人格论

　　大丈夫是孟子独特的人格类型，而且其精神内质历来被人传为佳话，激励着代代人在不息努力，所以，特此做一简单的

————————

　　① 《孟子的动机和道德行动》，〔美〕倪德卫著，〔美〕万百安编：《儒家之道：中国哲学之探讨》，周炽成译，江苏人民出版社 2006 年版，第 145 页。

讨论。

> 景春曰：公孙衍，张仪，岂不诚大丈夫哉？一怒而
> 诸侯惧，安居而天下熄。孟子曰：是焉得为大丈夫乎？
> 子未学礼乎？丈夫之冠也，父命之；女子之嫁也，母命
> 之。往送之门，戒之曰，往之汝家，必敬必戒，无违夫
> 子。以顺为正者，妾妇之道也。居天下之广居，立天下
> 之正位，行天下之大道。得志，与民由之，不得志，独
> 行其道。富贵不能淫，贫贱不能移，威武不能屈，此之
> 谓大丈夫。①

大丈夫是与丈夫相联系的概念，在中国古代，"丈夫之冠"是
"父命之"，"女子之嫁"则是"母命之"；女子嫁到丈夫家，最
重要的是"以顺为正"，这是"妾妇之道"。而大丈夫则不同，
他应该立身于"正位"即正当之位，施行"大道"即仁义之
道。顺利实现自己的志向时，应该与民众协力行为；不得志的
时候，则应该修身而推行仁义之道。并且在"富贵"、"贫贱"、
"威武"面前，不失自己行为的准的和分寸，这就是大丈夫的
品质；诸如"淫"是淫乱的意思，"移"是变节的意思，"屈"
是弯腰屈服的意思，无疑都是有失准的和分寸的行为，这自然
不是大丈夫的品质。显然，在这些方面，公孙衍，张仪等是不
符合条件的。

这里出现了"正位"的概念，可以说，这是孟子借鉴《周

---

① 《孟子·滕文公下》，（清）阮元校刻：《十三经注疏》，中华书局 1980 年版，
第 2710 页下。

易》的概念①，这有通过对社会角色分层而实现社会秩序稳定的运思，与孟子思想的整体取向也是一致的；大丈夫人格体现的主要是个人品质的清白，而且在不得志时"独行其道"，这体现的是在对社会发展无奈的情感悲伤中，对自己清白的保护，而不是其他的抗争，这可能是大丈夫能维护自己名声的惟一途径。但是，正是在这一名声的保卫战中，自己对社会的责任消失殆尽。

3. "居仁由义"的大人人格论

在孟子看来，"有大人之事，有小人之事"②。对人来说，必须先立大的，这样小的就自然不用担心了③。关于大人的内涵，主要包括以下几个方面。

(1)"惟义所在"。

孟子说：

---

① 参照"敬以直内，义以方外……黄中通理，正位居体；美在其中，而畅于四支，发于事业，美之至也"（《周易·文言·坤》，（魏）王弼著，楼宇烈校释：《王弼集校释》，中华书局1980年版，第229页）、"君子以正位凝命"（《周易·象传下·鼎》，（魏）王弼著，楼宇烈校释：《王弼集校释》，中华书局1980年版，第469页）、"家人，女正位乎内，男正位乎外。男女正，天地之大义也。家人有严君焉，父母之谓也。父父、子子、兄兄、弟弟、夫夫、妇妇而家道正。正家而天下定矣！"（《周易·象传下·家人》，（魏）王弼著，楼宇烈校释：《王弼集校释》，中华书局1980年版，第401页）

② 《孟子·滕文公上》，（清）阮元校刻：《十三经注疏》，中华书局1980年版，第2705页下。

③ 参照"公都子问曰：钧人也，或为大人，或为小人，何也？孟子曰：从其大体为大人，从其小体为小人。曰：钧是人也，或从其大体，或从其小体，何也？曰：耳目之官不思而蔽于物，物交物，则引之而已矣。心之官则思，思则得之，不思则不得也。此天之所与我者，先立乎其大者，则其小者不能夺也。此为大人而已矣"（《孟子·告子上》，（清）阮元校刻：《十三经注疏》，中华书局1980年版，第2753页上—中）。

　　王子垫问曰：士何事？孟子曰：尚志。曰：何谓尚志？
曰：仁义而已矣……居仁由义，大人之事备矣。①
　　非礼之礼，非义之义，大人弗为。②
　　大人者，言不必信，行不必果，惟义所在……大人者，
不失其赤子之心者也。③

能够依据仁义来施行行为的话，就基本上具备了大人的品格。
大人从不行"非礼之礼"和"非义之义"，一切以仁义为依
归，这与君子人格是相通的。关于"言不必信，行不必果"，
在前面分析道德范畴诚信时已经提到，在言行问题上，依归
的惟一准则是道义，而不是信实和结果，这是儒家思想的一
贯主张，因为，在孔子那里，"言必信，行必果"是小人的
行为；其原因就在儒家的道德标准的依归上，诸如正直的
标准，儒家是父子互隐，在这里实话实说肯定没有机会。
在人际关系上，不应该有任何功利之心，必须保持纯洁的
"赤子之心"④。在此可以清楚地看到，大人跟"士"可以说
是同质、同类的人格，这在孟子与王子垫的问答里也可看
出。王子垫问的是"士"，孟子最后的归结是大人。这也是

　　①　《孟子·尽心上》，（清）阮元校刻：《十三经注疏》，中华书局1980年版，第
2769页中。
　　②　《孟子·离娄下》，（清）阮元校刻：《十三经注疏》，中华书局1980年版，第
2726页中。
　　③　同上书，第2726页下。
　　④　"赤子"的概念见于《老子》。参照"含德之厚，比於赤子"（《老子》
五十五章，（魏）王弼著，楼宇烈校释：《王弼集校释》，中华书局1980年版，
第145—146页）。

应该注意的①。

（2）"正己而物正"。

大人也是从自己开始的。孟子说："人不足与适也，政不足与间也。惟大人为能格君心之非"②、"有事君人者，事是君则为容悦者也。有安社稷臣者，以安社稷为悦者也。有天民者，达可行于天下而后行之者也。有大人者，正己而物正者也"③。大人"能格君心之非"，其资本在于他自身能立得正，是"正己而物正者"，用自己来影响他人。行为的价值取向与君子是一致的。

最后，想指出的是，从大人的"不失其赤子之心"看，应该说，大人人格的概念是孟子从道家那里借鉴过来的，尽管在老子那里没有出现"大人"的概念，但《黄帝四经》中有"凡人好用雄节，是谓妨生。大人则毁，小人则亡"④ 的记载，虽然没有形成系统的人格思想；不过，后来的道家庄子则对大人的内涵进行了详细的规定，形成了完整的人格形象，诸如"故海不辞东流，大之至也。圣人并包天地，泽及天下，而不知其谁氏。是故生无爵，死无谥，实不聚，名不立，此之谓大人。狗不以善吠为良，

---

① 参照"孟子谓宋句践曰：子好游乎，吾语子游。人知之，亦嚣嚣，人不知，亦嚣嚣。曰：何如斯可以嚣嚣矣？曰：尊德乐义，则可以嚣嚣矣。故士穷不失义，达不离道。穷不失义，故士得己焉。达不离道，故民不失望焉。古之人，得志，泽加于民，不得志，修身见于世。穷则独善其身，达则兼善天下"（《孟子·尽心上》，（清）阮元校刻：《十三经注疏》，中华书局1980年版，第2764页下—2765页上）。"穷则独善其身，达则兼善天下"，历来为知识分子所传颂。这里的"得志"与"不得志"所表现出来的当为，与大丈夫的这两种境遇里的当为选择完全是一样的。

② 《孟子·离娄上》，（清）阮元校刻：《十三经注疏》，中华书局1980年版，第2723页上。

③ 《孟子·尽心上》，（清）阮元校刻：《十三经注疏》，中华书局1980年版，第2766页上。

④ 《黄帝四经·十大经·雌雄节》，陈鼓应注译：《黄帝四经今注今译——马王堆汉墓出土帛书》，台湾商务印书馆1995年版，第514页。

人不以善言为贤，而况为大乎！夫为大不足以为大，而况为德乎！夫大备矣莫若天地。然奚求焉，而大备矣！知大备者，无求，无失，无弃，不以物易己也。反己而不穷，循古而不摩，大人之诚"①，就是证明②。

4. "人伦之至"的圣人人格论

不难想起，圣人对孔子而言，是高不可攀的存在，所以，他没有形成完整的圣人人格运思。对以推行王道仁政为先务的孟子来说，圣人则是他最高的人伦形象。

(1)"人伦之至"。

孟子认为，

> 规矩，方圆之至也；圣人，人伦之至也。欲为君尽君道，欲为臣尽臣道，二者皆法尧舜而已矣。不以舜之所以事尧事君，不敬其君者也；不以尧之所以治民治民，贼其民者也。③

方圆离不开规矩，规矩是"方圆之至"；人伦离不开圣人，圣人是"人伦之至"，圣人是人格的最高表现。君道、臣道没有什么深奥，只要效法尧舜就行了。具体而言，就是用"舜之所以事尧"的行为来侍奉君主，用"尧之所以治民"的方法来治理民

---

① 《庄子·徐无鬼》，郭庆藩辑：《庄子集释》，中华书局 1961 年 7 月，第 852 页。

② 详细参照《"不离于真，谓之至人"的理想人格论》，许建良著：《先秦道家的道德世界》，中国社会科学出版社 2006 年版，第 371—374 页。

③ 《孟子·离娄上》，(清) 阮元校刻：《十三经注疏》，中华书局 1980 年版，第 2718 页上。

众；尧舜以仁治国而著名，个人仁德弘厚①。

（2）"归洁其身"。

孟子认为：

> 天之生此民也，使先知觉后知，使先觉觉后觉也。予，天民之先觉者也。予将以斯道觉斯民也，非予觉之而谁也？思天下之民，匹夫匹妇有不被尧舜之泽者，若己推而纳之沟中。其自任以天下之重如此。故就汤而说之，以伐夏救民。吾未闻枉己而正人者也，况辱己以正天下者乎？圣人之行不同也，或远或近，或去或不去，归洁其身而已矣。②

圣人是先知、先觉者，使命就是用自己的先知、先觉去启发客观存在的后知、后觉者，而且圣人具有这种使命感。对圣人而言，是出来做事还隐居，要依据具体的现实而定，但不管仕与否，都能"归洁其身"。

无疑，孟子的圣人人格的内涵是非常单薄的，而且"归洁其身"不过是洁身自好，保持自己的清白，这与大丈夫的"独行其道"所显示的方向是一致的。

---

① 参照"圣人，百世之师也。伯夷、柳下惠是也。故闻伯夷之风者，顽夫廉，懦夫有立志。闻柳下惠之风者，薄夫敦，鄙夫宽。奋乎百世之上，百世之下，闻者莫不兴起也。非圣人而能若是乎？而况于亲炙之者乎"（《孟子·尽心下》，（清）阮元校刻：《十三经注疏》，中华书局1980年版，第2774页下）、"伯夷，圣之清者也。伊尹，圣之任者也。柳下惠，圣之和者也。孔子，圣之时者也。孔子之谓集大成。集大成也者，金声而玉振之也。金声也者，始条理也；玉振之也者，终条理也。始条理者，智之事也；终条理者，圣之事也"（《孟子·万章下》，（清）阮元校刻：《十三经注疏》，中华书局1980年版，第2740页下—2741页上）。

② 《孟子·万章上》，（清）阮元校刻：《十三经注疏》，中华书局1980年版，第2738页下。

孟子虽把圣人说成人格的最高楷模，但在内容上，圣人与其他人格相比，也没有根本的不同，而且也看不出圣人人格的优越性。所以，在人格的阶梯上，一定要把圣人放在顶尖的话，实在缺乏绝对的理由。在人格链上，所有人格都相通的是仁义的内容，这与孟子强调仁德分不开。其中最为丰满的是君子人格，这在一定的意义上，倒非常与孔子的人格运思相接近。总的来说，孟子的人格理论是没有系统逻辑性的，而且过分简单，其中一条红线就是保身主义，尽管他们都有非仁义不行的内在品质，但是，客观世界的后知、后觉者，以及其他施行"横逆"行为的人，总使得仁者的理想出现并面临难能实现的危机，世道浑浊，圣人他们的选择都是为了保护自身的清白而隐居、隐退，所以，他们只在世道清明的时候才出来。我们不禁要质问，他们的价值在什么地方？圣人他们是先知、先觉者，所以，这些人有重大使命，但不禁要质疑的是，为什么只有他们是先知、先觉的存在？既然他们一开始就是有知有觉的人，那么，强调的人人可以成为尧舜又有什么意义？因为，其他人虽然具有性善的"四端"，毕竟不是有知有觉者。因此，孟子的人格不过是为了推行自己的仁政需要而营筑的说辞，所有内涵都是主观赋予的，没有经过实践的总结和检验，这不仅导致"人人可以成为尧舜"这一命题本身成为天方夜谭，而且使亲亲、仁民、爱物的连接成为彩虹式的桥梁。因此，圣人他们是好大喜功的邀功者！

孟子强调道，把得道作为实现人和的必要前提，认为得道的关键在于人行为的"由道"，道是人和社会的立身之本；道的内涵就是践行仁，能切实行仁就是德，这是辅助润滑时世、育养民众的最好手段。他始终把道德置于智慧之上，强调智慧的作用也都是在道德轨道上的设定物，其作用明显具有局限性；对求智的考虑，就是"行无事"的运思，这实际上就是因循客观规律来行事的方向，这是值得肯定的，这是在局部的方面，我们能看到的孟子与道家相同的方法选择，自然也是对道家思想的借鉴。

孟子强调对民众的教化在国家事务中的重要性，教化不仅有成善的可能，而且有化恶的能力。尤其是他把教化定位为辅助支持人的发展，而不是改变人的本性，不过他过分强调规矩的重要性，而且认为规矩具有不可改变性，在方向上，强调人该随着规矩跑，规矩具有优于人的位置，这与他"舍生而取义"所体现的价值取向是一致的，即抽象的规则至上，这也是应该注意的方面。在人己关系上，他强调的首先是自己，从而从自己向外推进，直至天下，这可以说跟他总体上的修养的价值取向是吻合的。在这个意义上，似乎可以称孟子为自己本位主义，自己是他价值坐标的原点。

最后，不得不指出的是，孟子重视亲情价值的思想，与孔子是完全相承的，也是儒家思想的一大特色，显示的是情理大于法理。法律作为国家的象征，始终消解在家庭情理之中，在另一意义上，也就是国家公渗透、消融在家庭私之中。忽视法理的力量，情理本身就是一个富有弹性的概念，用它来规范社会的话，难以生成公平的态势和境遇，这是孟子道德思想给我们的启示。

孟子的贡献在于把孔子没有解决的行善动力的问题，巧妙地赋予人性本善，从而在人的内部设置了行善动力的机制，开了从价值判断界定本性的先河，而且没有为什么的铺垫。他启发人们的是，为了善，必须从善开始。但是，本性本身是一个丰富的世界，不仅有价值判断的问题，还有"是"层面上的问题，后者似乎更重要，这是本性在自身平台上所含有的本质的思考和回答，而善本身不过是本性在价值判断平台上的成果，从而把中国人对人性的思考引入简单化的途径。而且人性本善以后，仁德的实现也完全决定于个人。但是，如何真正驱动？解决这个问题的方法是，尧舜等圣人也是人，人人都可以成为圣人，但圣人是具有先知的，一般人是后知的，所以，对大多数人而言，无法实现内在善性的启动。在微观的领域，孟子的理论，仅仅给予人在血缘关系之内的明确昭示，就是"亲亲"，这为人的自然情感所决定，的确不错，不能否认儒家在这个问题上的世俗灵敏性，但是，如何从"亲亲"走向"仁民"，如何又从"仁民"走向"爱物"，孟子的回答是"未有仁而遗其亲者"、"未有义而后其君"，不仅以血缘情结为保障，而且把"推恩"的行为现实化，恩义的差别就是门之内外的差异，"门内之治恩掩义，门外之治义斩恩"①，血缘之门内只能讲恩，超过血缘之门，才能谈义，但这不是每个人之所能，而只是仁义者的行为，与仁义者存在同在一个血缘屋檐之下的人，自然在理论上可以有得到需要满足的保证，但不在同一屋檐之下的大多数人，他们的利益如何保证？所以，孟子的理论只能是空想的乌托邦世界的叙事诗，我们无法找到内在的动力驱动力。由于道德行为的理由在本性之善，所以，为了人人成为圣人这个目标的成立，不仅仁与不仁对立，而且善与恶、心性的发展与欲望也对立（养心莫大于寡欲），儒家道德的本有特征在这里得到全面的开发和发展。总之，孟子给我们的启示是，仁义道德无法与现实对接，即使暂时对接了，也终因缺乏切实而持久的驱动力而趋向半途而废。所以，道德的行为只有一个形式，就是浅尝辄止，难以持续发展。

---

① 《六位》，李零著：《郭店楚简校读记》，北京大学出版社 2002 年版，第 131 页。

第 三 章

《周易》"和顺于道德而理于义"
的道德思想

《周易》中的《系辞》等文献，自西汉以后一直被认作儒家的作品，直到近代以后，一些研究者才认识到它们与道家的关系，尤其是 20 世纪 80 年代末，《易传》与道家老子的联系受到学者进一步的重视①。这里选择历史成规，继续放在儒家道德哲学的框架里来加以讨论，自然不是无视先行的研究。审视现有的伦理道德研究，我们无法在伦理思想史里找到《周易》伦理思想分析的踪影，这跟迄今重视其本体论、宇宙论的研究不无关系，对其道德思想的研究实际上没有得到应有的重视，这是无可否认

---

① 1989 年《哲学研究》第 1 期登出陈鼓应《〈周易·系辞〉所受老子思想影响——兼论〈易传〉乃道家系统之作》的文章以后，在学术界引起了热烈的争论；而吕绍纲就认为《易大传》与老子是两个完全不同的思想体系；冯友兰也认为，"旧说：'易、老相通。'这是极表面的看法。其实《老子》和易传，在其根本观点上是完全相反的。《老子》主静，以静为主。易传主动，以动为主"（《易传的具有辩证法因素的世界图式》，冯友兰：《中国哲学史新编》上，人民出版社 1998 年版，第 666—667 页）。

的事实。众所周知，《易传》中《象传》等的成书年代被普遍认为在孟子之后荀子之前，但是，十翼的成书年代是复杂的，并非一时之作，里面融通各家的思想也是可以认可的事情。所以，注重其思想的辨析并通过其辨析来自然显示学派的特色，而臆想先行地把它置于某个学派的方法并非科学合理。正是在这个运思下，笔者继续尝试在儒家的框架里来讨论它迄今并未引起重视的道德思想①，让讨论的结论找到学派思想倾向的自然契合点。

一　"顺乎天而应乎人"的道德依据论

众所周知，在先秦的哲学家那里，道家老子创设了"道"的理论体系，在道德哲学的历史上，最先演绎了"道"与"德"关系的中国模式。但是，在语言学的意义上，"道"并非道家的专利，道家的道论虽然在哲学上占有最高的位置，不过，它并不是道家的标志性概念②，因为，我们在其他墨家、法家、儒家那里

---

① 冯友兰通过检证庄子、子展等引用《易经》作为推断根据的事实，得出"《易经》就不仅是一部占筮的书，而且是一部道德教训的书了"（《易传的具有辩证法因素的世界图式》，冯友兰：《中国哲学史新编》上，人民出版社 1998 年版，第 640—641 页）的结论，可以作为参考。

② 笔者认为，道家之所以为道家的标志性概念不是"道"，而是"自然"，这不仅在形式上区别与其他思想学派，而且在内容上独异于一切学派，这是历来为学者所忽视的地方（参照《绪论》，许建良著：《先秦道家的道德世界》，中国社会科学出版社 2006 年版，第 1—29 页）。如果把"自然"看成道家的标志性概念之一，那么，我们可以在这里就加以明确，在《周易》里我们无法找到"自然"的用例，就这一点而言，我就无法支持陈鼓应的《易传》道家系统学的结论。当然，我只是把"自然"作为道家之所以为道家的标志性概念之一，不是惟一的概念，因为，"万物"的概念也同样可以视作道家的标志性概念之一，而"万物"的用例在《周易》中就不难找到了，综合的考量时再做出全面的评价。

同样可以找到"道"的用例，发现"道"的痕迹。因此，可以说，重视"道"是中国哲人的共同抉择。而"道"本身的意义，既有表示宇宙规律的方面，又含供人行走之道路的内容；在后者的意义上，如果可以从"道"通"导"的层面来进行理解，这就是引导人们走上正确之道的意思。在这样的运思之下，让我们走进讨论《周易》道德思想的大门。

1. "顺乎天而应乎人"的天道论

显然，重视"道"同样是《周易》的特色，"终日乾乾，反复道也"①，就是典型的表述。这是对乾"君子终日乾乾，夕惕若厉，无咎"②的具体解释；"乾"表示阳刚的特点；"咎"是一个会意词，从人，从各。从"各"，表示相违背，即违背人的心愿，所以，本义是灾祸、灾殃的意思；"厉"是祸患、危险的意思。完整的意思是君子成天勤勉修炼，自强不息，到傍晚的时候仍然保持小心翼翼的状态即"夕惕"，或者称为警惕的状态，仿佛危险就要降临一样。正因为这样，才能确保自己远离遭遇灾殃的境地；同时，这也是始终依归"道"的前提和条件即"反复道也"。显然，这里的"道"，其内涵的规定性依然不明确③。

其实，《周易》的思想家重视的首先是天地之道，"反复其道，七日来复，天行也……复其见天地之心乎"④，天是运动不

---

① 《周易·象传上·乾》，（魏）王弼著，楼宇烈校释：《王弼集校释》，中华书局1980年版，第213页。

② 《周易·乾》，（魏）王弼著，楼宇烈校释：《王弼集校释》，中华书局1980年版，第211页。

③ "履道坦坦，幽人贞吉"（《周易·履》，（魏）王弼著，楼宇烈校释：《王弼集校释》，中华书局1980年版，第273页）。这里的"道"就是道路的意思，用的就是本义。

④ 《周易·象传上·复》，（魏）王弼著，楼宇烈校释：《王弼集校释》，中华书局1980年版，第336页。

息的，循环往复所用的时间并不长。在动态的过程里，天能够依归自身的本原来运作，这就是天道，也就是"天地之心"。不仅如此，而且"何天之衢，道大行也"①，天是四通八达的，没有任何阻障，"道"可以在天那里尽情地运行；换言之，在天那里运行的"道"自然是天道。所以，它强调"利涉大川，应乎天也"②，人的行为选择必须依归天道即"应乎天"，即使变革也不例外，即："革，水火相息，二女同居，其志不相得，曰革。已日乃孚，革而信也；文明以说，大亨以正；革而当，其悔乃亡。天地革而四时成，汤武革命，顺乎天而应乎人，革之时义大矣哉！"③ 变革、改变的生命力在"不合"，因为，革卦为离下兑上，离为火，兑为泽，火炎上，泽润下，所以不合常规。天地的变化而形成了四时的现象，这是自然的规律；人类社会的变革，也必须遵循天地的规律来应对人事，这就是革卦告诉我们的意思。

2. "乾道变化，各正性命"的德论

从上面的分析里，我们不难看到天地人这"三才"事实成为《周易》的主题，因此，"三才"之道也是其演绎的主旋律。下面的文献就是最好的说明：

　　《周易》之为书也，广大悉备。有天道焉，有人道焉，有地道焉。兼三才而两之，故六。六者非它也，三才之道

---

　　① 《周易·象传上·大畜·上九》，(魏)王弼著，楼宇烈校释：《王弼集校释》，中华书局 1980 年版，第 349 页。

　　② 《周易·象传上·大畜》，(魏)王弼著，楼宇烈校释：《王弼集校释》，中华书局 1980 年版，第 347 页。

　　③ 《周易·象传下·革》，(魏)王弼著，楼宇烈校释：《王弼集校释》，中华书局 1980 年版，第 465 页。

也。道有变动，故曰爻；爻有等，故曰物；物相杂，故曰文；文不当，故吉凶生焉。①

昔者圣人之作易也，将以顺性命之理。是以，立天之道曰阴与阳，立地之道曰柔与刚，立人之道曰仁与义。兼三才而两之，故易六画而成卦。分阴分阳，迭用柔刚，故易六位而成章。②

《周易》包罗万象，具备一切，天道、地道、人道都是它的内容；阴阳是天道的内容，柔刚则是地道的分野，仁义乃是人道的嫡系；设六爻以效三才之动，则成不同的卦，也叫"易六画而成卦"；最后"易六位"依据不同的规则相杂而"成章"，这也称为"文"。这一切的目的则是为了"顺性命之理"③。应该注意的是，这里的"性命之理"的"性命"，所指绝对不是人类，而是万物，在下面的分析中会自然澄清这个问题，这里从略。

可见，《周易》重视"三才"，关键是为了理清并找到因循万物性命的道理或规则。在此，不得不质问的是，虽然必须"顺乎天而应乎人"，但天人毕竟是属于两个世界的存在物，他们之间又是如何联系的呢？审视《周易》，我们可以清楚地看到，"大哉乾元，万物资始，乃统天。云行雨施，品物流形。大明终始，六

---

① 《周易·系辞下》，（魏）王弼著，楼宇烈校释：《王弼集校释》，中华书局1980年版，第572页。

② 《周易·说卦》，（魏）王弼著，楼宇烈校释：《王弼集校释》，中华书局1980年版，第576页。

③ 参照"谦，亨。天道下济而光明，地道卑而上行。天道亏盈而益谦，地道变盈而流谦，鬼神害盈而福谦，人道恶盈而好谦，谦尊而光，卑而不可逾，君子之终也"（《周易·彖传上·谦》，（魏）王弼著，楼宇烈校释：《王弼集校释》，中华书局1980年版，第295页）。

位时成，时乘六龙，以御天。乾道变化，各正性命"①，"乾元"
是万物"资始"的存在，换言之，万物产生的依据在天，但必须
注意的是，这里并不表明天产生万物，"资始"是依据"乾元"
即天作为自己开始的依据；在这个基础上，借助自然界的其他条
件，各种各样的万物就争芳斗艳地亮相了；事实上，这非常明了
地昭示人们万物终始发展的道理；乾道自然变化，万物在本有的
性命轨道上得到发展。非常清楚，"乾道"即天道是万物性命各
正的依据。在另一意义上，万物性命得到正当的发展，对万物而
言，就是一种得或德，正是在这个意义上，才有"庸言之信，庸
行之谨，闲邪存其诚，善世而不伐，德博而化"② 所说的"德博
而化"的价值和意义。

在另一意义上，"德博而化"是"乾道变化"的自然结果。
换言之，"德"是"道"的具体体现，是"道"之用；"道"则是
"德"的导标和指针，是"德"之质。这里的"德"，就是现在意
义上的道德。用《周易》的话说，就是"形而上者谓之道，形而
下者谓之器，化而裁之谓之变，推而行之谓之通，举而错之天下
之民，谓之事业"③，这是形上之道与形下之器联系的具体图画，
这就是事业，就是"德"具体实现自己价值的过程。

3. "文明以健"的文明论

不能忽视的是，道德作为人类的专利品，只是人类文明的一
部分，绝对不是全部，正是道德与文明的客观联系，使我们无法

---

① 《周易·象传上·乾》，（魏）王弼著，楼宇烈校释：《王弼集校释》，中华书
局 1980 年版，第 213 页。

② 《周易·文言·乾》，（魏）王弼著，楼宇烈校释：《王弼集校释》，中华书局
1980 年版，第 214 页。

③ 《周易·系辞上》，（魏）王弼著，楼宇烈校释：《王弼集校释》，中华书局
1980 年版，第 555 页。

无视《周易》"文明"概念的存在。综观《周易》，可以找到 6 个
"文明"的用例：

> 乾龙勿用，阳气潜藏；见龙在田，天下文明；终日乾
> 乾，与时偕行；或跃在渊，乾道乃革；飞龙在天，乃位乎天
> 德；亢龙有悔，与时偕极；乾元用九，乃见天则。①

> 天文也；文明以止，人文也。观乎天文，以察时变；观
> 乎人文，以化成天下。②

> 革，水火相息，二女同居，其志不相得，曰革。已日乃
> 孚，革而信也；文明以说，大亨以正；革而当，其悔乃亡。
> 天地革而四时成，汤武革命，顺乎天而应乎人，革之时大
> 矣哉！③

> 文明以健，中正而应，君子正也。④

> 其德刚健而文明，应乎天而时行，是以元亨。⑤

> 内文明而外柔顺，以蒙大难，文王以之。⑥

---

① 《周易·文言·乾》，（魏）王弼著，楼宇烈校释：《王弼集校释》，中华书局
1980 年版，第 216 页。

② 《周易·象传上·贲》，（魏）王弼著，楼宇烈校释：《王弼集校释》，中华书
局 1980 年版，第 326 页。

③ 《周易·象传下·革》，（魏）王弼著，楼宇烈校释：《王弼集校释》，中华书
局 1980 年版，第 465 页。

④ 《周易·象传上·同人》，（魏）王弼著，楼宇烈校释：《王弼集校释》，中华
书局 1980 年版，第 284 页。

⑤ 《周易·象传上·大有》，（魏）王弼著，楼宇烈校释：《王弼集校释》，中华
书局 1980 年版，第 290 页。

⑥ 《周易·象传下·明夷》，（魏）王弼著，楼宇烈校释：《王弼集校释》，中华
书局 1980 年版，第 396 页。

我们可以从以下几个方面来加以理解：一是天下的视野。乾龙的自由运动，乾道的与时俱化，天德的客观当位，天则的合理体现，其必然后果就是"天下文明"，在这个意义上，文明主要侧重在体现整体素质的方面；二是人文的内容。文明是人文，不是别的什么，即"文明以止，人文也"，所以，观察人文就可以明了"化成天下"的当为；三是具有悦人和刚健的功能。"文明以说"和"文明以健"就是具体说明；四是内在的道德。"其德刚健而文明"、"内文明而外柔顺"都明确表明这一点，内在的文明特性以柔顺的方式表现出来。

实际上，以上的内容主要从内外两个方面界定了文明，内在的方面，文明是人的内在素质的一部分；外在的方面，文明则是整体的水准，属于人文的范畴，而且具有化人的功效①。

4."有天地，然后有万物"的万物生成论

上面关于文明的论述，我们同样无法在发生论的视野上找到具体有用的线索，但是，《周易》的思想家在讨论"三才"之道的时候也注意到了天地与万物关系的形上思考。它说：

> 有天地，然后有万物；有万物，然后有男女；有男女，然后有夫妇；有夫妇，然后有父子；有父子，然后有君臣；

① 关于"文明"的用例，我们在法家管子那里也可以找到，请参照"是故之时陈财之道，可以行令也。利散而民察，必放之身然后行。公曰：谓何？长丧以毁其时，重送葬以起身财。一亲往，一亲来，所以合亲也，此谓众约。问：用之若何？巨瘗培，所以使贫民也。美垄墓，所以文明也。巨棺椁，所以起木工也。多衣衾，所以起女工也。犹不尽，故有次浮也。有差樊，有瘗藏，作此相食，然后民相利，守战之备合矣"（《管子·侈靡》，黎翔凤撰：《管子校注》，中华书局2004年版，第687—688页）。这里把美化生活看作文明，有一定的合理性。

有君臣，然后有上下；有上下，然后礼义有所错。[①]

在时间的维度上，先有天地，再有万物、男女、夫妇、父子、君臣、上下、礼义；在空间的维度上，万物在天地之中，男女在万物之中，夫妇在男女之中，父子在夫妇之中，君臣在父子之中，上下在君臣之中，礼义在上下之中；这是文明演进的一个程式，在这个程式的终端，其具体样态是礼义[②]，礼义就是道德，其等级性是显而易见的。

在此，必须注意的是，虽然天地是万物产生的原因，但天地本身并非生成万物的母体，所以，从生成的视野来理解这段文献，只能侧重在相互依存性的方面，而不是生产性上，"有男女，然后有夫妇"就是最好的例证，夫妇是男女的组合，并不是男女产生夫妇，这是无需说明的，其他的情况也一样。

5. "通神明之德，以类万物之情"的道德产生论

在上面的德论里，已经分析了道与德的辩证关系，但仅是形上抽象的演绎，而没有回答现实道德生成的问题。幸运的是，《周易》不仅有文明演进关系的理性形上思考，而且有经验形下的考量。

---

① 《周易·序卦》，（魏）王弼著，楼宇烈校释：《王弼集校释》，中华书局 1980 年版，第 583 页。

② 这里是"礼义"，不是"礼仪"，前者重视的是理论的设计，后者张扬的是行动的仪式，区别是非常明显的，这也是中国人在学习研究中国道德思想是应该注意区别的地方，显然，《周易》思想家注意到的是理性视阈里积淀的文明样式，而不是如何推动文明演进的方式，可以说，在始点上就明显地烙下了中国人只重"如何说"的方面，而不关注"如何做"的视阈；区分这些关系，其意义也是非常重大的，具体分析则不是这里的任务。

　　古者包羲氏之王天下也，仰则观象于天，俯则观法于地，观鸟兽之文，与地之宜；近取诸身，远取诸物，于是始作八卦，以通神明之德，以类万物之情。作结绳而为罔罟，以佃以渔，盖取诸离。包羲氏没，神农氏作。斲木为耜，揉木为耒，耒耨之利，以教天下，盖取诸益。日中为市，致天下之民，聚天下之货，交易而退，各得其所，盖取诸噬嗑。神农氏没，黄帝、尧、舜氏作。通其变，使民不倦；神而化之，使民宜之。易穷则变，变则通，通则久。是以，自天佑之，吉，无不利。黄帝、尧、舜，垂衣裳而天下治，盖取诸乾坤。刳木为舟，剡木为楫，舟楫之利，以济不通，致远以利天下，盖取诸涣。服牛乘马，引重致远，以利天下，盖取诸随。重门击柝，以待暴客，盖取诸豫。断木为杵，掘地为臼，臼杵之利，万民以济，盖取诸小过。弦木为弧，剡木为矢，弧矢之利，以威天下，盖取诸睽。上古穴居而野处，后世圣人易之以宫室，上栋下宇，以待风雨，盖取诸大壮。古之葬者，厚衣之以薪，葬之中野，不封不树，丧期无数；后世圣人易之以棺椁，盖取诸大过。上古结绳而治，后世圣人易之以书契，百官以治，万民以察，盖取诸夬。①

这里给我们提供了一幅清晰的文明进化的图画。包羲氏称王天下，观察天地的变化规律，并采用八卦的方式来表达"神明之德"，并以此旁通启发"万物之情"；同时，结绳为网罟，教人耕种和打鱼，这得益于离卦的精神。到神农氏的时代，则断木为耒耜，教人农耕，并开设货物的交易市场，让天下民众在市场上

---

　　① 《周易·系辞下》，（魏）王弼著，楼宇烈校释：《王弼集校释》，中华书局1980年版，第558—560页。

"各得其所"，这都是得益于益卦、噬嗑卦的精神。到黄帝、尧、舜的时代，他们适应变化，使民众感到不疲倦；化育民众，使他们过上适宜的生活；宗旨是穷通变化，保持长久；使民众按照自己的身份而着相应的服装，实现天下的治理即"垂衣裳而天下治"，这是得益于乾坤卦的精神。不仅如此，还依据涣卦的精神，用木头做成舟楫，便利了大家的交通，利益了天下；本于随卦的精神，训练牛马，让它们"引重致远"，大大利益了天下；依据豫卦的精神，开始了巡夜打更的制度即"击柝"，加强了安全防范的措施，来实际对应"暴客"，保证大家的安全；依据小过卦的精神，利用木头做成舂米的棒槌即"杵"，挖地而做成舂米器具即"臼"，这是饮食上的革命，大大利益了民众即"万民以济"；依据睽卦的精神，用木头做成弓矢，以防止不测的情况，并在天下形成了威慑力；依据大壮卦的精神，构筑宫室，供人居住，改变了穴居野处的习惯；依据大过卦的精神，改变了过去野蛮的葬俗，开始了以棺椁葬之的习俗；上古时代，采用"结绳而治"的方法，后来则采用"书契"及官吏来实行具体的社会治理，民众也能够一目了然，这得益于夬卦的启发。

礼仪道德的产生是在人们的社会生活实践中完成的，而且是伴随着人类文明进化的历程演绎的，有些是比较粗糙的，诸如黄帝、尧、舜的化育民众，使他们穿适合自己身份的服装等，这种礼仪就是最初的道德，而且，道德不是自然产生的，而是人为的，这是应该注意的。

在这幅文明演进的图画里，天下民众始终是进步的受益者，从"以类万物之情"开始，经过"致天下之民"、"使民不倦……使民宜之"、"致远以利天下"、"以利天下"、"万民以济"，最后到"万民以察"，贯穿的一条红线就是天下民众，其衡量的准点就是是否对天下民众有利。所以，在道德礼仪等文明进化的原初阶段，民众利益的满足始终是追求的取向，而且从最初的"以类万物之情"，到最后的"万民以察"，作为万物之中存在之一的万民，情感的表现也趋向多样化，因为"万民以察"反映的是，万民可以依据书契来察看并判断官吏治理社会的实际情况，在万民具有言论自由的前提下，"万民以察"就赋予了万民监督官吏的权利。不能无视的是，这里也同样是从天地到人类社会的方向，天地自然是人类社会及其文明道德的基础，用简单的话来表述的话，就是"顺乎天而应乎人"。

二 "乾道变化,各正性命"的道德范畴论

在上面的分析里，《周易》不仅重视"道"，而且推重"德"的方面，已经清楚了。其实，《周易》还张扬"和顺于道德而理于义"[①]，这里，"道德"成为一个单独的概念[②]。在一定意义上，"道"与"德"的问题，也就是"顺乎天而应乎人"的问题，在如何"顺天应人"的视野里，答案就是"乾道变化，各正性命"。

[①] 《周易·说卦》，（魏）王弼著，楼宇烈校释：《王弼集校释》，中华书局1980年版，第576页。

[②] 大家知道，在《老子》《黄帝四经》《庄子》内篇那里，我们只能找到"道"、"德"单独使用的概念，没有"道德"连用的用例（参照《绪论》，许建良著：《先秦道家的道德世界》，中国社会科学出版社2006年版，第1—29页）。另外，在儒家系列里，孔孟那里也没有"道德"连用的用例，而在《荀子》那里，"道德"的用例约有12个，参照"有道德之威者，有暴察之威者，有狂妄之威者……礼乐则修，分义则明，举错则时，爱利则形。如是，百姓贵之如帝，高之如天，亲之如父母，畏之如神明。故赏不用而民劝，罚不用而威行，夫是之谓道德之威……道德之威成乎安强，暴察之威成乎危弱，狂妄之威成乎灭亡也"（《荀子·强国》，王先谦著：《荀子集解》，中华书局1954年版，第194—195页）等。

换言之，性命是道德在道德哲学体系里的另一种存在形式，我们通常称此为范畴。这里将专门讨论这个问题，主要想通过性命、中正、仁、义利等具体范畴，来展示《周易》的道德理论运思。

1. "顺天休命"的命论

在"穷理尽性以至于命"[①]的命题里，"命"是终结点，换言之，"命"是原点。《郭店楚墓竹简》里有一篇儒家文献为《性自命出》，认为"性自命出，命自天降"[②]；也就是说，本性是从"命"那里生发出来的，而"命"则是天赋予的。在"性"、"命"的坐标体系里，"命"是更为根本而原初的存在。当然，有充分的理由断言，这不仅是《性自命出》作者的观点，也是对中国道德哲学范畴演进之实然的总结[③]。关于这一点，《周易》的事实

---

① 《周易·说卦》，（魏）王弼著，楼宇烈校释：《王弼集校释》，中华书局1980年版，第576页。

② 李零著：《郭店楚简校读记》，北京大学出版社2002年版，第105页。

③ 《老子》《庄子》内篇里没有出现"性"的概念，一直到《庄子》外杂篇里才有"性"的使用例。另一方面，《老子》《庄子》内篇里都有"命"，诸如"致虚极，守静笃，万物并作，吾以观复。夫物芸芸，各复归其根。归根曰静，是谓复命。复命曰常，知常曰明，不知常，妄作凶。知常容，容乃公，公乃王，王乃天，天乃道，道乃久。没身不殆"（《老子》十六章，（魏）王弼著，楼宇烈校释：《王弼集校释》，中华书局1980年版，第35—37页）、"道之尊，德之贵，夫莫之命而常自然"（《老子》五十一章，（魏）王弼著，楼宇烈校释：《王弼集校释》，中华书局1980年版，第137页）、"（叶公子高将使于齐，问于仲尼曰）今吾朝受命而夕饮冰，我其内热与！"（《庄子·人间世》，郭庆藩辑：《庄子集释》，中华书局1961年版，第153页）、"仲尼曰：天下有大戒二：其一，命也；其一，义也。子之爱亲，命也，不可解于心；臣之事君，义也，无适而非君也，无所逃于天地之间。是之谓大戒。是以夫事其亲者，不择地而安之，孝之至也；夫事其君者，不择事而安之，忠之盛也；自事其心者，哀乐不易施乎前，知其不可奈何而安之若命，德之至也"（《庄子·人间世》，郭庆藩辑：《庄子集释》，中华书局1961年版，第155页），就是例证。显然，"命"的历史更为悠久，而且，"命"最初的意思只是"天命"的代名词，这是不能忽视的。

将得到进一步的证明。在《周易》里，"命"的用例约有 33 次，其中包括天命 2 次，性命 2 次，革命 1 次；"性"的用例约有 6 次，其中包括性情 1 次。"命"的实际用例远远超过"性"。下面先对"命"进行辨析。

纵观《周易》"命"的概念，当有理由从以下 7 个层面来加以理解。

（1）"天命"。

这是人们最熟悉的"命"，一共有 4 个用例。中国人重视"天"，乃是因为在人类进化的初级阶段，理性的发展水准使人无法认识外在于自己的存在物，故把它统称为"天"，当"命"的概念出现后，天命就是其原始的意义。

> 咸临吉无不利，未顺命也。①
>
> 无妄，刚自外来而为主于内。动而健，刚中而应，大亨以正，天之命也。其匪正有眚，不利有攸往。无妄之往，何之矣！天命不佑，行矣哉！②
>
> 用大牲，吉。利有攸往，顺天命也。③

"未顺命"的"命"就是外在于人的规律性存在的意思，即下面所说的天命。对当时的人而言，天命如果不佑助的话，就根本不存在施行的理由；要对人有利的话，就必须遵守"顺天命"的准

---

① 《周易·象传上·临·九二》，（魏）王弼著，楼宇烈校释：《王弼集校释》，中华书局 1980 年版，第 312 页。

② 《周易·彖传上·无妄》，（魏）王弼著，楼宇烈校释：《王弼集校释》，中华书局 1980 年版，第 342—343 页。

③ 《周易·彖传下·萃》，（魏）王弼著，楼宇烈校释：《王弼集校释》，中华书局 1980 年版，第 445 页。

则，与孔子"五十而知天命"① 的"天命"存在明显的差异性，可以说，孔子的"天命"则是道德乌托邦世界里的绝对命令，具有狭隘性。

（2）"乐天知命"。

这是命运论意义上的"命"，有 4 个用例。当人们面对外在于自己的天命存在，又无法在心理上找到解决的具体方法时，采取默认来排解内在情感纷扰而达到平衡，这时就可以用表达命运的"命"来解释。简单而言，也是认命。

> 天地革而四时成，汤武革命，顺乎天而应乎人，革之时大矣哉！②
> 九四，悔亡，有孚改命，吉。象曰：改命之吉，信志也。③
> 乐天知命，故不忧。④

"革命"就是"改命"，这里的"命"就是命运的意思，革命就是要采取措施来改变命运的意思，"信志"是相信革命的志向的意思。不过，应该清楚的是，虽然可以采取改革等措施来改变自己的命运，但命运的改变不是一件容易的事情，所以，《周易》的

---

① 《论语·为政》，（清）阮元校刻：《十三经注疏》，中华书局 1980 年版，第 2461 页下。

② 《周易·象传下·革》，（魏）王弼著，楼宇烈校释：《王弼集校释》，中华书局 1980 年版，第 465 页。

③ 《周易·象传下·革·九四》，（魏）王弼著，楼宇烈校释：《王弼集校释》，中华书局 1980 年版，第 466 页。

④ 《周易·系辞上》，（魏）王弼著，楼宇烈校释：《王弼集校释》，中华书局 1980 年版，第 540 页。

作者告诫人们"乐天知命"的行为之方，即认命，这样可以远离忧患。

（3）"受命"。

这是使命的意思。

> 木上有火，鼎。君子以正位凝命。①
>
> 是以君子将有为也，将有行也。问焉而以言，其受命也如向。②
>
> 晋如摧如，独行正也。裕无咎，未受命也。③

关于"正位凝命"，王弼解释为"正位者，明尊卑之序也。凝命者，以成教命之严也"④，可以参考，表达的是在符合自己名分的前提下，保持使命的庄严感；"受命"都是接受使命的意思，这个概念在《庄子》内篇中也可以找到用例⑤，而表示使命意思的概念在孔子那里是"复命"⑥。

（4）"誉命"。

---

① 《周易·象传下·鼎》，（魏）王弼著，楼宇烈校释：《王弼集校释》，中华书局 1980 年版，第 469 页。

② 《周易·系辞上》，（魏）王弼著，楼宇烈校释：《王弼集校释》，中华书局 1980 年版，第 550 页。

③ 《周易·象传下·晋·初六》，（魏）王弼著，楼宇烈校释：《王弼集校释》，中华书局 1980 年版，第 392 页。

④ 《周易注·象传下·鼎》，（魏）王弼著，楼宇烈校释：《王弼集校释》，中华书局 1980 年版，第 469—470 页。

⑤ 参照"（叶公子高将使于齐，问于仲尼曰）今吾朝受命而夕饮冰，我其内热与！"（《庄子·人间世》，郭庆藩辑：《庄子集释》，中华书局 1961 年版，第 153 页）。

⑥ 参照"君召使摈，色勃如也，足躩如也。揖所与立，左右手，衣前后，襜如也。趋进，翼如也。宾退，必复命曰：宾不顾矣"（《论语·乡党》，杨伯峻译注：《论语译注》，中华书局 1980 年版，第 97 页）。

这是爵命的意思，或者说就是爵位，由继承而来的社会地位，或者也可以说是另一意义上的使命。因为，在具体的爵位上，自然必须承担相应的使命，履行相应的义务和职责，旅卦的"终以誉命"①的"誉命"，就是载誉而归得到爵命的意思。

（5）"有命"。

这是命令的意思，是使用最为广泛的用例，约达 11 个例子。

> 上六，大君有命，开国承家，小人勿用。②
> 上六，城复于隍，勿用师。自邑告命，贞吝。③
> 天下有风，姤。后以施命告四方。④
> 重巽以申命。⑤

"开国承家"，不能使用小人，根据《象传上》的解释，"大君有命，以正功也；小人勿用，必乱邦也"，小人是乱邦的情愫。"告命"、"命告四方"、"申命"都是同义的，即把命令告知天

---

① 《周易·旅·六五》，（魏）王弼著，楼宇烈校释：《王弼集校释》，中华书局 1980 年版，第 498 页。

② 《周易·师》，（魏）王弼著，楼宇烈校释：《王弼集校释》，中华书局 1980 年版，第 257 页。

③ 《周易·泰》，（魏）王弼著，楼宇烈校释：《王弼集校释》，中华书局 1980 年版，第 278 页。

④ 《周易·象传下·姤》，（魏）王弼著，楼宇烈校释：《王弼集校释》，中华书局 1980 年版，第 439 页。

⑤ 《周易·象传下·巽》，（魏）王弼著，楼宇烈校释：《王弼集校释》，中华书局 1980 年版，第 501 页。

下的意思①。

（6）"命之"。

这是命名意思的"命"，在《庄子》内篇中也可以找到这种用例②。它说："八卦成列，象在其中矣。因而重之，爻在其中矣。刚柔相推，变在其中矣。系辞焉而命之，动在其中矣。"③象爻是组成八卦的因子，在刚柔之中可以看到具体的变化，在系辞中则可以体察吉凶的动态发展，这里的"命之"，就是对此命名的意思。

（7）"志不舍命"。

这是性命的意思。

> 泽无水，困。君子以致命遂志。④
> 火在天上，大有；君子以遏恶扬善，顺天休命。⑤

---

① 另外也可参照"九二，在师中，吉，无咎。王三锡命。象曰：在师中吉，承天宠也。王三锡命，怀万邦也"（《周易·象传上·师·九二》，（魏）王弼著，楼宇烈校释：《王弼集校释》，中华书局 1980 年版，第 256—257 页）、"九四，有命无咎，畴离祉。象曰：有命无咎，志行也"（《周易·象传上·否·九四》，（魏）王弼著，楼宇烈校释：《王弼集校释》，中华书局 1980 年版，第 282 页）、"随风，巽。君子以申命行事"（《周易·象传下·巽》，（魏）王弼著，楼宇烈校释：《王弼集校释》，中华书局 1980 年版，第 501 页）。

② 参照"且德厚信矼，未达人气，名闻不争，未达人心。而强以仁义绳墨之言术暴人之前者，是以人恶有其美也，命之曰灾人"（《庄子·人间世》，郭庆藩辑：《庄子集释》，中华书局 1961 年版，第 136 页）。

③ 《周易·系辞下》，（魏）王弼著，楼宇烈校释：《王弼集校释》，中华书局 1980 年版，第 556 页。

④ 《周易·象传下·困》，（魏）王弼著，楼宇烈校释：《王弼集校释》，中华书局 1980 年版，第 454 页。

⑤ 《周易·象传上·大有》，（魏）王弼著，楼宇烈校释：《王弼集校释》，中华书局 1980 年版，第 290 页。

九五含章，中正也。有陨自天，志不舍命也。①

九四，不克讼，复即命。渝，安贞，吉。②

"致命遂志"即牺牲性命而实现自己志向的意思，孔子那里也有这样的用例③，"顺天休命"、"志不舍命"、"复即命"的"命"，都是性命、生命的意思。在此，也自然生发了下面要讨论的"性"的问题。

天命、命运、使命、爵命、命令、命名、性命组成了《周易》"命"论的链子，这一链子的始点是天命，终点是性命，符合"顺乎天而应乎人"的价值诉求方向；但是，必须明晰的是，这一链子不是一向平衡延伸的，而是一个圆形的链条，所以，始点和终点是连接的，但不重合，这也向我们昭示着天人相通的价值方向；在这个前提下，我们可以说，虽然天人各有自己的位置，但是，在《周易》思想家的心目中，讨论天命，无疑是为人事服务。命运和天命一样，都是外在于人的存在，人无法超越，以上是这个链子的第一层次的情况。链子的第二层次，使命、爵命、命令是人类社会的事务，就个人而言，它们无疑也具有外在的意义；使命是来自社会他人的信任和委托，爵命则是来自于家族血缘的优越性的继承，命令乃是来自他人的行动指令；要指出的是，使命不仅与个人能力紧密相关，而且给予个人一定的自由选择权利，面对降临的使命，个人既可以选择不辱使命，也可以

---

① 《周易·象传下·姤·九五》，（魏）王弼著，楼宇烈校释：《王弼集校释》，中华书局1980年版，第441页。

② 《周易·讼》，（魏）王弼著，楼宇烈校释：《王弼集校释》，中华书局1980年版，第250页。

③ 参照"子张曰：士见危致命，见得思义，祭思敬，丧思哀，其可已矣"（《论语·子张》，杨伯峻译注：《论语译注》，中华书局1980年版，第199页）。

选择不担使命；其他的爵命、命令，对个人则具有绝对的意义，个人是无法选择的。最后一个层次，就进到了人自己的世界，命名是人自身认识的结果表达，是自我价值的实现；命名虽然离不开人的能动性，但是，就人而言，它仍然外在于人，并没有进入人的内在世界；性命则从人的外在进到了人的内部世界，是人理性进步的充分彰显，本来外在于人自己的"命"，终于在万物的内部世界得到了安置。这个链子，显示的是从外向内的推进取向，人对性命的认识，标志着人的世界的真正形成。这个链子的总的特征是，从宇宙世界到人的社会，再到生物世界的视野，使命、爵命、命令等都是天命在人自己世界里的具象，是一个从大到小，从小到大的曲率向度；性命在另一意义上，是人在万物世界里的生命立法，仍然具有至上的意义；没有性命，其他一切都没有意义。

对"命"的认识，在先秦道德哲学的世界里，《周易》是最为完备的样态之一，其价值和意义是自明的。

2. "成之者性"的性论

在"命"的价值链里，性命的意思是其不可或缺的环节，所以，直接的"性命"概念就约有2个，即"大哉乾元，万物资始……乾道变化，各正性命"[①] 和"昔者圣人之作易也，将以顺性命之理"[②]，"正性命"、"顺性命之理"都强烈地给人们折射一个信息，就是《周易》的思想家在安顿性命问题上所表现出来的追求，这是圣人制作《周易》的目的之一。因此，"命"代表性

① 《周易·彖传上·乾》，（魏）王弼著，楼宇烈校释：《王弼集校释》，中华书局1980年版，第213页。
② 《周易·说卦》，（魏）王弼著，楼宇烈校释：《王弼集校释》，中华书局1980年版，第576页。

命意思的方面，直接构筑了通向"性"的桥梁，用《周易》的话说，就是"穷理尽性以至于命"①，"穷理尽性"成为保持性命活力的门径。

"穷理尽性"鲜明地打出了本性的旗帜，关于"性"的演进历程，不难使人想起，道家《老子》《庄子》内篇里我们无法找到其用例。在中国道德哲学的历史上，最先竖起本性论旗帜的是儒家，从孔子的性相近、习相远开始，到孟子的本性善端说，再到荀子的"性恶"说，发展了在价值判断的天平上考量本性的方面，其狭隘性是显而易见的。不仅如此，而且先天不足也是明显的，这就是善恶对立价值观的坚持和确立。换言之，善的价值表现在与恶的斗争中才能得到实现，德行必须与恶斗争，活生生的人的生活世界变成了道德的一维世界，这狭隘化了人的生活世界。在这个前识下来审视《周易》的"性"概念，值得注意的有"尽性"、"成性"、"性情"。

（1）"尽性"。

"尽"通"儘"，是会意词，甲骨文字形表示人手持刷子洗刷器皿；盛东西的器皿只有空了才能洗刷；本义为器物中空。在动词的意义上，就是使器物中空。"尽性"的意思就是任凭本性自由发展，因为，本性充分发展无法再有发展了，也就是中空了。《周易》说：

> 昔者圣人之作《周易》也，幽赞于神明而生蓍，参天两地而倚数，观变于阴阳而立卦，发挥于刚柔而生爻，和顺于

---

① 《周易·说卦》，（魏）王弼著，楼宇烈校释：《王弼集校释》，中华书局1980年版，第576页。

道德而理于义，穷理尽性以至于命。①

从字面上看，"穷理尽性以至于命"的"理"，虽然可以解释为物理，但是，由于紧接着"穷理尽性以至于命"，是"昔者圣人之作《周易》也，将以顺性命之理"，所以，"穷理"的"理"存在理解为"性命之理"的条件和理由。整个意思就是，充分体察性命之理等物理，充分发动和运作本性，就能抵达"命"即性命②的境地③，这里明显区分了本性和性命，本性的生命力在性命。圣人作《周易》，就是想通过天地、阴阳、刚柔等变化，使人符合依归道德、随事而宜的规则，从而让人的生命活力喷涌，生命之花常开。

（2）"成性"。

这是性论中的又一重要概念。体察性命的规律，创设一切条件让本性充分发展，这是《周易》思想家考虑的一个方面。另一方面，"成性"也是他们关注的所在。

> 一阴一阳之谓道，继之者善也，成之者性也。仁者见之谓之仁，知者见之谓之知……④

---

① 《周易·说卦》，（魏）王弼著，楼宇烈校释：《王弼集校释》，中华书局1980年版，第575—576页。

② 韩康伯解释说："命者，生之极；穷理则尽其极也。"（《周易注·说卦》，（魏）王弼著，楼宇烈校释：《王弼集校释》，中华书局1980年版，第576页）显然也是从性命的意义上来立论的。

③ 宋明理学家把"命"解释为"天命"，无疑是受制于孔子"知天命"运思框架的产物，显然是值得商榷的（参照《易十三·说卦》，（宋）黎靖德编：《朱子语类》五，中华书局1986年版，第1967—1970页）。

④ 《周易·系辞上》，（魏）王弼著，楼宇烈校释：《王弼集校释》，中华书局1980年版，第541—542页。

　　《周易》其至矣乎！夫《周易》，圣人所以崇德而广业
也。知崇礼卑。崇效天，卑法地。天地设位，而易行乎其中
矣。成性存存，道义之门。①

　　阴阳之道就是乾坤之道，这是万物存在的理由即"大哉乾元，万
物资始"②，万物如果能够依归乾坤之道而运作，就是"继之者
善"；但万物不是千篇一律的，而是个性十足的，在依归乾坤之
道而行为上，存在客观的差异。所以，本性就存在一定的差别，
即"仁者"和"知者"的区别③，这就是"成之者性"，因为，
在原本的意思上，就存在"乾道变化，各正性命"④的情况。
"成之者性"虽然讲的是性⑤，但不是一般意义上的性，而是依
归乾道行为并获得积淀以后的性即"成性"，下面的"成性存存，
道义之门"说的就是这个情况，韩康伯对此解释为"物之存成，
由乎道义也"⑥，可以参考。

---

　　① 《周易·系辞上》，（魏）王弼著，楼宇烈校释：《王弼集校释》，中华书局
1980 年版，第 544—545 页。
　　② 《周易·彖传上·乾》，（魏）王弼著，楼宇烈校释：《王弼集校释》，中华书
局 1980 年版，第 213 页。
　　③ 韩康伯的解释为"仁者资道以见其仁，知者资道以见其知，各尽其分"（《周
易注·系辞上》，（魏）王弼著，楼宇烈校释：《王弼集校释》，中华书局 1980 年版，
第 542 页）。"分"就是性分，万物在性分上存在客观差异。
　　④ 《周易·彖传上·乾》，（魏）王弼著，楼宇烈校释：《王弼集校释》，中华书
局 1980 年版，第 213 页。
　　⑤ 徐复观直接以性善论之，认为"成之者性也"的"之"，就是"继之者善也"
的"善"。这种理解似乎难能让人找到信服的理由（参照《阴阳观念的介入——〈易
传〉中的性命思想》，徐复观著：《中国人性论史》，上海生活·读书·新知三联书店
2001 年版，第 179—182 页）。
　　⑥ 《周易注·系辞上》，（魏）王弼著，楼宇烈校释：《王弼集校释》，中华书局
1980 年版，第 545 页。

　　对万物而言，本性是本根，是活力源，所以，韩康伯直接用
"物之存成"来解释"成性存存"，可谓一语中的。正是在这个意
义上，《周易》成为圣人实现穷理崇德、周济万物事业的法典①。

　　（3）"性情"。

　　本来，"性情"是"性"和"情"两个概念的组合，就一般
的情况而言，往往把"情"作为本性的动态因子。换言之，"性"
是静态的"情"，"情"是动态的"性"，两者的联系是非常紧密
的。这里的"性情"存在复杂的情况，其确切的意思要视具体情
况而言。具体有以下几种情况。

　　首先，"利贞者，性情"。这是一般意义上的性情。

　　　　乾元者，始而亨者也。利贞者，性情也。②

　　　　八卦以象告，爻象以情言，刚柔杂居，而吉凶可见矣。
　　变动以利言，吉凶以情迁。是故，爱恶相攻而吉凶生，远近
　　相取而悔吝生，情伪相感而利害生。③

"利贞者，性情"就是"性"和"情"两件事，对此我们可以参
考王弼的解释④，"性其情"也正是在动静的维度上来理解性情

─────────

　　① "天地设位"的思想，我们在道家文献《黄帝四经》里也能找到。参照"天
地无私，四时不息。天地立（位），圣人故载"（《经法·国次》，陈鼓应注译：《黄帝
四经今译——马王堆汉墓出土帛书》，台湾商务印书馆 1995 年版，第 490 页）。

　　② 《周易·文言·乾》，（魏）王弼著，楼宇烈校释：《王弼集校释》，中华书局
1980 年版，第 216 页。

　　③ 《周易·系辞下》，（魏）王弼著，楼宇烈校释：《王弼集校释》，中华书局
1980 年版，第 574—575 页。

　　④ 王弼注释曰："不为乾元，何能通物之始？不性其情，何能久行其正？是故
始而亨者，必乾元也；利而正者，必性情也"（《周易注·文言·乾》，（魏）王弼著，
楼宇烈校释：《王弼集校释》，中华书局 1980 年版，第 217 页）。

的。"爻象以情言"、"吉凶以情迁"的"情",指的就是一般的情感,因为,后面的"爱恶相攻而吉凶生"就是最好的佐证,因为,"爱恶"就是情感①。这里必须引起注意的是,"情伪相感而利害生"里的"情伪",这里的"情"通"诚",表真诚、真实的意思;在这个意义上,"情伪"就是真伪②;当然,也无法完全否定它与一般意义情感的联系,实际上也有情感必须真诚的诉诸在里面,这也是应该注意的。

其次,"万物之情"。这里的"情"指的是本性。

> 天地感而万物化生,圣人感人心而天下和平。观其所感,而天地万物之情可见矣。③
>
> 古者包羲氏之王天下也,仰则观象于天,俯则观法于地,观鸟兽之文,与地之宜;近取诸身,远取诸物,于是始作八卦,以通神明之德,以类万物之情。④
>
> 天地之道,贞观者也;日月之道,贞明者也;天地之动,贞夫一者也。夫乾,确然示人易矣;夫坤,隤然示人简矣。爻也者,效此者也;象也者,像此者也。爻象动乎内,

---

① 并参照"乾始能以美利利天下,不言所利,大矣哉!大哉乾乎!刚健中正,纯粹精也;六爻发挥,旁通情也;时乘六龙,以御天也;云行雨施,天下平也"(《周易·文言·乾》,(魏)王弼著,楼宇烈校释:《王弼集校释》,中华书局1980年版,第217页)。

② 并参照"圣人立象以尽意,设卦以尽情伪。系辞焉,以尽其言。变而通之以尽利,鼓之舞之以尽神。"(《周易·系辞上》,(魏)王弼著,楼宇烈校释:《王弼集校释》,中华书局1980年版,第554页)。

③ 《周易·彖传下·咸》,(魏)王弼著,楼宇烈校释:《王弼集校释》,中华书局1980年版,第373页。

④ 《周易·系辞下》,(魏)王弼著,楼宇烈校释:《王弼集校释》,中华书局1980年版,第558页。

吉凶见乎外，功业见乎变，圣人之情见乎辞。①

由于"天地感而万物化生"，所以，只要观察感化的情况，就可以认识天地万物的本性，其他"以类万物之情"、"圣人之情见乎辞"，都是这个意思②。

把"情"用作本性，绝非《周易》仅有，我们在孟子那里也可以找到例证③。

最后，"情状"。"情"除上面的意思外，还有一种情况，就是表示情况、实情的意思。

> 易与天地准，是故能弥纶天地之道。仰以观于天文，俯以察于地理，是故知幽明之故。原始反终，故知死生之说。精气为物，游魂为变，是故知鬼神之情状。④

---

①　《周易·系辞下》，（魏）王弼著，楼宇烈校释：《王弼集校释》，中华书局1980年版，第557页。

②　其他诸如"日月得天而能久照，四时变化而能久成，圣人久于其道而天下化成。观其所恒，而天地万物之情可见矣"（《周易·彖传下·恒》，（魏）王弼著，楼宇烈校释：《王弼集校释》，中华书局1980年版，第379页）、"萃，聚也。顺以说，刚中而应，故聚也。王假有庙，致孝享也。利见大人，亨，聚以正也。用大牲，吉。利有攸往，顺天命也。观其所聚，而天地万物之情可见矣"（《周易·彖传下·萃》，（魏）王弼著，楼宇烈校释：《王弼集校释》，中华书局1980年版，第444—445页）、"大壮，大者壮也。刚以动，故壮。大壮利贞，大者正也。正大而天地之情可见矣"（《周易·彖传下·大壮》，（魏）王弼著，楼宇烈校释：《王弼集校释》，中华书局1980年版，第387页），代表的都是本性的意思。

③　参照"夫物之不齐，物之情也"（《孟子·滕文公上》，（清）阮元校刻：《十三经注疏》，中华书局1980年版，第2706页中）。

④　《周易·系辞上》，（魏）王弼著，楼宇烈校释：《王弼集校释》，中华书局1980年版，第539—540页。

> 凡易之情，近而不相得，则凶。[1]

"易之情"的"情"，就是情况的意思即"情状"。

显然，《周易》关注的主要是"尽性"、"成性"、性情的问题，虽然涉及了本性的问题，但是，何谓本性的方面仍然没有占到应有的位置，虽然没有明确地揭起本性善的旗帜[2]，但是，从"爱恶相攻而吉凶生"、"圣人感人心"、"成性存存，道义之门"等立论来看，依归的仍然是儒家在价值天平上判断本性的模式，这是显而易见的。

在"命"的价值链里，性命是其不可或缺的环节，这一环节的确立，标明着外在宗教性天命到内在生物性生命的转变，这是人为作为生物之一的自己生命的立法，标志着理性的进步。因此，"命"与"性"的联系就在"命"的性命价值链。应该说，在这个时段上，在"命"的序列里，属于隐性的阶段，伴随着"性命"概念的出现，隐性就走向了显性。"穷理尽性而至于命"表明，"命"是"性"的本根和源泉，"性"是"命"的内在本质的形上规定；但是，本性作为性命的本质规定，在生物体的意义里，它无疑是鲜活的存在，这种存在得到鲜活的反映时，"性情"就得到实现自己价值的机会；"性"与"情"都由"心"组成，所以，性情是"心"之发，必须真诚，"情伪"概念的真伪义则正好佐证了这一点。在字形上，性情都离不开"心"，而孟子正是以心善言表性善的。但是，《周易》则相反于内在心的方面，

---

[1] 《周易·系辞下》，（魏）王弼著，楼宇烈校释：《王弼集校释》，中华书局1980年版，第575页。

[2] 参照《阴阳观念的介入——〈易传〉中的性命思想》，徐复观著：《中国人性论史》，上海生活·读书·新知三联书店2001年版，第173—193页。

而从外在阴阳切入来立论性情的，这体现了与儒家重视内在方面
相异的倾向，而且这一特点也为后来汉儒所继承和发展。本来，
重视外在的方面来界定性情，存在避免从价值判断方面切入的无
限可能性，但是，《周易》的思想家在乾道到人道的"生生不息"
的演绎中，进行了道德化的蒸馏和转换的处理，原本的客观自然
性已经荡然无存，道德的光环成为唯一的主旋律，而且"爱恶相
攻"的设定，客观上把善恶推向无限对立的世界，而善的价值实
现必须在与恶的决斗中才能实现，这是极端的情况，但就是中国
的道德世界，《周易》在儒家的轨道上起到了推波助澜的作用，
这是不能忽视的。

　　3. "刚中而应"的中正论

　　"中正"在中国道德哲学思想史上得到重视，应该说始于
《周易》。在词语学的意义上，"中"和"正"具有相同的意义，
就是不偏不倚。不过，《周易》具有自己独特的语言系统，在这
样的意义里，"中"和"正"并非完全一致。"正"是指阳爻居于
阳爻的位置，阴爻居于阴爻的位置，"中"是指阳爻或阴爻居于
上卦之中位或下卦之中位，即凡居于每卦之第二爻或第五爻者即
为得中，所以，只有阳爻居于阳爻，阴爻居于阴爻，又处于中位
时，才可称为正中。在广泛的意义上，得中就具有了中正之德。
所以，"中"和"正"有时连用为"中正"和"正中"。

　　(1) "中正以通"。

　　重视中正的功效是《周易》的一个特色。《周易》里"中正"
约有 17 例，"正中"约有 5 例，表示的意思虽然基本相同，但严
格而言，还是有细微区别的。在一定意义上，在"中"和"正"
组成的具体关系里，"正"是关键，是"中"的标的。所以，
"正"者必"中"，但"中"者不一定"正"。在这样的限定下，
"中正"实际上就是"中以行正"，即以"正"为准则来施行中道

的行为，"中正以通"所包含的内在意思就是这样。下面来详细分析。

首先，"刚中而应，大亨以正，天之命也"。

第一，在《周易》的系统里，刚、健、中、正是一个统一体，或者是乾坤的不同表达，代表的是天命的旨意。

> 大畜，刚健笃实，辉光日新其德。刚上而尚贤，能止健大正也。不家食，吉，养贤也；利涉大川，应乎天也。[①]
>
> 无妄，刚自外来而为主于内。动而健，刚中而应，大亨以正，天之命也。其匪正有眚，不利有攸往。无妄之往，何之矣！天命不佑，行矣哉！[②]

"大畜"体现的是"刚健笃实"的品质，能够停止在刚健的位置上，就是"刚中"、"大正"即中正，这是自然规律的表现，顺应自然规律而行，才能受到"天命"的保佑[③]。

第二，"天命"反映的是天地万物的自然规律，即"萃，聚也。顺以说，刚中而应，故聚也。王假有庙，致孝享也。利见大人，亨，聚以正也。用大牲，吉。利有攸往，顺天命也。观其所聚，而天地万物之情可见矣"[④]、"大壮，大者壮也。刚以动，故

① 《周易·彖传上·大畜》，（魏）王弼著，楼宇烈校释：《王弼集校释》，中华书局1980年版，第347页。

② 《周易·彖传上·无妄》，（魏）王弼著，楼宇烈校释：《王弼集校释》，中华书局1980年版，第342—343页。

③ 参照"九五含章，中正也。有陨自天，志不舍命也"（《周易·彖传下·姤·九五》，（魏）王弼著，楼宇烈校释：《王弼集校释》，中华书局1980年版，第441页）。

④ 《周易·彖传下·萃》，（魏）王弼著，楼宇烈校释：《王弼集校释》，中华书局1980年版，第444—445页。

壮。大壮利贞，大者正也。正大而天地之情可见矣"①。"刚中而应"② 是"聚"的行为，而"聚"是为了"正"即"聚以正"，在"聚以正"的实践过程里，天地万物的自然特性得到表现，"正大"与"刚中而应"、"聚以正"的意思的一样的。

第三，《周易》就是中正的代表。《周易》的思想家认为，乾坤的运作，体现的是"静而正"的实质。

> 夫易，广矣，大矣。以言乎远，则不御；以言乎迩，则静而正；以言乎天地之间，则备矣。夫乾，其静也专，其动也直，是以大生焉。夫坤，其静也翕，其动也辟，是以广生焉。广大配天地，变通配四时，阴阳之义配日月，易简之善配至德。③

> 直，其正也；方，其义也。君子敬以直内，义以方外，敬义立而德不孤。④

"乾"具有"大生"的特点，"坤"具有"广生"的特征，乾坤体现的广大的特征代表了《周易》的精神。在静态的层面上，"乾"体现的是专一、集中的特点，"坤"持有的则是聚集的特点，"翕"是聚集的意思；在动态的意义上，"乾"具有的是"直"即"正"的特点，"坤"具有的是中正的特点，因为"辟"的本义是

---

① 《周易·象传下·大壮》，（魏）王弼著，楼宇烈校释：《王弼集校释》，中华书局 1980 年版，第 387 页。

② 《周易》"刚中"约有 12 例。

③ 《周易·系辞上》，（魏）王弼著，楼宇烈校释：《王弼集校释》，中华书局 1980 年版，第 544 页。

④ 《周易·文言·坤》，（魏）王弼著，楼宇烈校释：《王弼集校释》，中华书局 1980 年版，第 229 页。

法律、法度的意思，法律的本质就是公正。实际上，"乾"、"坤"体现的本质是一样的，就是中正。因为，在上面的分析中，已经谈到"聚以正"的问题，在静态上体现的聚集的特征，在动态的表现上，就是依归中正而行为。所以，乾坤广大的特点，实际上为本质上的中正所支持，没有中正的本质，无法广大；反之，正因为中正，所以能够广大；一旦实现了广大，天地万物的自然运作就有了保证。所以，"易简之善"即乾坤的利点，可以称为最高的道德，这种道德能够"配天地"、"配四时"、"配日月"，表现为"德不孤"的状态。

应该注意的是，《周易》的广大中正，"远"而言之，体现"不禦"的特征，"不禦"是没有人为制御的意思；"近"而喻之，则体现"静而正"的特点，"静"是虚静的意思，虚静自然没有人为的因素干扰，从而达到中正。上面分析的"其静也专"、"其静也翕"，表示的也是在虚静的状态下进行聚集的意思，这本身就是一种"德"，即"至静而德方"[①]，"静"指的是地的事情，坤为地，地给人的是坚固不动的印象，所以是"至静"，大地以至静无为对待万物，没有任何偏私，显示的自然是"德方"即道德方正。这里可以明显看到与道家老子等思想的内在联系。

其次，"中正以通"。作为《周易》同名词的中正，其内涵虽然是天命精神的凝聚，但这仅是中正何谓的方面，如果没有中正"何能"的思考，那中正的价值实现就必然缺乏驱动的原初条件。"何能"的问题，聚焦的是中正所具有功效的问题。

> 乾元者，始而亨者也。利贞者，性情也。乾始能以美利

---

① 《周易·文言·坤》，（魏）王弼著，楼宇烈校释：《王弼集校释》，中华书局1980年版，第229页。

利天下，不言所利。大矣哉！大哉乾乎！刚健中正，纯粹精
也；六爻发挥，旁通情也；时乘六龙，以御天也；云行雨
施，天下平也。①

　　益，损上益下，民说无疆。自上下下，其道大光。利有
攸往，中正有庆；利涉大川，木道乃行。益动而巽，日进无
疆。天施地生，其益无方。凡益之道，与时偕行。②

中正具有精纯的品质，精纯主要指性情的精正，这是使天下万
物受益无穷的所在。所以，中正的良性运作，就能够使天下万
物运行在自己的本性轨道上即"刚遇中正，天下大行"③，而实
现天下太平的秩序，所以，"中正有庆"④。"庆"的繁体字是
"慶"，属于会意词，甲骨文字形，左边是个"文"字，中间有
个心，表示心情诚恳，右边是一张鹿皮，合起来就是带着鹿皮
对人表示衷心祝贺的意思。心情诚恳与性情精正的意思是一
致的。
　　实际上，性情纯正主要标明的仍然是中正内在的品质，中正
作为一种行为时，显然需要具体的运思，不然无法保证纯正不偏
品质的正常喷发，这就是"益动而巽，日进无疆"的提出。"巽"

――――――――――

　　① 《周易·文言·乾》，（魏）王弼著，楼宇烈校释：《王弼集校释》，中华书局
1980 年版，第 217 页。
　　② 《周易·彖传下·益》，（魏）王弼著，楼宇烈校释：《王弼集校释》，中华书
局 1980 年版，第 427—428 页。
　　③ 参照"姤，遇也，柔遇刚也。勿用取女，不可与长也。天地相遇，品物咸章
也。刚遇中正，天下大行也。姤之时义大矣哉！"（《周易·彖传下·姤》，（魏）王弼
著，楼宇烈校释：《王弼集校释》，中华书局 1980 年版，第 439 页）。
　　④ 参照"柔以时升，巽而顺，刚中而应，是以大亨。用见大人，勿恤；有庆
也。南征，吉，志行也"（《周易·彖传下·升》，（魏）王弼著，楼宇烈校释：《王弼
集校释》，中华书局 1980 年版，第 450 页）。

代表因顺的意思，在现实生活里，只有因顺而为，才能充分实现自己的志向即"志行"①，从而趋向"日进无疆"的境地。所以，中正行为的施行，"其益无方"。

静态上的纯正和动态上的因顺的整合，就使中正持有了"通"的功效，"节亨，刚柔分而刚得中。苦节不可贞，其道穷也。说以行险，当位以节，中正以通。天地节而四时成，节以制度，不伤财，不害民"②。刚柔分而不乱，刚得中而为制式，这是节卦的主旨。"说以行险"、"当位以节"，才能实现中正亨通的功效，过中而节，必然道穷。"中正以通"功效的实现，既不耗损"财"，又不损害民众，其益无穷。

当然，我们不得不注意的是，中正行为不是轻而易举而成的，也非人人都行，即"知进退存亡，而不失其正者，其唯圣人乎"③，只有圣人才能保持中正。

最后，"化成天下"。中正具有亨通民众的功效，所以，必须以此来化育天下。

> 龙德而正中者也。庸言之信，庸行之谨，闲邪存其诚，善世而不伐，德博而化。④
>
> 离，丽也。日月丽乎天，百谷草木丽乎土。重明以丽乎

---

①　参照"重巽以申命，刚巽乎中正而志行，柔皆顺乎刚，是以小亨，利有攸往，利见大人"（《周易·彖传下·巽》，（魏）王弼著，楼宇烈校释：《王弼集校释》，中华书局1980年版，第501页）。

②　《周易·彖传下·节》，（魏）王弼著，楼宇烈校释：《王弼集校释》，中华书局1980年版，第512页。

③　《周易·文言·乾》，（魏）王弼著，楼宇烈校释：《王弼集校释》，中华书局1980年版，第217页。

④　同上书，第214页。

正，乃化成天下。柔丽乎中正，故亨。①

师，众也；贞，正也。能以众正，可以王矣。刚中而应，行险而顺，以此毒天下，而民从之，吉，又何咎矣。②

正中是一种龙德。具有这样品德的人，平常使用的言语依归信实即"庸言之信"，行动则依归谨慎即"庸行之谨"③；在驱除邪恶行为上不失诚心，"闲"的本义是栅栏，用做动词时有阻隔的意思；在美化世俗方面扎实行为，从不夸耀；正是这样的胸怀，内在德性得到最大限度的彰显，在最为宽广的程度上化育了民众。所以，"丽乎正"、"柔丽乎中正"，其必然结果只能是"化成天下"，走向亨通，用此来治理天下的话，民众必然呼应即"民从之"。

总之，中正是天命，是自然规律，是《周易》的代名词；静态上的纯正和动态上的因顺的整合，使中正行为持有了亨通的机能，所以，中正价值的社会化实现，自然是以此来化育民众，使整个社会趋于中正的状态。

（2）"位正中"。

---

① 《周易·象传上·离》，（魏）王弼著，楼宇烈校释：《王弼集校释》，中华书局1980年版，第368页。

② 《周易·象传上·师》，（魏）王弼著，楼宇烈校释：《王弼集校释》，中华书局1980年版，第256页。

③ 参照"庸德之行，庸言之谨，有所不足，不敢不勉，有余，不敢尽。言顾行，行顾言，君子胡不慥慥尔"（《礼记·中庸》，（清）阮元校刻：《十三经注疏》，中华书局1980年版，第1627页中）、"庸言必信之，庸行必慎之，畏法流俗，而不敢以其所独甚，若是则可谓悫士矣。言无常信，行无常贞，唯利所在，无所不倾，若是则可谓小人矣"（《荀子·不苟》，王先谦著：《荀子集解》，中华书局1954年版，第31页）。

当位是《周易》的重要思想之一。"位正中"① 是《周易》中正思想里重要的组成部分，毫无疑问，"位正中"的"位"，用的是动词，意思为居于……位置、站在……位置，或者是以中正为站立的位置。在特定的社会境遇里，一个人应该居于什么位置，事实上站在什么位置，两者往往并非一致，这种不一致的产生，当然不是个人能够决定的，跟整个社会的制度建设的渗透力度等紧密结合，但与个人直接联系的事务也不是完全没有，这就是角色意识的问题，角色意识无形而直接地导航个人的行为，如果一个社会的所有人的角色意识装备都非常充分，其社会制度的现实效应力又十分强大，那就不会出现具体社会位置占有上的当然和实然之间产生背离的现象。

这里的"位正中"，强调的是居于该居于的地方，是一种角色意识的推重，一旦"位正中"，在价值的天平上就表现为"当"，即"大人之吉，位正，当也"②。"当"是《周易》的一个重要思想，这里应该首先明确的是，在词语学的意义上，"当"是个多义词，这里作为讨论对象的主要是去声的"当"，表示的是"适宜"的意思。不言而喻，"适宜"具有价值判断的意义，或者说，是价值判断实践中使用的一个概念，而不是事实判断过程里使用的名词；"适宜"是价值判断的主体和客体经过信息的

---

① 参照"显比之吉，位正中也。舍逆取顺，失前禽也。邑人不诫，上使中也"（《周易·象传上·比·九五》，（魏）王弼著，楼宇烈校释：《王弼集校释》，中华书局1980年版，第262页）、"孚于嘉吉，位正中也"（《周易·象传上·随·九五》，（魏）王弼著，楼宇烈校释：《王弼集校释》，中华书局1980年版，第305页）、"九五之吉，位正中也"（《周易·象传下·巽·九五》，（魏）王弼著，楼宇烈校释：《王弼集校释》，中华书局1980年版，第503页）。

② 《周易·象传上·否》，（魏）王弼著，楼宇烈校释：《王弼集校释》，中华书局1980年版，第282页。

互相折射以后得出的结论，这一思想我们在道家思想家那里也能找到①。作为"适宜"的"当"的用例，诸如"文明以说，大亨以正；革而当，其悔乃亡"②、"当万物之数"③、"开而当名辨物"④、"道有变动，故曰爻；爻有等，故曰物；物相杂，故曰文；文不当，故吉凶生焉"⑤，都是具体例证。显然，在《周易》的系统里，"正"就是"当"，不当就是不正，这是产生吉凶的缘由。

在"正"就是"当"的切入点上，《周易》还以特别推重"当位"而见长。与"当位"相关的概念约出现 31 个用例："位不当"约出现 17 次，"不当位"约有 4 次，"未当位"约有 1 次；"位正当"约有 4 次，"当位"约有 4 次，"位当"约有 1 次；其中"位不当"等否定意义上的用例有 22 个，"位正当"等肯定意义上的用例只有 9 个，这在一定意义上反映出，当时"位不当"的情况居于普遍地位的现实情况，这是角色意识扭曲的现实反应，这是应该注意的地方。此外，没有直接与"位"相连的"当"的用例还有："使不当"约有 1

---

① 作为一个范畴使用的"当"，首先应该在道家那里，主要是《黄帝四经》；"当"的概念虽然在《老子》那里也能够找到，但只是作为副词"正当……时候"使用的；《庄子》里就有作为"适宜"使用的用例；此外，法家的文献《商君书》里也有相同的用例（详细可以参考许建良：《〈黄帝四经〉"过极失当"的得当论》，《学习论坛》2007 年第 3 期，第 53—56 页）。

② 《周易·象传下·革》，（魏）王弼著，楼宇烈校释：《王弼集校释》，中华书局 1980 年版，第 465 页。

③ 《周易·系辞上》，（魏）王弼著，楼宇烈校释：《王弼集校释》，中华书局 1980 年版，第 549 页。

④ 《周易·系辞下》，（魏）王弼著，楼宇烈校释：《王弼集校释》，中华书局 1980 年版，第 565 页。

⑤ 同上书，第 572 页。

次,"未当"约有 2 次,"得当"约有 1 次;这都是在价值判断意义上使用的具体情况。下面主要就"位当"等问题来做具体的分析。

首先,"正位凝命"。《周易》强调社会分工上的有条不紊,人在什么位置上就负责做好什么工作,尽到其责任,"君子以正位凝命"[①] 就是这种思想的具体反映。"正位"就是做好自己的本职工作,不逾越自己的具体社会位置;"凝命"就是聚精会神自己的使命,"命"是使命的意思;两者不是并列的关系,而是递进关系。换言之,"正位"是"凝命"的条件,只有"正位",才能"凝命",这也是我们认识这一问题应该具有的自觉。

"正位凝命"是人社会事务方面的要求,但这不是全部。另一方面,"君子黄中通理,正位居体;美在其中,而畅于四支,发于事业,美之至也"[②],这里谈的是君子个人生活领域里的私人事务,或者说就是个人的仪表举止等,"正位居体"就是个人仪表的事情,在私人生活的领域里,仪表也应该注意保持端庄,这是健美、保持活力的要求,也是事业发达的必然内容之一,能够做到这一点,就是最高的美即"美之至"。必须注意的是,这与《礼记·大学》和荀子所重视的君子的"慎其独",是有本质区别的,这里强调的仅是个人仪表的端庄,而后者推重的则是在个人独处时必须用礼仪来约束自己。

---

① 《周易·象传下·鼎》,(魏)王弼著,楼宇烈校释:《王弼集校释》,中华书局 1980 年版,第 469 页。

② 《周易·文言·坤》,(魏)王弼著,楼宇烈校释:《王弼集校释》,中华书局 1980 年版,第 229 页。

其次，"位乎天位，以正中"。以中正为自己的行为之方，做好自己的本职工作，这仿佛居于"天位"一样。

> 需，须也，险在前也。刚健而不陷，其义不困穷矣。需，有孚，光亨，贞吉，位乎天位，以正中也。利涉大川，往有功也。①
>
> 履，柔履刚也。说而应乎乾，是以履虎尾，不咥人，亨。刚中，正，履帝位而不疚，光明也。②

"正中"仿佛"天位"，所以，践行"正中"，是角色行为的最高选择；如果能够严格地履行自己的角色职责，就仿佛"履帝位"一样，没有丝毫歉疚，一片光明。

最后，"男女正，天地之大义"。就一个社会而言，其秩序的建设，离不开每个人的角色意识和行为的支撑。"家人，女正位乎内，男正位乎外。男女正，天地之大义也。家人有严君焉，父母之谓也。父父、子子、兄兄、弟弟、夫夫、妇妇而家道正。正家而天下定矣！"③ 在家里，妇女的"正位"是主内的，男子的"正位"是主外的；男女如果能够做好各自的当为，那就达到了"正位"即"男女正"，这是天地之大义，容不得半点马虎。家里的最高统治者是父母，家庭关系主要是父子、兄弟、夫妇之间关系，处理好这些方面的关系是家道的内

① 《周易·象传上·需》，（魏）王弼著，楼宇烈校释：《王弼集校释》，中华书局1980年版，第245页。
② 《周易·象传上·履》，（魏）王弼著，楼宇烈校释：《王弼集校释》，中华书局1980年版，第272页。
③ 《周易·象传下·家人》，（魏）王弼著，楼宇烈校释：《王弼集校释》，中华书局1980年版，第401页。

容；家庭是社会的窗口，家道正了，天下自然也就安定了。不能忽视的是，《周易》的思想家无法逾越时代男尊女卑等级观念的限制，表现出来的是中国思想家所偏爱的从个人到家、国、天下而诉求安定的模式。

"正位"主要的意义在其角色意识的诉求，本来"正"和"中"都是讲阳爻和阴爻各自居于属于自己的位置，从而达到有条不紊，所以，当位是非常重要的。但是，我们不能忽视的是，《周易》的思想家更多地注意到的是社会"位不当"的方面，当位固然重要，但这是最高的美，不是每人都能做到的，正是在这里，《周易》的思想家表现了对"位不当"的宽容，而不是全然否定，诸如"虽不当位，未大失也"①，王弼"处无位之地，不当位者也"的注释，可以帮助我们加深认识。"不当位"是因为没有阴阳之定位，虽然是一种损失，但在这里设定的境遇里，不是"大失"，仍有认可的理由；"颐中有物，曰噬嗑。噬嗑而亨。刚柔分动而明，雷电合而章。柔得中而上行，虽不当位，利用狱也"②，也是这种情况。"柔得中"本来不应是"上行"，所以是"不当位"，但对"用狱"没有害处即"利用狱"，所以，仍然采取认可的态度。必须注意的是，对"位不当"的宽容，包含着对行为后果价值量上的衡量，这是值得肯定的。不能最好，求其次，也未尝不可，这不仅对行为者表现了宽容，而且对整个社会的价值积淀也是非常有利的，人不是神。可惜的是，这一思想没有能够在后来儒家道德思想

---

① 《周易·象传上·需·上六》，（魏）王弼著，楼宇烈校释：《王弼集校释》，中华书局1980年版，第247页。

② 《周易·象传上·噬嗑》，（魏）王弼著，楼宇烈校释：《王弼集校释》，中华书局1980年版，第322页。

的发展中得到肯定和张扬，儒家最终拒绝了人特性多样的
事实。

（3）"中以行正"。

上面分析了"正位"的角色意识思想，良好的角色意识，对
个人行为的选择和施行无疑是一个助力器，但是，这一角色意识
不是天生的，而是在后天生活实践里获取的。正是在这个意义
上，《周易》又注意对中正行为的诉求，如"得中"的概念约有
16 例①，"得中道"的概念约有 4 例②，"中行"的概念约有 9
例③。可以说，"得中"、"得中道"都是"中行"，"中行"就是
"行中"④，即"中以行正"⑤，这是以中道开始而以"正"为依归
的行为，"渐，之进也，女归吉也。进得位，往有功也。进以正，
可以正邦也。其位，刚得中也。止而巽，动不穷也"⑥，就是具
体的说明，是"进得位"、"进以正"，这是动态的过程，一旦当

---

① 诸如"讼，上刚下险，险而健。讼，讼有孚，窒惕，中吉，刚来而得中也"
（《周易·彖传上·讼》，（魏）王弼著，楼宇烈校释：《王弼集校释》，中华书局 1980
年版，第 249 页）。

② 诸如"乾母之蛊，得中道也"（《周易·象传上·蛊·九二》，（魏）王弼著，
楼宇烈校释：《王弼集校释》，中华书局 1980 年版，第 309 页）。

③ 诸如"包荒得尚于中行，以光大也"（《周易·象传上·泰·九二》，（魏）王
弼著，楼宇烈校释：《王弼集校释》，中华书局 1980 年版，第 277 页）、"中行独复，
以从道也"（《周易·象传上·复·六四》，（魏）王弼著，楼宇烈校释：《王弼集校
释》，中华书局 1980 年版，第 338 页）。

④ 参照"大君之宜，行中之谓也"（《周易·象传上·临·六五》，（魏）王弼
著，楼宇烈校释：《王弼集校释》，中华书局 1980 年版，第 313 页）、"敦复无悔，中
以自考也"（《周易·象传上·复·六五》，（魏）王弼著，楼宇烈校释：《王弼集校
释》，中华书局 1980 年版，第 338 页）。

⑤ 《周易·象传下·未济·九二》，（魏）王弼著，楼宇烈校释：《王弼集校释》，
中华书局 1980 年版，第 532 页。

⑥ 《周易·彖传下·渐》，（魏）王弼著，楼宇烈校释：《王弼集校释》，中华书
局 1980 年版，第 484 页。

位，就是"刚得中"。

那么，如何才能切实实行"中以行正"的行为呢？《周易》思想家的运思主要包括以下几个方面。

首先，"尚中正"。"尚"是崇尚、仰慕的意思。《周易》说："讼，上刚下险，险而健。讼，讼有孚，窒惕，中吉，刚来而得中也。终凶，讼不可成也。利见大人，尚中正也。"[①] "尚中正"就是崇尚中正行为的意思。对个人而言，崇尚必须有意识，崇尚意识的获取，又离不开具体情感的支持，所以，"尚中正"属于个人心理的范畴，是对个人心理的要求。

其次，"中正以观天下"。心理属于人内在的世界，不表现出来就无法使他人知道，"中正以观天下"就从心理的内在世界，走向了外在的世界。《周易》说："大观在上，顺而巽，中正以观天下。观盥而不荐，有孚颙若，下观而化也。观天之神道，而四时不忒，圣人以神道设教，而天下服矣。"[②] "中正以观天下"要求不偏不倚，不带任何个人的偏见，仿佛"天之神道"没有任何偏见一样，带来的结果是"四时不忒"；所以，圣人治理社会，就是依照"天之神道"来实践，天下民众没有不诚服的。

不偏不倚只是中正的一个方面，另一方面，还包括"当位"的意思，就是角色意识，居于当有的位置，这自然也是"中正以观天下"的内容。在延伸的层面上，这要求不以划一的模式来观察天下万物，而应该以万物各自的模式来加以不同的衡量，这是

---

① 《周易·彖传上·讼》，（魏）王弼著，楼宇烈校释：《王弼集校释》，中华书局 1980 年版，第 249 页。

② 《周易·彖传上·观》，（魏）王弼著，楼宇烈校释：《王弼集校释》，中华书局 1980 年版，第 315 页。

非常关键的。实际上，角色意识是道家思想的一个重要特色，在《庄子》那里就有非常充分的表现，诸如"性分自足"的思想，就是角色意识的最为深在和现实的理论依据①，这也为后来西晋思想家郭象所继承和发展②。

最后，"中正而应"。"中正以观天下"虽然与个人以外的世界有了联系，但仍然属于个人观照世界的事务，并没有与他人发生直接的关系。那么，面对他人，如何行为呢？《周易》说："同人，柔得位、得中而应乎乾，曰同人。同人曰，同人于野，亨。利涉大川，乾行也。文明以健，中正而应，君子正也。唯君子为能通天下之志。"③同人卦告诉我们的道理是，通过柔顺的行为之方来施行自己的角色实践，从而实现"得中"而与乾的精神保持一致即"应乎乾"，这就是同人；在同人的过程里，不仅应该"文明以健"，而且必须对他人履行"中正而应"，即以中正的行为之方来应对他人，君子能够做到这一点，也是君子能够"通天下之志"的所在。

总之，在"中行以正"里，我们再次领略了正当作为中道行为准则而定位的风采。在动态的意义上，"尚中正"、"中正以观天下"、"中正而应"，是一个从内向外开张的向度，显示了心理向行为的转化，成为"位中正"的切实的阶梯。

（4）"蒙以养正"。

众所周知，乾坤的自然运作，能保证万物本性的合规律发

---

① 参照许建良著：《先秦道家的道德世界》（中国社会科学出版社 2006 年版）的相关部分。

② 参考许建良：《郭象"量力受用"的现代诠释》，《江淮论坛》2004 年第 1 期，第 110—115 页。

③ 《周易·象传上·同人》，（魏）王弼著，楼宇烈校释：《王弼集校释》，中华书局 1980 年版，第 284 页。

展，即"大哉乾元，万物资始，乃统天。云行雨施，品物流形，大明始终，六位时成，时乘六龙，以御天。乾道变化，各正性命"①，"各正性命"是使万物得正的意思，得到正当的发展。所以，"养正"② 具有重要的意义。

> 蒙，山下有险，险而止，蒙。蒙，亨，以亨行，时中也。匪我求童蒙，童蒙求我，志应也。初筮告，以刚中也。再三渎，渎则不告，渎蒙也。蒙以养正，圣功也。③
>
> 颐，贞吉，养正则吉也。观颐，观其所养也。自求口实，观其自养也。天地养万物，圣人养贤，以及万民，颐之时大矣哉。④

"养正"就是育德，养育中正之品德，这是"圣功"。"养正"主要是"自养"，仿佛天地育养万物一样，没有任何人为之迹。

"养正"强调的主要是个人的自我养育，不是通过外在社会教化、制度的约束，这是应该注意的，这一点与儒家整体上重视内在心性修炼的价值方向是一致的。

通过上面的分析，可以清楚地看到，在《周易》那里，

---

① 《周易·彖传上·乾》，（魏）王弼著，楼宇烈校释：《王弼集校释》，中华书局1980年版，第213页。

② 《周易·杂卦》，（魏）王弼著，楼宇烈校释：《王弼集校释》，中华书局1980年版，第590页。

③ 《周易·彖传上·蒙》，（魏）王弼著，楼宇烈校释：《王弼集校释》，中华书局1980年版，第239—240页。

④ 《周易·彖传上·颐》，（魏）王弼著，楼宇烈校释：《王弼集校释》，中华书局1980年版，第352页。

"中"就是"正",中正是天命的产物,是万物的自然本性,所以,中正具有融通万物的功效,圣人治理社会也往往依赖中正,从而实现民众诚服的效果。这是中正不偏不倚方面告诉我们的道理;另一方面,"正"就是"当",对个体而言,在社会生活秩序里,正位即当位非常重要,它要求个体依归角色意识而行为,做好自己分内的工作,而不逾越职分去他为,这样才能保证社会生活秩序的和谐;角色意识,一方面必须通过"中以行正"的实践来培养,另一方面则必须通过个人自身的养育来积淀;它们之间各自的充分发展,才能保证中正价值的有效实现。

4. "安土敦乎仁,故能爱"的仁爱论

"仁"是儒家道德哲学的标志性概念,也是《周易》所关注的问题。在《周易》看来,仁是人道的事务,不是宇宙之道,这也显然与道家重视"自然"的概念相区别,自然是宇宙的视野,仁仅仅是人类社会的视野,所以,"立人之道曰仁与义"①,仁义是人的行为之方。在"四德"中,仁居于首要的位置,《周易》的思想家直接比附"元亨利贞。"来讨论"四德",即"元者,善之长也;亨者,嘉之会也;利者,义之和也;贞者,事之干也。君子,体仁足以长人,嘉会足以合礼,利物足以和义,贞固足以干事。君子,行此四德者,故曰:《乾》,元亨利贞。"②"四德"就是仁义礼智,因为,"贞者,事之干也"说的就是

---

① 《周易·说卦》,(魏)王弼著,楼宇烈校释:《王弼集校释》,中华书局1980年版,第576页。

② 《周易·文言·乾》,(魏)王弼著,楼宇烈校释:《王弼集校释》,中华书局1980年版,第214页。

"智"的事情①。元居于四者的首位，属于"善之长"，在天为元，在人为仁，所以，"体仁足以长人"，实在地体仁而行的话，对他人是有助的即"长人"。因此，作为"四德"之长的仁，关键在于它能够"长人"，助长他人发展，给人力量。

《周易》通过圣人治理社会的实例，来说明仁的威力。"仁者见之谓之仁，知者见之谓之知，百姓日用而不知，故君子之道鲜矣。显诸仁，藏诸用，鼓万物而不与圣人同忧，盛德大业，至矣哉！"② 仁者和智者都有自己独特的路数，虽然是"显诸仁"，但是，仁所具有的功用，百姓是不知道的，因此是"藏诸用"，实践仁道的事业可谓"盛德大业"，因此，"天地之大德曰生，圣人之大宝曰位。何以守位？曰仁"③，圣人是通过具体仁的行为来维持自己的地位的。

仁虽然具有"藏诸用"的功效，但是，如何去践仁呢？《周易》的回答是"安土敦乎仁，故能爱"④。"安土"是安居乐业的意思，能够"安土"的话，就能扎实地行仁道，对他人关爱，所以，"君子学以聚之，问以辩之，宽以居之，仁以行之"⑤，君子

---

① 参照"晋孙谈之子周适周，事单襄公，立无跛，视无还，听无耸，言无远；言敬必及天，言忠必及意，言信必及身，言仁必及人，言义必及利，言智必及事，言勇必及制，言教必及辩，言孝必及神，言惠必及和，言让必及敌。晋国有忧未尝不戚，有庆未尝不怡"（《国语·周语下》，邬国义等撰：《国语译注》，上海古籍出版社1994年版，第75页）。

② 《周易·系辞上》，（魏）王弼著，楼宇烈校释：《王弼集校释》，中华书局1980年版，第542页。

③ 《周易·系辞下》，（魏）王弼著，楼宇烈校释：《王弼集校释》，中华书局1980年版，第558页。

④ 《周易·系辞上》，（魏）王弼著，楼宇烈校释：《王弼集校释》，中华书局1980年版，第541页。

⑤ 《周易·文言·乾》，（魏）王弼著，楼宇烈校释：《王弼集校释》，中华书局1980年版，第217页。

的日常行为就是以仁为其准则。

在上面的分析中，不难发现，《周易》虽然看到了仁的威力，但是并没有对仁的内涵进行具体的界定，诸如孔子把爱作为仁的具体内涵，孟子把"事亲"作为仁的本质，虽然也接触到了仁与爱的连接，但其方向与孔子相反，一句话，《周易》重视的是仁的"何能"的方面，忽视了"何谓"仁的规定的方面，其思想也趋平庸。这是不能忽视的方面。

5. "利者，义之和也"的义利论

众所周知，儒家在整体上是轻视利益的，孔子的"君子喻于义，小人喻于利"[①]、"志士仁人，无求生以害仁，有杀身以成仁"[②]、孟子的"舍生而取义"[③]，就是具体的例证；虽然其后的荀子强调"义与利者，人之所两有也"[④]，但两者相较，仍然重在义，"保利弃义谓之至贼"[⑤]，就是具体证明。那么，《周易》对利益的认识又如何呢？

（1）"和顺于道德而理于义"。

"义"是《周易》重视的概念之一，其用例约有 43 个，当然不是全部作为德目使用的，有的仅仅是作为语言上的"意思"而使用的。作为德目的"义"，在道德哲学的体系里，具有非常重要的地位。《周易》认为，"昔者圣人之作易

① 《论语·里仁》，杨伯峻译注：《论语译注》，中华书局 1980 年版，第 39 页。

② 《论语·卫灵公》，杨伯峻译注：《论语译注》，中华书局 1980 年版，第 163页。

③ 《孟子·告子上》，（清）阮元校刻：《十三经注疏》，中华书局 1980 年版，第 2752 页上。

④ 《荀子·大略》，王先谦著：《荀子集解》，中华书局 1954 年版，第 330—331页。

⑤ 《荀子·修身》，王先谦著：《荀子集解》，中华书局 1954 年版，第 14 页。

也,将以顺性命之理"①,有许多理,性命之理只是其中的一个,《周易》的思想家认识到,在万物的世界中,遵顺其本性规则而与万物形成共作,对保持万物世界的活力尤为重要。但是,对人而言,最为重要的是"和顺于道德而理于义"②,换言之,在和顺道德的过程中,必须在"义"那里获得条理化和秩序化。

"义"不是别的什么存在,而是"道义","天地设位,而易行乎其中矣。成性存存,道义之门"③,上面说的"顺性命之理",在一定程度上就是为了"成性"。如何"成性"?答案是必须经过"道义之门";关于这点,韩康伯"物之存成,由乎道义也"的解释,也可以为这里佐证④。

当然,应该注意到的是,"义"在这里并非空洞的虚设,而有着明确的内容规定,即"圣人之情见乎辞……何以聚人?曰财。理财,正辞,禁民为非,曰义。"⑤"义"包括三个方面的内容:一是"理财",这是滋养万物的基础,维系着万物生命力,

---

① 《周易·系辞上》,(魏) 王弼著,楼宇烈校释:《王弼集校释》,中华书局 1980 年版,第 545 页。

② 《周易·说卦》,(魏) 王弼著,楼宇烈校释:《王弼集校释》,中华书局 1980 年版,第 576 页。

③ 《周易·系辞上》,(魏) 王弼著,楼宇烈校释:《王弼集校释》,中华书局 1980 年版,第 545 页。

④ 关于"义",在前面分析道德产生的问题时已经详细陈述,这里不再铺陈,提出同一问题只是为了衡量它与利益关系的问题时作必要的条件说明。并请参照"有天地,然后有万物;有万物,然后有男女;有男女,然后有夫妇;有夫妇,然后有父子;有父子,然后有君臣;有君臣,然后有上下;有上下,然后礼义有所错"(《周易·序卦》,(魏) 王弼著,楼宇烈校释:《王弼集校释》,中华书局 1980 年版,第 583 页)。

⑤ 《周易·系辞下》,(魏) 王弼著,楼宇烈校释:《王弼集校释》,中华书局 1980 年版,第 557—558 页。

所以是"聚人"的必然途径；二是"正辞"，这讲的是用语要规范即"正"，语言是人的仪表的一个组成部分，从语言中可以窥透人的素质；三是"禁民为非"，不让民众做不道德即"非"的事情；三者的整合就是"义"。必须说的是，"禁民为非"不是给人提出崇高的道德标准，让人做圣人，不是应然的事务，而是在另一价值方向上，给人提出不得不的要求，超过这个限度，就必须受到法律的制裁。尽管《周易》反对对人用刑，但是，在违法行为损害法律的利益时，仍然赞成采取刑法，"发蒙。利用刑人，用说桎梏。以往，吝。象曰：利用刑人，以正法也"①，以此来达到"正法"的目的。

必须注意的是，"禁民为非"的取向，尽管不是《周易》的重心，但我们仍然能够看到与儒家不同价值取向的气息，而这种倾向与法家主张严刑峻法是为了防止人为恶的取向又有惊人的一致性，这也是值得我们重视的地方。后来的荀子也注意到了道义的"限禁"的功用，与《周易》显示了一致性②。

（2）"利者，义之和也"。

"利"也是《周易》重视的德目之一，在总体上，《周易》显示的是等同"义"与"利"的特点。它说："利者，义之和也……利物足以和义。"③ 利益是道义的总和，也就是说，利益

---

① 《周易·象传上·蒙·初六》，（魏）王弼著，楼宇烈校释：《王弼集校释》，中华书局1980年版，第240—241页。

② 参照"夫义者，所以限禁人之为恶与奸者也……夫义者，内节于人，而外节于万物者也；上安于主，而下调于民者也；内外上下节者，义之情也。然则凡为天下之要，义为本，而信次之"（《荀子·强国》，王先谦著：《荀子集解》，中华书局1954年版，第203—204页）。

③ 《周易·文言·乾》，（魏）王弼著，楼宇烈校释：《王弼集校释》，中华书局1980年版，第214页。

是道义组成的①；另一方面，充足利益万物只是为了与道义保持
和谐的关系。尽管后者是从"利物"开始的，但是，目的仍然是
"和义"，其价值的倾斜是非常明显的。在不同的切入口上，我们
也可以说，道德就是利益。在这样的话语系统里，利益自然也就
失去了魅力和光环，被赋予了可悲的社会角色定位。

（3）"利用安身"。

与"义"相比，"利"的用例更多，诸如"利贞"的用例就
约有46次，包括"利艰贞"（5次）、"利女贞"（2次）、"利君子
贞"（1次）、"利居贞"（1次），给予"利"以"正"的价值判
断，这是首先必须肯定的；不仅如此，而且"利用"的用例也约
有20次，这一概念不完全相同于今天"利用"的意思，在《周
易》的境遇里，"利"具有"用"的意义，"利"就是"用"，诸
如对"击蒙，不利为寇，利御寇"，《象传》的"利用御寇，上下
顺也"② 的解释，就是最好的证明；在这样的意义上，"利用"
就是一种实用，这也是应该注意的。这是对"利"的整体内涵规
定。但是，《周易》对利益的肯定绝对不局限于这里，还遍及其
他各个方面。其他大概的情况是："利有攸往"（19次）、"利见

---

① 相似的观点可以参照"义以生利，利以平民"（《春秋左传》卷二十五《成公
二年》，（清）阮元校刻：《十三经注疏》，中华书局1980年版，第1894页上）、"夫义
所以生利也，祥所以事神也，仁所以保民也。不义则利不阜，不祥则福不降，不仁
则民不至"（《国语·周语中》，邬国义等撰：《国语译注》，上海古籍出版社1994年
版，第37页）、"义，利之本也"（《春秋左传》卷四十五《昭公十年》，（清）阮元校
刻：《十三经注疏》，中华书局1980年版，第2059页上）、"夫义者，利之足也……废
义则利不立"（《国语·晋语二》，邬国义等撰：《国语译注》，上海古籍出版社1994
年版，第257页）、"义以导利"（《国语·晋语四》，邬国义等撰：《国语译注》，上海
古籍出版社1994年版，第310页）。

② 《周易·象传上·蒙·上九》，（魏）王弼著，楼宇烈校释：《王弼集校释》，
中华书局1980年版，第242页。

大人"(18次)、"利涉大川"(16次)、"无不利"(18次)、"不
利"(14次)、"无攸利"(12次)、"利西南"(5次)、"利天下"
(2次)、"利建侯"(2次)、"利执言"(1次)、"利建侯行师"(1
次)。不仅具有"利天下"等以天下为利益对象的强调,而且有
"无不利"、"无攸利"、"不利"那样对利益的量考,这些都是价
值判断意义上使用的概念;尤其值得提出的是,《周易》的思想
家似乎看到了利益驱动的原因,即"利有攸往","攸往"也就是
"所往",也就是说,利益往那里驱动,存在着客观的原因,这大
概也形成事实上《周易》强调利益民众的原因。对利益的具体考
量,将通过以下几个方面来演绎。

首先,"利御寇"。"利"有实用的价值,这虽然在上面已经
涉及了,但由于问题的切入点不一样,这里是从"利"存在功用
的层面切入的。

> 击蒙,不利为寇,利御寇。①
> 直,其正也;方,其义也。君子敬以直内,义以方外,
> 敬义立而德不孤。直、方、大,不习无不利,则不疑其所
> 行也。②

"为寇"的"为"是占有的意思,"御寇"的"御"是保卫、防御
的意思;"击蒙"是启发愚昧者的意思,使愚昧的人具有知识,
如果把他们作为"寇"(入侵他国)来使用的话,显然是"不利"

---

① 《周易·蒙·上九》,(魏)王弼著,楼宇烈校释:《王弼集校释》,中华书局
1980年版,第242页。
② 《周易·文言·坤》,(魏)王弼著,楼宇烈校释:《王弼集校释》,中华书局
1980年版,第229页。

的；如果用他们来防御"寇"，就是有利的事情。君子内在的德性纯正，外在的行为之方适宜，道德丰盈；如果采取"不习"①的行为之方，就能够收到"无不利"的客观效果。所以，君子对自己的"所行"，从来没有怀疑过，也就是程颐所解释的"无所用而不周，无所施而不利，孰为疑乎"？②

"不习无不利"的"习"，本义是小鸟反复地试飞，《说文解字》解释为"習，数飞也"③，所以，"不习"也就是不动的意思，即不施行人为的动作，采取自然而行的方法，客观上就能够收到"无不利"的好处，这里可以看到道家老子"虚静"思想的影响，而王弼"任其自然，而物自生；不假修营，而功自成，故不习焉，而无不利"④ 的解释，是最为精彩的概括。不得不注意的是，"利"的功效的实现，必须在与行为者的互动中才能完成，在互动的实践中，最为关键的是采取虚静无为的行为之方。

其次，"利用安身"。"利"具有客观的功效，但如何对象化？即功效价值实现的对象，也是一个不得不考虑的问题。《周易》的运思首先是"利"可以"安身"。

天下同归而殊塗，一致而百虑，天下何思何虑？日往则

---

① 参照"直方大，不习无不利"（《周易·坤·六二》，（魏）王弼著，楼宇烈校释：《王弼集校释》，中华书局1980年版，第227页）。

② 《周易程氏传·坤》，程颢、程颐著：《二程集》，中华书局1981年版，第712页。

③ （汉）许慎撰，（清）段玉裁注：《说文解字注》，上海古籍出版社1981年版，第138页上右。

④ 《周易注·坤·六二》，（魏）王弼著，楼宇烈校释：《王弼集校释》，中华书局1980年版，第227页。

月来，月往则日来，日月相推而明生焉。寒往则暑来，暑往
则寒来，寒暑相推而岁成焉。往者，屈也；来者，信也。屈
信相感而利生焉。尺蠖之屈，以求信也。龙蛇之蛰，以存身
也。精义入神，以致用也。利用安身，以崇德也。过此以
往，未之或知也。穷神知化，德之盛也。①

如何治理天下，在不同的学派那里，虽然存在不同的思路，但
是，其目的都是一样的即"天下同归而殊塗，一致而百虑"，"同
归"就是"一致"，"殊塗"是因为"百虑"。这是一般的道理。
具体而言，日月往来而光明宇宙，寒暑往来而自然成岁；往来运
动的结果就自然产生了利益。利益用来安身，也就是"致用"的
实现，这是生命的保证，这是崇高道德的基础即"崇德"；"致
用"的方法就是自然无为。所以，对待天下的事情"何思何虑"
之有？！

再次，"立成器以为天下利"。"利"的另一个价值实现的对
象是天下，《周易》的思想家认为，圣人在"备物致用，立成器
以为天下利"②方面，是首当其冲的；"备物"就是"立成器"，
"以为天下利"也就是"致用"。在上面已经提到，"利天下"也
是《周易》所追求的价值取向。

　　黄帝、尧、舜，垂衣裳而天下治，盖取诸乾坤。刳木为
舟，剡木为楫，舟楫之利，以济不通，致远以利天下，盖取

---

① 《周易·系辞下》，（魏）王弼著，楼宇烈校释：《王弼集校释》，中华书局
1980 年版，第 561—562 页。
② 《周易·系辞上》，（魏）王弼著，楼宇烈校释：《王弼集校释》，中华书局
1980 年版，第 554 页。

诸涣。服牛乘马，引重致远，以利天下，盖取诸随。①

　　乾始能以美利利天下，不言所利。大矣哉！大哉乾乎！②

　　归妹，天地之大义也。天地不交而万物不兴。归妹，人之终始也。③

　　黄帝等治理天下，发明了舟楫、乘用牛马，利益了天下民众，其实，他们本人并没有做什么，只是"垂衣裳而天下治"，原因是他们采取了乾坤的精神，因为乾坤持有"以美利利天下"的力量，而且"不言所利"。万物繁盛在于天地的自然交合，"人之终始"则在于男女之间的交合，人类社会能够遵循天地自然的规律，对人而言，就是大利。

　　最后，"尽利"。上面我们梳理了利益在个人和社会层面发挥功效的轨迹。其实，《周易》的思想家不仅强调天下利，而且推重"变而通之以尽利"④。在《周易》看来，"变通莫大乎四时"⑤，所以，"变而通之"的对象是四时。也就是说，顺从自然的规律来达到最大限度的利益实现，切实实现"安身"和"利天下"的目的。这里应该引起注意的是"尽利"，"尽"是副词尽量的意思，在这里用作动词，表示尽量地获取利益，让能有的利益

　　① 《周易·系辞下》，（魏）王弼著，楼宇烈校释：《王弼集校释》，中华书局1980年版，第559页。

　　② 《周易·文言·乾》，（魏）王弼著，楼宇烈校释：《王弼集校释》，中华书局1980年版，第217页。

　　③ 《周易·象传下·归妹》，（魏）王弼著，楼宇烈校释：《王弼集校释》，中华书局1980年版，第487页。

　　④ 《周易·系辞上》，（魏）王弼著，楼宇烈校释：《王弼集校释》，中华书局1980年版，第554页。

　　⑤ 同上书，第554页。

最大化地实现，里面包含了价值量的考虑，这是不能忽视的①。

就"尽利"实现的具体途径而言，主要有两个。

第一，"兴利"。《周易》有一处直接打出了"兴利"的旗帜："益，德之裕也……益，长裕而不设……益，以兴利。"② "裕"是富饶的意思，益卦所表示的就是道德的富饶丰裕，这主要是在于它切实地有所作为而利益于万物；"不设"表明的是不预先设计，而是根据万物的具体情况并采取利益该物的行动，由于具体的行动对万物有利，所以，就称为"兴利"。可以说，这是积极方面的"尽利"。

第二，"义不食"。上面曾经提到孔子的"杀身以成仁"③ 和孟子的"舍生而取义"④，表现出为了抱住抽象的仁义道德，宁愿牺牲自己的生命的追求。在这一点上，《周易》显示的价值信息也相差无几。《周易》说："君子于行，义不食也"⑤、"舍车而徒，义弗乘也"⑥。君子的行为始终以道义为依归，为了坚持道义，可以"不食"；为了张扬道义，宁愿舍弃马车徒步而行即"弗乘"。这是消极方面的"尽利"。

---

① 参照"小人不耻不仁，不畏不义，不见利不劝，不威不惩，小惩而大诫，此小人之福也"（《周易·系辞下》，（魏）王弼著，楼宇烈校释：《王弼集校释》，中华书局1980年版，第562页）。

② 同上书，第566—568页。

③ 《论语·卫灵公》，杨伯峻注：《论语译注》，中华书局1980年版，第163页。

④ 《孟子·告子上》，（清）阮元校刻：《十三经注疏》，中华书局1980年版，第2752页上。

⑤ 《周易·象传下·明夷·初九》，（魏）王弼著，楼宇烈校释：《王弼集校释》，中华书局1980年版，第397页。

⑥ 《周易·象传上·贲·初九》，（魏）王弼著，楼宇烈校释：《王弼集校释》，中华书局1980年版，第327页。

这里明显把道义当作人行为的唯一依归，而忽视了法律这一实然层面不得不的东西，把"应然"作为了"实然"，其消极的影响跟儒家道德哲学在利益实现问题上如出一辙；这跟它把"禁民为非"当作"义"的内容之一一样，道德与法律并没有明确的界限，为无道德、无法律现实的形成创设了理论的前提。关于这个的详细论述，将在综论里完成。

应该说，《周易》在义利问题上虽然存在着积极的方面，诸如"利用安身"、"利天下"、"尽利"、"兴利"等都是具体的证明，尽管里面还包括把利益作为人们生活基础来把握的因素，但在"利者，义之和"的界定中，上面的积极性就失去了实现自身功效的一切机会，这是无可否认的事实，尽管严酷，但是客观现实的；而在道德与利益关系上处理尺度失当的倾向，至今仍然在消极的方面产生着不利的影响，是我们应该引起重视的方面。

以上主要讨论了性命、中正、仁、义利等概念。性命属于人内外的两个世界，性是内在方面，命主要是外在的存在；中正关注的不仅是行为的不偏不倚，而且是占有位置的正当即"正位"；仁虽然在形式上是"藏诸用"，但却具有"长人"的功效；"长人"在不同的视阈里，就是"利天下"的问题，为了保证天下万物的始终，强调通过"尽利"、"兴利"等手段来实现利益的最大化。不过，在终极的意义上，是"利者，义之和也"的设定。这里，我们应该注意两点：一是"当位"的思想，这是角色意识的诉诸，强调人在社会生活里各司其职，各尽其能，显然是对历史上英雄主义思想的反省批判，对发挥每个人的能力，造成社会繁荣、稳定社会秩序具有积极的价值意义，这也是至今研究所忽视的地方；二是对"利有攸往"的认识，这意味着对驱动利益因素已经有模糊的认识或感觉，同时，在利益实现过程里的自然无为的强调，认为这是带来最大利益的唯一途径，这显然是对道家思想的摄取，而且主要集中在《易传》里，因此，有充足的理由推断，自然无为的思想不属于原初的《周易》。

三　"曲成万物"的道德教化论

《周易》"中正"范畴的确立，可以说是在道德哲学上的最大贡献之一，但在人性的视野里，中正虽然是天命精神的凝聚，然而，人类社会价值的普遍实现，还离不开社会的教化。教化也是《周易》在道德实践层面推重的一个重要方面。

1. "成万物"的教化目标论

教化的目标不是别的，就是成就万物。它说：

> 动万物者莫疾乎雷，挠万物者莫疾乎风，燥万物者莫熯乎火，说万物者莫说乎泽，润万物者莫润乎水，终万物始万物者莫盛乎艮。故水火相逮，雷风不相悖。山泽通气，然后能变化，既成万物也。[1]

以万物为对象的"动"、"挠"、"燥"、"说"、"润"、"终始"等行为，都是自然界里的自然行为，没有丝毫的人为痕迹，带来的客观实际效果是万物得到各自的成就。这里不仅回答了万物的出现不是没有任何理由的，而且作为自然界里的一

---

[1]　《周易·说卦》，（魏）王弼著，楼宇烈校释：《王弼集校释》，中华书局 1980年版，第 578 页。

个必然性的存在，是不可或缺的。但是，万物不是固定不变的，而是在自然因素的作用下自然变化的，在自然变化中实现了自身的充分运作，或者说达到成熟的样态。所以，万物的成熟样态既反映着该物本身的发展必然，也是自然界生物链的客观要求。

在教化意义上的万物就是人。如何来成就人，则需"设教"。

2. "观民设教"的教化途径论

《周易》也是参照天道来运行人道，所以，人道是天道的运用，这也是它重视"三才"的原因之一，诸如"文明以止，人文也。观乎天文，以察时变；观乎人文，以化成天下"[1]，就是最好的说明。正是在观察天道的过程中，启发领悟到了人的社会教化的方法，从而来"化成天下"。它说："先王以省方，观民设教。"[2]"省"与"观"是同义的，意思为统治者到各地察看，审察民众的具体情况，从而设立有针对性的教化即"观民设教"。教化既是社会治理的目标取向，又是治理社会的重要手段。

3. "神道设教"的教化指针论

通过教化来提升民众的素质，这是治理社会的目标之一。但是，至此，我们仍然无法知道教化的具体内容。所以，《周易》又提出了"神道设教"的设想，即"大观在上，顺而巽，中正以观天下。观盥而不荐，有孚颙若，下观而化也。观天之

---

① 《周易·彖传上·贲》，（魏）王弼著，楼宇烈校释：《王弼集校释》，中华书局 1980 年版，第 326 页。

② 《周易·彖传上·观》，（魏）王弼著，楼宇烈校释：《王弼集校释》，中华书局 1980 年版，第 315 页。

神道，而四时不忒；圣人以神道设教，而天下服矣"①。天地自然运行，四时有序变化，具有神奇的功效，所以，称为"天之神道"。在神道与万物的具体关系里，"神也者，妙万物而为言者也"②，之所以"神"，是因为它对万物具有神妙的功效，万物都能在自己本性的轨道上得到充分的发展，始终与"神"保持相依的关系。功效虽然神妙，但就"神"本身而言，"神无方而易无体"③，它没有固定的模式即"无方"，"神"也就是《周易》，《周易》在不同的物那里具有不同的现实版本，所以称为"无体"。

显然，"神道设教"高屋建瓴地在实践的方法论上，为教化设置了指针。

4."育万物"的教化对象论

教化的对象是万物，即每一个人，接受教化不是任何人的专利，而是大家的权利，"天下雷行，物与无妄；先王以茂，对时育万物"④。"物与无妄"的"与"，王弼解释为"辞也，犹皆也"。"雷"是一种自然现象，即我们常说的打雷；在打雷的时候，万物都不敢虚妄行动；由于万物各自都不敢虚妄行动，所以，这时都有条不紊地行进在自己本性的轨道上，这时教育"万物"，就是绝佳的时机。

---

① 《周易·象传上·观》，（魏）王弼著，楼宇烈校释：《王弼集校释》，中华书局1980年版，第315页。

② 《周易·说卦》，（魏）王弼著，楼宇烈校释：《王弼集校释》，中华书局1980年版，第578页。

③ 《周易·系辞上》，（魏）王弼著，楼宇烈校释：《王弼集校释》，中华书局1980年版，第541页。

④ 《周易·象传上·无妄》，（魏）王弼著，楼宇烈校释：《王弼集校释》，中华书局1980年版，第343页。

应该注意的是，这里的万物是一个非常宽广的概念，包括自然界的一切生物，实际上，"时育万物"原本的意思是，利用有利的时机来培育万物，显然也包括人以外的他物，而这些他物主要指维持人生存基本需要的东西，把它作为教化对象来理解，自然是在广义上使用的。因为在完整的意义上，人只有满足了生存的需要，才能获得接受社会教化的现实基础。这也是不能忽视的。

5. "曲成万物"的教化方法论

上面已经分析过教化指针的问题，这只是对教化问题所做的整体性的设定。换言之，教化必须以"神道"为依归。但是在依归"神道"的前提下，如何来具体化，我们并不能得到答案。在这方面，《周易》有详细的运思。

(1)"曲成万物而不遗"。

作为教化对象的"万物"，都是鲜活的个体，具有各自的独特性，自然无为的实践原则，要求我们保存万物各自的独特性。在动态的意义上，就是采取"曲成"的方法来得到完成，"易与天地准，故能弥纶天地之道……范围天地之化而不过，曲成万物而不遗，通乎昼夜之道而知"①。《周易》反映天地自然的规律，或者说是天地规律的具象，所以，称为"天地准"，覆盖一切天地之道，精当地阐释了天地的规律，故称为"不过"；贯通自然幽明之道，所以，没有什么不知道的。教化的实践，就是运用这些自然的规律来成就万物，"曲成万物而不遗"的"曲"，是弯曲、不直的意思，即不采取划一的模式，而是按照万物个体所持有的本性特征来进行针对性的育成，所

---

① 《周易·系辞上》，(魏)王弼著，楼宇烈校释：《王弼集校释》，中华书局1980年版，第539—541页。

以，"曲成"体现的正是万物的多样性要求。不仅如此，而且还必须"不遗"，不能遗留一个个体，表现出对万物接受教化权利的尊重。对个人而言，不仅教化权利的有无必须依仗政府，而且这一权利的享受和真切落实也必须依仗政府工作的保障。就"曲成万物而不遗"的客观效应而言，我们可以参照韩康伯的解释[①]；不过，必须指出的是，韩康伯认为，采取"曲成"的方法，万物适宜获取对自身有所好处即"得"的境遇。换言之，是"宜得"，不是"得宜"，显然，要实现"得宜"，还必须辅助其他的主客观条件[②]。

首先，"顺以动"。"顺"是顺从、因循的意思。众所周知，重视因循是先秦道家道德哲学的主要特色之一，源头在老子的"辅万物之自然而不敢为"[③]；这是道德实践视阈里道家独特的一种选择，这种行为选择的思想，为魏晋玄学家所继承和发挥到顶点[④]。非常明显，《周易》继承了道家这一思想。《周易》

---

① 韩康伯注释说："曲成者，乘变以应物，不係一方者也，则物宜得矣"（《周易注·系辞上》，（魏）王弼著，楼宇烈校释：《王弼集校释》，中华书局 1980 年版，第 541 页）。

② 相关的"曲"的思想，可以参照"乾坤，其易之门耶？乾，阳物也；坤，阴物也。阴阳合德，而刚柔有体，以体天地之撰，以通神明之德。其称名也，杂而不越，于稽其类，其衰世之意邪？夫易，彰往而察来，而微显阐幽。开而当名辨物，正言断辞，则备矣。其称名也小，其取类也大。其旨远，其辞文，其言曲而中，其事肆而隐。"（《周易·系辞下》，（魏）王弼著，楼宇烈校释：《王弼集校释》，中华书局 1980 年版，第 564—565 页）。

③ 详细可以参考许建良：《为"因循"翻案》，《新世纪的哲学与中国——中国哲学大会（2004）文集》上卷《传统与现代》，中国社会科学出版社 2005 年版，第 575—585 页。

④ 详细可以参考许建良著：《魏晋玄学伦理思想研究》（人民出版社 2003 年版）的相关章节，诸如王弼相关的思想，有非常详尽的分析论述。

重视"顺乎天而应乎人"①,因为,因顺的行为具有悦人的功效。

> 萃,聚也。顺以说,刚中而应,故聚也。王假有庙,致
> 孝享也。利见大人,亨,聚以正也。用大牲,吉。利有攸
> 往,顺天命也。观其所聚,而天地万物之情可见矣。②
> 兑,说也。刚中而柔外,说以利贞。是以顺乎天而应乎
> 人。说以先民,民忘其劳;说以犯难,民忘其死;说之大,
> 民劝矣哉!③

"顺以说"说的是因顺可以悦人,因为在一定的意义上,因顺是天道自然的规律即"顺天命"。之所以能够聚合,一方面是行为主体采取因顺行为所带来的悦人的效果,因为在这样的氛围里,客体的特性得到了最大限度的考虑,而且不是单纯的因顺,还要配备上使用"刚中"即公平、公正的行为之方来应对众人,这是"说以先民"的考虑,在这样的氛围里,万物都能够毫无拘束地自然表现自己,所以,"天地万物之情可见"。

正是在这样的考虑下,《周易》提出"豫,刚应而志行,顺以动,豫。豫顺以动,故天地如之,而况建侯、行师乎?天地以顺动,故日月不过而四时不忒;圣人以顺动,则刑罚清而

---

① 《周易·彖传下·革》,(魏)王弼著,楼宇烈校释:《王弼集校释》,中华书局1980年版,第465页。

② 《周易·彖传下·萃》,(魏)王弼著,楼宇烈校释:《王弼集校释》,中华书局1980年版,第444—445页。

③ 《周易·彖传下·兑》,(魏)王弼著,楼宇烈校释:《王弼集校释》,中华书局1980年版,第505页。

民服"①，这是动态的因顺，从而实现"刑罚清而民服"的客观效果②。

其次，"感应以相与"。这是感化、化育民众的方法。"咸，感也。柔上而刚下，二气感应以相与。止而说，男下女，是以亨，利贞，取女吉也。天地感而万物化生，圣人感人心而天下和平。观其所感，而天地万物之情可见矣!"③ 产生"感"的效应，需要一定的条件，不然就不可能被感，要"感人心"就必须对民众的心理历程有全面和深在的理解，以及由理解而来的尊重，这样才能有的放矢。这也就是我们常说的感化的方法，教化不能强

①　《周易·象传上·豫》，(魏)王弼著，楼宇烈校释：《王弼集校释》，中华书局1980年版，第299页。

②　体现因顺含义的概念，除"顺"以外，还有"随"、"因"等。参照"临，刚浸而长，说而顺；刚中而应，大亨以正，天之道也。至于八月有凶，消不久也"(《周易·象传上·临》，(魏)王弼著，楼宇烈校释：《王弼集校释》，中华书局1980年版，第311页)、"小过，小者过而亨也。过以利贞，与时行也。柔得中，是以小事吉也。刚失位而不中，是以不可大事也。有飞鸟之象焉。飞鸟遗之音，不宜上，宜下，大吉，上逆而下顺也"(《周易·象传下·小过》，(魏)王弼著，楼宇烈校释：《王弼集校释》，中华书局1980年版，第520页)、"随，刚来而下，柔动而说，随。大亨，贞，无咎，而天下随时。随之时义大矣哉"(《周易·象传上·随》，(魏)王弼著，楼宇烈校释：《王弼集校释》，中华书局1980年版，第303页)、"咸其股，执其随，往吝"(《周易·咸·九三》，(魏)王弼著，楼宇烈校释：《王弼集校释》，中华书局1980年版，第374页)、"志在随人，所执下也"(《周易·象传下·咸·九三》，(魏)王弼著，楼宇烈校释：《王弼集校释》，中华书局1980年版，第375页)、"祐者，助也。天之所助者，顺也；人之所助者，信也。履信思乎顺，又以尚贤也。是以自天祐之，吉，无不利也"(《周易·系辞上》，(魏)王弼著，楼宇烈校释：《王弼集校释》，中华书局1980年版，第554页)；"八卦成列，象在其中矣。因而重之，爻在其中矣。刚柔相推，变在其中矣。系辞焉而命之，动在其中矣"(《周易·系辞下》，(魏)王弼著，楼宇烈校释：《王弼集校释》，中华书局1980年版，第556页)、"因贰以济民行，以明失得之报"(同上书，第566页)。

③　《周易·象传下·咸》，(魏)王弼著，楼宇烈校释：《王弼集校释》，中华书局1980年版，第373页。

求，而应该在感化中追求自然而然的最佳效果。

最后，"胜其任"。郭店楚墓竹简的儒家文献里，有这样的记载："圣人之治民，民之道也。禹之行水，水之道也。造父之御马，马之道也。后稷之艺地，地之道也。莫不有道焉，人道为近。是以君子人道之取先。"① 圣人治理社会，采取的是"民之道"，这与大禹治水采取"水之道"、造父驯马依归"马之道"、后稷种地遵循"地之道"一样，在人类社会，一切都有"道"，但对人而言，人道最为切近；"民之道"就是人道，它必须能够解答人的特性。在"曲成万物"过程中，除了上面说的"顺动"、"感人心"以外，还必须在巩固教化效应的运思上，注意依据个人的能力来分配其具体的任务。

> 易曰："其亡其亡，系于苞桑"。子曰，德薄而位尊，知小而谋大，力小而任重，鲜不及矣。易曰："鼎折足，覆公𫗧，其形渥。凶。"言不胜其任也。②

"德薄"却期盼"位尊"，"知小"却奢望"谋大"，"力小"却追求"任重"，其效果自然非常令人担忧，仿佛东西"系于苞桑"一样，危亡在即，原因是"鲜不及"。"鲜"是少的意思，"德薄"、"知小"、"力小"都是少的状态，自然无法企及"尊位"、"大谋"、"重任"的要求，不具备相应的内在能力，故无法"胜其任"。所以，在社会的治理机制里，依据个人的实际能力来分

---

① 《尊德义》，李零著：《郭店楚简校读记》，北京大学出版社2002年版，第139页。

② 《周易·系辞下》，（魏）王弼著，楼宇烈校释：《王弼集校释》，中华书局1980年版，第563页。

配其具体的任务，对巩固教化的成果具有非常切实的意义①。

　　显然，因顺是方法论的运思，感化则主要侧重在情感上的效应，"胜其任"是对巩固教化效果的外在支撑，这三者成为一个系统，当然是相对于个人的外在的教化系统。在终极的意义上，教化的主体是个人，所以，没有个人的投入，一切只能等于零。

　　（2）"志应"。

　　上面讨论的"曲成万物"的"顺动"、"感人心"、"胜其任"的行为，实际上都是针对教化的行为主体而提出和要求的。对教化的行为客体毫无任何要求，显然也不是健康和理性的状态，"志应"就是对教化的行为客体提出的要求，这是在相反的行为取向上来施行的调适。《周易》认为"蒙以养正，圣功也"②，蒙卦所包含的精神可以用来"养正"，实现"圣功"，但是，"养正"功效在教化中的实现，必须依归"匪我求童蒙，童蒙求我"③的轨道，对人的启发、诱导，如果行为客体没有丝毫的主观要求和意愿，那行为主体的最大努力也不会开出理想的花朵。"童蒙求我"就是童蒙自觉性驱使的结果，在这样的意义上，行为主体的教化行为就是一种"志应"④。

　　（3）"言行，君子之枢机"。

　　在动态的意义上，教化的实践过程，在行为主客体关系里的

---

　　①　荀子也有相应的思想，参照"凡爵列、官职、赏庆、刑罚，皆报也，以类相从者也。一物失称，乱之端也。夫德不称位，能不称官，赏不当功，罚不当罪，不祥莫大焉"（《荀子·正论》，王先谦著：《荀子集解》，中华书局1954年版，第219页）。

　　②　《周易·象传上·蒙》，（魏）王弼著，楼宇烈校释：《王弼集校释》，中华书局1980年版，第240页。

　　③　《周易·蒙》，（魏）王弼著，楼宇烈校释：《王弼集校释》，中华书局1980年版，第239页。

　　④　《周易·象传上·蒙》，（魏）王弼著，楼宇烈校释：《王弼集校释》，中华书局1980年版，第240页。

"曲成",行为客体的主动性固然重要,但仅此是不够的,还必须诉诸行为主体的模范效应。

> 圣人有以见天下之赜,而拟诸其形容,象其物宜,是故谓之象。圣人有以见天下之动,而观其会通,以行其典礼……言天下之至赜而不可恶也,言天下之至动而不可乱也。拟之而后言,议之而后动,拟议以成其变化。"鸣鹤在阴,其子和之。我有好爵,吾与尔靡之。"子曰:君子居其室,出其言善,则千里之外应之,况其迩者乎?居其室,出其言不善,则千里之外违之,况其迩者乎?言出乎身,加乎民;行发乎迩,见乎远。言行,君子之枢机。枢机之发,荣辱之主也。言行,君子之所以动乎天地也,可不慎乎?[①]

"赜"是深奥的意思;象是圣人把深奥的道理简单化表述的形式,典礼则是圣人会通天下而表述天下动态情况的形式。言表天下的"至赜",必须严格因循"象其物宜"的原则,这是"不可恶"的要求;言说天下的"至动",必须严格依归"会通"的规则,这是"不可乱"的要求;在具体的行为推进上,则要求"拟之"、"议之"之后再言动;"拟议"就构成了动态变化的图像,这是作为外在他者认识的图像。这些都显示出圣人在治理社会上所投注的心血。

一般地来理解上面的思想,也就是"言行"是君子的枢机,它直接与荣辱相连接,因为君子是教化的行为主体,即使在自己家里,普通的"善言",带来的也是"千里之外应之"的效应;反之,普通的不善言,带来的却是"千里之外违之"的效应;君

---

① 《周易·系辞上》,(魏)王弼著,楼宇烈校释:《王弼集校释》,中华书局1980年版,第545—546页。

子的言行直接影响着其他人，具有"动乎天地"的客观功效，所以，绝对不能轻视。换言之，施教者必须时刻注意自己的行为对受教者的自然影响，教育的效果不是口述出来的，而是做出来的，感化出来的。

"曲成万物"的思想是《周易》关于道德实践的最为闪光的地方，强调的不仅是施教者行为的自然无为性，而且推重受教者自觉性的具备。在这一机制里，受教者的特性得到了最大限度的重视，无疑对万物内在能力因素的发挥，以及获得自身最为适宜的生存条件，具有切实的意义。但是，我们不得不注意的是，"曲成万物"的思想不是《周易》的创造，而是对道家思想的借鉴，因为我们在《黄帝四经》里就能找到"物曲成"[①]；"物曲成"与"曲成万物"显示的价值信息是不一样的，这种相异性在字面次序的不同中就可以窥出。"物曲成"昭示的是万物得到"曲成"，即符合自己本有特性的发展，在词性上，"曲成"起的是副词性状语的作用，"曲成"是对万物的具体描绘；这里的"曲成万物"，在词性上，"曲成"起的是动词的作用，万物是"曲成"行为的对象，这是一个动宾结构，在整体意义上，无疑是行为主体来"曲成万物"，对行为主体而言，采取"曲成"的行为是自觉的，我们在这种自觉里自然也可以窥视出行为者的意想性，这是不能忽视的；正是在这一点上，《周易》与道家表现出最大的差异。简单地说，在"曲成"与万物的关系上，道家是自然无为的，《周易》是有为的；这种有为性，我们还可以从

[①]　参照"王天下者有玄德，有〔玄德〕独知〔王术〕，〔故而〕天下而天下莫知其所以……霸主积甲士而征不备（服），诛禁当罪而不私其利，故令天下而莫敢不听……夫言霸王，其〔无私也〕，唯王者能兼覆载天下，物曲成焉"（《黄帝四经·经法·六分》，陈鼓应注译：《黄帝四经今注今译——马王堆汉墓出土帛书》，台湾商务印书馆 1995 年版，第 495 页）。

"拟议"言行的考量中看到，有为在《周易》的系统里，是贯彻一致的。这是我们应该注意的地方。

四 "恐惧修省"的道德修养论

上面我们讨论了道德教化的问题，"曲成"给我们留下了难忘的印象。在道德实践领域里，修养也是不能无视的课题。重视修养是《周易》的特色之一，它把能否积累善行直接与"庆"、"殃"联系，诸如"积善之家，必有余庆；积不善之家，必有余殃。臣弑其君，子弑其父，非一朝一夕之故，其所由来者渐矣"[①]，就是最好的说明。这里明确指出，修养是"渐"的过程，不是短期行为；家庭的"积善"、"积不善"，都是具体的人诸如父子来具体承担载体的；在这个意义上，修养作为道德实践的课题，强调的是个人的能动性，"不远之复，以修身也"[②] 就是例证[③]。

在修养的具体运思上，虽然也有对"恒"德养成强调等微观

---

① 《周易·文言·坤》，(魏) 王弼著，楼宇烈校释：《王弼集校释》，中华书局1980年版，第229页。

② 《周易·象传上·复·初九》，(魏) 王弼著，楼宇烈校释：《王弼集校释》，中华书局1980年版，第337页。

③ 《易传》的修养，在一定的意义上就是"养贤"，"贤"是圣贤的意思。参照"颐，贞吉，养正则吉也。观颐，观其所养也。自求口实，观其自养也。天地养万物，圣人养贤，以及万民，颐之时义大矣哉"(《周易·象传上·颐》，(魏) 王弼著，楼宇烈校释：《王弼集校释》，中华书局1980年版，第351页)、"大畜，刚健笃实，辉光日新其德。刚上而尚贤，能止健大正也。不家食，吉，养贤也；利涉大川，应乎天也"(《周易·象传上·大畜》，(魏) 王弼著，楼宇烈校释：《王弼集校释》，中华书局1980年版，第347页)。

方面显示重视的方面①。但是，在先秦道德哲学的长河里，最为
引人注意的无疑是"时行"、"忧患"、"危"等意识养成的宏观方
面的部分，这不仅在与道家道德哲学相比较的坐标里喷射出独特
性的信息，而且在儒家道德哲学自身的系统里闪耀出特殊性的光
芒。所以，笔者在此也将踏上《周易》修养特征的列车，通过对
三个问题的赏析讨论，来展示其思想的具体特色。

1. "应乎天而时行"的时德修养论

在《周易》的时代，"时行"是一种道德，"行之而时，德
也"②，在恰到的时机施行某种行为的行为就是一种德，因此，
养成时德自然成为个人修养的重大课题。

（1）"与时偕行"。

时德的首要内容就是随时而行。

> 乾元用九，天下治也。乾龙勿用，阳气潜藏；见龙在
> 田，天下文明；终日乾乾，与时偕行；或跃在渊，乾道乃
> 革；飞龙在天，乃位乎天德；亢龙有悔，与时偕极；乾元用
> 九，乃见天则。③

---

① 参照"不恒其德，或承之羞，贞吝"（《周易·恒·九三》，（魏）王弼著，楼
宇烈校释：《王弼集校释》，中华书局 1980 年版，第 380 页）、"恒，久也。刚上而柔
下，雷风相与。巽而动，刚柔皆应，恒。恒，亨，无咎，利贞。久于其道也。天地
之道，恒久而不已也。利有攸往，终则有始也。日月得天而能久照，四时变化而能
久成，圣人久于其道而天下化成。观其所恒，而天地万物之情可见矣"（《周易·彖
传下·恒》，（魏）王弼著，楼宇烈校释：《王弼集校释》，中华书局 1980 年版，第
377—379 页）。

② 《五行》，李零著：《郭店楚简校读记》，北京大学出版社 2002 年版，第 79
页。

③ 《周易·文言·乾》，（魏）王弼著，楼宇烈校释：《王弼集校释》，中华书局
1980 年版，第 216 页。

"时"是不息运动的,所以,"终日乾乾,与时偕行"就是自强不息的样子,随时而长久;"与时偕极"的"时"是时运的意思,其意思是听任时运的导航;这是天道自然的法则,其间显示的是自然无为的特点。

(2)"不失其时"。

这是适时的意思,即"时止则止,时行则行,动静不失其时,其道光明"①。在人生的历程里,何时启动何种行为?何时终止何种行为?都必须依归适时的原则,这里的"时"显然不是时间的"时",也不是时运的"时",而是时机的意思;"不失其时",也就是日常所说的不失时机的意思;行为的功效直接与时机相连②。

(3)"因其时而惕"。

"因其时"的"时",当是时代的"时"。《周易》认为,大有卦的卦意表明,"大有,柔得尊位大中,而上下应之,曰大有。其德刚健而文明,应乎天而时行,是以元亨"③,处在"大中"的位置,所以,"上下应之"的客观情况就成就了大有;从道德的视野切入的话,它体现的是"刚健而文明"的特点,之所以如此,这是因为大有采取"应乎天而时行"的行为之方,所以达到了亨通的地步。"时行"不是一件简单的

---

① 《周易·象传下·艮》,(魏)王弼著,楼宇烈校释:《王弼集校释》,中华书局 1980 年版,第 480 页。

② 参照"丰,大也。明以动,故丰。王假之,尚大也。勿忧,宜日中,宜照天下也。日中则昃,月盈则食,天地盈虚,与时消息;而况于人乎?况于鬼神乎?"(《周易·象传下·丰》,(魏)王弼著,楼宇烈校释:《王弼集校释》,中华书局 1980 年版,第 491—492 页)。

③ 《周易·象传上·大有》,(魏)王弼著,楼宇烈校释:《王弼集校释》,中华书局 1980 年版,第 289—290 页。

事情，它要求因循时代的节奏，培养自己的危机意识。它认为："君子终日乾乾，夕惕若厉，无咎。"[①]"厉"的本义是磨刀石，这里用的是引申义，表示祸患、危险；意思是君子整天自强不息，到傍晚仍然惧怕的样子，仿佛祸患要降临一样，如能这样的话，也就没有灾祸的担心即"无咎"了。《文言》对此解释说，"故乾乾，因其时而惕，虽危无咎矣"[②]，因循时代的脉搏而保持警惕、戒惧的心理，虽然给人有些危惧的感觉，但灾祸不会降临。

显然，时德的修炼不仅有与时俱行、不失时机的内容，而且有因循时代节奏的要求；"时"具有丰富的意义，这是不能忽视的。因循时代的方面，与下面将要分析的"不忘危"的危机意识的问题还有紧密的联系，其实，这也是笔者把时德放在前沿进行分析的用意之一。

2."明于忧患"的忧患意识修养论

关于《周易》的忧患意识，徐复观就认为，周在取代殷以后，表现出来的不是趾高气扬的气象，而是忧患意识[③]，但是，

① 《周易·乾·九三》，（魏）王弼著，楼宇烈校释：《王弼集校释》，中华书局1980年版，第211页。

② 《周易·文言·乾》，（魏）王弼著，楼宇烈校释：《王弼集校释》，中华书局1980年版，第215页。

③ 徐复观对忧患意识是这样界定的："忧患意识，不同于作为原始宗教动机的恐怖、绝望。一般人常常是在恐怖绝望中感到自己过分地渺小，而放弃自己的责任，一凭外在地神为自己作决定。在凭外在地神为自己作决定后的行动，对人的自身来说，是脱离了自己的意志主动、理智引导的行动；这种行动是没有道德评价可言，因而这实际是在观念地幽暗世界中的行动。由卜辞所描绘的'殷人尚鬼'的生活，正是这种生活。'忧患'与恐怖、绝望的最大不同之点，在于忧患心理的形成，乃是从当事者对吉凶成败的深思熟考而来的远见；在这种远见中，主要发现了吉凶成败与当事者行为的密切关系，及当事者在行为上所应负的责任。忧患正是由这种责任感

在对忧患意识的界定中，他又生硬地把忧患与绝望、恐怖联系在一起讨论，使人感觉不是很顺畅。

忧患意识是中国人比较熟悉的概念，尤其是知识分子，往往视之为忧患意识的载体，平时比较多见的是把具有忧患意识当作中华民族的优点之一来加以肯定。在中国哲学思想史上，较早提出"忧患"概念的是《周易》，约有2个用例，"忧"的用例约有13处，"患"的用例约有3处。在语言学的意义上，"忧"、"患"表示的是相同的意思，往往可以互释；在动词的意义上，表示担忧、发愁①；在名词的意义上，则表示忧患、祸患。忧患意识就是由对忧患、祸患认识而积淀起来的心理情感，往往表现为忧愁、担心之感。应该注意的是，"忧"、"患"都与"心"相联系，离开"心"就无所谓忧患，所以，在最终的意义上，它是心理的活动。下面就带着这种认识来审视《周易》的忧患思想。

（1）"悔吝者，忧虞之象"。

何谓忧患？这是一个首先不得不回答的问题。《周易》认为，"悔吝者，忧虞之象也"②。悔吝的意思是祸患，"忧虞"就是忧患、忧虑的意思，祸患是忧虑的具象。生活的经验告诉人们，"忧悔吝者存乎介"③，忧虑祸患降临的人，往往具有独特的情操。

来的要以己力突破困难而尚未突破时的心理状态。所以忧患意识，乃人类精神开始直接对事物发生责任感的表现，也即是精神上开始有了人地自觉的表现。"（《周初宗教中人文精神的跃动》，徐复观著：《中国人性论史》，上海生活·读书·新知三联书店2001年版，第18—19页）。

①　参照"不克讼，归逋窜也。自下讼上，患至掇也"（《周易·象传上·讼·九二》，（魏）王弼著，楼宇烈校释：《王弼集校释》，中华书局1980年版，第250页）。

②　《周易·系辞上》，（魏）王弼著，楼宇烈校释：《王弼集校释》，中华书局1980年版，第537页。

③　同上书，第539页。

就忧患的内容而言，《周易》虽然没有明确的规定，但有一处的
资料，还是可以窥测到其价值方向的，即"乾刚坤柔，比乐师
忧"①，比卦使人快乐，师卦则使人担忧，因为，师是动众打仗
的意思，在这个意义上，战争的创伤在周人心目中留下了较深的
印痕，他们是不希望战争的。

（2）"明于忧患"。

《周易》本身就是忧患意识的写照。孔颖达认为："若无忧
患，何思何虑，不须营作。今既作《易》，故知有忧患也。身既
患忧，须垂法以示于后，以防忧患之事。"② 关于这一点，有详
细的记载。

> 易之兴也，其于中古乎？作易者，其有忧患乎？是故，
> 履，德之基也。谦，德之柄也。复，德之本也。恒，德之固
> 也。损，德之修也。益，德之裕也。困，德之辨也。井，德
> 之地也。巽，德之制也。履，和而至。谦，尊而光。复，小
> 而辨于物。恒，杂而不厌。损，先难而后易。益，长裕而不
> 设。困，穷而通。井，居其所而迁。巽，称而隐。履，以和
> 行。谦，以制礼。复，以自知。恒，以一德。损，以远害。
> 益，以兴利。困，以寡怨。井，以辨义。巽，以行权。③
> 易之为书也不可远，为道也屡迁。变动不居，周流六
> 虚。上下无常，刚柔相易，不可为典要，唯变所适。其出入

---

① 《周易·杂卦》，（魏）王弼著，楼宇烈校释：《王弼集校释》，中华书局1980
年版，第586页。

② 《周易·系辞下疏》，（清）阮元校刻：《十三经注疏》，中华书局1980年版，
第89页中。

③ 《周易·系辞下》，（魏）王弼著，楼宇烈校释：《王弼集校释》，中华书局
1980年版，第566—569页。

以度，外内使知惧，又明于忧患与故。①

没有忧患，就没有必要写《周易》了；就内容而言，《易传》
主要发挥了道德的方面，对 9 个德目的规定，就是具体的说
明。履指明了人们践履的准则，是道德的基础，和同是具体
的要求；谦显示的是谦下的品性，是道德的根本，具备谦虚
道德的人，受到他人的尊敬而显得光彩耀人；复是返本的意
思，以天道自然为本，反复不离其本，从微小处着手，是道
德的本原；恒是持之以恒的意思，虽然繁杂，但不厌弃，维
系着道德的坚固度；损是减少的意思，是对本有的减少，能
够在具体的境遇里做到损的话，这体现着道德修炼的程度，
往往开始的时候难，一旦抵达了损的境界就非常容易了；益
显示的是对他者的有利、有益，是道德宽裕的象征，虽然必
须以具体行为来证明，但行为没有固定的模式；困是穷困、
闭塞的意思，凡物穷则思变，困则谋通，变与通的实现，需
要辨别具体的是非而趋向明了，所以，称为"德之辨"；井具
有不变而井井有条的意思，所以是道德生存的土壤；巽是顺、
卑顺的意思，这是命令施行的条件，它持养命令的运行而自
身隐而不显，命令的施行程度自然决定着道德实现的程度，
所以，卑顺是道德裁断者即"德之制"。

履通过和同来彰显行为的价值。"谦，以制礼"的意思是
这样的，《象传》有"卑而不可踰"的论述，就是地位卑微者
坚守谦虚的道德规则的话，他人就不可逾越你，这一事实在
一定程度上可以制约礼仪的等级性。复可以自知。恒坚守一

---

① 《周易·系辞下》，（魏）王弼著，楼宇烈校释：《王弼集校释》，中华书局
1980 年版，第 569—570 页。

之道，所以有所获得。损具有远害的功效。益由于对他者具有实际的好处，倡导它可以兴利。困由于闭塞，所以没有任何张扬的迹象，不会引起他人的怨恨即"寡怨"。并无私地对一切物，这正是义的要求。巽顺的真正施行，不可能一帆风顺，尤其在具体的规则面前无法做到时，要求采取权衡的方法来迂回完成。

《周易》一方面把这九种道德看成个人最为重要的行为之方，从而导航人的生活；另一方面则通过它们的叙述，来明辨忧患以及忧患的成因，从而激发人的忧患意识；这是个人生存的实用哲学，都与个人处世有着紧密关系，尽管困的穷通对认知的进步有帮助，益的兴利对他人、社会都有实际的好处，但是，这些都是限于个人生活领域里的行为之方的方法，都是对一个人的要求，这里我们无法见到社会对消解个人忧患而应该做的制度保证方面的诉求，这是非常遗憾的地方，也是最为关键的方面，应该引起特别的关注。

（3）"不与圣人同忧"。

忧虑、忧愁是人的世界的现象，显然不是自然之道的反映，所以，"显诸仁，藏诸用，鼓万物而不与圣人同忧，盛德大业，至矣哉！"[1]"显诸仁"的主语指的当是天地自然之道，它育养万物，但不与圣人同忧，担忧是圣人的事情，在自然的节律里，是不存在这样的事情的，"圣人以此洗心，退藏于密，吉凶与民同患"[2] 里的"吉凶与民同患"，讲的也是圣人在吉凶问题上，与民众一同担忧的事情。

---

① 《周易·系辞上》，（魏）王弼著，楼宇烈校释：《王弼集校释》，中华书局1980年版，第542页。

② 同上书，第552页。

(4)"思患而预防之"。

现实生活是复杂多变的,《周易》就是依归"唯变所适"的原则来尽力启发民众的,要做到"唯变所适","思患"是必须的,"思患"就是对忧患的思考和认识。《周易》说:

> 君子进德修业。忠信,所以进德也。修辞立其诚,所以居业也。知至至之可与几也,知终终之可与存义也。是故居上位而不骄,在下位而不忧。故乾乾,因其时而惕,虽危而无咎矣。[1]
>
> 旁行而不流,乐天知命,故不忧。[2]

君子通过"进德修业"的具体生活实践,达到了"居上位"而不骄傲,"在下位"而不担忧,也就是说,外在的社会名分对君子无法产生实际的影响,只要注重自强不息的修炼,因循时代的节律而保持警惕的警戒之心,即使遇到危险也不会产生实际的患难。虽然忧患意识是人的世界的事情,天生是人的课题。但是,人只要恰到好处地变通,并且能够听从"乐天知命"即天命声音的自然关怀,也就没有什么可以忧虑的了。

但是,至此还是不够的,"水在火上,既济。君子以思患而预防之"[3],本来,"既济"就没有什么事情可以做了。但是,还必须"思患而预防之",预测可能的患难,并在行为中来加以预

---

① 《周易·文言·乾》,(魏)王弼著,楼宇烈校释:《王弼集校释》,中华书局1980年版,第214—215页。

② 《周易·系辞上》,(魏)王弼著,楼宇烈校释:《王弼集校释》,中华书局1980年版,第540页。

③ 《周易·象传下·既济》,(魏)王弼著,楼宇烈校释:《王弼集校释》,中华书局1980年版,第526页。

防。具体而言，如何预防？这就是"乐则行之，忧则违之"①，"违之"是不执行的意思。在《周易》看来，只要保持忧患的意识，就可以远离灾祸，即"既忧之，无咎"②。

《周易》最后一卦是未济，这跟在上面分析的"既济"以后，与"君子以思患而预防之"的运思模式是一致的，因此，《周易》在形式和内容上实现了完美的统一。

《周易》重视忧患意识的特点，在中国先秦道德哲学中具有独特的位置，这是不能忽视的。在儒家道德哲学的长河里，重视忧患显然具有悠久的历史，诸如《论语》里就有"后世必为子孙忧"、"吾恐季氏之忧"③，孟子也强调"生于忧患"④，但是，他们都是侧重在个人修养的层面来立论的⑤。人始终处在关系的境遇里，许多物事是自己一个人无法预防的，即使具有这方面的忧患意识；诸如对国家的忧患意识，这长期以来也是中国知识人所关注的方面，忧国忧民就是生动的说明，如果在外在制度等方面没有相应的配套措施的话，无论什么样的忧虑、忧愁，也难以收到理规的效果，诸如徐复观

---

① 《周易·文言·乾》，（魏）王弼著，楼宇烈校释：《王弼集校释》，中华书局1980年版，第214页。

② 《周易·临·六三》，（魏）王弼著，楼宇烈校释：《王弼集校释》，中华书局1980年版，第312页。

③ 《论语·季氏》，杨伯峻译注：《论语译注》，中华书局1980年版，第172页。

④ 《孟子·告子下》，（清）阮元校刻：《十三经注疏》，中华书局1980年版，第2762页上。

⑤ 郭店竹简的儒家文献里，也有"忧患"概念的使用。参照"凡忧患之事欲任，乐事欲后。身欲静而毋美，虑欲渊而毋伪，行欲勇而必至，貌欲庄而毋伐，【心】欲柔齐而泊，喜欲智而无末，乐欲怿而有至，忧欲敛而毋昏，怒欲盈而毋希，进欲逊而毋巧，退欲肃而毋轻，欲皆敏而毋伪"（《性》，李零著：《郭店楚简校读记》，北京大学出版社2002年版，第108页）。

先生所说的忧患意识是责任感的自觉的说法，也是值得商榷的。

责任感的产生，必须具备先决的条件，就是作为主体的人具有的权利地位，首先是公民的权利，以及权利得到保证的制度设施，没有这个为前提，忧患意识永远只能在具有良知的人的心田里找到自己的位置，无法外化为具体的行动；这些我们无法在《周易》那里找到答案，那个时代也根本不具备这样的条件。所以，不紧贴文献及其时代而奢谈责任，不仅是对文献的扭曲，而且是对中华民族的极大不负责任，因为，我们历来就把具有忧患意识等同为尽到了人的责任，这是畸形的忧患意识样态；外在的条件方面非常重要，在21世纪的今天，每个中国人必须自觉到这样的程度，不能见到树木就是森林，而不去考察森林的实际有无情况，这样才能加快民族进步的步伐。

我的结论是，忧患意识是人作为人的良知的驱动，而不是责任感的驱动，而良知就是提供人自觉意识的土壤，这是我们应该牢牢记住的。[1]

---

① 关于"忧"，其他的表达还有"坎为水，为沟渎，为隐伏，为矫輮，为弓轮。其于人也，为加忧，为心病，为耳痛，为血卦，为赤"（《周易·说卦》，（魏）王弼著，楼宇烈校释：《王弼集校释》，中华书局1980年版，第579—580页）、"夬，决也，刚决柔也；君子道长，小人道忧也"（《周易·杂卦》，（魏）王弼著，楼宇烈校释：《王弼集校释》，中华书局1980年版，第590页）、"丰。亨，王假之，勿忧，宜日中"（《周易·丰》，（魏）王弼著，楼宇烈校释：《王弼集校释》，中华书局1980年版，第491页）、"丰，大也。明以动，故丰。王假之，尚大也。勿忧，宜日中，宜照天下也。日中则昃，月盈则食，天地盈虚，与时消息，而况于人乎？况于鬼神乎？"（《周易·彖传下·丰》，（魏）王弼著，楼宇烈校释：《王弼集校释》，中华书局1980年版，第491—492页）这些可以作为参考。

3. "不忘危"的危机意识修养论

忧患意识主要侧重在心里担忧的活动，只能在心里担忧，是因为个人力量的渺小，无法对此有根本性的举措，如果在力量上足够通过具体的行动来冲击引起忧患的渊薮，那就不可能停留在忧虑、忧愁上，危机意识所带来的正是人为保卫自己而做的一切实际努力。

在西方，美国人没有什么忧患意识，他们是今天用明天的钱，生活非常轻松快乐，没有任何压力，自然也没有理由担忧、忧虑。但是，他们的危机意识非常高。2006 年 9 月 10 日在英国伦敦飞往美国的飞机上，查出了液体爆炸物，美国立即在所有的飞机场加强了检查，禁止了液体物的携带；但这一紧急情况的出现，属于额外的事务，依靠平时的力量无法承担所有的任务，一时间在全国所有的机场配备上 FBI 的力量，也不是一件易事。因此，一些航班就被临时取消了。另一件事情是，2006 年 1 月 23 日，俄罗斯前国家情报员 Alexander Litvinenko 在英国伦敦被害，被害使用的武器是放射性物质，这是非常新型的杀伤武器，当时美国的新闻媒体立即报道说，美国所有的入关港口还没有配备针对放射性预防的检查仪器，他们在表达紧张气氛的同时，国家已经宣布调拨力量立即着手配备这方面的检查仪器。这些是美国人危机意识的具体例子。由危机意识而来的应对行动，都有一个共同的特点，就是以人的生命、生活为依归，由对人的生命和生活造成威胁以及由此带来的紧张气氛而产生。

我们虽然很少提危机意识，但是，在中国哲学思想史的长河里，仍然有关于危机运思的闪光痕迹，这就是《周易》给我们留下的宝贵遗产，但这一问题至今都被忽视。当然，也有混淆忧患和危机这两个不同概念的情况①，这也是致使研究不能精当反映真实情况的直接原因。这里就针对"危"的概念，来做一下具体的分析。

"危"在词语学上，小篆字形上面是人，中间是山崖，下面是腿骨节形。表示人站在很高的山崖上，本义是在高处而畏惧；在动词的层面，是恐惧、忧惧的意义；在名词的角度，是危机、危亡、危险等困境及其根源的意思。在动词的层面，表示危惧、恐惧、忧惧意思的词还有"惧"②。对危机、危亡、危险等困境及其根源等的认识，以及忧惧危机来临和避免、应对危机的心理和能力的综合整合，就是我们所说的危机意识；在危机侵袭来临时，危机意识可以驱动人们采取立即行动以避免造成灾难，脱离危险境地；对人而言，它是一种真实的力量。

综观《周易》，"危"字大约出现 13 次，"惧"约出现 6 次；

---

① 诸如徐复观先生就依据"易之兴也，其当殷之末世，周之盛德邪？当文王与纣之事邪？是故，其辞危。危者使平，易者使倾。其道甚大，百物不废，惧以终始，其要无咎，此之谓易之道也"（《周易·系辞下》，（魏）王弼著，楼宇烈校释：《王弼集校释》，中华书局 1980 年版，第 573 页）的文献，得出"此种忧患意识的诱发因素，从《易传》看，当系来自周文王与殷纣间的微妙而困难的处境"（《周初宗教中人文精神的跃动》，徐复观著：《中国人性论史》，上海生活·读书·新知三联书店 2001 年版，第 19 页）。把"危"、"惧"等概念说成忧患意识，显然是欠考虑之举。

② "易之兴也，其当殷之末世，周之盛德邪？当文王与纣之事邪？是故，其辞危。危者使平，易者使倾。其道甚大，百物不废，惧以终始，其要无咎，此之谓易之道也。"（《周易·系辞下》，（魏）王弼著，楼宇烈校释：《王弼集校释》，中华书局 1980 年版，第 573 页）这里的"危"和"惧"就是在相同的意义上使用的。

动名词的用法都有①。下面来进行具体分析。

（1）"危行"。

"危"指危险、恐惧的意思。《周易》说："震往来厉，危行也；其事在中，大无丧也。"②"大"指的是六五居尊位，当建大功，所以，以"大"为依归，必然无丧而有功。但如果往来畏惧不定，必然趋向危险的境地，畏惧不定本身就是危惧的行为③。

（2）"知惧"。

危惧只是"危"的一种形式，另外，还有忧惧，"易之为书也不可远，为道也屡迁。变动不居，周流六虚。上下无常，刚柔相易，不可为典要，唯变所适。其出入以度，外内使知惧，又明于忧患与故"④。《周易》依归"唯变所适"，向人昭示出入必须依归"度"，具体的行动必须认知忧惧，同时理清忧患及其缘故。这是由忧而来的恐惧、惧怕。一些研究在使用这段资料时，往往只注意到忧患，而忽视了前面的"惧"，这里明显讲了三件事情，即"度"、"惧"、"忧患"，它们是并列的

---

① 也存在名词动用的情况。参照"君子进德修业。忠信，所以进德也。修辞立其诚，所以居业也。知至至之可与几也，知终终之可与存义也。是故居上位而不骄，在下位而不忧。故乾乾，因其时而惕，虽危而无咎矣"（《周易·文言·乾》，（魏）王弼著，楼宇烈校释：《王弼集校释》，中华书局1980年版，第214—215页）。这里是身处危险的意思。

② 《周易·象传下·震·六五》，（魏）王弼著，楼宇烈校释：《王弼集校释》，中华书局1980年版，第476页。

③ "二与四，同功而异位。其善不同，二多誉，四多惧，近也。柔之为道，不利远者；其要无咎，其用柔中也。"（《周易·系辞下》，（魏）王弼著，楼宇烈校释：《王弼集校释》，中华书局1980年版，第571页）这里的"惧"当也是危惧的意思。

④ 同上书，第569—570页。

关系，不能混淆。

（3）"其危乃光"。

为什么会出现"危"的情况？要解决这个问题，就必须对"危"的内涵进行具体的考量。以下两个资料可以帮助我们解决这个问题，"夬，决也，刚决柔也。健而说，决而和。扬于王庭，柔乘五刚也。孚号有厉，其危乃光也"[①]、"三多凶，五多功，贵贱之等也。其柔危，其刚胜邪"[②]。刚决柔，在于刚本身所具有的健康强壮，这可以使人悦和；柔不处在自己当处的位置上，就是不正，不正就是邪，邪就是危险的境地，所以，称为"危乃光"。"光"是光大的意思，如果不纠正这种情况，其危险的情况还会扩大。"其柔危，其刚胜邪"的"危"，也是"邪"的内涵。

这昭示人们，行为不正的话，就会带来危险，使自己处于困难的境地。

（4）"危者，安其位者"。

《周易》对"危"的认识，不仅在于它对具体内涵进行了规定，而且在于它对其功能的深刻认识。

首先，"危薰心"。由危险境地而来的恐惧之感，会扰乱人的心情，即"艮其限，危薰心也"[③]。"艮"的意思是止，如果止加其身，中体而分，体就一分为二，对主体而言，这是最大的危险，它使人恐惧万分，其恐惧之感会烧灼其心，使人无法安宁，只能通过积极的行为来加以调整，从而真正避免危难的

[①]　《周易·象传下·夬》，（魏）王弼著，楼宇烈校释：《王弼集校释》，中华书局 1980 年版，第 433—434 页。

[②]　《周易·系辞下》，（魏）王弼著，楼宇烈校释：《王弼集校释》，中华书局 1980 年版，第 572 页。

[③]　《周易·象传下·艮·九三》，（魏）王弼著，楼宇烈校释：《王弼集校释》，中华书局 1980 年版，第 481 页。

来临。

其次，"恐致福"。"危薰心"只是问题消极的方面，积极的方面则是给人带来幸福，"震，亨。震来虩虩，恐致福也；笑言哑哑，后有则也；震惊百里，惊远而惧迩也。出，可以守宗庙社稷，以为祭主也"①。首先应该注意的是，这里前后的"恐"和"惧"是互相置换的。"震来虩虩"是恐惧的样子，由于恐惧，不敢懈怠，反而因此而得福。与忧患意识的主要区别，是危机意识在人内在的心理机制上，装备着驱动防范危机降临行为的自然因子。

再次，"既辱且危，死期将至"。一方面危惧的境遇可以给人带来幸福，另一方面也可以将人带入死地，"非所困而困焉，名必辱；非所据而据焉，身必危。既辱且危，死期将至，妻其可得见邪？"② 在《周易》看来，困于所困，才能名正；据于所据，才能身安；现在是"非所困而困"，名必定受到玷污；"非所据而据"，身必定面临危难；玷污加上危难，一定会把人置身死地③。

最后，"危者，安其位者"。在上面的分析中，我已经用安危来做了具体的说明。实际上，这也不是我的创举，中国文字中本身就有安危的概念，这在《周易》里就可以找到具

---

① 《周易·象传下·震》，（魏）王弼著，楼宇烈校释：《王弼集校释》，中华书局 1980 年版，第 474 页。

② 《周易·系辞下》，（魏）王弼著，楼宇烈校释：《王弼集校释》，中华书局 1980 年版，第 562 页。

③ 王弼对"六三，困于石，据于蒺藜。入于其宫，不见其妻，凶"注释为："石之为物，坚而不纳者也，谓四也。三以阴居阳，志武者也。四自纳初，不受己者。二非所据，刚非所乘，上比困石，下据蒺藜，无应而入，焉得配偶？在困处斯，凶其宜也。"（《周易注·困·六三》，（魏）王弼著，楼宇烈校释：《王弼集校释》，中华书局 1980 年版，第 455 页）可以参考以加深理解。

体的用例。"危"的具体规定在上面已经进行了分析，这里出现的是"危者"，显然跟作为单字的"危"存在区别。"危者"表示的主要是危险的事情、危惧的经历的意思，具有动态性的特点。

> 危者，安其位者也；亡者，保其存者也；乱者，有其治者也。[1]
>
> 君子安其身而后动，易其心而后语，定其交而后求。君子修此三者，故全也。危以动，则民不与也；惧以语，则民不应也。无交而求，则民不与也。莫之与，则伤之者至矣。[2]

这里"危者"和"亡者"对应，实际上就是危亡。危亡是安全的渊薮；危亡困境的体验，可以给人带来安定的处境。危亡是持存的保障；危亡境遇的磨炼，可以确保人生命存活空间的拓宽，或者说更多地持有。治乱的关系也一样。

君子的生活实践就是对上面物理的具体说明。君子通过修炼三个方面来保全自己的生命：一是"安其身而后动"，"安"是安稳、安逸的意思，安稳指的是人的外部，安逸则是内在的方面；君子在采取具体行动之前，能做到以安稳、安逸的姿态出现；如果以恐惧的样子出现，他人是不会与他交往的。二是"易其心而后语"，"易"是和悦、和蔼的意思，用和蔼的态度来与他人讲话，才能得到民众的应和；如果以让人惧怕的样子出现，民众就

---

① 《周易·系辞下》，（魏）王弼著，楼宇烈校释：《王弼集校释》，中华书局1980年版，第563页。

② 同上书，第564页。

不会应和。三是"定其交而后求","交"是交往、交接的意思，这里是交往规则的意思，确立好交往的规则，然后再来寻求朋友，不然，民众不会与他交往。三个方面都不行，那是最悲惨的事情了。

这里阐述了"危"的功能，以及在实际生活里给人带来的功效，赋予"危"这个内涵，确实是《周易》的创举和功劳。

（5）"恐惧修省"。

危机意识的养成也是这里注重的一个问题。"君子安而不忘危，存而不忘亡，治而不忘乱，是以身安而国家可保也。易曰：其亡其亡，系于苞桑。"①自身虽然处在安逸的境遇，但不忘危险的来临；现实虽然持存许多，却不忘失去它们的可能；生活秩序虽然整治井然，却不忘祸乱的降临；正因为始终能够保持这样的心境和行为之方，所以，始终能够处在安稳、安逸的境遇之中，如果人人都能这样，国家的繁荣也就没有问题了。

在外在的形式上，我们看到的是上面所分析的君子的形象，其实，对君子来说，这自然不是天然所得，因为"洊雷，震。君子以恐惧修省"②，君子经常给自己设置恐惧、危险的境遇，来进行实际的反省和修炼。这是值得肯定的。

显然，《周易》对危机、危惧、恐惧、忧惧的认识是非常深刻的，不仅严格区别了忧患和危惧的相异，而且正视了它们之间的联系，这就是"忧惧"；"忧惧"成为忧患走向危机的桥

---

① 《周易·系辞下》，（魏）王弼著，楼宇烈校释：《王弼集校释》，中华书局1980年版，第563页。

② 《周易·象传下·震》，（魏）王弼著，楼宇烈校释：《王弼集校释》，中华书局1980年版，第475页。

梁，危机、危亡、危险、危惧、恐惧、惧怕等都是"危"这个大厦里的房客。从忧患到危惧，在哲学的屏幕上，显示的是从良知进到责任的道理。在一般的意义上，由忧患而来的担忧、忧虑等的对象，虽然可以包括自己以及其他一切领域，直至国家前途，但主要是外在他者的现状和前途等的忧虑，自己不是作为忧虑对象物事的参与者或当事人，因此，自己没有任何直接的责任。所以，这种忧虑及其忧患意识永远只能是停留在心里的行动，具有明显的被动性，无法通过具体的行为来加以任何的改变乃至预防；如果说，忧患意识确实存在功用的话，那就是行为主体自己是作为对象来加以忧虑的时候，这样的话，忧患意识生发效用就严格地限制在了个人的领域，无法扩大到社会他人、国家的大事上。

另一方面，由危机、危亡等而来的危惧、惧怕、忧惧等对象，尽管包括一切物事，并具有突如其来的不可预料性，这些物事与人具有的关联程度，虽然在具体的人那里有不同的表现，或者有些人根本是局外者。但是，有一点是共同的，就是这些物事在现实层面所产生作用的对象，无疑直接涵盖产生忧惧行为主体本人在内，所以，行为主体者就无法如忧患意识持有者那样，只在心里行动了。因为，产生影响的实际结果会影响到每一个人，这时危机意识就直接自然地驱动了具体的防范行为，这就是忧患意识不能激发的责任因子的驱动。所以，危机意识直接导致各种应急行为来防止危难情况的发生，关键在于责任意识，这时才真正是理性自觉的表现，这些在忧患意识的层面是不可能发生的。在责任因子激发的保卫行为中，是一场自我保卫战，在保卫自己的过程中，社会国家也自然得到了保护，尤其是在一个以民众利益为最大追求利益的国度里，任何时候的危机意识都会形成事实上的避免国家危难的保卫战，在这样的战争中，在个人利益得到保护的同时，国家利益的损害不仅得到避免，而且国家利益也同时得到扎实的增进。

　　最后，不得不指出的是，有关对"危"、"惧"的认识，不是《周易》的发明，孔子[①]、孟子[②]都有对此相关的思考[③]，孔孟的运思也主要是聚焦在个人修养方面，自然没有从权利与责任的角度来思考，因此，危惧意识的养成也主要在个人的安身立命，乃或是保命上面，即使孔子有"危邦不入"的论述，也主要是在个人修养的层面来立论的，因为"危邦"的环境对个人修养会产生不利的负面影响，所以"不入"。所以，《周易》"是以身安而国家可保"与孔子"危邦不入"的价值追求是一样的。如果有人认为这一思想与美国第 35 任总统肯尼迪（John F. Kennedy）在 1961 年 1 月 21 日的就职誓言中说的名言"不要问你的国家能为

---

　　① 参照"危邦不入，乱邦不居。天下有道则见，无道则隐。邦有道，贫且贱焉，耻也；邦无道，富且贵焉，耻也"（《论语·泰伯》，杨伯峻译注：《论语译注》，中华书局 1980 年版，第 82 页）、"今之成人者何必然？见利思义，见危授命，久要不忘平生之言，亦可以为成人矣"（《论语·宪问》，杨伯峻译注：《论语译注》，中华书局 1980 年版，第 149 页）、"知者不惑，仁者不忧，勇者不惧"（《论语·子罕》，杨伯峻译注：《论语译注》，中华书局 1980 年版，第 95 页）。

　　② 参照"抑王兴甲兵，危士臣，构怨于诸侯，然后快于心与"（《孟子·梁惠王上》，（清）阮元校刻：《十三经注疏》，中华书局 1980 年版，第 2671 页上）、"人之有德慧术知者，恒存乎疢疾。独孤臣孽子，其操心也危，其虑患也深，故达"（《孟子·尽心上》，（清）阮元校刻：《十三经注疏》，中华书局 1980 年版，第 2765 页下）、"能无惧而已矣"（《孟子·公孙丑上》，（清）阮元校刻：《十三经注疏》，中华书局 1980 年版，第 2685 页中）、"一怒而诸侯惧，安居而天下熄"（《孟子·滕文公下》，（清）阮元校刻：《十三经注疏》，中华书局 1980 年版，第 2710 页下）、"孔子成春秋，而乱臣贼子惧"（同上书，第 2715 页上）。

　　③ 郭店楚简的儒家文献也有"危"的概念的用例，参照"义者，君德也。非我血气之亲，畜我如其子弟，故曰：苟济夫人之善也……危其死弗敢爱也，谓之【臣】，以忠事人多"（《六位》，李零著：《郭店楚简校读记》，北京大学出版社 2002 年版，第 131 页）。

你做什么，要问你能为你的国家做什么"（Ask not what your country can do for you, ask what you can do for your country），有相同性的话，那就大错特错了，因为，肯尼迪是鼓励民众为国家建设而努力，因为，国家的利益需要民众的努力来实现，人民的利益需要国家来得到保证，而且民众自己的利益也在国家的制度中得到真实的回报，所以，国家的利益与人民的利益是一个统体；这与中国先秦春秋战国时期的情况完全是不一样的，当时的中国，民众的利益根本没有保障，两者的文化预设完全不同①。

总之，在审视《周易》忧患意识的问题时，不能忽视危机意识的方面，这是全今我们的研究所无视的部分，两者的联系在忧惧，危机意识就是"惧"的意识，但"惧"是一个家族，诸如惧怕、恐惧、忧惧，都是其成员，忧惧不过是其中的一个成员，正是忧惧连接了忧患和惧怕，这是应该明确认识的。在评价忧患意识和危机意识时，不得不注意的问题是，不能任意过高量定其价值，最多也只是在个人修养领域被衡量的问题，"以恐惧修省"的运思本身就是最好的说明。

五 "备物致用"的理想人格论

道德教化和道德修养的实践效果如何？没有具体的检验渠道显然是徒劳无益的。虽然可以有多种方法来完成检验的任务，但这里坚持一贯的以理想人格为具体检验途径的做法，以下对人格

---

① 参照孟子"安其危而利其菑，乐其所以亡者"（《孟子·离娄上》，（清）阮元校刻：《十三经注疏》，中华书局1980年版，第2719页下）。

分析的效用，主要也在这里得到体现。

综观《周易》，出现的人格主要有小人、大人、圣人、君子。一般而言，小人人格是在与其他三种人格相比较的意义上使用的，是现实的人格类型，由于缺乏理想性的意义，这里将讨论后三种人格类型。但是，在讨论之前，不得不指出的是，大人、圣人、君子人格是紧密联系的人格，有时无法严格分开，下面两段文献将有力证明这一点。

> 君子学以聚之，问以辩之，宽以居之，仁以行之。易曰：见龙在田，利见大人，君德也。[①]
>
> 飞龙在天，利见大人，何谓也？子曰：同声相应，同气相求。水流湿，火就燥，云从龙，风从虎。圣人作而万物睹，本乎天者亲上，本乎地者亲下，则各从其类也。[②]

前面是"君子学以聚之"，后面加以概括的是"利见大人"，可见君子和大人在这里是可以置换的；第二个用例，前面是"利见大人"，后面的具体解释是"圣人"，显然，作者把大人和圣人等视。所以，区分并不严格，为了分析的方便，这里将把他们分开进行逐个的讨论。

1. "以继明照于四方"的大人人格论

《周易》里"大人"的概念约出现 29 次，其中"利见大人"约有 15 次，这也可以看出大人与利益的紧密联系性。大人人格

---

① 《周易·文言·乾》，（魏）王弼著，楼宇烈校释：《王弼集校释》，中华书局1980年版，第217页。

② 同上书，第215页。

的品质主要由以下因子组成。

（1）"与天地合其德"。

大人人格的血管里流淌的是天地的自然血液。

首先，"与天地合其德"。大人简直就是天地自然的化身。
"夫大人者，与天地合其德，与日月合其明，与四时合其序，与
鬼神合其吉凶。先天而天弗违，后天而奉天时。天且弗违，而况
于人乎？况于鬼神乎？"①大人的行为与天地、日月、四时、鬼神
保持一致，决不违背自然规律。

其次，"尚中正"。《周易》认为"利见大人，尚中正也"②，
利益在大人那里得到表现，主要昭示崇尚中正的重要。

最后，"位正当"。大人始终依归正当的行为轨道，即"大人
之吉，位正当也"③，所以，与万物处在和谐的境遇里。尽管大
人本身具有高尚的品行，但是，"龙德而正中者也。庸言之信，
庸行之谨，闲邪存其诚，善世而不伐，德博而化。易曰：见龙在
田，利见大人，君德也"④，即"善世而不伐"，从来不炫耀自
己，德行施展影响的范围越发广大。

（2）"以继明照于四方"。

以上主要是大人个人的品性，在与他者的关系中，大人又是
怎样的呢？

---

① 《周易·文言·乾》，（魏）王弼著，楼宇烈校释：《王弼集校释》，中华书局
1980年版，第217页。

② 《周易·象传上·讼》，（魏）王弼著，楼宇烈校释：《王弼集校释》，中华书
局1980年版，第249页。

③ 《周易·象传上·否·九五》，（魏）王弼著，楼宇烈校释：《王弼集校释》，
中华书局1980年版，第282页。

④ 《周易·文言·乾》，（魏）王弼著，楼宇烈校释：《王弼集校释》，中华书局
1980年版，第214页。

首先，"刚中而应"。中正还涵盖"萃，聚也。顺以说，刚中而应，故聚也。王假有庙，致孝享也。利见大人，亨，聚以正也。用大牲，吉。利有攸往，顺天命也。观其所聚，而天地万物之情可见矣"① 的内容。大人是中正的体得者，在具体实践的环节上，就是采取因顺和"刚中而应"的方法，因顺能使万物的性情愉悦，中正公平来应对万物，由于没有偏差，所以容易聚集万物，在万物得聚的具体境遇里，万物都能够按照自己的本性来尽情运作，对大人没有任何顾忌。

其次，"以继明照于四方"。大人与小人是两个相对的人格，"六二，包承，小人吉，大人否亨"②，就是最好的说明。在与他者的关系里，大人始终体现出对群体的责任感即"大人否亨，不乱群也"③，不仅如此，而且"大人以继明照于四方"④，这是对上面的进一步补充，大人不仅聚集万物，而且明照四方。

总之，大人是天地之德的具象，行为中正，应对公正，凝聚万物，明照四方；此外，还有危机意识即"九五，休否，大人吉。其亡其亡，系于苞桑"⑤，"其亡其亡，系于苞桑"就是强烈危亡意识的鲜活反映。

---

① 《周易·象传下·萃》，（魏）王弼著，楼宇烈校释：《王弼集校释》，中华书局1980年版，第444—445页。

② 《周易·否·六二》，（魏）王弼著，楼宇烈校释：《王弼集校释》，中华书局1980年版，第281页。

③ 《周易·象传上·否·六二》，（魏）王弼著，楼宇烈校释：《王弼集校释》，中华书局1980年版，第281页。

④ 《周易·象传上·离》，（魏）王弼著，楼宇烈校释：《王弼集校释》，中华书局1980年版，第369页。

⑤ 《周易·否·九五》，（魏）王弼著，楼宇烈校释：《王弼集校释》，中华书局1980年版，第282页。

2. "成能"的圣人人格论

大家知道,在一定的意义上,《周易》本身就是圣人的影子,"夫易,圣人所以崇德而广业也"①,就是最好的总结。因此,"圣人设卦观象……吉凶者,失得之象也;悔吝者,忧虞之象也;变化者,进退之象也;刚柔者,昼夜之象也"②、"拟诸其形容,象其物宜,是故谓之象……系辞焉以断其吉凶,是故谓之爻"③、"易有圣人之道四焉,以言者尚其辞,以动者尚其变,以制器者尚其象,以卜筮者尚其占"④,在最终的意义上,"夫易,圣人之所以极深而研几也。唯深也,故能通天下之志;唯几也,故能成天下之务;唯神也,故不疾而速,不行而至"⑤。所以,要了解圣人的情感和价值追求的话,就只要来察看《周易》就够了,即"圣人之情见乎辞"⑥。

"圣人"大约出现38次,从数量上也超过大人,应该说,其重视的程度要超过大人。对于圣人人格具体内涵,这里主要通过以下几个方面来演绎。

(1)"顺动"。

圣人遵循"顺动"的行为之方,天地就是自然顺动的,即"天地以顺动,故日月不过而四时不忒;圣人以顺动,则刑罚清

---

① 《周易·系辞上》,(魏)王弼著,楼宇烈校释:《王弼集校释》,中华书局1980年版,第544页。

② 同上书,第537页。

③ 同上书,第545页。

④ 同上书,第550页。

⑤ 同上书,第551页。

⑥ 《周易·系辞下》,(魏)王弼著,楼宇烈校释:《王弼集校释》,中华书局1980年版,第557页。

而民服"①，其产生的自然效应是"刑罚清而民服"②，即社会秩序的清明，顺动体现的只是"知进退存亡，而不失其正者，其为圣人乎?"③ 在进退存亡问题上，能坚持中正的行为之方，可以说，这是顺动的价值依归。

（2）"养贤"。

首先，"养贤"。在人际关系里，圣人对他人强烈的责任感。

> 颐，贞吉，养正则吉也。观颐，观其所养也。自求口实，观其自养也。天地养万物，圣人养贤，以及万民，颐之时大矣哉。④

> 咸，感也。柔上而刚下，二气感应以相与。止而说，男下女，是以亨，利贞，取女吉也。天地感而万物化生，圣人感人心而天下和平。观其所感，而天地万物之情可见矣。⑤

天地滋养万物，圣人育养贤人和民众；不仅如此，圣人运用天地自然的道理来育养民众，万物是天地之间的存在，圣人、民

---

① 《周易·象传上·豫》，（魏）王弼著，楼宇烈校释：《王弼集校释》，中华书局 1980 年版，第 299 页。

② 参照"大观在上。顺而巽，中正以观天下。观盥而不荐，有孚颙若，下观而化也。观天之神道，而四时不忒，圣人以神道设教，而天下服矣"（《周易·象传上·观》，（魏）王弼著，楼宇烈校释：《王弼集校释》，中华书局 1980 年版，第 315 页）。

③ 《周易·文言·乾》，（魏）王弼著，楼宇烈校释：《王弼集校释》，中华书局 1980 年版，第 217 页。

④ 《周易·象传上·颐》，（魏）王弼著，楼宇烈校释：《王弼集校释》，中华书局 1980 年版，第 352 页。

⑤ 《周易·象传下·咸》，（魏）王弼著，楼宇烈校释：《王弼集校释》，中华书局 1980 年版，第 373 页。

众都是万物之一。在宇宙世界，天地与万物自然相感，万物化生不断；在人的世界，圣人能够与他人保持默契，感通他人，实现天下和平①。这里应该注意的是，人是万物之一存在的运思，在万物的自然世界里，由于万物能够按照符合自身规律的行为之方来行为，所以，自己的内在性情能够得到自然而尽情的表露。

其次，"立人之道曰仁与义"。为了达到育养民众的目的，在理论的方面，圣人遵顺天地自然的规律，构建仁义来启发民众遵顺本性特性行为的重要性，"昔者圣人之作易也，将以顺性命之理。是以，立天之道曰阴与阳，立地之道曰柔与刚，立人之道曰仁与义"②，本性的特质在天地自然的疆场里获得实际的力量，用《周易》的话说，就是"天地设位，圣人成能，人谋鬼谋，百姓与能"③。这是静态方面实现育养民众的运思④。

---

① 参照"恒，久也。刚上而柔下，雷风相与。巽而动，刚柔皆应，恒。恒，亨，无咎，利贞。久于其道也。天地之道，恒久而不已也。利有攸往，终则有始也。日月得天而能久照，四时变化而能久成，圣人久于其道而天下化成。观其所恒，而天地万物之情可见矣"（《周易·彖传下·恒》，（魏）王弼著，楼宇烈校释：《王弼集校释》，中华书局1980年版，第377—379页）、"鼎，象也。以木巽火，亨饪也。圣人亨，以享上帝，而大亨以养圣贤。巽而耳目聪明。柔进而上行，得中而应乎刚，是以元亨"（《周易·彖传下·鼎》，（魏）王弼著，楼宇烈校释：《王弼集校释》，中华书局1980年版，第469页）。

② 《周易·说卦》，（魏）王弼著，楼宇烈校释：《王弼集校释》，中华书局1980年版，第576页。

③ 《周易·系辞下》，（魏）王弼著，楼宇烈校释：《王弼集校释》，中华书局1980年版，第574页。

④ 参照"昔者圣人之作易也，幽赞于神明而生蓍，参天两地而倚数，观变于阴阳而立卦，发挥于刚柔而生爻。和顺于道德而理于义，穷理尽性以至于命"（《周易·说卦》，（魏）王弼著，楼宇烈校释：《王弼集校释》，中华书局1980年版，第575—576页）。

　　最后，"南面而听天下"。在动态的层面，圣人采取的是自然无为的行为。"离也者，明也，万物皆相见，南方之卦也。圣人南面而听天下，向明而治，盖取诸此也"①，在"明"②的境遇里，万物都得到显现，即使有圣人的存在，也毫无影响，因为，圣人采取的是"南面而听天下"和"向明而治"的方法。"南面而听天下"是无为而治的意思，《论语》里就有③，"向明而治"是背向"明"的意思，是自明，而不是圣人让其明，这是《周易》的精神的体现，因为"易无思也，无为也，寂然不动，感而遂通天下之故"④。

　　(3)"退藏于密"。

　　圣人依归自然规则来利益天下，"备物致用，立成器以为天

---

　　①　《周易·说卦》，（魏）王弼著，楼宇烈校释：《王弼集校释》，中华书局 1980年版，第 577 页。

　　②　"明"是道家思想里的一个非常重要的概念，西方学者已经对此有重视；这里的"明"，也是一个非常深在的概念，值得深入研究，可以参考安乐哲的观点："不是通过理性与情感的内在斗争，而是通过'明'——世上万物与我们之间彼此依存关系的反映，我们进入了某种状态，其中，世上正在发生的所有事情不会搅乱我们的'心'，而我们却可以为我们的世界带来昌盛。换句话说，我们尊重自身与那些将我们情境化的事物之间所形成的整体性，并与他们共同建立了没有摩擦的均衡。而正是这种已获得的均衡状态才是最能增进共同成长和发展的关系。"（《哲学引论》，〔美〕安乐哲（Roger T. Ames）、郝大维（David L. Hall）著：《道不远人——比较哲学视域中的〈老子〉》，何金俐译，学苑出版社 2004 年版，第 48 页）需要注意的是，安乐哲作为依据的文献是《庄子》，即"圣人之静也，非曰静也善，故静也。万物无足以铙心者，故静也。水静则明烛须眉，平中准，大匠取法焉。水静犹明，而况精神！圣人之心静乎！天地之鉴也，万物之镜也"（《庄子·天道》，郭庆藩辑：《庄子集释》，中华书局 1961 年版，第 457 页）。

　　③　参照"无为而治者其舜也与？夫何为哉？恭己正南面而已矣"（《论语·卫灵公》，杨伯峻译注：《论语译注》，中华书局 1980 年版，第 162 页）。

　　④　《周易·系辞上》，（魏）王弼著，楼宇烈校释：《王弼集校释》，中华书局1980 年版，第 550—551 页。

下利，莫大乎圣人……天生神物，圣人则之；天地变化，圣人效之；天垂象，见吉凶，圣人象之；河出图，洛出书，圣人则之"①，"则之"、"效之"、"象之"都是天地自然规律，这是应该注意的。圣人自然"备物致用"于天下，但自己却从不张扬，加强自身的修养。

> 圣人以此洗心，退藏于密，吉凶与民同患……是以明于天之道，而察于民之故，是兴神物，以前民用。圣人以此斋戒，以神明其德夫。是故阖户谓之坤，辟户谓之乾；一阖一辟谓之变，往来不穷谓之通。见乃谓之象，形乃谓之器，制而用之谓之法，利用出入，民咸用之谓之神。②

"洗心"根据韩康伯的解释是"洗濯万物之心"，"退藏于密"仿佛"藏诸用"的意思，不彰显，而与民众同忧患。"斋戒"讲的是个人修养的问题，从而保持自己德性的神明性，之所以称之为神明③，在于"民咸用之"却不知道其中的奥妙。

圣人依据自然规律来治理并养育民众，结果是"圣人成能"，圣人成就民众，"百姓与能"，民众跟着而能，由于自然，民众并

---

① 《周易·系辞上》，（魏）王弼著，楼宇烈校释：《王弼集校释》，中华书局1980年版，第554页。

② 同上书，第552—553页。

③ "神明"的概念在《易传》里一共约有4个用例，其中除这里是动词用法以外，其他都是名词用法；"以通神明之德"的用例有2个，都在《系辞下》，另一个用例是《说卦》的"幽赞于神明而生蓍。"这一概念应该是对道家思想的借鉴，具体的分析将在下面进行。

不知道是"圣人成能",因为,圣人"退藏于密"。

在此不得不说的是,"神明"的概念在《易传》里一共约有4个用例,其中除这里是动词用法以外,其他都是名词用法;"以通神明之德"的用例有2个①,另一个用例"幽赞于神明而生蓍"②。众所周知,在孔子和孟子那里没有这个概念的用例,显然,这是借鉴道家而来的。"神明"在道家那里,郭店楚简《太一生水》里有4个用例③,天地是神明的本原,神明是阴阳的本原;《黄帝四经》里出现4个用例④,显示的是"道之大原",不随动静而转移的存在;《庄子》里有7个用例,内篇《齐

　　①　参照"古者包羲氏之王天下也,仰则观象于天,俯则观法于地,观鸟兽之文,与地之宜;近取诸身,远取诸物,于是始作八卦,以通神明之德,以类万物之情"(《周易·系辞下》,(魏)王弼著,楼宇烈校释:《王弼集校释》,中华书局1980年版,第558页)、"乾,阳物也;坤,阴物也。阴阳合德,而刚柔有体,以体天地之撰,以通神明之德"(同上书,第564—565页)。

　　②　参照"昔者圣人之作易也,幽赞于神明而生蓍,参天两地而倚数,观变于阴阳而立卦,发挥于刚柔而生爻,和顺于道德而理于义,穷理尽性以至于命"(《周易·说卦》,(魏)王弼著,楼宇烈校释:《王弼集校释》,中华书局1980年版,第575—576页)。

　　③　参照"大一生水,水反辅大一,是以成天。天反辅大一,是以成地。天地〔复相辅〕也,是以成神明。神明复相辅也,是以成阴阳。阴阳复相辅也,是以成四时。四时复【相】辅也,是以成寒热。寒热复相辅也,是以成湿燥。湿燥复相辅也,成岁而止。故岁者,湿燥之所生也。湿燥者,寒热之所生也。寒热者,【四时之所生也】。四时者,阴阳之所生【也】。阴阳者,神明之所生也。神明者,天地之所生也"(《太一生水》,李零著:《郭店楚简校读记》,北京大学出版社2002年版,第32页)。

　　④　参照"道者,神明之原也。神明者,处于度之内而见于度之外者也。处于度之〔内〕者,不言而信;见于度之外者,言而不可易也。处于度之内者,静而不可移也;见于度之外者,动而不可化也。静而不移,动而不化,故曰神。神明者,见知之稽也"(《黄帝四经·经法·名理》,陈鼓应注译:《黄帝四经今注今译——马王堆汉墓出土帛书》,台湾商务印书馆1995年版,第232页)。

物论》也有 1 个用例①，昭示的是"天尊地卑，神明之位"、"神明至精"，是一种很高的存在，与《太一生水》所昭示的思想相一致。值得提出的是，在郭店楚简的儒家文献里，也有 1 个用例②，表示的也是一种很高的精神性的存在，显然也是道家的价值取向；这里显然也是作为一种很高的道德来把握的，当是道家原轨道上思想的运用。

3. "厚德载物"的君子人格论

可以说，君子是《周易》最为重视的人格类型，"君子"的用例约有 127 次，超过大人和圣人的总和。在总的层面上，君子处在与小人相对立的位置上③，就君子人格的内在素质而言，可

---

① 参照"因是已。已而不知其然，谓之道。劳神明为一而不知其同也，谓之朝三"（《庄子·齐物论》，郭庆藩辑：《庄子集释》，中华书局 1961 年版，第 70 页）、"夫尊卑先后，天地之行也，故圣人取象焉。天尊地卑，神明之位也；春夏先，秋冬后，四时之序也。万物化作，萌区有状；盛衰之杀，变化之流也。夫天地至神，而有尊卑先后之序，而况人道乎"（《庄子·天道》，郭庆藩辑：《庄子集释》，中华书局 1961 年版，第 469 页）、"天地有大美而不言，四时有明法而不议，万物有成理而不说。圣人者，原天地之美而达万物之理，是故至人无为，大圣不作，观于天地之谓也。今彼神明至精，与彼百化。物已死生方圆，莫知其根也，扁然而万物自古以固存。六合为巨，未离其内；秋豪为小，待之成体；天下莫不沈浮，终身不故；阴阳四时运行，各得其序；惛然若亡而存，油然不形而神，万物畜而不知。此之谓本根，可以观于天矣！"（《庄子·知北游》，郭庆藩辑：《庄子集释》，中华书局 1961 年版，第 735 页）。

② 参照"古者尧生为天子而有天下，圣以遇命，仁以逢时，未尝遇〔贤。虽〕秉于大时，神明将从，天地佑之"（《唐虞之道》，李零著：《郭店楚简校读记》，北京大学出版社 2002 年版，第 96 页）。

③ 参照"君子以远小人，不恶而严"（《周易·象传下·遯》，（魏）王弼著，楼宇烈校释：《王弼集校释》，中华书局 1980 年版，第 383 页）、"泰，小往大来，吉亨，则是天地交而万物通也，上下交而其志同也。内阳而外阴，内健而外顺，内君子而外小人，君子道长，小人道消也"（《周易·象传上·泰》，（魏）王弼著，楼宇烈校释：《王弼集校释》，中华书局 1980 年版，第 276 页）、"否之匪人，不利君子贞，大

以通过以下几个侧面来加以演绎。

（1）"申命行事"。君子平时能够"以申命行事"①，"申命"是伸张、表达命令的意思，不是一般的"行事"，具有很强的目的性；在困难是时候，"险以说，困而不失其所亨，其唯君子乎"②，不仅情绪愉悦，而且还能"不失其所亨"，"亨"是亨通的意思；君子是"自强不息"③的代表。"自强不息"主要表现在以下几个方面。

首先，"非礼弗履"。君子行为一方面"申命"，一方面是"非礼弗履"④，始终"仁以行之"⑤，在仁义礼智四德上有不凡的建树，"体仁足以长人，嘉会足以合礼，利物足以和义，贞固足以干事"⑥。

其次，"学以聚之"。君子虽然品德高尚，但始终不忘学习，"学以聚之，问以辩之"⑦就是具体的明证；从不自以为高，不以

往小来，则是天地不交而万物不通也，上下不交而天下无邦也。内阴而外阳，内柔而外刚，内小人而外君子。小人道长，君子道消也"（《周易·象传上·否》，（魏）王弼著，楼宇烈校释：《王弼集校释》，中华书局 1980 年版，第 281 页）。

　① 《周易·象传下·巽》，（魏）王弼著，楼宇烈校释：《王弼集校释》，中华书局 1980 年版，第 501 页。

　② 《周易·象传下·困》，（魏）王弼著，楼宇烈校释：《王弼集校释》，中华书局 1980 年版，第 454 页。

　③ 《周易·象传上·乾》，（魏）王弼著，楼宇烈校释：《王弼集校释》，中华书局 1980 年版，第 213 页。

　④ 《周易·象传下·大壮》，（魏）王弼著，楼宇烈校释：《王弼集校释》，中华书局 1980 年版，第 387 页。

　⑤ 《周易·文言·乾》，（魏）王弼著，楼宇烈校释：《王弼集校释》，中华书局 1980 年版，第 217 页。

　⑥ 同上书，第 214 页。

　⑦ 同上书，第 217 页。

向他人学习和问道为耻辱,即孔子所说的"敏而好学,不耻下问"①,在与他人的共同学问中,弄清物事的本质。

最后,"致命遂志"。君子虽然学问、品德到位,但从来不离开自己的客观位置来行事,即"君子以思不出其位"②,具有相当厚实的角色意识③;所以,日常行为能够"正位凝命"④,在适当的位置上,聚精会神地工作,甚至"以致命遂志"⑤,即不惜牺牲自己的生命来实现志向。

"致命遂志"和"申命行事",显示的是命命相通,"申命"在生命中融化,生命在"申命"中升华;没有"申命行事"的决心和热情,就不会有"致命遂志"的临界选择。这是必须明辨的。

（2）"以成德为行"。

君子不仅强调行为动机的重要性,"作事谋始"⑥,而且推重"果行育德"⑦。"果"是果断地行动的意思,"育德"指的自然是

---

① 《论语·公冶长》,杨伯峻译注:《论语译注》,中华书局 1980 年版,第 47 页。

② 《周易·象传下·艮》,(魏)王弼著,楼宇烈校释:《王弼集校释》,中华书局 1980 年版,第 480 页。

③ 参照"曾子曰:君子思不出其位"(《论语·宪问》,杨伯峻译注:《论语译注》,中华书局 1980 年版,第 155 页)。

④ 《周易·象传下·鼎》,(魏)王弼著,楼宇烈校释:《王弼集校释》,中华书局 1980 年版,第 469 页。

⑤ 《周易·象传下·困》,(魏)王弼著,楼宇烈校释:《王弼集校释》,中华书局 1980 年版,第 454 页。

⑥ 《周易·象传上·讼》,(魏)王弼著,楼宇烈校释:《王弼集校释》,中华书局 1980 年版,第 249 页。

⑦ 《周易·象传上·蒙》,(魏)王弼著,楼宇烈校释:《王弼集校释》,中华书局 1980 年版,第 240 页。

修养的事务，行动必须持之以恒即"言有物而行有恒"①，不仅言行必须保持一致②，而且不能说空话，"言有物"说的就是说话必须有依据的意思，"君子以成德为行，日可见之行也。潜之为言也，隐而未见，行而未成，是以君子弗用也"③，显示的也是行为必须有所成的意思。

对于"成"的理解，在《周易》的系统里，是非常重要的环节，不能看到"言有物"、"行而未成，是以君子弗用"，就断定《周易》是强调实功的结论。实功的衡量标准不同，可以得出完全不同的现实表现，在这里，最大的实功，就是行"义"。因此，道德在这里具有最高的位置，"君子于行，义不食也"④，就是佐证，这一现象与儒家的整体价值观是一致的。

（3）"俭德辟难"。

在君子的视野里，精神具有巨大的功用，可以超过物质，因为人可以为了履行道义而不吃饭，这里缺乏一种价值量的考量，人连生命没有了，还能履行道义吗？由于君子不注意物质财富的开发，所以，注意节俭就成为其品性之一。"君子以俭德辟难，

---

① 《周易·象传下·家人》，（魏）王弼著，楼宇烈校释：《王弼集校释》，中华书局 1980 年版，第 401 页。

② 参照"君子居其室，出其言善，则千里之外应之，况其迩者乎？居其室，出其言不善，则千里之外违之，况其迩者乎？言出乎身，加乎民；行发乎迩，见乎远。言行，君子之枢机"（《周易·系辞上》，（魏）王弼著，楼宇烈校释：《王弼集校释》，中华书局 1980 年版，第 546 页）。

③ 《周易·文言·乾》，（魏）王弼著，楼宇烈校释：《王弼集校释》，中华书局 1980 年版，第 217 页。

④ 《周易·象传下·明夷·初九》，（魏）王弼著，楼宇烈校释：《王弼集校释》，中华书局 1980 年版，第 397 页。

不可荣以禄"①，节俭可以避难，"荣以禄"是要不得的，因为由于太招人注意，容易引来灾难。在具体行为上，"以慎言语，节饮食"②、"以行过乎恭，丧过乎哀，用过乎俭"③；不仅平时言语要谨慎，而且包括节衣缩食，日用节俭即"用过乎俭"。

（4）"以制数度"。

关于"法"的概念，在《周易》里约有7例，一般都是在效法的意义上使用的，诸如"效法之谓坤"④、"崇效天，卑法地"⑤、"见乃谓之象，形乃谓之器，制而用之谓之法，利用出入，民咸用之谓之神……"⑥、"法象莫大乎天地"⑦、"古者包羲氏之王天下也，仰则观象于天，俯则观法于地"⑧，就是具体的证明。但是，有2处是在法律意义上使用的，即"利用刑人，以正法也"⑨、"先王以明罚敕法"⑩，"正法"就是正法制的意思；"敕法"的"敕"，通"饬"，意为整治、整饬，与上面"正"的

---

① 《周易·象传上·否》，（魏）王弼著，楼宇烈校释：《王弼集校释》，中华书局1980年版，第281页。

② 《周易·象传上·颐》，（魏）王弼著，楼宇烈校释：《王弼集校释》，中华书局1980年版，第352页。

③ 《周易·象传下·小过》，（魏）王弼著，楼宇烈校释：《王弼集校释》，中华书局1980年版，第521页。

④ 《周易·系辞上》，（魏）王弼著，楼宇烈校释：《王弼集校释》，中华书局1980年版，第543页。

⑤ 同上书，第545页。

⑥ 同上书，第553页。

⑦ 同上书，第554页。

⑧ 《周易·系辞下》，（魏）王弼著，楼宇烈校释：《王弼集校释》，中华书局1980年版，第558页。

⑨ 《周易·象传上·蒙·初六》，（魏）王弼著，楼宇烈校释：《王弼集校释》，中华书局1980年版，第241页。

⑩ 《周易·象传上·噬嗑》，（魏）王弼著，楼宇烈校释：《王弼集校释》，中华书局1980年版，第322页。

意思一样，"法"是合法度、法制的意思。

君子在整体上，是"以明庶政，无敢折狱"①，不敢轻易断狱，所以是"明慎用刑而不留狱"②，采取谨慎的态度。在一般的情况下，坚持"议狱缓死"③，并根据具体的情况，"以赦过宥罪"④，所以，虽然注意到了刑法，但还是显示了法德兼行的倾向，即"以制数度，议德行"⑤。

（5）"厚德载物"。

君子和小人的对立，还表现在人际的关系里，"上九，硕果不食，君子得舆，小人剥庐"⑥，君子始终坚持"宽以居之"⑦ 的行为之方，即宽容待人。具体而言，主要有以下一些内容。

首先，"类族辨物"。君子"厚德载物"⑧，注重自身德行的累积，"敬以直内，义以方外……黄中通理，正位居体；美在其

---

① 《周易·象传上·贲》，（魏）王弼著，楼宇烈校释：《王弼集校释》，中华书局 1980 年版，第 327 页。

② 《周易·象传下·旅》，（魏）王弼著，楼宇烈校释：《王弼集校释》，中华书局 1980 年版，第 497 页。

③ 《周易·象传下·中孚》，（魏）王弼著，楼宇烈校释：《王弼集校释》，中华书局 1980 年版，第 516 页。

④ 《周易·象传下·解》，（魏）王弼著，楼宇烈校释：《王弼集校释》，中华书局 1980 年版，第 416 页。

⑤ 《周易·象传下·节》，（魏）王弼著，楼宇烈校释：《王弼集校释》，中华书局 1980 年版，第 512 页。

⑥ 《周易·剥》，（魏）王弼著，楼宇烈校释：《王弼集校释》，中华书局 1980 年版，第 333 页；具体的理解可以参照"君子得舆，民所载也。小人剥庐，终不可用也"（《周易·象传上·剥·上九》，（魏）王弼著，楼宇烈校释：《王弼集校释》，中华书局 1980 年版，第 334 页）。

⑦ 《周易·文言·乾》，（魏）王弼著，楼宇烈校释：《王弼集校释》，中华书局 1980 年版，第 217 页。

⑧ 《周易·象传上·坤》，（魏）王弼著，楼宇烈校释：《王弼集校释》，中华书局 1980 年版，第 226 页。

中，而畅于四支，发于事业，美之至也"①，行为内外一致，可称为"美之至"，也是"以懿文德"② 行为追求的价值实现。在与他人的相处中，一方面通过"以类族辨物"③ 的方法，来认识具体境遇里具体的人，另一方面，则坚持"以立不易方"④，采取恒一的标准来对待一切人，正确公允地评价他人，即"以慎辨物居方"⑤，使人各得其所，即得到应有的评价和位置。

其次，"振民育德"。"君子以朋友讲习"⑥，但对人没有偏见，所以是"以虚受人"⑦，"虚"是无的意思，即没有任何成见，对人保持客观公正的态度⑧。尤其热衷于"以常德行，习教事"⑨，担当起教化民众的任务。但是，在具体的实践上，又不是把自己的

---

① 《周易·文言·坤》，（魏）王弼著，楼宇烈校释：《王弼集校释》，中华书局1980年版，第229页。

② 《周易·象传上·小畜》，（魏）王弼著，楼宇烈校释：《王弼集校释》，中华书局1980年版，第266页。

③ 《周易·象传上·同人》，（魏）王弼著，楼宇烈校释：《王弼集校释》，中华书局1980年版，第284页。

④ 《周易·象传下·恒》，（魏）王弼著，楼宇烈校释：《王弼集校释》，中华书局1980年版，第379页。

⑤ 《周易·象传下·未济》，（魏）王弼著，楼宇烈校释：《王弼集校释》，中华书局1980年版，第531页。

⑥ 《周易·象传下·兑》，（魏）王弼著，楼宇烈校释：《王弼集校释》，中华书局1980年版，第505页。

⑦ 《周易·象传上·咸》，（魏）王弼著，楼宇烈校释：《王弼集校释》，中华书局1980年版，第374页。

⑧ 参照"同人，柔得位得中而应乎乾，曰同人。同人曰，同人于野，亨。利涉大川，乾行也。文明以健，中正而应，君子正也。唯君子为能通天下之志"（《周易·象传上·同人》，（魏）王弼著，楼宇烈校释：《王弼集校释》，中华书局1980年版，第284页）。

⑨ 《周易·象传上·习坎》，（魏）王弼著，楼宇烈校释：《王弼集校释》，中华书局1980年版，第363页。

主张和盘托出，而是"以莅众，用晦而明"①，"用晦而明"意味着不显示自己的高明，设法让民众自明，这是"振民育德"② 最主要的方法，体现了对民众特性的尊重。

最后，"容民畜众"。"初六，谦谦君子，用涉大川，吉"③，君子客观存在着现实的功用，这就是"劳谦君子，万民服也"④，即使万民诚服的意思。在具体的方法上，第一是"以裒多益寡，称物平施"⑤，"裒"与"益"在这里应该是对应却意思相反的词，在这样的情况下，"裒"就不是聚集的意思了，而当是减少的意思。也就是说，减少持多的人的利益来补充持少的人，使人际之间保持持有（主要是利益持有）上的相对平衡。第二是"以辩上下，定民志"⑥，辨明上下的位置，给人的践履提供引导，这样也是"定民志"的切实举措。第三是"以教思无穷，容保民无疆"⑦，上面已经分析过君子对用刑谨慎对待这一点，一般依靠"厚德载物"，所以，君子对民众的教化和念思没有穷尽之时，对宽容和安抚民众也无终止之境。以上三个方面整合的综合效

---

① 《周易·象传下·明夷》，（魏）王弼著，楼宇烈校释：《王弼集校释》，中华书局 1980 年版，第 396 页。

② 《周易·象传上·蛊》，（魏）王弼著，楼宇烈校释：《王弼集校释》，中华书局 1980 年版，第 308 页。

③ 《周易·谦》，（魏）王弼著，楼宇烈校释：《王弼集校释》，中华书局 1980 年版，第 295 页。

④ 《周易·象传上·谦·九三》，（魏）王弼著，楼宇烈校释：《王弼集校释》，中华书局 1980 年版，第 295 页。

⑤ 《周易·象传上·谦》，（魏）王弼著，楼宇烈校释：《王弼集校释》，中华书局 1980 年版，第 295 页。

⑥ 《周易·象传上·履》，（魏）王弼著，楼宇烈校释：《王弼集校释》，中华书局 1980 年版，第 272 页。

⑦ 《周易·象传上·临》，（魏）王弼著，楼宇烈校释：《王弼集校释》，中华书局 1980 年版，第 311 页。

应，就是"容民畜众"①。

但是，君子在与民众的关系上，主要依靠的是自己的内在德性，即"居贤德善俗"②，最后达到保民、善俗的客观效应。

（6）"反身修德"。

君子具有忧患意识③和危机意识的问题，在上面相关问题的分析里已经叙述过，这里就不赘述了④。《周易》认为，"君子以独立不惧，遁世无闷"⑤，君子虽然保持自己的独立性，离开世俗的社会而生活⑥，而内心没有丝毫不快的感觉。其原因主要有以下几个方面。

首先，"以畜其德"。《周易》说，"谦谦君子，卑以自牧也"⑦，"自牧"就是自养的意思，即"以反身修德"⑧。在动态的

---

① 《周易·象传上·师》，（魏）王弼著，楼宇烈校释：《王弼集校释》，中华书局1980年版，第256页。

② 《周易·象传下·渐》，（魏）王弼著，楼宇烈校释：《王弼集校释》，中华书局1980年版，第484页。

③ 参照"君子以除戎器，戒不虞"（《周易·象传下·萃》，（魏）王弼著，楼宇烈校释：《王弼集校释》，中华书局1980年版，第445页），这也是防范之心。

④ 君子具有忧惧意识，在《易经》里就存在。参照"九三，君子终日乾乾，夕惕若厉，无咎"（《周易·乾》，（魏）王弼著，楼宇烈校释：《王弼集校释》，中华书局1980年版，第211页）。

⑤ 《周易·象传上·大过》，（魏）王弼著，楼宇烈校释：《王弼集校释》，中华书局1980年版，第357页。

⑥ 这是对孔子思想的继承，参照"君子不忧不惧"（《论语·颜渊》，杨伯峻译注：《论语译注》，中华书局1980年版，第124页）。

⑦ 《周易·象传上·谦》，（魏）王弼著，楼宇烈校释：《王弼集校释》，中华书局1980年版，第295页。

⑧ 《周易·象传下·蹇》，（魏）王弼著，楼宇烈校释：《王弼集校释》，中华书局1980年版，第411页。

层面上，则"以多识前言往行，以畜其德"①，"畜其德"就是积德的意思，积德以"识前言往行"为前提和基础。

其次，"顺德"。"顺德"就是顺从、因顺之美德，"君子以顺德，积小以高大"②，通过履行顺德来积累德性，达到"以自昭明德"③ 的目的，王弼"以〔顺〕著明，自显之道"的注释，可以作为参考。顺德也就是顺天道而行的意思，"君子以竭恶扬善，顺天休命"④，就是佐证⑤。

最后，"有过则改"。改过迁善历来是儒家的传统⑥，这里的君子也不例外，"以见善则迁，有过则改"⑦。同时，能够施行"以施禄及下，居德则忌"⑧，对其他人表示实际的关怀，绝不居德自喜、自傲，"忌"是禁忌、忌讳的意思；在个人的方面，则"以惩忿窒欲"⑨，"惩"是克制的意思，"忿"是愤怒、怨恨的意

---

① 《周易·象传上·大畜》，（魏）王弼著，楼宇烈校释：《王弼集校释》，中华书局1980年版，第347页。

② 《周易·象传下·升》，（魏）王弼著，楼宇烈校释：《王弼集校释》，中华书局1980年版，第450页。

③ 《周易·象传下·晋》，（魏）王弼著，楼宇烈校释：《王弼集校释》，中华书局1980年版，第391页。

④ 《周易·象传上·大有》，（魏）王弼著，楼宇烈校释：《王弼集校释》，中华书局1980年版，第290页。

⑤ 参照"君子尚消息盈虚，天行也"（《周易·象传上·剥》，（魏）王弼著，楼宇烈校释：《王弼集校释》，中华书局1980年版，第332页）。

⑥ 孔子就有这方面的论述，参照"过而不改，是谓过矣！"（《论语·卫灵公》，杨伯峻译注：《论语译注》，中华书局1980年版，第163页）。

⑦ 《周易·象传下·益》，（魏）王弼著，楼宇烈校释：《王弼集校释》，中华书局1980年版，第428页。

⑧ 《周易·象传下·夬》，（魏）王弼著，楼宇烈校释：《王弼集校释》，中华书局1980年版，第434页。

⑨ 《周易·象传下·损》，（魏）王弼著，楼宇烈校释：《王弼集校释》，中华书局1980年版，第421页。

思，"窒"是堵塞的意思，"惩忿窒欲"就是克制对外在他者的怨恨，堵塞产生欲望的源头。

积德、改过都是一种自我实践，而且采取的也主要是自我克制的方法，诸如"窒欲"，对人而言，产生欲望是人的生物性特征，"窒欲"显然也是在欲望与人的发展互相对立的前识下得出的举措，这无疑也是儒家的思维模式。在这样的框架里，即使存在顺德这样体现道家特色的思想火花，也难以在儒家思想框架里得到闪光。

（7）"知微知彰"。

我们可以发现，君子也有享受的一面，"君子以飨晦入宴息"①、"君子以饮食宴乐"②，都是具体证明。之所以这样，一方面是因为君子也是人，另一方面是因为君子"藏器于身，待时而动，何不利之有！动而不括，是以出而有获，语成器而动者也"③、"君子以治历明时"④，即君子能够"待时而动"、"明时"，把握恰到好处的时机，这当然不是偶然所得，主要跟君子装备着"知几"的能力分不开，即"君子上交不谄，下交不渎，其知几乎！几者，动之微，吉凶之先见者也。君子见几而作，不俟终日……君子知微知彰，知柔知刚，万夫之望"⑤。"谄"是谄媚、

---

① 《周易·象传上·随》，（魏）王弼著，楼宇烈校释：《王弼集校释》，中华书局1980年版，第303页。

② 《周易·象传上·需》，（魏）王弼著，楼宇烈校释：《王弼集校释》，中华书局1980年版，第245页。

③ 《周易·系辞下》，（魏）王弼著，楼宇烈校释：《王弼集校释》，中华书局1980年版，第562页。

④ 《周易·象传下·革》，（魏）王弼著，楼宇烈校释：《王弼集校释》，中华书局1980年版，第465页。

⑤ 《周易·系辞下》，（魏）王弼著，楼宇烈校释：《王弼集校释》，中华书局1980年版，第563页。

曲意迎合的意思；"渎"是轻慢的意思。君子对上不谄媚迎合，对下不轻慢无礼，这是"知几"的表现①。"几"在名词的意义上，是苗头、预兆的意思，即"动之微"，自然界的彰微、刚柔都是相对的存在，没有绝对永恒的形式，而且每一种存在的样态，都存在必然的理由和条件，君子就是体道穷理的存在。由于能够"见几而作"，在始点上就决定了成功，"不俟终日"也就自然成章了。

以上是君子人格的内在素质因子的揭示，它无疑地告诉人们，《周易》的君子人格是儒家的人格类型，诸如忧惧意识自然不待说，就是"非礼弗履"、"致命遂志"、"俭德辟难"、"反身修德"、"知微知彰"等，体现的也主要是儒家思想的特色，而且主要集中在个人道德的方面。因此，重视私德，而忽视公德的倾向是非常明显的。即使有"厚德载物"的运思，也是通过个人的厚德来实现"载物"，与整体上儒家在道德实践上体现的从身到天下的价值取向是一致的，这一想法落实到现实生活中，就显得非常无力和不现实，这是我们在评价《周易》思想时应该注意的地方。

在分析人格的开头就已经指出，《周易》在理想人格方面，虽然有大人、圣人、君子的不同类别。但是，严格地说，他们是融通的，具体的例证在上面已经揭示了，这就告诉我们，在这基础上再不适当地关注他们之间的层次界定的话，只能是毫无意义的徒劳之举。然而，可以说的是，《周易》在道德实践层面重视

_____

① 参照"是故，君子所居而安者，易之序也；所乐而玩者，爻之辞也。是故，君子居则观其象而玩其辞，动则观其变而玩其占，是以自天佑之，吉，无不利"（《周易·系辞上》，（魏）王弼著，楼宇烈校释：《王弼集校释》，中华书局1980年版，第538页）。

的主要人格是君子，而不是大人和圣人，可以把大人和圣人看作是君子人格的补充，尽管其间可以看到"与天地合其德"等体现道家思想特色的运思，但都不能夺取儒家思想特色在这里的主要光彩。这是分析文献得出的自然结论。而且这一倾向也与孔孟保持着一致性。

以上较为全面地审视了《周易》的道德思想，在此基础上做出更为深刻的分析，显然不是本人的期望，因为能力无法致及。当然，再度综合以上的讨论也没有任何必要和意义。不过，这里想跟大家一起继续思考两个问题：一是《周易》道德哲学思想中最为闪光的东西是什么？从而在最为简捷快速的层面上给人认识《周易》道德哲学思想提供帮助；二是《周易》道德哲学思想究竟属于儒家还是道家的系统？从而在呼应文章开头思路的过程中表明自己的价值选择。

先说第一个问题。在《周易》的道德思想里，值得让人注意的当有三点。一是中正德目的提出；二是"当位"的角色意识的推重；三是忧惧意识的启发。儒家最为重要的德目之一中庸，这是大家都知道的；"中正"的提出应该是《周易》的贡献，虽然不难在《中庸》里找到"齐庄中正，足以有敬也"[1]和《荀子·劝学》里找到"防邪辟而近中正"[2]等的用例，而且也都是在行为规范的意义上使用的，这里姑且避开确认时间先后的难题，从思想的系统性上看，《周易》的论述最为完整

---

[1] 参照"唯天下至圣，为能聪明睿知，足以有临也；宽裕温柔，足以有容也；发强刚毅，足以有执也；齐庄中正，足以有敬也；文理密察，足以有别也"（《礼记·中庸》，（清）阮元校刻：《十三经注疏》，中华书局1980年版，第1634页下）。

[2] 参照"故君子居必择乡，游必就士，所以防邪辟而近中正也"（《荀子·劝学》，王先谦著：《荀子集解》，中华书局1954年版，第4页）。

和深刻；不仅有"中正以通"功效设计的考量和"位中正"的价值取向的运思，而且有实践层面"中以行正"的动态虑思和"蒙以养正"的具体设计；呈现的是一幅从静态到动态、由理论到实践的互作共存、共作趋优的价值追求图画；在思想的渊源关系上，则主要继承了道家的思想，诸如老子就有"多言数穷，不如守中"①，这里的中正也主要是道家老子"守中"思想的运用和发展，而不是儒家②；因为中正是天命的产物，是万物的自然本性。

其次是"当位"的角色意识。在中正的论述里，有"位中正"的分析，这是角色意识的强调。应该注意的是，不偏不倚只是中正内涵的一部分，在"正"就是"当"的层面上，"位中正"表示的是"位中当"，就是"当位"的问题；对个体而言，在社会生活秩序里，正位即当位非常重要，它要求个体依归角色意识而行为，做好自己分内的工作，而不逾越职分去为，这样才能保证社会生活秩序的和谐；在《周易》的时代，能够在现实生活里切实当位的人仅仅是为数不多的圣人，并非人人都能够做到，《周易》的思想家也敏锐地洞察到了这一点。所以，在强调当位的同时，对"位不当"表示出宽容，认为"位不当"的后果，虽然无法实现最佳的追求，但对实际有益处（尽管不是最大的益

----

① 《老子》五章，（魏）王弼著，楼宇烈校释：《王弼集校释》，中华书局1980年版，第14页。

② 尽管儒家孔子和孟子也有关于"正"的论述，但这里体现的是道家的特色。参照"政者，正也，子帅以正，孰敢不正"（《论语·颜渊》，杨伯峻译注：《论语译注》，中华书局1980年版，第129页）、"存乎人者，莫良于眸子。眸子不能掩其恶。胸中正，则眸子瞭焉；胸中不正，则眸子眊焉。听其言也，观其眸子，人焉廋哉"（《孟子·离娄上》，（清）阮元校刻：《十三经注疏》，中华书局1980年版，第2722页上）、"势不行也。教者必以正；以正不行，继之以怒；继之以怒，则反夷矣"（同上书，第2722页中）。

处）的行为，仍然应该肯定。换言之，不能最好，求其次也未尝不可，这不仅对行为者表现了宽容，而且包含着对行为后果价值量上的衡量，对整个社会的价值积淀也是非常有利的，因为人不是神。感到遗憾的是，这一追求取向没有引起后来儒家思想家的重视，终究成为一时的思想闪光①。

最后是忧惧意识。《周易》对"忧患"概念的使用约有 2 例，此外表示这一意思的词还有"忧"、"患"，从汉字造型来看，这些字都离不开"心"，所以侧重在人的心理活动，而非行为责任。"忧惧"只是忧患字典里的一个坐标，绝对不是全部。但是，迄今的一些中国古代思想研究还仍然在西游记的缥缈世界里漫游，正是在这漫游里，有的中国学者失去了自己本该承担的使命和责任，这自然也不能把责任加到某些人的身上。忧患主要是忧虑，担心，由忧虑而来的惧怕②，仅仅是一种极端的情况。这个极端正是一座桥梁，连接了"危机"，危惧意识是个人在具体的环境里，有环境产生或者即将产生的突发事件而袭来的生存危机感、惧怕感，由于对生存构成威胁，

---

①　参照"善不积，不足以成名；恶不积，不足以灭身。小人以小善为无益而弗为也，以小恶为无伤而弗去也，故恶积而不可掩，罪大而不可解"（《周易·系辞下》，（魏）王弼著，楼宇烈校释：《王弼集校释》，中华书局 1980 年版，第 563 页）。"小善"等也是重视从价值量上进行考量的行为，值得注意。

②　《诗经》里也有"战战兢兢，如临深渊，如履薄冰"（《诗经·小雅·小旻》（清）阮元校刻：《十三经注疏》，中华书局 1980 年版，第 449 页下），这就是一种危惧、忧惧意识的反映，用忧患意识来加以解释显然是不适当的。另外，孔子也有忧惧、危惧意识的表述，诸如"事父母几谏，见志不从，又敬不违，劳而不怨……父母在，不远游，游必有方……父母之年，不可不知也；一则以喜，一则以惧"（《论语·里仁》，杨伯峻译注：《论语译注》，中华书局 1980 年版，第 40 页），就是具体的佐证，这里的"惧"与"忧"显然是区别使用的，这虽然都是细小的地方，但不加以严格的区分，古代文化的资源就无法得到彰显和合理的利用。

所以，身处这样境遇的个人，势必驱动防范应对的紧急机制，来渡过危急的处境；它与忧患意识最大的不同，就是责任感，度过危机的责任感；而忧患最多是一种自苦意识，中国有"先天下之忧而忧，后天下之乐而乐"的名言，应该注意的是，这里"忧"的对应词是"乐"，而"乐"的反义词是"苦"，所以，我们不难推测，"忧"的语词功能是"苦"。这也证明忧患仅仅是心理的活动，不能如危机意识能够自然激发防范行为①。至今的研究对《周易》危机意识思想的忽视，使得这一资源没有得到实现转化的契机，这是作为有良知的知识人应该负责的。当然，不得不指出的是，《周易》的危机意识仅仅是局限在个人修养的领域，没有发展到天下国家的疆域。

下面说第二个问题。在道德实践的维度上，"曲成万物"是一个非常重要的概念，至今在定位《周易》是儒家还是道家的行程里，并没有在与其他学派比较的动态的层面上得到应有的重视。我在《先秦道家的道德世界》里，分析了《黄帝四经》的道德思想，在道德实践的层面，其重要的思想就是"物曲成"，这是我们能够见到的最早的语言形式。毫无疑问，"曲成万物"与"物曲成"有相似性，因为构成的概念是一样的，"万物"和"曲成"。如果分析仅此而止的话，那就是浅尝辄止的行为了。虽然使用的概念一样，但两个概念排列的次序是相异的，这一相异带来了语言功能的变化。先说"物曲成"，"物"是主语，"曲成"是说明"物"所处的状态的；在动态的意义上，就是"物"实现

---

① 参照"凡忧思而后悲，凡乐思而后忻，凡思之用心为甚。叹，思之方也。其声变，则〔心从之〕。其心变，则其声亦然。吟，游哀也。噪，游乐也。啾，游声【也】，呕，游心也。喜斯陶，陶斯奋，奋斯咏，咏斯犹，犹斯舞。舞，喜之终也。愠斯忧，忧斯戚，戚斯叹，叹斯辟，辟斯踊。踊，愠之终也"（《性》，李零著：《郭店楚简校读记》，北京大学出版社2002年版，第106页）。

或得到的结果，总之是说明主语"物"的具体状态的，在语言功能上，所起的是状语的作用。"曲成万物"的情况就不一样了，"曲成"是动词谓语，表示的是行为，行为的对象是万物，所以"曲成万物"是一个动宾结构，万物是宾语，"曲成"的行为自然是由人施行的，所以是人来"曲成万物"，无法断言，尽管是人来行使"曲成"的行为，但人仍然可以自然无为，不带任何自己的主观意志，就是在语言形式本身所体现的意义看，"曲成万物"具有主观有意性。在"曲成"与万物的关系上，道家是自然无为的，《周易》是有为的；概念的重新排列，使《周易》从作为本来可能成为依归的道家航道上游离出来，而最终走进儒家的航道，这不是感情之论。要从感情而言的话，我宁愿把《周易》说成道家的作品，但事实不容许我如此行为。就是从《周易》道德实践问题上所显示的特点来看，也完全能印证以上的结论，因为，忧患意识，危机意识，以及君子人格所含有的特征，涌流的都是儒家思想的血液。

以上就是我的《周易》道德思想观，把它说成儒家系列，并不想冒犯任何人，学术的真理在让事实说话，不仅事实以外的任何感情用事不足挂齿，而且对事实一知半解乃或肢解的做法更是对学术研究的玷污！最后，还想提起的是，不仅《易经》和《易传》存在时间上的差异，而且，在《易传》十翼里，时间的差异也是公认的事实，这里采用了一般的观点，把它放在《孟子》以后分析，实际上，这种结论的产生也包括推测的因素在内，而且是就其中最早的《彖传》等立论的，显然，十翼里其他部分在时间上是涉后的。这里采取的是不分时间先后的综合分析的方法，能否成为方法，自然也是可以讨论的。但由于不是侧重辨析文本先后的问题，主要是从思想史的角度来切入的，在这个维度上，反而提供我在时间的坐标系里，来尽情地追寻和聚焦其道德思想学派所宗问题的机会和余地；而这种方法在《周易》这样非一人之作、非一时之作的思想史研究领域里运用，我为之感到庆幸！

第 四 章

荀子"道德纯备,智惠甚明"
的道德思想

    荀子（约前 313—前 238）[1]，先秦儒家著名代表人物之一。《史记·孟子荀卿列传》载有："荀卿，赵人。年五十始来游学于齐……田骈之属皆已死。齐襄王时，而荀卿最为老师。齐尚修列大夫之缺，而荀卿三为祭酒焉。齐人或谗荀卿，荀卿乃适楚，而春申君以为兰陵令。春申君死而荀卿废，因家兰陵……如庄周等又猾稽乱俗，于是推儒、墨、道德之行事兴坏，序列著数万言而卒。"[2]

    儒家之中，荀子的思想与孟子有明显的区别，有人认为孟子代表儒家的左翼，荀子则代表右翼。冯友兰认为这种说法尽管很有道理，但过于简单，因为，在他们的思想里，各自存在着左和

---

    ① 《史记索隐》称他"名况"（（汉）司马迁撰：《史记》卷七十四，中华书局1982 年版，第 2348 页）。

    ② 《孟子荀卿列传》，（汉）司马迁撰：《史记》卷七十四，中华书局1982 年版，第 2348 页。

右的两个方面①。但从他传记的材料里不难得知，他的著作是在当时社会多种思想流派同时芬芳怒放时的产物。关于他道德思想的研究资料，主要是刘向校定的《荀子》，共三十二篇②。

一　"道者……人之所以道也"的道德依据论

在中国哲学史上，对天的认识有着各种不同的表现。总的来说，审视关于天的理论，可以看到道家与儒家的区别。道家强调的是自然的天，天不是有意志的人格神，而是一种法则，一种客观的存在，对人没有目的性的暗示，也没有亲和感的引力，最多也只能给人以规律性的昭示，例如《老子》的"人法地，地法天，天法道，道法自然"③，这里的天显然是自然的天，人是天地等因素组成的链子上的一个环节，有着紧密的联系性。在儒家的场合，天具有人格神的意义，是一个道德化了的法则，是道德的根源。在仁德的修养实践过程中，从己到人，从近到远，不断推进扩充道德人性的普遍性、超越性，最后直至天下，与天相合，在性与天命之间，存在着一个无形的屏障，而天、天命往往是支配人的存在。不仅如此，而且又是人在失败和挫折时用来自

---

① 冯友兰认为："孟子有左也有右：左就左在强调个人自由；右就右在重视超道德的价值，因而接近宗教。荀子有右也有左：右就右在强调社会控制；左就左在发挥了自然主义，因而直接反对任何宗教观念"（《儒家的现实主义派：荀子》，冯友兰著：《中国哲学简史》，北京大学出版社1985年版，第171—172页）。

② 资料以王先谦著：《荀子集解》（中华书局1954年版）为准，参照梁启雄著《荀子简释》（中华书局1983年版）。

③ 《老子》二十五章，（魏）王弼著，楼宇烈校释：《王弼集校释》，中华书局1980年版，第65页。

我排解以至平静内心的武器,因此,在儒家的体系里,天人的合一仅仅只具有精神世界的价值。另一方面,天与人的联系不仅紧密,而且这种联系是有意志的,也就是说,天支配人,人的价值的实现,最后都必须落实到对天的认识,这也是人道德修养实践的主要课题,例如孔子到五十才知天命,孟子则从尽心开始,经过知性,最后抵达知天。所以,儒家的天不是自然的天,而是主观概念演绎的天,具有人格化的意义[①]。

1."上取象于天"的三才论

荀子认为,人不是独立于天地之间的存在。

(1)"和一之理"。

天地人都是宇宙里的客观存在。他说:

> 上取象于天,下取象于地,中取则于人,人所以群居,和一之理尽矣。[②]
>
> 墨子大有天下,小有一国,将少人徒,省官职,上功劳苦,与百姓均事业,齐功劳。若是则不威;不威则罚不行。赏

---

① 徐复观认为:"古代宗教性之天,逐渐坠落以后,向两个方向发展:一是把天加以道德法则化,即以天为道德的根源。此一倾向,是以道德的超越性,代替宗教的超越性;因而以具体地人文教养,代替了天上,代替了人格神……另一发展的倾向,即是把天完全看成了自然性质的天。对于自然的天,也会感到是种法则的存在;但这种法则,是自然科学意味的法则,而不是道德意味的法则。道德意味的法则,使人感到天对于人具有某种目的性,因而与人以亲和的感觉。而自然科学意味的法则,则只是机械地运行,因而只会给人以冷冷地概括性的关系或暗示。道家及荀子所说的天,都是顺着此一方向发展下来的"(《由心善向心知——荀子经验主义的人性论》,徐复观著:《中国人性论史》,上海生活·读书·新知三联书店2001年版,第197—198页)、"即以对'天'的态度而论,儒家发展了道德法则性之天,墨家则继承了宗教性之天,道家则发展为自然法则性之天。儒家的荀子,反而是接受了道家对天的观念"(同上书,第417页)。

② 《荀子·礼论》,王先谦著:《荀子集解》,中华书局1954年版,第248页。

不行，则贤者不可得而进也；罚不行，则不肖者不可得而退也。贤者不可得而进也，不肖者不可得而退也，则能不能不可得而官也。若是，则万物失宜，事变失应，上失天时，下失地利，中失人和，天下敖然，若烧若焦，墨子虽为之衣褐带索，嚽菽饮水，恶能足之乎？既以伐其本，竭其原，而焦天下矣。[①]

天地处在不断的变化之中，人应该取法天地，适应变化的规律，群居生活而与天地保持和谐一致。天地人之间的"和"，实际上就是天时、地利、人和的协调共作。就人和而言，其关键在统治者与"百姓均事业，齐功劳"，这是长成"威"的根源，不然的话，就自然会趋于"不威"的境地，这是赏罚不行的态势。在这样的境遇里，"贤者"、"不肖者"就会失去当有的适宜，最后走向"万物失宜，事变失应"的境地。无疑，在这样的境地里，天时、地利、人和的正常关系也就自然不复存在。

（2）"畏法循绳"。

要维系万物的适宜，关键在法度。荀子又说：

> 县鄙将轻田野之税，省刀布之敛，罕举力役，无夺农时，如是，则农夫莫不朴力而寡能矣。士大夫务节死制，然而兵劲。百吏畏法循绳，然后国常不乱。商贾敦悫无诈，则商旅安，货财通，而国求给矣。百工忠信而不楛，则器用巧便而财不匮矣。农夫朴力而寡能，则上不失天时，下不失地利，中得人和，而百事不废。是之谓政令行，风俗美，以守则固，以征则强，居则有名，动则有功。[②]

---

① 《荀子·富国》，王先谦著：《荀子集解》，中华书局1954年版，第120—121页。

② 《荀子·王霸》，王先谦著：《荀子集解》，中华书局1954年版，第149—150页。

上以无法使，下以无度行；知者不得虑，能者不得治，贤者不得使。若是，则上失天性，下失地利，中失人和。故百事废，财物诎，而祸乱起。[①]

"畏法循绳"是农民、百吏、商贾等各种职业顺利运转的基本条件，是国家保持秩序井然的根本，也是实现事业兴旺、财富充足的前提[②]，并真正实现天时、地利、人和关系的良性运作；不仅能守，而且能战，体现重视实功的社会氛围。如果国家"无法使"，那势必造成下面民众"无度行"，即没有行为之方来加以依据，这样的话，"知者"、"能者"、"贤者"都会失去应有的作用，乃至出现"上失天性"、"下失地利"、"中失人和"的局面，最后走进祸乱的困境。显然，强调法度，具有人为因素的嫌疑，但就"畏法循绳"而言，我们还很难确定其内涵。因为，法度本身也有自然和人为之分。

荀子的天时、地利、人和的运思，可以说是直接对孟子思想的借鉴，显示的是从天到人的方向，但是，不像孟子那样三者之间的关系是决定与被决定的关系，人和占有最为重要的地位；荀子这里的三者关系是平衡的，所以，代替心性善的是法度，法度不是人的专利品，对天时、地利、人和同时起着调节的作用。显然，达到秩序井然的不是内在的人的心性，而是外在的法度，这是荀子与孔孟儒学的最大区别，一外一内。实际上，从内走向外，本身就是儒学与现实尝试对接的自然结果。

---

①　《荀子·正论》，王先谦著：《荀子集解》，中华书局1954年版，第226页。

②　参照"圣王之用也：上察于天，下错于地，塞备天地之间，加施万物之上，微而明，短而长，狭而广，神明博大以至约"（《荀子·王制》，王先谦著：《荀子集解》，中华书局1954年版，第105页）。

　2.“不为而成，不求而得”的天论

　荀子对天的认识，与孔孟儒家有着明显的区别，与道家有着一定的相似性。他认为人是天地之间的存在，因此，必须与天地协调一致，共作互利。他说：

> 故明于天人之分，则可谓至人矣。不为而成，不求而得，夫是之谓天职。如是者，虽深其人不加虑焉，虽大不加能焉，虽精不加察焉，夫是之谓不与天争职。天有其时，地有其财，人有其治，夫是之谓能参。舍其所以参，而愿其所参，则惑矣。①

天的主要特征是“不为而成，不求而得”，这体现着“深”、“大”、“精”的内在特质，履行这个特征则是天的职能。至人对天职持有的“深”、“大”、“精”却“不为”、“不求”的品行，采取的是“不加虑”、“不加能”、“不加察”的应对之方，这正是与天协调一致的举措。天地虽具有自身的“其时”、“其财”，但人的“其治”体现了“能参”的实力，“参”当是加入、协调治理的意思，“能参”也就是人能治理天时、地利而用之。这里的“所以参”就是协调治理的理由，“所参”就是协调治理的行为，与“所参”相比，“所以参”最为重要。换言之，不难推测，荀子在此隐含着“所参”的行为必须在“所以参”的认知指导下进行。如不这样，而反过来要“愿其所参”的话，这就会令人困惑了②。

---

① 《荀子·天论》，王先谦著：《荀子集解》，中华书局 1954 年版，第 205—206 页。

② 王先谦注解为“舍人事而欲知天意，斯惑矣”（同上书，第 206 页），可以参考。

在此,不得不注意的是,"不为而成,不求而得"理论思维的依据①,实际上就是因循的思想。"不为"、"不求"之所以能"成"和"得",关键在于客观的物具有自为、自能的机能。所以,行为主体虽然不有意而为,只是因循行为客体的特性而为,但在客观效果上,却能实现行为客体的价值。这在荀子批评"庄子蔽于天而不知人"的举动里也能得到印证,因为,"由天谓之道,尽因矣"②,"因"就是因循的意思,这是不能忽视的。当然,荀子批判庄子等,主要是说明他们执于一隅,这样不足以成事③。

3."莫明于礼义"的人论

在上面的论述里,不难得知,在天人的坐标里,荀子重视的是人应该遵循天地"不为而成,不求而得"即自然而然的规律来应对天地,实现"人有其治"。

(1)"得之分义"。

在荀子看来,人具有其他动物所没有的质地或素质。

---

① 参照"不出于户,以知天下;不窥于牖,以见天道。其出弥远,其知弥少。是以圣人不行而知,不见而明,不为而成"(《老子》四十七章,(魏)王弼著,楼宇烈校释:《王弼集校释》,中华书局1980年版,第125页;参照高明撰:《帛书老子校注》,中华书局1996年版,第50—53页)。

② 《荀子·解蔽》,王先谦著:《荀子集解》,中华书局1954年版,第262页。

③ 参照"墨子蔽于用而不知文。宋子蔽于欲而不知得。慎子蔽于法而不知贤。申子蔽于埶而不知知。惠子蔽于辞而不知实。庄子蔽于天而不知人。故由用谓之道,尽利矣。由欲谓之道,尽嗛矣。由法谓之道,尽数矣。由埶谓之道,尽便矣。由辞谓之道,尽论矣。由天谓之道,尽因矣。此数具者,皆道之一隅也。夫道者体常而尽变,一隅不足以举之。曲知之人,观于道之一隅,而未之能识也。故以为足而饰之,内以自乱,外以惑人,上以蔽下,下以蔽上,此蔽塞之祸也。孔子仁知且不蔽,故学乱术足以为先王者也。一家得周道,举而用之,不蔽于成积也。故德与周公齐,名与三王并,此不蔽之福也"(同上书,第261—263页)。

> 水火有气而无生，草木有生而无知，禽兽有知而无义，
> 人有气、有生、有知，亦且有义，故最为天下贵也。力不若
> 牛，走不若马，而牛马为用，何也？曰：人能群，彼不能群
> 也。人何以能群？曰：分。分何以能行？曰：义。故义以分
> 则和，和则一，一则多力，多力则强，强则胜物；故宫室可
> 得而居也。故序四时，裁万物，兼利天下，无它故焉，得之
> 分义也。①

人和草木、禽兽相同的是都有气、有生、有知，不同的是除此之
外，人还有义，所以是天下最为"贵"的存在。这种"贵"的具
体表现就是人能"群"，也就是上面提到的"人所以群居"，而其
他禽兽是不能群的。人之所以能群，是因为有"分"即名分的意
识，而"分"之所以能运行，就在于"义"的支持。"义"即道
德规则，也就是说，人不但有"知"的生活，而且有道德生活，
这是人之所以为人的标的。"分义"相须而行的话，势必产生和
谐的景象，和谐势必合一，合一势必产生最强力，这正是人比其
他动物强大的所在。总之，人能成为万物之灵，完全是"分义"
的功劳。

其实，要说群居生活的话，不仅仅是人类，其他动物也都是
群居生活，这是抵御其他族群侵害的需要，诸如老虎、狮子、河
马等都是这样，而且它们也有"分"的意识，即自身的名分地
位，在族群中的位置，它们也有严密的等级制度，而且与等级相
联系的，是需要尽的义务，诸如族长有保护幼小者的义务，只是
没有人类那样多维多样罢了。

---

① 《荀子·王制》，王先谦著：《荀子集解》，中华书局1954年版，第104—105
页。

（2）"人道莫不有辨"。

在另一意义上，人的世界名分的多维多样，来自于人的"有辨"。荀子又说：

> 人之所以为人者何已也？曰：以其有辨也。饥而欲食，寒而欲暖，劳而欲息，好利而恶害，是人之所生而有也，是无待而然者也，是禹桀之所同也。然则人之所以为人者，非特以二足而无毛也，以其有辨也。今夫狌狌形状亦二足而无毛也，然而君子啜其羹，食其胾。故人之所以为人者，非特以其二足而无毛也，以其有辨也。夫禽兽有父子，而无父子之亲，有牝牡而无男女之别。故人道莫不有辨。辨莫大于分，分莫大于礼，礼莫大于圣王。[①]

人之所以为人的本质，不是别的，就是"有辨"，诸如"饥而欲食"、"寒而欲暖"、"劳而欲息"、"好利而恶害"，这是生而就有的，是"无待而然者"。这里的"待"，指的自然是后天的因素，这种待的素质是人人相同的。"有辨"是人道的特征，而"辨"最为重要的就是"分"，"礼"又是"分"的核心[②]。这里的

---

①　《荀子·非相》，王先谦著：《荀子集解》，中华书局1954年版，第50页。

②　参照"对荀子来说，智性指引的行动在某种程度上好像在低等动物身上已经具有。在他看来，使人和动物区别开来的是人给智性活动以一种道德形式的能力。既然如此，我们就能明白他为什么不以义作为人性的一个方面。对荀子而言，它一定是人的这种能力的一部分，这就是认识他们的需要和智性地行动以满足这些需要的能力。那么，人类'有'义不仅在于：他们是创造他们在其中生活的道德体系的动物，而且在于：他们能够道德地感觉和思想"（《荀子论人性》，〔美〕倪德卫著，〔美〕万百安编：《儒家之道：中国哲学之探讨》，周炽成译，江苏人民出版社2006年版，第260页）。

"礼",就是"礼义"①。而且,在荀子的心目中,"有辨"又是心的机能②。

总之,人之所以为人的根本是"有辨",即认识辨别物事的能力,在辨别行为的事务里,认识职分即在社会生活事务中的具体位置,这是有序社会生活的最为重要的因子;而"分莫大于礼"显示的是,"分"实际上具有等级性。

4. "不可以怨天,其道然也"的道论

人依靠"分义"相须而行并实现万物世界的现实治理,"分义"是人之所以为人的所在。不难知道,荀子在天人关系里,强调的是人的"群"的力量,虽然在审视人的切入点上,与历史其他哲人没有什么不同,但进入这一切入口以后的价值取向,却完全相异于其他哲人。也就是说,天尽天职,人尽人职,人不必去认识天,但人必须按照天"不为而成,不求而得"的精神行事,这就是荀子"明于天人之分"③的意义所在。至此的分析已经非常清晰。荀子又说:

> 天行有常,不为尧存,不为桀亡。应之以治则吉,应之以乱则凶。强本而节用,则天不能贫;养备而动时,则天不能病;修道而不贰,则天不能祸。故水旱不能使之饥,寒暑

---

① 参照"在天者莫明于日月,在地者莫明于水火,在物者莫明于珠玉,在人者莫明于礼义。故日月不高,则光晖不赫;水火不积,则晖润不博;珠玉不睹乎外,则王公不以为宝;礼义不加于国家,则功名不白。故人之命在天,国之命在礼。君人者,隆礼尊贤而王,重法爱民而霸,好利多诈而危,权谋倾覆幽险而尽亡矣"(《荀子·天论》,王先谦著:《荀子集解》,中华书局1954年版,第211页)。

② 参照"天职既立,天功既成,形具而神生,好恶喜怒哀乐臧焉,夫是之谓天情。耳目鼻口形能各有接而不相能也,夫是之谓天官。心居中虚,以治五官,夫是之谓天君"(同上书,第206页)。

③ 同上书,第205页。

不能使之疾,袄怪不能使之凶。本荒而用侈,则天不能使之富;养略而动罕,则天不能使之全;倍道而妄行,则天不能使之吉。故水旱未至而饥,寒暑未薄而疾,袄怪未至而凶。受时与治世同,而殃祸与治世异,不可以怨天,其道然也。①

"天行"是有客观常规的,绝对不为人的意志所转移。天对人在客观上并不一定构成什么不利的因素,关键在于人以什么行为之方来加以具体的应对,如"应之以治"的话,必然吉祥,"应之以乱"的话,就趋向凶险。显然,这里的"应之以治"就是上面分析的"能参",这是自然的应对方法。具体地说,"强本而节用"、"养备而动时"、"修道而不贰"都是人的行为,只要切实施行,天就不能使人"贫"、"病"、"祸",突然的困难也就不能压倒人;反之,人如果实行"本荒而用侈"、"养略而动罕"、"倍道而妄行"的不合常理的行为,天也自然不能使人"富"、"全"、"吉",并最终使当事人趋向"饥"、"疾"、"凶"的境地。

　　毫无疑问,造成这两种不同结果的根源在人选择的行为的相异上。所以,荀子的结论是"不可以怨天,其道然也"。是人道自己使然,不能怨天。荀子强调的是人,天对人并没有强加的意志,这是应该注意的②。

----

　　①　《荀子·天论》,王先谦著:《荀子集解》,中华书局1954年版,第205页。
　　②　参照"万物各得其和以生,各得其养以成。不见其事而见其功,夫是之谓神。皆知其所以成,莫知其无形,夫是之谓天。唯圣人为不求知天"(同上书,第206页)、"故君子敬其在己者,而不慕其在天者;小人错其在己者,而慕其在天者"(同上书,第208页)、"大天而思之,孰与物畜而制之;从天而颂之,孰与制天命而用之……故错人而思天,则失万物之情"(同上书,第211—212页)。

5. "道者……人之所以道也"的人道论

荀子讲道,主要是指人道,而不是天地之道。他说:

> 故凡得胜者,必与人也;凡得人者,必与道也。道也
> 者,何也?曰礼让忠信是也。故自四五万而往者,强胜非众
> 之力也,隆在信矣。自数百里而往者,安固非大之力也,隆
> 在修政矣。[1]

> 先王之道,仁之隆也,比中而行之。曷谓中?曰:礼义
> 是也。道者,非天之道,非地之道,人之所以道也,君子之
> 所道也。[2]

"得胜"离不开与人协调,"得人"离不开以道为方。道是什么
呢?就是礼义、忠信等,这是人之所以为人的道。所以,对人来
说,最重要的并不是天地之道,而是人道本身。

人道的力量主要是道德的力量,诸如"强胜"主要是诚信的
力量,"安固"依靠的也主要不是人力,而是"修政"的功劳。

6. "必由其道至,然后接之"的由道论

人道并不是一个单一的概念,在荀子那里,还有着客观的规
定。他说:

> 墨子蔽于用而不知文。宋子蔽于欲而不知得。慎子蔽于
> 法而不知贤。申子蔽于埶而不知知。惠子蔽于辞而不知实。
> 庄子蔽于天而不知人。故由用谓之道,尽利矣。由欲谓之
> 道,尽嗛矣。由法谓之道,尽数矣。由埶谓之道,尽便矣。

---

① 《荀子·强国》,王先谦著:《荀子集解》,中华书局1954年版,第199页。
② 《荀子·儒效》,王先谦著:《荀子集解》,中华书局1954年版,第77页。

由辞谓之道,尽论矣。由天谓之道,尽因矣。此数具者,皆道之一隅也。夫道者体常而尽变,一隅不足以举之。曲知之人,观于道之一隅,而未之能识也。故以为足而饰之,内以自乱,外以惑人,上以蔽下,下以蔽上,此蔽塞之祸也。孔子仁知且不蔽,故学乱术足以为先王者也。一家得周道,举而用之,不蔽于成积也。[①]

在上面我们已经讨论过"由天谓之道,尽因"的方面,其实,这仅仅是道的一个部分,此外还有"由用谓之道,尽利"、"由欲谓之道,尽嗛"、"由法谓之道,尽数"、"由执谓之道,尽便"、"由辞谓之道,尽论"的内容,这都是"道之一隅"即一个方面。荀子认为,"道者体常而尽变,一隅不足以举之",所以,仅仅知道某个方面的道,就叫"曲知之人",这成不了大事,因为这是对道没有真正认识的表现。把"曲知"当"周道"的话,就势必产生"自乱"、"惑人"、上下互蔽的祸乱。因此,认识"周道"是人最大的课题,而这正是人为了给自身的行为提供决策的依据。他又说:

问楛者,勿告也;告楛者,勿问也;说楛者,勿听也。有争气者,勿与辩也。故必由其道至,然后接之;非其道则避之。[②]

王在上,分义行乎下,则士大夫无流淫之行,百吏官人无怠慢之事,众庶百姓无奸怪之俗,无盗贼之罪,莫敢犯上

---

① 《荀子·解蔽》,王先谦著:《荀子集解》,中华书局1954年版,第261—263页。

② 《荀子·劝学》,王先谦著:《荀子集解》,中华书局1954年版,第10页。

之大禁，天下晓然皆知夫盗窃之不可以为富也，皆知夫贼害之不可以为寿也，皆知夫犯上之禁不可以为安也。由其道则人得其所好焉，不由其道则必遇其所恶焉。①

人必须依据道来行为，应该避开不合道的行为决策②，"楛"是不正当、恶劣的意思，所以，对待"问楛"、"告楛"、"说楛"的行为，唯一的回应就是"勿告"、"勿问"、"勿听"。在人际社会里，人人都能遵循道而行为的话，大家都能获取自己所喜好获取的东西，不然就必然直面自己最不愿面对的境遇。

总之，对人来说，"由其道"最为重要，与外在他人的对接，其依据也是是否"由其道"，如果出现"非其道"的情况，应该采取的方法就是"避之"。显然，这里不是与非道的行为进行斗争和对抗，这本身也与"有争气者，勿与辩"的精神相统一，显然这是对老子道家思想的借鉴。当然，不得不注意的是，在分析孔子和孟子的道德思想时都遇到同样的问题，就是圣人为了保持自己人格的清白，往往遇到清明的时代就出来做事，而污浊的时代就隐居而保持自己的清白，荀子这里虽然没有出现隐居的选择，但是，避开现实问题的倾向已经非常明显，基本与孔孟的思想倾向是一致的。

7. "足以壹人"的道的功能论

人努力实现"周道"是为了润滑"由其道"的进程，人之所

---

① 《荀子·君子》，王先谦著：《荀子集解》，中华书局1954年版，第300—301页。

② 参照"故礼恭，而后可与言道之方；辞顺，而后可与言道之理；色从而后可与言道之致。故未可与言而言，谓之傲；可与言而不言，谓之隐；不观气色而言，谓之瞽。故君子不傲、不隐、不瞽，谨顺其身"（《荀子·劝学》，王先谦著：《荀子集解》，中华书局1954年版，第10页）。

以要"由其道"，是因为道有着举足轻重的功能。荀子说：

> 百里之地，可以取天下。是不虚，其难者在人主之知之
> 也。取天下者，非负其土地而从之之谓也，道足以壹人而已
> 矣。彼其人苟壹，则其土地且奚去我而适它？故百里之地，
> 其等位爵服，足以容天下之贤士矣；其官职事业，足以容天
> 下之能士矣；循其旧法，择其善者而明用之，足以顺服好利
> 之人矣。贤士一焉，能士官焉，好利之人服焉，三者具而天
> 下尽，无有是其外矣。故百里之地，足以竭埶矣。致忠信，
> 箸仁义，足以竭人矣。两者合而天下取，诸侯后同者先危。①
>
> 农精于田，而不可以为田师；贾精于市，而不可以为市
> 师；工精于器，而不可以为器师。有人也，不能此三技，而
> 可使治三官。曰：精于道者也，精于物者也。精于物者以物
> 物，精于道者兼物物。②

在荀子看来，道直接关系到一个国家的存亡③，这是因为道具有
"壹人"的功能。"壹人"是齐一、整合人心、人力的意思。人心
齐一的话，就能人尽其才，仁义彰明。所以，只要精通道，就能

---

① 《荀子·王霸》，王先谦著：《荀子集解》，中华书局 1954 年版，第 139—140
页。

② 《荀子·解蔽》，王先谦著：《荀子集解》，中华书局 1954 年版，第 266 页。

③ 参照"道者，何也？曰：君之所道也。君者，何也？曰：能群也。能群也
者，何也？曰：善生养人者也，善班治人者也，善显设人者也，善藩饰人者也。善
生养人者人亲之，善班治人者人安之，善显设人者人乐之，善藩饰人者人荣之。四
统者俱，而天下归之，夫是之谓能群。不能生养人者，人不亲也；不能班治人者，
人不安也；不能显设人者，人不乐也；不能藩饰人者，人不荣也。四统者亡，而天
下去之，夫是之谓匹夫。故曰：道存则国存，道亡则国亡"（《荀子·君道》，王先谦
著：《荀子集解》，中华书局 1954 年版，第 156 页）。

"兼物物"，即治理万物，这不同于精通于个物者的只能"物物"。"兼物物"、"壹人"在本质上是统一的。

8."无德之为道也，伤疾"的德论

在荀子道的序列里，虽然有许多门类，诸如天道等，但在他的心目中，道的重心在人，指的是人之所以为人的部分，诸如礼义忠信等，这也正是人与禽兽相区别的本质。在这个意义上，我们不难推测，荀子的道，乃是德之道，即是道德的具体程式。他说：

> 事人而不顺者，不疾者也；疾而不顺者，不敬者也；敬而不顺者，不忠者也；忠而不顺者，无功者也；有功而不顺者，无德者也。故无德之为道也，伤疾、堕功、灭苦，故君子不为也。[1]

为道必须有德，无德之道，只能与"伤疾、堕功、灭苦"相连接，即过大于功，失大于得，于人是有百害无一利的[2]。总之，

---

[1]　《荀子·臣道》，王先谦著：《荀子集解》，中华书局1954年版，第168页。

[2]　参照"兼服天下之心：高上尊贵，不以骄人；聪明圣知，不以穷人；齐给速通，不争先人；刚毅勇敢，不以伤人；不知则问，不能则学，虽能必让，然后为德。遇君则修臣下之义，遇乡则修长幼之义，遇长则修子弟之义，遇友则修礼节辞让之义，遇贱而少者，则修告导宽容之义。无不爱也，无不敬也，无与人争也，恢然如天地之苞万物。如是，则贤者贵之，不肖者亲之；如是而不服者，则可谓訞怪狡猾之人矣，虽则子弟之中，刑及之而宜"（《荀子·非十二子》，王先谦著：《荀子集解》，中华书局1954年版，第62—63页）、"有大忠者，有次忠者，有下忠者，有国贼者：以德覆君而化之，大忠也；以德调君而辅之，次忠也；以是谏非而怒之，下忠也；不恤君之荣辱，不恤国之臧否，偷合苟容以之持禄养交而已耳，国贼也。若周公之于成王也，可谓大忠矣；若管仲之于桓公，可谓次忠矣；若子胥之于夫差，可谓下忠矣；若曹触龙之于纣者，可谓国贼矣"（《荀子·臣道》，王先谦著：《荀子集解》，中华书局1954年版，第168—169页）。

道是德之道,实行德之道就是得。

必须注意的是,荀子这里把有无实功作为德的因子之一,这是应该肯定的。

9."道德诚明,利泽诚厚"的道德论

无论是道还是德,在荀子那里,都具有道德的意义,抑或就是道德的同名词①。在社会生活里,道德有着重大的作用。他说:

> 有道德之威者,有暴察之威者,有狂妄之威者……礼乐则修,分义则明,举错则时,爱利则形。如是,百姓贵之如帝,高之如天,亲之如父母,畏之如神明。故赏不用而民劝,罚不用而威行,夫是之谓道德之威……道德之威成乎安强,暴察之威成乎危弱,狂妄之威成乎灭亡也。②

> 汤武者,修其道,行其义,兴天下同利,除天下同害,天下归之。故厚德音以先之,明礼义以道之,致忠信以爱之,赏贤使能以次之,爵服赏庆以申重之,时其事,轻其任,以调齐之,潢然兼覆之,养长之,如保赤子。生民则致宽,使民则綦理,辩政令制度,所以接天下之人百姓,有非理者如毫末,则虽孤独鳏寡,必不加焉。是故百姓贵之如

① 参照"君子言有坛宇,行有防表,道有一隆。言政治之求,不下于安存;言志意之求,不下于士;言道德之求,不二后王。道过三代谓之荡,法二后王谓之不雅。高之下之,小之巨之,不外是矣。是君子之所以骋志意于坛宇宫庭也。故诸侯问政,不及安存,则不告也。匹夫问学,不及为士,则不教也。百家之说,不及后王,则不听也。夫是之谓君子言有坛宇,行有防表也"(《荀子·儒效》,王先谦著:《荀子集解》,中华书局1954年版,第93页)。

② 《荀子·强国》,王先谦著:《荀子集解》,中华书局1954年版,第194—195页。

帝，亲之如父母，为之出死断亡而不愉者，无它故焉，道德诚明，利泽诚厚也。①

在三威之中，只有"道德之威"值得追求，因为它来自于"安强"，"暴察之威"和"狂妄之威"则分别与"危弱"和"灭亡"紧密相连，这是因为与"暴察"和"狂妄"的不修礼义、无爱人利人之心②所不同的是，"道德"则敬修礼义，明辨分义，所以，赏罚的施行有条不紊，这些正是安强的源泉。因此，在社会的治理上，最为重要的是"厚德音"。具体地说，就是通过"明礼义"、"致忠信"、"赏贤使能"、"爵服赏庆"来保证，而这些主要是让民众生活宽裕，使用民众则依据理义，必须做到"养长之，如保赤子"③。总之，道德真正得到明扬的话，对人的利益是无穷的④。

道德对人"利泽诚厚"的原因，是它以"兴天下同利，除天下同害"为自己的追求之一，这里直接把天下的利害作为道德的内容之一，显示功利论的特色。

---

① 《荀子·王霸》，王先谦著：《荀子集解》，中华书局1954年版，第147页。

② 参照"礼乐则不修，分义则不明，举错则不时，爱利则不形；然而其禁暴也察，其诛不服也审，其刑罚重而信，其诛杀猛而必，黭然而雷击之，如墙厌之。如是，百姓劫则致畏，嬴则敖上，执拘则最，得间则散，敌中则夺，非劫之以形执，非振之以诛杀，则无以有其下，夫是之谓暴察之威。无爱人之心，无利人之事，而日为乱人之道，百姓讙敖，则从而执缚之，刑灼之，不和人心。如是，下比周贲溃以离上矣，倾覆灭亡，可立而待也，夫是之谓狂妄之威"（《荀子·强国》，王先谦著：《荀子集解》，中华书局1954年版，第195页）。

③ "赤子"这一概念当是对老子思想的借鉴。参照"含德之厚，比于赤子"（《老子》五十五章，（魏）王弼著，楼宇烈校释：《王弼集校释》，中华书局1980年版，第145页）。

④ 参照"道德纯备，智惠甚明，南面而听天下，生民之属莫不振动从服以化顺之"（《荀子·正论》，王先谦著：《荀子集解》，中华书局1954年版，第221页）。

10."圣人之伪"的礼义产生论

前面我们讨论了道、德、道德等问题,礼义道德虽对人具有重要的意义,但是不得不追问的一个现实问题是,它们是怎样生成的呢?荀子说:

> 问者曰:人之性恶,则礼义恶生?应之曰:凡礼义者,是生于圣人之伪,非故生于人之性也。故陶人埏埴而为器,然则器生于陶人之伪,非故生于人之性也。故工人斲木而成器,然则器生于工人之伪,非故生于人之性也。圣人积思虑,习伪故,以生礼义而起法度,然则礼义法度者,是生于圣人之伪,非故生于人之性也。若夫目好色,耳好声,口好味,心好利,骨体肤理好愉佚,是皆生于人之情性者也;感而自然,不待事而后生之者也。夫感而不能然,必且待事而后然者,谓之生于伪。是性伪之所生,其不同之征也。①

荀子认为人的本性是恶的,恶的人性如何产生礼义道德呢?所以,道德产生于"圣人之伪",道德在先天的本性里是不存在的,即"非故生于人之性",仿佛陶器、木器是生于陶人、工人的手艺一样即"伪",礼义法度即产生于圣人的"伪",是圣人"积思虑,习伪故"的手艺或作品。用人性来作比喻的话,就是"目好色"、"耳好声"、"口好味"、"心好利"、"骨体肤理好愉佚"都是人的自然情性,是"感而自然"的现象,不需人事的外加。所以,"感而不能然"、"待事而后然"

①《荀子·性恶》,王先谦著:《荀子集解》,中华书局1954年版,第291—292页。

的现象或东西，就是"伪"。在这个意义上，不难看到，在荀子的心目中，人的本性本身并没有礼义道德这些成分，它们是后天赋予的。用孟子善端作譬喻的话，在荀子的体系里，就是人的本性里没有仁义等善端，这样的话，自然也就推不出扩充本性的具体环节。

"伪"在字形上，是"人"和"为"的组合，其意思就是人的行为、作为，因此，礼义等具有等级观念的东西，就是圣人制作的，不是自然产生的，因此，"伪"的使用非常鲜活。

11."先王恶其乱"的礼义产生的现实动因论

由于礼义道德产生于后天，我们无法在人的本性里找到其生发的契机，那么，不得不思考的另一个问题就是，圣人为什么要制作礼义道德呢？荀子又说：

礼起于何也？曰：人生而有欲，欲而不得，则不能无求。求而无度量分界，则不能不争；争则乱，乱则穷。先王恶其乱也，故制礼义以分之，以养人之欲，给人之求。使欲必不穷乎物，物必不屈于欲。两者相持而长，是礼之所起也。①

古者圣王以人之性恶，以为偏险而不正，悖乱而不治，是以为之起礼义，制法度，以矫饰人之情性而正之，以扰化人之情性而导之也，始皆出于治，合于道者也。②

____

① 《荀子·礼论》，王先谦著：《荀子集解》，中华书局1954年版，第231页。
② 《荀子·性恶》，王先谦著：《荀子集解》，中华书局1954年版，第289—290页。

上面已经分析过，人具有先天的好色、好利等自然情欲，要满足这些欲望，势必向外作一定的追求，如果没有一定的标准，人际之间必然发生争执，最后导致混乱[1]，所以，圣人制作礼义道德的一个最大现实动因就是"恶其乱"。而现实的情况是"偏险而不正，悖乱而不治"，所以，就用礼义、法度来制御平衡人们的欲望相争，即对人的情性进行"正"、"导"的整备，这都是出于治理的需要，而且是合于道的，因为，礼义本身又是紧紧地贴近人的本性，以保证"养人之欲，给人之求"，使物与欲始终行进在"相持而长"的轨道上，这就是礼义产生的理由和原因。

　　虽然礼义产生的现实动因在人的欲望，而且欲望具有无限追求满足的倾向，但是，礼义不过是给人提供一种外在的行为之方，以保证人们欲望得到满足实践的顺畅进行，而且，礼义本身并没有否定人的基本欲望的满足，所以，这里的礼义可以说与人的欲望处在相得益彰的关系里。

　　12."彼后王者，天下之君也"的道德现实生长点

　　荀子的出发点与立足点始终在现实，所以，他对孟子等的

---

　　① 参照"人之生不能无群，群而无分则争，争则乱，乱则穷矣。故无分者，人之大害也；有分者，天下之本利也；而人君者，所以管分之枢要也。故美之者，是美天下之本也；安之者，是安天下之本也；贵之者，是贵天下之本也。古者先王分割而等异之也，故使或美，或恶，或厚，或薄，或佚或乐，或劬或劳，非特以为淫泰夸丽之声，将以明仁之文，通仁之顺也。故为之雕琢、刻镂、黼黻文章，使足以辨贵贱而已，不求其观；为之钟鼓、管磬、琴瑟、竽笙，使足以辨吉凶、合欢、定和而已，不求其余；为之宫室、台榭，使足以避燥湿、养德、辨轻重而已，不求其外"（《荀子·富国》，王先谦著：《荀子集解》，中华书局1954年版，第116页）。

"略法先王而不知其统"颇有微词①。他说：

> 故人之所以为人者，非特以其二足而无毛也，以其有辨
> 也。夫禽兽有父子，而无父子之亲，有牝牡而无男女之别。
> 故人道莫不有辨。辨莫大于分，分莫大于礼，礼莫大于圣
> 王；圣王有百，吾孰法焉？曰：文久而灭，节族久而绝，守
> 法数之有司，极礼而褫。故曰：欲观圣王之迹，则于其粲然
> 者矣，后王是也。彼后王者，天下之君也；舍后王而道上
> 古，譬之是犹舍己之君，而事人之君也。故曰……以近知
> 远，以一知万，以微知明，此之谓也。②

礼是"分"的浓缩，而圣王又是礼的具象，但圣王有许许多多，
到底师法哪一个呢？荀子的答案是"后王"，假如舍弃"后王"
而推重"上古"的话，就仿佛舍弃自己的君主而去侍奉他人的君
主一样。这里的道理很简单，正如从近可以知道远、从一可以得
知万、从微可以推知明一样。

　　道德产生的现实动因在人的欲望，虽然荀子在礼义的制定上
注意到了人性欲望的不可轻视的方面，但毕竟不是纯粹以人性欲
望的特性为依据来制定礼义的，显然，作为外在于人的行为之方

---

①　参照"不法先王，不是礼义，而好治怪说，玩琦辞，甚察而不惠，辩而无
用，多事而寡功，不可以为治纲纪；然而其持之有故，其言之成理，足以欺惑愚众；
是惠施邓析也。略法先王而不知其统，然而犹材剧志大，闻见杂博。案往旧造说，
谓之五行，甚僻违而无类，幽隐而无说，闭约而无解。案饰其辞，而只敬之，曰：
此真先君子之言也。子思唱之，孟轲和之。世俗之沟犹瞀儒、嚾嚾然不知其所非也，
遂受而传之，以为仲尼子弓为兹厚于后世，是则子思孟轲之罪也"（《荀子·非十二
子》，王先谦著：《荀子集解》，中华书局1954年版，第59—60页）。

②　《荀子·非相》，王先谦著：《荀子集解》，中华书局1954年版，第50—51页。

的礼义，势必有外在于人的因子要求，在这一点上荀子与儒家其他思想家没有什么两样，所不同的是，孔、孟在先王，荀子在后王，在现实的针对性上，自然比孔、孟要强。这实际上在一定的意义上，也反映出荀子对搬出远古圣人来训导现实社会的行为的反思，并洞察到这种方法软弱无力的现实，这也与其把实功作为道德的规定之一的倾向相一致。这种思想的内在联系是我们应该注意的地方。

通过以上的分析，可以清楚地看到，荀子把天时、地利、人和看成一个系统，他重视人和的价值，要实现人和，有必要利用天道自然的规律来治理人际社会，用荀子的话来说，就是依据法度来进行治理，这是体现"不为而自然"精神的法度，在形式上，没有像孟子那样把天时置于人和之下。换言之，人必须利用天道来治理社会事务，所以，天在荀子那里根本没有什么权威，这是他确立天人分际的立足点和价值意义之所在①。荀子的立足点始终是现实，因此，不仅推重"后王"即现实天下的君子，而且占据他视野的也主要是人性的实在，而不是本性的真在。所以，他把礼义道德的产生归结为圣人的制作（伪），旨在消除现实的混乱，调节人们的欲望纷争。但他强调"养人之欲，给人之求"，使物与欲始终行进在"相持而长"的轨道上，这正是他强调天道"因"的因素的具体体现。但是，尽管孟子的重点在"法先王"，荀子在"后王"，但他们的注目之处都在于现实的道德风尚，而且都归结到道德是治理社会的最有效的武器这一点。相对而言，荀子的理论更能激发人追求确证自我价值的冲动。不过，

----

①　徐复观认为："因为荀子是经验的性格，所以他所认定之天，乃非道德的自然性质之天，因而便主张天人分途。"（《由心善向心知——荀子经验主义的人性论》，徐复观著：《中国人性论史》，上海生活·读书·新知三联书店 2001 年版，第 197 页）。

应该清楚地看到的是，在道德的根据上，荀子的立足点不是外在的天，而是道，是人之道，德之道，总之是人自身，人只要站在自身的现实中，尽自己应尽的职分，根本不需要在天那里寻找依据的支撑，但是，人道必须是天道精神的体现。

二　"生之所以然者，谓之性"的道德范畴论

在分析道德依据的问题时，我们曾经谈到道德产生于圣人的制作这一问题。在荀子的思想系统里，道德在现实的层面上，具有各种各样的样式，这些正好构成道德范畴的大厦。这些内容将以下面的形式来进行具体的展示。

1. "不事而自然"的本性论

上面提到人的欲望是礼义产生的内在动因，虽然不能达到完全以人的本性为依据来设定礼义，但是，荀子对本性的重要性已经有充分的认识。这也是这里首先讨论本性的另一个理由。当然，重视人的本性的审视，是古代哲学家的共识之一，这也是以人为审视对象时的最为常见的作为，荀子自然也不例外。

(1)"性者，本始材朴也"。

关于人的本性的思想，我们不难回想起记载在《孟子》告子篇里有关告子的思想，告子强调"生之谓性"，以及"食色，性也"。实际上，这些内容并不一定限于人之性，准确地说，告子指的是万物之性。"生之谓性"对一切万物都讲得通，就是"食色，性也"的提法，也适用于作为类的一切动物。在此，只有经验形下世界的具体现象的概括叙述，而缺乏抽象形上世界视野里的透视。无疑，告子的性论不失为中国性论史上的一个门类，因为他没有在价值评判的平台上来审视本性，而是首先从追问本性

本身谓什么而切入，是接近西方人思维定式的一种方法。不过，告子理论本身的深度有着很大的限制性，而这些限制性，在荀子那里得到了突破。

首先，"生之所以然者，谓之性"。荀子继承了告子追问本性本身谓什么的思维方式，首先在远离价值判断平台的地方切入并审视本性。荀子说："生之所以然者，谓之性。性之和所生，精合感应，不事而自然，谓之性。"[①] 在此，有两点值得注意：一是"生之所以然者"[②]。这一命题不同于告子的"生之谓性"，"所以然"所包含的内质不是经验世界所能讨论的范围，而是只能在形上世界才能讨论的课题，包含着深深的哲学的思考。正是这"所以然"，为万物提供了施行类的规定性的可能性。因为，不同的类，有着不同的"所以然"，因此，不存在万物通用的"所以然"，这自然也就把人类与其他物类加以了区别。这种能区别于类的素质，就是该类的本性，是该类之所以为自己的存在性。所以，荀子的"所以然"，在形上的高度确立了讨论物类本性的可能以及规定性，在哲学史上的意义是非常深远积极的，这是不能忽视的。"生之所以然者"的"生"，可以从动词和名词两个方面来加以理解。首先，作为动词的情况，其意思就是物类生来就具有的自己之所以为自己的类属的规定性，强调的主要是先天性；其次，作为名词的情况，换言之，把"生"理解为生命，在某个生命的体系里，代表它之所以为自己的东西，对该生命的存在载体来说，就是自己的本性。应该说，荀子就是在这两个层面上来营构自己的理论的。

---

①　《荀子·正名》，王先谦著：《荀子集解》，中华书局1954年版，第274页。

②　张岱年认为"所以然即所已然"（《如何分析人性学说》，张岱年著：《中国伦理思想研究》，上海人民出版社1989年版，第96页）。

其次，"不事而自然"。这是对作为动词境遇的"生之所以然者"的进一步的说明。万物的本性是在阴阳和合、精合感应的境遇里形成的，其特点就是"不事而自然"，这里的"事"就是人事的意思，表示的是人为使然，其反面就是自然。所以，在此荀子从动态的角度回答说明了先天性的具体实践过程，作为生命载体的人（因为上面的"事"是从人事、人为的角度切入的，存在着与人的直接的联系，所以，似乎存在以作为万物之一的人直接立论的条件），在存在论的意义上，对自己之所以为自己的规定性，表现出来的是没有人为介入的特点，所以，人的"所以然"是"不事而自然"[①]。

复次，"凡性者，天之就也"。荀子把本性规定为"生之所以然者"，显然不同于当时其他人的观点。为了张扬自己的主张，荀子又把运思的坐标拉回到人与天的联系上。他说：

> 凡性者，天之就也，不可学，不可事……不可学，不可事，而在人者，谓之性……今人之性，目可以见，耳可以听；夫可以见之明不离目，可以听之聪不离耳。目明而耳聪，不可学，明矣。[②]

"生之所以然者"，一方面是"不事而自然"的产物，另一方面则是"天之就"的存在，具有不可"学"、"事"的特点，这种特点

---

① 王先谦认为："性之和所生，当作生之和所生，此生字与上生之同，亦谓人生也。两谓之性，相俪生之所以然者谓之性，生之不事而自然者谓之性，文义甚明，若云性之不事而自然者谓之性，则不词矣。此传写者缘下文性之而误注人之性。性当为生，亦后人以意改之。"（《荀子·正名》，王先谦著：《荀子集解》，中华书局1954年版，第274页）这显然是一种误读。

② 《荀子·性恶》，王先谦著：《荀子集解》，中华书局1954年版，第290页。

见之于人，就是人的本性。诸如"目可以见"、"耳可以听"，随着人的见、听实践的深入，目、耳所具有的明、聪的能力也会得到不断的见证。但是，在最终的意义上，"见之明"和"听之聪"都离不开目和耳，可以说，明、聪是目、耳所具有的先天的能力。换言之，就是"不可学，不可事"的能力。在根本的意义上，这种能力也无须学习，是人性的一种自能。这里的"天之就"的"天"，在"不可学，不可事"的语序里，似乎显示出一定威严的光芒，是外在于人并高于人的存在①。但是，认真深入地思考的话，就不难发现，这里的"天"，实际上强调的主要重点是天然、天性的部分，是人的本性的一种状态，而不是外在于本性的存在。在天然、天性的意义上，"天"就是本性，所以，根本得不出高于人的结论，与荀子天人关系的一贯思想是统一不悖的，这是应该注意的。

再次，"性者，本始材朴也"。荀子强调"性者，天之就"，并不是想从天那里寻找支持自己立论的根据，主要是为了强调本性"生之所以然者"的"不事而自然"的动态形成特色。实际上，"不事而自然"就是"天之就"，就是天然。自然、天然的意思是完全一样的，在庄子那里就有这样的用例②，其后，这一特

---

① 徐复观认为："此一（生之所以然者谓之性）说法，与孔子的'性与天道'及孟子'尽其心者知其性也'的性，在同一个层次，这是孔子以来，新传统的最根本地说法。若立足于这一说法，则在理论上，人性即应通于天道。因为生之所以然，最低限度，在当时不是从生理现象可以了解的，而必从生理现象向上推，以上推于天；所以荀子也只有说'性者天之就也'；虽然荀子的所谓天，只不过是尚未被人能够了解的自然物，但究竟是比人高一个层次。"（《由心善向心知——荀子经验主义的人性论》，徐复观著：《中国人性论史》，上海生活·读书·新知三联书店2001年版，第203页）显然，这一认识存在着再反省的余地和必要。

② 参照"尽其所受乎天"（《庄子·应帝王》，郭庆藩辑：《庄子集释》，中华书局1961年版，第307页）。

点得到非常明显的发展，诸如高诱在注解《吕氏春秋》和《淮南子》时，就非常频繁地用"性"注释"天"，指的就是天性①。可以说，这是道家的特色之一，荀子自然是吸收了道家思想的营养。为了更深入地剖析本性的本质，荀子又设置了静态的境遇。他说：

> 性者，本始材朴也；伪者，文理隆盛也。无性则伪之无所加，无伪则性不能自美……天地合而万物生，阴阳接而变化起，性伪合而天下治。天能生物，不能辨物也，地能载人，不能治人也；宇中万物生人之属，待圣人然后分也。②

这段引文，我们找不到善恶的字样，所以，荀子立论的坐标不在价值判断上，用来说明荀子对本性内质的思考应该是比较客观的。在静态的意义上，本性的特征是"材朴"，即材质是素朴的，而且在时间的层面，素朴的材质存在于"本始"的阶段。"本始"即原始的意思，所以说，本性在材质上，原本是素朴的，没有善恶的区别，仿佛水，原本也没有咸淡的味道一样。这是因为，天地能"生物"、"载人"，但不能"辨物"、"治人"，因为，"辨物"、"治人"需要"分"，"分"来自于"伪"，所以，在此应该

---

① 参照"（是故达于道者，反于清净）反，本也。天本授人清净之性，故曰反也"（《淮南子·原道注》，刘文典撰：《淮南鸿烈集解》，中华书局1989年版，第20页；带括号的是原文，不带的是高诱的注释，下同）、"（天子之动也，以全天为故者也……立官者以全生也）全，犹顺也。天，性也。故，事也……生，性也"（《吕氏春秋·孟春纪·本生注》，〔东汉〕高诱注：《吕氏春秋注》，中华书局1954年版，第3页）。

② 《荀子·礼论》，王先谦著：《荀子集解》，中华书局1954年版，第243页。

注意的另一个方面是，原本素朴的材质，并不是完美的状态，也不隆盛。荀子认为，本性本身不能"自美"。因此，原本素朴的材质，必须经过后天的加工即"伪"，才能实现完美。可以说，本性是材质，"伪"是对材质的美化。显然，没有本性的基本平台，"伪"就失去了自己实现价值的基地；没有"伪"的实践工程，本性也无法走进美的殿堂；两者是互相依存的一体，两者的整合就是"性伪合"，这是实现天下整治的基本条件。不难看到，荀子不仅准确合理地设置了本性素朴的内涵，而且又为美化本性的"伪"这一实践工程的实行设置了必要性。奇妙的是这一切的依据都在人本身，不在天，因为来自于"伪"的"分"就是圣人的作品。这些历来是在分析荀子人性问题上所欠缺的方面，应该引为重视①。

再再次，"饥而欲食……是无待而然者也，是禹桀之所同也"。在上面我们已经分析了，本性原本的材质是素朴的，但本性自身不能完美自身。这是静态上的透视，但在动态的意义上，本性又具有什么特点呢？荀子认为：

---

① 荀子也认为："水火有气而无生，草木有生而无知，禽兽有知而无义，人有气、有生、有知，亦且有义，故最为天下贵也"（《荀子·王制》，王先谦著：《荀子集解》，中华书局1954年版，第104页）、"人之所以为人者何已也？曰：以其有辨也。饥而欲食，寒而欲暖，劳而欲息，好利而恶害，是人之所生而有也，是无待而然者也，是禹桀之所同。然则人之所以为人者，非特以二足而无毛也，以其有辨也。今大狌狌形状亦二足而无毛也，然而君子啜其羹、食其胾。故人之所以为人者，非特以其二足而无毛也，以其有辨也。夫禽兽有父子，而无父子之亲，有牝牡而无男女之别。故人道莫不有辨。辨莫大于分，分莫大于礼，礼莫大于圣王"（《荀子·非相》，王先谦著：《荀子集解》，中华书局1954年版，第50页）。郭沫若据此推断："这'有义''有辨'便是礼之所由起，岂不是人性里面本来便具有这种美质的吗？"（《荀子的批判》，郭沫若：《十批判书》，东方出版社1996年版，第227页）显然，这一见解存有进一步商榷的余地。

　　凡人有所一同：饥而欲食，寒而欲暖，劳而欲息，好利
而恶害，是人之所生而有也，是无待而然者也，是禹桀之所
同也。目辨白黑美恶，耳辨声音清浊，口辨酸咸甘苦，鼻辨
芬芳腥臊，骨体肤理辨寒暑疾养，是又人之所生而有也[1]，
是无待而然者也，是禹桀之所同也。可以为尧禹，可以为桀
跖，可以为工匠，可以为农贾，在注错习俗之所积耳[2]，是
又人之所生而有也，是无待而然者也，是禹桀之所同也。[3]

　　"饥而欲食"、"寒而欲暖"、"劳而欲息"、"好利而恶害"等都是
生理的基本需要；目、耳、口、鼻、体肤等感觉器官所具有的机
能，诸如目辨"白黑美恶"等的能力[4]；"注错习俗之所积"指
的是积习的需要。这三个方面都是人所共有的需求或能力，"是
禹桀之所同"。为了紧贴原典理解原文，笔者认为应该注意以下
的情况：荀子在谈本性的特征时，包含了两个方面的内容。一是
感官的一般生理需求，诸如"饥而欲食"等；一是感官的能力，
诸如"目辨白黑美恶"等。两者所强调的方面是不一样的，但荀
子的重心在其先天性，而不是后天性，因为，就感官的能力而
言，后天的方面无疑也能开发壮大其原有的力度，这是应该明辨

---

　　① 原文多一"常"字，即"是又人之所常生而有也"，根据王先谦的注释改
（参照（《荀子·荣辱》，王先谦著：《荀子集解》，中华书局1954年版，第39页的注
释）。

　　② 原文为"在埶注错习俗之所积耳"，王先谦认为"埶"为衍文，据此改定
（同上书，第39页的注释）。

　　③ 同上书，第39—40页。

　　④ 参照"若夫目好色，耳好声，口好味，心好利，骨体肤理好愉佚，是皆生于
人之情性者也；感而自然，不待事而后生之者也。夫感而不能然，必且待事而后然
者，谓之生于伪。是性伪之所生，其不同之征也"（《荀子·性恶》，王先谦著：《荀
子集解》，中华书局1954年版，第291—292页）。

的。另一方面，应该注意的是，积习的问题，就一般而言，指的都是后天努力的方面，但荀子把它作为人人都具有的"无待而然者"，如在人性的层面上，审视积习的问题，在客观上无疑消解了在前面讨论的他对本性规定的严密性，而且习俗本身就明确告诉人们，这有别于人性本身。

不过，从行文的语序来看，"可以为尧禹，可以为桀跖"等讨论的显然是问题的另一方面。也就是说，问题已经从先天的本性进到了本性在后天境遇里实现的现实水准，尧禹、桀跖、工匠、农贾等显然不是本性本身。因为，在荀子的理论体系里，这些人显然都具有相同的本性，而最后在社会角色上的区别，并不是先天的本性所造成的，而主要是"注错习俗之所积"，即后天社会习俗的影响。尽管人人都具有接受社会习俗的必然性和需要，但这种需求绝不是"无待而然者"，而主要在不得不然的方面。换言之，恰恰在"有待"的方面，这是荀子的始料所不及的。也正是在这一点上，我们不难推测出他与持性善论的孟子的暗在的连接点，把"可以为尧禹"等说成人人都具有的"无待而然"，包含着对人性善的无限的渴望。据此，我们也不难推论，在人性的价值判断上，荀子与孟子是同出一源的，请注意，我说的是在人性的价值判断上，而不是人性本身。

最后，"好恶喜怒哀乐，谓之情"。与人的基本生理需要紧密联系的是"情"。一般的研究，都把这两者等而视之，实际上是完全不一样的。

第一，荀子认为："性之好恶喜怒哀乐，谓之情"[①]、"人之情，食欲有刍豢，衣欲有文绣，行欲有舆马，又欲夫余财蓄积之

———

① 《荀子·正名》，王先谦著：《荀子集解》，中华书局1954年版，第274页。

富也；然而穷年累世不知不足，是人之情也"①。好恶喜怒哀乐都是情的具体表现，大家知道，人在一个人的世界里，是无所谓喜怒哀乐的，喜怒哀乐本身就是内在真性向外的发动。所以，情是真性外表化的形式之一，仿佛"食欲有刍豢"、"衣欲有文绣"、"行欲有舆马"、"欲夫余财蓄积之富"等是"饥而欲食"、"寒而欲暖"、"劳而欲息"、"好利而恶害"等基本生理需要进一步的发展一样，用我们今天的眼光来看，就是生活档次方面的需要，这主要侧重在欲望的方面，指的是情欲。结合上面对本性的分析，可以清楚地得出，情感是人性真性的部分，情欲当直接与伪性相连。这在下面的讨论里也会不证自明。

第二，在性、情、欲三者的关系上，荀子认为："性者，天之就也；情者，性之质也；欲者，情之应也。以所欲为可得而求之，情之所必不免也。"② 在内容上，情是性的质地③；在生成上，欲是对情的应对、回应。前者的情况，可表达为情性；后者的场合，则可叙述为情欲。情是欲之源泉，欲产生于情。所以，对人来说，一旦认为"所欲"通过追求可以获取，那么，情就势不可免。这里的"情"就是情欲，"所欲"则是"情"的具体对象。

在上面的分析里，可以清楚地看到，荀子的性、情应属于真性的内容，而欲或情欲则是伪性的部分，通俗的理解方法就是"饥而欲食"与"食欲有刍豢"，前者是真性的因子，后者则是伪

---

① 《荀子·荣辱》，王先谦著：《荀子集解》，中华书局1954年版，第42页。

② 《荀子·正名》，王先谦著：《荀子集解》，中华书局1954年版，第284—285页。

③ 徐复观认为"性以情为其本质"，把"质"解释为本质，当有重新探讨的余地（《由心善向心知——荀子经验主义的人性论》，徐复观著：《中国人性论史》，上海生活·读书·新知三联书店2001年版，第205页）。

性的因素，后者是前者的进一步的推进发展。所以，荀子对前者完全是持肯定态度的，而后者正是建立他性恶理论的门径。

（2）"人之性恶，其善者伪也"。

上面，我们在静态和动态两个层面对本性进行了分析，但这些都是在远离价值判断的平台上进行的。在荀子以前的孟子，首先推进了孔子性相近、习相远的性论思维，明确地从人的本性具有"善端"出发，开了性善论的先河。作为儒家学说的传承者之一，荀子自然不能无视孟子的思想轨迹。不过，荀子没有机械地沿用孟子的框架，而以新的平台为切入，展开了对本性价值判断的讨论。

首先，"人之性恶，其善者伪也"。荀子认为，人的性是恶的，其善是"伪"的结果。他说：

> 礼义者，圣人之所生也，人之所学而能，所事而成者也。不可学，不可事，而在人者，谓之性；可学而能，可事而成之在人者，谓之伪。是性伪之分也。①
>
> 人之性恶，其善者伪也。今人之性，生而有好利焉……生而有疾恶焉……生而有耳目之欲，有好声色焉，顺是，故淫乱生而礼义文理亡焉……故必将有师法之化，礼义之道，然后出于辞让，合于文理，而归于治。②

在上面已经讨论过，真性（本性的真在）是不可"学"和"事"的，但礼义等道德是由圣人生产的，相对于真性的不可人为，这是可以通过人为的学习和努力达成的，即"所学而能"、"所事而

————

① 《荀子·性恶》，王先谦著：《荀子集解》，中华书局1954年版，第290页。
② 同上书，第289页。

成"，经过"所学而能"、"所事而成"的成果，相对于人的真性而言，就是"伪"，不过，这同样属于人的素质，因为，"伪"的实践必须以真性为基地或平台，这就是"性伪之分"。在此，问题的关键是"人之性恶，其善者伪"，荀子已经从一般的性论转移到了价值判断的领域。困难的是，如何来理解"性恶"才能更贴近荀子的原意。在上面的分析中，我们已经接触到人的本性中具有"饥而欲食"等欲望需要，也就是这里的"生而有好利"、"生而有耳目之欲"等的方面，这是人本性的必然的部分，在上面的讨论中，我们已经得到了确认。而且，就这些欲望和需求本身，由于都属于人的基本感觉器官的机能和基本生理需要，谈不上善恶的问题。那么，荀子这里的"性恶"从何而来呢？从文章论述的语序来看，荀子的落脚点不是"耳目之欲"本身，而在"顺是，故淫乱生而礼义文理亡焉"。就人的生命来说，没有生理需要就不成其为人；不满足这些需要的话，人的本性也自然会枯萎，生命也随后趋向死亡，这是不言自明的真理。所以，荀子担心的不是这些需要、需求、欲望本身，而是毫无限制地顺从它们的后果。顺从它们，就会产生淫乱，而淫乱势必危及礼义道德等文理的成果，因此，如何应对淫乱就成为人所直面的一个客观现实。在这个现实面前，荀子主张用"师法之化，礼义之道"来规范人们欲求的发动或运行①，使人性"合于文理"，人们的本性现实都能"合于文理"的话，整个社会就必然"归于治"。所以

---

　　① 参照"故枸木必将待檃栝、烝矫然后直；钝金必将待砻厉然后利；今人之性恶，必将待师法然后正，得礼义然后治，今人无师法，则偏险而不正；无礼义，则悖乱而不治，古者圣王以人之性恶，以为偏险而不正，悖乱而不治，是以为之起礼义，制法度，以矫饰人之情性而正之，以扰化人之情性而导之也，始皆出于治，合于道者也"（《荀子·性恶》，王先谦著：《荀子集解》，中华书局 1954 年版，第 289—290 页）。

说，"合于文理"的人性的发展，是人的真性在礼义道德轨道上的自然生长发展。

也就是说，礼义道德是"伪"这一实践的价值标准和参照，"伪"必须以礼义道德为依归，"性恶"是以客观外在的淫乱的现实为理论的依据的，而不是人的本性本身，是人的本性客观发展的一种情况，就是顺从欲望一味发展的情况。所以，荀子的"性恶"不是基于人的本性的原本材质而做的立论，而是本于原本材质沿着欲望一味发展的客观外在结果而发出的惊叹性的概括。前者强调的是静态层面上的原本性，后者推重的是动态层面上的本性发展的结果性；相对于前者具有理想性的意义，后者则具有现实性的意味①。

其次，"人之欲为善者，为性恶也"。为了明了"性恶"的内涵，荀子又从另一个方面加以了说明。他说：

> 凡人之欲为善者，为性恶也。夫薄愿厚，恶愿美，狭愿广，贫愿富，贱愿贵，苟无之中者，必求于外。故富而不愿财，贵而不愿埶，苟有之中者，必不及于外。用此观之，人之欲为善者，为性恶也。今人之性，固无礼义，故强学而求有之也；性不知礼义，故思虑而求知之也。然则生而已，则人无礼义，不知礼义。人无礼义则乱，不知礼义则悖。然则生而已，则悖乱在已。用此观之，人之性恶

----

① 刘学智认为："荀子却仅仅把善的道德观念归于后天的环境影响的结果，而把恶归为'不事而自然'的'性'，显然陷入另一种先验论和思想方法上的片面性"（《儒家哲学的心性论旨趣》，刘学智著：《儒道哲学阐释》，中华书局 2002 年版，第88页）。这似乎难能避免从唯物、唯心的先验框架切入并立论的嫌疑。自然，在臆想先行的思维定式下，就不可能不得出以上的结论，但这一结论本身，显然是对荀子性论思想的误读，而这种误读是迄今为止最常见的误读之一，对荀子有失公正性。

明矣，其善者伪也。①

上面已涉及"可以为尧禹"是"无待而然"这一点，这实际上也是一种为善的欲望或可能性。荀子在这里，又强调人具有"为善"的欲望②，这本身就是因为"性恶"。这仿佛"薄愿厚"、"恶愿美"、"狭愿广"、"贫愿富"、"贱愿贵"一样，如果人自身没有，必然就要向外追求。"富而不愿财"、"贵而不愿势"，是因为本身已经具有，自然也就不需要外求了，这就是荀子把人"为善"的欲望作为现实"性恶"的理由。显然，荀子这里佐证"性恶"的理由也是后天的，诸如贫富、贵贱等，都是来自于后天社会性的规定。人的本性，"固无礼义"、"不知礼义"也与他对真性内涵的规定不矛盾，也正好从反面证明了礼义道德是后天赋予人的运思。因为，在人际关系里，没有礼义道德是无法协调有序生活的。因此，可以清楚地看到，荀子关于人性善恶的立论基点，是人性的客观现实，就是圣人与一般人的差别在于后天"伪"的功夫③。这是应该注意的重要方面，这是他区别于孟子的关节点。

最后，"性也者，吾所不能为也，然而可化也"。"伪"的实

---

① 《荀子·性恶》，王先谦著：《荀子集解》，中华书局1954年版，第292—293页。

② 张岱年认为："'欲为善'就是有向善的要求，有向善的要求正是性善的一种证明。荀子却说成性恶的证明，这是没有说服力的。"（《如何分析人性学说》，张岱年著：《中国伦理思想研究》，上海人民出版社1989年版，第97页）这值得参考。不过，张岱年也是沿袭从价值判断的角度来审视本性问题的。

③ 参照"故圣人化性而起伪，伪起而生礼义，礼义生而制法度；然则礼义法度者，是圣人之所生也。故圣人之所以同于众，其不异于众者，性也；所以异而过众者，伪也"（《荀子·性恶》，王先谦著：《荀子集解》，中华书局1954年版，第292页）。

践性内涵，荀子认为是"化性"。他说：

> 故人无师无法而知，则必为盗，勇则必为贼，云能则必为乱，察则必为怪，辩则必为诞；人有师有法，而知则速通，勇则速威，云能则速成，察则速尽，辩则速论。故有师法者，人之大宝也；无师法者，人之大殃也。人无师法，则隆情矣；有师法，则隆性矣。而师法者，所得乎情①，非所受乎性，不足以独立而治。性也者，吾所不能为也，然而可化也。情也者，非吾所有也，然而可为也。注错习俗，所以化性也；并一而不二，所以成积也。习俗移志，安久移质。并一而不二，则通于神明，参于天地矣。②

对本性，人不可能有为什么，但是可以"化"。在荀子看来，人无师法是最大的祸害，反之，则是财宝。如果无师法，乃人的情欲等欲求能得到积累发展；若有师法，则人性的本然因素就能得到积习并趋于厚实。所以，在这个意义上，师法功效的实现得力于对人的情欲的疏导，并不是人性本身。显然，这里的"情"，指的是人性顺从欲望等情欲运作的具体情况，不是人的真性本身。所以，本性是"不足以独立而治"的，这与上面说的本性不能"自美"是一致的。荀子在这里的落脚点，仍然是"性也者，吾所不能为也"，但是可以"化"，化的过程则是一个积累的渐进

---

① 这里几个字的改定，主要是参照了王先谦的注释（《荀子·儒效》，王先谦著：《荀子集解》，中华书局1954年版，第90—91页）。
② 同上。

的过程①。因为"情"不是人性中的需要、需求本身，而是顺从它们发展的具象。所以，对人来说，是"非吾所有"，但人并不是对它无能为力，而是"可为"的。"注错习俗"就是"化性"的形式之一，显然，"化性"的"性"，不是人性的真性状态，而是后真性状态，即本性在需要、欲望的轨道上运行后的状态，这是应该明确的。这里的"化性"又进一步鲜明地标明了"伪"的丰富内涵。

（3）"顺情性则弟兄争矣，化礼义则让乎国人"。

作为性的组成部分的情，一旦发动以后，我们应该采取什么对策呢？

首先，"从人之欲……物不能赡也"。荀子说：

> 然则从人之性，顺人之情，必出于争夺；合于犯分乱理，而归于暴。②

> 夫贵为天子，富有天下，是人情之所同欲也；然则从人之欲，则埶不能容，物不能赡也。故先王案为之制礼义以分之，使有贵贱之等，长幼之差，知愚能不能之分，皆使人载

---

① 参照"故积土而为山，积水而为海，旦暮积谓之岁，至高谓之天，至下谓之地，宇中六指谓之极。涂之人百姓，积善而全尽，谓之圣人。彼求之而后得，为之而后成，积之而后高，尽之而后圣，故圣人也者，人之所积也。人积耨耕而为农夫，积斲削而为工匠，积反货而为商贾，积礼义而为君子。工匠之子，莫不继事，而都国之民安习其服，居楚而楚，居越而越，居夏而夏，是非天性也，积靡使然也。故人知谨注错，慎习俗，大积靡，则为君子矣。纵性情而不足问学，则为小人矣；为君子则常安荣矣，为小人则常危辱矣。凡人莫不欲安荣而恶危辱，故唯君子为能得其所好，小人则日徼其所恶"（《荀子·儒效》，王先谦著：《荀子集解》，中华书局1954年版，第91—92页）。

② 《荀子·性恶》，王先谦著：《荀子集解》，中华书局1954年版，第289页。

其事, 而各得其宜。①

顺从人的情性、欲望的话, 其结果只能是人际之间相互争夺, 既定的礼义等分际必然遭到损坏, 即"犯分乱理", 最后趋于暴虐的极端境地, 即使在兄弟之间, 这也在所难免②, 相互之间争执之势不能相容的话, 可供利用的物也就因为占有不当而不胜用。为了平息这样的险境, 先王就制定"礼义以分之", 使人们按照礼义道德之"分"来行为, 从而使社会秩序有条不紊。在有序的氛围和境遇里, 呈现的是"人载其事"、"各得其宜"的景象。显然, "人载其事"即人与自己从事的职业相匹配, 是"各得其宜"实现的条件, 这也是不能忽视的。

其次, "所贱于桀跖小人者, 从其性, 顺其情"。在社会实际的效果上, 顺从性情行为的人, 一般来说都没有什么为人所首肯的结果。荀子说:

> 所贱于桀跖小人者, 从其性, 顺其情, 安恣睢, 以出乎贪利争夺。故人之性恶明矣, 其善者伪也。天非私曾骞孝己而外众人也, 然而曾骞孝己独厚于孝之实, 而全于孝之名者, 何也? 以綦于礼义故也。天非私齐鲁之民而外秦人也, 然而于父子之义, 夫妇之别, 不如齐鲁之孝具敬文者, 何也? 以秦人之从情性, 安恣睢, 慢于礼义故也, 岂其性异

---

① 《荀子·荣辱》, 王先谦著:《荀子集解》, 中华书局1954年版, 第44页。

② 参照"夫好利而欲得者, 此人之情性也。假之人有资财而分者, 且顺情性, 好利而欲得, 若是, 则兄弟相拂夺矣; 且化礼义之文理, 若是, 则让乎国人矣。故顺情性则弟兄争矣, 化礼义则让乎国人矣"(《荀子·性恶》, 王先谦著:《荀子集解》, 中华书局1954年版, 第292页)。

矣哉！^①

一味顺从性情，必然走向"贪利争夺"，而怠慢礼义道德。"孝之
名"的获取，并不在先天，而在于后天的"綦于礼义"，即以礼
义为本。显然，在荀子的心目中，人的情性、情欲等必须运行在
礼义道德的轨道上，才能保证真性素质特征的健康发展。桀跖等
之所以成为小人，就在于顺从性情和纵欲，这从人格养成的社会
实践出发，证明了顺从性情的危害性^②。

最后，"治乱在于心之所可，亡于情之所欲"。由于无论是在
理论的方面，还是在客观实践的角度，顺从性情、情欲都对人存
在无限的危害，所以，荀子强调应该用心来统领情。他说：

> 性之好、恶、喜、怒、哀、乐，谓之情。情然而心为之
> 择，谓之虑。心虑而能为之动，谓之伪。虑积焉，能习焉而
> 后成，谓之伪。^③

① 《荀子·性恶》，王先谦著：《荀子集解》，中华书局1954年版，第295页。
② 参照"孟子曰：今人之性善，将皆失丧其性故也。曰：若是则过矣。今人之
性，生而离其朴，离其资，必失而丧之。用此观之，然则人之性恶明矣。所谓性善
者，不离其朴而美之，不离其资而利之也。使夫资朴之于美，心意之于善，若夫可
以见之明不离目，可以听之聪不离耳，故曰目明而耳聪也。今人之性，饥而欲饱，
寒而欲暖，劳而欲休，此人之情性也。今人饥见长而不敢先食者，将有所让也；劳
而不敢求息者，将有所代也。夫子之让乎父，弟之让乎兄，子之代乎父，弟之代乎
兄，此二行者，皆反于性而悖于情也；然而孝子之道，礼义之文理也。故顺情性则
不辞让矣，辞让则悖于情性矣"（同上书，第290—291页）、"夫桀纣何失？而汤武
何得也？曰：是无它故焉，桀纣者善为人所恶也，而汤武者善为人所好也。人之所
恶何也？曰：污漫、争夺、贪利是也。人之所好者何也？曰：礼义、辞让、忠信是
也"（《荀子·强国》，王先谦著：《荀子集解》，中华书局1954年版，第198—199
页）。
③ 《荀子·正名》，王先谦著：《荀子集解》，中华书局1954年版，第274页。

　　凡语治而待去欲者，无以道欲而困于有欲者也。凡语治而待寡欲者，无以节欲而困于多欲者也。有欲无欲，异类也，生死也，非治乱也。欲之多寡，异类也，情之数也，非治乱也。欲不待可得，而求者从所可。欲不待可得，所受乎天也；求者从所可，所受乎心也。所受乎天之一欲，制于所受乎心之多，固难类所受乎天也。人之所欲生甚矣，人之所恶死甚矣；然而人有从生成死者，非不欲生而欲死也，不可以生而可以死也。故欲过之而动不及，心止之也。心之所可中理，则欲虽多，奚伤于治？欲不及而动过之，心使之也。心之所可失理，则欲虽寡，奚止于乱？故治乱在于心之所可，亡于情之所欲。不求之其所在，而求之其所亡，虽曰我得之，失之矣。①

　　情一旦发动以后，一般来说，是没有什么极限的，但可以通过"心"作出可以与否的抉择，这是"虑"的过程，如果心的抉择为"可"并实行之，这就是"伪"。心当然具有抉择的能力，但仍需积久习学，然后才能获得与真性相一致的能力，并从而充当本性航标的角色。这种抉择旨在与真性保持一致，而不是朝伪性任意发展。这是因为荀子反对顺从情性的苦虑。另一方面，欲望作为人性的组成部分之一，是"不待可得"的"受乎天"，但追求欲望的行为必须依归于"受乎心"的"从所可"，人际之间的差别，就在于能否"从所可"以及顺从的程度。问题的关键不在欲望的多少，因为这本身是人性的因子之一，关键在于"心之所可"，譬如，欲望虽多，但由于心能对此有效地制约，因此，由欲望而来的作为就失去外在作为的连接点，即"动不及"，这种

————————————
① 《荀子·正名》，王先谦著：《荀子集解》，中华书局1954年版，第283—284页。

状态本身对真性的维持以及本性的良性运行，也根本构不成什么伤害。而即使欲望不多，但欲望向外施行作为的连接点却畅通无阻，这是心容忍的结果即"心使之"，这自然就破坏了本性的健康运行，并能引发混乱。这两种情况的根源则在于"心之所可"的"中理"和"失理"，"中理"就治，"失理"就乱。显然，"理"是心在施行抉择行为时所依据的标准。换言之，是心在作出"所可"时的唯一标准。实际上，这里的"理"的内涵，与上面分析的礼义道德当是一样的。因此，人性在社会生活里实际运行的治乱，完全维系于"心之所可"。

在分析孟子时已经提到，孟子认为仁义等都"根于心"，荀子这里虽然也与心对接，但具体情况与孟子不一样，荀子的心，主要是一种判断能力，它本身也必须受仁义等规范的导航或指引。显然，心那里没有仁义的先天存在。所以，在此，能够看到对心的理性认识的进步。

（4）"养五綦者有具"。

人性外化的治乱，取决于心对欲望的有效制约，荀子的制约，自然是反对一味顺从情欲的。

首先，"欲虽不可尽，可以近尽"。荀子认为：

> 故虽为守门，欲不可去，性之具也。虽为天子，欲不可尽。欲虽不可尽，可以近尽也。欲虽不可去，求可节也。所欲虽不可尽，求者犹近尽；欲虽不可去，所求不得，虑者欲节求也。道者，进则近尽，退则节求，天下莫之若也。[①]

对人来说，情欲是人性的组成部分，无法驱除它，因为它的滋生

---

① 《荀子·正名》，王先谦著：《荀子集解》，中华书局1954年版，第285页。

地就在人性的基本生理等需要。但是，对待情欲不能放纵，因为"欲不可尽"，只能接近"尽"的状态即"近尽"。显然，"近尽"是来自积极方面的应对欲望实现时的当有尺度的期望，"节求"则是出于消极方面的对追求欲望势头的遏制的决心。用荀子的话说，就是"进则近尽，退则节求"。毋庸赘述，"近尽"、"节求"并非随心所欲，有着客观的标准，这标准就是"道"，即礼义之道。

其次，荀子强调"养"。他说：

> 夫人之情，目欲綦色，耳欲綦声，口欲綦味，鼻欲綦臭，心欲綦佚。此五綦者，人情之所必不免也。养五綦者有具，无其具，则五綦者不可得而致也。万乘之国，可谓广大富厚矣，加有治辨强固之道焉，若是则恬愉无患难矣，然后养五綦之具具也。①

"綦"是顶点、终了的意思。目、耳、口、鼻、心都具有极尽颜色、声音、味道、气味、放纵的需求（欲望）②，这五者是人情

---

① 《荀子·王霸》，王先谦著：《荀子集解》，中华书局1954年版，第137页。

② 参照"夫贵为天子，富有天下，名为圣王，兼制人，人莫得而制也，是人情之所同欲也，而王者兼而有是者也。重色而衣之，重味而食之，重财物而制之，合天下而君之，饮食甚厚，声乐甚大，台谢甚高，园囿甚广，臣使诸侯，一天下，是又人情之所同欲也，而天子之礼制如是者也。制度以陈，政令以挟，官人失要则死，公侯失礼则幽，四方之国，有侈离之德则必灭，名声若日月，功绩如天地，天下之人应之如景向，是又人情之所同欲也，而王者兼而有是者也。故人之情，口好味，而臭味莫美焉；耳好声，而声乐莫大焉；目好色，而文章致繁，妇女莫众焉；形体好佚，而安重闲静莫愉焉；心好利，而谷禄莫厚焉。合天下之所同愿兼而有之，睪牢天下而制之若制子孙，人苟不狂惑戆陋者，其谁能睹是而不乐也哉！"（同上书，第140—142页）。

所不可免除的东西，对此，应该采取养情的方法。但如何养？存
在着"有具"的问题①。"有具"就是有道，即采取什么途径切
入，假如方法不当，势必产生"五綦者不可得而致"。荀子提示
的"具"就是"广大富厚"＋"治辨强固"，实际上，"治辨强
固"紧紧依附于"广大富厚"，这就是首先应该使民众富裕、厚
实，只有这样才能有效地对他们的欲望进行疏导，因为，民众富
裕、厚实，生活才能真正恬淡愉悦，这样才能合理地发动欲望并
使之合规律地运作。这一设想璧合于《老子》调节人的欲望需要
满足其"私"的构想②。

　　以上对荀子的人性思想进行了详细的论述，他的性论与告
子、孟子的连接点，在论述时已经加以了说明，这里没有赘述的
必要。迄今为止的有关荀子性论的讨论，似乎都有失于公正和合
理，这是因为几乎千篇一律地都从善恶的角度切入并进行讨论，
显然这是仅仅从"性恶"字样出发并止步于"性恶"的做法，其
局限性是不言而喻的③。这既是中国哲学研究的悲剧，又是荀子

---

　　①　王先谦注释为："具，谓广大富厚、治辨强固之道也。"（《荀子·王霸》，王
先谦著：《荀子集解》，中华书局1954年版，第137页）可以作为参考。

　　②　参照"见素保朴，少私须欲"（《老子C》第五组，崔仁义著：《荆门郭店楚
简〈老子〉研究》，科学出版社1998年版，第44页）、"罪莫大乎甚欲，祸莫大乎不
知足，咎莫憯乎欲得。知足之为足，此恒足矣。"（《老子》四十六章，（魏）王弼著，
楼宇烈校释：《王弼集校释》，中华书局1980年版，第125页；参照《老子C》第五
组，崔仁义著：《荆门郭店楚简〈老子〉研究》，科学出版社1998年版，第44页）。

　　③　徐复观认为："荀子通过心的'知'，而使人由恶通向善；但站在荀子的立
场，善是外在的、客观的；而恶是本性所固有的。若仅仅是普通地知道外在之善，
并不等于代替了本性所有的恶。要以外在的善，代替本性所有的恶，则在知善之后，
必须有一套工夫。"（《由心善向心知——荀子经验主义的人性论》，徐复观著：《中国
人性论史》，上海生活·读书·新知三联书店2001年版，第218—219页）非常明显，
这一结论是有待商榷的，如果从价值判断的角度来说明，那荀子与孟子的不同，仅

研究的灾难。当然，事出有因，原因之一似乎跟我们片面追求哲学的思辨而轻视文本本身所携带的价值信息的做法分不开，我们应该吸取这深刻的教训，还荀子性论以本来的面目。在讨论荀子性论的时候，最重要的就是应该分清真性和伪性的两个部分，真性虽然包括情、欲等因子，但无所谓善恶①，而且还具有"可以为尧禹"的可能，这是无待的"生之所以然"；而性伪是情、欲等向外发动后的情况，如果"心之所知"的制御不"中理"的话，乃就必然趋向混乱的态势，具体表现就是贪欲无穷，这就是荀子作为话题的"性恶"的情况。所以，在本质的意义上，在价值判断的平台上，荀子的性论与孟子的性善并没有什么不同，只是逻辑起点不一样罢了。孟子的逻辑起点在人性的真性部分，重视的是先天性，理想性；荀子的逻辑起点在人性的伪性部分，重视的是后天性，现实性。而荀子对"生之所以然"的规定，不仅又明确地把人从动物中区别出来，而且把先秦人性的讨论从经验的层面，拉到了形上的高度，在人性论的历史上留下了浓浓的、不可磨灭的一笔②。而且，荀子与孟子的不同，还有对心的认识

仅是问题的起始点的不同，也就是说，荀子性恶的起点在人性的后天实践，而孟子性善则在人性的先天条件。理性而言，荀子并没有从善恶这一价值判断的角度来立论，这是历来所忽视的而应该引起注意的地方。

① 刘学智认为："荀子则认为'恶'是人的自然属性、与生俱来，必须靠后天的礼义法度对之加以控制和克服方可达到善"（《儒家哲学的心性论旨趣》，刘学智著：《儒道哲学阐释》，中华书局2002年版，第90页），这显然也是从价值判断出发，而忽视事实判断的结果，这一行为本身就存在着对荀子性论的误读。

② 徐复观认为："荀子对性恶所举出的论证，没有一个是能完全站得住脚的。"（《由心善向心知——荀子经验主义的人性论》，徐复观著：《中国人性论史》，上海生活・读书・新知三联书店2001年9月，第209页）这一结论无疑是非常武断和浅陋的，这种结果自然跟他没有从事实判断和价值判断两个层面来审视本性分不开。

的不同，孟子直接赋予心以道德的意义，是一种道德心，而荀子只是把心作为情欲问题上的仲裁者，当然，本身必须依据仁义道德，不是本身具备仁义道德，这也是了不起的进步。

2．"不怨天"的命论

在中国道德哲学史上，"命"是一个非常复杂的概念，既有性命的意思，又有命运的意味，其实还有命令的意义，这在分析孟子道德思想时已经叙述过了。审视荀子在"命"这一问题上的运思，不难发现，他在上面所揭示的三个层面上展开对"命"的思考的同时，还在"命名"的领域里开辟了新的战场。

(1)"死生者，命也"。

他说："夫贤不肖者，材也；为不为者，人也；遇不遇者，时也；死生者，命也"①、"自知者不怨人，知命者不怨天；怨人者穷，怨天者无志"②。贤与不肖的不同，主要是材质上表现出来的相异；为还是不为，这是由人自己决定的；一个人虽然具备了良好的自我素质，但能否得到发挥自己才能的机会，这里存在一个遇与不遇的问题，这是机遇的方面；人都要面对"死生"的问题，这是自己不能改变的，由"命"决定的，这里的"命"就是命运的意思。"知命者不怨天"的"命"也是命运的意思，由于荀子的天是自然的天，没有意志，所以，天对命运也不能干什么，因此，真正认知了命运的话，就不会怨天了。出现怨天的情况，是缺乏志向的表现，因为，人可以通过努力，来接近命运所不许可人的临界线。在这里，我们应该注意的是：

首先，荀子把"贤不肖"作为材质层面上的问题，而不是作为人格层面上的问题来分析，这也从另一个方面排除了他从价值

---

① 《荀子·宥坐》，王先谦著：《荀子集解》，中华书局1954年版，第346页。

② 《荀子·荣辱》，王先谦著：《荀子集解》，中华书局1954年版，第36页。

判断上审视人的真性的嫌疑，即"生之所以然"的层面。也正是这一点，从反面佐证了他反对用善恶来论证先天的本性的立场。

其次，"为不为者，人也"这一点，与上面所分析的他的可以为尧禹、可以为工匠的运思是一致的。在此，我们也不难领略荀子思维的严密的逻辑性的光彩。

（2）"人之命在天"。

在性命的意义上，荀子说：

> 在天者，莫明于日月；在地者，莫明于水火……在人者，莫明于礼义。故日月不高，则光晖不赫；水火不积，则晖润不博……故人之命在天，国之命在礼。君人者，隆礼尊贤而王，重法爱民而霸，好利多诈而危，权谋倾覆幽险而亡矣。大天而思之，孰与物畜而制之！从天而颂之，孰与制天命而用之！望时而待之，孰与应时而使之！因物而多之，孰与骋能而化之！思物而物之，孰与理物而勿失之也！愿于物之所以生，孰与有物之所以成！故错人而思天，则失万物之情。[①]

"人之命"、"国之命"的"命"，都是性命的意思，而不是命运或其他什么。国家是由人所集结而成的，而在人的方面，最为耀眼的是礼义道德，礼义道德得到顺畅施行的话，国家的性命就长盛不衰，正是在这个意义上，荀子使用了"国之命在礼"。在前面已经说过，荀子重视通过富裕民众的生活来引导他们的情欲的走向，从而达到养情的目的。所以，欲望始终是荀子视野里的一个

---

① 《荀子·天论》，王先谦著：《荀子集解》，中华书局1954年版，第211—212页。

存在，并把它作为"生之所以然"的因子之一，强调的都是欲望
对维持人的存在的重要性，这里的存在主要指的是性命的存在，
而不是精神的存在。所以，"人之命在天"所表达的意义，当是
也只能是人的性命必须依赖于天地的滋养，仿佛国家离不开礼义
道德一样，因为日月的光辉、水火的晖润是人实现性命存在的最
重要的基本条件之一。

另外，应该注意的是，在荀子那里，天与天命并不是等同的
概念，天命主要侧重在天的规律，其内涵无疑要小于天。在这个
前提下，在人与天命组成的系统里，荀子强调"制天命而用之"，
因为，"错人而思天，则失万物之情"，强调人不应向天命低头，
为人设置了逾越天命的内在心理机制。应该注意的是，这里的
"大天"、"从天"、"思天"的"天"，显然不同于"人之命在天"
的"天"，主要侧重在天命的方面。这是分析文本本身得出的自
然结论。另一方面，还应该注意的是，作为"天"的特性的方
面，也是荀子所推重的方面，诸如"变化代兴，谓之天德。天不
言而人推高焉，地不言而人推厚焉，四时不言而百姓期焉"① 的
运思，这里的"不言"与《老子》"不言之教"② 的"不言"当
是相同的概念，侧重的是自然而然的方面。因此，任何轻视有分
别地把握"天"这一概念的行为，都是不严肃的。

（3）"从命而利君谓之顺"。

关于命令的"命"，历来少有人给予注意。荀子说：

<hr/>

① 《荀子·不苟》，王先谦著：《荀子集解》，中华书局1954年版，第28页。
② "天下之至柔，驰骋天下之至坚。无有入于无间，吾是以知无为之有益也。
不言之教，无为之益，天下希能及之矣。"（《老子》四十三章，（魏）王弼著，楼宇
烈校释：《王弼集校释》，中华书局1980年版，第120页）参照高明撰：《帛书老子校
注》，中华书局1996年版，第35—39页。

　　　从命而利君谓之顺，从命而不利君谓之谄；逆命而利君谓之忠，逆命而不利君谓之篡；不恤君之荣辱，不恤国之臧否，偷合苟容以持禄养交而已耳，谓之国贼。[①]

　　　故明君知其分而不与辨也。夫民易一以道，而不可与共故。故明君临之以埶，道之以道，申之以命，章之以论，禁之以刑。故其民之化道也如神，辨说恶用矣哉！[②]

在这段引文的前面，是关于各种人臣的论说，在人臣的立场上，遵循君主的命令，乃是自己的天职。但是，服从执行命令的动机、效果等具体情况是不同的，譬如，服从命令并对君主带来利益的行为，就是"顺"；服从命令但实际对君主没有任何利益的行为，就是"谄"，即为了讨好君主的曲意奉承；虽然没有服从执行命令，但实际施行的行为却利益了君主，就是"忠"；不仅没有服从执行命令，而且选择的实际行为也没有利益君主，就是"篡"即篡权、越位。"道之以道"、"申之以命"、"章之以论"、"禁之以刑"讲的都是治理民众的具体方法，"申之以命"的"命"就是具体的命令、法令等。

　　总之，这种把服从命令与否的行为与是否利益君主联系的做法，具有强烈的功利性。

　　（4）"期命辨说"。

　　在荀子"命"的谱系里，还有命名的意思，这是一个历来为人所忽视的领域。荀子说：

　　　今圣王没，天下乱，奸言起，君子无埶以临之，无刑以

禁之，故辨说也。实不喻，然后命；命不喻，然后期；期不
喻，然后说；说不喻，然后辨。故期命辨说也者，用之大文
也，而王业之始也。名闻而实喻，名之用也。累而成文，名
之丽也。用丽俱得，谓之知名。名也者，所以期累实也。辞
也者，兼异实之名以论一意也。辨说也者，不异实名以喻动
静之道也。期命也者，辨说之用也。辨说也者，心之象道
也。心也者，道之工宰也。道也者，治之经理也。心合于
道，说合于心，辞合于说。正名而期，质请而喻，辨异而不
过，推类而不悖。听则合文，辨则尽故。以正道而辨奸，犹
引绳以持曲直。是故邪说不能乱，百家无所窜。有兼听之
明，而无奋矜之容；有兼覆之厚，而无伐德之色。说行则天
下正，说不行则白道而冥穷。[①]

　　"期命辨说"是解释个物的两种方法，"命"就是用具体的名
称来加以称谓或命名，如果还不明白（不喻），就用形象的方
法（期）来作进一步的说明，如还不明了，再解释其所以然，
如再不懂者则反复加以辨明。"期命"是"辨说之用"，而
"辨说"则是对道的认知的具体表现，因为，心明是辨说的前
提条件，心是道的主宰，道是治理必须遵循的具体规则。心、
道与期命、辨说贯通一致，这样才能收到"辨异而不过"、
"推类而不悖"的良好效果，这仿佛"以正道而辨奸，犹引绳
以持曲直"一样。在这里，荀子强调的是道的重要性，心虽
有对道主宰的能力，但道是"期命辨说"行为的具体标准。
总之，命名的含义是荀子"命"这一概念的一个组成部分，

---

　　① 《荀子·正名》，王先谦著：《荀子集解》，中华书局1954年版，第280—282
页。

不能忽视①。

从命运、性命、命令、命名四个方面来审视荀子的"命"的概念,是全面而精当深入地把握其内涵的需要。整体而言,"命"具有内外两个方面,命运代表外在方面的内容,其他则是内在方面的事务;性命是连接外在于个人的命运和生发命令、命名的个人的桥梁,命令、命名也是性命活力的不同实现样态。

3."仁义礼善之于人也……多有之者富"的仁义论

与孔孟推重仁义相比,荀子似乎更重视礼义,诸如他作为"心之所可"标准的"理",不是仁义,而是礼义。但是,对"仁",荀子也有一定的分析。

(1)"仁者自爱"。

荀子认为:

> 子路入,子曰:由!知者若何?仁者若何?子路对曰:知者使人知己,仁者使人爱己。子曰:可谓士矣。子贡入,子曰:赐!知者若何?仁者若何?子贡对曰:知者知人,仁者爱人。子曰:可谓士君子矣。颜渊入,子曰:回!知者若何?仁者若何?颜渊对曰:知者自知,仁者自爱。子曰:可谓明君子矣。②

"使人爱己"、"爱人"、"自爱"是三个不同的层次,"自爱"是最

---

① 参照"五官簿之而不知,心征知而无说,则人莫不然谓之不知,此所缘而以同异也。然后随而命之,同则同之,异则异之。单足以喻则单,单不足以喻则兼;单与兼无所相避则共;虽共不为害矣。知异实者之异名也,故使异实者莫不异名也,不可乱也,犹使同实者莫不同名也"(《荀子·正名》,王先谦著:《荀子集解》,中华书局1954年版,第278页)。这里的"命",也是在命名的意义上使用的。

② 《荀子·子道》,王先谦著:《荀子集解》,中华书局1954年版,第350页。

高的层次，只有"明君子"才能做到。但能按这三个标准行为的人，都是仁者或仁人①。从荀子这里基本都是引用孔子门人的对话而言，这些思想无疑都是对孔子思想的继承。

必须注意的是，在分析孔子理想人格的时候，具体介绍了士、君子，荀子这里严格区分了士、士君子、明君子，孔子规定的"仁者，爱人"，荀子这里成了士君子的规定，并把孔子的"仁者，爱人"变成了"仁者自爱"，虽然，荀子重视礼有强调关注外在条件整备的倾向，但是，从"仁者自爱"来看，似乎又与孟子拉近了距离，这些实际上都对他重视外在条件整备因素造成客观的消解作用，也是应该注意的。

（2）"仁义礼善之于人也……多有之者富"。

对人来说，仁义是种财富，"仁义礼善之于人也，辟之若货财粟米之于家也，多有之者富，少有之者贫，至无有者穷"②。仁义礼善对人，仿佛货财粟米对家；仁德积累厚的人，就富有；薄的人，自然就贫困；一点没有积累的人，就是山穷水尽。这与一家拥有货财粟米多少的情况完全是一样的。

---

① 参照"故用国者，义立而王，信立而霸，权谋立而亡。三者明主之所谨择也，仁人之所务白也。絜国以呼礼义，而无以害之，行一不义，杀一无罪，而得天下，仁者不为也。擽然扶持心国，且若是其固也。之所与为之者，之人则举义士也；之所以为布陈于国家刑法者，则举义法也；主之所极然帅群臣而首乡之者，则举义志也。如是则下仰上以义矣，是綦定也；綦定而国定，国定而天下定。仲尼无置锥之地，诚义乎志意，加义乎身行，箸之言语，济之日，不隐乎天下，名垂乎后世。今亦以天下之显诸侯，诚义乎志意，加义乎法则度量，箸之以政事，案申重之以贵贱杀生，使袭然终始犹一也。如是，则夫名声之部发于天地之间也，岂不如日月雷霆然矣哉！故曰：以国齐义，一日而白，汤武是也。汤以亳，武王以鄗，皆百里之地也，天下为一，诸侯为臣，通达之属，莫不从服，无它故焉，以济义矣。是所谓义立而王也"（《荀子·王霸》，王先谦著：《荀子集解》，中华书局1954年版，第131页）。

② 《荀子·大略》，王先谦著：《荀子集解》，中华书局1954年版，第338页。

（3）"仁眇天下，故天下莫不亲"。

在社会的人际关系里，应该遵循仁义的行为之方。荀子说：

> 彼王者不然：仁眇天下，义眇天下，威眇天下。仁眇天
> 下，故天下莫不亲也；义眇天下，故天下莫不贵也；威眇天
> 下，故天下莫敢敌也。以不敌之威，辅服人之道，故不战而
> 胜，不攻而得，甲兵不劳而天下服，是知王道者也。知此三
> 具者，欲王而王，欲霸而霸，欲强而强矣。①

在战斗中，假如能通过不打而胜的方法来结束战斗的话，乃就既
没有"甲兵不劳"，又使天下的人心服。施行仁义，不仅能使人
亲贵，而且能使人心悦诚服。这是因为仁义具有使人"得其宜"
的内在机制②，这种机制具有巨大的驱动力，诸如使"愚者俄且
知"③ 等。所以，施行仁道，实际上也就是实行王道，在这一点

---

① 《荀子·王制》，王先谦著：《荀子集解》，中华书局1954年版，第100页。

② 参照"故先王案为之制礼义以分之，使有贵贱之等，长幼之差，知愚能不能
之分，皆使人载其事，而各得其宜。然后使谷禄多少厚薄之称，是夫群居和一之道
也。故仁人在上，则农以力尽田，贾以察尽财，百工以巧尽械器，士大夫以上至于
公侯，莫不以仁厚知能尽官职。夫是之谓至平。故或禄天下，而不自以为多，或监
门御旅，抱关击柝，而不自以为寡。故曰：斩而齐，枉而顺，不同而一。夫是之谓
人伦"（《荀子·荣辱》，王先谦著：《荀子集解》，中华书局1954年版，第44—45
页）。

③ 参照"今以夫先王之道，仁义之统，以相群居，以相持养，以相藩饰，以相
安固邪。以夫桀跖之道，是其为相县也，几直夫刍豢稻粱之县糟糠尔哉！然而人力
为此，而寡为彼，何也？曰：陋也。陋也者，天下之公患也，人之大殃大害也。故
曰：仁者好告示人。告之、示之、靡之、儇之、鈆之、重之，则夫塞者俄且通也，
陋者俄且僩也，愚者俄且知也。是若不行，则汤武在上曷益？桀纣在上曷损？汤武
存，则天下从而治，桀纣存，则天下从而乱。如是者，岂非人之情，固可与如此，
可与如彼也哉！"（同上书，第41—42页）。

上，与孟子存在着相通之处。

在以上的分析中，可以留下印象的是，荀子对仁的分层理
解，即"使人爱己"、"爱人"、"自爱"，虽然在人格水准上呈现
士、士君子、明君子的不同差异，但都属于仁的行列，在一定程
度上，不仅可以加深对仁本身的理解，而且也加大了人们对仁的
行为的宽松选择，有利于道德的真正积累，这也是荀子对以前仁
的宽泛的规定的切实修正，是对孔孟的超越，是值得肯定的
地方。

　　4."诚心守仁则形"的信德论

信德也是荀子所重视的德目之一。其具体思想包括以下几个
方面。

　　(1)"信信……疑疑"。

何谓"信"？荀子认为："信信，信也；疑疑，亦信也"①、
"合符节，别契券者，所以为信也；上好权谋，则臣下百吏诞诈
之人乘是而后欺"②。相信信实的行为，是一种信；怀疑存在值
得怀疑的行为，也是一种信。所以，作为德目的信，不仅包括相
信的一面，还有怀疑的内涵。实际上，怀疑应当怀疑的行为本
身，就是一种以信实不欺为前提的追求信实的举动。为了保证信
德的通畅运行，荀子选择了"合符节"和"别契券"。"符节"是
古代出入门关所持的凭证，"契券"则是相互约束的证据。在古
代，符节、契券都是双方各持一半。因此，"合符节"就是对合、
验证凭证的意思；"别契券"则是区分、辨别、鉴别契券的意思，
即各执一半的契券是否是原来分割的两半，与上面"合符节"的

---

　　① 《荀子·非十二子》，王先谦著：《荀子集解》，中华书局 1954 年版，第 61
页。

　　② 《荀子·君道》，王先谦著：《荀子集解》，中华书局 1954 年版，第 151 页。

"合"是相同的意思。而施行"合符节"和"别契券"就是为了信德的良性运行而采取的具体措施。

当然,"合符节"并非荀子的首创,我们在《孟子》里也能找到"若合符节"的字样①。还应该注意的是,与信相对的是"欺",所以,在上的人玩弄权术的话,在下的人一定会乘机施行欺诈的行为,欺诈就是不信。

(2)"诚心守仁则形,形则神"。

在理论上,信实就是诚实,信与诚是同义词,今天人们常用诚信。诚信具有"生神"的功能。荀子说:

> 君子养心莫善于诚,致诚则无它事矣。惟仁之为守,惟义之为行。诚心守仁则形,形则神,神则能化矣。诚心行义则理,理则明,明则能变矣。②
>
> 公生明,偏生闇,端悫生通,诈伪生塞,诚信生神,夸诞生惑。此六生者,君子慎之,而禹桀所以分也。③

在人生修养里,诚心诚意最为重要,如果能达到这一点,其他就不在话下了。仁义道德是人生修养的重要课题,自身能诚心诚意履行仁义的话,修养的成果一定会见于外,自身品行在感化他人的过程中,并会受到他人的尊重,这种感化仿佛神的化育一样。诚意行义也一样,由于义是事之宜,所以,行义就势必使事情有

---

① 参照"舜生于诸冯,迁于负夏,卒于鸣条,东夷之人也。文王生于岐周,卒于毕郢,西夷之人也。地之相去也,千有余里,世之相后也,千有余岁。得志行乎中国,若合符节。先圣后圣,其揆一也"(《孟子·离娄下》,(清)阮元校刻:《十三经注疏》,中华书局1980年版,第2725页中)。

② 《荀子·不苟》,王先谦著:《荀子集解》,中华书局1954年版,第28页。

③ 同上书,第31页。

条理，条理清楚就明了，明了就容易改变、化育他人①。所以，诚信能产生神化的力量，而欺诈只能封闭、孤立自身②。众所周知，《中庸》里就有"至诚如神"的思想③，因此，徐复观就认为荀子这里的论述是借鉴了《中庸》的思想④。

荀子这里的公式是"养心莫善于诚"，这与孟子"养心莫善于寡欲"是不一样的，孟子把心性的修养与欲望相对立，潜在地赋予道德以无花之果的因子，这一因子的发展，就是中国长期以来道德实践无花之果的残酷现实。荀子把"寡欲"换成了"诚"，实际上，信实对个人是最为重要的，这是人与他人联系得以继续的保证，离开这个，人际关系就无法维系。关于这个，今天世界文明的实践也充分给我们以昭示，荀子可谓把握到了生活实践的真谛！

（3）"信立而霸"。

由于诚信具有神化的力量，所以，这应该成为"政事之本"。荀子说：

> 善之为道者，不诚则不独，不独则不形，不形则虽作于心，见于色，出于言，民犹若未从也；虽从必疑。天地为大

---

① 参照王先谦对《荀子·不苟》，王先谦著：《荀子集解》，中华书局1954年版，第28页引文的注释。

② 参照"得众动天。美意延年。诚信如神，夸诞逐魂"（《荀子·致士》，王先谦著：《荀子集解》，中华书局1954年版，第173页）。

③ 参照"至诚之道，可以前知。国家将兴，必有祯祥；国家将亡，必有妖孽。见乎蓍龟，动乎四体。祸福将至，善，必先知之，不善，必先知之。故至诚如神"（《礼记·中庸》，（清）阮元校刻：《十三经注疏》，中华书局1980年版，第1632页下）。

④ 参照《从命到性——〈中庸〉的性命思想》，徐复观著：《中国人性论史》，上海生活·读书·新知三联书店2001年版，第124—125页。

矣，不诚则不能化万物；圣人为知矣，不诚则不能化万民；父子为亲矣，不诚则疏；君上为尊矣，不诚则卑。夫诚者，君子之所守也，而政事之本也，唯所居以其类至。操之则得之，舍之则失之。操而得之则轻，轻则独行，独行而不舍，则济矣。济而材尽，长迁而不反其初，则化矣。[①]

不至诚就达不到慎独的境地，即内外如一、人我同一的境地。换言之，私我与公我的同一，达不到这一点，真正的信实就不能形见于外，他人也就不能随从，或者说，即使随从，在随从的同时也必然会产生怀疑。所以，诚即信实是化育万物的动力源，不诚自然也就无法化人。譬如，父子之间的亲密关系，也由信实来维持，离开信实，亲密就会走向疏远；君上之所以为尊，也在于诚，不诚自然就趋于卑微。荀子又说：

> 德虽未至也，义虽未济也，然而天下之理略奏矣，刑赏已诺信乎天下矣，臣下晓然皆知其可要也。政令已陈，虽睹利败，不欺其民；约结已定，虽睹利败，不欺其与。如是，则兵劲城固，敌国畏之；国一綦明，与国信之；虽在僻陋之国，威动天下，五伯是也。非本政教也，非致隆高也，非綦文理也，非服人之心也，乡方略，审劳佚，谨畜积，修战备，齺然上下相信，而天下莫之敢当。故齐桓、晋文、楚庄、吴阖闾、越勾践，是皆僻陋之国也，威动天下，强殆中国，无它故焉，略信也。是所谓信立而霸也。[②]

---

① 《荀子·不苟》，王先谦著：《荀子集解》，中华书局1954年版，第29—30页。
② 《荀子·王霸》，王先谦著：《荀子集解》，中华书局1954年版，第132—133页。

在社会的治理实践中，"政令"、"约结"一旦定夺下来以后，不管遇到什么突然的情况，也绝对不能"欺其民"、"欺其与"，因为恪守诺言，才能实现"与国信之"。如能实现"略信"，即使不尽修政教之本，也能称霸，即"信立而霸"①。总之，在政治事务里，最重要的是增加信实度，即"益信"②。

"略信"也就是皆信的意思，即使在德义没有到位的情况下，守信也能起到非常重要的作用。荀子重视的是内心的信实，把信实作为养心的最好良药，而且把"疑疑"也作为信德的内涵之一，应该说在正反两个方面对信德进行了规定，显示了他时代信德的水准，这是应该注意的地方。同时，不能无视的是，荀子虽然注重外在条件的整备，但在信德方面，我们没有看到他通过外在方面来优化保证信德运行的运思，也仅仅局限在微观具体的领域，限制是非常明显的。

5."言而当"的知论

知也是荀子注力较多的一个概念，其内容主要包括以下方面。

(1)"言而当，知也"。

———————————

① 并参照"体恭敬而心忠信，术礼义而情爱人；横行天下，虽困四夷，人莫不贵。劳苦之事则争先，饶乐之事则能让，端悫诚信，拘守而详；横行天下，虽困四夷，人莫不任。体倨固而心执诈，术顺墨而精杂污；横行天下，虽达四方，人莫不贱。劳苦之事则偷儒转脱，饶乐之事则佞兑而不曲，辟违而不悫，程役而不录；横行天下，虽达四方，人莫不弃"（《荀子·修身》，王先谦著：《荀子集解》，中华书局1954年版，第16—17页）。

② 参照"节威反文，案用夫端诚信全之君子治天下焉，因与之参国政，正是非，治曲直，听咸阳，顺者错之，不顺者而后诛之。若是，则兵不复出于塞外，而令行于天下矣。若是，则虽为之筑明堂于塞外而朝诸侯，殆可矣。假今之世，益地不如益信之务也"（《荀子·强国》，王先谦著：《荀子集解》，中华书局1954年版，第201—202页）。

荀子说:

> 言而当,知也;默而当,亦知也,故知默犹知言也。故
> 多言而类,圣人也;少言而法,君子也;多言无法而流湎
> 然,虽辩,小人也。故劳力而不当民务,谓之奸事,劳知而
> 不律先王,谓之奸心;辩说譬谕,齐给便利,而不顺礼义,
> 谓之奸说。此三奸者,圣王之所禁也。知而险,贼而神,为
> 诈而巧,言无用而辩,辩不惠而察,治之大殃也。行辟而
> 坚,饰非而好,玩奸而泽,言辩而逆,古之大禁也。知而无
> 法,勇而无惮,察辩而操僻,淫大而用之,好奸而与众,利
> 足而迷,负石而坠,是天下之所弃也。[①]

何谓"知"? 荀子的回答是"当"。"当"不仅成为"知"的条件,
而且是判断是否能成为"知"的标准,也就是说,"知"必须
"当","知"应当"当"。"当"是内质上的判断,不是形式上辨
析。所以,言语的表达符合事理是"当",保持沉默而符合事理
也是"当",反过来,知道当言而言即"知言"是"当",知道当
保持沉默而沉默不言即"知默"也是"当",而且"知默"与
"知言"是一样的。所以,言语不在多少,而在当理,"多言无
法"实际上就是不当理,是小人的行为。所以,用知而奸险、固
执己见而"无法"的行为,与人际关系的和谐、社会秩序的稳定
是有害而无利的。

　　应该注意的是,荀子这里的"当",虽在字面的意义上,只
表示出事实判断的意思,显然,在"多言无法"的视野上,无疑

---

　　① 《荀子·非十二子》,王先谦著:《荀子集解》,中华书局 1954 年版,第 61—
62 页。

包含着应然境遇里的当为，这是应该明辨的。

（2）"所以知之在人者，谓之知"。

知是人的一种能力。荀子认为：

> 所以知之在人者，谓之知；知有所合，谓之智。所以能
> 之在人者，谓之能①；能有所合谓之能。②
>
> 心有征知。征知，则缘耳而知声可也，缘目而知形可
> 也。然而征知必将待天官之当簿其类，然后可也。五官簿之
> 而不知，心征知而无说，则人莫不然谓之不知。此所缘而以
> 同异也。③

知是人独有的一种能力，即"所以知之在人者"、"所以能之在人
者"。在前面的讨论中，我们提到过，人与禽兽的区别之一，就
是在于人"有辨"，之所以有辨，是因为有知。可以说，荀子立
论的切入点是人与禽兽的区别，也就是说，他是在本能的意义上
运思的，这是首先应该明辨的。由人的本能的认知能力作出的认
识，如果能与外在的他物相一致，这就表现为智慧；其他才能与
外在相合一致，就表现为后天的实际能力。这种本能上的"知"
与"能"，统御于心，就获得知的途径而言，主要有"征知"，即
通过验证来获得知识，心具有这样的能力。"征知"的实践，诸
如通过依靠听觉器官来辨别声音的不同，依靠视觉器官来辨别形
状的不同。总之，"征知"一定要依靠感觉器官与具体外在他物

---

① 这句句首本有"智"字，卢文弨认为是衍文；根据前后文的格式，此处也不
当有"智"字，故删除。

② 《荀子·正名》，王先谦著：《荀子集解》，中华书局1954年版，第275页。

③ 同上书，第277—278页。

相接触①，如果接触了还不能认识它，心对它进行了验证但还无法言说缘由，那么，人们没有不把这种现象说成没有真正认识的即没有获得相应的知识。

实际上，"所以知之在人者"指的是才性之智，它是认知的一种才智；"所以能之在人者"指的是才性之能，它是人辨识等的才能；这是就先天方面而言的。在后天实践生活里的运用，就是智慧和能力；显然，智慧和能力是才智和才能的发展和凝聚。这也是不能忽视的。

（3）"有圣人之知"。

虽然同是知，但有不同的种类。荀子说：

> 有圣人之知者，有士君子之知者，有小人之知者，有役夫之知者。多言则文而类，终日议其所以，言之千举万变，其统类一也，是圣人之知也。少言则径而省，论而法，若佚之以绳，是士君子之知也。其言也讱，其行也悖，其举事多悔，是小人之知也。齐给便敏而无类，杂能旁魄而无用，析速粹孰而不急，不恤是非，不论曲直，以期胜人为意，是役夫之知也。②

知在圣人、士君子、小人、役夫那里，有不同的表现。圣人之知显示的是"多言则文而类"，虽然千变万化，但"统类一"；士君子之知显示的是"少言则径而省"、"论而法"，即依据一定的法

---

① "簿其类"的"簿"，可以解释为接触，参照北京大学《荀子》注释组《荀子新注》（中华书局1979年版）第372页注11和梁启雄著：《荀子简释》（中华书局1983年版）第313页。

② 《荀子·性恶》，王先谦著：《荀子集解》，中华书局1954年版，第297—298页。

则而发表言论；而小人之知显示的是言行互相矛盾；役夫之知往往不考虑是非曲直，臆想先行，性喜好争胜。显然，以上四种知的不同，在本质上则决定于"文而类"、"统类一"，对内外相统一的知，荀子是持肯定态度的，不统一的则应该否定。所以，在这里，小人之知、役夫之知是在否定的意义上讨论的，而圣人与士君子之知的不同，仅仅在于表达方式上的"多言"与"少言"、"统类一"与"径而省"，在本质上是相通的。这是应该注意的。

关于"士君子"，王先谦的注解为"君子"，可以作为参考①，这跟上面接触到的资料的精神也是一致的，因为，士君子和明君子都是君子。

（4）"既知且仁，是人主之宝也"。

在荀子看来，最大的耻辱就是"不仁不知"②。在分析孟子的时候，已经涉及。在孟子那里，由于人的本性中存在着仁义礼智四端，这是道德的萌芽，对个人来说，人生的最大课题就是如何排除障碍，不断扩充这四种道德萌芽，这一课题的良性化的结果就必然通向成善的金光大道。所以，在人性问题上，孟子强调的是道德的因素。相对于此，在荀子的人性系统里，我们尽管也能找到"可以为尧禹"的思想，但这主要还是建筑在人具有"知"、"能"的运思上的立论，最多也只能说明，荀子的人性论

---

① 参照"皇天隆物，以施下民，或厚或薄，常不齐均。桀纣以乱，汤武以贤。涽涽淑淑，皇皇穆穆。周流四海，曾不崇日。君子以修，跖以穿室。大参乎天，精微而无形，行义以正，事业以成。可以禁暴足穷，百姓待之而后泰宁。臣愚不识，愿问其名。曰：此夫安宽平而危险隘者邪？修洁之为亲，而杂污之为狄者邪？甚深藏而外胜敌者邪？法禹舜而能弇迹者邪？行为动静待之而后适者邪？血气之精也，志意之荣也，百姓待之而后宁也，天下待之而后平也，明达纯粹而无疵也，夫是之谓君子之知"（《荀子·赋》，王先谦著：《荀子集解》，中华书局1954年版，第314页）。

② 《荀子·正论》，王先谦著：《荀子集解》，中华书局1954年版，第228页。

里，同样存在着成善的可能性，或者说就是亚里士多德所说的本性具备接受善的可能。因为，他在先天的层面上，没有从价值判断的视野入手来讨论本性，而主要是侧重在"生之所以然者"的方面，这是应该注意的。但是，荀子并不是不食人间烟火的超然者，所以，他对文明的积淀不能视若无睹。换言之，他也是在文明逐渐累积的背景里生活的，尽管在价值论意义上的本性，提出了与孟子不同的性恶论，但在以孔子儒家创立的仁学的浪潮里，也难能对仁学视而不见，所以，在对知的界定里，也附带了仁的条件。他说：

> 为人主者，莫不欲强而恶弱，欲安而恶危，欲荣而恶辱，是禹桀之所同也。要此三欲，辟此三恶，果何道而便？曰：在慎取相，道莫径是矣。故知而不仁，不可；仁而不知，不可；既知且仁，是人主之宝也，而王霸之佐也……今人主有大患：使贤者为之，则与不肖者规之；使知者虑之，则与愚者论之；使修士行之，则与污邪之人疑之，虽欲成功，得乎哉！譬之，是犹立直木而恐其景之枉也，惑莫大焉！①

不管是什么样的君主，都希望强大、安逸、荣耀，而厌恶弱小、危殆、耻辱。要实现所希望的，避免所厌恶的，其关键是选取宰相，这是最简捷的途径。选人的标准就是、也只能是"既知且仁"，这是君主的利刃。也就是说，应该选取既有智慧又有仁德的人，因为，在荀子看来，光有智慧没有仁德或仅有仁德而没有智慧的人，都是不可用的。当今君主的最大弊端就是，使具有贤

---

① 《荀子·君道》，王先谦著：《荀子集解》，中华书局1954年版，第158页。

德的人去具体操办，而与不肖的人对他进行限制（规之）；让有智慧的人去谋略，而与愚蠢的人去议论他；使具备德行的人去实行，而与品德卑劣的人去怀疑他，这样即使想成功，也是绝对做不到的。这就好比立了一根笔直的木头，而担心它的影子不直，困惑再也没有比这更大的了。

知仁结合基点的确立，其意义是非常重要的，已经从孔孟偏于道德之知转向了智慧和道德分离的途径，这是认识的进步，而知仁结合的取向在今天仍然具有积极的意义，仅仅发展人的智慧的世界，只能给人带来自身生存的困惑和灾难，而仅仅发展道德的世界，人是无法获取生存所足够的条件的。

（5）"养其知"。

由于知存在着"文而类"、"统类一"的问题，为了更好地达到这一目标，养知是必要的。荀子说：

> 若夫重色而衣之，重味而食之，重财物而制之，合天下而君之，非特以为淫泰也，固以为一天下，治万变，材万物，养万民，兼制天下者，为莫若仁人之善也夫。故其知虑足以治之，其仁厚足以安之，其德音足以化之，得之则治，失之则乱。百姓诚赖其知也，故相率而为之劳苦以务佚之，以养其知也。[1]

在治世系统里的"材万物"、"养万民"方面，仁人做得最好。"材万物"的"材"，是使民众成为有用之才的意思，和"养万

---

① 《荀子·富国》，王先谦著：《荀子集解》，中华书局 1954 年版，第 116—117页。

民"的"养",在本质上没有什么不同①。仁人对民众来说,最值得信赖的是智慧,就治世的实践本身而言,仁德厚实能使民众安心,德音充足则能感化民众,而智慧丰足能使民众秩序井然,而秩序井然是最基本的前提条件,没有这一点,安心、感化都无所附丽,而智慧丰足离不开"养其知"。

对人来说,即使有智慧,也不应该以有智慧而自居,荀子强调:"孔子曰:聪明圣知,守之以愚;功被天下,守之以让;勇力抚世,守之以怯,富有四海,守之以谦:此所谓挹而损之之道也。"② 众所周知,大智若愚、谦虚退让("挹而损之")是《老子》的智慧之一,荀子把此作为孔子的思想,准确与否,暂且不论。就这一思想本身,它昭示人们如何保持自己的智慧,"愚"、"让"、"怯"、"谦"显示的都是谦让的特征,具有不争先的内质,都是以弱的姿态开始,而达到守卫的目的,而这一思想始终是《老子》道德修养的主要特征③,这是应该引起重视的④。

_____

① 北京大学《荀子》注释组认为"材万物"是"利用万物"(《荀子新注》,中华书局1979年版,第144页注1),留有商榷的余地。

② 《荀子·宥坐》,王先谦著:《荀子集解》,中华书局1954年版,第341页。

③ 参照"绝学无忧。唯之与阿,相去几何? 善之与恶,相去若何? 人之所畏,不可不畏。荒兮其未央哉! 众人熙熙,如享太牢,如春登台。我独泊兮其未兆,如婴儿之未孩;儽儽兮若无所归。众人皆有余,而我独若遗。我愚人之心也哉! 沌沌兮。俗人昭昭,我独昏昏;俗人察察,我独闷闷。淡兮其若海,飂兮若无止。众人皆有以,而我独顽且鄙。我独异于人,而贵食母"(《老子》二十章,(魏)王弼著,楼宇烈校释:《王弼集校释》,中华书局1980年版,第46—48页)。

④ 智者还有"理"的特点,参照"子贡问于孔子曰:'君子之所以贵玉而贱(王民)者,何也? 为夫玉之少而(王民)之多邪?'孔子曰:'恶! 赐! 是何言也! 夫君子岂多而贱之,少而贵之哉! 夫玉者,君子比德焉。温润而泽,仁也;栗而理,知也;坚刚而不屈,义也;廉而不刿,行也;折而不挠,勇也;瑕适并见,情也;扣之,其声清扬而远闻,其止辍然,辞也。故虽有(王民)之雕雕,不若玉之章章。'"(《荀子·法行》,王先谦著:《荀子集解》,中华书局1954年版,第351—352页)。

应该注意的是，对养知的这一点，荀子虽然是针对仁人即治世者讲的，但同样不失一般的意义。

（6）"以近知远，以一知万"。

对人来说，保持智的状态固然重要，但如何实现智也绝对不能忽视，而且在一定意义上，只有具备了智，保持智的话题才有意义。

首先，"以微知明"。如何获取智慧，荀子认为："欲观千岁，则数今日；欲知亿万，则审一二；欲知上世，则审周道；欲知周道，则审其人所贵君子。故曰：以近知远，以一知万，以微知明，此之谓也。"[①]"以近知远"、"以一知万"、"以微知明"是三种不同的获取知识的方法。"近"是以时间为纬度的，"一"是以数量为纬度的，"微"是以物的状态为纬度的。人不可能穷尽一切，要想认知古代的人文文化，可以通过"以近知远"的方法来实现；如想认识某一物类的特性，则可以通过对此类物中的个物的认识来完成，具有从点到面的运思；如想明了某个物的特征等问题，则可以从细微处入手，然后逐渐究明。另一方面，荀子又认为："志忍私，然后能公；行忍情性，然后能修；知而好问，然后能才。公修而才，可谓小儒矣。志安公，行安修，知通统类，如是则可谓大儒矣。"[②] 人的"公"、"修"维系于人的"忍私"、"忍情性"，即对私欲等应该采取忍耐的态度，把它们控制在一定的限度内，"公"、"修"就是秉公的品行、修己的意思。具备智慧（先天性）并能虚心好问，最后必然积淀成各种才能。通过对私欲等采取忍耐的行为，而获得秉公的品行、自觉修己的素质等材质的，荀子称为小儒。在动态的层面上，始终能专注于

---

① 《荀子·非相》，王先谦著：《荀子集解》，中华书局1954年版，第51页。
② 《荀子·儒效》，王先谦著：《荀子集解》，中华书局1954年版，第92页。

（安）"公"、"修"的行为轨道，而且智慧能够贯通其他物类的，就是大儒。

其次，"虚壹而静"。"以近知远"等实现智的方法，显然不是荀子的创造，是对既有知识的借鉴。在静态的意义上，人具有的先天的知和能，都统御于心；在动态的层面上，人获取知识虽然有以上说的两种方法，但这是形式上的机械分类。在本质上，在人的系统里，同样是通过心来获取智慧的。荀子说：

> 圣人知心术之患，见蔽塞之祸，故无欲、无恶、无始、无终、无近、无远、无博、无浅、无古、无今，兼陈万物而中县衡焉。是故众异不得相蔽以乱其伦也。何谓衡？曰：道。故心不可以不知道；心不知道，则不可道而可非道。人孰欲得恣，而守其所不可，以禁其所可？以其不可道之心取人，则必合于不道人，而不知合于道人。以其不可道之心与不道人论道人，乱之本也。夫何以知？曰：心知道，然后可道；可道然后能守道以禁非道。以其可道之心取人，则合于道人，而不合于不道之人矣。以其可道之心与道人论非道，治之要也。何患不知？故治之要在于知道。人何以知道？曰：心。心何以知？曰：虚壹而静。心未尝不臧也，然而有所谓虚；心未尝不两也，然而有所谓一；心未尝不动也，然而有所谓静。人生而有知，知而有志；志也者，臧也；然而有所谓虚；不以所已臧害所将受谓之虚。心生而有知，知而有异；异也者，同时兼知之；同时兼知之，两也；然而有所谓一；不以夫一害此一谓之壹。心卧则梦，偷则自行，使之则谋；故心未尝不动也；然而有所谓静；不以梦剧乱知谓之静。未得道而求道者，谓之虚壹而静。作之：则将须道者之虚，虚则入；

　　将事道者之壹，壹则尽；将思道者之静，静则察①。知道
察，知道行，体道者也。虚壹而静，谓之大清明。②

"术"是城邑中道路的意思，因此，"心术"就是心路，即心向外
发动、活动而演绎的轨迹。向外活动，势必要受到外在环境因素
的影响，所以，有向恶发展的无限可能，在这个意义上，圣人深
知心术的祸患，而采取"无欲"、"无恶"等自然无为的治理方
法，使万物在"衡"的轨道作良性的运行。何谓"衡"呢？"衡"
就是道，指的自然是维系人际关系的礼仪等规则。这规则维系于
心的认知。所以，对人来说，不知道的话，往往会不认同真正的
道，反而认可非道，这是一般人所不愿做的，也是"乱之本"。
要知道，必须通过心，认识了真正的道，才能对真正的道作出道
的认可，在这个前提之下，就可以遵循道而杜绝非道了。用"可
道之心与道人"来论断、论评非道的行为，是治理的根本。心知
道是通过"虚壹而静"来实现的。在荀子看来，心都具有积累包
藏的特性，不仅如此，而且又能虚中即虚心。所以，"臧"与
"虚"是心在动态意义上持有的相对应的两个概念，其他诸如
"两"与"一"、"动"与"静"也一样；"两"表示的是心能同时
兼知多种物，相对于此的就是"一"，即专一的意思，不以此一
妨害彼一，这就是"壹"。人的心始终处在动的过程中，相对于
此，才有"静"的价值，"静"自然是虚静的意思，但动不能害
静，即想象不能"乱知"，这才称得上"静"，显而易知，这里的
"静"是动态意义上的立论，具有相对性。所以，没有得道而想

————————————

① 从"作之……静则察"的改动，参照注释（《荀子·解蔽》，王先谦著：《荀
子集解》，中华书局1954年版，第264页）。

② 同上书，第263—264页。

求道的人，应该谨守"虚壹而静"的准则。完整地说，心认识道时，离不开虚，只有虚，才能入；离不开壹，壹才能趋于尽的境地；离不开静，静才能真正察知道。认知道，虚静才能实现明察；真正认知了道，并能践行，这就是体道的行为。能"虚壹而静"的话，对道的认识就仿佛明镜一样。

在知的问题上，荀子虽然附加了仁的条件，这无疑也削弱了他对知的认识的价值度，但在对道德的定位上，他没有走到孟子那样对道德钟爱乃至偏爱的地步。因为，在"既知且仁"的系统里，他显示的是从知到仁的方向，而不是由仁到知的追求，知既是出发点，又是重心，这是应该肯定的；而由仁到知的方向，也不可能有真正意义上的知。另外，他"知而好问，然后能才"的运思，"才"是知的发展，这两者是相通的，所以，荀子的知包含着先天与后天两个方面，这是应该注意的。他提出的认识道的方法，即"虚壹而静"，也不难使我们看到道家思想影响的因子①。另外，"无欲"、"无恶"、"无始"、"无终"等"无"模式概念的运用，显然也是道家思想的影响所致，体现的是不臆想先行的特点，不以既成的价值观为出发点，而是本于万物本有的特征来行为。

显然，如果说，孟子重视的是心的道德性的方面的话，荀子推重的当然是心的认识性的方面。在荀子的系统里，心具有成就知识的机能和效用，是人由邪恶通向良善的桥梁。一般而言，知

---

① 张岱年在谈到《管子》中《心术》上下、《内业》《白心》四篇的作者和年代时认为，是管仲学派的著作，"《管子》的《心术》上下等篇，虽非宋尹或慎到的著作，但其年代却可谓与宋尹与慎到同时，当在《老子》以后，荀子以前。《心术》等篇中谈道说德，是受老子的影响；而荀子所谓虚一而静学说又是来源于《心术》等篇"（《先秦哲学史料（上）》，张岱年：《中国哲学史史料学》，北京生活·读书·新知三联书店1982年版，第50—51页）。这可以作为我们认识荀子虚静思想的参考。

识对人只具有中性的意义，但在荀子这里，心内置的认识能力为人选择道德的行为提供了最好的保证，这为"心知道"的设定所保证，心具有在道德轨道上运行的特性，在这个意义上，也可以说，荀子的心的认识能力主要是一种道德认知的能力。所以，与孟子的差异并不是根本性的，反而有殊途同归的客观效应。

6. "分别制名以指实"的名实论

名与实的问题，也是荀子思想中的一个重要部分，在前面讨论"命"的时候，曾涉及了命名的问题，这个意义上的"命"与"名"有着紧密的联系。名实的具体内容，将通过以下几个方面来展示。

(1) "约定俗成，谓之实名"。

荀子认为：

> 故万物虽众，有时而欲遍举之，故谓之物；物也者，大共名也。推而共之，共则有共，至于无共然后止。有时而欲偏举之，故谓之鸟兽。鸟兽也者，大别名也。推而别之，别则有别，至于无别然后止。[1]

> 名无固宜，约之以命，约定俗成谓之宜，异于约则谓之不宜。名无固实，约之以命实，约定俗成，谓之实名。名有固善，径易而不拂，谓之善名。[2]

称万物的时候，是从"大共名"切入的，即"遍举"；讲鸟兽的时候，则是从物的类别即"大别名"切入的，也称为"偏举"。就物而言，其名没有本来固有之宜，按照规约加以命名，就形成

---

① 《荀子·正名》，王先谦著：《荀子集解》，中华书局1954年版，第278页。
② 同上书，第279页。

了为人所认同的名,认同显示着一定之宜,与规约不符自然是不宜;名称也没有本来就代表的某种物,而是人们根据规约来命名某种物,这样约定俗成,就有了某种物的实际名称了;也有本来就比较适宜的名称,简单明了而且与所指之物不相违背,这就是"善名"。在此,值得注意的是,荀子强调名称的约定俗成,规约是判断宜与不宜的标准,这是应该重视的。

对物的区分只有到"无别"的时候,才算结束,"无别"就是在此基础上无法再加以分别了,顺着荀子的话说,就是鸟兽里面还有具体的种类。

（2）"制名以指实"。

名称虽然具有约定俗成的一面,但还有"制名以指实"的一面。荀子说:

> 异形离心交喻,异物名实玄纽,贵贱不明,同异不别;如是,则志必有不喻之患,而事必有困废之祸。故知者为之分别制名以指实,上以明贵贱,下以辨同异。贵贱明,同异别,如是则志无不喻之患,事无困废之祸,此所为有名也。①

"异形离心交喻"、"异物名实玄纽"的状态是"同异不别"的状态,这样的状态只能惑乱人的心志,物事得不到张理。所以,智者为了消除这种局面,"为之分别制名以指实",指定名称,并使名称与所指的内容相一致。这样,在社会的层面上,贵贱的分际得以彰明;在万物的系统里,同异得到明辨,这样可以避免心志

---

① 《荀子·正名》,王先谦著:《荀子集解》,中华书局1954年版,第276页。

的惑乱、物事的困废，这就是要"有名"的理由①。

在"制名以指实"的程式里，"实"是最为主要的，是根本性的存在，离开"实"，"制名"也就失去任何的意义。

（3）"制名之枢要"。

荀子认为，区别个物应该从实质上着眼，而不该停留在形体上，形体虽然相同，但作为一物所存在的理由不一样的话即"异所者"，那就是两种物②，所以，制定名称，最关键的是"名定而实辨"。他说：

> 故王者之制名，名定而实辨，道行而志通，则慎率民而一焉。故析辞擅作名以乱正名，使民疑惑，人多辨讼，则谓之大奸。其罪犹为符节度量之罪也。故其民莫敢托为奇辞以乱正名，故其民悫；悫则易使，易使则公。其民莫敢托为奇辞以乱正名，故壹于道法，而谨于循令矣。如是则其迹长矣。迹长功成，治之极也。是谨于守名约之功也。今圣王没，名守慢，奇辞起，名实乱，是非之形不明，则虽守法之吏，诵数之儒，亦皆乱也。若有王者起，必将有循于旧名，有作于新名。然则所为有名，与所缘以同异，与制名之枢

---

① 参照"五官簿之而不知，心征知而无说，则人莫不然谓之不知，此所缘而以同异也。然后随而命之，同则同之，异则异之。单足以喻则单，单不足以喻则兼；单与兼无所相避则共；虽共不为害矣。知异实者之异名也，故使异实者莫不异名也，不可乱也，犹使同实者莫不同名也"（《荀子·正名》，王先谦著：《荀子集解》，中华书局1954年版，第278页）。

② 参照"物有同状而异所者，有异状而同所者，可别也。状同而为异所者，虽可合，谓之二实。状变而实无别而为异者，谓之化。有化而无别，谓之一实。此事之所以稽实定数也。此制名之枢要也。后王之成名，不可不察也"（同上书，第279页）。

要,不可不察也。①

慎重对待"名约"是很重要的,要做到这一点,就要防止"托为奇辞以乱正名",要防止"乱正名"现象的发生,就应该"壹于道法,而谨于循令",换言之,就是"有循于旧名"和"有作于新名",显然,"循于旧名"是"作于新名"的前提,没有前者,后者就没有生存的基础,这是应该明察的。

名实的统一是是非分明的需要,名是形式的方面,所以,没有固有之宜,必须依归万物之"实"来定位自己,这是非常重要的方面。

7."以德兼人者王,以力兼人者弱"的德力论

前面在讨论知的问题时,曾一度涉及荀子也有"既知且仁"的运思,跟孟子有一定的相似性。但是,在知与仁的关系里,知是第一位的,仁是第二位的。与此相连的,还有德与力的问题。

(1)"道德之威成乎安强"。

先秦的儒家思想家都有道德决定论的倾向,荀子也不例外。他说:

> 有道德之威者,有暴察之威者,有狂妄之威者。此三威者,不可不孰察也。礼乐则修,分义则明,举错则时,爱利则形。如是,百姓贵之如帝,高之如天,亲之如父母,畏之如神明。故赏不用而民劝,罚不用而威行,夫是之谓道德之威。礼乐则不修,分义则不明,举错则不时,爱利则不形;

---

① 《荀子·正名》,王先谦著:《荀子集解》,中华书局1954年版,第275—276页。

然而其禁暴也察，其诛不服也审，其刑罚重而信，其诛杀猛
而必，黭然而雷击之，如墙厌之。如是，百姓劫则致畏，嬴
则敖上，执拘则最，得间则散，敌中则夺，非劫之以形埶，
非振之以诛杀，则无以有其下，夫是之谓暴察之威。无爱人
之心，无利人之事，而日为乱人之道，百姓讙敖，则从而执
缚之，刑灼之，不和人心。如是，下比周贲溃以离上矣，倾
覆灭亡，可立而待也，夫是之谓狂妄之威。此三威者，不可
不孰察也。道德之威成乎安强，暴察之威成乎危弱，狂妄之
威成乎灭亡也。①

谨修礼义、彰明各种等级关系（分义）、各种措施适合时宜、
爱人利人之事能落实在具体行为上，这样就会得到民众的爱
戴，不用赏罚也会秩序井然，这就是道德的威力。相反在上述
四个方面没有切实工夫的话，只能趋向秩序混乱，这是"暴察
之威"。相反于前两者，既没有爱人之心，也没有利人的具体
行为，只有乱人之道，民众的人心失和，"倾覆灭亡，可立而
待"，这就是胡作非为的结果即"狂妄之威"。所以，道德带来
的是国家的强大和社会秩序的安定，是其他任何东西都无法取
代的。

　　道德之威直接与"安强"相连，暴察之威则与"危弱"合
伍，狂妄之威乃与"灭亡"成伴，价值判断一目了然。

　　（2）"以德兼人者王，以力兼人者弱"。

　　在德与力的关系上，荀子也同样把德放在第一位。

　　首先，"力者，德之役"。荀子认为：

---

① 《荀子·强国》，王先谦著：《荀子集解》，中华书局1954年版，第194—195
页。

　　君子以德，小人以力；力者，德之役也。百姓之力，待
之而后功；百姓之群，待之而后和；百姓之财，待之而后
聚；百姓之埶，待之而后安；百姓之寿，待之而后长；父子
不得不亲，兄弟不得不顺，男女不得不欢。少者以长，老者
以养。故曰：天地生之，圣人成之。①

　　然而不教诲，不调一，则入不可以守，出不可以战。教
诲之，调一之，则兵劲城固，敌国不敢婴也。彼国者亦有砥
厉，礼义节奏是也。②

君子与小人的区别之一，就是"以德"还是"以力"，力是德使
役的对象。一般的民众都具有力，但是，在没有外力加以优化的
情况下，是没有什么价值的，优化就是"待"。百姓的"力"、
"群"、"财"、"埶"、"寿"都必须借助于"待"，才能实现"功"、
"和"、"聚"、"安"、"长"；父子之间的"亲"、兄弟之间的
"顺"、男女之间的"欢"以及少者的"长"、老者的"养"，也都
是借助于圣人"成之"之"得"，离开这"得"，根本就不可能有
"亲"、"顺"等的实现。这里的"得"，实际上就是得到圣人的道
德教化即德化。没有德化的客观情况是，"入不可以守"、"出不
可以战"，礼义法度是一个国家的中流砥柱。

　　"圣人成之"的运思显然也是对道家思想的借鉴，诸如"天
地刑之，圣人因而成之。圣人之功，时为之庸，因时秉〔宜〕，
〔兵〕必有成功。圣人不达刑，不襦传。因天时，与之皆断；当

---

　　①　《荀子·富国》，王先谦著：《荀子集解》，中华书局1954年版，第117—118
页。

　　②　同上书，第194页。

断不断，反受其乱"①，就是具体的证明，表示的是圣人因循天地规律而自然成就的意思。

其次，"以德兼人"。荀子又说：

> 凡兼人者有三术：有以德兼人者，有以力兼人者，有以富兼人者。彼贵我名声，美我德行，欲为我民，故辟门除涂，以迎吾入。因其民，袭其处，而百姓皆安。立法施令，莫不顺比。是故得地而权弥重，兼人而兵俞强：是以德兼人者也。非贵我名声也，非美我德行也，彼畏我威，劫我势，故民虽有离心，不敢有畔虑，若是则戎甲俞众，奉养必费。是故得地而权弥轻，兼人而兵俞弱：是以力兼人者也。非贵我名声也，非美我德行也，用贫求富，用饥求饱，虚腹张口，来归我食。若是，则必发夫掌窌之粟以食之，委之财货以富之，立良有司以接之，已薹三年，然后民可信也。是故得地而权弥轻，兼人而国俞贫：是以富兼人者也。故曰：以德兼人者王，以力兼人者弱，以富兼人者贫，古今一也。②

"兼人"即兼并他国民众的意思，一般有三种情况："以德"、"以力"、"以富"。依靠道德来兼并他国民众的，主要采取的方法是因循民众的特性，沿袭那里的习惯，这样的话，那里的民众就感到亲切，有种安心的感觉。虽然兼并了那里，但由于依据道德的威力，使得与民众的距离越发拉近了；在此

---

① 《黄帝四经·十大经·兵容》，陈鼓应注译：《黄帝四经今注今译——马王堆汉墓出土帛书》，台湾商务印书馆1995年版，第341页。

② 《荀子·议兵》，王先谦著：《荀子集解》，中华书局1954年版，第191—192页。

基础上，再施行法令，社会治理一定会顺畅。所以，用道德来兼并他国的话，一定可以称王。假如凭借力量来兼并他国的话，只能折兵损将，越发使兵力变得弱小，民众虽然不敢背叛，但是没有心服，治理社会的花费也高。假如依靠财富来兼并他国的话，只能养成那里民众的懒惰之心，即"虚腹张口，来归我食"，而不知道寻找自己去求生存的方法，其结果必然使国家走向贫穷。

"以德兼人"的结果是王天下，"以力兼人"的局面是羸弱相，"以富兼人"的命运是贫穷终；在此，道德再次在与力量和财富的较量中取胜。显然，在道德的定位问题上，荀子与儒家的孔子和孟子没有什么本质的区别，都把道德推到至高的地位，过分夸大了精神性因素的作用，而忽视了物质性方面因素的客观作用，这种思维一直影响着中国的知识人，其负面意义是非常明显的。在今天的国际化境遇里，要依靠道德来兼并他国的话，只能是美好梦想，只能是天方夜谭，这已经是路人皆知的秘密了。所以说，道德决定论的设想，是社会进步规律的反动；它的反动在脱离万物本性规律来美化万物，把当然当作实然，无视当然的条件考虑，把现实社会变成了理想的乌托邦。在最终的意义上，社会必须先有物理产品的丰富发展，道德作为哲理的产品，只能在物理充分发达并为人类无限造福的条件下，才能彰显其本有的价值。

8. "人之所两有"的义利论

义与利的问题，就是道德与利益的问题，这也是儒家道德哲学中的重要德目。对此，荀子也表示了重视，而且提出了自己独见解，这些见解将在下面四个层面得到演绎。

(1)"义与利者，人之所两有也"。

义与利是人都不能缺少的。荀子说：

　　义与利者，人之所两有也。虽尧舜不能去民之欲利；然而能使其欲利不克其好义也。虽桀纣亦不能去民之好义；然而能使其好义不胜其欲利也。故义胜利者为治世，利克义者为乱世。上重义则义克利，上重利则利克义。故天子不言多少，诸侯不言利害，大夫不言得丧，士不通货财。有国之君不息牛羊，错质之臣不息鸡豚，冢卿不修币，大夫不为场园，从士以上皆羞利而不与民争业，乐分施而耻积藏；然故民不困财，贫窭者有所窜其手。①

由于道德和利益是人所具有的两种需要，所以，即使尧舜也不能驱除民众追求利益之心，桀纣也不能驱除民众喜好道德之心；所不同的只是尧舜能使民众追求利益之心不妨害喜好道德之心，而桀纣正好相反。道德优胜于利益就是治世，反之就是乱世。但道德与利益关系的客观效应，与统治者个人对道德、利益关系的看法关系非常大。具体地说，在上的人以道德为重的话，道德一定优位于利益；在上的人以利益为重的话，乃利益一定优位于道德。这里的"上"，意思是知识分子，具体地说，就是"士"以上的官吏，这些人是不应该议论"利害"、"得丧"、"货财"等问题，也不应该热心于牛羊、鸡豚、钱财、场园等经营，应该以谈利益为耻辱，不与民众"争业"，因为牛羊等是民众生存的基本职业，有财富的话，应该拿出来与他人共享，并以积藏为羞耻。这样的话，民众就不会为财所困，贫穷的人也不至于没有事情可干了。

---

　　①　《荀子·大略》，王先谦著：《荀子集解》，中华书局1954年版，第330—331页。

　　以上领略了知识人的道德与利益的观点，对民众占有决定影响这一点，这自然是精英政治思想的自然流露。把知识人过于神秘化，似乎是没有利益需要满足的存在。虽然认识到利益与道德是人的两种需要，但在对这些需要的具体定位时，却过分夸大了道德的作用，而忽视了两者关系互作共存的方面，这是非常致命的。当然，荀子也客观地看到了一般的民众必须具有基本生存的职业，而不困于财的方面，但这些在他思想系统里，毕竟是非常有限的。

　　（2）"义为本，而信次之"。

　　其实，荀子把道德与利益和治与乱相连，只不过是看到了现实的表面现象，而忽略了道德存在的基础。他又说：

　　　　凡奸人之所以起者，以上之不贵义，不敬义也。夫义者，所以限禁人之为恶与奸者也……夫义者，内节于人，而外节于万物者也；上安于主，而下调于民者也；内外上下节者，义之情也。然则凡为天下之要，义为本，而信次之。①

义的存在，是为了限制与杜绝人行恶的。在具体的功能上：内在的方面，可以调节个体；外在的方面，则可以调节他物；在社会的上层，可以安固君主；在社会的下层，则可以调控民众。这内外上下四个方面的功能，就是礼仪的具体体现即"义之情"。就治理天下的枢机而言，义是根本，诚信则处于次要

―――――――――

　　①　《荀子·强国》，王先谦著：《荀子集解》，中华书局1954年版，第203—204页。

的地位①。

荀子的义，不仅仅是道德，还包含着法度方面的内容，这是必须注意的。另外，荀子对义的规定，在功能上推重的是其预防的方面，不是惩治的方面，这个与法家强调严刑峻法在预防人们为恶的追求有异曲同工之效；而对义的"限禁"功能的规定，不仅丰富了义的内涵，而且拓宽了义的本有的活动领域，这在孔孟那里是没有的。

（3）"保利弃义谓之至贼"。

在荀子的系统里，义居于绝对支配的地位，在义与利发生矛盾的时候，"是是非非谓之知，非是是非谓之愚。伤良曰谗，害良曰贼。是谓是，非谓非曰直。窃货曰盗，匿行曰诈，易言曰诞。趣舍无定谓之无常。保利弃义谓之至贼"②。以是为是，以非为非是智（知）的表现，在价值评断上，就是正直；以是为非，以非为是则是愚的表现。"害良"是贼，"良"就是贤良的意思；"保利弃义"则是最大的贼。在义利关系上，"保利弃义"显示的是，为了利益而牺牲放弃道德的行为；在两者发生矛盾的时候，利益不能作为考虑或选择的对象。

（4）"不利而利之，不如利而后利之之利也"。

对待利益本身，荀子也有自己的考虑。他说：

> 不利而利之，不如利而后利之之利也。不爱而用之，不

---

① 参照"故尚贤使能，等贵贱，分亲疏，序长幼，此先王之道也。故尚贤使能，则主尊下安；贵贱有等，则令行而不流；亲疏有分，则施行而不悖；长幼有序，则事业捷成而有所休。故仁者，仁此者也；义者，分此者也；节者，死生此者也；忠者，惇慎此者也；兼此而能之备矣；备而不矜，一自善也，谓之圣"（《荀子·君子》，王先谦著：《荀子集解》，中华书局1954年版，第302—303页）。

② 《荀子·修身》，王先谦著：《荀子集解》，中华书局1954年版，第14页。

如爱而后用之之功也。利而后利之,不如利而不利者之利
也。爱而后用之,不如爱而不用者之功也。利而不利也,爱
而不用也者,取天下者也。利而后利之,爱而后用之者,保
社稷者也。不利而利之,不爱而用之者,危国家者也。①

在国家整体利益与民众的关系上,不利益民众而以民众为获利工
具的话,还不如先利益民众然后再从民众处获利;不对民众施行
仁爱而役使他们,不如对他们施行仁爱以后再役使的功效高;先
利益民众然后再从民众处获利,不如虽然利益他们但不以他们为
牟利对象的好处多;对他们施行仁爱以后再役使他们,不如虽然
对他们施行仁爱,但不役使他们的功效高。利益他们而不以他们
为牟利对象,对他们施行仁爱而不役使他们,是获取天下的法
宝;利益他们然后以他们为牟利对象,对他们施行仁爱然后役使
他们,是保社稷国家的法宝;不利益他们反而以他们为牟利对
象,对他们不施行仁爱反而役使他们,是危险国家的真正原因。
在这里,荀子注意到了利益对民众的重要性,把利益民众而不以
他们为牟利对象、对他们施行仁爱而不役使他们,作为最高的治
世理想,显示了民本主义的光辉。

　　在道德与利益的问题上,荀子虽然看到了两者都是人的需
要,但强调的是道德的主导性,虽然没有发展到如孔子"杀身而
成仁"和孟子"舍生而取义"的极端地步,但也毕竟把"保利弃
义"作为"至贼",价值取向上根本没有什么区别,只是推进程
度上的差异,不过是道德与利益对立的不同演绎罢了,这是应该
明了的。但在国家利益与民众利益的问题上,强调的是民众的利
益,要把利益民众、仁爱民众放在第一位,显示着民本主义的光

---

① 《荀子·富国》,王先谦著:《荀子集解》,中华书局1954年版,第124页。

辉。尽管如此，我们也不能忽视，既然要求个人在行为的取向上以道德为依归，把"保利弃义"作为"至贼"，大家不去追求正当的利益，那么，利益如何才能积聚，民众如何才能不为财所困，没有利益的积累，国家拿什么来利益民众呢？这是一个现实却又不能回避的问题。所以，荀子的民本主义似乎缺乏现实的基础，或者说，他营建民本主义的路径仍然是孔孟所推重的道德决定主义，这也是在分析荀子道德思想时不得不注意的。所以，这样的民本主义，最终也只能是民本主义的乌托邦，必然走向以民众为牟利对象的现实。

9."生死无私，致忠而公"的公私论

作为道德范畴的公私，在一定程度上，是利益关系在不同维度上的再审视，孔子和孟子对此都有讨论，荀子也不例外，他主要有下面这些运思。

(1)"公生明，偏生暗"。

公是正，私是偏。荀子说："探筹投钩者，所以为公也；上好曲私，则臣下百吏乘是而后偏。"① "探筹"是抽签的意思，"投钩"是抓阄的意思，实行抽签、抓阄是成为公的门径所在。抽签、抓阄体现的正是机会公平均等，而且具有公开性，在这个意义上，公具有公平、公开、公正的意思。私是偏、不公正的意思，"曲私"表明的正是偏私的意思。由于公具有公开的意思，它通向明。荀子又说："入其国，观其士大夫，出于其门，入于公门；出于公门，归于其家，无有私事也；不比周，不朋党，倜然莫不明通而公也，古之士大夫也。"② 士大夫无论在家还是在朝廷（公门），都无私事，其行为既不比周，也不朋党，公正明

---

① 《荀子·君道》，王先谦著：《荀子集解》，中华书局1954年版，第151页。

② 《荀子·强国》，王先谦著：《荀子集解》，中华书局1954年版，第202页。

达；比周、朋党显示的都是封闭的特点，与抽签等具有的公开性是相悖的[1]。所以，公开通向明，偏曲通向暗，即"公生明，偏生闇"[2]。

(2)"公义明而私事息"。

荀子认为：

> 至道大形：隆礼至法则国有常，尚贤使能则民知方，纂论公察则民不疑，赏克罚偷则民不怠，兼听齐明则天下归之；然后明分职，序事业，材技官能，莫不治理，则公道达而私门塞矣，公义明而私事息矣。如是，则德厚者进而佞说者止，贪利者退而廉节者起。[3]

公道通达则私门必然闭塞，公义彰明则私事必然偃息。公道通达、公义彰明依赖于"明分职"、"序事业"、"材技官能"的真正实现，这是一个人尽其才的社会状态。在这样的社会，厚道的人一定会得到晋升，巧言的人一定会失去进路；贪利的人必然会销声匿迹，代之而起的是廉洁者。构成这样社会的最基本因子是"国有常"，这"常"就是"尚贤使能"、"纂论公察"、"赏克罚偷"、"兼听齐明"。"尚贤使能"，民众就能明了当有的行为之方（民知方）；"纂论公察"，民众就没有什么怀疑的了（民不疑），

----

[1]　参照"上不忠乎君，下善取誉乎民，不恤公道通义，朋党比周，以环主图私为务，是纂臣者也"（《荀子·臣道》，王先谦著：《荀子集解》，中华书局1954年版，第164页）。

[2]　《荀子·不苟》，王先谦著：《荀子集解》，中华书局1954年版，第31页。

[3]　《荀子·君道》，王先谦著：《荀子集解》，中华书局1954年版，第157—158页。

"纂论公察"就是我们今天所说的公开议论、公开考察①；"赏克罚偷"，民众就不敢怠慢；"兼听齐明"，就能使民众心悦诚服，所以，天下归之。

(3)"志忍私，然后能公"。

公的实现，对社会的通畅运行，意义极其重大。那么，如何实现公呢？荀子认为："志不免于曲私，而冀人之以己为公也……是众人也。志忍私，然后能公……可谓小儒矣。志安公……如是则可谓大儒矣。"② 在人伦的等级上，就公私而言，意念上不离私心，却希望他人把自己看成出于公心，这是一般人的特质；能克制私欲，把自己的行为保持在公的轨道上，这是小儒的特质；无论是意念还是行为，都能行进在公的轨道上，这是大儒的特质。荀子没有否定人的私欲，只是认为一般的人不能克制私欲，强调克制私欲的重要性，在荀子的视野里，君子就是能够以"公义胜私欲"的人格类型③。

---

① 参照"下不欺上，皆以情言，明若日。上通利，隐远至，观法不法见不视。耳目既显，吏敬法令莫敢恣。君教出，行有律，吏谨将之无铍滑。下不私请，各以宜，舍巧拙。臣谨修，君制变，公察善思论不乱。以治天下，后世法之成律贯"（《荀子·成相》，王先谦著：《荀子集解》，中华书局1954年版，第313页）。

② 《荀子·儒效》，王先谦著：《荀子集解》，中华书局1954年版，第92页。

③ 参照"君子之求利也略，其远害也早，其避辱也惧，其行道理也勇。君子贫穷而志广，富贵而体恭，安燕而血气不惰，劳倦而容貌不枯，怒不过夺，喜不过予。君子贫穷而志广，隆仁也；富贵而体恭，杀执也；安燕而血气不惰，柬理也；劳倦而容貌不枯，好交也；怒不过夺，喜不过予，是法胜私也……此言君子之能以公义胜私欲也"（《荀子·修身》，王先谦著：《荀子集解》，中华书局1954年版，第21—22页）。并参照"有通士者，有公士者，有直士者，有悫士者，有小人者。上则能尊君，下则能爱民，物至而应，事起而辨，若是则可谓通士矣。不下比以闇上，不上同以疾下，分争于中，不以私害之，若是则可谓公士矣"（《荀子·不苟》，王先谦著：《荀子集解》，中华书局1954年版，第30—31页）。

（4）"併己之私欲，必以道"。

尽管荀子看到的是公正无私、追求公利的人，反而得不到公正评价[①]的事实，但荀子依然认为："夫主相者，胜人以埶也，是为是，非为非，能为能，不能为不能，併己之私欲，必以道，夫公道通义之可以相兼容者，是胜人之道也。"[②] 应该以道来规范个人的私欲，"公道通义"才是取胜之道，它的具体内容就是以是为是，以非为非，以能为能，以不能为不能，不把自己的私欲掺杂进去，这是实事求是的方法。

荀子的"公义明而私事息"的运思，在公私问题上，是非常有现实意义的，因为，在公私的关系里，"公义"是每个人意志的凝聚，正因为能代表每个人的意志，所以，就称为公，即对一切人都是公平、公正的。社会生活里，一旦运行的公义真正能代表民众的利益，自然就不会有"私事"的泛滥，因为他们的利益、意志在"公义"那里完全能得到实现。但是在如何保证"公义明"这一问题上，荀子除提出"志忍私，然后能公"、"併己之私欲，必以道"等方法对个人进行制御以外，对社会制度的保证等方面，没有丝毫涉及。所以，荀子的公私观是失衡的，价值的天平完全偏向社会统治者，显示了对个人利益的轻视，这样的公，实际上是牺牲私来实现的。换言之，公中无私，私完全消失

---

① 参照"天下不治，请陈佹诗：天地易位，四时易乡。列星殒坠，旦暮晦盲。幽闇登昭，日月下藏。公正无私，见谓从横。志爱公利，重楼疏堂。无私罪人，憼革贰兵。道德纯备，谗口将将。仁人绌约，敖暴擅强。天下幽险，恐失世英。螭龙为蝘蜓，鸱枭为凤凰。比干见刳，孔子拘匡。昭昭乎其知之明也，郁郁乎其遇时之不祥也，拂乎其欲礼义之大行也，闇乎天下之晦盲也，皓天不复，忧无疆也。千岁必反，古之常也。弟子勉学，天不忘也。圣人共手，时几将矣。与愚以疑，愿闻反辞"（《荀子·赋》，王先谦著：《荀子集解》，中华书局1954年版，第318—319页）。

② 《荀子·强国》，王先谦著：《荀子集解》，中华书局1954年版，第197页。

在公之中。

10. "道者，古今之正权"的经权论

经权作为一对道德范畴，指的是道德原则和权衡临机变通的关系，显示的是不能不根据客观情况而死搬硬套道德原则。荀子关于经权的思想，主要集中在以下几个方面。

(1) "和而无经"和"权险之平"。

荀子说：

> 通忠之顺，权险之平，祸乱之从声，三者非明主莫之能知也……夺然后义，杀然后仁，上下易位然后贞，功参天地，泽被生民，夫是之谓权险之平，汤武是也。过而通情，和而无经，不恤是非，不论曲直，偷合苟容，迷乱狂生，夫是之谓祸乱之从声，飞廉恶来是也。[①]

"权险之平"的"权"，就是权衡的意思，即权衡然后采取灵活变通的办法，消除险情而趋向平稳。"夺"有不义之名称，"杀"有不仁之称，"上下易位"则非正。但汤武厌恶桀纣乱天下的行为而夺取其政权，就是义；不忍心看到民众被杀而杀桀纣，就是仁；这些在表面上，虽然上下易位，但这行为本身使贤愚处于当处之位置，实现正当，其功绩可以与天地比高，民众广受其恩泽。义、仁是对本来不义、不仁的行为的"权"以后的结果。"和而无经"的"经"，指的就是道德原则，调和没有原则，这是滋生祸乱的根源。

荀子是在对应的意义上，使用经权的；经是是非、曲直的代

---

① 《荀子·臣道》，王先谦著：《荀子集解》，中华书局1954年版，第170—171页。

表，是采取权这一行为的准则。

（2）"欲恶取舍之权"。

荀子又说：

> 欲恶取舍之权：见其可欲也，则必前后虑其可恶也者；见其可利也，则必前后虑其可害也者，而兼权之，孰计之，然后定其欲恶取舍。如是则常不失陷矣。凡人之患，偏伤之也。见其可欲也，则不虑其可恶也者；见其可利也，则不顾其可害也者。是以动则必陷，为则必辱，是偏伤之患也。①

欲恶、利害都是相互依存的客观存在，一方离开另一方，也就失去了自己存在的条件。所以，当看到"可欲"的情况时，不能立即采用"可欲"的行为，而必须衡量由"可欲"而带来的"可恶"的后果；看到"可利"的情况也一样，在做出利益追求行为之前，必须先衡量由"可利"而带来的"可害"的后果；这称为"兼权之"②，切实考量以后，再决定具体取舍的行为，只有这样，才能立于不败之地；如果在"可欲"、"可利"面前，不进行具体的权衡考虑，而追随欲望和利益而行为，其结果必然是身处陷阱，名誉受到侮辱，这是"偏伤之患"，即片面地聚焦欲望和利益，而不顾它们能带来的负面效应的考虑。

应该注意的是，荀子在这里只是考虑到"可欲"与"可恶"、"可利"与"可害"的关系的连接，而没有设想"可欲"与"可

---

① 《荀子·不苟》，王先谦著：《荀子集解》，中华书局1954年版，第31—32页。

② 关于这种"兼权"，荀子提到五种。参照"无欲将而恶废，无急胜而忘败，无威内而轻外，无见其利而不顾其害，凡虑事欲孰而用财欲泰：夫是之谓五权"（《荀子·议兵》，王先谦著：《荀子集解》，中华书局1954年版，第183—184页）。

利"关系的连接，其实，任何事情都是辩证的，"可欲"虽然能够与"可恶"相联系，但是，这不是全部，因为"可欲"也能够与"可利"相联系，有时欲望的满足带来的"可利"要超过"可恶"。所以，在荀子的骨子眼里，欲望与罪恶仍然是画等号的，这一意义在相异维度上的表述，就是德行与欲望对立。这是读荀子必须有的回味。

（3）"道者，古今之正权也"。

权具有衡量轻重的功用。荀子说：

> 凡人之取也，所欲未尝粹而来也；其去也，所恶未尝粹而往也，故人无动而不可以不与权俱。衡不正，则重县于仰，而人以为轻；轻县于俛，而人以为重；此人所以惑于轻重也。权不正，则祸托于欲，而人以为福；福托于恶，而人以为祸；此亦人所以惑于祸福也。道者，古今之正权也；离道而内自择，则不知祸福之所托。易者，以一易一，人曰：无得亦无丧也，以一易两，人曰：无丧而有得也。以两易一，人曰：无得而有丧也。计者取所多，谋者从所可。以两易一，人莫之为，明其数也。从道而出，犹以一易两也，奚丧！离道而内自择，是犹以两易一也，奚得！其累百年之欲，易一时之嫌，然且为之，不明其数也。①

人的欲望是多样复杂的，诸如获取与舍去，但往往"所欲"、"所恶"也不是单一明确的，所以不一定能按照某一通道行进，这就需要具体的权衡。所以，人没有哪个行动不与"权"相伴而行

---

① 《荀子·正名》，王先谦著：《荀子集解》，中华书局1954年版，第285—286页。

进。这里的"权"是权衡的意思。"衡不正"、"权不正"指的都是权衡不正当的意思，权衡失正，轻重、祸福必然倒置，人们也就势必惑乱于轻重、祸福。要防止权衡行为的失正，必须以道为标准，即"道者，古今之正权也"，道是"正权"的存在，离开道而完全凭主观的臆想来选择的话，就无法知道祸福之所以为祸福的理由。拿贸易来譬喻的话，在物物交易的时代，"以一易一"是公平的交易形式，而"以一易两"、"以两易一"的结局，对交易双方的一方，无疑存在不公。但就数量上说，"以两易一"的事是没有人愿意干的。但是，我们应该看到的是，假如根据道来衡量的话，就会收到"以一易两"的实际效果。而离开道的主观选择，就好比"以两易一"的行为，这是不懂效益（不明其数）的表现。

这里荀子明确地将欲恶、福祸对置，或者说对立，也就是我在上面提到的问题，"祸托于欲，而人以为福；福托于恶，而人以为祸"，就是具体而鲜活的说明，在此基础上，没有再分析的必要。

我们应该注意的是，荀子注意到权衡物的轻重时，应该以道为标准，这样会收到"以一易两"的实际效果，这里有效益和价值量的考量，这与他重视礼仪的思想是一致的，可以说，道与礼仪是异名同指，也就是"经"。另一方面，在荀子的心目中，长短、大小、轻重等都是有形的东西，这些虽然能成为权衡的对象，但最关键的是，人的"志"，就是善恶等也都是效果上的分别，是次要的，应该抓住根本的即"志"①。实际上，荀子在这

———————————

① 参照"故事不揣长，不揳大，不权轻重，亦将志乎尔。长短小大，美恶形相，岂论也哉！"（《荀子·非相》，王先谦著：《荀子集解》，中华书局1954年版，第47页）。

里，看到了道德动机与道德效果的关系，而且明确意识到道德动机对道德效果的主导作用，这是应该注意的。

11．"富则广施，贫则用节"的贫富论

在贫富问题上，荀子认为"不富无以养民情"①，使民众富裕是养民的根本，看到了利益对道德养成的重要性。作为个人，对待贫富应该：

> 贵而不为夸，信而不处谦，任重而不敢专。财利至，则善而不及也，必将尽辞让之义，然后受。福事至则和而理，祸事至则静而理。富则施广，贫则用节。可贵可贱也，可富可贫也，可杀而不可使为奸也，是持宠处位终身不厌之术也。虽在贫穷徒处之埶，亦取象于是矣。②

富裕以后，应该施与那些贫穷的人，贫困时则应该节约行事，贵贱、贫富都是两可的，应该正确面对；作为一个人，可以选择死亡，但也不能去做奸诈的事情，即使处在贫穷的境地，也应该按照这个原则去行事，换言之，必须以道义为原则来进行抉择。不难想象，厚道诚实在荀子心目中的价值和地位有多么重要。

面对财利，"则善而不及也，必将尽辞让之义"所包含的价值信息，实际上也有以道德为依归来进行衡量的嫌疑，与孔子"见得思义"、"见利思义"显示相同的价值取向。

12．"荣者常通，辱者常穷"的荣辱论

与贫富紧密相连的是荣辱，在孔孟那里，并没有形成系统的思想，到荀子这里，这一对范畴得到了应有的发展，其具体的思

---

① 《荀子·大略》，王先谦著：《荀子集解》，中华书局1954年版，第328页。
② 《荀子·仲尼》，王先谦著：《荀子集解》，中华书局1954年版，第69页。

想，将通过以下三个项目来展示。

（1）"圣王之分，荣辱是也"。

荣辱是圣王明确分际的存在。

> 子宋子曰：见侮不辱。应之曰：凡议必将立隆正，然后可也。无隆正则是非不分，而辨讼不决。故所闻曰：天下之大隆，是非之封界，分职名象之所起，王制是也。故凡言议期命，是非[1]以圣王为师，而圣王之分，荣辱是也。[2]

"隆正"，王先谦认为是"中正"[3]，"大隆"即"大中"，这可以作为理解的钥匙。议论需要一个准则，以便双方共同遵守，这是议论得以进行的前提条件。没有标准，是非就无法分辨，诉讼也无法裁定。所以，天下共通的最大的中正，是决定是非的界限，是设立各种职名制度的根据，这也是王制的所在。现实生活里，"言议期命"的行为的具体施行，都是师法圣王的，而圣王所重视的就在荣辱的分际。所以，荣辱的区分与中正是紧密联系的。

（2）"有义荣者，有埶荣者；有义辱者，有埶辱者"。

荣辱就是我们一般所说的荣耀与耻辱，前者指的是良好的社会名声，后者指的则是不好的名声。荀子从"义"和"埶"的意义上，进一步界定了荣辱。他说：

---

[1] 关于"是非"，集解曰："王引之曰：是非当作莫非，正文云，莫非以圣王为师。故杨注云，皆以圣王为师"（《荀子·正论》，王先谦著：《荀子集解》，中华书局1954年版，第228页）。

[2] 同上书，第228页。

[3] 杨倞注释为"崇高正直"（同上书，第228页），可以参考，但存在着商榷的余地，因为在文章的语序里，"隆正"当是一种规则、准则的东西。

有义荣者，有埶荣者；有义辱者，有埶辱者。志意修，德行厚，知虑明，是荣之由中出者也，夫是之谓义荣。爵列尊，贡禄厚，形埶胜，上为天子诸侯，下为卿相士大夫，是荣之从外至者也，夫是之谓埶荣。流淫污僈，犯分乱理，骄暴贪利，是辱之由中出者也，夫是之谓义辱。詈侮捽搏，捶笞膑脚，斩断枯磔，藉靡舌举，是辱之由外至者也，夫是之谓埶辱。是荣辱之两端也。故君子可以有埶辱，而不可以有义辱；小人可以有埶荣，而不可以有义荣。有埶辱无害为尧，有埶荣无害为桀。义荣埶荣，唯君子然后兼有之；义辱埶辱，唯小人然后兼有之。是荣辱之分也。圣王以为法，士大夫以为道，官人以为守，百姓以成俗，万世不能易也。①

"义荣"是人的内在品质的外现，其特征是意志纯洁，德行厚实，知虑精明。所以，"中出者"的"中"，指的就是这些品质的整合，这些品质的外现而放出的光芒，形成的荣耀就是"义荣"。相对与此，"埶荣"只是由外加于人的东西，诸如天子诸侯、卿相士大夫等官位，这些并非个人自身的创造所得，而是来自于"爵列"的尊贵、"贡禄"的丰厚、"形埶"的优越，在中国封建社会里，这些往往都具有血缘的承继性，与在这个位置上的具体的人所持有的具体能力（包括德行）并没有必然的联系。所以，"外至者"的"外"，指的就是外在于人的职位等东西。同样，"义辱"是人的内在品质的外现，其特征是行为邪恶放荡，不遵循规则而违背名分理数，骄傲暴虐而贪图利

---

① 《荀子·正论》，王先谦著：《荀子集解》，中华书局1954年版，第228—229页。

益。"中出者"的"中",指的就是这些坏品质,这些品质的外现,必然败坏人的名声并带来耻辱,这种耻辱就是"义辱"。相对于此,"埶辱"是外加于人的东西,而且决定的依归也在外在于人的名分等因素,所以,称为"外至者",诸如"詈侮捽搏,捶笞膑脚,斩断枯磔,藉靡舌举",都是对人施行的不同的刑罚,这些刑罚加于人而见之于他人,对受刑罚的人来说,自然是败坏了自己的名声,从而受到耻辱,所以称为"埶辱"。

　　"义荣"与"埶荣"、"义辱"与"埶辱",是荣辱两种极端状态的表现。在荀子看来,君子可以有"埶辱",但不能有"义辱",而小人可以有"埶荣",不可以有"义荣"。即使有"埶辱",但对成为尧一样的圣人没有什么妨害;即使有"埶荣",但也无妨成为桀一样的恶人。只有君子才能兼有"义荣"与"埶荣","义荣"、"义辱"都源发于人的内在的品质,因此,在这里似乎不难理解,"埶荣"是对具有君子品质的人(义荣)的一种社会肯定,"义荣"是原因,"埶荣"是结果,或者说,"义荣"是树木,"埶荣"是花朵。小人只能兼有"义辱"与"埶辱",这两者的因果关系跟上面一样。"埶辱"的成因在"义辱","义辱"是根,"埶辱"是果。这就是荣辱的分际,是人人应该遵循的、万世不能移易的法则。

　　应该注意的是,荀子从"义"和"埶"切入,审视荣辱,不失为一个新的视野,也是他深刻洞察了外在于人的"埶",却对人产生不合规范、常理的效用,而这些往往是无法改变的事实,荀子的触觉已经进到了社会的不公正的领域,这也和他的民本主义的运思相呼应。但是,他最后把君子作为能兼有"义荣"与"埶荣"的理想人格范型,事实上又回到了他自己意欲作为抨击的对象上,因为,"埶荣"主要来自外在的职位等的特殊关系,而在封建社会，这些又与血统紧密联系，对个人来说，一般都具有不可改变性。而且，这里，"义荣"又成了"执荣"的基础和条件，重视的是道德性。客观的事实是，道德好的人，血统并非一定如意，这理论本身是充满着矛盾的。这自然也是荀子站在与贫民相对立的立场上的真实写照，尽管他主张民本，那也不过是在自己所代表的阶级利益上的最大化的让步的表现。另外，不得不指出的是，他把小人规定为可以兼有"义辱"与"执辱"，这又混淆了道德与法律的界限，"义辱"是人的品质的具象，而"执辱"是由来自刑罚而产生的坏的名声，当然刑罚的量定不是基于个人的行为实际，而是依据个人社会名分的情况，血缘关系又是其中的重点；当然，刑罚跟法律是紧密联系的，从他对"义辱"内容的规定来看，虽然也涉及规则、名分等的因素，但还包含着道德的内容，而且从由"中出"的界定来看，这些规则、名分也主要应是道德规则、礼仪名分，其意义是消极的。这是不能忽视的。

实际上，经过上面的分析，似乎不难做以下的概括："义荣"就是德性之荣，"义辱"就是德性之辱；"执荣"就是名分之荣，"执辱"就是名分之辱；前者是内在的，决定于个人；后者是外在的，决定于外在的名分。实际上，从荀子在此所反映的自觉程度而言，荀子强调的是个人的道德，具有明显的道德至上主义的倾向。

（3）"先义而后利者荣，先利而后义者辱"。

荀子道德系统里的荣辱星座，还与义利有着紧密的联系。荀子说：

> 荣辱之大分，安危利害之常体。先义而后利者荣，先利而后义者辱；荣者常通，辱者常穷；通者常制人，穷者常制

于人；是荣辱之大分也。材①悫者常安利，荡悍者常危害；安利者常乐易，危害者常忧险；乐易者常寿长，忧险者常夭折。是安危利害之常体也。②

荣辱的根本分际，往往可以通过安危利害的常形得到体现。把义放在首位，然后再考虑利的行为，是"荣"；先考虑利，再考虑义的行为，是"辱"。"荣"的行为以及具备"荣"德的人，恒常地处在通达的境地，据此也可以常常制御人；相反与此，"辱"的行为以及具备"辱"德的人，则恒常地处在穷闭的境地，因此常常为人所制御。朴实的人常常满足于既得利益，快乐平易而处，并能长寿；而放荡凶暴的人常常危害他人，处在忧危之中，往往夭折生命，不能实现长寿，这就是"安危利害"的通常情形。这里的"安"是相对于"危"的，"利"则是相对于"害"的。"荣者"的"安利"，不仅对自身是利，对他人也是利；"辱者"的"危害"，不仅对自身是危害，对他人也是危害。体现着内在双向的连动性，不是单向的，这是应该注意的。

　　总之，荀子虽然在荣辱问题上提出了较为系统的思想，但其核心是道德至上，道义第一，"先义而后利者荣，先利而后义者辱"的命题，不过是孔子"见利思义"思想的翻版罢了，在本质上是对立道德与利益的。而且在"义荣"与"埶荣"、"义辱"与"埶辱"相互关系的设定上，也充满了矛盾，显得非常可笑，其目的不外乎让所有的人都来重视道德，即使是有血缘名分优势的人也不例外。

------

　　① 王先谦集解载有"汪中曰：材疑当作朴字之误也"（《荀子·荣辱》，王先谦著：《荀子集解》，中华书局1954年版，第36页），可以作为参考。
　　② 同上书，第36页。

13. "生，人之始也，死，人之终也"的生死论

荣辱在不同的人之间，自然有着不同的情况，但不管什么人，都必须面临生死，礼义对生死问题也非常谨慎。

（1）"生，人之始也，死，人之终也"。

生死与人生存在客观的关系。荀子说：

> 礼者，谨于治生死者也。生，人之始也，死，人之终也，终始俱善，人道毕矣。故君子敬始而慎终，终始如一，是君子之道，礼义之文也。夫厚其生而薄其死，是敬其有知，而慢其无知也，是奸人之道而倍叛之心也。君子以倍叛之心接臧谷，犹且羞之，而况以事其所隆亲乎！故死之为道也，一而不可得再复也，臣之所以致重其君，子之所以致重其亲，于是尽矣。故事生不忠厚，不敬文，谓之野；送死不忠厚，不敬文，谓之瘠。君子贱野而羞瘠，故天子棺椁七重，诸侯五重，大夫三重，士再重。然后皆有衣衾多少厚薄之数，皆有翣菨文章之等，以敬饰之，使生死终始若一；一足以为人愿，是先王之道，忠臣孝子之极也。①

对人来说，生是人生的开始，死是人生的终结，终始都应该妥善对待，这是人道所面临的必然课题。所以，君子都是"敬始而慎终，终始如一"的，相对于此，"厚其生而薄其死"的做法，是奸人之道。一个人生死只有一次，但生是过程性的，而死是瞬间性的，正是在这个意义上，荀子说"死之为道也，一而不可得再复"；但是，对生死可以"尽"，即最大限度地生发生死的当有价

---

① 《荀子·礼论》，王先谦著：《荀子集解》，中华书局1954年版，第238—239页。

值,仿佛臣通过"致重其君"来发挥臣道的价值、子通过"致重其亲"来发挥孝道的价值一样。这是如何对待生死的问题。

具体地说,如果对待生"不忠厚"、"不敬文"的话,就是"野"即不知礼节;对待死"不忠厚"、"不敬文"的话,就是"瘠"即薄,君子是以"野"为卑贱,以"瘠"为羞耻的。在如何对待死的问题上,荀子还专门针对不同的等级而应用不同的灵柩,如"天子棺椁七重"等,而且随葬品也应该与名分相一致,以尽可能使生死若一,来表达人的愿望,这是忠孝的极致①。

(2)"长生久视"。

人生应该追求长生。荀子说:

> 孝弟原悫,軥录疾力,以敦比其事业,而不敢怠傲,是庶人之所以取暖衣饱食,长生久视,以免于刑戮也。②

> 欲不待可得,所受乎天也;求者从所可,所受乎心也……人之所欲生甚矣,人之所恶死甚矣;然而人有从生成死者,非不欲生而欲死也,不可以生而可以死也。故欲过之而动不及,心止之也。心之所可中理,则欲虽多,奚伤于治?欲不及而动过之,心使之也。心之所可失理,则欲虽寡,奚止于乱?③

----

① 参照"天子之丧动四海,属诸侯;诸侯之丧动通国,属大夫;大夫之丧动一国,属修士;修士之丧动一乡,属朋友;庶人之丧合族党,动州里;刑余罪人之丧,不得合族党,独属妻子,棺椁三寸,衣衾三领,不得饰棺,不得昼行,以昏殣,凡缘而往埋之,反无哭泣之节,无衰麻之服,无亲疏月数之等,各反其平,各复其始,已葬埋,若无丧者而止,夫是之谓至辱"(《荀子·礼论》,王先谦著:《荀子集解》,中华书局1954年版,第239—240页)。

② 《荀子·荣辱》,王先谦著:《荀子集解》,中华书局1954年版,第37页。

③ 《荀子·正名》,王先谦著:《荀子集解》,中华书局1954年版,第284页。

孝敬老人，尊敬兄长，忠厚朴实，勤勉敬业，而没有丝毫的怠慢，这是一般人获得"暖衣饱食"、"长生久视"而避免刑戮的原因所在。另一方面，人具有各种欲望，诸如对于生的欲望是最迫切的，对死的厌恶是最强烈的，但是人可以放弃生的价值和权利以及享受来成就死，这并非不想生而想死，而是存在不可生而可以死的理由。这里的"可"与"不可"是一种价值判断，施行这种价值判断时参照的标准，就是"理"，价值判断的执行机构是人的"心"，所以，"心之所可中理"的话，即使欲望最多，也没有关系；反之，"心之所可失理"的话，即使欲望最少，也会惑乱不止。显然，这里的"理"，当是"义理"。

荀子重视善待死，应该如对待生一样，即"若一"，这一运思向我们昭示着，应该把死看成生命延续的过程，这样的话，死去的人就永远与活着的人共存，在这个意义上，"若一"所显示的对生命价值的深刻认识，其意义是深远的。在世界文化的花圃里，我们在日本似乎还能看到，荀子所倡导的生死"若一"的景象，他们每年在春节、孟盆节等都要给死去的人参拜；美国的情况也一样，这值得我们思考和研究。另外，荀子"长生久视"的运思，也明显地受到道家老子思想的影响，这也是不能无视的①。

以上对性、命、仁义、信德、知、名实、德力、义利、公私、经权、贫富、荣辱、生死问题进行了分析，具体的排列也是

---

① 参照"治人事天莫若啬。夫唯啬，是以早服，早服是谓重积德，重积德则无不克，无不克则莫知其极。莫知其极，可以有国。有国之母，可以长久。是谓深根固柢，长生久视之道也"（《老子》五十九章，（魏）王弼著，楼宇烈校释：《王弼集校释》，中华书局1980年版，第155页；高明撰：《帛书老子校注》，中华书局1996年版，第114—118页和《老子B》第二组，崔仁义著：《荆门郭店楚简〈老子〉研究》，科学出版社1998年版，第39—40页。

依据从内向外推进的路径，在这些范畴所显示的价值方向上，荀子是道德主义者，可以说，道德在荀子那里具有至高的位置。无论是在义利关系上，还是在公私坐标里，注重的都是道德，而忽视乃至无视利益，尤其是在公私关系里，无视个人私的价值存在，推重克制个人的私来成全公，而丝毫也没有运思如何优化在社会公方面的设施来保全个人的私的利益，所以，这种义利、公私观是片面的、失衡的。就是道德实践里的经权活动，也强调要以"道"为依归，尽管在生死等问题上，荀子有《老子》"长生久视"等思想的吸收，但显示的价值总方向仍然是儒家的范式。这是应该明确的。

在理论贡献的方面，不能无视的自然是荀子荣辱范畴的提出，这与孟子提出志功问题的系统运思在中国道德思想史上占有重要地位一样，其地位不能否认。当然，在荣辱思想产生的渊源关系上，也不能忽视他与法家的联系①。

三 "不教无以理民性"的道德教化论

荀子的人性规定，在"生之所以然"的真性里，存在着"可

---

① 参照"仓廪实，则知礼节；衣食足，则知荣辱……不务天时，则财不生；不务地利，则仓廪不盈"（《管子·牧民》，（清）戴望著：《管子校正》，中华书局1954年版，第1页）、"国有四维，一维绝则倾，二维绝则危，三维绝则覆，四维绝则灭。倾可正也，危可安也，覆可起也，灭不可复错也。何谓四维？一曰礼，二曰义，三曰廉，四曰耻。礼不逾节，义不自进，廉不蔽恶，耻不从枉。故不逾节，则上位安；不自进，则民无巧诈；不蔽恶，则行自全；不从枉，则邪事不生"（同上书，第1页）、"民之性，饥而求食，劳而求佚，苦则索乐，辱则求荣，此民之情也"（《商君书·算地》，高亨注译：《商君书注译》，中华书局1974年版，第64页）。

以为尧禹"的可能，但是，人的情欲向外的无节制的发动，必然
出现人性恶的现实，所以，荀子在提出真性的同时，又提出了伪
性的问题，就是通过人为的行动来保证真性的发展，这种人为的
行动就是道德实践，道德教化就是其中之一。下面就来具体分析
荀子这方面的思想。

1. "以善先人者谓之教"的教化本质论

荀子重视道德教化，往往"政教"并提①。那么，教化的本
质是什么呢？

(1) "以善先人者谓之教"。

何谓"教"？这是首先要面对和回答的问题。

> 以善先人者谓之教，以善和人者谓之顺；以不善先人者
> 谓之谄，以不善和人者谓之谀。②
>
> 世俗之为说者曰：尧舜不能教化。是何也？曰：朱象不
> 化。是不然也：尧舜至天下之善教化者也。南面而听天下，
> 生民之属莫不振动从服以化顺之。然而朱象独不化，是非尧
> 舜之过，朱象之罪也。尧舜者、天下之英也；朱象者，天下
> 之嵬，一时之琐也。今世俗之为说者，不怪朱象，而非尧
> 舜，岂不过甚矣哉！夫是之谓嵬说。羿蜂门者、天下之善射
> 者也，不能以拨弓曲矢中微；王梁造父者、天下之善驭者
> 也，不能以辟马毁舆致远。尧舜者、天下之善教化者也，不

----

① 参照"然而仲尼之门人，五尺之竖子，言羞称乎五伯，是何也？曰：然！彼
非平政教也，非致隆高也，非綦文理也，非服人之心也。乡方略，审劳佚，畜积修
斗，而能颠倒其敌者也。诈心以胜矣。彼以让饰争，依乎仁而蹈利者也，小人之杰
也，彼固曷足称乎大君子之门哉！"（《荀子·仲尼》，王先谦著：《荀子集解》，中华
书局1954年版，第66—67页）。

② 《荀子·修身》，王先谦著：《荀子集解》，中华书局1954年版，第14页。

能使嵬琐化。何世而无嵬？何时而无琐？[1]

用道德来引导人就是教化，用道德原则来调和人就是随顺；反之，用不道德来引导人的就是"诰"即欺侮他人，用不道德的原则来调和人就是"谀"，即曲意逢迎。荀子的"教化"，实际上就是道德教化，因为其主要使命是用道德来向人做倡导。尧舜就是非常善于施行教化的人[2]，不能根据"朱象不化"就说尧舜不能教化，朱象不化，责任不在尧舜，而在他们本人。因为他们是"天下之嵬，一时之琐"的"嵬琐"之人，用现在的话来说，就是险诈奸邪的人。现实生活里，没有十全十美的人，即使善射的羿、善驭的造父，也有不至的地方，而"嵬琐"这样的人，任何时代都有。因此，荀子也从反面告诉我们，教化不是万能的。

一句话，教化就是用道德来引导启发人。

（2）"生而同声，长而异俗，教使之然"。

在荀子的系统里，教化与"学"是同义的。他说：

学不可以已。青，取之于蓝而青于蓝；冰，水为之而寒

---

[1]　《荀子·正论》，王先谦著：《荀子集解》，中华书局1954年版，第224—225页。

[2]　在荀子看来，对人来说，父母仅仅具有生之、养之的功劳，而君主还有教化的功劳。参照"君之丧，所以取三年，何也？曰：君者、治辨之主也，文理之原也，情貌之尽也，相率而致隆之，不亦可乎？诗曰：'恺悌君子，民之父母。'彼君子者，固有为民父母之说焉。父能生之，不能养之；母能食之，不能教诲；君者，已能食之矣，又善教诲之者也。三年毕矣哉！乳母、饮食之者也，而三月；慈母、衣被之者也，而九月；君曲备之者也，三年毕乎哉！得之则治，失之则乱，文之至也。得之则安，失之则危，情之至也。两至者俱积焉，以三年事之，犹未足也，直无由进之耳。故社，祭社也；稷、祭稷也；郊者，并百王于上天而祭祀之也"（《荀子·礼论》，王先谦著：《荀子集解》，中华书局1954年版，第248—249页）。

于水。木直中绳，輮以为轮，其曲中规，虽有槁暴，不复挺
者，輮使之然也。故木受绳则直，金就砺则利，君子博学而
日参省乎己，则知明而行无过矣。故不登高山，不知天之高
也；不临深溪，不知地之厚也；不闻先王之遗言，不知学问
之大也。干、越、夷、貉之子，生而同声，长而异俗，教使
之然也。①

　　学习不能停止，应该持之以恒，这仿佛"木受绳则直，金就砺则
利"，君子只有广博地学习，时时反省自身，才能"知明而行无
过"。学问是大无边际的，如不认真学习先王的教诲的话，就无
法把握它，就像天之高一样，你不登高山，永远也无法加以想
象。生长在干、越、夷、貉的后生，出生时"同声"，但长大以
后变为"异俗"，形成的各种生活习惯已经不同，原因是"教"
即"教使之然"。这里荀子"学"与"教"进行了置换，可以说，
他是在同一意义上使用这两个概念的。

　　青虽然"取之于蓝"，但"青于蓝"；冰虽然是水成的，但
"寒于水"；原因是青、冰立足蓝、水而不竭做功，所以，就获得
了比蓝、水不同的特性。教化也一样，坚持不断，也一定能够结
出丰厚的果实。教化的唯一内容则是道德，其思想的狭隘性也是
非常明显的。

　　2. "愚而智，贫而富"的教化功能论

　　教化虽然不是万能的，但具有客观的功效，"不学问，无正
义，以富利为隆，是俗人者也"②。

　　首先，"唯学"。没有学问、道德感的人，仅以有形的财富和

_____

　　① 《荀子·劝学》，王先谦著：《荀子集解》，中华书局1954年版，第1—2页。
　　② 《荀子·儒效》，王先谦著：《荀子集解》，中华书局1954年版，第88页。

利益为荣耀。但是,学问、教化能帮助人开发内在的财富和
利益。

> 我欲贱而贵,愚而智,贫而富,可乎?曰:其唯学乎。
> 彼学者,行之,曰士也;敦慕焉,君子也;知之,圣人也。
> 上为圣人,下为士、君子,孰禁我哉!乡也混然涂之人也,
> 俄而并乎尧禹,岂不贱而贵矣哉!乡也,效门室之辨,混然
> 曾不能决也,俄而原仁义,分是非,圆回天下于掌上,而辩
> 白黑,岂不愚而知矣哉!乡也,胥靡之人,俄而治天下之大
> 器举在此,岂不贫而富矣哉!今有人于此,屑然藏千溢之宝,
> 虽行贷而食,人谓之富矣。彼宝也者,衣之不可衣也,食之
> 不可食也,卖之不可偻售也,然而人谓之富,何也?岂不大
> 富之器诚在此也?是杅杅亦富人已,岂不贫而富矣哉![1]

要改变贱、愚、贫的面貌,实现贵、智、富的理想,唯一的方法
就是通过"学"。在荀子看来,士、君子、圣人的大门是向每一
个人敞开的,关键是你是否愿意往里走,以及愿意从哪个门进,
总之,一切决定于自己即"孰禁我哉"。"涂之人"的"并乎尧
禹",难道不是"贱而贵"吗?考验门室之别而不能决的人,到
能"原仁义"、"分是非"、"辩黑白"境地,难道不是"愚而知"
吗?一无所有的人[2]成为治理天下大权的掌握者,难道不是"贫
而富"吗?现在有些人,家里藏着财宝,即使讨饭,人们还说他
富有。但掌握治理大权这种"宝",穿不能当衣服,吃不能当饭,

---

[1] 《荀子·儒效》,王先谦著:《荀子集解》,中华书局1954年版,第79—81页。

[2] 参照注释,王引之认为"胥靡者,空无所有之谓,故荀子以况贫胥之言疏
也"(同上书,第80页)。

卖不能很快出售，但人们说它富有，这是为什么呢？难道不是巨富的聚宝盆确实就在此吗？所以，学之富仿佛财之富，即"杅杅亦富人"，这难道不是"贫而富"吗？!

其次，"善假于物"。荀子认为，学之富主要在于它能使人学会善于假借他物。

> 吾尝终日而思矣，不如须臾之所学也。吾尝跂而望矣，不如登高之博见也。登高而招，臂非加长也，而见者远；顺风而呼，声非加疾也，而闻者彰。假舆马者，非利足也，而致千里；假舟楫者，非能水也，而绝江河。君子生非异也，善假于物也。[1]

> 故君子无爵而贵，无禄而富，不言而信，不怒而威，穷处而荣，独居而乐！岂不至尊、至富、至重、至严之情举积此哉![2]

冥思苦想不如学，学仿佛登高而望，顺风而呼，臂没有加长，声没有加快，但却"见者远"、"闻者彰"。"假舆马者"、"假舟楫者"也一样，并不是"利足"、"能水"，但最终能"致千里"、"绝江河"，这是因为"善假于物"，君子就是能善于假借他物的人，他的至尊、至富、至重、至严的素质都是学习的累积。

学思关系的自觉运思，应该首推儒家创始人孔子，诸如"吾尝终日不食，终夜不寝，以思，无益，不如学也"[3]，就是具体

---

① 《荀子·劝学》，王先谦著：《荀子集解》，中华书局1954年版，第2—3页。

② 《荀子·儒效》，王先谦著：《荀子集解》，中华书局1954年版，第81页。

③ 《论语·卫灵公》，杨伯峻译注：《论语译注》，中华书局1980年2版，第168页。

证明，荀子无疑是对孔子思想的继承。

显然，学习、教化具有独特的功效，在使愚变成智的进程中，荀子首先重视的是分辨仁义的能力，其次才是是非、黑白的能力，无疑，荀子把价值判断放在事实判断之上，其合理性值得商榷。其他诸如贱、贫变成贵、富，也完全基于一个人所持有的道德素质的多少。所以，荀子重视的内在的财富与利益，主要是侧重在道德层面上的立论，这也是不能忽视的。不过，他"善假于物"的构想，其意义是非常深远的，尤其在今天高科技发展的时代，这非同寻常，是保持自身优势的一个明智的切入点。

3. "学至乎礼而止"的教化目的论

在教化的目的上，荀子认为主要在"开内"。要"开内"，就必须正确确立"止"的标的。

（1）"尧禹……待尽而后备者"。

荀子认为，圣人不是生来就具备的，其素质是在修养的过程中不断完善的，人的本性也具有各种欲望，假如没有教化和法律来加以制约的话（师法），就会只看到利益，而不见道德等其他存在①。他说：

> 尧禹者，非生而具者也，夫起于变故，成乎修为，待尽而后备者也。人之生固小人，无师无法则唯利之见耳。人之生固小人，又以遇乱世，得乱俗，是以小重小也，以乱得乱

---

① 参照"学莫便乎近其人。学之经，莫速乎好其人，隆礼次之。上不能好其人，下不能隆礼，安特将学杂识志，顺诗书而已耳。则末世穷年，不免为陋儒而已。将原先王，本仁义，则礼正其经纬蹊径也。若挈裘领，诎五指而顿之，顺者不可胜数也。不道礼宪，以诗书为之，譬之犹以指测河也，以戈舂黍也，以锥餐壶也，不可以得之矣。故隆礼，虽未明，法士也；不隆礼，虽察辩，散儒也"（《荀子·劝学》，王先谦著：《荀子集解》，中华书局1954年版，第8—10页）。

也。君子非得埶以临之，则无由得开内焉。①

人在出生的时点上，仅仅是"小人"，而且人际之间是没有区别的，圣人之所以为圣人，关键当然不在先天，主要在后天的"修为"，以达到最大限度地发挥人性的真性功能。如果在后天的生活里，"无师无法"即不接受外在教化的话，再加上遭遇乱世、乱俗，就是"以小重小"、"以乱得乱"，即乱上加乱，这样就无法开启内在的素质即"开内"，那"小人"就只能"唯利之见"即唯利是见，也就无法变成圣人了。

可以说，"开内"是荀子教化的目的设计，而"开内"又是为了"待尽而后备"，这样才能把人的潜能充分发挥出来。

（2）"学至乎礼而止"。

教化"开内"的目的实现，没有基本的平台不行，这个平台就是"礼"。荀子说：

> 礼之中焉能思索，谓之能虑；礼之中焉能勿易，谓之能固。能虑、能固，加好者焉，斯圣人矣。故天者，高之极也；地者，下之极也；无穷者，广之极也；圣人者，道之极也。故学者，固学为圣人也，非特学为无方之民也。②

教化是为了学习成为圣人，不是"学为无方之民"，因为，圣人是"道之极"，仿佛天、地、无穷是高、下、广的极限一样。要成为圣人就必须中礼，只有中礼，才会实现"能虑"、"能固"。所以，教化必须以礼为疆界。他又说：

---

① 《荀子·荣辱》，王先谦著：《荀子集解》，中华书局1954年版，第40页。
② 《荀子·礼论》，王先谦著：《荀子集解》，中华书局1954年版，第237页。

　　学恶乎始？恶乎终？曰：其数则始乎诵经，终乎读礼；
其义则始乎为士，终乎为圣人。真积力久则入，学至乎没而
后止也。故学数有终，若其义则不可须臾舍也。为之，人
也；舍之，禽兽也。故书者政事之纪也，诗者中声之所止
也；礼者法之大分，类之纲纪也。故学至乎礼而止矣。①

　　故学也者，固学止之也。恶乎止之？曰：止诸至足。曷
谓至足？曰：圣王也。圣也者，尽伦者也；王也者，尽制者
也；两尽者，足以为天下极矣。故学者以圣王为师，案以圣
王之制为法，法其法以求其统类，以务象效其人。②

　　教化必须以经、礼为始终，这是在内容上的运思。教化的义必须
以"士"为起点，以圣人为终点，这是"开内"目的的具体化。
教化是终身的工程，死后才能停止。义的原则也是一刻不能离开
的，遵守或舍弃义的原则的践履，是人与禽兽的区别所在。礼是
"法之大分"、"类之纲纪"，所以，教学只有到达礼以后才能停
止。而作为止于至足状态存在的圣人，不仅是"尽伦"的模范，
而且是"尽制"的楷模，具备这"两尽"，足成为天下之极。所
以，教学的实践应该以圣王为师③，以圣王之制为法则；效法其

---

　　① 《荀子·劝学》，王先谦著：《荀子集解》，中华书局1954年版，第7页。
　　② 《荀子·解蔽》，王先谦著：《荀子集解》，中华书局1954年版，第271页。
　　③ 参照"礼者，所以正身也；师者，所以正礼也。无礼何以正身？无师吾安知
礼之为是也？礼然而然，则是情安礼也；师云而云，则是知若师也。情安礼，知若
师，则是圣人也。故非礼，是无法也；非师，是无师也。不是师法而好自用，譬之
是犹以盲辨色，以聋辨声也，舍乱妄无为也。故学也者，礼法也。夫师，以身为正
仪而贵自安者也"（《荀子·修身》，王先谦著：《荀子集解》，中华书局1954年版，
第20页）。

法则，探求其纲纪，并努力加以仿效[1]。

可以说，圣王是礼的化身，"开内"必须以礼为平台，而且在荀子的时代，圣人与王是合而为一的，王者必须为圣人，这是儒家乃至中国文化的特色之一。

4．"全之尽之"的教化目标论

教化的目的是"开内"，其目标则是"全之尽之"。荀子说：

> 百发失一，不足谓善射；千里蹞步不至，不足谓善御；伦类不通，仁义不一，不足谓善学。学也者，固学一之也。一出焉，一入焉，涂巷之人也；其善者少，不善者多，桀纣盗跖也；全之尽之，然后学者也。[2]

一百发中有一发射不中，就不能称为善射；一千里路程，还差半步没到达，就不能算善驾；对各类物不能融会贯通，对仁义道德不能做到内外统一，就不能叫做善学。学本来就是要学习如何专心一致，不能专心一致的人，是普通的人。在现实生活里，在道德评价上趋于善的人与趋于不善的人相比，只占少数。真正意义上的学，应该是"全之尽之"，"全"当是完全彻底的意思，"尽"该是尽力履行的意味，所以，"全之尽之"的命题，既包含着理论学习的方面，也含括着实践履行的部门。

"全之尽之"这一目标也正是实现作为教化"开内"目的具

---

① 关于"故学也者，固学止之也"，胡适认为"这九个字便是古学灭亡的死刑宣言书！学问无止境，如今说学问的目的在于寻一个止境，从此以后还有学术思想发展的希望吗？"这个倾向为"专制的一尊主义"，并以此为"中国古代哲学灭亡的第三个真原因"（《古代哲学的终局》，胡适著：《中国哲学史大纲》，河北教育出版社2001年版，第290—291页），胡适这个说法值得参考。

② 《荀子·劝学》，王先谦著：《荀子集解》，中华书局1954年版，第11页。

体化的"圣人"的有力支撑。所以，不能对"全之尽之"作简单化的理解，尤其是不能忽视"尽"的部分，这里包含了对效率的考量，具有务实的价值特征。

5. "夫人虽有性质美而心辩知，必将求贤师而事之"的教化必要论

教化目的、目标等毕竟都是理论上的考量，如果没有教化必要性的存在，这些理论设计的东西就无法获得实现自身价值的机会。因此，在教化实践的征程上，教化必要性是不得不考虑的。在荀子那里，教化存在着鲜明的现实必要性，这必要性既为人性向外发动以后存在为恶的可能性所支持，也为"有待"的客观现实所证明。

(1) "救患除祸，则莫若明分使群"。

在社会的群居生活里，个人按照自己的职分来行为。

> 万物同宇而异体，无宜而有用为人，数也。人伦并处，同求而异道，同欲而异知，生也。皆有可也，知愚同；所可异也，知愚分。埶同而知异，行私而无祸，纵欲而不穷，则民心奋而不可说也。如是，则知者未得治也；知者未得治，则功名未成也；功名未成，则群众未县也；群众未县，则君臣未立也。无君以制臣，无上以制下，天下害生纵欲。欲恶同物，欲多而物寡，寡则必争矣。故百技所成，所以养一人也。而能不能兼技，人不能兼官。离居不相待则穷，群而无分则争；穷者患也，争者祸也，救患除祸，则莫若明分使群矣。强胁弱也，知惧愚也，民下违上，少陵长，不以德为政，如是则老弱有失养之忧，而壮者有分争之祸矣。事业所恶也，功利所好也，职业无分，如是则人有树事之患，而有争功之祸矣。男女之合，夫妇之分，婚姻娉内，送逆无礼，

如是则人有失合之忧，而有争色之祸矣。①

万物共处宇宙之中，但具体的形体是不一样的；宇宙中虽无常定之宜，但对人都能有用，这就是自然之数。万物以类群居，有共同的追求但实现追求的路径是相异的，有共同的欲望但具有的智慧是相异的，这就是现实的生活，它决定于具体的本性。对具体物，无论"知愚"，都有各自认为"可"的标准，但是，各自认为"可"的理由是不一样的，这形成了知愚的分际。

如果大家按照自己的特性而毫无限制地发展，或者无限地追求欲望的满足，这样社会就无法得到整治，各种人际角色关系也会处于紊乱的境地，而达到"害生纵欲"的地步。因为，人性欲望的因子向外发动时，必然发生争执，由于"欲恶同物，欲多而物寡"，争执是种祸害。另一方面，在技能的方面，人不能"兼技"；在社会角色关系里，人也无法"兼官"，所以，只能依靠群居来实现生活的价值；不群居的话，势必趋于"穷"的境地，因为失去了"待"的支撑，即"离居不相待则穷"，这是患难，要解决这祸害和患难，最好的办法是"明分使群"，没有"分"的话，不仅"老弱有失养之忧，而壮者有分争之祸"，而且"人有树事之患，而有争功之祸"、"有失合之忧，而有争色之祸"。

"分"就是人际之间的分际，"明分"就是使人明确自己在社会角色关系里所承担的具体角色任务，这是实现"使群"的条件；显然，"分"也就是礼分，存在等级性，而要使人精当理解礼分，并成为自己生活的内在需要，显然，教化是必要的。

（2）"百姓之群，待之而后和"。

---

①　《荀子·富国》，王先谦著：《荀子集解》，中华书局 1954 年版，第 113—114 页。

在上面已经提到"离居不相待则穷",相待是解决"穷"的法宝,这里的"穷"是穷尽、穷竭的意思。

首先,"百姓之埶,待之而后安"。一个人的世界,在荀子的时代,是无法想象的,人要生存,必须群居,群居必然有待。

> 君子以德,小人以力;力者,德之役也。百姓之力,待之而后功;百姓之群,待之而后和;百姓之财,待之而后聚;百姓之埶,待之而后安;百姓之寿,待之而后长……天地生之,圣人成之。[①]
>
> 造父者,天下之善御者也,无舆马则无所见其能。羿者,天下之善射者也,无弓矢则无所见其巧。大儒者,善调一天下者也,无百里之地,则无所见其功。舆固马选矣,而不能以至远,一日而千里,则非造父也。弓调矢直矣,而不能及远中微,则非羿也。用百里之地,而不能以调一天下,制强暴,则非大儒也。[②]

君子与小人的差异,就是德与力的差异,力必须经过德来导航和驱动,才能显示出功效。诸如百姓之"力"、"群"、"财"、"埶"、"寿",都必须经过"待"的工程,才能实现"功"、"和"、"聚"、"安"、"长"的实效,这就是"天地生之,圣人成之"的奥妙所在,"待"就是圣人的"成之"。这就好比善御、善射的人需要"舆马"、"弓矢"一样,离开"舆马"、"弓矢",他们的才能就无所附丽。而大儒需要百里之地的百姓,才能显示出他"善调一天

---

① 《荀子·富国》,王先谦著:《荀子集解》,中华书局1954年版,第117—118页。

② 《荀子·儒效》,王先谦著:《荀子集解》,中华书局1954年版,第87页。

下"的才能。在此，大儒与百姓，是各自存在与实现自身价值的必要条件。

其次，"人虽有性质美而心辩知，必将求贤师而事之"。荀子认为：

> 繁弱、钜黍，古之良弓也；然而不得排檠，则不能自正。桓公之葱，太公之阙，文王之录，庄君之智，阖闾之干将、莫邪、钜阙、辟闾，此皆古之良剑也；然而不加砥厉，则不能利；不得人力，则不能断。骅骝、骐骥、纤离、绿耳，此皆古之良马也；然而必前有衔辔之制，后有鞭策之威，加之以造父之驭，然后一日而致千里也。夫人虽有性质美而心辩知，必将求贤师而事之，择良友而友之。得贤师而事之，则所闻者尧舜禹汤之道也；得良友而友之，则所见者忠信敬让之行也。身日进于仁义而不自知也者，靡使然也。[1]

良弓不能自正，良剑不能自利，良马不能自己一日而致千里，它们都离不开矫正、砥砺以及衔辔之制、鞭策之威、造父的功劳。对人也一样，"虽有性质美而心辩知"，没有贤师、良友的"待"，最终是不会成器的，待之于贤师、良友的忠信敬让之行的熏陶，自己"身日进于仁义而不自知"。

总之，在荀子看来，人虽然"性质美"，而且具有"心辩知"，但仅有这些先天的因子是不够的，所以，人需要"待"，需要礼分的教化，这样才能救治争执的祸害和贫穷的患难，并奔进

---

[1] 《荀子·性恶》，王先谦著：《荀子集解》，中华书局1954年版，第299—300页。

在道德的大道上。

6."涂之人可以为禹"的教化可能论

教化价值的最大化实现,自然依赖于其可能性的程度,离开可能性的考虑,再多的必要性也只能是纸上谈兵。关于可能性的运思,荀子主要有以下三个方面。

(1)"材性知能,君子小人一"。

荀子认为,人的内在的先天素质,每人都是一样的,"凡人之性者,尧舜之与桀跖,其性一也"[①]、"材性知能,君子小人一也;好荣恶辱,好利恶害,是君子小人之所同也"[②]。尧舜与桀跖、君子与小人在"材性知能"上,都是一样的。换言之,他们具有同样的先天素质,其具体表现则是:他们在"荣"、"利"上,有着相同的爱好趣味;在"辱"、"害"上,有着相同的厌恶倾向。

(2)"涂之人……可以为禹明矣"。

由于材性知能上的一致,所以,一般的人也具备着成为圣人的素质。

> 涂之人可以为禹。曷谓也?曰:凡禹之所以为禹者,以其为仁义法正也。然则仁义法正,有可知可能之理。然而涂之人也,皆有可以知仁义法正之质,皆有可以能仁义法正之具,然则其可以为禹明矣。今以仁义法正为固无可知可能之理邪?然则唯禹不知仁义法正,不能仁义法正也。将使涂之人固无可以知仁义法正之质,而固无可以能仁义法正之具邪?然则涂之人也,且内不可以知父子之义,外不可以知君

---

①　《荀子·性恶》,王先谦著:《荀子集解》,中华书局1954年版,第294页。
②　《荀子·荣辱》,王先谦著:《荀子集解》,中华书局1954年版,第38页。

臣之正。今不然。涂之人者，皆内可以知父子之义，外可以
知君臣之正，然则其可以知之质，可以能之具，其在涂之人
明矣。今使涂之人者，以其可以知之质，可以能之具，本夫
仁义之可知之理，可能之具，然则其可以为禹明矣。[①]

　　圣人之所以为圣人在于他具有"仁义法正"，一般人可以成为圣
人，也是因为他们具有认知"仁义法正"的资质和实行"仁义法
正"的条件，"仁义法正"泛指道德法律等人文素质。在荀子看
来，如果没有这些素质的话，就在内不可能知道父子之义，在外
不可能知道君臣之方。事实上，一般人都能明辨父子之义和君臣
之方。所以，只要本着这种素质来发展的话，就必定成为禹那样
的圣人。

　　（3）"虽王公士大夫之子孙也，不能属于礼义，则归之庶
人"。

　　以上可能性的分析，实际上，都是本着人性基本素质的考察
而得出的结论。对人来说，本着本性的素质发展，可以成为圣
人，这对人自然是一种激励，但是这种激励能否确实汇聚到成圣
的轨道上，事实上，这是一个复杂的问题，其仲裁权并不在个人
手里，因为它要受到外在因素的影响。因此，荀子又在外在的方
面进一步论述了可能的问题。

　　　　请问为政？曰：贤能不待次而举，罢不能不待须而废，
　　元恶不待教而诛，中庸民不待政而化。分未定也，则有昭
　　缪。虽王公士大夫之子孙也，不能属于礼义，则归之庶人。

---

　　① 《荀子·性恶》，王先谦著：《荀子集解》，中华书局1954年版，第295—296
页。

虽庶人之子孙也，积文学，正身行，能属于礼义，则归之卿相士大夫。故奸言、奸说、奸事、奸能，遁逃反侧之民，职而教之，须而待之，勉之以庆赏，惩之以刑罚。安职则畜，不安职则弃。五疾，上收而养之，材而事之，官施而衣食之，兼覆无遗。才行反时者死无赦。夫是之谓天德，是王者之政也。[①]

在社会制度上，应该营设不拘一格举贤人、废不能之人、不教而诛杀首恶分子、教化应本民众的机制。营设这种机制就是确定现实的分际，这分际必须显示出以礼义为判断一切人的标准，即使是王公士大夫的子孙，只要不符合礼义的标准，就应该降至庶人的行列。而庶人的子孙，通过"积文学，正身行"，使自身行为符合礼义标准的，就应该归入卿相士大夫的行列[②]。不仅如此，对一些行为恶劣的人，也应该"职而教之，须而待之，勉之以庆赏，惩之以刑罚"，即给他们工作并教育他们，给予时间让他们改正，并对他们具体实践的情况给予相应的"庆赏"和"刑罚"；对那些安心于职事的人就加以养育，不安心的人则加以放弃；对具有哑、聋、瘸等"五疾"的人，应该收养；对有才能的人，应该给予适当的工作，并要保证他们的基本生活需要，不能遗漏任何人。而对才能和行为都与时行的规范相违背的人，就坚决执行"死无赦"。

　　在此，值得注意的是，荀子对王公士大夫的子孙、庶人的

----

　　① 《荀子·王制》，王先谦著：《荀子集解》，中华书局1954年版，第94页。

　　② 参照"故相形不如论心，论心不如择术；形不胜心，心不胜术；术正而心顺之，则形相虽恶而心术善，无害为君子也。形相虽善而心术恶，无害为小人也。君子之谓吉，小人之谓凶。故长短小大，善恶形相，非吉凶也。古之人无有也，学者不道也"（《荀子·非相》，王先谦著：《荀子集解》，中华书局1954年版，第46页）。

子孙的论述，把一切都依归在是否符合礼义标准上，而不是血缘的地位，这在外在客观的方面，在理论上为实现成圣的可能设置了现实的驱动机制，这是应该注意的，这自然也是荀子民本思想的表现之一。但是，圣人是预设的，荀子并没有关联圣人如何成圣的问题，因此，缺乏针对性，尤其在善人少于不善人的社会。

7. "各得其宜" 的教化对象论

在荀子的心目中，教化必须面向一切人，尽管人在资材上具有 "贤不肖" 的差异，在社会地位上具有尊卑的差别。

(1) "贤不肖者，材也"[1]。

人有 "贤不肖" 的区分。

> 听政之大分：以善至者待之以礼，以不善至者待之以刑。两者分别，则贤不肖不杂，是非不乱。贤不肖不杂，则英杰至，是非不乱，则国家治。若是，名声日闻，天下愿，令行禁止，王者之事毕矣。[2]

社会的稳定，依赖于 "贤不肖" 的人都能对号落座即 "不杂"，从而使是非有序，而这些又是聚集英才、国家得治的条件，也是 "令行禁止"、统治社会事务的全部。"贤不肖" 不是后天教化的结果，而是先天素质的具体反映。

(2) "皆有可也，知愚同；所可异也，知愚分"。

人有智愚的区别。荀子说："人伦并处，同求而异道，同欲而异知，生也。皆有可也，知愚同；所可异也，知愚分。

---

① 《荀子·宥坐》，王先谦著：《荀子集解》，中华书局 1954 年版，第 346 页。
② 《荀子·王制》，王先谦著：《荀子集解》，中华书局 1954 年版，第 95 页。

执同而知异，行私而无祸，纵欲而不穷，则民心奋而不可说也。"① 人们同存共处在相同的人伦系统里，虽然具有相同的欲望，但"知"是相异的，显然，这是属于材质的"贤不肖"，即资质方面的因素，其内容主要是道德之知，这是人的本性的实在（生）。人对具体的物、行为等都能作出"可"的判断，这是智愚相同的；不同的是，他们作出"可"这一判断时所依据的标准并不一样，这就是智愚的分限。"执同而知异"的"执同"，指的当是性情等方面的素质，人际之间都是相同的；"知异"就是上面分析的情况，如果让"知异"的情况不断发展，那社会势必趋向争夺，这是无法保持乐观态度的②。

（3）"少事长，贱事贵，不肖事贤，是天下之通义"。

人还有贵贱、尊卑等的差异，"少事长，贱事贵，不肖事贤，是天下之通义也"③、"人有三不祥：幼而不肯事长，贱而不肯事贵，不肖而不肯事贤"④。"少事长"、"贱事贵"、"不肖事贤"，是天下之通义，如果"少"、"贱"、"不肖"的人不愿侍奉的话，就是人的"不祥"。

　　　　天地者，生之始也；礼义者，治之始也；君子者，礼义

---

① 《荀子·富国》，王先谦著：《荀子集解》，中华书局1954年版，第113页。

② 这与上面分析"知"的情况是一致的。在荀子那里，不仅有圣人之知，而且有小人之知。这两种"知"，与"贤不肖"的先天的材质是紧密联系的。由于先天素质的不同，所以，在后天的实践里，不同素质的人所作出的判断是相异的，这就是智愚的分别。因为他们依据的标准是不一样的。当然，这并没有否定教化的效用，因为，教化的关键在于向"不肖"的人昭示正当的价值观，即以礼仪为依归的价值观，从而把他们引导到当有的轨道上来，从而给他们提供成圣的可能性。

③ 《荀子·仲尼》，王先谦著：《荀子集解》，中华书局1954年版，第71页。

④ 《荀子·非相》，王先谦著：《荀子集解》，中华书局1954年版，第49页。

之始也。为之、贯之、积重之、致好之者，君子之始也。故
天地生君子，君子理天地；君子者，天地之参也，万物之揔
也，民之父母也。无君子，则天地不理，礼义无统，上无君
师，下无父子，夫是之谓至乱。君臣、父子、兄弟、夫妇，
始则终，终则始，与天地同理，与万世同久，夫是之谓大
本。故丧祭、朝聘、师旅，一也；贵贱、杀生、与夺，一
也；君君、臣臣、父父、子子、兄兄、弟弟，一也；农农、
士士、工工、商商，一也。①

人类社会的治理离不开礼仪，而君子是治理天地的统帅。君臣、
父子、兄弟、夫妇等上下尊卑的关系，是"万世同久"的维系，
因此，人们应该切实履行君臣、父子等礼仪原则，而农、士、
工、商也应该安心于自己的职业。

实际上，在荀子的视野里，社会现实的样本包含着鲜明的
贤、不肖、智愚的差别，而且这种差别在人的本性上还有客观的
存在理由。现实生活的顺畅运行，淡化、平息这些差别是当务之
急，荀子采取的办法是承认等级差别，赋予少、贱、不肖侍候
长、贵、贤的义务，而且这种侍候是无条件的，所以，长、贵、
贤享有着无限的特权。在此，荀子民本的思想火花又在为本阶层
利益的博弈中，丧失殆尽。

（4）"使有贵贱之等……各得其宜"。

尽管人存在贵贱、尊卑等的差别，但都应该使人"载其事"，
"故先王案为之制礼义以分之，使有贵贱之等，长幼之差，知愚

---

① 《荀子·王制》，王先谦著：《荀子集解》，中华书局 1954 年版，第 103—104
页。

能不能之分，皆使人载其事，而各得其宜"①。人只有"载其事"，才能各自实现自己的"宜"。这里的人，自然是以一切人为对象的；这里的"事"，指的当是职业方面的内容；这里的"宜"，理当既包括职业方面的规定，又涵盖社会生活领域的内容。

显然，在社会生活领域里，人伦规范是主要的方面。因此，把荀子教化的对象，说成一切人，并不是无根据的臆测。

8．"礼者……达爱敬之文"的教化内容论

在讨论教化的目标设计时，曾分析了荀子"学至乎礼而止"的教化目标的问题，但并没有分析其具体内容，要抵达"礼"，自然要精当理解其内容并自觉履行之。这里主要要分析"礼"的内容。

（1）"礼者，断长续短，损有余，益不足"。

荀子说：

> 夫行也者，行礼之谓也。礼也者，贵者敬焉，老者孝焉，长者弟焉，幼者慈焉，贱者惠焉。②
>
> 礼者，断长续短，损有余，益不足，达爱敬之文，而滋成行义之美者也。③

在荀子看来，行为必须以礼为依归，行动必须以礼为内容即"行礼"。那么，礼是什么呢？或者说其内容是什么呢？答案是

---

① 《荀子·荣辱》，王先谦著：《荀子集解》，中华书局1954年版，第44页。

② 《荀子·大略》，王先谦著：《荀子集解》，中华书局1954年版，第323—324页。

③ 《荀子·礼论》，王先谦著：《荀子集解》，中华书局1954年版，第241页。

贵者得到尊敬即"贵者敬"，老人得到孝顺即"老者孝"，年长者得到敬重即"长者弟"，幼小者受到慈爱即"幼者慈"，地位卑微者受到实惠即"贱者惠"；实现了这些内容，就是"达爱敬之文"①。在具体的操作上，还必须通过"断长续短"、"损有余"、"益不足"的措施来完成。

可见，礼在总体上显示的特征是利益的均平辐射，长成为短的支撑，有余成为不足的基础。同时，礼在不同的关系里，有不同的规定，而这些规定体现的又是中国古代以来的等级制的特色，这也是不能忽视的。

（2）"人无礼不生……国家无礼不宁"。

礼对人的生存、国家的安宁都是必不可少的。

首先，"礼者，人之所履"。礼是人们履行的依据。

> 故人生不能无群，群而无分则争，争则乱，乱则离，离则弱，弱则不能胜物；故宫室不可得而居也，不可少顷舍礼义之谓也。②

> 礼者，人道之极也。然而不法礼，不足礼，谓之无方之民；法礼，足礼，谓之有方之士。③

> 礼者，人之所履也，失所履，必颠蹶陷溺。所失微而其为乱大者，礼也。④

---

① "爱敬"实际上是人心的一种愿望。参照"礼以顺人心为本，故亡于礼经而顺人心者，皆礼也"（《荀子·大略》，王先谦著：《荀子集解》，中华书局1954年版，第324页）。

② 《荀子·王制》，王先谦著：《荀子集解》，中华书局1954年版，第105页。

③ 《荀子·礼论》，王先谦著：《荀子集解》，中华书局1954年版，第237页。

④ 《荀子·大略》，王先谦著：《荀子集解》，中华书局1954年版，第327页。

礼是人群居生活良性运作的基本条件，是"人道之极"。"法礼"是遵循礼的意思；"足礼"是推重礼的意思①。能否循礼和重礼，则是"有方之士"和"无方之民"的分水岭。换言之，礼是人所应该履行规则，不切实履行的话，必然误入歧途，而稍微偏差的话，也会铸成大乱。

其次，"礼者，政之輓"。"輓"是輓车的意思，它是交通的工具。礼是政治的輓车，没有礼，政治就无法运行。

礼者，政之輓也；为政不以礼，政不行矣。②

礼之于正国家也，如权衡之于轻重也，如绳墨之于曲直也……国家无礼不宁。③

礼义教化，是齐之也。④

礼是民众的导标⑤，是整治国家的武器。一个国家没有礼，就无法实现安宁⑥，这是因为它有齐人的作用。

无论是对个人，还是对国家而言，没有礼是无法存在的，社会的整治，离开礼也是无法运行的。

---

①　参照注释"王念孙曰：足礼谓重礼也，不足礼谓轻礼也"（《荀子·礼论》，王先谦著：《荀子集解》，中华书局1954年版，第237页）。

②　《荀子·大略》，王先谦著：《荀子集解》，中华书局1954年版，第325页。

③　同上书，第327页。

④　《荀子·议兵》，王先谦著：《荀子集解》，中华书局1954年版，第182页。

⑤　参照"水行者表深，使人无陷；治民者表乱，使人无失，礼者，其表也。先王以礼表天下之乱；今废礼者，是去表也，故民迷惑而陷祸患，此刑罚之所以繁也"（《荀子·大略》，王先谦著：《荀子集解》，中华书局1954年版，第323页）。

⑥　参照"国无礼则不正。礼之所以正国也，譬之：犹衡之于轻重也，犹绳墨之于曲直也，犹规矩之于方圆也，既错之而人莫之能诬也"（《荀子·王霸》，王先谦著：《荀子集解》，中华书局1954年版，第136页）。

（3）"厚者，礼之积"。

在现实生活里，人际之间差别的原因之一，就在于个人礼的积累。

> 故厚者，礼之积也；大者，礼之广也；高者，礼之隆也；明者，礼之尽也。①
>
> 君贤者其国治，君不能者其国乱；隆礼贵义者其国治，简礼贱义者其国乱；治者强，乱者弱，是强弱之本也。②

"积"、"广"、"隆"、"尽"都是践行礼的不同方法，相应于此，得到的自然结果则是"厚"、"大"、"高"、"明"，这些都不是在自身系统里的衡量标志，是在人际关系里相比较的结果。所以，对一个国家来说，应该"隆礼贵义"，这是实现国家强盛的根本所在③。

必须注意的是，荀子这里提出"简礼贱义"，就是对礼义怠慢的情况，这是形成社会混乱的根本，其结果是使社会走向必然的衰弱，所以，对待礼义，没有其他出路，只有一方通行道，就

---

① 《荀子·礼论》，王先谦著：《荀子集解》，中华书局 1954 年版，第 238 页。

② 《荀子·议兵》，王先谦著：《荀子集解》，中华书局 1954 年版，第 179 页。

③ 并参照"礼者、治辨之极也，强固之本也，威行之道也，功名之总也，王公由之所以得天下也，不由所以陨社稷也。故坚甲利兵不足以为胜，高城深池不足以为固，严令繁刑不足以为威。由其道则行，不由其道则废"（同上书，第 186—187 页）、"马骇舆，则君子不安舆；庶人骇政，则君子不安位。马骇舆，则莫若静之；庶人骇政，则莫若惠之。选贤良，举笃敬，兴孝弟，收孤寡，补贫穷。如是，则庶人安政矣。庶人安政，然后君子安位。传曰：君者，舟也；庶人者，水也；水则载舟，水则覆舟。此之谓也。故君人者，欲安则莫若平政爱民矣，欲荣则莫若隆礼敬士矣，欲立功名、则莫若尚贤使能矣"（《荀子·王制》，王先谦著：《荀子集解》，中华书局 1954 年版，第 97 页）。

是认真而慎重地对待。

（4）"君子不可欺以人"。

以上讨论了礼的具体内容及与人、国家的关系，在荀子的心目中，礼之所以具有举足轻重的功用，是因为它具有"齐人"的功用，这种"齐"，并非把所有的人归向一个方向，而是归向不同的类属即分际。

首先，"明分"。不同的人，有不同的职业，不同的职业具有相应的不同要求，这就是"分"。他说：

> 兼足天下之道在明分。掩地表亩，刺屮殖谷，多粪肥田，是农夫众庶之事也。守时力民，进事长功，和齐百姓，使人不偷，是将率之事也。高者不旱，下者不水，寒暑和节，而五谷以时孰，是天之事也。若夫兼而覆之，兼而爱之，兼而制之，岁虽凶败水旱，使百姓无冻餧之患，则是圣君贤相之事也。[1]

"殖谷"、"肥田"等是农夫众庶的职分；"守时力民"、"和齐百姓"等是"将率"的分内事；"寒暑和节"等则是天地的职分；"兼而覆之"、"兼而爱之"、"兼而制之"、使民众在荒年和灾年没有忧患，就是君相的职分。所以在社会评价上，必须用不同的职分要求去衡量相应的职业，而社会的治理就是要明确各种不同分际的要求即"明分"，只有这样，社会才能保持有条不紊的秩序。这是在有形的方面

其次，"羞为人下，是奸人之心"。在无形的人格方面，他

---

[1] 《荀子·富国》，王先谦著：《荀子集解》，中华书局1954年版，第118—119页。

又说：

> 有人也，埶不在人上，而羞为人下，是奸人之心也。志不免乎奸心，行不免乎奸道，而求有君子圣人之名，辟之是犹伏而咶天，救经而引其足也。说必不行矣，俞务而俞远。[①]

人的内在素质，不比他人居优，但如果"羞为人下"的话，就是"奸人之心"即有悖于封建秩序的意念，不仅如此，而且在志向和行为上都不止步于这种意念，还想追求君子圣人的名声，这仿佛伏地而舐天、救上吊的人而拉其足一样，不仅行不通，而且是反其道而行之。实际上，荀子在这里告诫人们应该根据自己的实际情况，确立发展自己的基点。换言之；在人格的定位上，也应该凭职分来行事并守职，尽管荀子没有明言。

最后，"稽之以成……校之以功"。在社会的方面，必须有检验措施的辅助。

> 故古之人为之不然：其取人有道，其用人有法。取人之道，参之以礼；用人之法，禁之以等。行义动静，度之以礼；知虑取舍，稽之以成；日月积久，校之以功，故卑不得以临尊，轻不得以县重，愚不得以谋知，是以万举不过也……故伯乐不可欺以马，而君子不可欺以人，此明王之道也。[②]

---

① 《荀子·仲尼》，王先谦著：《荀子集解》，中华书局 1954 年版，第 71—72 页。

② 《荀子·君道》，王先谦著：《荀子集解》，中华书局 1954 年版，第 159 页。

无论是社会的用人也好，还是人的行为也好，都应该以礼为标准来进行规范和验证，并根据实际的"功"，而给予恰如其分的评价，即尊卑、轻重、知愚必须各得其所，以保证"万举而不过"，而且要经得住检验，这仿佛伯乐在马面前、君子在人面前无法施行骗术一样。换言之，外在的称号必须与内在的品性相一致。

实际上，荀子"分"的运思，包含了深在的角色意识思想。荀子的角色意识的方面，一直是被忽视的部分，这自然跟我国哲学文化所追求的价值取向分不开，因为，这种职分的思想，历来都被说成是愚民的东西，不利于人才的发展，事实上，在一个具有活性的"量能而授官"（在后面教化活性化的问题里专门讨论）的机制的社会里，即使按职分行为而不逾矩，也根本不会影响人才的涌现和创造力的发挥，况且，社会的安定又是多么需要守分行为呢?! 而为了强调人才的重要性而轻视乃至无视角色思想，不仅歪曲了哲学思想本身，而且也正是规范意识水准低下的主要原因之一。

9. "以待无方，曲成制象"的教化实践原则论

教化的实际运行，离不开实际的活性化的调节，而实际操作的介入，首先必须确立切实可行的原则，荀子在此有精到的运思。

(1) "宗原应变，曲得其宜"。

对人来说，"曲得"[①] 非常重要，"彼君子则不然：佚而不

---

① 参照"礼者，以财物为用，以贵贱为文，以多少为异，以隆杀为要。文理繁，情用省，是礼之隆也。文理省，情用繁，是礼之杀也。文理情用相为内外表里，并行而杂，是礼之中流也。故君子上致其隆，下尽其杀，而中处其中。步骤、驰骋、厉骛不外是矣。是君子之坛宇、宫庭也。人有是，士君子也；外是，民也；于是其中焉，方皇周挟，曲得其次序，是圣人也"（《荀子·礼论》，王先谦著：《荀子集解》，中华书局1954年版，第237—238页）。

惰，劳而不僈，宗原应变，曲得其宜，如是然后圣人也”①、"木直中绳，𫐓以为轮，其曲中规，虽有槁暴，不复挺者，𫐓使之然也"②。君子的行为之方，能本原而应变，实现"曲得其宜"，这里的"宜"就是自己行为之方的适宜度，其具体内容是自己与他人关系坐标的适宜度，君子能根据与不同个体组成的具体关系特点，而定位相应的适宜度，这就是"曲得"，这仿佛"𫐓以为轮，其曲中规"一样，没有一成不变的法式。

（2）"以待无方，曲成制象"。

对待个体不能采用同一的方法来应对，而应该"以待无方"。首先，"以待无方"。荀子说：

> 上则能尊君，下则能爱民，政令教化，刑下如影，应卒遇变，齐给如响，推类接誉，以待无方，曲成制象，是圣臣者也。③

荀子认为最好的臣的行为之方，在于既能尊君又能爱民，所以，推行"政令教化"以后，民众能如形影一样响应；对突然的事变，能迅速作出对策；在与民构成的具体关系里（推类），不用既定的模式去衡量他人（以待无方），而是根据个体的具体特性，来制订相应的法度以施行处理。也就是说，"无方"之方就在于它以个体的存在之方为自己之方，在具体的操作上，就是"曲成

① 《荀子·非十二子》，王先谦著：《荀子集解》，中华书局 1954 年版，第 66页。

② 《荀子·劝学》，王先谦著：《荀子集解》，中华书局 1954 年版，第 1 页。

③ 《荀子·臣道》，王先谦著：《荀子集解》，中华书局 1954 年版，第 164 页。

制象"。"曲"是"成"的前提，而"曲"的依据是个体本身，并不是臆想的"政令教化"的设想①。

其次，"其行曲治，其养曲适"。荀子说：

> 圣人清其天君，正其天官，备其天养，顺其天政，养其天情，以全其天功。如是，则知其所为，知其所不为矣；则天地官而万物役矣。其行曲治，其养曲适，其生不伤，夫是之谓知天。②

> 君子崇人之德，扬人之美，非谄谀也；正义直指，举人之过，非毁疵也；言己之光美，拟于舜禹，参于天地，非夸诞也；与时屈伸，柔从若蒲苇，非慑怯也；刚强猛毅，靡所不信，非骄暴也；以义变应，知当曲直故也。③

---

① 在丧礼上强调"曲容备物"，其意旨与"曲成"是统一的。参照"三月之殡，何也？曰：大之也，重之也。所致隆也，所致亲也，将举措之，迁徙之，离宫室而归丘陵也，先王恐其不文也，是以縯其期，足之日也。故天子七月，诸侯五月，大夫三月，皆使其须足以容事，事足以容成，成足以容文，文足以容备，曲容备物之谓道矣"（《荀子·礼论》，王先谦：《荀子集解》，中华书局1954年版，第249页）、"君之丧，所以取三年，何也？曰：君者、治辨之主也，文理之原也，情貌之尽也，相率而致隆之，不亦可乎……彼君子者，固有为民父母之说焉。父能生之，不能养之；母能食之，不能教诲之；君者，已能食之矣，又善教诲之者也。三年毕矣哉！乳母、饮食之者也，而三月；慈母、衣被之者也，而九月；君，曲备之者也，三年毕乎哉！得之则治，失之则乱，文之至也。得之则安，失之则危，情之至也。两至者俱积焉，以三年事之，犹未足也，直无由进之耳。故社，祭社也；稷、祭稷也；郊者，并百王于上天而祭祀之也"（同上书，第248—249页）。

② 《荀子·天论》，王先谦著：《荀子集解》，中华书局1954年版，第207页。

③ 《荀子·不苟》，王先谦著：《荀子集解》，中华书局1954年版，第25—26页。

圣人治理天下也一样，能按照天地自然的规律来治理民众①。其具体的行为和教养都不是用一种统一的模式来施行，而是根据具体情况来进行，最后实现"曲治"和"曲适"的结果。君子之所以能够"崇人之德"而不是出于"谄谀"，"举人之过"而不是出于"毁疵"，"言己之光美"而不是出于"夸诞"，"与时屈伸"不是出于"慑怯"，"刚强猛毅"不是出于"骄暴"，而是"以义变应，知当曲直"的缘故，在不同的境遇里采取不同的应对之方。

这里的"曲直"，与"曲成"的精神实质虽是一致的，但在具体行为上，显然存在着一定的差别，这主要在"直"与"成"这两个动词本身的差异上。"成"显示的是在"曲"的轨道上自然而成就个体，而"直"体现的是在"曲"的轨道上自然地修正（直）个体，从而成就个体。这里的"直"当是对扭曲了的本性的修正，就词性所体现的主观性而言，显然，"曲直"要超过"曲成"，后来魏晋玄学思想家王弼的"随物而直"的"直"，跟这里的"曲直"，是完全一样的。这里的"曲"，来自于民众个体的个性差异之"曲"即不平衡，只有这样，才能实现真正的治理，达到个体特性的真正的适宜。

值得注意的是，不仅"无方"与"曲成"完全是同义的，而且荀子"曲成制象"的运思，与《易传》里的"曲成万物"的思想，在实质上也完全是一致的。不过，不能忽视的是，在语言的表达形式上，这里还不是明确的动宾结构，而《易传》已经是动

---

① 参照"天职既立，天功既成，形具而神生，好恶喜怒哀乐臧焉，夫是之谓天情。耳目鼻口形能各有接而不相能也，夫是之谓天官。心居中虚，以治五官，夫是之谓天君。财非其类以养其类，夫是之谓天养。顺其类者谓之福，逆其类者谓之祸，夫是之谓天政。暗其天君，乱其天官，弃其天养，逆其天政，背其天情，以丧天功，夫是之谓大凶"（《荀子·天论》，王先谦著：《荀子集解》，中华书局1954年版，第206—207页）。

宾结构，基于此，也不难推测，荀子"曲成制象"应是中国"曲成万物"思想的前阶段样态。①

10."当时则动，物至而应"的教化调控论

在讨论了"无方"、"曲成"的教化实践原则以后，要直面的就是具体的教化活动了。在上面的讨论里，我们已经接触到，荀子认为"天不言而人推高焉，地不言而人推厚焉，四时不言而百姓期焉"②，推重自然无为，基于此，在社会生活里，他强调因循，教化的活性化必须因循个体的特性来完成，并依据这一设想，设计了系统的活性化理论，这在下面的演绎里会得到精彩的领略。

（1）"因之而为通"。

教化的理论设计，付诸于实践以后，能否在预想的轨道上运行发展，这是一个非常现实的问题，而且，教化实践本身又是过程性的活动，在持续的时间里，能否对出现的意想不到的情况形成张弛，也是对教化理论本身的挑战和检验。

首先，"循乎制度数量然后行"。荀子虽然反对顺从情性，因为这样会发生争斗。③ 但对人来说，其行为因循既定的制度，最为关键。荀子说：

---

① 综合语言表达的形式和《易传》不是一时之作的定论，我认为有理由做这样的结论。

② 《荀子·不苟》，王先谦著：《荀子集解》，中华书局1954年版，第28页。

③ 参照"故圣人化性而起伪，伪起而生礼义，礼义生而制法度；然则礼义法度者，是圣人之所生也。故圣人之所以同于众，其不异于众者，性也；所以异而过众者，伪也。夫好利而欲得者，此人之情性也。假之人有弟兄资财而分者，且顺情性，好利而欲得，若是，则兄弟相拂夺矣；且化礼义之文理，若是，则让乎国人矣。故顺情性则弟兄争矣，化礼义则让乎国人矣"（《荀子·性恶》，王先谦著：《荀子集解》，中华书局1954年版，第292页）。

取天下者，非负其土地而从之之谓也，道足以壹人而已矣。彼其人苟壹，则其土地且奰去我而适它？故百里之地，其等位爵服，足以容天下之贤士矣；其官职事业，足以容天下之能士矣；循其旧法，择其善者而明用之，足以顺服好利之人矣。①

若夫贯日而治平，权物而称用，使衣服有制，宫室有度，人徒有数，丧祭械用皆有等宜，以是用挟于万物，尺寸寻丈，莫得不循乎制度数量然后行，则是官人使吏之事也，不足数于大君子之前。②

"循其旧法"、"循乎制度数量"，显示的都是遵循既定的客观实在，"旧法"、"制度数量"虽然形成的时间在过去，但对现在并不过时。所以，因循它是行为的起码条件，他讲的"循绳"③、"循理"④ 的"绳"、"理"与法律、制度基本上是同一个意思。

遵循同一的法度来处理事情，这是保证公平、公正的最为切实的手段，因为，这样可以避免主观随意性。

其次，"因物而多之"。在因循制度作为决策的同时，最主要的还应该因循作为个体的人。荀子说：

---

① 《荀子·王霸》，王先谦著：《荀子集解》，中华书局 1954 年版，第 139—140 页。

② 同上书，第 144 页。

③ 参照"百吏畏法循绳，然后国常不乱。"（同上书，第 150 页）。

④ 参照"孔子曰：夫水遍与诸生而无为也，似德。其流也埤下，裾拘必循其理，似义。其洸洸乎不淈尽，似道。若有决行之，其应佚若声响，其赴百仞之谷不惧，似勇。主量必平，似法。盈不求概，似正。淖约微达，似察。以出以入以就鲜絜，似善化。其万折也必东，似志。是故君子见大水必观焉"（《荀子·宥坐》，王先谦著：《荀子集解》，中华书局 1954 年版，第 344 页）。

庄子蔽于天而不知人……由天谓之道，尽因矣。①

故人之命在天，国之命在礼。君人者，隆礼尊贤而王，重法爱民而霸，好利多诈而危，权谋倾覆幽险而亡矣。大天而思之，孰与物畜而制之！从天而颂之，孰与制天命而用之！望时而待之，孰与应时而使之！因物而多之，孰与骋能而化之！思物而物之，孰与理物而勿失之也！愿于物之所以生，孰与有物之所以成！故错人而思天，则失万物之情。②

荀子不相信天命，而重视人的力量。具体地说，与等待天时比，他更强调顺应天时变化而使它为人服务即"应时而使之"；与因循万物自然增多而不干预即"因物而多之"比，他更重视施展才能来化育万物即"骋能而化之"；与思求万物并以当有的框架来模拟它即"思物而物之"比，他更推扬治理万物而不使其本性丧失即"理物而勿失之"；与冥思万物生成的原因即"物之所以生"比，他注目于万物成就的理由即"物之所以成"。

显然，荀子强调人的力量，不过，他说的人的力量，主要是指顺应天时变化来为人所用的方面。也就是说，人的力量不能与万物的自然即万物之情相违背，是在其轨道上的一种推进。应该注意的是，"万物之情"的概念是对道家思想的借鉴③，而且万物之情实际上就是万物的"性命之情"，不失性命之情就是道家

---

① 《荀子·解蔽》，王先谦著：《荀子集解》，中华书局1954年版，第262页。

② 《荀子·天论》，王先谦著：《荀子集解》，中华书局1954年版，第211—212页。

③ 参照"若夫万物之情，人伦之传则不然，合则离，成则毁，廉则挫，尊则议，有为则亏，贤则谋，不肖则欺。胡可得而必乎哉！悲夫，弟子志之，其唯道德之乡乎！"（《庄子·山木》，郭庆藩辑：《庄子集释》，中华书局1961年版，第668页）。

价值追求之一①，这种思想的关联也是不能轻视的。

复次，"因其民，袭其处，而百姓皆安"。上面虽然提到了"因物"，但仍有人为的嫌疑。荀子又进一步说：

> 彼贵我名声，美我德行，欲为我民，故辟门除涂，以迎吾入。因其民，袭其处，而百姓皆安。立法施令，莫不顺比。是故得地而权弥重，兼人而兵俞强，是以德兼人者也。②
>
> 恭敬而逊，听从而敏，不敢有以私决择也，不敢有以私取与也，以顺上为志，是事圣君之义也……故因其惧也而改其过，因其忧也而辨其故，因其喜也而入其道，因其怒也而除其怨，曲得所谓焉。③

"以德兼人"行为的主要特征之一，就是"因其民，袭其处"即因循民众的特性以及生活习惯，这是民众实现安宁的条件。这里的"因"和"袭"都是因循的意思④，我们今天有"因袭"的用语，即是佐证。另一方面，"因其惧也而改其过"、"因其忧也而辨其故"、"因其喜也而入其道"、"因其怒也而除其怨"中，"惧"、"忧"、"喜"、"怒"等的行为主题，虽然是君主，也就是

---

① 参照"彼正正者，不失其性命之情。故合者不为骈，而枝者不为跂；长者不为有余，短者不为不足。是故凫胫虽短，续之则忧；鹤胫虽长，断之则悲。故性长非所断，性短非所续，无所去忧也"（《庄子·骈拇》，郭庆藩辑：《庄子集释》，中华书局 1961 年版，第 317 页）。

② 《荀子·议兵》，王先谦著：《荀子集解》，中华书局 1954 年版，第 191—192 页。

③ 《荀子·臣道》，王先谦著：《荀子集解》，中华书局 1954 年版，第 167—168 页。

④ 王先谦认为杨倞解释"袭"为"袭取"不对，应是"因"。值得参考。

说，这是臣下对君主的行为之方，但体现的也是因循，即因循
"惧"、"忧"、"喜"、"怒"等君主情性的具体外现情况，而改掉
过错、辨明忧的原因、以道劝说、驱除怨恶的人，在君臣的关系
里，这是一种获得，但是根据不同的性情而取得不同的收获，所
以称为"曲得"。

在此，应该注意的是，这里显示的不仅统治者应该因循民
众，而且在君臣关系里，臣下也应该因循君主情性的不同表现，
而采取不同的对策。在语言结构上，显示的不仅仅是一维的动宾
结构，而且是二维的动宾结构，即在"因其惧也而改其过"的形
式里，"因"、"改"的行为主体是臣下，"因"具有被动性，但
"改"是行为主体主动发出的行为，自然具有主动性，而且因循
的对象都是君主内在的性情等素质的外现样态，不是内在特征本
身，这是应该注意的。由于荀子重视外在后天的人为，要治理本
性，自然会注目在本性后天发动的动态样式上。换言之，荀子在
这里因循的仅仅是"性恶"的部分，不是真正的本性。他依据外
在的"性恶"具象，正是要把它"伪"成善的人性。可以说，真
正的本性在此无形中成了因循的客观标准。

再次，"因之而为通"。施行因循，是因为它具有"通"的功
能。荀子说：

> 后王之成名：刑名从商，爵名从周，文名从礼，散名之
> 加于万物者，则从诸夏之成俗曲期，远方异俗之乡，则因之
> 而为通。①
> 　　故君子之度己则以绳，接人则用抴。度己以绳，故足以
> 为天下法则矣；接人用抴，故能宽容，因众以成天下之大事

---

① 《荀子·正名》，王先谦著：《荀子集解》，中华书局1954年版，第274页。

矣。故君子贤而能容罢，知而能容愚，博而能容浅，粹而能
容杂，夫是之谓兼术。①

　　因天下之和，遂文武之业，明枝主之义，抑亦变化矣，
天下厌然犹一也。非圣人莫之能为。②

对待远方异俗，只有采用因循的方法，才能实现融通。治理天下
也一样，只有"因众"、"因天下之和"，才能成就大业。要因循
民众，就必须具备宽容的胸襟，即兼容。因为，因循体现的是对
外在客体的重视，客体被重视了，才能在你心中占据位置，客体
在你心中的话，你的胸襟也就自然宽容了。

　　再再次，"万物皆得其宜"。因循之所以能成就大业，原因之
一还在万物据此能够完美实现各自具有的自身之"宜"。荀子说：

　　君者，善群也。群道当，则万物皆得其宜，六畜皆得其
长，群生皆得其命。③

　　赏不行，则贤者不可得而进也；罚不行，则不肖者不可
得而退也。贤者不可得而进也，不肖者不可得而退也，则能
不能不可得而官也。若是，则万物失宜，事变失应，上失天
时，下失地利，中失人和……④

人能群，所以，对统治者来说，群道得当的话，万物就都会获得
自己本有之宜，而且，这本有之宜就是生命之源；要保证民众获

————————

　①　《荀子·非相》，王先谦著：《荀子集解》，中华书局1954年版，第54页。
　②　《荀子·儒效》，王先谦著：《荀子集解》，中华书局1954年版，第74页。
　③　《荀子·王制》，王先谦著：《荀子集解》，中华书局1954年版，第105页。
　④　《荀子·富国》，王先谦著：《荀子集解》，中华书局1954年版，第120—121
页。

取自身之宜，关键是赏罚分明，这样贤人、不肖者才能各得其所。不然，万物就会失宜，这是应该注意的①。

必须注意的是，从荀子使用的"万物"、"六畜"、"群生"的概念来看，他的视野不仅是人类自身，而且是人类与一切宇宙万物的关系审视；而且，是否可以考虑里面存在的递进关系，这就是"六畜"的"得其长"，群生的"得其命"，是万物"得其宜"的前提和条件；也就是说，在宇宙世界里，某物的单一"得其长"、"得其命"，根本无法保证万物"得其宜"，这与上面提到的万物之情的运思是一致的。

最后，"唱和有应，善恶相象"。为了使教化实践保持活力，如何来应对教化对象也是一个重要的部分。对此，荀子认为：

> 为之无益于成也，求之无益于得也，忧戚之无益于几也，则广焉能弃之矣，不以自妨也，不少顷干之胸中。不慕往，不闵来，无邑怜之心，当时则动，物至而应，事起而辨，治乱可否，昭然明矣。②
>
> 主道知人，臣道知事。故舜之治天下，不以事诏而万物

---

① 参照"故先王圣人为之不然：知夫为人主上者，不美不饰之不足以一民也，不富不厚之不足以管下也，不威不强之不足以禁暴胜悍也，故必将撞大钟，击鸣鼓，吹笙竽，弹琴瑟，以塞其耳；必将錭琢刻镂，黼黻文章，以塞其目；必将刍豢稻粱，五味芬芳，以塞其口。然后众人徒，备官职，渐庆赏，严刑罚，以戒其心。使天下生民之属，皆知己之所愿欲之举在是于也，故其赏行；皆知己之所畏恐之举在是于也，故其罚威。赏行罚威，则贤者可得而进也，不肖者可得而退也，能不能可得而官也。若是则万物得宜，事变得应，上得天时，下得地利，中得人和，则财货浑浑如泉源，汸汸如河海，暴暴如丘山，不时焚烧，无所臧之"（《荀子·富国》，王先谦著：《荀子集解》，中华书局1954年版，第121页）。

② 《荀子·解蔽》，王先谦著：《荀子集解》，中华书局1954年版，第272—273页。

成。农精于田，而不可以为田师，工贾亦然。①

求为是不会有所成与得的，所以，舜治理天下，是"不以事诏而万物成"，"不以事诏"指的是不具体昭告什么，其结果却是"万物成"。所以，应该"当时则动，物至而应"②。应该注意的是，对待万物，荀子强调的首先是"物至"，然后再应对，如果物不至的话，自然无须应对。因此，物的主动性是必要的。从一个方面告诉我们，教化不是统治者的一相情愿，而是相互的事情，这又从反面，强调了因循万物的必要，以及不能强为的理由。他又说：

> 凡奸声感人而逆气应之，逆气成象而乱生焉；正声感人而顺气应之，顺气成象而治生焉。唱和有应，善恶相象，故君子慎其所去就也。③
> 其言有类，其行有礼，其举事无悔，其持险应变曲当。与时迁徙，与世偃仰，千举万变，其道一也。④

音乐感人⑤，如果能顺从人的性情来应对的话，就一定会带来生机，仿佛唱和、善恶都是对应的一样，对待人需"应变曲当"，

---

① 《荀子·大略》，王先谦著：《荀子集解》，中华书局1954年版，第332页。

② 参照"上则能尊君，下则能爱民，物至而应，事起而辨，若是则可谓通士矣"（《荀子·不苟》，王先谦著：《荀子集解》，中华书局1954年版，第30页）。

③ 《荀子·乐论》，王先谦著：《荀子集解》，中华书局1954年版，第254页。

④ 《荀子·儒效》，王先谦著：《荀子集解》，中华书局1954年版，第87页。

⑤ 参照"故先王导之以礼乐，而民和睦。夫民有好恶之情，而无喜怒之应则乱；先王恶其乱也，故修其行，正其乐，而天下顺焉"（《荀子·乐论》，王先谦著：《荀子集解》，中华书局1954年版，第254页）。

这里的"曲当"与上面的"曲成"是同义的，"当"的对象是个体的本性特征。

在教化的实践里，强调因循是非常重要，其目的设计是保证万物得宜，这里的"宜"是万物自身的适宜度，其衡量的准则就是自己本性的特征，所以，根本不存在统一之"宜"；虽然在实践中行为主体的"因物"非常重要，但是，客体也不是局外人，"物至而应"就是对客体主动性的起码要求，这使主客体之间带上了张弛的互动力。

（2）"度人力而授事"。

教化的活性化，不能仅仅局限在褊狭的范围里，所以，在宽广的层面上，运思"度人力而授事"，也是对教化本身的一种激励，"凡爵列、官职、赏庆、刑罚，皆报也，以类相从者也。一物失称，乱之端也。夫德不称位，能不称官，赏不当功，罚不当罪，不祥莫大焉"[1]。"德不称位"、"能不称官"、"赏不当功"、"罚不当罪"是祸乱的根源。所以，荀子认为：

> 礼者，贵贱有等；长幼有差，贫富轻重皆有称者也。故天子袾裷衣冕，诸侯玄裷衣冕，大夫裨冕，士皮弁服。德必称位，位必称禄，禄必称用，由士以上则必以礼乐节之，众庶百姓则必以法数制之。量地而立国，计利而畜民，度人力而授事，使民必胜事，事必出利，利足以生民，皆使衣食百用出入相揜，必时臧余，谓之称数。故自天子通于庶人，事无大小多少，由是推之。[2]

> 道德纯备，智惠甚明，南面而听天下，生民之属莫不震

---

① 《荀子·正论》，王先谦著：《荀子集解》，中华书局1954年版，第219页。
② 《荀子·富国》，王先谦著：《荀子集解》，中华书局1954年版，第115页。

> 动从服以化顺之……圣王在上，决德而定次，量能而授官，皆使民载其事而各得其宜。[1]

社会秩序的正常运行，必须有有形的制度加以保证，如职分、次定的规定等[2]，所以，社会的稳定是应该"德必称位"、"位必称禄"、"禄必称用"，这就是"皆有称"。"德必称位"实际上就是"度人力而授事"、"量能而授官"[3]。这样的话，就能使人的能力正好与社会上的职务相一致，全社会的人力资源就会得到最优化的配置，从而在社会最大合力的运作中，实现最大的效率和效益。对一个人来说，自己的能力得到合理的使用，就能很好地驱动自己的潜能，这也自然是接受教化的一种制度支持。另一方面，职分等的决定必须以道德和能力为依归，即"决德而定次"，这样做的客观效果，不仅是民众都"载其事而各得其宜"，而且也养成了他们"修己而后敢安止，诚能而后敢受职"的角色意识。

可以说，角色意识是"分"的思想的具体演绎，而社会客观上的"决德而定次，量能而授官"的制度，正是角色意识育成的外在土壤。显然，这里显示的是决德→量能→定次→授官的公式，"决德"是最基本的，也是最重要的，这与儒家道德至上的

---

① 《荀子·正论》，王先谦著：《荀子集解》，中华书局1954年版，第221页。

② 参照"故职分而民不慢，次定而序不乱，兼听齐明而百事不留。如是则臣下百吏至于庶人，莫不修己而后敢安止，诚能而后敢受职；百姓易俗，小人变心，奸怪之属莫不反愨。夫是之谓政教之极"（《荀子·君道》，王先谦著：《荀子集解》，中华书局1954年版，第158页）。

③ 参照"〔……，任〕诸父兄，任诸子弟，大材艺者大官，小材艺者小官，因而施禄焉，使之足以生，足以死，谓之君，以义使人多"（《六位》，李零著：《郭店楚简校读记》，北京大学出版社2002年版，第131页）。

总体倾向是一致的。

（3）"不富无以养民情"。

教养离不开一定的条件，诸如生活等基本的因素。

首先，"下贫则上贫，下富则上富"。国家的富裕在于民众的富裕。荀子说：

> 观国之强弱贫富有征验：上不隆礼则兵弱，上不爱民则兵弱，已诺不信则兵弱，庆赏不渐则兵弱，将率不能则兵弱。上好功则国贫，上好利则国贫，士大夫众则国贫，工商众则国贫，无制数度量则国贫。下贫则上贫，下富则上富。故田野县鄙者，财之本也；垣窌仓廪者，财之末也。百姓时和，事业得叙者，货之源也；等赋府库者，货之流也……潢然使天下必有余，而上不忧不足。如是，则上下俱富，交无所藏之。是知国计之极也。①

国家的真正强大，是上下都富裕，但是，在前后的关系上，只能是先有下面民众的富裕，然后才能有上面国家的富裕，而不是相反，其实也不能相反②。

其次，"裕民则民富"。既然民众的富裕制约着国家的富裕，那么，对一个国家来说，采用合理得当的策略来实现富足是非常重要的。荀子又说：

---

① 《荀子·富国》，王先谦著：《荀子集解》，中华书局1954年版，第126页。

② 参照"故田野荒而仓廪实，百姓虚而府库满，夫是之谓国蹶。伐其本，竭其源，而并之其末，然而主相不知恶也，则其倾覆灭亡可立而待也。以国持之，而不足以容其身，夫是之谓至贫，是愚主之极也。将以求富而丧其国，将以求利而危其身，古有万国，今有十数焉，是无它故焉，其所以失之一也。君人者亦可以觉矣。百里之国，足以独立矣"（同上书，第127页）。

草木荣华滋硕之时，则斧斤不入山林，不夭其生，不绝
其长也。鼋鼍鱼鳖鳅鳣孕别之时，罔罟毒药不入泽，不夭其
生，不绝其长也。春耕、夏耘、秋收、冬藏，四者不失时，
故五谷不绝，而百姓有余食也。污池渊沼川泽，谨其时禁，
故鱼鳖优多，而百姓有余用也。斩伐养长不失其时，故山林
不童，而百姓有余材也。①

足国之道：节用裕民，而善臧其余。节用以礼，裕民
以政。彼裕民，故多余。裕民则民富，民富则田肥以易，
田肥以易则出实百倍……不知节用裕民则民贫，民贫则田
瘠以秽，田瘠以秽则出实不半；上虽好取侵夺，犹将寡
获也。②

国家的稳定，民众具备丰厚的生活资料是最重要的条件之一，
即"余食"、"余用"、"余材"，这除遵循自然的规律、保证不
失时地耕种、生产外，还必须实行"节用裕民"的政策，也就
是节约开支而使民众宽裕的意思，能对民众实行宽裕的政策，
他们就自然会富裕起来，用我们今天的话说，就是少收税。反
过来，不知节约的话，百姓势必贫穷；百姓贫穷了，国家想多
征收也没有用。

最后，"不富无以养民情"。只有民富，才能国富。只有实现
富裕，才能切实保证教化的运行。荀子认为：

不富无以养民情，不教无以理民性。故家五亩宅，百亩

① 《荀子·王制》，王先谦著：《荀子集解》，中华书局1954年版，第105页。
② 《荀子·富国》，王先谦著：《荀子集解》，中华书局1954年版，第114页。

田,务其业,而勿夺其时,所以富之也。立大学,设庠序,
修六礼,明十教,所以道之也。诗曰:"饮之食之,教之诲
之。"王事具矣。①

教养必须以富裕为基础,所以,首先得让民众富裕起来,然后,
再创办学校,昌明教化,这就是《诗经》里告诉我们的,先要保
证民众的衣食住行,然后再来对他们进行教诲②。

就这一点而言,荀子没有就教化而运思教化,能够宏观地审
视教化,在一定的意义上,与孔子富之、教之的思想也是同质
的,连生活都不能保证的情况下,即使教化谈得最多,结果只有
一个,就是枉然。

(4)、"以善至者待之以礼,以不善至者待之以刑"。

在宏观的方面,荀子也注意到了教化与刑罚的互动关系。

首先,"不教其民,而听其狱,杀不辜也"。在教化与刑罚的
关系上,荀子认为应先对民众进行教化。

　　孔子为鲁司寇,有父子讼者,孔子拘之,三月不别。其

---

① 《荀子·大略》,王先谦著:《荀子集解》,中华书局1954年版,第328页。

② 参照"受罪无怨,当也……国无盗贼,诈伪不生,民无邪心,衣食足而刑伐
(罚)必也"(《经法·君正》,陈鼓应注译:《黄帝四经今注今译——马王堆汉墓出土
帛书》,台湾商务印书馆1995年版,第492页)、"人之本在地,地之本在宜,宜之生
在时,时之用在民,民之用在力,力之用在节。知地宜,须时而树,节民力以使,
则财生,赋敛有度则民富,民富则有佴(耻),有佴(耻)则号令成俗而刑伐(罚)
不犯,号令成俗而刑伐(罚)不犯则守固战胜之道也"(同上)、《管子·牧民》有
"凡有地牧民者,务在四时,守在仓廪。国多财,则远者来;地辟举,则民留处;仓
廪实,则知礼节;衣食足,则知荣辱……不务天时,则财不生;不务地利,则仓廪
不盈"((清)戴望著《管子校正》,中华书局1954年版,第1页)。可见,荀子是对
道家思想的继承。

父请止，孔子舍之。季孙闻之不说，曰：是老也欺予。语予曰：为国家必以孝。今杀一人以戮不孝！又舍之。冉子以告。孔子慨然叹曰：呜呼！上失之，下杀之，其可乎？不教其民而听其狱，杀不辜也。三军大败，不可斩也；狱犴不治，不可刑也，罪不在民故也。嫚令谨诛，贼也。今生也有时，敛也无时，暴也；不教而责成功，虐也。已此三者，然后刑可即也。①

不对民众实行教化而去判断他们的官司，这是杀无辜的表现；不教化民众而径直地要求责成他们成功，这是肆虐的表现。教化以后，如果还不能守礼仪而行的话，再施行刑罚也就没有问题了②。

其次，"有法者以法行，无法者以类举"。荀子强调法的同时，还重视在类属的框架里来加以衡量。他说：

　　有法者以法行，无法者以类举。以其本知其末，以其左知其右，凡百事异理而相守也。③

　　人无法，则伥伥然；有法而无志其义，则渠渠然；依乎

---

① 《荀子·宥坐》，王先谦著：《荀子集解》，中华书局1954年版，第342页。
② 参照"故不教而诛，则刑繁而邪不胜；教而不诛，则奸民不惩；诛而不赏，则勤厉之民不劝；诛赏而不类，则下疑俗险而百姓不一。故先王明礼义以壹之，致忠信以爱之，尚贤使能以次之，爵服庆赏以申重之，时其事，轻其任，以调齐之，潢然兼覆之，养长之，如保赤子。若是，故奸邪不作，盗贼不起，而化善者劝勉矣。是何邪？则其道易，其塞固，其政令一，其防表明。故曰：上一则下一矣，上二则下二矣。辟之若中木枝叶必类本。此之谓也"（《荀子·富国》，王先谦著：《荀子集解》，中华书局1954年版，第123—124页）。
③ 《荀子·大略》，王先谦著：《荀子集解》，中华书局1954年版，第329页。

法，而又深其类，然后温温然。①

"百事异理"，事情没有相同的道理，所以，应该根据不同的道理来处理不同的事情。在有法律的情况下，就应该依法而行；在没有相应法律的情况下，则应该参照相同类属之理来处理即"以类举"②。对人来说，没有法律的话，就会不知所措；但有法却不认识其含义，就会局促不安；依法行事，又谙熟其含义并能进行类推，就会得心应手。

最后，"以善至者待之以礼，以不善至者待之以刑"。道德与刑罚必须与不同的类属相对应，也就是说，并不是一切人都适用于刑罚。荀子说：

> 以善至者待之以礼，以不善至者待之以刑。两者分别，则贤不肖不杂，是非不乱。贤不肖不杂，则英杰至，是非不乱，则国家治。③
> 由士以上则必以礼乐节之，众庶百姓则必以法数

---

① 《荀子·修身》，王先谦著：《荀子集解》，中华书局1954年版，第20页。

② 参照"法先王，统礼义，一制度；以浅持博，以古持今，以一持万；苟仁义之类也，虽在鸟兽之中，若别白黑；倚物怪变，所未尝闻也，所未尝见也，卒然起一方，则举统类而应之，无所儳作；张法而度之，则晻然若合符节：是大儒者也"（《荀子·儒效》，王先谦著：《荀子集解》，中华书局1954年版，第89页）、"故法而不议，则法之所不至者必废。职而不通，则职之所不及者必队。故法而议，职而通，无隐谋，无遗善，而百事无过，非君子莫能。故公平者，听之衡也；中和者，听之绳也。其有法者以法行，无法者以类举，听之尽也。偏党而无经，听之辟也。故有良法而乱者，有之矣，有君子而乱者，自古及今，未尝闻也"（《荀子·王制》，王先谦著：《荀子集解》，中华书局1954年版，第96页）。

③ 同上书，第95页。

制之。①

对有道德的人应该用"礼"来调节，对不道德的人则当以刑罚来制御。而对道德与否的区分，荀子选择以"士"为分水岭，对"士"即知识人以上的人必须采用礼乐来调节，对"士"以下的人即普通民众则应该采用"法数"来制御。这是达到"贤不肖不杂"的保证，而严格区分贤、不肖，又是实现"是非不乱"的条件，这也是实现国家治理的基础。

显然，荀子虽然强调民本，但都是有限度的。在总体上，他思想的基点不是民众，而是统治者，这也是不能忽视的。而且，这种把"士"以上的人即"贤"者，排除在法律以外，其他采用"法数制之"的对象就进入了"不肖"的行列，这本身就是基于人权不平等的运思，对社会公平机制的建立、对其民本思想的发展，起的都是消极的反作用。当然，这种"刑不上大夫，礼不下庶民"的思想，对构建社会的真正的法制体系，是有百害而无一利的。不仅刑罚成了专用于民众的专利品，而且也助长了有法律之名而无法律之实风气的形成。

（5）"蓬生麻中，不扶而直"。

荀子不仅注意到了教化与刑罚的相互关系，同时也给予了环境因素对教化影响问题的关注。

首先，"蓬生麻中，不扶而直"。荀子说：

> 南方有鸟焉，名曰蒙鸠，以羽为巢，而编之以发，系之苇苕，风至苕折，卵破子死。巢非不完也，所系者然也。西方有木焉，名曰射干，茎长四寸，生于高山之上，而临百仞

---

① 《荀子·富国》，王先谦著：《荀子集解》，中华书局1954年版，第115页。

之渊,木茎非能长也,所立者然也。蓬生麻中,不扶而直;白沙在涅,与之俱黑。兰槐之根是为芷,其渐之滫,君子不近,庶人不服。其质非不美也,所渐者然也。故君子居必择乡,游必就士,所以防邪辟而近中正也。[①]

蒙鸠招致"卵破子死"的打击,其原因不是鸟巢不完备,而是它选择的凭借体不牢固的问题,即"苇苕"经不住大风的狂吹。射干生长在高山之上,能俯临百仞之渊,并非其茎加长了,而是生长环境的所然。所以,"蓬生麻中,不扶而直"、"白沙在涅,与之俱黑"等都是自然的结果,其中有个渐进的过程,这仿佛香草的根即"芷",可以供人们佩戴,但浸泡到臭水里以后,不仅君子不愿靠近它,一般人也不会佩戴它。自然,这不是"芷"的质有什么问题,而是外在环境"渐"的结果。所以,君子不仅选择居住地,而且选择朋友。尽量选择有利于自身生长的生态环境,这是"防邪辟而近中正"的举措。

其次,"谨注错,慎习俗"。荀子还注意顺从习俗。

得贤师而事之,则所闻者尧舜禹汤之道也;得良友而友之,则所见者忠信敬让之行也。身日进于仁义而不自知也者,靡使然也。今与不善人处,则所闻者欺诬诈伪也,所见者污漫淫邪贪利之行也,身且加于刑戮而不自知者,靡使然也。[②]

工匠之子,莫不继事,而都国之民安习其服,居楚而

①　《荀子·劝学》,王先谦著:《荀子集解》,中华书局1954年版,第3—4页。
②　《荀子·性恶》,王先谦著:《荀子集解》,中华书局1954年版,第299—300页。

楚，居越而越，居夏而夏，是非天性也，积靡使然也。故人知谨注错，慎习俗，大积靡，则为君子矣。纵情性而不足问学，则为小人矣。[①]

人在自然环境里，受外在他人的影响是看不见的，这就是在人本性的因子里，存在着自然顺从习俗的倾向。所以，跟道德素质好的人在一起，就自然会朝良好的方向发展，而跟"欺诬诈伪"、"污漫淫邪贪利"的人在一起，自然就会朝犯罪的方向进发，而且这些都是不自知的，即自然而然的，这就是"靡使然"。所以，"居楚而楚"、"居越而越"、"居夏而夏"并非天性所致，而是顺从习俗行为的自然积淀。在这个意义上，人应该注意"注错"、"习俗"对自身人格形成的无形影响[②]。

重视环境因素对人的影响，一直是儒家思想家的聚焦点之一，诸如孟母三迁的故事，已经是家喻户晓的事情；其实，在孔子那里，环境对人的影响问题就得到了重视，诸如"里仁为美。择不处仁，焉得知"[③]，就是证明，选择好的环境作为居住地，这是智慧的表现。无疑，荀子是对这些思想的继承和发展。

（6）"主者，民之唱也"。

在注意环境影响的同时，荀子还重视榜样的力量。

---

① 《荀子·儒效》，王先谦著：《荀子集解》，中华书局 1954 年版，第 92 页。

② 参照"故君子者……穷则不隐，通则大明，身死而名弥白。小人莫不延颈举踵而愿曰：知虑材性，固有以贤人矣。夫不知其与己无以异也。则君子注错之当，而小人注错之过也。故孰察小人之知能，足以知其有余，可以为君子之所为也。譬之越人安越，楚人安楚，君子安雅。是非知能材性然也，是注错习俗之节异也。仁义德行，常安之术也，然而未必不危也；污僈突盗，常危之术也，然而未必不安也。故君子道其常，而小人道其怪"（《荀子·荣辱》，王先谦著：《荀子集解》，中华书局 1954 年版，第 38—39 页）。

③ 《论语·里仁》，杨伯峻译注：《论语译注》，中华书局 1980 年版，第 35 页。

首先，"上者，下之仪也"。荀子说：

> 主者，民之唱也；上者，下之仪也。彼将听唱而应，视
> 仪而动；唱默则民无应也，仪隐则下无动也；不应不动，则
> 上下无以相有也。若是，则与无上同也！不祥莫大焉。故上
> 者、下之本也。上宣明，则下治辨矣；上端诚，则下愿悫
> 矣；上公正，则下易直矣。治辨则易一，愿悫则易使，易直
> 则易知。易一则强，易使则功，易知则明，是治之所由
> 生也。[①]

"上"是民众的倡导者，之所以如此，是因为他们是民众的仪表。
一般而言，民众听了具体的倡导再响应，看了具体的仪表再行
动。所以，在上的人不引导在下的人，则下无以效法上，也就无
法实现相须而有即"无以相有"。这样的话，就跟没有上一样了。
所以，上的人是下之根本，上透明、诚实、公正的话，下势必明
确治理的方向、忠厚、正直，这是实现真正治理的开始，反之就
必然趋向惑乱[②]。

应该注意的是，荀子的"上"不仅仅是君主，是一个宽广的
概念，可以说是一切统治者，乃或"士"以上的所有人，或者

---

① 《荀子·正论》，王先谦著：《荀子集解》，中华书局1954年版，第214页。
② 参照"上周密，则下疑玄矣；上幽险，则下渐诈矣；上偏曲，则下比周矣。
疑玄则难一，渐诈则难使，比周则难知。难一则不强，难使则不功，难知则不明，
是乱之所由作也。故主道利明不利幽，利宣不利周。故主道明则下安，主道幽则下
危。故下安则贵上，下危则贱上。故上易知，则下亲上矣；上难知，则下畏上矣。
下亲上则上安，下畏上则上危。故主道莫恶乎难知，莫危乎使下畏己"（同上书，第
214—215页）、"上好富，则民死利矣！二者治乱之衢也。民语曰：欲富乎？忍耻矣！
倾绝矣！绝故旧矣！与义分背矣！上好富，则人民之行如此，安得不乱！"（《荀子·
大略》，王先谦著：《荀子集解》，中华书局1954年版，第331页）。

说，不肖者以外的人。

其次，"必先修正其在我"。在上的人对民众具有极大的人格影响力，所以，他们应该注重自身的修养。荀子说：

> 故古人为之不然：使民夏不宛喝，冬不冻寒，急不伤力，缓不后时，事成功立，上下俱富；而百姓皆爱其上，人归之如流水，亲之欢如父母，为之出死断亡而愉者，无它故焉，忠信、调和、均辨之至也。故君国长民者，欲趋时遂功，则和调累解，速乎急疾；忠信均辨，说乎庆赏矣；必先修正其在我者，然后徐责其在人者，威乎刑罚。三德者诚乎上，则下应之如景向，虽欲无明达，得乎哉！[①]

在上的人，要得到民众的爱戴，形成向心力，除需要保证民众的生活需要以外，最要紧的事务之一是修正自己，然后再去要求他人，这样才有威慑力。也就是说，只有自己正，才能要求民众正，反过来，自身正了，对民众的影响力，就会"应之如景向"。

最后，"上好礼义……则下亦将綦辞让"。在荀子的思想体系里，礼义具有非常重要的位置。所以，在人格的调控上，荀子也强调在上的人的行为要以礼义为依归。荀子说：

> 凡奸人之所以起者，以上之不贵义，不敬义也。夫义者，所以限禁人之为恶与奸者也。今上不贵义，不敬义，如是，则下之人百姓，皆有弃义之志，而有趋奸之心矣，此奸

---

① 《荀子·富国》，王先谦著：《荀子集解》，中华书局1954年版，第123页。

人之所以起也。且上者下之师也,夫下之和上,譬之犹响之应声,影之像形也。[①]

生活中之所以有"奸人",就在于在上的人不"贵义"和"敬义",[②]这样的话,下面的人就有弃绝义和产生奸邪之心的可能。在上的人是在下者的老师,下面的民众会看上面的人的行为而决定自己最终的行为之方。这也是荀子重视人治的表现,因为,在上面讨论时已经分析过,刑罚主要是对民众的,因为民众缺乏道德素质,属于不肖者。这是应该注意的。

重视榜样的力量一直是儒家的特色之一,荀子不过是这一思想行程上一位过客而已,而且,在荀子这里同样存在着一个二律背反,就是在下面的众庶百姓即不肖者,只是"法数制之"的对象,而他们如何能够驱动感受道德榜样的机制呢?在这个意义上,荀子这一运思的普遍性就受到了自然的质疑。这也可看到荀子思想缺乏宏观上一致性的缺陷。

(7)"声乐之入人也深,其化人也速"。

音乐历来是教化活性化的手段之一,孔子就重视《韶乐》《郑乐》的不同影响,荀子也不例外,且专门著有《乐论》,认为

---

① 《荀子·强国》,王先谦著:《荀子集解》,中华书局1954年版,第203—204页。

② 参照"故上好礼义,尚贤使能,无贪利之心,则下亦将綦辞让,致忠信,而谨于臣子矣。如是则虽在小民,不待合符节,别契券而信,不待探筹投钩而公,不待衡石称县而平,不待斗斛敦概而啧。故赏不用而民劝,罚不用而民服,有司不劳而事治,政令不烦而俗美。百姓莫敢不顺上之法,象上之志,而劝上之事,而安乐之矣。故藉敛忘费,事业忘劳,寇难忘死,城郭不待饰而固,兵刃不待陵而劲,敌国不待服而诎,四海之民不待令而一,夫是之谓至平"(《荀子·君道》,王先谦著:《荀子集解》,中华书局1954年版,第152页)。

音乐是"定和"的①。

首先，"夫乐者、乐也，人情之所必不免"。音乐是人的情性的需要之一。荀子说：

> 夫乐者，乐也，人情之所必不免也。故人不能无乐，乐则必发于声音，形于动静；而人之道，声音动静，性术之变尽是矣。故人不能不乐，乐则不能无形，形而不为道，则不能无乱。②

> 故乐者，天下之大齐也，中和之纪也，人情之所必不免也。是先王立乐之术也，而墨子非之，奈何！③

音乐是一种喜乐，是人情感的自然流露。作为人，不能没有喜乐，喜乐等情感自然会流露在声音里，而且喜乐的表现也一定有具体的形状。另一方面，音乐又是齐一天下的武器，是中和的纲纪，这也是人情所不可缺少的。可以说，作为自然情感的喜乐和

---

① 参照"故为之雕琢、刻镂、黼黻、文章，使足以辨贵贱而已，不求其观；为之钟鼓、管磬、琴瑟、竽笙，使足以辨吉凶、合欢、定和而已，不求其余；为之宫室、台榭，使足以避燥湿、养德、辨轻重而已，不求其外"（《荀子·富国》，王先谦著：《荀子集解》，中华书局1954年版，第116页）、"故乐在宗庙之中，君臣上下同听之，则莫不和敬；闺门之内，父子兄弟同听之，则莫不和亲；乡里族长之中，长少同听之，则莫不和顺。故乐者审一以定和者也，比物以饰节者也，合奏以成文者也；足以率一道，足以治万变。是先王立乐之术也，而墨子非之，奈何！"（《荀子·乐论》，王先谦著：《荀子集解》，中华书局1954年版，第252页）另一方面，在治世方面，荀子也强调"中和"的标准。参照"故公平者，听之衡也；中和者，听之绳也。其有法者以法行，无法者以类举，听之尽也。偏党而无经，听之辟也。故有良法而乱者，有之矣，有君子而乱者，自古及今，未尝闻也"（《荀子·王制》，王先谦著：《荀子集解》，中华书局1954年版，第96页）。

② 《荀子·乐论》，王先谦著：《荀子集解》，中华书局1954年版，第252页。

③ 同上书，第253页。

作为齐一天下的武器的两个方面,是人情在自然和社会两个方面的需要,社会的方面显然是对人的情感发动以后的规范,使人性朝善的方面发展。这是先王制定音乐的用意所在。

其次,"乐者,所以道乐也,金石丝竹,所以道德也"。音乐本身与道德有着紧密的联系。荀子说:

> 君子以钟鼓道志,以琴瑟乐心;动以干戚,饰以羽旄,从以磬管。故其清明象天,其广大象地,其俯仰周旋有似于四时……故乐者,所以道乐也,金石丝竹,所以道德也;乐行而民乡方矣。故乐者,治人之盛者也,而墨子非之。[①]

"钟鼓"、"琴瑟"可以"道志"、"乐心"。"道志"就是抒发人的思想,即导出心曲;"乐心"就是愉悦心境。另一方面,音乐还是"所以道乐",即在愉悦人的心境的同时,还能引导音乐本身的方向,这是因为"金石丝竹,所以道德",也就是说,"金石丝竹"具有引导现实道德方向的效用。所以,真正音乐流行的话,民众就会超着当为的方向行进,尽管墨子否定音乐,但它是感化人的最高的方式之一[②]。

最后,"声乐之入人也深"。音乐能进入人的情感深处,并很快地化育人。荀子说:

---

① 《荀子·乐论》,王先谦著:《荀子集解》,中华书局 1954 年版,第 254—255页。

② 参照"故听其雅颂之声,而志意得广焉;执其干戚,习其俯仰屈伸,而容貌得庄焉;行其缀兆,要其节奏,而行列得正焉,进退得齐焉。故乐者,出所以征诛也,入所以揖让也;征诛揖让,其义一也。出所以征诛,则莫不听从;入所以揖让,则莫不从服"(同上书,第 252—253 页)。

夫声乐之入人也深，其化人也速，故先王谨为之文。乐
中平则民和而不流，乐肃庄则民齐而不乱。民和齐则兵劲城
固，敌国不敢婴也。如是，则百姓莫不安其处，乐其乡，以
至足其上矣。①

音乐的"中平"、"肃庄"，直接关系到民众的"和齐"，民众和齐
的话，国家就会稳固，他国也就不敢入侵，这样民众自然会安居
乐业。反之，则只能产生惑乱。荀子又说：

乐者，圣人之所乐也，而可以善民心，其感人深，其移
风易俗。故先王导之以礼乐，而民和睦。夫民有好恶之情，
而无喜怒之应则乱；先王恶其乱也，故修其行，正其乐，而
天下顺焉。故齐衰之服，哭泣之声，使人之心悲。带甲婴
胄，歌于行伍，使人之心惕；姚冶之容，郑卫之音，使人之
心淫；绅端章甫，舞韶歌武，使人之心庄。②

音乐可以善民心，具有深刻的感人的力量，能感动"人之善
心"③，这是因为音乐本身是应对民众"好恶之情"的方式之一，
其间充满着"喜怒"的感情，所以是"喜怒之应"。诸如"齐衰
之服，哭泣之声"使人"心悲"；"带甲婴胄，歌于行伍"的音乐
使人"心惕"；"姚冶之容，郑卫之音"使人"心淫"；"绅端章
甫，舞韶歌武"使人"心庄"。所以，音乐具有移风易俗的潜移

①　《荀子·乐论》，王先谦著：《荀子集解》，中华书局1954年版，第253页。
②　同上书，第253—254页。
③　参照"先王恶其乱也，故制雅颂之声以道之，使其声足以乐而不流，使其文
足以辨而不諰，使其曲直繁省廉肉节奏，足以感动人之善心，使夫邪污之气无由得
接焉。是先王立乐之方也，而墨子非之，奈何！"（同上书，第252页）。

默化的作用。显然，荀子是对音乐本身和演奏音乐的活动即形神两个方面的综合论述，这是应该注意的[①]。

众所周知，孔子欣赏到好的音乐，可以达到"三月不知肉味"的境地。重视音乐的感化作用，是儒家的特色之一，这大概也是《礼记》里专门有《乐记》的原因之一；显然，荀子也行进在儒家为道德而艺术的道路上，直接提出"金石丝竹，所以道德"的运思，体现的是儒家的功利特色，当然，这一倾向也把艺术加以了狭隘化的理解，其消极意义是非常明显的。另外，荀子把音乐作为"中和之纲纪"的运思，是值得肯定的，这在一定程度上洞察到了音乐的特性，当然，"中和"概念本身，虽然在孔孟那里无法找到，但在《中庸》和《庄子》那里却能找到"中和"的用例[②]。

以上分析了教化的问题，最值得注意的是，荀子"因物"与"曲成"的思想，"因物"是对孔子"因民之利"的进一步发展，原来作为宾语的"民之利"，已经发展成为"物"本身，前者强调的是对民众有益的方面，后者重视的是民众的本性特点，其区

---

① 并参照"凡至乐必悲，哭亦悲，皆至其情也。哀、乐，其性相近也，是故其心不远。哭之动心也，浸杀，其烈恋恋如也，感然以终。乐之动心也，濬深郁陶，其烈则流如也以悲，悠然以思"（《性》，李零著：《郭店楚简校读记》，北京大学出版社 2002 年版，第 106 页）。

② 参照"喜怒哀乐之未发，谓之中；发而皆中节，谓之和；中也者，天下之大本也；和也者，天下之达道也。致中和，天地位焉，万物育焉"（《礼记·中庸》，（清）阮元校刻：《十三经注疏》，中华书局 1980 年版，第 1625 页中）、"诸侯之剑，以知勇士为锋，以清廉士为锷，以贤良士为脊，以忠圣士为镡，以豪桀士为夹。此剑，直之亦无前，举之亦无上，案之亦无下，运之亦无旁。上法圆天，以顺三光；下法方地，以顺四时；中和民意，以安四乡。此剑一用，如雷霆之震也，四封之内，无不宾服而听从君命者矣"（《庄子·说剑》，郭庆藩辑：《庄子集释》，中华书局 1961 年版，第 1022 页）。

别是显然的。毋庸置疑，荀子吸收了老子道家推扬物的本性的思想。而"曲成"的运思在中国道德思想史上，也具有十分积极的意义，应该说，其思想的源头在老子，尽管《老子》里没有出现"曲成"的概念，但能够找到对"曲"的论述①，尽管这一运思主要侧重在人生问题上，但"曲"与"全"之间的辩证关系已经洞察并揭示，这一思想为后来的道家思想家继承和发挥。

众所周知，《黄帝四经》里有"物曲成"的构想，不过，在此，"曲成"不是作为动词使用的，而是作为状语来说明物的存在的具体状态的，意思是万物得到各种不同的成就。但在荀子的范式里，"曲成"已经是动词。不过，在"曲成"的语境里，并没有把万物作为宾语。但是，可以肯定的是，荀子在接受道家的思想时，创造性地把"曲成"变成了动词，为《易传》"曲成万物"思想的提出，奠定了理论基础，这是不能忽视的②。正是在这个意义上，我们可以明显地看到，在主观臆想的介入上，行动上的"曲成"要比状态上的"曲成"活跃得多。换言之，行动上的"曲成"更容易走进有为的门径，这也是不能忽视的，也正是在这一点上，荀子似乎更接近儒家的行列。另一方面，不得不指出的是，就荀子"曲成制象"而言，我认为仍有十分的可能得出这是对管子法家思想的发展的结论，因为，我们可以在《管子》

---

① 参照"曲则全，枉则直，窪则盈，敝则新，少则得，多则惑。是以圣人抱一，为天下式。不自见故明，不自是故彰，不自伐故有功，不自矜故长。夫唯不争，故天下莫能与之争。古之所谓曲则全者，岂虚言哉！诚全而归之"（《老子》二十二章，（魏）王弼著，楼宇烈校释：《王弼集校释》，中华书局1980年版，第55—56页）。

② 尽管我在这里采用了《易传》里最早的《彖传》等在孟子之后荀子之前的说法，但不能忽视的是，由于不是一人一时之作，所以，仍有理由支撑"曲成万物"晚出的推测。

里找到"曲制时举"的概念①，而且，从荀子与管子思想的渊源关系来看，也完全有理由作出以上的推测。在这个前提下，也就完全有理由把"曲成制象"理解成双动宾的二维语言结构，即"曲成"和"制象"的双动宾结构。

四 "修然必以自存"的道德修养论

上面已经提到荀子伪性的工程，实际上就是如何保证人的真性正常发展的道德实践，除教化以外，就是道德修养；教化主要侧重在社会的方面，修养则是个人的实践。重视道德修养是荀子的一贯追求，下面将通过四个方面来加以具体的凸显。

1. "积善而不息，则通于神明"的修养目标论

荀子重视"积善"，认为人只要不断积累善行，就自然能够成为圣人。

（1）"养其德"。

修养是完善人生的重要方法。荀子说：

> 君子知夫不全不粹之不足以为美也，故诵数以贯之，思索以通之，为其人以处之，除其害者以持养之。使目非是无欲见也，使耳非是无欲闻也，使口非是无欲言也，使心非是

---

① 参照"若夫曲制时举，不失天时，毋圹地利，其数多少，其要必出于计数。故凡攻伐之为道也，计必先定于内，然后兵出乎境。计未定于内，而兵出乎境，是则战之自胜，攻之自毁也。是故张军而不能战。围邑而不能攻，得地而不能实，三者见一焉，则可破毁也。故不明于敌人之政，不能加也。不明于敌人之情，不可约也。不明于敌人之将，不先军也。不明于敌人之士，不先阵也"（《管子·七法》，黎翔凤撰：《管子校注》，中华书局 2004 年版，第 119—120 页）。

　　无欲虑也。及至其致好之也，目好之五色，耳好之五声，口
好之五味，心利之有天下。是故权利不能倾也，群众不能移
也，天下不能荡也。生乎由是，死乎由是，夫是之谓德操。
德操然后能定，能定然后能应。[①]

　　　　见善，修然必以自存也；见不善，愀然必以自省也。善
在身，介然必以自好也；不善在身，菑然必以自恶也。[②]

道德的操行即"德操"在于学，而"持养"是学之链的一个环
节。"持养"的具体内容则是使目、口、心的运动以"是"为依
归[③]，"是"体现的是"全"与"粹"，这两者的结合才是美，之
所以"美"，是因为其内容是"善"的。对人来说，善的素质并
不是先天就有的，而是"修然必以自存"；对不善的东西，而自
己主动加以反省，也是为了保证自己善的素质不迷失方向；道德
的素质对人来说是一种财富，它能"自好"；而不道德的素质，
对人就是灾害，它只能使人"自恶"。

　　总之，本于"全"与"粹"的学习与"持养"，其结果就自
然积淀成厚实的道德素质，对这些素质，"权利"无法倾倒，"群
众"无法移转，"天下"无法荡摇，换言之，这就是人的德操，

---

　　① 《荀子·劝学》，王先谦著：《荀子集解》，中华书局 1954 年版，第 11—12
页。

　　② 《荀子·修身》，王先谦著：《荀子集解》，中华书局 1954 年版，第 12 页。

　　③ 修养还包括智、德等的内容。参照"故其知虑足以治之，其仁厚足以安之，
其德音足以化之，得之则治，失之则乱。百姓诚赖其知也，故相率而为之劳苦以务
佚之，以养其知也；诚美其厚也，故为之出死断亡以覆救之，以养其厚也；诚美其
德也，故为之雕琢、刻镂、黼黻、文章以藩饰之，以养其德也。故仁人在上，百姓
贵之如帝，亲之如父母，为之出死断亡而愉者，无它故焉，其所是焉诚美，其所得
焉诚大，其所利焉诚多"（《荀子·富国》，王先谦著：《荀子集解》，中华书局 1954
年版，第 117 页）。

是人生死的根由。

（2）"尧禹者……成乎修为"。

圣人也不是天生的，是修养的结果。荀子说：

> 尧禹者，非生而具者也，夫起于变故，成乎修为，待尽而后备者也。人之生固小人，无师无法则唯利之见耳。人之生固小人，又以遇乱世，得乱俗，是以小重小也，以乱得乱也。君子非得埶以临之，则无由得开内焉。①

> 今使涂之人伏术为学，专心一志，思索孰察，加日县久，积善而不息，则通于神明，参于天地矣。故圣人者，人之所积而致矣。②

尧禹并非生而就如此，而是修养的结果，即"成乎修为，待尽而后备者"，这是一个积累的过程，一般的人只要专心致志、持之以恒地修养，一定会通于"神明"，与天地相融合③。

圣人离不开积累、师法、时世，这三个方面是缺一不可的，时世也就是"得埶"，这是实现"开内"④ 的条件。荀子在此注意到了修养并不是完全个人微观的事务，它牵涉到师法、时世等外在因素，有积极的意义。这里的"神明"，可以说是一种很高的境界。

---

① 《荀子·荣辱》，王先谦著：《荀子集解》，中华书局1954年版，第40页。

② 《荀子·性恶》，王先谦著：《荀子集解》，中华书局1954年版，第296页。

③ 参照"天有其时，地有其财，人有其治，夫是之谓能参"（《荀子·天论》，王先谦著：《荀子集解》，中华书局1954年版，第206页）。

④ 参照"关尹曰……不开人之天，而开天之天，开天者德生，开人者贼生。不厌其天，不忽于人，民几乎以其真"（《庄子·达生》，郭庆藩辑：《庄子集释》，中华书局1961年版，第638页）。

(3)"治气养心之术，莫径由礼"。

与教化应该以礼仪作为内容一样，修养也应该把礼作为标准。荀子说：

> 故人莫贵乎生，莫乐乎安，所以养生安乐者，莫大乎礼义。人知贵生乐安而弃礼义，辟之，是犹欲寿而刿颈也，愚莫大焉。[①]

> 治气养心之术：血气刚强，则柔之以调和；知虑渐深，则一之以易良；勇胆猛戾，则辅之以道顺；齐给便利，则节之以动止；狭隘褊小，则廓之以广大；卑湿重迟贪利，则抗之以高志；庸众驽散，则劫之以师友；怠慢僄弃，则照之以祸灾；愚款端悫，则合之以礼乐，通之以思索。凡治气养心之术，莫径由礼，莫要得师，莫神一好。[②]

对人来说，最宝贵的是生命，生命的最大快乐莫过于安逸，安逸来于养生。养心等养生虽然有许多方法，并要注意相互之间的协调共作，诸如刚柔之间的调和、"猛戾"与"道顺"之间协调、小大之间的平衡等，但在根本上，一定要依据礼来行为，即"莫径由礼"，这是正身的根本[③]。

---

① 《荀子·强国》，王先谦著：《荀子集解》，中华书局 1954 年版，第 200 页。

② 《荀子·修身》，王先谦著：《荀子集解》，中华书局 1954 年版，第 15—16 页。

③ 参照"礼者，所以正身也，师者、所以正礼也。无礼何以正身？无师吾安知礼之为是也？礼然而然，则是情安礼也；师云而云，则是知若师也。情安礼，知若师，则是圣人也。故非礼，是无法也；非师，是无师也。不是师法，而好自用，譬之是犹以盲辨色，以聋辨声也，舍乱妄无为也。故学也者，礼法也。夫师、以身为正仪，而贵自安者也"（同上书，第 20 页）。

在荀子的思想里,"神明"是作为一种修养的境界来定位的,一共出现 7 次[①];在分析《周易》道德思想时已经提到,《易传》里也约有 4 个用例,并认为是对道家思想的借鉴。荀子也一样,基本上是道家原意轨道上的不同使用。这是应该注意的。

2．"自知者不怨人"的人己关系论

在人的生活实践里,他我、人己关系的利益调节,往往是主题曲,自然这也是修养中不可避免的问题。荀子的运思主要有以下几个方面。

(1)"以己为物役"。

在物我关系上,荀子认为:

> 有尝试深观其隐而难察者:志轻理而不重物者,无之有也;外重物而不内忧者,无之有也;行离理而不外危者,无之有也;外危而不内恐者,无之有也。心忧恐,则口衔刍豢而不知其味,耳听钟鼓而不知其声,目视黼黻而不知其状,轻暖平簟而体不知其安。故向万物之美而不能嗛也。假而得间而嗛之,则不能离也。故向万物之美而盛忧,兼万物之利而盛害,如此者,其求物也,养生也?粥寿也?故欲养其欲而纵其情,欲养其性而危其形,欲养其乐而攻其心,欲养其

　　名而乱其行⋯⋯夫是之谓以己为物役矣。①

　　在思想上轻视"理"则势必重视外物，重视外物则势必内忧，行为离开"理"的轨道则势必陷入险境，外在的处境险恶则内心势必恐惧，这样就会失去基本的辨别的能力和行为的能力，"口衔刍豢"则不知道味道，"耳听钟鼓"但不知道声音，"目视黼黻"却不知道形状，"轻暖平簟"然不知道安逸。所以，享受万物之美而仍不能感到满足，即使感到暂时的愉悦，但忧虑和恐惧还是不能远离而去。这种愈享受万物之美而愈忧、愈有害的情况，实际上，本来是为了满足自己的欲望，但结果却是放纵了情欲，本想保养自己的性命却残害了自己的身体，本来想愉悦自己的情感却伤害了自己的心境，本来想育养自己的名望却败坏了自己的品行，这些都是过于重视自己而最终成了外物的奴隶②。

　　人作为一个鲜活的存在体，既有物质方面欲望满足的要求，也有精神满足的需要，在精神需要即"理"和外在物质需要之间，应该以内在精神需要为重，而不该以追求外在欲望的满足为重，追求外物的满足只能带来忧愁，所以，应该以"理"为依归。"理"是什么，在此荀子虽然没有明言，但是，不外乎道德义理，这与"保利弃义谓之至贼"的价值追求取向是一致的。

　　① 《荀子·正名》，王先谦著：《荀子集解》，中华书局1954年版，第286—287页。

　　② 参照"心平愉，则色不及佣而可以养目，声不及佣而可以养耳，蔬食菜羹而可以养口，麤布之衣，麤纴之履，而可以养体。局室、芦帘、稿蓐、敝机筵，而可以养形。故虽无万物之美而可以养乐，无埶列之位而可以养名。如是而加天下焉，其为天下多，其私乐少矣。夫是之谓重己役物"（同上书，第287页）。"重己役物"指的是重视自己而役使外物，这一行为的极端表现，就是"以己为物役"，两者的意思是一致的。

（2）"自知者不怨人"。

在人己关系上，应该从自己开始，而不是他人。

> 曾子曰：同游而不见爱者，吾必不仁也；交而不见敬者，吾必不长也；临财而不见信者，吾必不信也。三者在身，曷怨人！怨人者穷，怨天者无识。失之己而反诸人，岂不亦迂哉！[1]

> 故非我而当者，吾师也；是我而当者，吾友也；谄谀我者，吾贼也。故君子隆师而亲友，以致恶其贼。好善无厌，受谏而能诫，虽欲无进，得乎哉！小人反是：致乱而恶人之非己也；致不肖而欲人之贤己也；心如虎狼，行如禽兽，而又恶人之贼己也。谄谀者亲，谏争者疏，修正为笑，至忠为贼，虽欲无灭亡，得乎哉！[2]

与他人在一起，如果得不到来自他人的爱、尊敬、信任，那一定是你不信实的原因。不能怨天尤人，怨人就会失去活动的空间即"穷"，怨天则缺乏卓识。明明是自己的缺失，却把原因推到他人那里，这本身就是一种迂腐的表现[3]。另一方面，要以"非我"、"是我"而当的人为师友，对那些奉承自己的人，则应该痛恨。这告诉我们不能仅仅为表面的现象所迷惑，但这些方面往往只有君子才能做到，小人只能在相反的轨道上奔跑。

---

① 《荀子·法行》，王先谦著：《荀子集解》，中华书局1954年版，第352页。

② 《荀子·修身》，王先谦著：《荀子集解》，中华书局1954年版，第12—13页。

③ 参照"自知者不怨人，知命者不怨天；怨人者穷，怨天者无志。失之己，反之人，岂不迂乎哉！"（《荀子·荣辱》，王先谦著：《荀子集解》，中华书局1954年版，第36页）。

　　小人的行为虽然发展到"乱"、"禽兽"的地步，却仍然厌恶他人的"非己"、"贼己"行为，自己"不肖"，却希望他人的"贤己"；往往亲近奉承者，疏远谏争者，而导致"修正为笑"、"至忠为贼"的局面，最终只能以灭亡为结束，原因是小人在人己关系上的单一视野，只有自己没有他人，自己是一切利益的代表，他人只是自己利益满足的工具。换言之，实际上，在小人这里，根本没有人己关系，只是一己中心。

　　（3）"兼人"。

　　在人我关系上，荀子继承儒家传统，也认为"古之学者为己，今之学者为人"①，"为己"的学是入于心而美化自身的，"为人"的学根本不进入心，所以对自身没有根本的益处②。显然，这里的"为己"与上面所说的行为上的"重己"是不一样的，这里强调的主要是学要进入心。所以，荀子同时还强调"兼人"。他说："人皆乱，我独治；人皆危，我独安；人皆失丧之，我按起而治之。故仁人之用国，非特将持其有而已也，又将兼人。"③相对于人的方面的"乱"、"危"、"失"，我自身的"治"、"安"等就是一种"持其有"，但对仁人来说，仅仅自己持有是不够的，所以应该"兼人"即使他人也持有。

　　（4）"知者自知，仁者自爱"。

　　　子曰：由！知者若何？仁者若何？子路对曰：知者使人
　　　知己，仁者使人爱己。子曰：可谓士矣。子贡入，子曰：

---

　　① 《荀子·劝学》，王先谦著：《荀子集解》，中华书局1954年版，第8页。
　　② 这是对孔子思想的借鉴。参照"古之学者为己，今之学者为人"（《论语·宪问》，杨伯峻译注：《论语译注》，中华书局1980年版，第154页）。
　　③ 《荀子·富国》，王先谦著：《荀子集解》，中华书局1954年版，第129页。

赐！知者若何？仁者若何？子贡对曰：知者知人，仁者爱
人。子曰：可谓士君子矣。颜渊入，子曰：回！知者若何？
仁者若何？颜渊对曰：知者自知，仁者自爱。子曰：可谓明
君子矣。①

使人知己、使人爱己不如知人、爱人，知人、爱人还不如自知、
自爱，自知、自爱才是"明君子"，而知人、爱人是"士君子"，
使人知己、使人爱己则是"士"。显然，自知、自爱是在知人、
爱人基础上的升华，是在人己关系上的最高层次。

必须注意的是，在"使人知己"、"知人"、"自知"组成的价
值坐标上，显示的是一个从人向己逐渐递减的向度，最后归向自
己，因为，"使人知己"、"知人"都处在人知关系的纠葛之中，
而到"自知"就已经抛开了这种纠葛。所以，在人己关系上，荀
子显示的价值方向是从己到人的向度，己是思维的出发点，人是
中转站，最后又回到己，己又成为终结点，是自我本位主义。因
此，荀子虽然有民本的思想火花，但在他的框架里，不可能产生
先他人后自己的思维定式，自然缺乏通向集体主义的活性离子。
这是应该明确认识的。也正是在这个方面，荀子区别于道家而显
示自己儒家思想本质的特征。

3. "正义而为谓之行"② 的知行论

前面在讨论范畴时，也讨论过知的问题，那主要是侧重在智
德关系上的立论。知行则是另一向度上的问题，荀子对此非常
重视。

（1）"正义而为谓之行"。

---

① 《荀子·子道》，王先谦著：《荀子集解》，中华书局1954年版，第350页。
② 《荀子·正名》，王先谦著：《荀子集解》，中华书局1954年版，第275页。

关于知行，荀子认为：

> 所以知之在人者谓之知；知有所合谓之智。所以能之在
> 人者谓之能；能有所合谓之能。[①]
> 多闻曰博，少闻曰浅。多见曰闲，少见曰陋。[②]

人具有的认识能力就是"知"，所知并能与外在客观存在的认知
对象相一致就是"智"；人固有的能力是"才能"，所能能在外在
他物处得到印证就是真正的能力。显然，作为认识能力的知，既
具有先天的部分，也有后天的方面。后天"博"、"闲"与"浅"、
"陋"的差异，根源在"闻"、"见"的多少，可见，"闻"、"见"
是获取知识的一个重要方面。

这里的"闲"是闲博的意思，与"博"是同义词。那么，何
谓行呢？荀子的回答很鲜明，就是行动必须符合"正义"，不合
"正义"即使是为也称不上行。显然，荀子对行为的定义存在先
天的狭隘性，这也是不能忽视的方面。

（2）"知之不若行之"。

上面虽然接触到了获取知识的手段"闻"、"见"的问题，但
两者之间的消长关系并没有论及，这是这里需要解决的问题。在
荀子这里，学习是获取知识的条件，但其终极点是行。

> 不闻不若闻之，闻之不若见之，见之不若知之，知之不
> 若行之。学至于行之而止矣。行之，明也；明之为圣人。圣
> 人也者，本仁义，当是非，齐言行，不失豪厘，无他道焉，

已乎行之矣。故闻之而不见，虽博必谬；见之而不知，虽识必妄；知之而不行，虽敦必困。不闻不见，则虽当，非仁也，其道百举而百陷也。[①]

这是荀子有关知行的最重要的论述之一，其包含的意思主要有：一是一切知识都来源于感性经验，既含间接经验（闻之），也包直接经验（见之），两者相交，直接经验又是间接经验的基础，所以，"闻之不若见之"、"闻之而不见，虽博必谬"。在静态的意义上，人没有知识就无法行动，也就是说，行动必须有知识作为指导或以知识作为价值评判的依据乃至参照，"不闻不见，则虽当，非仁也，其道百举而百陷也"，因此，知识对行动具有重要的意义。但在动态的意义上，人在实践里，通过感性经验可以获取知识，这正是上面所说的知的后天的部分，不断的新知识的获取，才能激活原有的知识框架，以便最大限度地生成智力。

二是感性经验本身并不是知识，只是形成知识的资源。所以，"见之不若知之"，也就是说，对感性经验还必须进行认知，在真正认识的基础上，才能形成知识，这就从感性知识的阶段进入了理性知识的阶段，所以，"见之而不知，虽识必妄"。

三是知的终点是行，"知之不若行之"。因此，学只有达到了行以后才能停止，而且只有实行以后，才能"明"，实现了"明"，就成为圣人，"知明而行无过"[②]。总之，无论是感性知识还是理性知识，都是知识，它们的获得虽然与人的生活实践有一定的联系，但与人按照知识的指点去亲自行动毕竟不是一回事。所以，只有具体行动以后，才能在更为深在的层次上理解深化已

---

① 《荀子·儒效》，王先谦著：《荀子集解》，中华书局1954年版，第90页。

② 《荀子·劝学》，王先谦著：《荀子集解》，中华书局1954年版，第1页。

有的知识，而不断的行，将不断地推进知识深化的历程，所以，"知之而不行，虽敦必困"。

四是知行的价值依归。圣人是能"齐言行"的"明"，在价值论的意义上，圣人的行为之始终能毫无差失地"本仁义，当是非"，具有正确合理的是非观，之所以能如此，是因为依据仁义而行为的结果。所以，仁义是圣人的行为指针。

无疑，"正义而为谓之行"和圣人"本仁义，当是非"的精神是统一的，也就是说，荀子视野里的知行，具有局限于道德之知、道德之行的嫌疑。这又不仅仅是荀子的局限，而是中国哲人的普遍的弱点①。当然，儒家尤其严重，在这个方面，荀子与孔孟显示了高度的一致性。

（3）"口能言之，身能行之，国宝也"。

言行必须一致。荀子说：

> 口能言之，身能行之，国宝也。口不能言，身能行之，国器也。口能言之，身不能行，国用也。口言善，身行恶，国妖也。治国者敬其宝，爱其器，任其用，除其妖。②

> 人主之患，不在乎不言用贤，而在乎不诚必用贤。夫言用贤者，口也；却贤者，行也，口行相反，而欲贤者之至，不肖者之退也，不亦难乎！夫耀蝉者，务在明其火，振其树而已；火不明，虽振其树，无益也。今人主有能明其德者，则天下归之，若蝉之归明火也。③

---

① 参照《先秦诸子的知行学说》，方克力：《中国哲学史上的知行观》，人民出版社 1982 年版，第 3—43 页。

② 《荀子·大略》，王先谦著：《荀子集解》，中华书局 1954 年版，第 328 页。

③ 《荀子·致士》，王先谦著：《荀子集解》，中华书局 1954 年版，第 173 页。

不仅自己能够言说，而且能够身体力行，这是最高形式的"国宝"；虽然不能言说，但能够身体力行，这是次高形式的"国器"；虽然能够言说，而且这种言说对他人、国家有一定的效用，这是再其次形式的"国用"；言说虽然比较完美，但身体力行的比较恶劣，这是最低形式的"国妖"。这四种情况，是一个逐渐递降的程式。对这四种不同情况，应该采取不同的应对方法，即"敬其宝"、"爱其器"、"任其用"、"除其妖"。总之，言行必须一致，才能收到好的效果。"口行相反"的话，要想在现实生活中使不同性分的人朝着自己应去的方向而行，是非常困难的即"不亦难"。

简单言之，在荀子那里，知就是认识道德，行就是"正义而为"，两者的结合就是知行的结合即"齐言行"，"齐言行"就是"明其德"之举，圣人就是具有这种"明"的人。知识与行为相比，行为更重要，这就是"道虽迩，不行不至；事虽小，不为不成"①告诉我们的道理。

4．"锲而不舍，金石可镂"的修养方法论

人己关系、知行关系的正确确立，是修养实践的前提条件。进入修养的实践过程后，荀子对其方法等都有深刻的认识。

（1）"慎其所立"。

对人来说，立身是根本和前提。荀子说：

> 物类之起，必有所始；荣辱之来，必象其德。肉腐出虫，鱼枯生蠹；怠慢忘身，祸灾乃作。强自取柱，柔自取束；邪秽在身，怨之所构。施薪若一，火就燥也；平地若一，水就湿也；草木畴生，禽兽群焉，物各从其类也。是故

---

① 《荀子·修身》，王先谦著：《荀子集解》，中华书局1954年版，第19页。

质的张，而弓矢至焉；林木茂，而斧斤至焉；树成荫，而众
鸟息焉。醯酸，而蚋聚焉。故言有召祸也，行有招辱也，君
子慎其所立乎！①

荣辱的归属，与德行是互相匹配的，所以，"怠慢忘身，祸灾乃
作"，就是言行也有"招祸"、"招辱"的可能，所以，应该"慎
其所立"②，君子就能做到这一点。

立身的关键在于必须明了"物类之起，必有所始"，诸如
"火就燥"、"水就湿"、"草木畴生"、"禽兽群"一样，物以类族
而聚的。人也一样，必须对自己的生活环境谨慎小心，也就是
说，立身除自己的行为必须保持适度以外，与他人的交往也必须
谨慎选择。

（2）"锲而不舍，金石可镂"。

修养是一个过程，有时还是很艰苦的，所以，必须有恒心。

首先，"锲而不舍，金石可镂"。对人来说，恒心最为重要。

积土成山，风雨兴焉；积水成渊，蛟龙生焉；积善
成德，而神明自得，圣心备焉。故不积跬步，无以致千
里；不积小流，无以成江海。骐骥一跃，不能十步；驽
马十驾，功在不舍。锲而舍之，朽木不折；锲而不舍，

---

① 《荀子·劝学》，王先谦著：《荀子集解》，中华书局1954年版，第4页。
② 参照"曾子行，晏子从于郊，曰：婴闻之，君子赠人以言，庶人赠人以财。
婴贫无财，请假于君子，赠吾子以言：乘舆之轮，太山之木也，示诸檃栝，三月五
月，为帱采，敝而不反其常。君子之檃栝，不可不谨也。慎！兰茝槁本，渐于蜜
醴，一佩易之。正君渐于香酒，可谗而得也。君子之所渐，不可不慎也。人之于文
学也，犹玉之于琢磨也"（《荀子·大略》，王先谦著：《荀子集解》，中华书局1954
年版，第333—334页）。

金石可镂。①

　　故跬步而不休,跛鳖千里;累土而不辍,丘山崇成。厌
其源,开其渎,江河可竭……然而跛鳖致之,六骥不致,是
无它故焉,或为之,或不为尔!②

人的德性在于积,即"积善成德",这仿佛"不积跬步,无以致
千里;不积小流,无以成江海"③一样。骐骥、驽马虽然在奔跑
上存在着差别,但驽马只要持之以恒,必能成功,即"功在不
舍"。"锲而舍之"的话,即使对朽木,也无可奈何;"锲而不舍"
的话,就是对金石,也一定"可镂"。"跛鳖致之"和"六骥不
致"的原因,就在于"不舍"和"舍"。所以,应该锲而不舍地
努力,点滴地积累。

　　其次,"未尝有两而能精"。专心一致也非常重要。

　　故人心譬如盘水,正错而勿动,则湛浊在下,而清明在
上,则足以见鬓眉而察理矣。微风过之,湛浊动乎下,清明
乱于上,则不可以得大形之正也……故好书者众矣,而仓颉
独传者,壹也;好稼者众矣,而后稷独传者,壹也。好乐者
众矣,而夔独传者,壹也;好义者众矣,而舜独传者,壹
也……自古及今,未尝有两而能精者也。④

---

①　《荀子·劝学》,王先谦著:《荀子集解》,中华书局1954年版,第4—5页。
②　《荀子·修身》,王先谦著:《荀子集解》,中华书局1954年版,第19页。
③　参照"故积土而为山,积水而为海,旦暮积谓之岁,至高谓之天,至下谓之
地,宇中六指谓之极,涂之人百姓,积善而全尽,谓之圣人。彼求之而后得,为之
而后成,积之而后高,尽之而后圣,故圣人也者,人之所积也"(《荀子·儒效》,王
先谦著:《荀子集解》,中华书局1954年版,第91—92页)。
④　《荀子·解蔽》,王先谦著:《荀子集解》,中华书局1954年版,第267页。

盘水能否保持"正错而勿动",这直接关系到能否保持其"大形之正",动就会失去"大形之正"。"勿动"保持的是形神的一致,而动是"有两","有两"就不能精,也无法"壹"。"好书"、"好稼"、"好乐"、"好义"的人很多,但真正占据人们的心灵而得以流传的只有仓颉、后稷、夔、舜,主要原因在于他们能够专心一致即"壹"。

恒心和专心都是非常重要的。恒心昭示的是在时间维度上的延续性,而专心表明的则是空间维度上的集聚性,恒心与专心的结合,也就是面与点结合,构成人的立体生活视阈,立体生活视阈不仅意味深远,而且多元多样。显然,通过修养来养成这样的素质,对人的意义是无法言表的。

(3)"积微者箸"。

细微方面的修养,对人生也具有重要的价值意义。

> 岁不寒无以知松柏,事不难无以知君子无日不在是。雨小,汉故潜。夫尽小者大,积微者箸,德至者色泽洽,行尽而声问远,小人不诚于内而求之于外。[①]

> 月不胜日,时不胜月,岁不胜时。凡人好敖慢小事,大事至然后兴之务之,如是,则常不胜夫敦比于小事者矣。是何也?则小事之至也数,其县日也博,其为积也大;大事之至也希,其县日也浅,其为积也小。故善日者王,善时者霸,补漏者危,大荒者亡。故王者敬日,霸者敬时,仅存之国危而后戚之。亡国至亡而后知亡,至死而后知死,亡国之祸败,不可胜悔也。霸者之善箸焉,可以时托也;王者之功

---

① 《荀子·大略》,王先谦著:《荀子集解》,中华书局1954年版,第333页。

名,不可胜日志也。财物货宝以大为重,政教功名反是,能
积微者速成。[1]

松柏在寒冷的境遇里才显出自己真正的本性,君子在两难的境遇
里方能显出自己的本色,这不是偶然所得,而是"尽小"、"积
微"的结果。在这个意义上,人应该"敬日"、"敬时",即珍惜
一时一刻。一般而言,财物货宝是"以大为重",但政教功名就
不一样,应该从细微处着手,即"能积微者速成"。自然,修养
是政教的一个部分。

人的外表形象由其内在素质决定,一个人形象的融洽广博即
"色泽洽",来自于内在德性的厚实积累即"德至者色泽洽";一
个人影响的广远即"声问远",来自于日常行为的彻底;重视细
小的方面,具有巨大的效果,这是生活的经验。

(4)"宽容"。

生活的实践告诉人们,人际关系的良性化,能否宽容地对待
他人是关键的因子之一。

　　故君子之度己则以绳,接人则用抴。度己以绳,故足以
为天下法则矣;接人用抴,故能宽容因众,以成天下之大事
矣。故君子贤而能容罢,知而能容愚,博而能容浅,粹而能
容杂,夫是之谓兼术。[2]

　　兼服天下之心:高上尊贵,不以骄人;聪明圣知,不以
穷人;齐给速通,不争先人;刚毅勇敢,不以伤人;不知则
问,不能则学,虽能必让,然后为德。遇君则修臣下之义,

_____

[1]　《荀子·强国》,王先谦著:《荀子集解》,中华书局1954年版,第203页。
[2]　《荀子·非相》,王先谦著:《荀子集解》,中华书局1954年版,第54页。

> 遇乡则修长幼之义，遇长则修子弟之义，遇友则修礼节辞让
> 之义，遇贱而少者，则修告导宽容义。无不爱也，无不敬
> 也，无与人争也，恢然如天地之苞万物。如是，则贤者贵
> 之，不肖者亲之。①

君子审度自己能以绳墨严格要求，与他人相处则以舟楫宽容待
之，宽容就能因循众人的力量来成就大事。这是因为宽容没有
"不爱"、"不敬"的，也没有"与人争"的，仿佛如天地包容万
物一样，具体包括"贤而能容罢"、"知而能容愚"、"博而能容
浅"、"粹而能容杂"，"罢"的意思为疲沓、无能。

　　"度己以绳"、"为天下法则"等正是荀子重视礼仪的具体表
现之一，这也是与法家相通之处；而"不争先人"、"无与人争"
等，则是对道家老子思想的借鉴②；荀子这里是对法家和道家思
想的借鉴，而法家和道家思想的相通处就在于对外在法则、道的
重视，而法则、道都是外在于人的客观存在，这是与儒家正相反
的地方，应该引起注意。

　　（5）"自得"。

　　自得与自化等都是修养的方法③。

---

　　①　《荀子·非十二子》，王先谦著：《荀子集解》，中华书局1954年版，第62—
63页。
　　②　参照"上善若水。水善利万物而不争，处众人之所恶，故几于道。居善地，
心善渊与善仁，言善信，正善治，事善能，动善时。夫唯不争，故无尤"（《老子》
八章，（魏）王弼著，楼宇烈校释：《王弼集校释》，中华书局1980年版，第20页）。
　　③　参照"彼王者则不然：致贤而能以救不肖，致强而能以宽弱，战必能殆之而
羞与之斗，委然成文，以示之天下，而暴国安自化矣"（《荀子·仲尼》，王先谦著：
《荀子集解》，中华书局1954年版，第68页）。

故大巧在所不为，大智在所不虑。所志于天者，已其见象之可以期者矣；所志于地者，已其见宜之可以息者矣；所志于四时者，已其见数之可以事者矣；所志于阴阳者，已其见和之可以治者矣。官人守天，而自为守道也。[①]

积土成山，风雨兴焉；积水成渊，蛟龙生焉；积善成德，而神明自得，圣心备焉。[②]

"大巧"、"大智"之所以为自己的根本原因，就在于"不为"、"不虑"，遵循自然的规律即"自为守道"，强调"不为"、"不求"、"不言"是荀子的一贯主张[③]。而"积善成德"在表面上看来，是一种有为，但与"积土成山"、"积水成渊"的对应关系来看，强调也是一种本着本性规律的积累，而不是勉强的积累。

这里值得一提的是，在荀子的系统里，"自得"到底是自然而然地获得？还是个人自己去获得即凭借自己的能力去获得？这虽然在中国古代哲学的研究里，没有形成对这种区别的重视，但在世界汉学研究里，诸如日本的汉学研究，就对此有严密的区别理解，他们对两种不同意思的"自"，有区分的两种读音，自然而然的"自"读为"おのずから"，个人自己能力的"自"读为"みずから"。以此为切入口，来思考荀子的"自得"，我不得不

① 《荀子·天论》，王先谦著：《荀子集解》，中华书局 1954 年版，第 207 页。

② 《荀子·劝学》，王先谦著：《荀子集解》，中华书局 1954 年版，第 4 页。

③ 参照"不为而成，不求而得，夫是之谓天职。如是者，虽深，其人不加虑焉；虽大，不加能焉；虽精，不加察焉，夫是之谓不与天争职。天有其时，地有其财，人有其治，夫是之谓能参"（《荀子·天论》，王先谦著：《荀子集解》，中华书局 1954 年版，第 205—206 页）、"天不言而人推高焉，地不言而人推厚焉，四时不言而百姓期焉。夫此有常，以至其诚者也"（《荀子·不苟》，王先谦著：《荀子集解》，中华书局 1954 年版，第 28 页）。

说，虽然荀子接受了道家的思想影响或者直接借鉴了具体的概念，但是，在整个思想的模式上，荀子是儒家，这里的"积善成德"的自得，与上面讨论的自知、自爱的"自"，当是同一类型的情况，都属于个人自己的事务的方面，而不是自然而然的方面，因为，上面提到在"使人知己"、"知人"、"自知"的系统里，是从人己关系向个人一己转移的，因此，自知、自爱完全得不出自然而然的意思，这是应该注意的①。

在人我关系上，荀子的出发点是自己，而不是人，终结点也不是人，而是自己，显示的是从自己→他人→自己的价值取向，自己是价值的中心，这是儒家道德轨道上合规律的发展，是不能忽视的方面。另外，在修养上突出恒心、专一、锲而不舍的方法，历来传为佳话。应该注意的是，荀子虽然注意到自得修养方法的功效，但无论在什么角度上衡量，锲而不舍等都无法与个人的臆想截然分开，也就是说无法排除人为的嫌疑，这也正是荀子哲学思想的复杂之处，这是不能忽视的。应该说，荀子虽然有道

---

① 并参照"心者，形之君也，而神明之主也，出令而无所受令。自禁也，自使也，自夺也，自取也，自行也，自止也"（《荀子·解蔽》，王先谦著：《荀子集解》，中华书局1954年版，第265页）、"衡不正，则重县于仰，而人以为轻；轻县于俛，而人以为重；此人所以惑于轻重也。权不正，则祸托于欲，而人以为福；福托于恶，而人以为祸；此亦人所以惑于祸福也。道者，古今之正权也；离道而内自择，则不知祸福之所托……以两易一，人莫之为，明其数也。从道而出，犹以一易两也，奚丧！离道而内自择，是犹以两易一也，奚得"（《荀子·正名》，王先谦著：《荀子集解》，中华书局1954年版，第286页）、"孟子恶败而出妻，可谓能自强矣，未及思也；有子恶卧而焠掌，可谓能自忍矣，未及好也。辟耳目之欲，而远蚊虻之声，可谓危矣，未可谓微也。夫微者，至人也。至人也，何强！何忍！何危！故浊明外景，清明内景，圣人纵其欲，兼其情，而制焉者理矣；夫何强！何忍！何危！故仁者之行道也，无为也；圣人之行道也，无强也。仁者之思也恭，圣人之思也乐。此治心之道也"（《荀子·解蔽》，王先谦著：《荀子集解》，中华书局1954年版，第268—269页）。

家自然不为等方面思想的吸收，但总体上还是侧重在"制天命而用之"上的，因此，即使荀子的自得存在与孔孟儒家不一致的价值倾向，但是，仍然无法得出与道家完全一致的结论。换言之，荀子思想行进的主体轨道是儒家，驾驭的是由多色彩组成的集装箱列车，诸如有法家思想、道家思想等，车厢之间连接的痕迹是非常明显的，虽然连在一起，无法融为一体，这是荀子给我们写下的真实故事。

五　"明之为圣人"的理想人格论

在荀子的系统里，专门有对知识人即"士"的分层分析，诸如"通士"、"公士"、"直士"、"悫士"等，即：

> 有通士者，有公士者，有直士者，有悫士者，有小人者。上则能尊君，下则能爱民，物至而应，事起而辨，若是则可谓通士矣。不下比以闇上，不上同以疾下，分争于中，不以私害之，若是则可谓公士矣。身之所长，上虽不知，不以悖君；身之所短，上虽不知，不以取赏；长短不饰，以情自竭，若是则可谓直士矣。庸言必信之，庸行必慎之，畏法流俗，而不敢以其所独甚，若是则可谓悫士矣。言无常信，行无常贞，唯利所在，无所不倾，若是则可谓小人矣。[①]

在这些不同的"士"的序列的最后是"小人"，与"士"相对应。

---

① 《荀子·不苟》，王先谦著：《荀子集解》，中华书局1954年版，第30—31页。

从对"士"的内涵规定而言，也主要侧重在道德行为上①。可以说，这是对现实知识人所做的层次分析，不属于综合的人格分析。不仅如此，而且在荀子那里，有时君子与"士"的区分是不严格的，还有"士君子"连用②，这在上面的分析中也已经提到，存在着一定的复杂性。

在人格的总体运思上，荀子在对君子、圣人人格进行具体而详尽论述的同时，还对大人③和至人人格有所论及④。鉴于资料

---

①　"庸言"、"庸行"等用例在《周易》《中庸》里就可以找到用例。参照"龙德而正中者也。庸言之信，庸行之谨，闲邪存其诚，善世而不伐，德博而化"（《周易·文言·乾》，（魏）王弼著，楼宇烈校释：《王弼集校释》，中华书局1980年版，第214页）、"庸德之行，庸言之谨，有所不足，不敢不勉；有余，不敢尽。言顾行，行顾言；君子胡不慥慥尔！"（《礼记·中庸》，（清）阮元校刻：《十三经注疏》，中华书局1980年版，第1627页中）。

②　关于君子，荀子并非十分严密，有时也用"士君子"。参照"志意修则骄富贵，道义重则轻王公；内省而外物轻矣。传曰：君子役物，小人役于物。此之谓矣。身劳而心安，为之；利少而义多，为之；事乱君而通，不如事穷君而顺焉。故良农不为水旱不耕，良贾不为折阅不市，士君子不为贫穷怠乎道"（《荀子·修身》，王先谦著：《荀子集解》，中华书局1954年版，第16页）。

③　参照"万物莫形而不见，莫见而不论，莫论而失位。坐于室而见四海，处于今而论久远。疏观万物而知其情，参稽治乱而通其度，经纬天地而材官万物，制割大理而宇宙里矣。恢恢广广，孰知其极？睪睪广广，孰知其德？涫涫纷纷，孰知其形？明参日月，大满八极，夫是之谓大人。夫恶有蔽矣哉！"（《荀子·解蔽》，王先谦著：《荀子集解》，中华书局1954年版，第264—265页）。

④　参照"天行有常，不为尧存，不为桀亡。应之以治则吉，应之以乱则凶。强本而节用，则天不能贫；养备而动时，则天不能病；修道而不贰，则天不能祸。故水旱不能使之饥，寒暑不能使之疾，袄怪不能使之凶。本荒而用侈，则天不能使之富；养略而动罕，则天不能使之全；倍道而妄行，则天不能使之吉。故水旱未至而饥，寒暑未薄而疾，袄怪未至而凶。受时与治世同，而殃祸与治世异，不可以怨天，其道然也。故明于天人之分，则可谓至人矣"（《荀子·天论》，王先谦著：《荀子集解》，中华书局1954年版，第205页）、"夫微者，至人也。至人也，何强！何忍！何危！"（《荀子·解蔽》，王先谦著：《荀子集解》，中华书局1954年版，第269页）。

的情况，在此只讨论君子和圣人人格。

1. "万物得其宜"的君子人格论

君子是荀子着力较多的一个人格，在总体上，"天不为人之恶寒也辍冬，地不为人之恶辽远也辍广，君子不为小人之匈匈也辍行。天有常道矣，地有常数矣，君子有常体矣。君子道其常，而小人计其功"[①]，其内涵的规定主要包括以下几个方面。

(1)"道法之摠要"。

君子是"道法"的表征。

首先，"壹于道"。在"道"的问题上，君子是一以贯之的。

> 君子也者，道法之摠要也，不可少顷旷也。得之则治，失之则乱；得之则安，失之则危；得之则存，失之则亡，故有良法而乱者有之矣，有君子而乱者，自古及今，未尝闻也。[②]
>
> 故君子壹于道，而以赞稽物。壹于道则正，以赞稽物则察；以正志行察论，则万物官矣。昔者舜之治天下也，不以事诏而万物成。[③]

在现实社会里，人的凝聚离不开道法，道的实行则离不开君子。光有好的法律而仍不能保证祸乱的杜绝，但有君子而产生祸乱的，从来没有听说过。所以，得到君子，社会就得治理；反之，社会则趋向混乱。之所以能如此，是因为君子始终能"壹于道"，而"壹于道"则身正，身正的话，就能公正地察物，万物就会各

① 《荀子·天论》，王先谦著：《荀子集解》，中华书局1954年版，第208页。

② 《荀子·致士》，王先谦著：《荀子集解》，中华书局1954年版，第173页。

③ 《荀子·解蔽》，王先谦著：《荀子集解》，中华书局1954年版，第266页。

得其所。

"道法"的概念是荀子对道家和法家思想的借鉴，诸如道家"人法地，地法天，天法道，道法自然"①，就是佐证，当然，在老子这里，"道法"没有成为一个概念，不过，在《黄帝四经》里，专门有《道法》篇②；《管子》也有"道法"概念的使用③。这种思想的渊源也是不能忽视的。

其次，"处仁以义……行义以礼"。道不是空洞抽象的，有着现实的规定性。

> 君子者，礼义之始也；为之，贯之，积重之，致好之者，君子之始也。故天地生君子，君子理天地；君子者，天地之参也，万物之摁也，民之父母也。无君子，则天地不理，礼义无统，上无君师，下无父子，夫是之谓至乱。④
>
> 君子处仁以义，然后仁也；行义以礼，然后义也；制礼反本成末，然后礼也。三者皆通，然后道也。⑤

---

① 《老子》二十五章，（魏）王弼著，楼宇烈校释：《王弼集校释》，中华书局1980年版，第65页。

② 参照"道生法……〔故〕执道者，生法而弗敢犯也，法立而弗敢废〔也〕。〔故〕能自引以绳，然后见知天下而不惑矣"（《经法·道法》，陈鼓应注译：《黄帝四经今注今译——马王堆汉墓出土帛书》，台湾商务印书馆1995年版，第488页）。

③ "故黄帝之治也，置法而不变，使民安其法者也，所谓仁义礼乐者皆出于法，此先圣之所以一民者也。周书曰国法，法不一，则有国者不祥。民不道法则不祥，国更立法以典民则祥，群臣不用礼义教训则不祥，百官服事者离法而治则不祥。故曰：法者，不可恒也。存亡治乱之所从出，圣君所以为天下大仪也"（《管子·任法》，（清）戴望著：《管子校正》，中华书局1954年版，第256页）。

④ 《荀子·王制》，王先谦著：《荀子集解》，中华书局1954年版，第103—104页。

⑤ 《荀子·大略》，王先谦著：《荀子集解》，中华书局1954年版，第325页。

君子是万物的代表，是礼义的统领，精通于仁义礼，而仁义礼正是道的具体内容。

在一定的意义上，在荀子这里，道法是同义反复词，实际上就是道，至此，荀子的思想倾向仍然具有道家和法家思想影响的痕迹，但是，当他把仁义礼设置为道的内涵时，道法的痕迹就荡然无存了，表现出了坚定的儒家本质和立场。

(2)"慎其独者"。

慎独历来就是中国道德史上的一个修养境界[①]。荀子的君子也是一个慎独者。

> 君子养心莫善于诚，致诚则无它事矣……君子至德，嘿然而喻，未施而亲，不怒而威，夫此顺命以慎其独者也。善之为道者，不诚则不独，不独则不形，不形则虽作于心，见于色，出于言，民犹若未从也；虽从必疑……夫诚者，君子之所守也，而政事之本也，唯所居以其类至。操之则得之，舍之则失之。操而得之则轻，轻则独行，独行而不舍，则济矣。济而材尽，长迁而不反其初，则化矣。[②]

---

① 诸如"'淑人君子，其仪一也'。能为一，然后能为君子，【君子】慎其独也"（《五行》，李零著：《郭店楚简校读记》，北京大学出版社 2002 年版，第 79 页）、"'〔瞻望弗及〕，泣涕如雨'。能'差池其羽'，然后能至哀。君子慎其【独也】"（同上）和"天命之谓性，率性之谓道，修道之谓教。道也者，不可须臾离也，可离非道也。是故君子戒慎乎其所不睹，恐惧乎其所不闻。莫见乎隐，莫显乎微，故君子慎其独也。喜怒哀乐之未发，谓之中；发而皆中节，谓之和；中也者，天下之大本也；和也者，天下之达道也。致中和，天地位焉，万物育焉"（《礼记·中庸》，（清）阮元校刻：《十三经注疏》，中华书局 1980 年版，第 1625 页中），可以参考。

② 《荀子·不苟》，王先谦著：《荀子集解》，中华书局 1954 年版，第 28—29页。

君子的修养能诚心而行①，并以"致诚"为目标，所以，君子的
德行，虽然不言，人们也能明了其意，即使"未施"，也能使他
人感到亲切；即使"不怒"，也能收到"威"的效果，这就是顺
从自然规律来施行"慎独"的效果。依据杨倞的注释，"慎其独，
谓戒慎乎其所不睹，恐惧乎其所不闻，至诚不欺，故人亦不违之
也"。"所不睹"、"所不闻"指的是人看不到、听不到的境遇的意
思，在这样的境遇里，也能做到诚实不欺。在词义上，"慎"也
有"诚"的意思，即诚实、信实。所以，善于为道的人，没有诚
实就不能慎其独，不能慎独则内心的德行不能形于外，不能形于
外的话，尽管能通过心、色、言等施令于民众，民众虽也表面服
从，但并不是内心的服从，所以，"虽从必疑"。诚是君子的操
守，是君子之所以为君子的关键，遵循它就会有所得，舍弃它就
会有所失。有所得就会轻松自如，轻松自如则慎独的行为之方就
会自行，锲而不舍地施行慎独的行为，那一切问题就都解决了，
这样材性就能充分地发展。持之以恒的话，还能实现化性起伪。

　　慎独作为一个道德范畴，在中国道德哲学思想史上，主要强
调的是个人闲居独处时，保持小心谨慎，不可有越礼非分之举。
换言之，慎独的主干在"独"，"慎"不过是修饰词。"独"就是
一个人独处的场景，也就是个人的独立王国，应该说，这个时候
的个人，最应该存有的是天真，而独立王国则是人性真性怒放的

---

　　① 诚也就是信。参照"故君子者，信矣，而亦欲人之信己也；忠矣，而亦欲人
之亲己也；修正治辨矣，而亦欲人之善己也；虑之易知也，行之易安也，持之易立
也，成则必得其所好，必不遇其所恶焉。是故穷则不隐，通则大明，身死而名弥白"
(《荀子·荣辱》，王先谦著：《荀子集解》，中华书局1954年版，第38页)、"故君子
无爵而贵，无禄而富，不言而信，不怒而威，穷处而荣，独居而乐！岂不至尊、至
富、至重、至严之情举积此哉！"(《荀子·儒效》，王先谦著：《荀子集解》，中华书
局1954年版，第81页)。

最佳条件。可以设想,一个人的时候都不能随心所欲地表现自己的真性,那么,人生的真谛在何处?所以,荀子强调慎独,实际上重心也在"独",推重一人独处时必须用礼仪来加以约束。实际上,这完全混淆了个人公私的界限,剥夺了个人的私人活动空间,也为公私不分的社会现实播下了极具生命力的种子,给中国公私建设带来了毁灭性的打击。这是荀子始料所不及的,也是中国道德哲学研究里一直所忽视的方面,因为,总是把慎独说成美德,无视人是人,是高等动物,不是机器的现实。

(3)"求利也略,其远害也早"。

君子不过分追求利益。

> 君子之求利也略,其远害也早,其避辱也惧,其行道理也勇。君子贫穷而志广,富贵而体恭,安燕而血气不惰,劳倦而容貌不枯,怒不过夺,喜不过予。君子贫穷而志广,隆仁也;富贵而体恭,杀埶也;安燕而血气不惰,柬理也;劳倦而容貌不枯,好交也;怒不过夺,喜不过予,是法胜私也。[①]

君子对利益的追求是简略的,对祸害、侮辱等保持警惧心,并能及早避免。其他喜怒等的表露都能恰到好处,这是礼法胜私的表现。应该注意的是,君子并非杜绝对利益的追求,而是能把握适宜的度。

众所周知,孔子有"见义不为,无勇"[②] 的运思,我在分析

---

① 《荀子·修身》,王先谦著:《荀子集解》,中华书局1954年版,第21—22页。

② 《论语·为政》,杨伯峻译注:《论语译注》,中华书局1980年版,第22页。

的时候已经提到，孔子所侧重的是价值判断，即"见义不为"的行为是"无勇"的表现，而后来成为成语的"见义勇为"，已经把"见义勇为"作为一个理想规范提倡了。荀子这里的"其行道理也勇"，虽然也属于对君子的一种判断，但已经明显具备了君子是见义不为的代表的意思，这在事实上也为后来"见义勇为"的出现起了推波助澜的作用。这一情况至今仍然没有引起学界的任何关注，这里如能成为迟来的关注，也就是最大的欣慰了。

（4）"敬始而慎终"。

谨慎也是荀子所重视的问题[①]。他说："恭敬，礼也；调和，乐也；谨慎，利也；斗怒，害也。故君子安礼乐乐[②]，谨慎而无斗怒，是以百举不过也。"[③] 礼的内容是恭敬，乐的特征是调和，利益的内容是谨慎，祸害的内译是互相争斗。君子能"安礼乐乐，谨慎而无斗怒"，所以，行为没有什么过错。

虽然谨慎就是利益本身，但是，如何谨慎以及从何谨慎的问题，不直面的话，谨慎就显得空洞。荀子说：

> 礼者，谨于治生死者也。生，人之始也；死，人之终也；终始俱善，人道毕矣。故君子敬始而慎终，终始如一，是君子之道，礼义之文也。夫厚其生而薄其死，是敬其有知，而慢其无知也，是奸人之道而倍叛之心也。君子以倍叛之心接臧谷，犹且羞之，而况以事其所隆亲乎！[④]

---

① 参照"公生明，偏生闇，端悫生通，诈伪生塞，诚信生神，夸诞生惑。此六生者，君子慎之，而禹桀所以分也"（《荀子·不苟》，王先谦著：《荀子集解》，中华书局1954年版，第31页）。

② "乐"原为"利"，据王念孙说改。

③ 《荀子·臣道》，王先谦著：《荀子集解》，中华书局1954年版，第170页。

④ 《荀子·礼论》，王先谦著：《荀子集解》，中华书局1954年版，第238页。

> 故君子耳不听淫声，目不视女色，口不出恶言，此三
> 者，君子慎之。①

不仅应该慎重对待生，而且应慎重对待死，即"敬始而慎终"。换言之，应该以礼义为标准来要求自己，这样才能使"终始俱善"，除此以外，人道就没有什么了。而礼义的标准落实在具体的生活实践里，就是"耳不听淫声"、"目不视女色"、"口不出恶言"，君子对这些都是非常慎重的。

　　谨慎是儒家道德所含有的一贯内容，孔子对此就非常重视，诸如"慎终追远，民德归厚矣"②，就是佐证，荀子的"敬始而慎终"，显然是对孔子思想的吸收和继承。但是，在此我们不得不思考的是，君子虽然"耳不听淫声"、"目不视女色"、"口不出恶言"，但"淫声"、"女色"、"恶言"显然是客观存在的，这样的话，君子的行为对现实又有何种益处呢？与此相联系的是，君子的责任意识又在何处附丽呢？

　　（5）"笃志而体"。君子善于言表。

> 故君子之于善③也，志好之，行安之，乐言之，故君子
> 必辩。凡人莫不好言其所善，而君子为甚。故赠人以言，重
> 于金石珠玉；劝④人以言，美于黼黻文章；听人以言，乐于
> 钟鼓琴瑟。故君子之于言无厌。⑤

---

①　《荀子·乐论》，王先谦著：《荀子集解》，中华书局1954年版，第254页。
②　《论语·学而》，杨伯峻译注：《论语译注》，中华书局1980年版，第6页。
③　"善"原为"言"，据王引之说改。
④　"劝"原为"观"，据王念孙说改。
⑤　《荀子·非相》，王先谦著：《荀子集解》，中华书局1954年版，第53页。

君子对于善，不仅思想上爱好它，行动上依据它，而且乐于言表它。虽然人人都有喜欢言表善的特性，但君子尤其为甚。所以，用适宜的语言来赠送人的话，比赠送金石珠玉更具价值；用善言劝勉人，比让他看各色美丽的色彩更美妙；使人听善言，比钟鼓琴瑟更能激发其愉悦之情，君子对言表是"无厌"的。尽管如此，另一方面，荀子又说："笃志而体，君子也"①、"故言有召祸也，行有招辱也，君子慎其所立乎！"② 君子还不仅仅停止在乐于言表上，还能"笃志而体"，即具体实践言，实际上，显示的是言行一致的价值方向。言与行一样，都能招致祸害和侮辱，所以，君子对待言行也是非常慎重的。

尽管荀子在此注意到了"笃志而体"、"言有召祸"的方面，但总体特征无疑是注重"言无厌"的方面。非常明显，这与孔子规定的"君子欲讷于言而敏于行"③，存在较大的差异，这在一定程度上也消解了前面分析过的言行一致的思想意义。

（6）"万物得其宜"。

这是君子在人我关系上显示出来的特征。

首先，"宽而不慢"。荀子说："君子宽而不慢，廉而不刿，辩而不争，察而不激，直立而不胜，坚强而不暴，柔从而不流，恭敬谨慎而容。"④ "不慢"、"不刿"、"不争"、"不激"、"不胜"、"不暴"体现都是柔弱的特点，显然这受到道家精神的影响。在人我的关系里，虽然是"柔从"，但不是同流合污即"不流"，而是在与他人和谐相处的过程中，保持独立的人格。君子之所以能

①　《荀子·修身》，王先谦著：《荀子集解》，中华书局1954年版，第19页。
②　《荀子·劝学》，王先谦著：《荀子集解》，中华书局1954年版，第4页。
③　《论语·里仁》，杨伯峻译注：《论语译注》，中华书局1980年版，第41页。
④　《荀子·不苟》，王先谦著：《荀子集解》，中华书局1954年版，第25页。

如此，关键就在于能对他人"恭敬谨慎"行事，宽容地认同他人①，但又不是阿谀奉承②。

其次，"不能使人必贵己"。在人己的关系上，荀子认为：

> 君子能为可贵，不能使人必贵己；能为可信，不能使人必信己；能为可用，而不能使人必用己。故君子耻不修，不耻见污；耻不信，不耻不见信；耻不能，不耻不见用。是以不诱于誉，不恐于诽，率道而行，端然正己，不为物倾侧：夫是之谓诚君子。③

> 行法至坚，好修正其所闻，以桥饰其情性；其言多当矣，而未谕也；其行多当矣，而未安也；其知虑多当矣，而未周密也；上则能大其所隆，下则能开道不己若者，如是，则可谓笃厚君子矣。④

---

① 参照"君子能亦好，不能亦好；小人能亦丑，不能亦丑。君子能则宽容易直以开道人，不能则恭敬缛绌以畏事人；小人能则倨傲僻违以骄溢人，不能则妒嫉怨诽以倾覆人。故曰：君子能则人荣学焉，不能则人乐告之；小人能则人贱学焉，不能则人羞告之。是君子小人之分也"（《荀子·不苟》，王先谦著：《荀子集解》，中华书局1954年版，第24—25页）。

② 参照"故君子恭而不难，敬而不巩，贫穷而不约，富贵而不骄，并遇变态而不穷，审之礼也。故君子之于礼，敬而安之；其于事也，径而不失；其于人也，寡怨宽裕而无阿；其所为身也，谨修饰而不危；其应变故也，齐给便捷而不惑；其于天地万物也，不务说其所以然，而致善用其材；其于百官之事技艺之人也，不与之争能，而致善用其功；其待上也，忠顺而不懈；其使下也，均遍而不偏；其交游也，缘类而有义；其居乡里也，容而不乱"（《荀子·君道》，王先谦著：《荀子集解》，中华书局1954年版，第153—154页）。

③ 《荀子·非十二子》，王先谦著：《荀子集解》，中华书局1954年版，第64页。

④ 《荀子·儒效》，王先谦著：《荀子集解》，中华书局1954年版，第82—83页。

君子虽然具有德性、信实、才能，但这是修为的结果，所以，它以"不修"、"不信"、"不能"为耻辱；在与他人相处时，不强求他人以自己为道德高尚、有信用、具才能的典型，因此，不以"见污"、"不见信"、"不见用"为耻辱，荣誉、诽谤等外在因素对他既不能产生诱惑，也不能产生恐惧，心胸坦荡，率道正己而行①。因此，言行等始终是当道的。对优于自己的人，能光大其优良品质；对不如自己的人，则能加以开启和引导。

最后，"万物得其宜"。社会是人活动的舞台，人得到适宜自己活动的位置就能发挥自己的能力。

> 君子之所谓贤者，非能遍能人之所能之谓也；君子之所谓知者，非能遍知人之所知之谓也；君子之所谓辩者，非能遍辩人之所辩之谓也；君子之所谓察者，非能遍察人之所察之谓也……若夫诵德而定次，量能而授官，使贤不肖皆得其位，能不能皆得其官，万物得其宜，事变得其应，慎、墨不得进其谈，惠施、邓析不敢窜其察，言必当理，事必当务，是然后君子之所长也。②

君子自己虽然不能"遍能"、"遍知"、"遍辩"、"遍察"，但是，能按照道德来"定次"，衡量能力来"授官"，这样的话，使有道德、有才能和没有道德、没有才能的人都能适得其所，即担任的社会职务与自身素质基本相一致，使大家都"得其宜"，这正是

---

① 参照"故君子务修其内，而让之于外；务积德于身，而处之以遵道。如是，则贵名起如日月，天下应之如雷霆"（《荀子·儒效》，王先谦著：《荀子集解》，中华书局1954年版，第81页）。

② 同上书，第78—79页。

君子的特长。显然，君子的行为之方所显示的价值方向之一，是以万物的适宜为追求目标。

就个人而言，不可能是全才，因此，"遍能"、"遍知"等显然是不可能的，所以，发挥每个人的能力，在社会的整个层面上，就能够起到一个总体互补平衡的效用。这里的每个人既包括贤者、能者，也含有不肖者、不能者，也就是说，使大家都有事情可做。当然，不得不指出的是，在荀子的体系里，对不肖者、不能者的定位，主要是限制在非道德的领域，所以，对如何实现他们"皆得其位"、"皆得其官"的理解，也不得不局限于非道德的领域，这也是不能忽视的方面。

荀子把慎独设定为君子人格的素质之一，虽然不能完全否定，但在公私建设的维度上，其意义无疑是消极的，这是应该深刻反思的地方；当然，慎独虽然在孔孟那里没有得到重视，但在《大学》里，我们可以找到4个"慎其独"的用例，都是关于君子的规定[1]，荀子的运思也基本是这个定势，是对儒家固有思想的继承。最后，不得不指出的是，君子在与万物关系的处理上，"量能而授官"等的思想，显然是对法家思想的借鉴，诸如"任官无能，此众乱也"[2]、"察能授官，班禄赐予，使民之机也"[3]、"是以明君之举其下也，尽知其短长，知其所不能益，若任之以

---

① 参照"所谓诚其意者，毋自欺也。如恶恶臭，如好好色，此之谓自谦。故君子必慎其独也。小人闲居为不善，无所不至，见君子而后厌然，揜其不善而著其善。人之视己，如见其肺肝然，则何益矣。此谓诚于中，形于外，故君子必慎其独也"（《礼记·大学》，（清）阮元校刻：《十三经注疏》，中华书局1980年版，第1673页上）。

② 《管子·君臣下》，（清）戴望著：《管子校正》，中华书局1954年版，第178页。

③ 《管子·权修》，（清）戴望著：《管子校正》，中华书局1954年版，第7页。

事。贤人之臣其主也。尽知短长与身力之所不至，若量能而授官。上以此畜下，下以此事上，上下交期于正，则百姓男女皆与治焉"①，就是有力的证据。而"万物得其宜"的运思，显然来自于道家庄子，庄子在分析真人的特征时，就提出了"喜怒通四时，与物有宜而莫知其极"② 的思想，要实现"万物得其宜"，自然必须先承认"物有宜"，并以此为前提，这是非常明显的。

2. "仁智之极"的圣人人格论

不难记起，孔子没有对圣人人格提出自己的规定，孟子对圣人人格的规定也是非常粗糙而不完整的，相对而言，荀子对圣人人格的规定较为完备。

(1) "神固之谓圣人"。

圣人具有坚固的精神品质。

> 井井兮其有理也，严严兮其能敬己也，介介③兮其有终始也，猒猒兮其能长久也，乐乐兮其执道不殆也，炤炤兮其用知之明也，修修兮其用统类之行也，绥绥兮其有文章也，熙熙兮其乐人之臧也，隐隐兮其恐人之不当也，如是，则可谓圣人矣。此其道出乎一。曷谓一？曰：执神而固。曷谓神？曰：尽善挟治之谓神，万物莫足以倾之之谓固。神固之谓圣人。④

---

① 《管子·君臣上》，（清）戴望著：《管子校正》，中华书局 1954 年版，第 167 页。

② 《庄子·大宗师》，郭庆藩辑：《庄子集释》，中华书局 1961 年版，第 230—231 页。

③ 原文为"分分"，据王念孙说改。

④ 《荀子·儒效》，王先谦著：《荀子集解》，中华书局 1954 年版，第 83—84 页。

这段引文是总体上对圣人的描述，主要意思是：在内在的方面，圣人井井有条（井井），威严而能责己（严严），能固守不变而始终如一（介介），知足而长久（猒猒），执道坚定如石而不怠慢（乐乐），运用智慧明了（炤炤），行为符合礼义而齐整（修修），文采丰富（绥绥）；在人我关系上，圣人能和乐地对待他人的善（熙熙），并忧心于他人行事不当理（隐隐）。贯穿于内外的红线则是"神固"，这实际上就是孟子的"不动心"，他物对此无法撼动。

"神固"就是坚固精神品质的积淀，精神品质的内涵则是"尽善挟治"，在价值判断上都为善，因此，"神固"也就是道德品质的厚实。

（2）"圣人者，以己度者"。

以自己为始点来度量他人、他物。

首先，"兼陈万物而中县衡"。荀子说："圣人知心术之患，见蔽塞之祸，故无欲无恶，无始无终，无近无远，无博无浅，无古无今，兼陈万物而中县衡焉。是故众异不得相蔽以乱其伦也。"[①]圣人深知心术、蔽塞的祸患，因此，采用"无欲无恶"、"无始无终"、"无近无远"、"无博无浅"、"无古无今"的价值观。换言之，就是不偏执一端而奉行中道为衡量的标准，使万物都能获得展示自己的机会，这样个物的差异就会得彰而获取他人的理解，最终得到自己正常秩序的维持。

其次，"不诚则不能化万民"。荀子认为："天地为大矣，不诚则不能化万物；圣人为知矣，不诚则不能化万民。"[②]天地之所以为大，在于它能对万物信实无欺；圣人之所以惠智，在于能

---

①　《荀子·解蔽》，王先谦著：《荀子集解》，中华书局1954年版，第263页。

②　《荀子·不苟》，王先谦著：《荀子集解》，中华书局1954年版，第29页。

以至诚化育万物。

最后，"圣人者，以己度者"。荀子说：

> 圣人何以不可①欺？曰：圣人者，以己度者也。故以人度人，以情度情，以类度类，以说度功，以道观尽，古今一也。类不悖，虽久同理，故乡乎邪曲而不迷，观乎杂物而不惑，以此度之。②

圣人之所以不可欺，在于能以己意度古人之意，这样既不欺人，也不为人所欺③。所以，根据人的类特点和一般情感，去衡量具体的人的特点和情感，根据类属的特点去衡量个物的特点，根据人的言说来衡量具体的功业，依据道来观察万物尽理的状态，这些古今都是一样的。相同类属，即使时隔久远，存在和行为之理是相同的。所以，圣人身处"邪曲"的境遇而不迷，审视杂乱无章的万物也不惑。

在这里应该引起注意的是，"以己度人"虽然在形式上与孔子的"己所不欲，勿施于人"一致，显示的是从自己到他人的儒家的价值取向。但是，"以人度人"、"以情度情"、"以类度类"等行为，在语言形式上，与《老子》的"以身观身"、"以家观

---

① 原文为"不欺"，据王念孙说改。

② 《荀子·非相》，王先谦著：《荀子集解》，中华书局 1954 年版，第 52 页。

③ 参照"圣人为什么不被欺？因为他们自己能够洞识理想的政府形式。这个思想始于孔子所谓'恕'，以己度人，虽然荀子在该语境中没有使用这个词。但你从中发现，人际关系应该怎样通过以己度人来使之有序。'圣人何以不欺？曰：圣人者，以己度者也。故以人度人，以情度情，以类度类，以说度功，以道观尽，古今一度也。类不悖，虽久同理。'（《荀子·非相》）"（《天人分途》，〔英〕葛瑞汉著：《论道者：中国古代哲学论辩》，张海晏译，中国社会科学出版社 2003 年版，第 297 页）。

家"、"以乡观乡"、"以邦观邦"、"以天下观天下"相类似①，都是双动宾结构，而且两个动词的宾语是相同的。因此，不难知道，荀子的思想兼容了儒道等多学派的因子。

（3）"仁智之极"。

圣人是智慧的象征。

> 行之，明也；明之为圣人。圣人也者，本仁义，当是非，齐言行，不失豪厘，无它道焉，已乎行之矣。②
>
> 是故穷则必有名，达则必有功，仁厚兼覆天下而不闵，明达用天地理万变而不疑，血气和平，志意广大，行义塞于天地之间，仁智之极也。夫是之谓圣人。③

圣人为"明"，能"明达用天地理万变而不疑"④，这在于它能"本仁义，当是非，齐言行"，所以，它"仁厚兼覆天下"、"行义塞于天地"，是"仁智"的最高表现。

在此应该注意的是，荀子使用的是"仁智"，不是"智仁"，这显示的是道德主义的倾向，"智"是道德化了的智，这是荀子

---

①　参照"善建者不拔，善抱者不脱，子孙以祭祀不辍。修之于身，其德乃真；修之于家，其德乃馀；修之于乡，其德乃长；修之于邦，其德乃丰；修之于天下，其德乃博。故以身观身，以家观家，以乡观乡，以邦观邦，以天下观天下"（《老子》五十四章，（魏）王弼著，楼宇烈校释：《王弼集校释》，中华书局1980年版，第143—144页，并据崔仁义著：《荆门郭店楚简〈老子〉研究》，科学出版社1998年版，第40—41页《老子B》第三组改定。）。

②　《荀子·儒效》，王先谦著：《荀子集解》，中华书局1954年版，第90页。

③　《荀子·君道》，王先谦著：《荀子集解》，中华书局1954年版，第154页。

④　参照"圣王之用也：上察于天，下错于地，塞备天地之间，加施万物之上，微而明，短而长，狭而广，神明博大以至约。故曰：一与一是为人者，谓之圣人"（《荀子·王制》，王先谦著：《荀子集解》，中华书局1954年版，第105页）。

的特点，也是中国哲人的特点，尤其是儒家的特色，这是不能忽视的。

（4）"曲得其宜"。

重视天道自然，也是圣人的特点。

圣人清其天君，正其天官，备其天养，顺其天政，养其天情，以全其天功。如是则知其所为，知其所不为矣；则天地官而万物役矣。其行曲治，其养曲适，其生不伤，夫是之谓知天。①

佚而不惰，劳而不僈，宗原应变，曲得其宜，如是然后圣人也。②

圣人能够清心、纯正感觉、整备自然界的万物来养育自己、顺从自然的规律来治世、调养人的自然情感③，所以，天地也就获取了自身的职位，万物也就获得了自己之所以为自己的职分。由于圣人能依据自然的规律来治理社会，所以，不是采用一种模式来应对所有的人，而是"曲治"、"曲适"，这里的"曲"无疑是万物多样之"曲"。总之是"宗原应变"，使万物实现"曲得其宜"。

在万物都能获取自身之宜这一点上，君子和圣人是一样的，

---

① 《荀子·天论》，王先谦著：《荀子集解》，中华书局1954年版，第207页。

② 《荀子·非十二子》，王先谦著：《荀子集解》，中华书局1954年版，第66页。

③ 参照"天职既立，天功既成，形具而神生，好恶喜怒哀乐臧焉，夫是之谓天情。耳目鼻口形能各有接而不相能也，夫是之谓天官。心居中虚，以治五官，夫是之谓天君。财非其类以养其类，夫是之谓天养。顺其类者谓之福，逆其类者谓之祸，夫是之谓天政。暗其天君，乱其天官，弃其天养，逆其天政，背其天情，以丧天功，夫是之谓大凶"（《荀子·天论》，王先谦著：《荀子集解》，中华书局1954年版，第206—207页）。

但是，圣人还能化育万物，而且是"仁智之极"，所以，相对来说，在荀子的心目中，圣人仍是最高的人格类型。

在以上的分析中不难得知，荀子确立天人分际的立足点和价值意义之所在，不是赋予天至上的权威，而是人的"制天命而用之"。礼义道德的产生在圣人之伪，其道德的根据不是外在的天，而始终是现实的人。人的真性没有礼义道德的因子，礼义道德是性伪的产物。真性虽然包括情、欲等因子，但无所谓善恶，而且还具有"可以为尧禹"的可能，这是无待的"生之所以然"；而性恶是情、欲等向外发动后不"中理"的情况。所以，在本质的意义上，在价值判断的平台上，荀子的性论与孟子并没有什么不同，只是逻辑起点不一样罢了。孟子的逻辑起点在人性的真性部分，重视的是先天性，理想性；荀子的逻辑起点在人性的性伪部分，重视的是后天性，现实性。而荀子对"生之所以然"的规定，不仅又明确地把人从动物中区别出来，而且把先秦人性的讨论从经验的层面，拉到了形上的高度，也就是凸显了本性何谓的疆域，与告子的人性思想显示了一致性，其意义是非常重大的。问题是，荀子没有能够坚持始终，最后仍然回到孟子所开创的人性价值判断的舞台，而且价值判断的方面掩盖压倒了人性何谓方面的意义，所以，荀子仍然没有能够超俗，反而以迷人的"性恶"抑制了中国人理性思维的疆场，这是荀子想不到的。

在道德实践上，值得重视的是荀子"因物"与"曲成"、"曲直"的思想。"因物"是对孔子"因民之利"的进一步发展，原来作为宾语的"民之利"，已经发展成为"物"本身，前者强调的是对民众有益的方面，后者重视的是民众的本性特点，其区别是显然的。毋庸置疑，荀子吸收了老子道家推扬物的本性的思想。而"曲成"的运思在中国道德思想史上，也具有十分积极的意义。另一方面，他认为教化具有独特的功效，在使愚变成知的进程中，他首先重视的是分辨仁义的能力，其次才是是非、黑白的能力，无疑，他把价值判断放在事实判断之上，其合理性值得商榷。他"度人力而授事"的思想，具有明显的推重实功的特点，但是，与墨子的实用主义重视的知识范围相比，具有明显的狭隘性，这里主要重在社会整治的方面①；其他诸如贱、贫变成贵、富，也完全基于一个人所持有的道德素质的多少，所以，荀子重视的内在的财富与利益，主要是侧重在道德的层面上的立论，这也是不能忽视的。这跟他在义利、公私等问题上所持有的观点是一样的，也就是说，他在道德至上的前提下，给予利益以适当的位置；在强调抽象的公义的前提下，又推重对个人私的忍耐、限制，实际上是对个人基本利益的剥夺，因为，私完全消失在公之中。而他对慎独的规定，又以魔术般的效应完全混淆了公私的界限，由于正常的私没有自己应有的位置，人从此失去了自己生命活力补充的合法机会，但生命活力的补充又是无法回避的事实，所以，正常的人只能在不正常的渠道里来获得生命活力的补充，注意隐蔽性、伪装性是起码的条件。实际上，在儒家设定的这种处境里，其实践生活就完全失去了任何张弛力的调节。

最后，应该引为注意的是，荀子在人我关系上的价值取向。他的出发点是自己，而不是人，终结点也不是人，而是自己，显示的是从自己→他人→自己的价值取向，自己是价值的中心，这是不能忽视的。他虽然强调民本，认为国家的真正强大，是上下都富裕，而且只能是先有下面民众的富裕，然后才能有上面国家

---

　　① 详细可以参考《古代哲学的终局》，胡适著；《中国哲学史大纲》，河北教育出版社 2001 年版，第 287—289 页。

的富裕。但从自己出发的价值列车，无法到达真正民本的终点，自然也营建不成整体利益第一的价值氛围，只能成为现实的梦呓或梦呓的现实，当然这不是荀子一个人的悲剧，他毕竟是时代社会的哲学家，因此，无法超越人文的价值体系。

综　论

　　《说文解字》解释"儒"为"术士"，这当是"儒"的本义，后来泛指熟悉诗书礼乐而为贵族服务的人，他们是春秋时从巫、史、祝、卜中分化出来的。由于他们是为贵族服务的，所以，他们的思想也基本上以贵族为立论的出发点，而不以普通民众为依归。在儒家自身的谱系里，"儒"还存在着等级之分，譬如："子谓子夏曰：女为君子儒！无为小人儒！"①"君子儒"是孔子的人格理想，自然也是儒家的理想模式。由孔子开创的儒家学说，经过孟荀的继承与发展，已经积淀成巍巍壮观的理论体系，它是以仁学为核心、以血缘亲情为网络结构、以心性功能为驱动力的系统。正是这种血缘亲情，使得儒学理论本身装备了与民众情感最好的切入口，随着时代的发展，理论本身也不断完成了它内在的具体演绎。所以，经过西汉董仲舒"罢黜百家、独尊儒术"的定位以后，长期以来儒学一直深深地植根于社会，统摄着人们的心灵，左右着社会的价值观。这是儒学创始人本身所始料不及的，西方思想家对此有一个嘲讽可以引发我们的思考。在绪论里，我曾经引述了孔子、老子、如来佛拜访一位老者的故事，他们感觉到各自的理论没有能够在现实生活里产生影响，怀疑是否人们不

---

　　①　《论语·雍也》，杨伯峻译注：《论语译注》，中华书局1980年版，第59页。

了解他们的理论，结果是这位老人仿佛他们自身一样了解他们的理论，他们感到的是惊奇，同时引发了为什么理论没有产生影响的思考；而且希望这个老人能够帮助他们把理论最终付诸实践，从而重振三教。

　　老人静静地坐着，恭敬而又专心地听他们讲完后说道："尊敬的诸位圣人，你们的计划重比泰山，充满智慧，你们的善行如日月齐光，令人赞叹。但不幸的是，你们选错了完成这一伟大使命的人。诚然，我仔细研读过诸位的典籍，对它们的崇高与一致性也略加明白，可你们也许没注意到我的上身是人体，下身却是石头。我擅长从各个方面论述人类的责任，却由于我自身的不幸，就永远无法把其中任何一点付诸实践。"三位圣人听了长叹一声，就从地面上消失了。从此以后，再也不企图寻找可以传播三大宗教的凡人了。①

在西方人看来，儒教等中国学说，只能是天堂里才能响起的音乐，缺乏现实"最终付诸实践"的一切条件。这自然不是信口开河之举，因为，作者不仅在中国长期生活，而且对中国文化有深厚的考察和研究，以上结论的得出，可以说是西方人眼里的中国学说的图画！

　　今天，如何评价儒学？这一问题本身就充满了困难。因为，在我看来，评价儒学不在于如何评价，而在于首先确立何为评价的依归。在最为根本的意义上，我反对诸如儒学现代化等的提法。现代化是一个过程，是一种实践，是一个多维的框架，是一

　　① 《多元信仰》，〔美〕亚瑟·亨·史密斯著：《中国人的德行》，陈新峰译，金城出版社2005年版，第344页。

个全方位的舞台，经济、政治、思想、文化等一切都是其必然课题。但是，就现代化的登场而言，它有一个主要进攻的目标，这就是经济。换言之，经济带动和支配现代化的进程和方向。其他一切课题的现代化，都不能在这之上再来预设目标，它们必须在主攻目标的实践中来实现自身的价值。而现代化的出现首先在西方，我们今天提出这个课题和进行的实践，自然也是在西方实践的冲击和启示之下生发出来的。所以，我们更多地要学习的是他们如何在现代化的实践中，配套运行经济以外的其他文明分野来助长现代化实践的，或者说，在经济现代化的过程中，如何适时地驱动其他领域的现代化实践的？而不是在西方浪潮袭来之时，担心我们的古代文化的命运，更应该担心的是如何配套其他文明分野来加快现代化的进程，早日获取在世界舞台上本该属于我们的权利。

现代化这一概念，其关键是"现代"，如果离开"现代"来讨论问题的话，也就没有任何意义。就世界而言，这个"现代"首先是民族分际意义上的概念，也就是各个民族的"现代"如何的问题；在民族的层面，这个"现代"就是一维时间里今天与昨天相比较意义上的概念；这是一个立体多维的概念。显然，人不能忘记过去，人也不能无视其他民族的存在而夜郎自大。其实，这落实到具体的实践里，是一个非常复杂的问题，跟整个民族的性格素质往往有着关联。如果一个民族在这个问题上能够把握到最佳的适宜性，结果无疑是机会的纷至沓来，从而实现现代化实践的高效益化；如果一个民族念念不忘过去的辉煌，无视其他民族的发展事实和发展模式的现实状态，其结果是属于自己的机会的流失，最终导致现代化实践的低效益乃至无效益化。现代化的一个目的就是要高效益化，只有高效益才能带给人高福利！我坚信，人类文明除了存在民族的样态以外，其实这是次要的，只是一些浅表层面的问题，在根本的问题上，世界文明的样态都是人类智慧的共同结晶，是人类本性特征的长久自然积淀，它们是共通的，具有融合性，我们2008年的奥运会提出"One World, One Dream"的口号，也充分说明了这个问题。我认为，许多文明的样式是不存在本质之分的，也不存在民族之分，它们是经过人性检验之后开出的适宜之花，这是应该具有的自觉。

我们的研究者应该具有这样的自觉，不能对民族文化做最高化处理，一切化行事。在现代化氛围里来讨论儒家道德，自然不能例外。下面就在这个前提下来对儒家道德思想进行可能的分析，其实，主要结论在《绪论》里已经提出，这里要揭示的就是在这个本质性结论主干上生发出的其他关节点。

一　善恶的对峙

李约瑟说过："儒家认为宇宙（天）以道德为经纬。他们所谓'道'，主要的意思是指人世社会里理想的境界……他们固然没有将个人与社会的人分开，也未曾将社会的人从整个的自然界分开，可是他们素来的主张是研究人类的唯一正当对象是人的本身。"[①] 虽然孔子也提到过"道"，譬如："以道事君"[②]、"志于道，据于德，依于仁，游于艺"[③]。"以道事君"的"道"，实际

---

①　《儒家与儒学》，〔英〕李约瑟著：《中国古代科学思想史》，陈立夫译，江西人民出版社1990年版，第11—12页。

②　《论语·先进》，杨伯峻译注：《论语译注》，中华书局1980年版，第117页。

③　《论语·述而》，杨伯峻译注：《论语译注》，中华书局1980年版，第67页。

上就是仁德，或者说是仁德之道；在这里所展示的"志于道，据于德，依于仁，游于艺"的序列，"游于艺"既是传播前三者的载体，又是实现它们的手段，"道"、"德"、"仁"三者是相通的，或者也可以说，是同一概念的不同表达。在这个意义上，道、德也就是仁道、仁德，其中心点自然在仁，其实这也正合孔子仁学的价值方向。所以，仁彰明的是人际关系。孔子正是在原有仁的概念的基础上，使之进一步系统化、理论化，而营建了仁学的体系。所以，毋庸怀疑，仁学是以人际关系的和谐为价值依归的，为了实现这种和谐，儒家选择了从自己到他人的进路方向，即"己所不欲，勿施于人"①、"夫仁者，己欲立而立人，己欲达而达人"②。人际关系和谐的标准就是要符合"礼"的要求，因此，儒家又强调"克己复礼为仁。一日克己复礼，天下归仁焉……非礼勿视，非礼勿听，非礼勿言，非礼勿动"③。儒家之所以以"克己"为"复礼"的前提或条件，是因为在儒家的坐标里，人具有"克己"的能力，这为人的善性所支撑。

1. 人性本善

在分析道家道德时已经指出，道家没有以善恶——价值判断为切入口，来讨论万物的本性，儒家的创始人孔子虽然提出了"性相近也，习相远也"④ 的命题，并没有对性的内涵与性质做任何规定，也就是说，没有回答本性是什么的问题；只是在静态和动态两个层面上审视了人的本性，"相近"是静态层面上的图画，"相远"是动态视野里的描绘。但正是这两个方面，为后来

---

① 《论语·颜渊》，杨伯峻译注：《论语译注》，中华书局1980年版，第123页。
② 《论语·雍也》，杨伯峻译注：《论语译注》，中华书局1980年版，第65页。
③ 《论语·颜渊》，杨伯峻译注：《论语译注》，中华书局1980年版，第123页。
④ 《论语·阳货》，杨伯峻译注：《论语译注》，中华书局1980年版，第181页。

儒家思想家在性论问题上的思想驰骋留下了宽广的疆场。事实也充分证明了这一点，孟子对性善论的思考，正是沿着"相近"方向行进的自然结果；而荀子性恶论的运思，则是对"相远"层面施行深邃考察的必然结果。

孟子认为在生物学的意义上，人与其他种类的生物，都具有共同的"性"，诸如需要食欲、性欲等的满足，一是保证自身的生存，二是保证种类的生存延续。但是，孟子立论的基点或出发点就是人之所以为人的个别性，而不是生物的类性。可以说，在人本性的问题上，孟子既看到了生物学意义上人与其他种类的共同性，又着眼于人之所以为人的个性，而且主要的重点在诉诸人的个性。正是在这个意义上，孟子提出了人都具有仁义礼智"四端"即四种萌芽的运思①，而且认为这是人所固有的，并不是外在后天强加于人的。

但是，一个生活在社会人际关系中的人，仅有这四种萌芽，就连侍奉父母也不够；但如果能对此加以扩充，即使保全天下国家也是没有问题的，即"凡有四端于我者，知皆扩而充之矣。若火之始然，泉之始达。苟能充之，足以保四海。苟不充之，不足以事父母"②。另一方面，在价值判断上，人性呈现善的特点，即"人性之善也，犹水之就下也。人无有不善，水无有不下"③，不仅如此，而且人都有趋善的倾向，即"民之归仁也，犹水之就

---

① 参照"仁，性之方也"（《性》，李零著：《郭店楚简校读记》，北京大学出版社2002年版，第107页）。

② 《孟子·公孙丑上》，（清）阮元校刻：《十三经注疏》，中华书局1980年版，第2691页上。

③ 《孟子·告子上》，（清）阮元校刻：《十三经注疏》，中华书局1980年版，第2748页上。

下，兽之走圹也"①。在本质的意义上，他又认为，"君子所性，仁义礼智根于心"②，因此，他提出"尽其心者，知其性也，知其性，则知天矣。存其心，养其性，所以事天也"③，对"四端"的扩充，必须从心开始，尽可能运作心的功能，这样才能认知性，认知了性，才能认识天。简而言之，就是存养心性，这是"事天"的理由和资本④。这里的"天"，自然不是道家的自然之天，在内容上，应该与本性的内质是一致的，当是社会之天，即仁义礼智"四端"的天然方面。

2. 性出于命

在进入荀子性恶之前，先讨论一下竹简对性的运思，对认识儒家本性的理论将不无益处。众所周知，告子曾认为"生之谓性"⑤、"食色，性也"⑥，这里的"性"，实际上并不一定限于人之性，当是万物之性。"生之谓性"即"性或生之"⑦，这对一切万物都讲得通，就是"食色，性也"的提法，也适用于作为类的一切动物。在此，只有经验形下世界的具体现象的概括叙述，而缺乏抽象形上世界视野里的透视。

在孟子的场合，"四端"根于心，本性跟心是连在一起的。

---

① 《孟子·离娄上》，（清）阮元校刻：《十三经注疏》，中华书局1980年版，第2721页上。

② 《孟子·尽心上》，（清）阮元校刻：《十三经注疏》，中华书局1980年版，第2766页中。

③ 同上书，第2764页上。

④ 参照"仁，性之方也。性或生之"（《性》，李零著：《郭店楚简校读记》，北京大学出版社2002年版，第107页）。

⑤ 《孟子·告子上》，（清）阮元校刻：《十三经注疏》，中华书局1980年版，第2748页上。

⑥ 同上书，第2748页中。

⑦ 《性》，李零著：《郭店楚简校读记》，北京大学出版社2002年版，第107页。

竹简也"性心"连用，与孟子思想的联系是非常明显的。而不同的是，这里并没有直接在价值的层面来界定本性，某种意义上，倒是沿着告子的路径做了深入的探讨。

（1）"性自命出"。

不难想起，在《老子》《庄子》内篇里，我们无法找到"性"的踪影，但是，都有"命"的用例；在《论语》《孟子》《周易》《荀子》里，已经有了关于本性的讨论，根据这一情况，我也赞成道家为中国哲学之源头的观点，并在《先秦道家的道德世界》里，提出了老子完成了中国"道""德"哲学原初图式的论点。《性自命出》作为儒家类文献，不仅提出了性、命关系的思想，而且这本身也昭示着对性、命思想发展轨迹的总结。"性自命出，命自天降"①。性的概念是从命那里演化过来的，先有命的概念，这里主要指的当是生命；命来自于外在于人的"天"，这里的命就不仅仅是生命了，还包含天命的意思在内，跟生命相关的命才演化出了本性的概念。

（2）"凡性为主，物取之也"。

何谓性？性是内在的素质，"凡性为主，物取之也。金石之有声，〔弗扣不〕〔鸣。人之〕虽有性心，弗取不出"②。金石发出的声音，是金石在外力作用下的产物，在静态的意义上，金石是不会有声音的。本性仿佛金石一样，是一种能力，其价值的外显，需要外在因素的作用即"物取之"，而"弗取"是"不出"的。具体而言，"好恶，性也。所好所恶，物也。善不〔善，性也〕。所善所不善，势也"③。"好恶"是本性的素质，"所好所

---

①　《性》，李零著：《郭店楚简校读记》，北京大学出版社2002年版，第105页。

②　同上。

③　同上。

恶”则是外在的他物；换言之，“好恶”这本性素质的发动必须
有外在的条件即外物的激发，不然只能处在不动的静态境遇；
“善不善”也是本性的素质，“所善所不善”则属于“势”即外在
情势的分野；换言之，本性本来是无所谓善或不善的，动态表现
上的善或不善，主要取决于外在情势。

（3）“凡性，或动之”。

外在情势只是决定本性善或不善的一个因素，还有其他因
素，即“凡性，或动之，或逆之，或交之，或厉之，或绌之，或
养之，或长之”①、“凡动性者，物也；逆性者，悦也；交性者，
故也；厉性者，义也；绌性者，势也；养性者，习也；长性者，
道也”②。物具有动摇本性即“动性”（“动之”）的能力或功用；
“悦”具有迎合取悦本性即“逆性”（“逆之”）的能力或功用，
“逆”是迎接、迎合的意思；“故”是对物形成客观缘由的存在，
具有激活本性内在因子即“交性”（“交之”）的能力或功用；
“义”具有砥砺、磨炼本性即“厉性”（“厉之”）的能力或功用；
“势”具有制御本性即“绌性”（“绌之”）的能力或功用；“习”
具有育养本性即“养性”（“养之”）的能力或功用；“道”具有生
长本性即“长性”（“长之”）的能力或功用。值得注意的是，这
里使用的“动之”、“逆之”都是中性动词，可以朝善或不善两个
方向发展，最后方向的确定取决于外物。

（4）“道始于情”。

“道”虽然具有“长性”的能力或功效，但“道”始发于
“情”即“道始于情”③，也就是说，“情”是“道”的依据。

---

① 《性》，李零著：《郭店楚简校读记》，北京大学出版社 2002 年版，第 105 页。
② 同上书，第 106 页。
③ 同上，第 105 页。

"情"与本性存在紧密的关系，即"情出于性"①。具体而言，
"喜怒哀悲之气，性也。及其见于外，则物取之也"②，"喜怒哀
悲之气"就属于本性的范畴，一旦气生发出来，就变成喜怒哀悲
的情感，这就是"情"的部门了。所以，"情"是本性在外物作
用之后的外在样态。对"情"最为重要的是信实，即"信，情之
方也"③，以及道义即"信，义之期也"④。而"忠，信之方也"⑤
和"忠，仁之实也"⑥的强调，又实现了仁义忠信的紧密相连。

（5）"人虽有性，心无定志"。

情感是本性在外物的作用下形成的样式。但是，上面提到，
竹简不是简单地谈本性，而是性心并提，在形式上使我们领略到
与孟子思想的关联性。然而，这里并没有如孟子那样把心作为本
性善的根源，而是在另一难得的方向上启发了我们的思维。物的
性质为外物所决定，即"凡物无不异也者，刚之树也，刚取之
也；柔之约，柔取之也。四海之内，其性一也，其用心各异，教
使然也"⑦，在一定的意义上，万物具有极大的可塑性，对人而
言，教育就显得非常重要，应该根据不同的客体，表现出"各
异"的"用心"。但是，人的心是不稳定的，在与外物构成的不
同的境遇里，人的主观意志会产生各种不同的情况，"凡人虽有

① 《性》，李零著：《郭店楚简校读记》，北京大学出版社2002年版，第107页。
② 同上书，第105页。
③ 同上书，第107页。
④ 《忠信之道》，李零著：《郭店楚简校读记》，北京大学出版社2002年版，第100页。
⑤ 《性》，李零著：《郭店楚简校读记》，北京大学出版社2002年版，第107页。
⑥ 《忠信之道》，李零著：《郭店楚简校读记》，北京大学出版社2002年版，第100页。
⑦ 《性》，李零著：《郭店楚简校读记》，北京大学出版社2002年版，第105页。

性，心无定志，待物而后作，待悦而后行，待习而后定"①。心、志和性、情是相异的；性是内在的存在，情是性在外物的作用下向外发动后的样式，而情感内涵的最终决定因素在于万物的性质；心是思维器官及其思维活动，志是主观意志，是心之所向，心志是在外物作用下的主观心理活动，具有不稳定性，是本性在万物作用过程实践里的决策机构。换言之，具体的本性选择什么样的外物来作用，其决定权在心志②。这里同样强调了外物对主体心志的左右作用。

显而易见，尽管竹简没有如孟子那样把本性善的本源直接安置在心那里，但本性在与外物组成的情境里，本性所能够产生的善与不善的客观效应，又取决于心志的决策活动，在此又与孟子的追求殊途同归了，这也是我们应该引起注意的地方。

3. 本性恶

在本性的问题上，荀子继承了告子追问本性为什么以及竹简中性论的思想传统，没有首先从善恶的角度切入。他说："生之所以然者，谓之性。性之和所生，精合感应，不事而自然，谓之性。"③ "生之所以然者"这一命题，不同于告子的"生之谓性"；"所以然"所包含的内质不是经验世界所能囊括的范围，而是必须在形上世界才能讨论的课题，包含着深深的哲学沉思，正是这"所以然"为万物提供了施行类的规定性的可能性。因为，不同的类有着不同的"所以然"，故不存在万物通用的"所以然"，这也自然就把人类与其他物类加以了区别，这种能区别于类的素

---

① 《性》，李零著：《郭店楚简校读记》，北京大学出版社 2002 年版，第 105 页。

② 参照"凡心有志也，无与不〔可。人之不可〕6 独行，犹口之不可独言也。牛生而长，雁生而伸，其性〔使然，人〕而学或使之也"（《性》，李零著：《郭店楚简校读记》，北京大学出版社 2002 年版，第 105 页）。

③ 《荀子·正名》，王先谦著：《荀子集解》，中华书局 1954 年版，第 274 页。

质，就是该类的本性，是该类之所以为该类的存在性。所以，荀子的"所以然"，在形上的高度确立了讨论物类本性的可能以及规定性，在哲学史上的意义是非常深远积极的，这是不能忽视的。

"生之所以然者"的"生"，可以从动词和名词两个方面来加以理解。作为动词的方面，强调的是物类生来就具有的代表自身的规定性；作为名词的情况，相当于生命，强调的是生命的本性。"不事而自然"是对以上动词境遇里的"生"的进一步的说明。也就是说，万物是如何完成生这一行为的，在这个意义上，"不事而自然"也就是"天之就也，不可学，不可事"①。在最终的意义上，荀子的"生之所以然者"在性质上是"本始材朴"②。显然，素朴是人的真性；虽然包括"目可以见，耳可以听"③ 等情的因子，但无所谓善恶。这是首先应该明辨的。

另一方面，荀子在哲学史上的地位，历来都由其性恶论得到裁定，实际上这对荀子是不公平的，这种不公平根源于我们研究的浮躁性。实际上，荀子的性恶与孟子的性善，虽在表面上同属于从价值判断切入来讨论本性的模式，但荀子的性恶是在对本性进行了真性规定以后，或者说在这一基础之上又一视野里的审察结果，这实际上也就是"伪性"的部分。荀子认为："不可学，不可事，而在人者，谓之性；可学而能，可事而成之在人者，谓之伪。是性伪之分也。"④ "伪"是经过后天的"学"、"事"而养

①　《荀子·性恶》，王先谦著：《荀子集解》，中华书局1954年版，第290页。
②　《荀子·礼论》，王先谦著：《荀子集解》，中华书局1954年版，第243页。
③　《荀子·性恶》，王先谦著：《荀子集解》，中华书局1954年版，第290页。
④　同上。

成的实际能力，当然主要是道德能力。在性、情、欲的关系上，荀子认为，"情者，性之质也；欲者，情之应也"①。也就是说，情既是本性的质地，又是欲之源泉；欲产生于情，是人情性的发动。在这个意义上，实际上就是情欲，以区别于情性。人具有顺从情欲的内在弱点，其客观效应势必造成道德的衰微，即"今人之性，生而有好利焉……生而有疾恶焉……生而有耳目之欲，有好声色焉，顺是，故淫乱生而礼义文理亡焉"②，正是在这个意义上，荀子得出"人之性恶，其善者伪也"③ 的结论。

不难推出，情欲在荀子的框架里，属于恶的范畴，或者说情欲属于非道，这就形成了性论的二维世界。在本质的意义上，在价值判断的平台上，荀子的性论与孟子并没有什么不同，只是逻辑起点不一样罢了。孟子的逻辑起点在人性的真性部分，重视的是本性的先天性，理想性；荀子的逻辑起点在人性的伪性部分，重视的是本性的后天性，现实性。而荀子对"生之所以然"的规定，不仅又明确地把人从动物中区别出来，而且把先秦人性的讨论从感性经验的层面，拉到了理性形上的高度，在人性论的历史上刻上了不可磨灭的印记。最后，需要指出的是，无论是孟子扩充"四端"的设想，还是荀子"伪"的运思，都离不开后天的人为，有别于道家的"不言之教"，用孔子的话做概括的话，就是："为仁由己，而由人乎哉？"④

在《绪论》里已经明言，仁学是自己本位的，实际上，"仁"在1993年出土的《郭店楚墓竹简》里为"忬"，上面是

---

① 《荀子·正名》，王先谦著：《荀子集解》，中华书局1954年版，第284页。

② 《荀子·性恶》，王先谦著：《荀子集解》，中华书局1954年版，第289页。

③ 同上。

④ 《论语·颜渊》，王先谦著：《荀子集解》，中华书局1954年版，第123页。

"身"，下面是"心"，显示的也是人自己的身心的意思。儒家思想家提出人性的问题，都是为了人的社会化，都是为人指出通向理想人格境界的本性基础，人只能成为道德者，只能成善，没有其他选择。但是，在孔子那里，仅仅提出"性相近，习相远"的客观结论，并没有设定人从善的动力机制，这就在客观上留下了缺乏实现仁德可能途径考虑的缺陷；这一没有解决的问题，孟子从人人先天具有仁义礼智"四端"的性善论，荀子则从人性发动以后的现实提出虽然性恶仍然可以通过"伪"来从善，解决了孔子没有解决的问题，为人从善设置了内在的动力机制。

4. 善恶对立的形成

与道家重视万物的自然本性相比，儒家把人性在价值论上分成善恶两极，从而通过肯定善的价值来昭示人们"扩充"、"伪"等修养善性的必要性，其体现的价值中心显然是治世的需要，而不在人本身的价值实现。而且，我们不得不重视的是，自从孟子主性善、荀子推性恶开始，这一形式上善恶对立的情况，在实践里就成为自然的公式，在形成的善恶对立的坐标里，恶根本没有任何位置，只有作为符号与善相对立的价值。就是在思想家自身的系统里，善恶也是对立的，诸如孟子的"乃若其情，则可以为善矣，乃所谓善也。若夫为不善，非才之罪也"[1]，就是证明，这里"善"与"不善"对应，事实上，"不善"就是恶的代名词。

在现实层面的效应是，恶的不可能善，善的一定不恶，包括行为的整个实践过程；这意味着善的行为在对恶的行为

① 《孟子·告子上》，（清）阮元校刻：《十三经注疏》，中华书局1980年版，第2749页上。

的对立斗争中才有真正的价值，诸如"苟志于仁矣，无恶也"①、"伯夷，目不视恶色，耳不听恶声；非其君不事，非其民不使；治则进，乱则退；横政之所出，横民之所止，不忍居也；思与乡人处，如以朝衣朝冠坐于涂炭也。当纣之时，居北海之滨，以待天下之清也"②、"爱恶相攻而吉凶生"③、"舜其大知也与！舜好问而好察迩言，隐恶而扬善，执其两端，用其中于民，其斯以为舜乎"④、"君子以竭恶扬善，顺天休命"⑤、"善不积，不足以成名；恶不积，不足以灭身。小人以小善为无益而弗为也，以小恶为无伤而弗去也，故恶积而不可掩，罪大而不可解"⑥，善恶无疑处在对立意义维度的使用上，这一极端的价值定位，无疑把道德的位置放到了不适当的高度，这是没有任何基础的高度⑦。

在人性的层面，对人而言，不可能一切、时时都在善的行程里，一时做恶也是自然的事情，儒家的思想对这种情况没有考

①《论语·里仁》，杨伯峻译注：《论语译注》，中华书局 1980 年版，第 36 页。

②《孟子·万章下》，（清）阮元校刻：《十三经注疏》，中华书局 1980 年版，第 2740 页下。

③《周易·系辞下》，（魏）王弼著，楼宇烈校释：《王弼集校释》，中华书局 1980 年版，第 574 页。

④《礼记·中庸》，（清）阮元校刻：《十三经注疏》，中华书局 1980 年版，第 1626 页上。

⑤《周易·象传上·大有》，（魏）王弼著，楼宇烈校释：《王弼集校释》，中华书局 1980 年版，第 290 页。

⑥《周易·系辞下》，（魏）王弼著，楼宇烈校释：《王弼集校释》，中华书局 1980 年版，第 563 页。

⑦竹简的儒家文献则认为，"恶生于性，怒生于恶，胜生于怒，惎生于胜，贼生于惎"（《名数》，李零著：《郭店楚简校读记》，北京大学出版社 2002 年版，第 169 页），这种观点跟荀子的观点相近。

虑，没有给予应有的肯定，这是游离现实的幻想，而这一现实，
在儒学日本化的过程里，为日本思想家所矫正。

　　日本人始终明确地否认，德行包含同恶进行斗争。正如
他们的哲学家和宗教家们几百年来所不断阐述的，认为这种
道德律不适合于日本……他们说，中国人不得不树立一种道
德律，即提高"仁"，亦即公正、慈爱的行为的地位，把它
作为一种绝对标准。以仁为标准，一切有缺点的人或行为，
就能发现其所不足……他们说，日本人……没有必要与自己
性恶的一半进行斗争，只需要洗净心灵的窗口，使自己的举
止符合各种场合。如果它允许自身污秽，其污秽也容易清
除，人的善性会再度生辉。日本的佛教哲学比其它任何国家
的佛教都更加主张凡人皆可成佛，道德律不在佛经之中，而
在于打开自己的悟性和清净无尘的心灵之扉。那末，何必自
我怀疑心灵中的发现呢？恶不是人心生而具有的……他们没
有关于人的堕落的说教。"人情"是天赐幸福，不应谴责。
无论是哲学家还是农民都不谴责。①

这是我们应该认真思考的地方。其实，不仅现实生活里的人是这
样，神也一样，善恶是一个问题的两面，无法缺一的。

　　甚至他们的神也显然如此兼具善恶两性。他们的最著名
的神素盏鸣尊是天照大神（女神）之弟，是"迅猛的男神"。
这位男神对其姐姐极为粗暴，在西方神话中可能把他定为魔

_____

　　① 《人情的世界》，〔美〕鲁思·本尼迪克特著：《菊与刀》，吕万和等译，商务
印书馆1990年版，第132—133页。

鬼……他放肆地胡闹，在天照大神的大餐厅里乱拉大便……
他毁坏稻田的田埂……由于素盏鸣尊干了这些坏事，受到诸
神的审判，被处以重刑，赶出天国，放逐到"黑暗之国"。
可是，他仍然是日本众神中一位招人喜爱的神，受到应有的
尊敬。这样的神在世界神话中虽不罕见，但在高级的伦理性
宗教中，这种神则被排除在外，因为把超自然的东西划成善
恶两个集团，以分清黑白是非，更符合善与恶的宇宙斗争
哲学。①

显然，明确善恶就是明确是非，而这种善恶是现实中客观存在
的，无法回避，在这种情况下的任何回避，只能导致理论本身的
无说服力，这种事情，日本人是不愿意做的。所以，仍然把干尽
坏事的神作为英雄，这是因为素盏鸣尊确实存在英雄的本质，容
忍他做坏事的一面，显然包含着对人本身存在的客观的人性弱点
的客观正视，人无法逾越本性的弱点而行为，所以，即使出现由
弱点而来的行为也完全是正常的事情。

二　德欲的对立

以上分析了儒家道德体现的善恶对立的问题，善恶是价值
判断天平上的砝码。在先秦儒家道德思想长河里，尽管有告
子、竹简中反映出来的对何谓本性问题的关注，但是，并没有
得到充分的发展，思想家关注的主要是如何使个人在成为具备

---

① 《人情的世界》，〔美〕鲁思·本尼迪克特著：《菊与刀》，吕万和等译，商务
印书馆1990年版，第131—132页。

仁德之人问题上装备自信心，其结果就是在原点的本性上就赋予个人都具备成为仁德之人的能力，因为，人的本性都是善的。显然，这是理论上的设计，是从外在的主观臆想出发的，既脱离人的生物性特征的运思，又无视个人实际情况的考量。本来，能否成为仁德之人，完全决定于个人的情况，而不是外在的臆想。无论是人的先天本性是善的，还是人本性的后天发展现实是恶的，但都具备成为尧舜的可能。长期以来，学者都忽视了一个悖论：现实生活里存在两种人，即圣人和一般人。圣人为什么可能的问题，一直为人所忽视。而在这一定式里的道德建设也总是给人屡战屡败的感觉，不停的道德建设运动是因为现实道德低迷而来的冲击波所致，问题的关键，为我们所称道的儒学关注的仅仅是理论的演绎，根本没有问津现实效果。

　　没有依据人性特征和个人的现实而得出的理论，个人永远只能是关系中的被动者，或者说仿佛骷髅，根本没有内在动力可言，这发展到后来就更为严重。

　　　　确实，对于像朱熹和王阳明这样的新儒家来说，一个形而上学的事实是：我（在任何时刻）总是有现成的能力认识正确的行动，并有动力去做正确的行动。因此，在某种程度上，动力不足的问题被新儒家在形而上学的意义上排除了。但是，相关的问题仍然存在。①

不是"动力不足"，而是根本没有动力；也并非到朱熹和王阳明

----

①　《孟子的动机和道德行动》，〔美〕倪德卫著，〔美〕万百安编：《儒家之道：中国哲学之探讨》，周炽成译，江苏人民出版社 2006 年版，第 150 页注释 45。

的时代是这样，其实在先秦儒家那里就是这样，本来就是如此。所以，儒家对本性的设定，把人带入了一个飘然欲仙的轻松境遇，既然本性是善的，无论如何都与丑恶没有干系了。这是对人极不负责的行为，是异想天开的举措。美国学者对此有精彩的概括："德这个原始概念的结构结果产生了一种悖论：为了取得'德'，人必须已经有了它。更坏的是，追求德就是追求一种优势（好处），而这种优势是非德的。"① 这是从理论和现实两个方面进行的总结。

为了有德，必须已经有了它，实际上这在人的本性里已经得到孟子和荀子的内置，内在的德性设置，为外在的有德追求做了理论演绎上的支撑，在这一特殊的系统里，不仅价值平台上呈现善恶对立，而且在一般的视阈里也呈现德行和欲望的对立，难道不值得我们深思吗?!

在词义上，"欲"是形声词，从欠，谷声。"欠"的意思是有所不足，故产生欲望；本义是欲望、嗜欲。《说文解字》解释"欲，贪欲也"，显然存在不当之处，是从消极面上来进行把握的，其限制是非常明显的。实际上，"欲"表示的是个人的欲求，而且最初的阶段，多用作动词；离开个人就没有"欲"存在的理由。只要是人，就都存在欲望。

> 天生人而使有贪有欲。欲有情，情有节。圣人修节以止欲，故不过行其情也。故耳之欲五声，目之欲五色，口之欲五味，情也。此三者，贵贱愚智贤不肖，欲之若一，虽神农黄帝，其与桀纣同。圣人之所以异者，得其

① 《德可以自学吗?》，〔美〕倪德卫著，〔美〕万百安编：《儒家之道：中国哲学之探讨》，周炽成译，江苏人民出版社 2006 年版，第 67 页。

情也。①

人不仅有欲望的存在，而且存在贪欲的情况。欲望具体是通过情感表现出来的，圣人与一般人的不同，就在于能够通过节制情欲而达到"得其情"，这是客观的事实。

先秦儒家也用"欲"来讨论人的欲望。应该清楚的是，在本质的意义上，欲望除了私欲以外，并不存在"公欲"，这跟日语对"欲"的解释是一致的。日本汉学对中国古代文献中的"欲"，就理解成私欲。因此，我们在孔、孟那里找不到"人欲"、"私欲"的概念。"私欲"概念的最早出现在《荀子》，约有 3 例；"人欲"概念的最早使用当是《礼记·乐记》，仅约 1 次。儒家所体现的德欲的对立，正是贯穿在对欲望的认识和规定之中的。因此，对这一问题的究明，正是对本问题的回答。具体而言，儒家欲望的思想包括以下几个方面。

1. "欲生于性"

孔子虽然有对"欲"的详尽论述，但并没有正面回答何谓欲的问题。就现在掌握的资料而言，关于欲望的产生，有"欲生于性，虑生于欲，倍生于虑，争生于倍，党生于争"②的阐述。也就是说，欲望产生于本性，有欲望就有谋划，有谋划就会出现背弃，背弃必然产生争斗，争斗自然偏私成伙；另一方面，"贪生于欲"、"喧生于欲"、"浸生于欲"、"急生于欲"③，欲望还是贪婪、喧哗、沉溺、狭窄的源头。

---

① 《吕氏春秋·情欲》，（东汉）高诱注：《吕氏春秋注》，中华书局 1954 年版，第 16 页。

② 《名数》，李零著：《郭店楚简校读记》，北京大学出版社 2002 年版，第 169 页。

③ 同上。

在荀子那里，"性者，天之就也；情者，性之质也；欲者，情之应也。以所欲为可得而求之，情之所必不免也……故虽为守门，欲不可去，性之具也"①。情感是本性的内容规定，欲望是情感的应对，或者说，欲望是情感的具体化；追求欲望是人情所不可避免的课题，无论是谁，无法离开欲望的满足，欲望使本性变得完备。与竹简的意思是一致的。

2．"人之所欲"

由于欲望产生于本性，是本性的因子之一，而本性是每个人都具有的。所以，"富与贵，是人之所欲也"②、"凡人有所一同：饥而欲食，寒而欲暖，劳而欲息，好利而恶害，是人之所生而有也，是无待而然者也，是禹桀之所同也"③、"口之于味也，有同嗜焉；耳之于声也，有同听焉，目之于色也，有同美焉"④。富贵是人人的共同追求，饥饿了要吃饭，寒冷了要穿衣，劳累了要休息，爱好利益、厌恶祸害，这些都是不需任何外力推动的，无论谁都一样，可以说是人之自然。不仅如此，而且人与人之间具有相同的味觉、听觉、视觉爱好，即"同美"。所以，追求欲望是人性的必然内容。而相同的味觉、听觉、视觉的满足，使人与外物建立了客观的联系，这外物就是"人之所欲"。由于人的生物特性使人与相同的外物形成联系，这又为争斗的产生埋下了伏笔，或者说，从另一个侧面回答了上面提到的争斗产生的原因。

---

①　《荀子·正名》，王先谦著：《荀子集解》，中华书局 1954 年版，第 284—285 页。

②　《论语·里仁》，杨伯峻译注：《论语译注》，中华书局 1980 年版，第 36 页。

③　《荀子·荣辱》，王先谦著：《荀子集解》，中华书局 1954 年版，第 39 页。

④　《孟子·告子上》，（清）阮元校刻：《十三经注疏》，中华书局 1980 年版，第 2749 页下。

3. "欲而不贪"

只要是人，就都有欲望，满足这些欲望也是平衡人性的课题之一，只有保持人性的平衡才能实现健康的生活，这应该也是黄金规律之一。在本性的特征上，不得不注意的是，人性本身存在极尽欲望的因子，即"夫人之情，目欲綦色，耳欲綦声，口欲綦味，鼻欲綦臭，心欲綦佚……此五綦者，人情之所必不免也"①，眼睛要欣赏不同的颜色，这是人的需求之一，但是，"目欲綦色"说的是要看尽一切颜色，"綦"是"极"的意思，其他的器官诸如耳、口、鼻、心也一样，这种"欲綦色"、"欲綦声"、"欲綦味"、"欲綦臭"、"欲綦佚"的情况，是人情之必然。

以上是理论上审视人性得出的结论，实践上的情况也一样。"子曰：吾未见刚者。或对曰：申枨。子曰：枨也欲，焉得刚？"② 有人认为申枨是刚毅不屈的人，但孔子认为他贪欲太多，无法达到刚毅不屈。所以，如果对本性"欲綦"的因子调控不宜的话，就容易走向贪欲。在上面说到，"欲"本身包含两个意思，一是一般意义上的欲望，二是专门指嗜欲即贪欲。因此，"欲"有时就是在贪欲的层面上切入的，如"季康子患盗，问于孔子。孔子对曰：苟子之不欲，虽赏之不窃"③、"宪问……克、伐、怨、欲，不行焉，可以为仁矣？子曰：可以为难矣，仁则吾不知也"④、"子路问成人。子曰：若臧武仲之知，公绰之不欲……亦可以为成人矣"⑤，这里列举的"欲"都是贪欲的意思。对人而

---

①　《荀子·王霸》，王先谦著：《荀子集解》，中华书局 1954 年版，第 137 页。

②　《论语·公冶长》，杨伯峻译注：《论语译注》，中华书局 1980 年版，第 46 页。

③　《论语·颜渊》，杨伯峻译注：《论语译注》，中华书局 1980 年版，第 129 页。

④　《论语·宪问》，杨伯峻译注：《论语译注》，中华书局 1980 年版，第 145 页。

⑤　同上书，第 149 页。

言，如果不贪欲的话，即使奖励你，你也不会去行窃；但要做到这一点，不是件容易的事情即"可以为难矣"，即使做到了也不一定就是具备仁德的人，不过，不贪欲即"不欲"是"成人"人格的因素之一。

在贪欲意义上使用的"欲"，那"不欲"就是"子张曰：何谓五美？子曰：君子惠而不费；劳而不怨；欲而不贪；泰而不骄；威而不猛……欲仁而得仁，又焉贪"①中所说的"五美"之一的"欲而不贪"，有欲望是可以的，但不能贪婪。

4."节用御欲"

孟子认为："从耳目之欲，以为父母戮，四不孝也。"② 对耳目之欲不加任何限制的话，必然带来祸害，戮及父母，这是五种"不孝"行为之一。而且，"夫贵为天子，富有天下，是人情之所同欲也；然则从人之欲，则执不能容，物不能赡也"③，在客观的层面，如果不对欲望进行必要的节制的话，情势也无法容忍，物产不能满足大家的需求，这也是上面已经分析到的"人之所欲"相同的原因。

人有欲望的本性基础，人必须满足一定的欲望，但又不能贪欲；尽管贪欲是必须否定的，但贪欲的事情是客观存在的；根据什么基准来施行"欲"，即如何把握欲望的分寸？的确是一个难题。所以，先秦儒家提出了以下的设想

　　　　养心莫善于寡欲。其为人也寡欲，虽有不存焉者，寡

---

① 《论语·尧曰》，杨伯峻译注：《论语译注》，中华书局1980年版，第210页。

② 《孟子·离娄下》，（清）阮元校刻：《十三经注疏》，中华书局1980年版，第2731页中。

③ 《荀子·荣辱》，王先谦著：《荀子集解》，中华书局1954年版，第44页。

矣。其为人也多欲，虽有存焉者，寡矣。①

　　人之情，食欲有刍豢，衣欲有文绣，行欲有舆马，又欲
夫余财蓄积之富也；然而穷年累世，不知不足，是人之情
也。今人之生也，方知畜鸡狗猪彘，又蓄牛羊，然而食不敢
有酒肉；余刀布，有囷窌，然而衣不敢有丝帛；约者有筐箧
之藏，然而行不敢有舆马。是何也？非不欲也，几不长虑顾
后，而恐无以继之故也？于是又节用御欲，收敛蓄藏以继
之也。②

心的育养最好是"寡欲"，即利欲之心少一些；一个人如果能够
做到"寡欲"，即使遇到意外的不测而危及生命，造成"不存"
的后果，也是非常罕见的事情；如果利欲熏心的话，即使能够存
活下来，也是非常少见的事情。在一般的意义上，人在食、衣、
行、住上，都希望"刍豢"、"文绣"、"舆马"、"余财蓄积之富"，
而且没有满足的时候，这是"人之情"的现实。但在现实的人生
里，才得知生活的艰辛，即使有条件也"食不敢有酒肉"、"衣不
敢有丝帛"、"行不敢有舆马"，并非"不欲"，而是因为如果不考
虑以后的话，恐怕"无以继之"的原因，并通过"节用"来调适
欲望即"御欲"，实现实在的"收敛蓄藏"，来继续以后的生活里
程。应该注意的是，这里的"御欲"不是控制、制御欲望的意
思，而是治理、调适欲望的意思。

　　也就是说，在性理之必然与实现性理之现实之间，存在着客
观的矛盾，矛盾的解决必须依靠"御欲"。

------

　　① 《孟子·尽心下》，（清）阮元校刻：《十三经注疏》，中华书局1980年版，第
2779页中。

　　② 《荀子·荣辱》，王先谦著：《荀子集解》，中华书局1954年版，第42页。

5. "公义胜私欲"

以上只是对欲望的一般性讨论，以及如何通过"节用"来达到不贪欲的运思，现实物产丰富的程度无法满足人们欲望，这是最为关键的因素，在这样的情势下，如何来实现社会的稳定？于是，思想家又运用惯用的伎俩，搬出了君子。

> 君子之求利也略，其远害也早，其避辱也惧，其行道理也勇……君子贫穷而志广，隆仁也；富贵而体恭，杀埶也；安燕而血气不惰，柬理也；劳倦而容貌不枯，好交也；怒不过夺，喜不过予，是法胜私也。书曰：无有作好，遵王之道。无有作恶，遵王之路。此言君子之能以公义胜私欲也。[1]

"求利也略"就是在追求利益的问题上保持简略的尺度，做到体现"隆仁"的"贫穷而志广"，"杀埶"的"富贵而体恭"，"柬理"的"安燕而血气不衰"，"好交"的"劳倦而容貌不枯"，"法胜私"的"怒不过夺，喜不过予"。在此，应该特别引为注意的是"怒不过夺，喜不过予"，喜怒是欲望的表现形式之一，"不过夺"、"不过予"显然也是遵循简略的原则后实现的结果。

"怒不过夺，喜不过予"是"法胜私"的结果，"私"就是"私欲"，"法"就是"公义"即仁义之理。这里就有了一个质的变化，即从对欲望的一般论述，进到了以仁义之理对欲望的层面，而且把欲望说成"私欲"，而仁义之理就成了公法。显然，这是在否定的意义上使用"私欲"这一概念的，"公义"与"私

---

[1] 《荀子·修身》，王先谦著：《荀子集解》，中华书局1954年版，第21—22页。

欲"成为事实上对立的两极。而且，树立了能够为了公法而牺牲自己"私欲"的典型的形象君子。但是，当我们质问，君子为何可能？"公义"代表什么？"公义"与人有什么关联？实际上，这就是中国公私开始对立的现实印记，本来公应该是实现私的保证，是私人利益的保障，但现在这一切在原初的时点上就踪影荡然无存了。荀子虽然看到"欲"就是"私欲"的本质，并提出了"私欲"的概念，但一开始就把它置于和抽象空洞的仁义相对立的地位，否定了客观存在的公私所属不同领域的事实，是荒唐和昏庸的举措①。

6．"欲仁而得仁，又焉贪"

儒家学说的创始人孔子实际上就看到了对欲望节制的必要性，他认为"七十而从心所欲，不逾矩"②，人到70岁虽然可以"从心所欲"而行，但不是没有条件的，这条件就是不能逾越规矩即"不逾矩"；因此，面对欲望，"不以其道得之，不处也"③，把"道"作为规范欲望的天平。孔子这一思想为荀子所继承并发挥，荀子说：

　　欲虽不可尽，可以近尽也。欲虽不可去，求可节也。所欲虽不可尽，求者犹近尽；欲虽不可去，所求不得，虑者欲

---

① 参照"夫主相者，胜人以执也，是为是，非非，能为能，不能为不能，并己之私欲必以道，夫公道通义之可以相兼容者，是胜人之道也"（《荀子·强国》，王先谦著：《荀子集解》，中华书局1954年版，第197页）、"圣人知心术之患，见蔽塞之祸，故无欲无恶，无始无终，无近无远，无博无浅，无古无今，兼陈万物，而中县衡焉。是故众异不得相蔽以乱其伦也"（《荀子·解蔽》，王先谦著：《荀子集解》，中华书局1954年版，第263页）。

② 《论语·为政》，杨伯峻译注：《论语译注》，中华书局1980年版，第12页。

③ 《论语·里仁》，杨伯峻译注：《论语译注》，中华书局1980年版，第36页。

节求也。道者，进则近尽，退则节求，天下莫之若也。①

　　君子乐得其道，小人乐其欲；以道制欲，则乐而不乱；以欲忘道，则惑而不乐。②

穷尽欲望虽然"不可"，但追求可以"近尽"；去除欲望虽然"不可"，但是可以"节求"；"近尽"、"节求"的基本标准就是"道"。在对待"道"和欲望的态度上，君子和小人正好相反；君子"乐得其道"，时时以"道"为依归来运作欲望，达到的客观结果是"乐而不乱"；小人"乐其欲"，追求欲望，根本没有"道"存在的位置，达到的客观效果是"惑而不乐"；显然，君子是身心的快乐和愉悦，小人是身心的困惑和劳累。

　　孔子和荀子的"道"，其内涵实际上就是上面提到的"公义"，即"礼义"。

　　分均则不偏，埶齐则不壹，众齐则不使。有天有地，而上下有差；明王始立，而处国有制。夫两贵之不能相事，两贱之不能相使，是天数也。埶位齐而欲恶同，物不能澹则必争；争则必乱，乱则穷矣。先王恶其乱也，故制礼义以分之，使有贫富贵贱之等，足以相兼临者，是养天下之本也。③

　　人生而有欲，欲而不得，则不能无求。求而无度量分界，则不能不争；争则乱，乱则穷。先王恶其乱也，故制礼义以分之，以养人之欲，给人之求。使欲必不穷乎物，物必

---

① 《荀子·正名》，王先谦著：《荀子集解》，中华书局1954年版，第285页。
② 《荀子·乐论》，王先谦著：《荀子集解》，中华书局1954年版，第254页。
③ 《荀子·王制》，王先谦著：《荀子集解》，中华书局1954年版，第96页。

不屈于欲。两者相持而长，是礼之所起也。①

　　人有相同的欲望即"欲恶"，欲望不能自然得到满足。所以，人必须向外追求，如果没有任何规则可依顺的话，在追求的过程里必然出现争斗，最后走向混乱。社会混乱是统治者所厌恶的。所以，他们制定"度量分界"，即"礼义"来明确人们的分际，一方面维持社会贵贱等级的稳定，按照不同等级的标准满足该等级序列里人的需求，保持欲望在人性轨道上运行的条件即"养人之欲"、"给人之求"；另一方面则维持人需要与自然物产之间的平衡，使物产与欲望"相持而长"，也就是在人的欲望与"人之所欲"之间保持共作互存。

　　德行与欲望的对立，实际上，孔子就开了先河。孔子把"欲仁而得仁，又焉贪"② 作为解释"欲而不贪"的内容。在孔子看来，欲望就是"欲仁"而已，诸如"子曰：仁远乎哉？我欲仁，斯仁至矣"③、"季康子问政于孔子曰：如杀无道，以就有道，何如？孔子对曰：子为政，焉用杀？子欲善，而民善矣"④，都是具体的证明。只要"欲仁"，就可以"得仁"、"仁至"；只要"欲善"，就可以"民善"。欲望的讨论完全局限在仁德上，仁德以外的就是荀子所说的"私欲"，这是完全应该禁止的，德欲已经处在对立的位置上了。

　　实际上，至此，在欲望的问题上，社会的等级"礼义"已经获得了绝对的特权。所以，在原本的意义上，欲望是人的私人事

----

① 《荀子·礼论》，王先谦著：《荀子集解》，中华书局1954年版，第231页。
② 《论语·尧曰》，杨伯峻译注：《论语译注》，中华书局1980年版，第210页。
③ 《论语·述而》，杨伯峻译注：《论语译注》，中华书局1980年版，第74页。
④ 《论语·颜渊》，杨伯峻译注：《论语译注》，中华书局1980年版，第129页。

务，针对人性内存的贪欲的因子，即使要加以抑制，自然必须首先依据人性的特点来进行设计。但是，儒家的思想家是背其道而行之，关注的首先是社会等级秩序的稳定和自然物产的现实，尽管我们不能完全否定社会等级秩序、自然物产这两个因素作为"礼义"决策的依据，但是，把人本身排除在外的做法，无论在什么意义上都是毫无道理的，而这种做法的后果，就是加强了"礼义"成为虚设、成为躯壳的可能性。

7. "灭天理而穷人欲"

把欲望看成私欲，个人以外的其他一切都与它对立，自然就没有其合法的位置。《周易》里也有"君子以惩忿窒欲"[①]的观点，"窒欲"就是熄灭欲望的意思。众所周知，"存天理，灭人欲"是理学家提出来的扭曲人性的观点，作为道德的"天理"和人欲完全对立，人欲没有丝毫的位置肯定。既然人欲离不开人，在原本的意义上，它是人性的内在因子，没有了人欲的人，是什么样的人？在科学的意义上，没有了人欲，就没有人本身这个载体了。所以，宋明理学家提出的"存天理，灭人欲"，在本质上只能是对人的屠杀，人成了躯壳，别说活力了，其用处只有一个，就是玩具、玩偶，如果要冠上其主体的话，那只能是统治者的玩具、玩偶。

理学家虽然提出了"存天理，灭人欲"，但不是什么创造，不过是对先秦儒家思想的继承和发展，下面的资料就是具体的证明。

　　　　是故先王之制礼乐也，非以极口腹耳目之欲也，将以教

---

① 《周易·象传下·损》，（魏）王弼著，楼宇烈校释：《王弼集校释》，中华书局 1980 年版，第 421 页。

民平好恶，而反人道之正也。人生而静，天之性也；感于物
而动，性之欲也。物至知知，然后好恶形焉。好恶无节于
内，知诱于外，不能反躬，天理灭矣。夫物之感人无穷，而
人之好恶无节，则是物至而人化物也；人化物也者，灭天理
而穷人欲者也。于是有悖逆诈伪之心，有淫泆作乱之事。是
故强者胁弱，众者暴寡，知者诈愚，勇者苦怯，疾病不养，
老幼孤独不得其所，此大乱之道也。[①]

上面已经提到，在先秦儒家的著作里，"人欲"约有 1 个用例，
实际指的就是这里的文献。这里回答了圣人采用礼乐来节制人的
欲望的目的，绝对不是"极口腹耳目之欲"，简言之，就是"极
欲"，因为，在上面提到人的欲望具有"綦"的特性，"五綦"是
人情之必然，"綦"就是"尽"的意思，与"极"基本是同义的。
礼乐是为了"教民平好恶"，这里是民，而不是一切人。应该注
意到的变化是，前面荀子的情况，只是人为地搬出圣人、君子，
他们是节制欲望的楷模，能够"公义"胜"私欲"。为什么圣人、
君子能够做到"公义"胜"私欲"？因为他们是圣人、君子，这
仿佛与在前面提到的"为了取得'德'，人必须已经有了它"的
逻辑如出一辙。

礼乐是为了保证人们返回"人道之正"。人道告诉我们，
本性虽然是虚静的，这是天性的一面，但在外物的作用下，本
性的内在因子就会运动，这是"性之欲"即本性具有欲望的因
子。所以，当外物出现时，人的理智就会自觉认知，然后就把
爱好和厌恶表现在具体的行为上；一个人如果不能节制自身内

---

① 《礼记·乐记》，（清）阮元校刻：《十三经注疏》，中华书局 1980 年版，第
1528 页下—1529 页上。

在的"好恶",在外物不断引诱的情况下,加上不能躬身自问,其结果只能造成"天理灭"。换言之,在外物感人无穷,人的好恶无节制的境遇里,人只能成为外物俘虏的对象,或人为外物所化即"人化物";"人化物"的情况,是"灭天理而穷人欲"的情况,也就是"天理"毁灭、人欲穷极的情况;并最终产生"悖逆诈伪之心"、"淫泆作乱之事",在这样的处境里,呈现的是一幅"强胁弱"、"众暴寡"、"知诈愚"、"勇苦怯"、"疾病不养"、"老幼孤独不得其所"的图画。由此看来,礼乐可谓任重而道远。

但是,虽然搬出礼乐来控制人欲,是人为的"公义"胜"私欲"的做法,但如何可能的问题,仍然非常尖锐地存在。不过,在儒家道德哲学不注重"何谓"和"如何为"的天地里,事实上是不存在我说的疑问的。在上面的"灭天理而穷人欲"的概念里,"穷人欲"是非常明确的,没有必要说明;但是,"灭天理"的"天理"指什么?还是需要进一步明确的。大家知道,宋明理学家的"天理"指的是与人欲相对立的道德礼仪等一切符号形式,这里的"天理"是否就是礼乐?我认为,不全是。从上面的引文来看,"灭天理"的提出是在人不能在外物的引诱下顶住压力而成为外物的牺牲品即"人化物",人为外物所化,"人化物"的结果自然是"人生而静,天之性也"遭到破坏,而趋于"穷人欲"的状态,本性失却平衡;所以,这里的"天理"应该包括礼乐和人之天性两个方面。这也显然与后来的"存天理,灭人欲"的用心相异,这里表明的是:要存天理,就得灭人欲;灭人欲必须通过存天理来完成;这是动机论上的立论。"灭天理而穷人欲"是从结果上立论的,也就是说,天理毁灭了,人欲就会趋于无穷的追求外物的过程中。理学家把"灭天理"变成"灭人欲",把"穷人欲"变成

"存天理"，虽然是概念的简单排列上的改变，但这一改造把天理人欲对立的倾向推到了制高点，从而也在明确化的程度上埋下了儒家道德无人性化、无根源化的种子。

但是，《礼记·乐记》里人欲的提出，在中国道德实践的历程里，具有不容忽视的作用。因为，孔、孟只是有单词"欲"的使用，他们主要把欲望依归在仁义道德上面，诸如"欲仁而得仁，又焉贪"。到荀子那里，不仅提出了"私欲"的概念，而且把"公义"置于"私欲"对立的地位，并在价值论上赋予绝对的意义，因为，在中国古代关于公私的界定里，"公"不是"私"的集合和凝聚，"公"不包含"私"，"公"仅是"私"的克星；在一开始，"私"就没有得到应有的内涵规定和权利赋予，畸形的开始，不可能有正常的发展，只能是越发畸形；应该说，荀子敏锐地把握住了孔子的价值追求取向，很快说出了孔子在说却没有明言的思想观点。到《礼记·乐记》"人欲"的提出，道德实践完成了普遍的理论基础的奠定。从"私欲"到"人欲"不是简单一字之差，而是根本性变革，"私欲"本来有道出欲望特征的方面，因为欲望的初衷就是私人的事务，不涉及他人的方面，荀子在人性上，拙劣地硬把"公义"罩在"私欲"的头上，使得人的欲望只能在畸形的航道上得到畸形发展的权利；"人欲"把本来是私人的事务变成了一般意义上的人的事务，中国的历史，也从此把人欲视为洪水猛兽，一直在公义的穷追猛打之下，没有合法安身之处。

以上详细描绘了儒家在欲望问题上的演变发展的轨迹，尽管是粗略的，但却是非常明确和感触人的。实际上，德（天理）欲的对立，在先秦儒家这里就已经完成了理论的设计，人们只知道理学家的"存天理，灭人欲"，实在是喧宾夺主的举措。但是，留给我们的思考不仅是无穷的，而且其任务也是非常沉重的。把德（德行）抬到至高的地步，把欲（人）安放在最低的地狱之中，这样的结果是，人性没有合理发展的一切条件，人也不可能出现完满的人格发展。人欲是人性的必然内置因子，只要生命本身存在不出现问题，满足欲望是一个人人皆知的事实，即使你把标准确定在最低点，但也无法否定满足欲望的事实，而且越是不让人尽情满足欲望，欲望本身越发对人存在神奇的魔力，不管是谁，只要是人，都客观存在去探索、探知这个神奇魔力的欲望，这是欲望之中的欲望，本来不属于人性内置因子的范畴，这是由天理、人欲对立而生发的例外人性伪因子。"灭人欲"的愿望自然只能是痴人说梦；因此，在天理人欲对立的氛围里，出现满足人欲的情况自然是非常自然的行为之举，也不可能在法律上对此严罚，如果严罚，最终的结果是人本身的毁灭，即使是民众的先毁灭，圣人也逃不掉最终毁灭的命运，圣人无法自食其力。因此，聪明的圣人往往对违反"灭人欲"的情况，采取的是道德上的惩罚，以与推行的理论保持形式上的一致，当然是不顾及任何实际的效果的，所以，"对罪恶的态度坚决而认真，但除了道德上的惩戒外，没提任何惩罚措施"①。而道德上的惩戒是无力的，在这种互相矛盾的二律背反的境遇里，中国人的自然收获是"现世现报，无形中培育和鼓励了利己主义，不是贪婪，就是野心勃勃"②，这与我在《绪论》里提出的儒家道德的本质是"自己本位"相吻合。

　　"公"与"私"的对立，最终是两者的完全脱离，无关系。作为个人，既看不到自己的一私之身在"公"那里得到寄托的任

---

①　《多元信仰》，〔美〕亚瑟·亨·史密斯著：《中国人的德行》，陈新峰译，金城出版社2005年版，第341页。

②　同上书，第342页。

何希望，也看不到自己的一私之利益在"公"那里得到实际满足的任何曙光；接着的质问是，生命如何延续？既然"公"不可依赖，就只能依靠自己来进行延续生命的实践。人欲的事务就完全变成了私人的事务，在事实上回归了"欲"的语词本义，这是一幅理论与事实相悖的图画，无疑是对儒家思想的讽刺。在相悖的现实演绎里，个人与社会在两个不同的场域里各自实施着自己的行为，客观结果只有一个，就是两者力量的消解，个人的力量没有能够有效地汇聚到社会之中，社会的合力自然无所附丽，人也不可能产生爱社会、爱"公"的情感，当然更不可能有实际的增强社会合力的行为。所以，事实上的个人和集体的关系只能是沙子和水的关系，个体仿佛沙子，不可能融化到水里去，虽然浸泡在水里，但与水是分离的状态，绝对不是一体的。只有真正一体时，个人才能为集体出力和流汗，社会的合力才能增强，社会才能得到真正的发展。对这种本质情况的描绘，日本思想家岛田虔次的总结可以作为参考。

对于既成的社会，对于作为通常观念的社会，对于作为名教的社会来说，对之有威胁的新兴社会，屡屡被作为"个人"而受到贬低。相对于君子的是小人；相对于士大夫读书人的是庶民、愚夫愚妇；相对于天理性社会的是人欲的社会；这样的对立曾经被置于极其幸福的秩序之中。根据儒家的古典理论，两者的关系并不是对抗的关系，而是充实与缺乏的关系——这里的所谓缺乏是在原理上几乎不可能充实的缺乏——而成为极其自然的上下阶层。也就是说：君子之德风，小人之德草（《论语·颜渊》）；民可使由之，不可使知之（《论语·泰伯》）；礼不下庶人，刑不上大夫（《礼记·曲礼》）。郑玄所说的"民，冥也"（《论语·泰伯注》），是一语道破了天机；荀子把人分为"有礼为士君子，无礼为民"
(《礼论》)，总而言之也是归于同样的意图。不以诗书为事的
庶民，既不具备认识理之当然的知性能力，也不具备履行礼
之要求的道德能力。不！更正确地说那是极度的缺乏。于
是，天下就由治野人的君子和养君子的野人所组成；大人有
大人之事、小人有小人之事就理所当然地成为"天下之通
义"(《孟子·滕文公》)。这样的人的社会的秩序，就是被称
为"礼"的东西；那正是与天地自然之秩序相一致的（"礼
者天地之序也"《礼记·乐记》)，或者不如说那就是天地自
然的秩序本身。①

在德行与欲望问题上的行为和举措，同在东亚文化圈里的日本的
情况，是我们不能忽视的。他们也受儒家思想的影响，最初在唐
代开始从中国引进的典籍里，《论语》《孟子》《孝经》等就是其
中的内容，他们敏锐地洞察到了儒家思想无视人性的现实，把人
无限神话，只做表面文章而不顾事实的缺陷，立足人的现实，对
人的欲望的满足表现了少有的宽容。以下两个资料就是西方人做
的总结。

　　　　在日本人的哲学中，肉体不是罪恶。享受可能的肉体快
　　　乐不是犯罪。精神与肉体不是宇宙中对立的两大势力，这种
　　　信条逻辑上导致一个结论，即世界并非善与恶的战场……事
　　　实上，日本人始终拒绝把恶的问题看作人生观。他们相信人
　　　有两种灵魂，但却不是善的冲动与恶的冲动之间的斗争，而

---

　　① 《一般的考察：近世士大夫的生活与意识》，〔日〕岛田虔次著：《中国近代思
维的挫折》，甘万萍译，江苏人民出版社 2005 年版，第 117—118 页。

是"温和的"灵魂和"粗暴的"灵魂（即"和魂"与"荒魂"），每个人、每个民族的生涯中都既有"温和"的时候，也有必须"粗暴"的时候。并没有注定一个灵魂要进地狱，另一个则要上天堂。这两个灵魂都是必须的，并且在不同场合都是善的。①

象日本这样极端要求回报义务和自我约束的道德准则，似乎坚决要把私欲谴责为罪恶并要求从内心根除它。古典佛教的教义就是这样。但日本的道德准则却对感官享乐那样宽容，这就更加令人惊异。日本是世界上有数的佛教国家之一，但在这一点上，其道德伦理显然与释迦及佛典对立。日本人并不谴责满足私欲。他们不是清教徒。他们认为肉体的享乐是件好事，是值得培养的。他们追求享乐，尊重享乐，但是，享乐必须恰如其分，不能侵入人生重大事务。②

人不能离开善恶，同时把善恶看成人的两个不同的部分，并区分在不同的场合可以满足不同的需求，这实际上已经包含了把人的活动领域区分成私人领域和公共领域的事实，前者是私人生活领域，后者是与他人发生关系的领域；拿现在的语言来表达的话，前者就是工作以外的时间，后者是工作时间；区别对待不同的行为关系主体情况，显然是比较合乎人的本性特点的，尊重了人的多种需求，并为人在不同场合行使不同义务、达到人生创造的最高价值提供了最好的条件。所以，我初到日

----

① 《人情的世界》，〔美〕鲁思·本尼迪克特著：《菊与刀》，吕万和等译，商务印书馆1990年版，第131页。

② 同上书，第123页。

本的时候，到京都的寺庙、神社里参观的时候，发现日本的和尚是有家室的，过着常人的生活，有些不理解，现在就没有存在疑问的任何理由了。

儒家道德哲学在本质上设置了德欲对立的价值尺度，欲望只有符号的价值地位，在现实生活里完全从属乃至消融在德行之中，所以，道德成为舞台的唱本。事实上，德与欲分属不同的领域，有着各自的主题，道德资源的开发，要求我们在认识儒家道德哲学本质的同时，还德欲的本来面目，以便有效地润滑中国现代化的实践。

三　义利的对抗

道德与利益的问题，在先秦儒家的系统里，就是"义"与"利"的问题。可以说这是道德哲学中最为重要的问题。众所周知，西方传教士利玛窦对孔子及儒学的尊重代表了当时欧洲普遍的社会文化心态，早期传教士普遍认为，中国固有文明的精华无疑在早期儒学，孔子所开创的道德哲学是世界其他民族无与伦比的，在一定意义上可以弥补欧洲文化之不足。不过，他们也看到了由于儒家早期道德哲学主要是着眼于个人、家庭及国家的道德行为，以期在人类理性的光芒下对道德活动加以指导，而失之于逻辑等规范的引进，因此缺乏对道德与社会其他学科之间关系的考虑，失之于道德的正当自我定位，因而导致中国的伦理学最终成为一系列混乱的格言和推论而于事无补。换言之，就是过高地定位了道德，以至造成泛道德主义的倾向。

接着上面分析的善恶的对峙、德欲的对立，这里专门要审视一下义利即道德与利益之间实际存在的对抗关系。这不是一个小问题，因为，这直接关联到我们今天在世界经济舞台上的人均份额的考量的问题，经济的人均份额，直接决定着中国民众的福利水准和生活质量。大家记得，日本的近代化就是从追求利益开始的，"争利，固然为古人所讳言，但是，争利就是争理。现在，正是我们日本与外国人争利讲理的时代"①，日本正是在近代思想巨擘福泽谕吉这一理论的带动下，驱动了近代化的工程，并带来了日本真正的经济强大。在这样的背景下，下面来具体展示一下儒家道德与利益对抗的图景。

　　1. "义与利者，人之所两有"

　　我们无法找到儒家的创始人孔子谈利益的地方，只有其学生"子罕言利与命与仁"②的例证。不过，孔子对物质方面的需要倒也持肯定的态度："自行束修以上，吾未尝无诲焉"③、"事君，敬其事而后其食"④。凭劳动所得，劳动在先，获取在后，这是天经地义的。这是应该引起重视的。《吕氏春秋·先识览·察微》记载着这样一个故事。鲁国的法律规定，如果鲁国人在外国沦为奴隶，有人出钱把他们赎出来，可以到国库中领取赎金。子贡赎了一个在外国沦为奴隶的鲁国人，回来后谦让而不向国家领取赎金。孔子对他说：你这样做就不对了。你开了一个坏的先例，从今以后，鲁国人就不肯再替沦为奴隶的本国同胞赎身了。子路救了落水者，那人用牛来谢他，他收下了。孔子说，以后鲁国的人

　　① 《续前论》，福泽谕吉著，松泽弘阳校注：《文明论之概略》，日本岩波书店1995年版，第118页。

　　② 《论语·子罕》，杨伯峻译注：《论语译注》，中华书局1980年版，第86页。

　　③ 《论语·述而》，杨伯峻译注：《论语译注》，中华书局1980年版，第67页。

　　④ 《论语·卫灵公》，杨伯峻译注：《论语译注》，中华书局1980年版，第170页。

看到落水者一定会救①。

　　这是完全不同的两件事。子贡破坏了鲁国领取赎金的法律。子贡是最有钱的孔门弟子，他是一个成功的商人。所以他在商业营运中周游列国，有机会也有经济实力赎出在外国沦为奴隶的鲁国人。虽然在经济实力上，赎金对他无所谓，但在法律上，作为一个鲁国公民，必须遵守国家的法律而领取赎金。为了自己的德行而谦让不领，不仅给他人的行为选择设置了难题，而且把道德凌驾于法律之上，过分夸大道德的重要性。子路救落水者，这是一般的行为境遇。救人的行为，无疑付出了冒险的劳动，付出劳动而领取别人的回报，也通情理。鲁国虽然在法律上没有明文的规定，但是孔子给予了肯定。在此，不难发现，孔子已经充分洞察到了道德与经济的关系，没有否定利益。这应该是现实层面上对利益的把握。

　　后来的荀子虽然主张"义与利者，人之所两有也"②，看到了义、利两者都是人的需要，但强调的是道德的主导性，义在利的前面，实际上这一接近合理的命题，也是违背人性基本的规律的，利益是人生命的第一需要。

　　2."食无求饱，居无求安"

　　虽然利益存在一定的必要性，但是非常有限的，人应该过"无求饱"、"无求安"的生活。在儒家看来，一个人不能践行仁德的话，对礼仪制度和音乐就无可奈何了。掌握仁的行为之方，

_____

　　① 参照"鲁国之法，鲁人为人臣妾于诸侯，有能赎之者，取其金于府。子贡赎鲁人于诸侯，来而让，不取其金。孔子曰：'赐失之矣。自今以往，鲁人不赎人矣。'取其金，则无损于行；不取其金，则不复赎人矣。子路拯溺者，其人拜之以牛，子路受之。孔子曰：'鲁人必拯溺者矣。'孔子见之以细，观化远也"（《察微》，（东汉）高诱注：《吕氏春秋注》，中华书局1954年版，第191—192页）。

　　② 《荀子·大略》，王先谦著：《荀子集解》，中华书局1954年版，第330页。

并能行仁德的话，就能行使符合规范又合理义的善恶标准，所以，对他们来说，根本就没有什么忧虑、忧愁、忧患，"饭疏食饮水，曲肱而枕之，乐亦在其中矣"①，就是具体的证明。显然，奉行仁德，对个体来说，是其立身的主要条件之一，不能有半点马虎，"君子食无求饱，居无求安，敏于事而慎于言，就有道而正焉，可谓好学也已"②、"君子去仁，恶乎成名？君子无终食之间违仁，造次必于是，颠沛必于是"③，仁德是唯一的行为依归。孔子担心的不是物产的少，而是分配的不均匀，即"不患寡而患不均"，重点在社会的稳定，而不是人的需求是否满足？如何满足的问题，在竹简里写为"悬"的仁，虽然人的身体是二分之一，但实际的情况却完全相反。

孟子的"为人臣者怀仁义以事其君，为人子者怀仁义以事其父，为人弟者怀仁义以事其兄，是君臣父子兄弟，去利怀仁义以相接也。然而不王者，未之有也。何必曰利"④，体现的价值取向也一样，道德就是一切，人可以以道德为粮食来实现生存。其实真要能够这样，在世界文明历史上也就能够成为奇迹。

3. "先之以德"

对人来说，利益的满足是非常次要的，应该考虑的是"道"实现的情况，而不应该考虑吃饭等基本生活问题即"君子谋道不谋食"⑤；担忧的也应该是"道"的现实，而不是贫穷等问题即

① 《论语·述而》，杨伯峻译注：《论语译注》，中华书局1980年版，第70页。
② 《论语·学而》，杨伯峻译注：《论语译注》，中华书局1980年版，第9页。
③ 《论语·里仁》，杨伯峻译注：《论语译注》，中华书局1980年版，第36页。
④ 《孟子·告子下》，（清）阮元校刻：《十三经注疏》，中华书局1980年版，第2756页下。
⑤ 《论语·卫灵公》，杨伯峻译注：《论语译注》，中华书局1980年版，第168页。

"君子忧道不忧贫"①；其原因是"耕也，馁在其中矣；学也，禄在其中矣"②，也就是说，耕种庄稼本身就存在着饥寒，学习本身就存在福禄。所以，应该把道德放在首位。

> 善者民必富，富未必和，不和不安，不安不乐。善者民必众，众未必治，不治不顺，不顺不平。是以为政者教导之取先。教以礼，则民果以劲。教以乐，则民弗德争将。教以辩说，则民艺陞长贵以忘。教以艺，则民野以争。教以技，则民少以吝。教以言，则民讦以寡信。教以事，则民力嗇以涵利。教以权谋，则民淫昏，远礼无亲仁。先之以德，则民进善焉。③

善与富存在着必然的关系，富裕与和谐却没有必然关系，但没有和谐就不可能安定，不安定就不可能快乐；善的行为必然使民众归附，但人多不等于整治，不整治就不和顺，不和顺就不昌平。所以，治理社会必须以教化为先，在教化中，礼乐的教育尤为重要，其他诸如"辩说"、"艺"、"技"、"言"、"事"、"权谋"等都有负面影响。不说别的，就拿"教以事"来说，能够带来的实际效果是民众的能力得到积累④，从此沉湎于利益的追求和满足之中。

---

① 《论语·卫灵公》，杨伯峻译注：《论语译注》，中华书局 1980 年版，第 168 页。
② 同上。
③ 《尊德义》，李零著：《郭店楚简校读记》，北京大学出版社 2002 年版，第 140 页。
④ "嗇"在这里的意思似乎当解释为积累，而不是吝嗇。参照《老子"孔德之容，惟道是从"的道德思想》，许建良著：《先秦道德的道德世界》，中国社会科学出版社 2006 年版，第 65—66 页，那里有详细的理由说明。

道德放在优先的位置，这样民众就可以尽善了。想法是非常天真的。我们不禁要问，道德果真如此神奇吗？对人来说，"不谋食"、"不忧贫"，只要"谋道"、"忧道"就可以实现丰衣足食了吗?! 所以，对孔子来说，"不义而富且贵，于我如浮云"①，甚至可以为了虚无的信义而不吃饭，"子贡问政。子曰：足食，足兵，民信之矣。子贡曰：必不得已而去，于斯三者何先？曰：去兵。子贡曰：必不得已而去，于斯二者何先？曰：去食；自古皆有死；民无信不立"②。人可以不吃饭，但不能没有道德。这是真命题吗？

4."见利思义"

对任何民族来说，"技"、"事"的教育是最为重要的内容，没有具体技艺的培养，没有具体事功的积累，民众的基本生活就无法得到保证，没有基本生活的保证，即使是活着的人，但最多也只是作为躯壳的价值而得到定位，这都为儒家把道德作为人人都具有的天生的素质的设定而决定。而且对生命体而言，这不是一般的素质，而是最为基本的给生命体提供能源的素质，这时一般意义上的物产等基本生活保障的因素就失去了本该具有的功能，所以，人只要"谋道"、"忧道"，不需要考虑生活品了。能够把"道"等道德作为基本的生活品，"技"、"事"等自然也就没有了价值，只要学习道义就行了。

因此，在利益面前，首先想到的当是道义标准，而不是其他，即"见利思义"③、"见得思义"④，道义成了现实社会的一切，而道德到底是什么，又缺乏硬性的标准，这在无形中干预了经济利

①《论语·述而》，杨伯峻译注：《论语译注》，中华书局1980年版，第70页。
②《论语·颜渊》，杨伯峻译注：《论语译注》，中华书局1980年版，第126页。
③《论语·宪问》，杨伯峻译注：《论语译注》，中华书局1980年版，第149页。
④《论语·季氏》，杨伯峻译注：《论语译注》，中华书局1980年版，第177页。

益本身合规律的发展，这种影响在非常深在而又宽广的层面上，影响并禁锢着人的思维。现实生活里许多情况是在付出劳动以后，必须有所得，诸如按劳取酬就是这种情况。在道义是一切的境遇里，法律就没有了任何意义，实际上，人必须首先按法律行为，这是最基本的。

5."杀身以成仁"

上面分析的"见利思义"仅仅是在获取利益的时候应该的行为之方，这是比较简单的情况，只要照着做就可以了。但是，人毕竟是现实生活里的存在，当个体的身与仁发生矛盾的时候，应该奉行的价值尺度只能是"志士仁人，无求生以害仁，有杀身以成仁"①。也就是说，不能为了求生而危害、损害仁德的光辉，而应该用自己的性命即身来成就仁德的价值实现。这就是在两难选择中，孔子昭示我们的抉择之方。

其后的孟子正是沿着这一定势朝前发进的，他的"鱼，我所欲也，熊掌，亦我所欲也，二者不可得兼，舍鱼而取熊掌者也。生，亦我所欲也，义，亦我所欲也，二者不可得兼，舍生而取义者也"②，就是最好的说明。在鱼和熊掌不能兼得时，应该权衡轻重而取熊掌，这是取其重，是人性的普遍表现。当你面临生和义的两难选择时，权衡轻重而该取义，这是"舍生而取义"，显然，道德之"义"的价值重于生命。

荀子虽然在道德与利益的问题上，看到了义、利两者都是人的需要，但强调的是道德的主导性，虽然没有发展到如孟子"舍生而取义"的极端地步。

---

① 《论语·卫灵公》，杨伯峻译注：《论语译注》，中华书局1980年版，第163页。
② 《孟子·告子上》，（清）阮元校刻：《十三经注疏》，中华书局1980年版，第2752页上。

> 虽尧舜不能去民之欲利，然而能使其欲利不克其好义也。
> 虽桀纣不能去民之好义，然而能使其好义不胜其欲利也。故
> 义胜利者为治世，利克义者为乱世。上重义则义克利，上重
> 利则利克义。故子不言多少，诸侯不言利害，大夫不言得丧，
> 士不通货财。有国之君不息牛羊，错质之臣不息鸡豚，冢卿
> 不修币，大夫不为场园，从士以上皆羞利而不与民争，乐分
> 施而耻积藏；然故民不困财，贫窭者有所窜其手。①

这里的义利完全处在对立的地位，根本不是从义利本身的特点来
讨论设定其内容的，而是以预想的理想社会为出发点，"多少"、
"利害"、"得丧"、"货财"等与利益相关的概念成为远离的对象，
并构成"不言"的"不"形式，这与道家的"不言之教"是完全
不同的。道家的"不言"是什么都"不言"，没有任何规定，让行
为自然而然地合万物自身的本性规律而迸发。而这里的"不言"
之后有具体的规定，这跟上面提到的"子罕言利"是相呼应的，
显示一致的价值追求和苦心；不仅如此，荀子还把"保利弃义"
作为"至贼"②，价值取向上跟孔孟根本没有什么区别，只是推进
程度上的差异，这是应该明了的。但在国家利益与民众利益的问
题上，强调的是民众的利益，要把利益民众、仁爱民众放在第一
位，显示着民本主义的光辉。尽管如此，我们也不能忽视，既然
要求个人在行为的取向上应该以道德为依归，把"保利弃义"作
为"至贼"，大家不去追求正当的利益，那么，利益如何才能积
聚？民众如何才能不为财所困？没有利益的积累，国家拿什么来
利益民众呢？这是一个现实却又不能回避的问题。所以，荀子的

① 《荀子·大略》，王先谦著：《荀子集解》，中华书局1954年版，第330页。
② 《荀子·修身》，王先谦著：《荀子集解》，中华书局1954年版，第14页。

民本主义似乎缺乏现实的基础，或者说，他营建民本主义的路径仍然是孔孟所推重的道德决定主义，这也是不得不注意的。

战国时，与儒家同属显学的墨家，在义利问题上，却与儒家有着一定的差别。墨子主张交相利，认为"万事莫贵于义"①，他之所以贵义，是因为"天下有义则生，无义则死；有义则富，无义则贫；有义则治，无义则乱"②。相异于儒家超功利的道德追求，墨家则重利寓于义中，"此仁也，义也，爱人利人，顺天之意"③，"爱人利人"就是义，这不仅体现着对人的重视，而且把利益人直接作为义。到后期的墨家，又在一般的意义上，发展和推进了墨子这一命题，即"义，利也"④。道德等于利益，只是从与儒家相反的路径上走上了形式上义利统一、实质上义利对立的道路；实质上的义利对立，也就是利的名存实亡；如果有人提出道德就是利益的"利益"，是什么样的利益的问题，我想就是难题了⑤。

在道德与利益问题上，赋予道德绝对地位的思想，我们在其

---

① 《墨子·贵义》，孙诒让著：《墨子闲诂》，中华书局1954年版，第265页。
② 《墨子·天志上》，孙诒让著：《墨子闲诂》，中华书局1954年版，第119页。
③ 《墨子·天志中》，孙诒让著：《墨子闲诂》，中华书局1954年版，第127页。
④ 《墨子·经上》，孙诒让著：《墨子闲诂》，中华书局1954年版，第191页。
⑤ 参照"即使人们也许对法家的非道德感到反感，但在阅读了太多的儒、墨无效的道德说教之后转到它们，也能使人耳目一新。法家孤立地赏识有利政策的实现依靠的是制度而非好的意图。在法家与儒家学说的冲突中，人们非常清楚地看到，儒家作为由家庭向外递减的道德义务的概念，实际上成为有权有势的家族的集体自私的辩护。对法典公之于众的最初抵制，是因为妨碍了他们认为最为理想的贵族断案，不久他们便放弃了。但是，我们已从贾谊的个案中看到，儒家对非人道的刑罚的反感，首先是集中于针对上层人物施以适用于下层的刑罚。至于儒家用道德影响、礼仪训练而不是刑罚来加强秩序的偏爱，只有有闲阶级会有时间掌握被《礼记》编纂整理的礼仪，那里我们读到，'礼不下庶人，刑不上大夫'（介于中间的士将兼受两者的约束）"（《天人分途》，〔英〕葛瑞汉著，张海晏译：《论道者：中国古代哲学论辩》，中国社会科学出版社2003年版，第334—335页）。

他文献里也可以找到，诸如"义以生利，利以平民"①、"夫义所以生利也，祥所以事神也，仁所以保民也。不义则利不阜，不祥则福不降，不仁则民不至"②、"义，利之本也"③、"夫义者，利之足也……废义则利不立"④、"义以导利"⑤、"君子于行，义不食也"⑥，显示的都是这个价值信号。儒家对利益的定位，设定了中国几千年来一成不变的重视道德价值而轻视个人利益的价值定势，而忽视了道德本身的不可量化性，经济与法律的联系。所以，在经济发展的过程里，在用道德调节经济利益之前，首先应该用法律来调节，诸如"守法求利"，或"见利思法"、"见得思法"，这具有硬性的规定，有形而可把握，法律作为所有人意志的凝聚，又具有公正性。这是应该注意的。

　　以上就是先秦儒家道德所含有的深层的道德与利益之间的对抗，这是隐性的，一直为人所忽视，乃或以此为特色而津津乐道，我们应该清醒，因为是清醒的时候了，尽快确立利益的当然地位，因为，任何的实现都不能没有利益的支持，尽快确立利益与道德良性关系的尺度和标的。

----

　　①　《春秋左传》卷二十五《成公二年》，（清）阮元校刻：《十三经注疏》，中华书局 1980 年版，第 1894 页上。

　　②　《国语·周语中》，邬国义等撰：《国语译注》，上海古籍出版社 1994 年版，第 37 页。

　　③　《春秋左传》卷四十五《昭公十年》，（清）阮元校刻：《十三经注疏》，中华书局 1980 年版，第 2059 页上。

　　④　《国语·晋语二》，邬国义等撰：《国语译注》，上海古籍出版社 1994 年版，第 257 页。

　　⑤　《国语·晋语四》，邬国义等撰：《国语译注》，上海古籍出版社 1994 年版，第 310 页。

　　⑥　《周易·象传下·明夷·初九》，（魏）王弼著，楼宇烈校释：《王弼集校释》，中华书局 1980 年版，第 397 页。

四　规范的缺失

"八条目"作为个人修养和社会整治的必用武器，被认为是儒家的特产和专利，这已经是一个漫长的历史故事了，具有毋庸置疑的地位。经过儒家文化长期熏陶的中国人，本来依靠道德修养可以顺理成章地积累起丰厚的道德素质，营建起良性而牢固的人际关系长城，以抵御和消解各种袭来的困难。但是，事实并非如此，随着经济发展的深入，中国人道德的滑坡也业已成为世人无法无视乃至轻视的事实，这里既有经济与道德二律背反现状带来的历史效应，也有长期来重亲情而轻规范而形成的由规范意识淡薄而自然带来的失范因素，这自然使我们想到儒家重视通过修养来整治社会的"八条目"，在现实生活中表现得是多么脆弱。因此，我们有必要来重新思考和审视"八条目"这一儒家提出的修身模式，以便有效地利用古代文化资源，及时地调节好我们的生活境遇，为构建和谐现实社会而提供历史文化的指导。

1. 道家修养模式所体现的规范性

把修齐治平概括成系统的"八条目"，自然是儒家的功绩，但是，同任何大河磅礴浩大之势都是众多溪谷涓涓细流的积聚一样，任何思想体系化的出现，也必然都是历史积淀的自然结果，无源当然不能成本，这是不言自明的道理。在中国思想史上，儒家修身模式的系统提出，自然也是思想积淀的必然结果；应该注意的是，这种积淀，绝对不限于儒家思想的本阵营，而主要是对相异思想阵营即道家思想成果的吸收，这是不为许多研究者所重视的方面。

　　道家的"道"由于具有在形下世界里为一般的感觉器官所无法把握的特性，诸如看不见、摸不着等，就是具体表现。因此"道"本身，似乎也与经验世界的事务具有距离感，根据这个而把道家当成虚无主义来排斥的做法，也是历来的一种情况乃至定式。但是，这显然是见表不及里的做法。在本质的意义上，道家仍然是现实的，不过，道家现实化的方法与其他的思想学派是相异的，它不是用肯定的眼光来看待现实，而是用批判的视野来审视现实①。在道家批判的视野里，现实不是别的什么，正是大道异化的样本，"大道废，安有仁义；慧智出，安有大伪；六亲不和，安有孝慈"②，就是最典型而形象的说明。要使现实返归与大道同存的世界，就必须反异化。如何才能真正达到反异化而最终返归大道的世界，显然光有美好的理想是不行的，必须诉诸理论体系的营建，这就是道家自然哲学产生的切入口。

　　因此，道家自然哲学的切入口是现实的，道家自然哲学的实质是实践性的。道家强调自然无为，自然无为不是"不为"，而是依顺万物本性而为，从而实现道德的价值。在这里还想强调的

---

　　①　参考"荆楚文化特点的莫过于《楚辞》、《老子》及受《老子》影响的庄周。这一地区的文化更偏重于探讨世界万物的构成、起源，人与自然的关系，人在自然界中的地位。这些问题涉及的范围恰恰是中原文化所不甚重视的。人伦日用、政治生活则是老、庄哲学所轻视的，即使有时涉及，也往往以轻蔑的态度看待它。邹鲁文化上承西周，以尧、舜、禹为圣人，以《六经》为经典，以宗法制度为维系社会的力量。荆楚文化则很少受这种传统思想的羁绊，并以它特有的尖锐性，对中原文化开展勇敢的批判，在打破旧传统、解放思想中起了巨大的作用"（任继愈著：《中国古代哲学发展的地区性》，载《中华学术论文集》，中华书局1981年版，第465页）。

　　②　《老子》十八章，（魏）王弼著，楼宇烈校释：《王弼集校释》，中华书局1980年版，第43页；据崔仁义著：《荆门郭店楚简〈老子〉研究》，科学出版社1998年版，第38页《老子A》第四组改定。

是，道家自然哲学的价值枢机，正是在无形的大道本身，无形的大道在自身的范围里，没有丝毫的价值可言，它的价值的实现不能离开万物，这就是"即物而德"的道理，这一点就充分证明了大道与万物世界的不可分离性。所以，在完整的意义上，离开现实，就不可能有道家关于自然理论的产生；没有自然理论的营建，也就无法完成反异化而达到返归大道世界的目的。在这个意义上，把道家自然哲学说成是解决现实人生等问题的"副产物"的说法显然是欠妥当的①，而且道家的视野绝对不是人类社会的狭隘世界，而是宇宙万物的世界，这是应该注意的。

道家提出的修养模式，至今并没有得到人们应有的重视，这实在是令人遗憾的事情。修养虽然是个人的事务，但人最终只能是人际关系中的存在物，修养也自然不能离开人际关系的考虑，也正是在这个智慧的导航下，道家选择"道"作为修养的客观标准，从而形成自己修养实践的特色。具体而言，我们可以通过以下的论述来明了。

> 善建者不拔，善抱者不脱，子孙以祭祀不辍。修之于身，其德乃真；修之于家，其德乃馀；修之于乡，其德乃长；修之于邦，其德乃丰；修之于天下，其德乃博。故以身观身，以家观家，以乡观乡，以邦观邦，以天下观天下。吾

---

① 徐复观认为，"老学的动机与目的，并不在于宇宙论的建立，而依然是由人生的要求，逐步向上面推求，推求到作为宇宙根源的处所，以作为人生安顿之地。因此道家的宇宙论，可以说是他的人生哲学的副产物。他不仅是要在宇宙根源的地方来发现人的根源；并且是要在宇宙根源的地方来决定人生与自己根源相应的生活态度，以取得人生的安全立足点"（徐复观著：《中国人性论史》，上海生活·读书·新知三联书店2001年版，第287—288页）。

何以知天下然哉？以此。[1][2]

　　在这里想引起大家注意的是，"修之于身"、"修之于家"、"修之于乡"、"修之于邦"、"修之于天下"的句型，显然这里不是简单的"修身"、"修家"、"修乡"、"修邦"、"修天下"，而是"修之于身"等，这一句型本身虽然表示完整的行为，但不是典型的动宾结构，对此完整理解的关键在对"之"的内涵的确定。

　　综观老子思想，这里的"之"就是老子确立的修养的标准，不是别的什么，正是"道"[3]，在这一前提下再来理解以上原文的话，就不难得到，如果通过修炼，真正能够体悟大道的真谛，内在德性就能真诚信实；如果一个家庭都能够谨修大道的话，一定道德满园而丰润有余；修道于乡的话，那该乡的道德水准一定会得到长足的发展；修道于国家的话，那国家的道德水平一定会得到提高，道德仿佛芬芳满园的果树，果实丰硕而香飘万里；修道于整个天下的话，那整个天下的道德水准会从此博大精妙，德满人间。所以，要知道天下道德水准的情况，在最终的意义上，只要通过一个自身或者自己家庭的道德状况就能够略知一二了。换言之，道德不是书面文章，而是可以通过视觉器官来观摩和审察并从而得出结论的。"善建"、"善抱"都是在道德修养实践历程中的体道的行为，在一切领域里，只要体得大道，让大道流动其中，就能达到秩序的整肃和谐。这是中国从身到天下的修养模

───────────────

　　① 《老子》五十四章，（魏）王弼著，楼宇烈校释：《王弼集校释》，中华书局1980年版，第143—144页。

　　② 据崔仁义著：《荆门郭店楚简〈老子〉研究》，科学出版社1998年版，第40—41页《老子B》第三组必定。

　　③ 详细参照《综论》，许建良著：《先秦道家的道德世界》，中国社会科学出版社2006年版，第423—428页。

式的最早摹本。

2. 先秦儒家的修养模式

儒家经典《大学》明确指出："自天子以至于庶人，壹是皆以修身为本。其本乱而末治者否矣，其所厚者薄，而其所薄者厚，未之有也。此谓知本，此谓知之至也。"[①] 修身是一切之本，离开修身，人文的进步和发展就将无所附丽。关于儒家修身思想的具体内容，下面分而述之。

（1）身到天下的模式确立。

在修身与治国关系问题上的考虑，儒家认为：

> 天下之达道五，所以行之者三。曰：君臣也，父子也，夫妇也，昆弟也，朋友之交也，五者天下之达道也。知，仁，勇，三者天下之达德也，所以行之者一也。或生而知之，或学而知之，或困而知之，及其知之，一也。或安而行之，或利而行之，或勉强而行之，及其成功，一也。子曰：好学近乎知，力行近乎仁，知耻近乎勇。知斯三者，则知所以修身；知所以修身，则知所以治人；知所以治人，则知所以治天下国家矣。[②]

修身是治人、治国、治天下的基础和前提，显示的也是从己身到天下的价值推进模式，与道家毫无二致。显然，在一定意义上，这可以说是古代中国思想家的共同选择和思想追求。与道家不同

---

① 《礼记·大学》，（清）阮元校刻：《十三经注疏》，中华书局 1980 年版，第1673 页上。

② 《礼记·中庸》，（清）阮元校刻：《十三经注疏》，中华书局 1980 年版，第1629 页中—下。

的是，儒家在此明确地规定了修身的具体内容，即"好学"、"力行"、"知耻"。对一个人来说，如果能够在实际生活里切实地践行"好学"、"力行"、"知耻"，也就抵达了知、仁、勇的三"达德"的境界。所以，认识这三个方面的内容，也就认识了修身的根由；认识了修身的根由，也就认识了治人的根由；认识了治人的根由，也就认识了治理天下国家的根由。

（2）修身链的确立。

在上面的分析中不难得知，从身到天下的推进模式，并非儒家的专利，倒是中国古人的普遍情怀和寄托；在修身问题上，修身之所以为儒家的枢机，主要在于儒家对修身链的确立。下面的资料是大家都熟悉的：

> 古之欲明明德于天下者，先治其国；欲治其国者，先齐其家；欲齐其家者，先修其身；欲修其身者，先正其心；欲正其心者，先诚其意；欲诚其意者，先致其知，致知在格物。物格而后知至，知至而后意诚，意诚而后心正，心正而后身修，身修而后家齐，家齐而后国治，国治而后天下平。①

物格、致知、诚意、正心、修身、齐家、治国、平天下组成中国修养经的"八条目"，在"八条目"里，物格、致知、诚意、正心、修身组成一个系统，前四者都是回答如何修身问题的。

对儒家而言，之所以要重视修身，因为人的情感容易走向一端而入歧途，即"所谓齐其家在修其身者，人之其所亲爱而辟

---

① 《礼记·大学》，（清）阮元校刻：《十三经注疏》，中华书局1980年版，第1673页上。

焉，之其所贱恶而辟焉，之其所敬畏而辟焉，之其所哀矜而辟焉，之其所敖惰而辟焉，故好而知其恶，恶而知其美者，天下鲜矣"①，客观的事实是，因为好恶容易先入为主的人性客观情势，导致难以真正认识客观他物善恶的现实情况，所以，修身在"八条目"里占有绝对重要的地位。就推进的模式而言，儒家无疑是借鉴了道家的运思，在借鉴过程里，把"修之于身"的形式变成了"修身"的语言形式，无视了道家原本设定的"之"的存在价值；而且重点发展了修身的方面，而被发展的修身方面的内容，毫无疑问地赋予主观随意性的特点，缺乏在人际关系里把握、认识问题的客观性。实际上，强调道德修养本身并没有什么错，而无视客观的方面一味在主观的方面奔跑本身，无疑也葬送了修养的本有生命。

（3）"修身以道，修道以仁"。

在形式上，虽然儒家忽视了道家对修身实践外在标准"之"即"道"的规定，但这一事实并非给予让人得出儒家在修身问题上毫无任何标准结论的理由，因为，我们仍然可以认为，儒家的修身实践就是修仁的实践，这在儒家的思想系统里，存在成立的条件。审视儒家的经典文本，实际上，儒家在修身问题上同样重视"道"。

> 哀公问政。子曰：文武之政，布在方策。其人存，则其政举；其人亡，则其政息。人道敏政，地道敏树。夫政也者，蒲卢也。故为政在人，取人以身，修身以道，修道以仁。仁者人也，亲亲为大；义者宜也，尊贤为大。亲亲之

---

① 《礼记·大学》，（清）阮元校刻：《十三经注疏》，中华书局 1980 年版，第 1674 页中。

杀，尊贤之等，礼所生也。在下位不获乎上，民不可得而治矣！故君子不可以不修身；思修身，不可以不事亲；思事亲，不可以不知人；思知人，不可以不知天。[①]

虽然注意到"修身以道"的问题，但这里的"道"与道家的"道"显然是相异的；"修道以仁"明确地规定了儒家作为修身实践标准之"道"的具体内容是"仁"，"仁"作为人世社会的理想[②]，其实质在"亲亲为大"，所以，修身的关键就是"事亲"，而不同的人具有不同的"亲"，这样的话，修身实践就完全因人而异了。那么，相异的家庭血缘的实践，如何才能走向国、天下，就是一个必须直面的现实问题，但是，在儒家的系统里，并没有切实地对这个必须面对的问题作出合理的回答。因此，修养在实践上就明显缺乏如何推进的具体运思的环节，从而也就为这一模式成为空洞的说教留下了致命的缺陷。

　　因人而异实践的自然发展，结果就是血缘中心、个人中心，这也完全相异于道家的万物中心；血缘中心、个人中心的修养，无论如何强调和发展，对社会凝聚力的增进，对社会规范的建设以及规范意识的积淀，都丝毫不会产生益处。正是在这个方面，道家持有完全相反的观点，诸如"故圣人之用兵也，亡国而不失人心；利泽施乎万世，不为爱人。故乐通物，非圣人也。有亲，

---

　　① 《礼记·中庸》，（清）阮元校刻：《十三经注疏》，中华书局1980年版，第1629页中。
　　② 参照"儒家认为宇宙（天）以道德为经纬。他们所谓'道'，主要的意思是指人世社会里理想的境界……他们固然没有将个人与社会的人分开，也未曾将社会的人从整个的自然界分开，可是他们素来的主张是研究人类的唯一正当对象是人的本身"（〔英〕李约瑟著：《中国古代科学思想史》，陈立夫主译，江西人民出版社1990年版，第11—12页）。

非仁也；天时，非贤也；利害不通，非君子也；行名失己，非士
也；亡身不真，非役人也。若狐不偕、务光、伯夷、叔齐、箕
子、胥余、纪他、申徒狄，是役人之役，适人之适，而不自适其
适者也"①，就是最好的回答。

3. 孟子与"八条目"

在儒家思想的长河里，其"八条目"的形成，孟子占有举足
轻重的位置。孟子推重"推恩"。他说：

> 老吾老，以及人之老；幼吾幼，以及人之幼，天下可运
> 于掌。诗云：刑于寡妻，至于兄弟，以御于家邦。言举斯
> 心，加诸彼而已。故推恩足以保四海，不推恩无以保妻子。
> 古之人所以大过人者无他焉，善推其所为而已矣。②
>
> 道在迩而求诸远，事在易而求诸难。人人亲其亲，长其
> 长而天下平。③

"老吾老"、"幼吾幼"的行为，实际上就是"亲其亲"、"长其长"
的行为，然后以这个为基点，再推及"人之老"、"人之幼"，最
后直至天下。对个人来说，在人己关系上，如果不从自己向外推
进即"推恩"的话，可能出现的结果就是"无以保妻子"。如果
能实行"推恩"的行为，必然的结果就是"足以保四海"。在孟
子看来，古代圣人的过人之处，就在于善于"推其所为而已"。
所以，人不应舍近而求远，应该从自己做起。因此，"人有恒言，

---

① 《庄子·大宗师》，郭庆藩辑：《庄子集释》，中华书局1961年版，第232页。

② 《孟子·梁惠王上》，（清）阮元校刻：《十三经注疏》，中华书局1980年版，
第2670页下。

③ 《孟子·离娄上》，（清）阮元校刻：《十三经注疏》，中华书局1980年版，第
2721页中。

皆曰天下国家。天下之本在国，国之本在家，家之本在身"①，个人己身，在天下、国家的环节链里，占有非常重要的位置，是根基和落脚点。因此，修身就具有非常的意义。

在孟子儒家那里，修身的实践也就是"事亲为大"的实践，"事亲"是最大的孝行。孟子说：

> 事孰为大，事亲为大；守孰为大，守身为大。不失其身而能事其亲者，吾闻之矣。失其身而能事其亲者，吾未之闻也。孰不为事，事亲，事之本也；孰不为守，守身，守之本也。曾子养曾皙，必有酒肉。将徹，必请所与。问有余，必曰有。曾皙死，曾元养曾子，必有酒肉。将徹，不请所与。问有余，曰亡矣，将以复进也。此所谓养口体者也。若曾子，则可谓养志也。事亲若曾子者，可也。②

在侍奉的事务里，养亲最重要；在守备的事务里，养身最为重要；两者相比，养身则是养亲的条件。养亲不是一般的满足物质方面的需要，还包括着"养志"的内容，即物质需要以外的"有余"，也就是"敬"，曾子的实践就是这方面的楷模。就"事亲"而言，包括着身心两个方面，而身的方面一般都比较容易做到，关键是心的方面，要做好自然存在着一定的难度。这是因为，在这个意义上，"事亲"还包括"尊亲"的条目。孟子说：

---

① 《孟子·离娄上》，（清）阮元校刻：《十三经注疏》，中华书局 1980 年版，第 2718 页下。

② 同上书，第 2722 页下。

　　咸丘蒙曰：舜之不臣尧，则吾既得闻命矣。《诗》云，
普天之下，莫非王土；率土之滨，莫非王臣。而舜既为天子
矣，敢问瞽瞍之非臣，如何？曰：是诗也，非是之谓也。劳
于王事，而不得养父母也。曰：此莫非王事，我独贤劳也。
故说诗者，不以文害辞，不以辞害志。以意逆志，是为得
之……孝子之至，莫大乎尊亲；尊亲之至，莫大乎以天下
养。为天子父，尊之至也；以天下养，养之至也。[1]

　　天下大悦而将归己，视天下悦而归己，犹草芥也，惟舜
为然。不得乎亲，不可以为人；不顺乎亲，不可以为子。舜
尽事亲之道，而瞽瞍底豫，瞽瞍底豫而天下化，瞽瞍底豫而
天下之为父子者定。此之谓大孝。[2]

在孟子看来，最高的孝行，就是"尊亲"；最高的"尊亲"，就
是以天下养父母，这应该成为人们奉行的法则，舜为我们做出
了榜样，他不以天下归己而快乐，反而对此不屑一顾。对"不
得"、"不顺"的理解，可以参照朱熹的注解："得者，曲为承
顺以得其心之悦而已。顺则有以谕之于道，心与之一而未始有
违，尤人所难也。"[3] 也就是说，"得亲"在于使亲心悦，"顺
亲"要求从内心不违。心诚承顺的行为，就是最顽固的父母也
能被感化；每人的父母都能被感化的话，天下也就感化了，这
就是"大孝"。

---

　　① 《孟子·万章上》，（清）阮元校刻：《十三经注疏》，中华书局 1980 年版，第
2735 页下。
　　② 《孟子·离娄上》，（清）阮元校刻：《十三经注疏》，中华书局 1980 年版，第
2723 页下。
　　③ 《孟子集注》卷七，（宋）朱熹撰：《四书章句集注》，中华书局 1983 年版，
第 287 页。

在孟子那里，"亲亲，仁也"①、"仁之实，事亲是也"②，
这些都为《大学》的"修道以仁"奠定了坚实的基础。大家知
道，"八条目"的修身链显示的是向内索求的价值取向，而这
一取向在孟子那里已基本具有雏形，因为孟子强调"养心"。
他说：

> 故苟得其养，无物不长，苟失其养，无物不消。孔子
> 曰：操则存，舍则亡，出入无时，莫知其向。其惟心之
> 谓与。③
> 养心莫善于寡欲。其为人也寡欲，虽有不存焉者，寡
> 矣。其为人也多欲，虽有存焉者，寡矣。④

对万物而言，修养与否，是消长的分界线，而养心又是**修养**的重
心。大家知道，在孟子那里，心是"仁义礼智"的家园，即"仁
义礼智根于心"⑤，不仅如此，而且心本身也具有道德的性质。
孟子又说："至于心，独无所同然乎？心之所同然者，何也？谓
理也，义也，圣人先得我心之所同然耳。故理义之悦我心，犹刍

① 《孟子·告子下》，（清）阮元校刻：《十三经注疏》，中华书局1980年版，
第2756页上。
② 《孟子·离娄上》，（清）阮元校刻：《十三经注疏》，中华书局1980年版，
第2723页中。
③ 《孟子·告子上》，（清）阮元校刻：《十三经注疏》，中华书局1980年版，第
2751页中。
④ 《孟子·尽心下》，（清）阮元校刻：《十三经注疏》，中华书局1980年版，第
2779页中。
⑤ 《孟子·尽心上》，（清）阮元校刻：《十三经注疏》，中华书局1980年版，第
2766页中。

豢之悦我口。"① 在这个意义上，养心也就是开发、扩充仁义礼智等道德的个人实践，这些天生就属于人的东西，只要把它们发扬光大到整个天下就够了。

孟子规定的内求的价值取向，一直是中国修身实践的主干方向，后来朱熹对《大学》的解释就是最典型的代表。他说：

> 人皆有以明其明德，则各诚其意，各正其心，各修其身，各亲其亲，各长其长，而天下无不平矣。然天下之本在国，故欲平天下者，必先有以治其国。国之本在家，故欲治国者，必先有以齐其家。家之本在身，故欲齐家者，必先有以修其身。至于身之主则心也，一有不得其本然之正，则身无所主，虽欲勉强以修之，亦不可得而修矣，故欲修身者，必先有以正其心。而心之发则意也，一有私欲杂乎其中，而为善去恶或有未实，则心为所累，虽欲勉强以正之，亦不可得而正矣，故欲正心者，必先有以诚其意。若夫知则心之神明，妙众理而宰万物者也，人莫不有，而或不能使其表里洞然，无不所尽，则隐微之间，真妄错杂，虽欲勉强以诚之，亦不可得而诚矣，故欲诚意者，必先有以致其知。致者，推致之谓，如"丧致乎哀"之致，言推之而至于尽也。至于天下之物，则必各有所以然之故，与其所当然之则，所谓理也，人莫不知，而或不能使其精粗隐显，究极无余，则理所未穷，知必有蔽，虽欲勉强以致之，亦不可得而致矣。故致知之道，在乎即事观理，以格夫物。格者，极至之谓，如

---

① 《孟子·告子上》，（清）阮元校刻：《十三经注疏》，中华书局1980年版，第2749页下。

"格于文祖"之格，言穷之而至其极也。[①]

心是身之主，心正了修身的实践就到位了，天下国家的整治也就有了希望。但是，人的心不可能恒常地处在平静的境地，运动是其常态。心向外发动，容易受到外在物欲的影响而失去原有的平衡，这就必须诚意，没有诚意自然不可能达到正心的境地；人的心具有认知能力即"知则心之神明"，人的知识是否具有客观的适宜度，在自身的范围里是无法完成判断的，所以，必须向外"推之"，通过具体的事务即"格夫物"来认识事理，即"即事观理"。在这样的意义上，修身的过程也就是排除物欲的干扰，而把自家的知识不断推向万事万物的实践。

后来的王阳明，在心即理的设定下，作为修身基础环节的格物、致知，实际上就成为个人把自己的良知推向事事物物，成为物之宜、物之事、物之理的具体事务，而不是通过格物的实践来充实自己的知识，这样的话，修身也就完全成为个人内在心智的活动，忽视了一切外在条件制约的考量。

4. 规范缺失的畸形模式

在世界文明的长河里，对道德的自我整肃在社会治理实践生活里的效用的重视程度，没有其他民族能够与中华民族相比，这也一直成为中国道德治国主义思想的重要组成部分。完全有理由说，从修身到平天下的路径，是中国知识人的普遍选择，张扬了中国知识人的共同情怀。但是，在思想的渊源上，最早系统地营建从修身、齐家、治国到平天下这一价值取向和模式的，是道家老子。这一价值取向的价值彰显，并非在于通过修身、齐家、治

---

① 《大学或问》，（宋）朱熹撰，黄珅校点：《四书或问》，上海古籍出版社、安徽教育出版社 2001 年版，第 7—8 页。

国到平天下的顺序过程的系统强调，来推重作为个人对国家、社会的责任，从而保证国家秩序实现整治的可能性；相反，是对贯穿这一实践过程里的依归规则而行为的重要性的明确确立，这切实营建了实现国家整治的可能条件，真正面对和尝试解决了国家秩序安定如何可能的难题，表现了一个知识人的社会责任意识，以及在彰显这种社会责任意识中昭示的强烈的人格尊严和独立的思想光芒。

在这里，我之所以称之为对可能性的尝试解决，这是因为，老子选择了在修身、齐家、治国到平天下的实践过程里，必须以"道"为依归的价值导向标，这个"道"在形式上是没有任何有形的规定，在内容上也是没有恒常因子限制的，它是即物为性的，所以，它具有无限的成物的能力。换言之，就是即物为自己的规定的，在不同的物那里，它有不同的规定。但是，在精神实质上是一致的，显示的是平等、公平的特色，他人为本位，对他人的尊重。在一定的意义上，"道"是外在于人和其他万物的，对一切万物具有同一的价值意义，重视"道"也就是重视外在性；大家知道，规范也是外在的，法家所推重的法，也是外在于人的，在思维的逻辑向度上，法家和道家是相同的，考虑到的都是对人的同一性对应，显然与情感的因人而异是相悖的。法家和道家的追求显示开放性的特色，儒家则具有封闭性的屏障。

"八条目"的确立，应该说是儒家的功劳，尤其是物格、致知、诚意、正心、修身的修身链的确立，在一定程度上，更加强了修身在齐家、治国、平天下进程里的地位和作用，同时也注意到了如何落实修身的问题，应该说，至此的积极意义是不能忽视的。但是，由于儒家强调"仁"在"八条目"实践过程里的指导作用，而儒家强调的"仁"，虽然显示的是人际关系中的行为之方，但它不是一般的人际关系，而首先是血缘层面里的人际关系，孟子对"仁"·的规定就是最好的解释。孟子说："亲亲，仁也"①、"仁之实，事亲是也"②。"亲亲"③ 彰显的是血缘的特性，在操作实践上，它的实质就是"事亲"，即侍奉亲族。也就是说，仁是围绕人的血缘性关系而具体展开的。在这个意义上，儒家的仁爱就不是普遍的爱了，而是从血缘关系的远近往外推进的。不仅如此，而且在血缘的人际关系里，强调的是"克己"的价值取向，强调应该设身处地地站在他人的立场上来考虑具体的事务，"己所不欲，勿施于人"④ 和"施诸己而不愿，亦勿施于人"⑤，昭示的都是自己不愿意的事情，不要强加给他人。在另一意义上则应该推己及人，"夫仁者，己欲立而立人，己欲达而达人"⑥，自己想建立、成就的事业也应该创造条件让他人实现，"人人亲其亲，长其长"⑦、"老吾老，以及人之老；幼吾幼，以及人之幼"⑧ 也一样，显示的都是一种向外"推"的倾向，在儒家的心

① 《孟子·告子下》，（清）阮元校刻：《十三经注疏》，中华书局 1980 年版，第 2756 页上。

② 《孟子·离娄上》，（清）阮元校刻：《十三经注疏》，中华书局 1980 年版，第 2723 页中。

③ 并参照：《尊德义》"仁为可亲也，义为可尊也，忠为可信也，学为可益也，教为可类也"（李零等：《郭店楚简校读记》，北京大学出版社 2002 年版，第 139 页）。"亲"显示的是两人即人际之间的亲情，在这个意义上，"仁"也可表达为仁恩。

④ 《论语·颜渊》，（清）阮元校刻：《十三经注疏》，中华书局 1980 年版，第 2502 页下。

⑤ 《礼记·中庸》，（清）阮元校刻：《十三经注疏》，中华书局 1980 年版，第 1627 页上。

⑥ 《论语·雍也》，（清）阮元校刻：《十三经注疏》，中华书局 1980 年版，第 2479 页下。

⑦ 《孟子·离娄上》，（清）阮元校刻：《十三经注疏》，中华书局 1980 年版，第 2721 页中。

⑧ 《孟子·梁惠王上》，（清）阮元校刻：《十三经注疏》，中华书局 1980 年版，第 2760 页下。

目中，古代圣人的过人之处，就是"善推其所为而已"①。

在此，我们应该注意一个事实，就是在儒家"为政在人，取人以身，修身以道，修道以仁"②的设定里，人成了社会政治的关键，"仁"成了成就人的最高标的。但以"仁"为依归的修身实践，在可能获得的心态的自然训练上，首先形成的是血缘关系这一狭隘的视阈，因为"亲亲"、"事亲"是"仁"的内在实质，使人无法逾越血缘的限制，即使在由该狭隘实践所带来的产生理性怀疑的可能时，这种理性的火花也会因迷惑混乱不清而泯灭夭折；其次自然积淀而成的是血缘关系屏障里的自己中心或自己本位，虽然从自己要求，在修身实践问题上，有一定的积极性，但是，长期的如此训练，就使个人在首要的位置上完全忽视了对社会他人要求的诉求。在终极的意义里，人不是孤岛上的存在物，他是社会关系中的具体情节；就一个人而言，在社会生活里，有时他人社会方面的因素比个人自己的努力更有价值和意义。所以，儒家的修身模式纯粹成了个人的事务，完全排斥了对外在社会他人因素的考虑、参照和诉求，这是失衡的运思。

儒家重视内，重点发展了道家模式中没有的修身的部分，形成了修身的系统环节，形成了主观随意性的特点；道家重在外在统一规则的确立，这就是"道"，这是从他人到自己的向度，这是一个社会稳定所必需的基本前提和条件，这对平等价值观的形成以及人际之间良性关系的形成创设了良好的前提条件。但是，

---

① 《孟子·梁惠王上》，（清）阮元校刻：《十三经注疏》，中华书局1980年版，第2760页下。

② 《礼记·中庸》，（清）阮元校刻：《十三经注疏》，中华书局1980年版，第1629页中。

我们不得不思考的是，在中国流行至今的是儒家的模式，它是对道家模式进行修改以后形成的东西，关键是发展了修身链的部分，把社会的成败完全归结于个人，而个人的成败完全在修身的实践，这就是修身链登场的动因，但由于修身是以个人为一切的实践，完全忽视了社会运行机制中其他因素的营建和养成，这自然使修身形成的礼仪变得虚伪，因为不考虑别人的情感①；也可以说，这样的修身实践是低效益的，是畸形的。但儒家发展道家的修身模式从而一统中国社会，这是历史的事实。在理论与现实的背反中，为了中国在世界人均份额上早日与世界接轨，我们不得不重新思考，找到新的切入口，使修身的个人实践真正成为国家发展的润滑剂。

五　知识的狭隘

在字的形状上，无论是"仁"，还是竹简里的"㤫"，都是围绕人的事实是无法否认的。仁学就是人学的说法也是成立的，因此，儒家仁学理论所关注的主要是人的世界的事实，几乎是路人皆知的，正如李约瑟所说："儒家认为宇宙（天）以道德为经纬。他们所谓'道'，主要的意思是指人世社会里理

---

① 西方学者史密斯的揭示，可以作为参考："同样的情况也出现在各种宴会中，在这些恐怖的场合（常常是在刚开始的时候）热情的主人会特地在你的碟子里夹满他认为你会喜欢的食物，根本不管你是不是喜欢吃，是不是吃得下去。如果你一点也不想吃，主人似乎会认为那是你的不是了，而他肯定没有失礼，也没有人会说他失礼。如果外国人不懂这个规矩，那不是主人的事，而是外国人自己的事。"（《恪守礼节》，〔美〕亚瑟·亨·史密斯著：《中国人的德行》，陈新峰译，金城出版社2005年版，第30页）。

想的境界……他们固然没有将个人与社会的人分开，也未曾将社会的人从整个的自然界分开，可是他们素来的主张是研究人类的唯一正当对象是人的本身。"① 人以外的一切自然不在儒家的视野之中。作为道家标志性概念的"自然"和"万物"，我们在孔子和孟子那里是无法找到他们的踪影的②，《孟子》仅仅一处提到"万物皆备于我矣"③，赵岐把"物"解释为"事"，姑且把这种解释是否正确的疑问暂搁一边，起码这里是"万物"与"我"相对应，因此，清楚的是，万物是我以外的存在，显然人不在万物之内，是在狭隘意义上使用万物的，《中庸》的 5 个万物用例也是这种情况。不过，不能否认的是，《荀子》和《易传》里有许多万物的用例，我在其他地方也曾经提到过，这是一个复杂的情况，因为《荀子》和《易传》受老子道家影响的学术观点，已经为大家所接受，这也证明《荀子》和《易传》中万物概念的出现不是儒家思想本身孕育的花朵，是与道家思想因子嫁接的果实；关于这一点，我们在他们万物的具体用例中就可以得到解释，有时并没有明确地把人作为万物的必然内容，当然，在先秦道家思想发展的后期，诸如庄子的外杂篇中，也有这种情况，这种现象的出现本身，就是

① 《儒家与儒学》，〔英〕李约瑟著：《中国古代科学思想史》，陈立夫主译，江西人民出版社 1990 年版，第 11—12 页。

② 孔子有"百物"的概念，参照"子曰：天何言哉？四时行焉，百物生焉，天何言哉？"（《论语·阳货》，杨伯峻译注：《论语译注》，中华书局 1980 年版，第 188 页）另外参照"天生百物，人为贵。人之道也，或由中出，或由外入。由中出者，仁、忠、信。由【外入者，礼、乐、刑。】"（《物由望生》，李零著：《郭店楚简校读记》，北京大学出版社 2002 年版，第 158 页）。

③ 《孟子·尽心上》，（清）阮元校刻：《十三经注疏》，中华书局 1980 年版，第 2764 页中。

不同思想融合的产物①。

　　我在这里不得不指出的是，《荀子》那里"自然"的用例约有 2 处，现在把《荀子》的"自然"用例摘录如下：

　　　　问者曰："人之性恶，则礼义恶生?"应之曰：凡礼义者，是生于圣人之伪，非故生于人之性也。故陶人埏埴而为器，然则器生于陶人之伪，非故生于人之性也。故工人斲木而成器，然则器生于工人之伪，非故生于人之性也。圣人积思虑，习伪故，以生礼义而起法度，然则礼义法度者，是生于圣人之伪，非故生于人之性也。若夫目好色，耳好声口好味，心好利，骨体肤理好愉佚，是皆生于人之情性者也；感而自然，不待事而后生之者也。夫感而不能然，必且待事而后然者，谓之生于伪。是性伪之所生，其不同之征也。②

　　　　生之所以然者，谓之性。性之和所生，精合感应，不事而自然，谓之性。③

　　这里的"自然"都与人的本性相关联。先说"感而自然，不待事而后生之者也"，"自然"与"不待事"是同义的，"不待事"就是不用为、不需要为的意思，是自然而生的，也就是本来如此的

---

　　① 竹简儒家文献里"万物"概念约有 1 例，是引诗经的。参照"《虞诗》曰：'大明不出，万物皆暗。圣者不在上，天下必坏。'治之至，养不肖；乱之至，灭贤。仁者为此进，（明）礼、畏守、乐孙，民教也。皋陶入用五刑，出载兵革，罪轻法〔也。虞〕用威，夏用戈，征不服也。爱而征之，虞夏之始也。禅而不传义恒〔绝，夏〕始也"（《唐虞之道》，李零著：《郭店楚简校读记》，北京大学出版社 2002 年版，第 95—96 页）。

　　② 《荀子·性恶》，王先谦著：《荀子集解》，中华书局 1954 年版，第 291—292 页。

　　③ 《荀子·正名》，王先谦著：《荀子集解》，中华书局 1954 年版，第 274 页。

意思。具体而言，"目好色"、"耳好听"、"口好味"、"心好利"、"骨体肤理好愉佚"等都是源于"人之情性"的存在，都是人性的本然因子，它们是与礼义相异的，因为礼义是圣人依据社会需要而制订的，并不是人的本性中所固存的，即"非故生于人之性"；陶人制作的陶器也一样，是"生于陶人之伪"，"非故生于人之性"；这是"自然"在存在论层面上的演绎情况①；再说"不事而自然，谓之性"，其实与上面的意思基本也是相同的，这里的"自然"就是"不事"，"不事"就是不有意作为。如果进一步追问的话，为什么不有意作为？答案是不需要有意作为，没有有意作为的理由。联系文章的意思，不需要有意作为而自己本来如此的，我们就称为人的本性。性是先天的，"伪"是后天人为的，荀子的解释是非常清晰的。

应该说，在道家"自然"具有的四个层面的意义里，荀子借鉴道家的仅仅是存在论层面的意义，其他三个维度的意思，在荀子那里显然是没有的。出现"自然"的概念，在先秦儒家思想家那里，荀子是一个特殊的例子，其他包括《周易》，虽然受道家思想的影响，但是，我们无法在那里找到"自然"概念的使用。所以，我们有充分的理由说，儒家重视的只是人类社会，而不是整个自然宇宙，"儒'教'没有规定的教义，来拒绝科学侵入他的神圣范围。他们只不过遵依孔子及古代儒家的意旨，忽略自然的观察，不从事于自然的研究，集中心力去研究人的社会，不分心于其他"②，其自然的结果则是，"儒家

①　关于道家标志性概念之一的"自然"，笔者坚持只有从生成论、本根论、存在论、方法论四个维度来加以理解，才能完整恰当领会其真意。详细参见《绪论》，许建良著：《先秦道家的道德世界》，中国社会科学出版社 2006 年版，第 1—29 页。

②　《儒家与儒学》，〔英〕李约瑟著：《中国古代科学思想史》，陈立夫主译，江西人民出版社 1990 年版，第 39 页。

的集中注意于人与社会，而忽略其他方面，使得他们只对
'事'的研究而放弃一切对'物'的研究"①。这也是儒家不重
视万物的内在原因。

1."好古，敏以求之"

其实，儒家对"事"的研究，也是非常有局限性的，这在他
们推重的学习的具体内容上就可以得到证明。

（1）"文武之道"。

孔子主要是学习过去，他认为自己"非生而知之者，好古，
敏以求之者也"②，而对过去的学习，主要是学习周文王武王之
道，"卫公孙朝问於子贡曰：仲尼焉学？子贡曰：文武之道，未
坠於地，在人。贤者识其大者，不贤者识其小者，莫不有文武之
道焉。夫子焉不学，而亦何常师之有"③，就是具体的说明。

（2）"学以致其道"。

诗、礼是学习的主要内容。

　　　陈亢问于伯鱼曰：子亦有异闻乎？对曰：未也。尝独
　　立，鲤趋而过庭。曰："学诗乎？"对曰："未也。""不学诗，
　　无以言！"鲤退而学诗。他日，又独立，鲤趋而过庭。曰：
　　"学礼乎？"对曰："未也。""不学礼，无以立！"鲤退而学
　　礼。闻斯二者。陈亢退而喜曰：问一得三，闻诗，闻礼，又
　　闻君子远其子也。④

----

① 《儒家与儒学》，〔英〕李约瑟著：《中国古代科学思想史》，陈立夫主译，江
西人民出版社1990年版，第16页。

② 《论语·述而》，杨伯峻译注：《论语译注》，中华书局1980年版，第72页。

③ 《论语·子张》，杨伯峻译注：《论语译注》，中华书局1980年版，第203—
204页。

④ 《论语·季氏》，杨伯峻译注：《论语译注》，中华书局1980年版，第178页。

"学诗"被用作说话的前提，而"学礼"则是立身的条件，而这些都是为了实现道义的，即"子夏曰：百工居肆以成其事；君子学以致其道"①，学习的目的只是为了达到"道"，这与百工的"居肆以成其事"是完全不同的，所以，"礼云礼云，玉帛云乎哉？乐云乐云，钟鼓云乎哉？"②只要知道礼、乐的具体内容就行了，至于礼、乐的具体载体就不需要知道了，玉帛就是礼的载体，钟鼓就是乐必不可少的器具，这些是具体的实物，对儒家而言，是不值得一提的。

（3）"名不正，则言不顺"。

对儒家而言，人在世上，最重要的不是具体生活能力，而是使用名称的正确性。

> 子路曰：卫君待子而为政，子将奚先？子曰：必也正名乎！子路曰：有是哉？子之迂也！奚其正？子曰：野哉，由也！君子于其所不知，盖阙如也。名不正，则言不顺；言不顺，则事不成；事不成，则礼乐不兴；礼乐不兴，则刑罚不中；刑罚不中，则民无所措手足。故君子名之必可言也，言之必可行也。君子于其言，无所苟而已矣！③

这虽然是从政方面的事情，但是与孔子不担心物产的少而担忧分配的不均匀，不担心民众生活贫穷拮据而担心他们不安居，包含

---

① 《论语·子张》，杨伯峻译注：《论语译注》，中华书局1980年版，第200页。
② 《论语·阳货》，杨伯峻译注：《论语译注》，中华书局1980年版，第185页。
③ 《论语·子路》，杨伯峻译注：《论语译注》，中华书局1980年版，第133—134页。

的价值取向是一致的。孔子崇尚周公的内容之一，就是用道德使
远方的民众归附，人多了以后，才是"富之"的问题[①]，道德在
使人富裕之前。这里也一样，不是考虑如何改善民众的生活现
状，使他们富裕，而是先"正名"，这种先后次序的选择，是儒
家对实事的轻视。

儒家重视的道德不仅具有抽象性，而且是虚无缥缈的，"所
以在整个中国历史里，儒家对于那些以科学来了解自然，及寻求
工艺的科学根据及发扬工艺的技术都持反对的立场"[②]。这个总
结可谓一语中的。

2."内省不疚"

在先秦儒家的心目中，只有道德，道德就是世界的一切，
道德以外没有任何有价值的知识。这种情况的客观结果，在道
德成为人获取必要知识道路上的顽固障碍的同时，道德的获取
手段也完全由人自己实现控制。也就是说，人自己能够控制仁
德，诸如孔子的"我欲仁，斯仁至矣"[③]，就是明证，而为人所
控制的仁德实现的方法，也主要在内在的心得，"见贤思齐焉，
见不贤而内自省也"[④]，君子的无忧惧，在主要通过"自省"来
检验的，即"司马牛问君子。子曰：君子不忧不惧。曰：不忧不
惧，斯谓之君子已乎？子曰：内省不疚，夫何忧何惧"[⑤]，因为

---

① 参照"子适卫，冉有仆。子曰：庶矣哉！冉有曰：既庶矣，又何加焉？曰：
富之。曰：既富矣，又何加焉？曰：教之"（《论语·子路》，杨伯峻译注：《论语译
注》，中华书局1980年版，第136—137页）。

② 《儒家与儒学》，〔英〕李约瑟著：《中国古代科学思想史》，陈立夫主译，江
西人民出版社1990年版，第12页。

③ 《论语·述而》，杨伯峻译注：《论语译注》，中华书局1980年版，第74页。

④ 《论语·里仁》，杨伯峻译注：《论语译注》，中华书局1980年版，第39页。

⑤ 《论语·颜渊》，杨伯峻译注：《论语译注》，中华书局1980年版，第124页。

在孔子看来，判断一个人是否有仁德，主要在人自己内在的法庭。所以，孔子说，"已矣乎！吾未见能见其过而自讼者也"①，但是自己诉讼自己，毕竟不是容易的事情。道德完全成了个人的事务，"躬自厚而薄责于人，则远怨矣！"② 李泽厚先生对此评价说：

> （孔子）把"礼"的基础直接诉之于心理依靠。这样，既把整套"礼"的血缘实质规定为"孝悌"，又把"孝悌"建筑在日常亲子之爱上，这就把"礼"以及"仪"从外在的规范约束解说成人心的内在要求，把原来的僵硬的强制规定，提升为生活的自觉理念，把一种宗教性神秘性的东西变而为人情日用之常，从而使伦理规范与心理欲求融为一体。③

但是，孔子虽然把仁德规范的依据安置到了人的内心，不过并没有解决道德行为如何可能的问题，因此，外在的规范无法在人的内心找到切实生长点，即使儒家本身认为有，那也是脱离实际的理想的生长点。所以，外在的规范与心理欲求融为一体，即使在儒家思想家那里，也永远是文字演绎的一体，不可能是生活真实的一体，中国的实践也证明这方面没有丝毫的成果可以来为儒家的理论做支持。

---

① 《论语·公冶长》，杨伯峻译注：《论语译注》，中华书局 1980 年版，第 53 页。

② 《论语·卫灵公》，杨伯峻译注：《论语译注》，中华书局 1980 年版，第 165 页。

③ 《孔子再评价》，李泽厚：《中国古代思想史论》，人民出版社 1986 年版，第 20 页。

　　人自己有无仁德，完全由个人说了算，这在孔子那里就得到
了确立，不需要外在任何条件的辅助，所有道德实践的方法也都
是个人自省性的行为，别人想让你无德也是不行的。但是，即使
是决定于个人自省性行为，毕竟行为的施行要个人去切实启动，
能否切实启动，孔子没有找到什么好的方法，这个遗留的问题到
孟子那里，就彻底解决了，孟子把仁义礼智等道德作为人本性固
有的因子而内置于人心，所以，你想无德真是不行了，这为个人
道德行为设置了内在的驱动力机制①。

　　先秦儒家的视野具有狭隘性，为了实现仁德而只注意仁德，
仁德以外的一切都是置若罔闻的存在，"卫灵公问陈于孔子。孔

---

　　① 参照"孔子说，'我欲仁，斯仁至矣'。但是他又对一个懒惰的学生发怒：
'朽木不可雕也，粪土之墙不可圬也！'孔子作为一个道德教师的问题，实际上就是：
要成为有道德的人，关键因素很明显是你要想成为这样的人。那么，一个人怎能教
导另一个人成为有道德的人呢？因为，要对老师的教导有反应，学生必须知道它是
要学习的教导；如果学生明白了这一点，那么，它或她就已经有道德了。对于孔子
来说，这不仅仅是一个入门的问题，在道德之路上的每一步，这个问题都会隐约地
重新出现在他的面前。他说，'我未见力不足者'。或者一个学生已经被激发走下一
步，或者还没有被激发起来。如果一个学生没有被激发起来，看来任何教导对他都
是没有帮助的。如果一个学生已经被激发起来了，他实际上已经有'力量'来走下
一步了。孔子没有解决这个问题，但是孟子解决了（至少在孔子的观点内解决了）。
孟子的答案是年龄：我们所有人在我们的'赤子之心'中都预先倾向于道德（《孟子
·离娄下》）。基本上，老师的任务就是唤醒，从我们中引出对道德的这种预先倾向。
孟子的学说并不是一种完全的回忆理论。毕竟，他没有任何像柏拉图转生理论那样
的东西。但是，就像伯特兰·罗素指出的那样，即使不存在前生，我们也可能有回
忆或我们不能跟回忆区分开来的经验。有理由说，孟子的理论发挥了与柏拉图的
回忆说相同的功能"（《王阳明的道德决定：中国的"存在主义"问题》，〔美〕倪德
卫著，〔美〕万百安编：《儒家之道：中国哲学之探讨》，周炽成译，江苏人民出版社
2006年版，第289—290页）。

子对曰：俎豆之事，则尝闻之矣；军旅之事，未之学也。明日遂行"①，就是具体的例子，而一些诸如耕种那样的实用知识，更是儒家所看不起的。在没有其他知识星座相衬托的系统里的道德知识，不可能是健康的知识，不可能真正把握到道德的真谛，这是事实充分证明了的。因此，儒家建立的道德，从一开始起，就是缺乏健康的氛围过滤的，其知识无疑没有任何实用性，把能否有仁德完全说成是个人自己的事务，在社会的层面，通过个人自身的修养，就能够实现天下社会的太平和顺。孔孟告诉我们的道理是：一个道德的行为必须是在道德上被推动的，只有通过正确的行动，道德才能得以发展，只有已经有道德的人才会被推动去发展或强化在他身上的道德，而这一切都是先天的，如果没有这些先天的倾向，让人们变得道德将会是不可能的。我们不禁要问，人在道德人格上是存在客观的差距的，但是，道德行为就是道德人的专利吗？一般的人就不可能做道德行为吗？哪怕是偶然的道德行为。

事实上，人所含有的道德力，一个小孩和成年人是不一样的，生活的事实告诉我们，这种差距在孩童身上是不明显的，但到成年人身上的反映就非常明显了，有时往往不需要描绘，就可以看到这种明显的差距，这是为什么？显然，引起我们注意的方面，不是先天的存在物，而是后天发展起来的，这用孟子的"善端"理论就无法解释了，因为，"善端"和发展起来的能力，在性质上是没有根本变化的，都属于"善"的判断，孟子的理论实际上在另一方面显示了对人自身能力的轻视，人对人性密码的无可奈何性。道德力是无数道德行为的自然积淀，没有道德行为的

---

① 《论语·卫灵公》，杨伯峻译注：《论语译注》，中华书局 1980 年版，第 161 页。

积淀，就不可能有道德力，而道德行为是一般人也能够施行的，同时也正是发生在我们生活中的事情①。在这个意义上，我们可以把儒家道德说成个人英雄主义的倡导者！

　　儒家道德的一个最大特点就是人性在价值天平上的考量，这在世界文明历史上可以说占有独特的地位，也是我们引以为骄傲的资本，但是，作为中华民族的子孙，在21世纪的今天，牢记我们的祖先对世界文明库所作的贡献，固然是义务之一，但仅止步于此是不够的。联系我们的现实，重新思虑人性价值审视的事实，如果能收到新的启发的话，也自然是民族文明在与世界文明接轨上的收益。中国儒家重视价值判断，虽然西方人也注意到了这一点，不过他们更多地注意到的是负面的方面，就是我们注重的是人性能成为什么的方面，而不是"何谓"的方面。"何谓"是事实判断的领域，所以，事实判断的方面是我们一直忽视的领域，而在人性的方面，"何谓"这一事实判断的方面，比价值判断的方面更为重要，而且在一般的意义上，连是什么还没有弄清楚的话，怎么会有人性的真正发展，文明的真正进步。由于我们只注重人性的价值判断的方

---

　　①　参照"亚里士多德相信，我们通过做公正和节制的行为以至于它们成为我们的习惯而让我们变得公正和节制。但是，如果我们不是已经公正和节制的话，我们就不会去做这两方面的行为，除非我们被责成去做。因此，在青年人格形成时期，我们必须被责成去做。如果一个人在年轻时期没有受过满意的道德教育，那是没有希望的；但一个人成年后，他应该对他的道德性情负责，因为一个人可能会因为懒散和放荡而失德。但是，亚里士多德注意到，这并不意味着如果某人不公正而希望停下来，他就会停下来而变得公正。因为，没有一个病人仅仅通过希望就能恢复他的健康。因此，基本的道德功夫就是对治懒惰，也就是说避免意志无力，而意志无力是典型的理性被情感搞混"（《孟子的动机和道德行动》，〔美〕倪德卫著，〔美〕万百安编：《儒家之道：中国哲学之探讨》，周炽成译，江苏人民出版社2006年版，第144页）。

面，"何谓"的方面忽视了，人性本有的开发没有得到落实，人丰富的生活更不要说，而善恶的两极对立的评价方法，又使我们的许多微观上、个别层面上的道德行为遭到否定和扼杀。人性是人的最主要的问题，这个问题的简单化的处理，使得我们的一切有关人的文化建设都无法收到预期的效果。

今天分析先秦儒家道德，自然也不能离开或者无视一些深受儒家文化影响的国家，诸如日本，但是，问题绝对不是看到今天的日本成为世界第二经济强国，就以此为毫无条件地肯定儒家道德的理由，这是许多学者选择的路径之一，也是最令人担忧的地方。日本受到儒家文化的影响，这是无法否认的事实，但是，日本接受儒家文化不是照搬的方法，不是无条件的，而是有条件的；就是客观地审视儒家思想所蕴涵的特点，而不是人云亦云；同时是紧贴日本社会的特点，他们从来也没有离开日本社会的特点。关于这一点，美国的学者也早已洞察。

　　　中国的伦理学把"仁"作为检验一切人际关系的试金石。中国伦理学的这一前提，日本从未接受。伟大的日本学者朝河贯一在论及中世纪两国的这种差异时写到："在日本，这些观点显然与天皇制不相容，所以，即使作为学术理论，也从未全盘接受过。"事实上，"仁"在日本是被排斥在伦理体系之外的德目，丧失了它在中国伦理体系中所具有的崇高地位。在日本，"仁"被读成"jin"（仍用中文的汉字）。"行仁"或"行仁义"，即使身居高位也不是必须具备的道德了。由于"仁"被彻底排斥在日本人伦理体系之外，致使"仁"形成具有"法律范围以外之事"的含意。比如提倡为慈善事业捐款．对犯人施以赦免等等。但它显然是分外的事，不是必需如此。①

日本之所以排斥"仁"的最高位置，这主要跟儒学本身所含有的
善恶的对峙、德欲的对立关系紧密，在日本的道德体系里，善
恶、德欲之间不是用善来否定恶，也不是用德来对抗欲，而是确
立它们登场的不同领域，如果一方登场错误，那自然要问罪。所
以，各自只要在自己的领域做好自己的事情，就会得到容忍。因
此，善恶、德欲体现的是相互之间的平衡，即 A 与 B 之间的平
衡，而不是以 A 否定 B，儒家所推重的正是以 A 否定 B 的方法，
所以，在一定程度上，日本更多地体现了中国道家的特色。

　　实际上，我们今天仍然说日本是儒家文化氛围的社会，已经
有点离题了，恐怕对日本有真正理解和认识的人一定知道，儒家
文化对今天日本的辐射，仅仅在偏远的农村可以看到，在都市里
根本就不见踪影了，而农村是年轻人都不愿意安居的地方，他们
都希望到都市去淘金；遇到长子没有办法离开，也要冒找不到意
中人的风险，因为，农村的女性要冲出去，都市女性自然没有人
愿意来乡村。日本基本上西化了，其程度超过我们！他们对儒家
思想的改造，值得一提的是"古学派"，他们的贡献是重新解释
儒家文献，诸如为中国人自己忽视的"礼"，从重行动的侧面给
予了重新的定位，而且与法家的"礼法"相联系，形成了日本历
史上的新法家理论，主要在道德的重行动方面作出了贡献，重视
事功、实用等都是从这里发展起来的；因为，"礼"的功能主要
在具体的做，必须做出来，也就是礼仪，"仪"是人字旁，表现
为"人之义"，"人之义"是在具体的行动中展示出来的，光说肯

---

　　① 《报恩于万一》，〔美〕鲁思·本尼迪克特著：《菊与刀》，吕万和等译，商务
印书馆 1990 年版，第 82—83 页。

定是不行的。

　　日本借鉴儒家思想还有一点必须指出的是，近代思想巨擘福泽谕吉的贡献，福泽谕吉主要是给利益重新进行了定位，提出了"争利就是争理"，把利益等同于道理，这是一个革命，可以说从此启动乃至加速了日本的近代化的进程，这直接跟日本今天的现代化程度相连，没有福泽谕吉的倡导，起码日本不会发展这么快。

　　总之，儒家道德给我们的启示是非常深远的，"儒家的思想形态是阳生的，有为的，僵硬的，控制的，侵略的，理性的，给予的。道家激烈而彻底地反对这种思想，他们强调阴柔的，宽恕的，忍让的，曲成的，退守的，神秘的，接受的态度"①。"给予的"意思不是别的什么，就是人的本性的素质是人为地给予的、设定的，而且是在最初的时点上就实现了完善，而不是通过具体的实践来积累的。在此，美国思想家倪德卫（David S. Nivison）对亚里士多德和孟子的比较，能够帮助我们轻松认识儒家道德的缺陷所在。

　　　　对孟子来说，如果一个人不是出于合适的动机，他不能做（真正的）道德的行动。相反，对于亚里士多德来说，一种道德行为只需要是一个有道德的人所做的行为（正像一个正确的发音是一个好的发音者所发出的一样）。因此，根据亚里士多德，即使你没有使你成为真正有道德的人的动机，你也能做一种有道德的行为（就像即使你在总体上是一个糟糕的发音者，你也可能在偶尔的情况下发出正确的音一样）。

---

　　① 《道家与道教》，〔英〕李约瑟著：《中国古代科学思想史》，陈立夫主译，江西人民出版社1990年版，第69页。

　　尽管两个哲学家都十分重视人性，孟子和亚里士多德在德性
是否是"天生的"问题上存在分歧。孟子明确地认为，我们
的德性能力是由我们的性善所保证的（《告子上》），而亚里士
多德则说"德性在我们身上产生不是出于本性，也不是违反
本性，但是，我们在本性上能接受它们，并通过我们的习惯
而达到完善"。①

亚里士多德对人性的认识，有些如告子的运思，在先天的层面，
人的本性是中性的，仿佛一张白纸，后天接受什么样的训练，就
画出什么样的图画，后天的训练非常重要②；日本的道德实践也
充分说明这一点。
　　我们必须整体性地理解儒家道德，绝对不能一知半解，更不
能肢解。文化的发展不能无视历史的印记，不能与历史割断。但
是，历史就是历史，不能代表今天，儒家不过是历史的产物，我
们必须历史地理解儒家道德思想。任何思想都是时代精神的反
映，民族精神的反映，我们不能就思想来谈思想的借鉴，不能离

　　① 《孟子的动机和道德行动》，〔美〕倪德卫著，〔美〕万百安编：《儒家之道：
中国哲学之探讨》，周炽成译，江苏人民出版社 2006 年版，第 143—144 页。
　　② 参照"在《尼可马科伦理学》的第二卷中，他对德就像艺术或工艺一样的技
巧谈了很多（虽然这种比较在最后有小心的限定）。有两点很醒目：（1）我们不是生
来就有德的。但是，自然给我们一种变得有德的能力，这种能力通过习惯而完备。
因此，我们通过做有德的行为而变得有德。'因为，我们通过制造当我们学一门手艺
时必须制造的产品而学会一门手艺，通过建造房子而成为营造师，通过弹奏竖琴而
成为竖琴师。同样，我们做公正的行为，才能成为公正的；做节制的行为，才能成
为节制的；做勇敢的行为，才能成为勇敢的。'（2）我们必须从童年起就在德的习惯
方面接受训练。亚里士多德多次强调这一点，并承认这是'很重要的，确实是非常
重要的。'"（《"德"的悖论》，〔美〕倪德卫著，〔美〕万百安编：《儒家之道：中国哲
学之探讨》，周炽成译，江苏人民出版社 2006 年版，第 43 页）。

开时代的视野，不能脱离民族的轨道，一些就思想谈思想的做法是非常幼稚和有害的。其实，在一定程度上这种行为有害倒也不致命，致命的是当事人不知道自己行为的有害性，反而沾沾自喜乃至沉迷。时代的多元化，启发我们应该重新审视儒家道德的价值，找到切实有效的资源利用的途径。

多元化的时代，需要配套多元的善恶尺度；善恶不仅是符号意义上的伙伴，而且是现实生活里伴侣；善恶只有在对比的意义上才有价值，善的发展不能没有恶实现的场合。

儒家把道德设置在人性的内部，而且人人都一样，仁德的获取完全取决于个人，不仅个人行为缺少切实验证的手段，而且冻结了道德行为驱动的实际路径，道德行为的社会评价从一开始就没有实现的门径。道德变成了纯粹的口头文章，道德的有无不能实际地对社会他人产生任何影响，道德成为政治、圣人的嫁衣裳。个人虽然具有道德行为的决定权，不过这仅仅是限制在个人内心的事务。因此，在科学的意义上，存在的自由决定道德行为的权利也是一个名副其实的伪命题，个人具有的自由也是伪自由。在这一的氛围里，外在条件的诉诸成为泡影，没有人对社会外在条件的诉诸，社会条件的改善就得不到推动和保证，而且根本无人问津这件事情，造成了社会单一地向个人要求付出的不正常现象，其结果是个人对规范诉诸的放弃，个人对作为人的应有责任的放弃①。

时代有时代的主题，时代有独特的文化，儒家道德虽然属于历史的故事，但 21 世纪中国的现代化，仍然不能离开对儒家合

---

① 参照"子曰：直哉史鱼！邦有道，如矢；邦有道，如矢。君子哉蘧伯玉！邦有道，则仕；邦无道，则可卷而怀之"（《论语·卫灵公》，杨伯峻译注：《论语译注》，中华书局 1980 年版，第 163 页）。这实际就是无责任的表现。

理因子的吸收，尽管合理因子是非常有限的，而主要体现在个人道德修养上，因为在本质上儒家道德是自己本位，不可能带来真正的集体主义，更不能形成对他人利益的尊重，不能与自然保持一致。我们能够在世界文明的舞台上创造适应时代和民族特点的文化，这是我们应该做的事情。

正如黑格尔所说："道德在中国人看来，是一种很高的修养。但在我们这里，法律的指定以及公民法律的体系即包含有道德的本质的规定，所以道德即表现并发挥在法律的领域里，道德并不是单纯地独立自存的东西，但在中国人那里，道德义务的本身就是法律、规律、命令的规定。所以中国人既没有我们所谓法律，也没有我们所谓道德。那乃是一个国家的道德"①，由于道德与法律的混合，本来作为个体修身养性依凭的道德，却成为了"国家的道德"，而"国家的道德"对个体来说，就是一种非常高的修养标准，简直有点虚无缥缈，因为它基于国家的需要，而无视个体的本性要求。因此，在具体的实践领域里，"当中国人如此重视的义务得到实践时，这种义务的实践只是形式的，不是自由的内心的情感，不是主观的自由"②。而失去主体自由本身就是对道德的最大亵渎，这也就是长期来中国人道德理论与实践的二律背反的实质所在。这是值得我们深思的，也正是从道德实践效益的追问上给我们认识问题的模式敲响了警钟，这个用来概括儒家道德的现实效应是非常贴切的。

---

① 《东方哲学》，〔德〕黑格尔著：《哲学史讲演录》，贺林、王太庆译，商务印书馆1959年版，第125页。

② 同上。

主要参考文献

一　中国部分

1. （唐）陆德明撰《经典释文》，《四库全书本》。

2. （唐）魏征等撰《群书治要》，清道光 27 年〔1847〕山西灵石杨氏刻运筹篓丛书四十七卷本。

3. 王先谦著《荀子集解》，中华书局 1954 年 12 月《诸子集成本》。

4. 王先慎著《韩非子集解》，中华书局 1954 年 12 月《诸子集成本》。

5. （东汉）高诱注《吕氏春秋注》，中华书局 1954 年 12 月《诸子集成本》。

6. （清）戴望著《管子校正》，中华书局 1954 年 12 月《诸子集成本》。

7. （周）慎到撰《慎子》，中华书局 1954 年 12 月《诸子集成本》。

8. 侯外庐等著《中国思想通史》，人民出版社 1957 年 5 月本。

9. （汉）班固撰《汉书》，中华书局 1959 年 9 月本。

10. 〔德〕黑格尔著《哲学史讲演录》，贺林、王太庆译，商务印书馆 1959 年 9 月本。

11. 哲学研究编辑部编《老子哲学讨论集》，中华书局 1959 年 12 月本。

12. （宋）李昉等辑《太平御览》，中华书局 1960 年影印本。

13. 郭庆藩辑《庄子集释》，中华书局 1961 年 7 月本。

14. 高亨注译《商君书注译》，中华书局 1974 年 11 月本。

15. 《老子本义》，魏源著《魏源集》（上册），中华书局 1976 年 3 月本。

16. 北京大学《荀子》注释组《荀子新注》，中华书局 1979 年 2 月本。

17. （宋）王安石著、容肇祖辑《王安石老子注辑本》，中华书局 1979 年 5 月本。

18. 杨伯峻撰《列子集释》，中华书局 1979 年 10 月本。

19. （魏）王弼著，楼宇烈校释《王弼集校释》，中华书局 1980 年 8 月本。

20. （魏）何晏著《论语集解》，阮元校刻《十三经注疏》，中华书局 1980 年 10 月本。

21. （清）阮元校刻《十三经注疏》，中华书局 1980 年 10 月本。

22. 杨伯峻译注《论语译注》，中华书局 1980 年 12 月本。

23. （汉）许慎撰、（清）段玉裁注《说文解字注》，上海古籍出版社 1981 年 10 月本。

24. 方克力著《中国哲学史上的知行观》，人民出版社 1982 年 3 月本。

25. 张岱年著《中国哲学史史料学》，北京生活·读书·新知三联书店 1982 年 6 月本。

26. 张岱年著《中国哲学大纲》，中国社会科学出版社 1982 年 8 月本。

27. （汉）司马迁撰《史记》，中华书局 1982 年 11 月本。

28. （唐）欧阳询等辑《艺文类聚》，上海古籍出版社 1982 年排印本。

29. 梁启雄著《荀子简释》，中华书局 1983 年 1 月本。

30. 陈鼓应注译《庄子今注今译》，中华书局 1983 年 5 月本。

31. （宋）朱熹撰《四书章句集注》，中华书局 1983 年 10 月本。

32. 张锡勤等著《中国近现代伦理思想史》，黑龙江人民出版社 1984 年 2 月本。

33. 朱伯崑著《先秦伦理学概论》，北京大学出版社 1984 年 2 月本。

34. 冯友兰著《中国哲学简史》，北京大学出版社 1985 年 2 月本。

35. 陈瑛等著《中国伦理思想史》，贵州人民出版社 1985 年 4 月本。

36. 陈鼓应注译《老子今注今译及评价》，台湾商务印书馆 1998 年本。

37. 王开府著《儒家伦理学析论》，台湾学生书局 1986 年 3 月本。

38. 李泽厚著《中国古代思想史论》，人民出版社 1986 年 3 月本。

39. 刘大均著《周易概论》，齐鲁书社出版 1986 年 5 月本。

40. （清）焦循撰《孟子正义》，中华书局 1987 年 10 月本。

41. 余英时著《士与中国文化》，上海人民出版社 1987 年 12 月本。

42. 何淑静著《荀孟道德实践理论之研究》，台湾文津出版社 1988 年 1 月本。

43. 刘笑敢著《庄子哲学及其演变》，中国社会科学出版社 1988 年 2 月本。

44. 沈善洪等著《中国伦理学说史》（上、下），浙江人民出版社 1988 年 11 月本。

45. 张鸿翼著《儒家经济伦理》，湖南教育出版社 1989 年 3 月本。

46. 刘文典撰《淮南鸿烈集解》，中华书局 1989 年 5 月本。

47. 张岱年著《中国伦理思想研究》，上海人民出版社 1989 年 5 月本。

48. 朱贻庭主编《中国传统伦理思想史》，华东师范大学出版社 1989 年 6 月本

49. 张岱年著《中国古典哲学概念范畴要论》，中国社会科学出版社 1989 年 12 月本。

50. 姜法曾著《中国伦理学史略》，中华书局 1991 年 5 月本。

51. 许建良著《道德教育论》，南京出版社 1991 年 8 月本。

52. 陈鼓应著《老庄新论》，上海古籍出版社 1992 年 8 月本。

53. 林安弘著《儒家孝道思想研究》，台湾文津出版社 1992 年 11 月本。

54. 王卡点校《老子道德经河上公章句》，中华书局 1993 年 8 月本。

55.（汉）严遵著、王德有点校《老子指归》，中华书局 1994 年 3 月本。

56. 樊浩著《中国伦理精神的历史建构》，台湾文史哲出版社 1994 年 10 月本。

57．邬国义等撰《国语译注》，上海古籍出版社 1994 年 12 月本。

58．徐少锦、温克勤主编《中国伦理文化宝库》，中国广播电视出版社 1995 年 4 月本。

59．陈鼓应注译《黄帝四经今注今译——马王堆汉墓出土帛书》，台湾商务印书馆 1995 年 6 月本。

60．熊铁基等著《中国老学史》，福建人民出版社 1995 年 7 月本。

61．张立文著《中国哲学范畴发展史》（人道篇），中国人民大学出版社 1995 年 8 月本。

62．余英时著《中国思想传统的现代诠释》，江苏人民出版社 1995 年 8 月本。

63．岑贤安等著《性》，中国人民大学出版社 1996 年 2 月本。

64．陈来著《古代宗教与伦理：儒家思想的根源》，北京生活·读书·新知三联书店 1996 年 3 月本。

65．蔡元培著《中国伦理学史》，东方出版社 1996 年 3 月本。

66．郭沫若著《十批判书》，东方出版社 1996 年 3 月本。

67．高明撰《帛书老子校注》，中华书局 1996 年 5 月本。

68．陈鼓应著《易传与道家思想》，北京生活·读书·新知三联书店 1996 年 7 月本。

69．南怀谨著《老子他说》，复旦大学出版社 1996 年 8 月本。

70．唐宇元著《中国伦理思想史》，台湾文津出版社 1996 年 8 月本。

71．焦国成著《中国伦理学通论》（上册），山西教育出版社

1997 年 5 月本。

72. 巴新生著《西周伦理形态研究》，天津古籍出版社 1997 年 8 月本。

73. 叶海烟著《老庄哲学新论》，台湾文津出版社 1997 年 9 月本。

74. 冯友兰著《中国哲学史新编》，人民出版社 1998 年 12 月本。

75. 王德有著《以道观之——庄子哲学的视角》，人民出版社 1998 年 10 月本。

76. 崔仁义著《荆门郭店楚简〈老子〉研究》，科学出版社 1998 年 10 月本。

77. 张运华著《先秦两汉道家思想研究》，吉林教育出版社 1998 年 12 月本。

78. 姜广辉主编《郭店楚简研究》（《中国哲学》第二十辑），辽宁教育出版社 1999 年 1 月本。

79. 〔美〕F. 卡普拉著、朱润生译《物理学之"道"——近代物理学与东方神秘主义》，北京出版社 1999 年 1 月本。

80. 张京华著《庄子哲学辨析》，辽宁教育出版社 1999 年 4 月本。

81. 姜广辉主编《郭店简与儒学研究》（《中国哲学》第二十一辑），辽宁教育出版社 2000 年 1 月本。

82. 武汉大学中国文化研究院编《郭店楚简国际学术研讨会论文集》，湖北人民出版社 2000 年 5 月本。

83. 马积高著《荀学源流》，上海古籍出版社 2000 年 9 月本。

84. 陈奇猷校注《韩非子新校注》，上海古籍出版社 2000 年 10 月本。

85. 郭沂著《郭店竹简与先秦学术思想》，上海教育出版社2001年2月本。

86. 徐复观著《中国人性论史》，上海生活·读书·新知三联书店2001年9月本。

87. 胡适著《中国哲学史大纲》，河北教育出版社2001年11月本。

88. 李零著《郭店楚简校读记》，北京大学出版社2002年3月本。

89. 蔡毅编译《中国传统文化在日本》，中华书局2002年4月本。

90. 邓球柏著《帛书周易校释》，湖南人民出版社2002年6月本。

91. 钱穆著《论语新解》，上海生活·读书·新知三联书店2002年9月本。

92. 刘学智著《儒道哲学阐释》，中华书局2002年11月本。

93. 李定凯编校《闻一多学术文钞·周易与庄子研究》，巴蜀书社2003年1月本。

94. 〔英〕葛瑞汉著、张海晏译《论道者：中国古代哲学论辩》，中国社会科学出版社2003年8月本。

95. 许建良著《魏晋玄学伦理思想研究》，人民出版社2003年11月本。

96. 陈鼓应注译《老子今注今译》，商务印书馆2003年12月本。

97. 〔美〕安乐哲（Roger T. Ames）、郝大维（David L. Hall）著、何金俐译《道不远人——比较哲学视域中的〈老子〉》，学苑出版社2004年10月本。

98. 〔美〕亚瑟·亨·史密斯著、陈新峰译《中国人的德行》，金城出版社 2005 年 1 月本。

99.〔美〕倪德卫著，〔美〕万百安编、周炽成译《儒家之道：中国哲学之探讨》，江苏人民出版社 2006 年 11 月本。

100. 许建良著《先秦道家的道德世界》，中国社会科学出版社 2006 年 12 月本。

二　海外部分

1.《中国思想史》武内义雄著，日本，岩波书店 1963 年 10 月本。

2.《日本道德思想史》家永三郎著，日本，岩波书店 1964 年 7 月本。

3.《中国思想论集》西顺藏，日本，筑摩书房 1969 年 5 月本。

4.《上古至汉代性命观的展开》森三树三郎，日本，创文社 1971 年 1 月本。

5.《伦理学》柳田谦十郎著，日本，创文社 1977 年 6 月本。

6.《气的思想》福永光司等编，日本，东京大学出版会 1978 年 3 月本。

7.《加贺博士退休纪念·中国文史哲论集》，日本，讲谈社 1979 年 3 月本。

8.《东洋学论集》（森三树三郎博士颂寿纪念），日本，朋友书店 1979 年 12 月本。

9.《中国伦理思想之研究》汤浅幸孙著，日本，同朋舍出版 1981 年 4 月本。

10.《（新版）伦理学的根本问题》矢岛羊吉著，日本，福村出版 1982 年 4 月本。

11.《中国古代伦理学的发达》加藤常贤著，日本，二松学舍大学出版部 1983 年 5 月本。

12.《文学》卷 56，日本，岩波书店 1988 年 9 月本。

13.《中国的人生观・世界观》内藤干治编，日本，东方书店 1994 年 3 月本。

14.《儒家的道德论——孔子・孟子・易之道》千德广史，日本，ペリカン社 1996 年 3 月本。

15.《金谷治中国思想论集》上卷，金谷治著，日本，平河出版社 1997 年 5 月本。

16.《日本中国学会创立五十年纪念论文集》，日本，汲古书院 1998 年 10 月本。

CONTENTS

1. 2. 13　The theory of riches and honors that "rich, yet a student of etiquette"

1. 3　The theory of moral culture that "elect the excellent persons and educate incapable ones"

1. 3. 1　The theory of learning that "learn and at due time to practice what one has learnt"

1. 3. 2　The theory of moral cultures that "elect the excellent persons and educate incapable ones"

1. 4　The theory of moral self-cultivation that "not to cultivate morality……is my worry"

1. 4. 1　The theory of cultivating efficacy that "not to cultivate morality……is my worry"

1. 4. 2　The theory of influence that "one is whether employed by the state or by a Ruling Family, will certainly be influential"

1. 4. 3　The theory of breadth that "one who is broad wins the multitude"

1. 4. 4　The theory of knowing and acting that "be obliged not only to give ear to what they say, but also to keep an eye on what they do"

1. 4. 5　The theory of examining mistakes that " it's my anxiety of one who isn't good never corrects his mistakes"

1. 5　The theory of ideal character that "gentlemen help others to fulfill their wishes and don't abet wicked conduct"

1. 5. 1　The theory of character that "in the furtherance of one's own interests is held back by scruples"

1. 5. 2　The theory of the character of gentlemen that "gen-

ting right and wrong"

2.2.6   The theory of honesty that "way-making of Heaven"

2.2.7   The theory of obedience that "one is unfilial if he hasn't children"

2.2.8   The doctrine of golden mean that "it's correct to keep mediate attitude"

2.2.9   The theory of management that "know the degree of seriousness after weighing and know the right and wrong after estimating"

2.2.10   The theory of motive and effect that "the motive of eating and the effect of eating"

2.2.11   The theory of appropriateness and benefit that "only authoritative is enough"

2.2.12   The theory of public and private that "after the public affairs are completed, private affairs could be considered."

2.3   The theory of moral culture that "abundant morality culture overflows the whole world"

2.3.1   The theory of culture function that "good education could win popular sentiments"

2.3.2   The theory of culture necessary that "heresy cheats people and blocks authoritative conduct and appropriateness"

2.3.3   The theory of culture possibility that "we are the same kind with sages"

2.3.4   The theory of culture value orientation that "assist

that "it's wise to have the worrying mentality"

3. 4. 3　The self-cultivation theory of crisis mentality that "never forget the crisis"

3. 5　The theory of ideal character that "perfectly study the reasons of everything and use it"

3. 5. 1　The character of wise man that "take use of the continuous goodness just like the sunlight to illuminate everything"

3. 5. 2　The character of sage that "make persons capable"

3. 5. 3　The character of gentleman that "Great Virtue can carry everything"

Chapter 4　The moral thought that "perfect morality and high intelligence" of Xun Zi

4. 1　The theory of moral basis that "way-making······ is the reason of one to be one"

4. 1. 1　The theory of "three talents" that "the supreme model is the heaven"

4. 1. 2　The theory of Heaven that "make it succeed naturally without doing intentionally and acquire it without desiring intentionally"

4. 1. 3　The theory of human that "etiquette is the most illustrious in all human things"

4. 1. 4　The theory of way-making that "never complain the heaven, the way-making is natural"

4. 1. 5　The theory of humane way-making that "way-making······ is the reason of one to be one"

4. 2. 4   The theory of trust efficacy that "one who abides by the authoritative conduct wholeheartedly will be perfect"

4. 2. 5   The theory of knowing that "talk appropriately"

4. 2. 6   The theory of name and reality that "make names separately refer to respective realities"

4. 2. 7   The theory of efficacy and power that "one who manages person with efficacy is great while the one who manages person with power is week"

4. 2. 8   The theory of appropriateness and benefit that "persons possess both appropriateness and benefit"

4. 2. 9   The theory of public and private that "there is unselfish in life and death, devoting oneself to loyalty is public"

4. 2. 10   The theory of management that "way-making is the legitimate authority"

4. 2. 11   The theory of rich and poor that "one who is rich should do favors to others while one who is poor could be thrifty"

4. 2. 12   The theory of glory and dishonor that "the glory is always prosperous and the dishonored are always impoverished"

4. 2. 13   The theory of life and death that "life is the beginning of persons while death is the end of persons"

4. 3   The theory of moral culture that "no cultivating, no ways to govern people's nature"

4. 3. 1   The theory of the essence of culture that "one who

"keep accumulating merits and then understand thoroughly the Gods"

4.4.2 The theory of relationship of oneself-others that "the self-knowledge never complains others"

4.4.3 The theory of knowing and conducting that "to do on the justice is called conducting"

4.4.4 The theory of self-cultivate method that "carve without stop, even metal and stone can be engaged"

4.5 The theory of ideal character that "who understands the importance of practice, who can become the sage"

4.5.1 The theory of the character of gentleman that "everything gets its own agreeability appropriatement"

4.5.2 The theory of the character of sage that "the perfect authoritative conduct and wisdom"

SYNTHETIC REVIEW

1. The confrontation of good and evil

   (1) Human nature is good

   (2) The nature comes from fate

   (3) Human nature is evil

   (4) The forming of the confrontation of good and evil

2. The opposition of virtue and desire

   (1) "the desire originates from the nature"

   (2) "something the persons desire"

   (3) "desire but do not be greedy"

   (4) "be thrifty and resist desire"

Main reference literature

Postscript

后　记

　　大概写后记已经成为一种定式，如果不写自然就是不合常规。但常写就自然没有什么非要诉求的了，只能平常事平常心处理。

　　《先秦儒家的道德世界》全书总算脱稿了，自己也松了一口气。儒家道德的问题在中国存在特殊的意义，不仅中国历史地选择儒学为支配性的意识形态样式，而且在历史选择的过程里，充满着对抗，诸如魏晋玄学和近代思想家对儒学批评的热情吐露，但是，儒学仍然非常强劲地为许多人所折服，"新儒家"、儒教等的登台热唱就是明证。这是大家都非常清楚的。在这样的氛围境遇里，选择儒家道德为课题来进行讨论，自然不是时髦之举，也不是为儒学唱赞歌。

　　作为一个中国人，不懂儒家学说是找不到感觉的，所以，在很大的意义上，研究儒学更应该是认识中国学术思想的需要。儒家道德研究的成果不能算少，但是，基本上褒扬的多，批评的少。为什么儒学经历了几千年以后，还这么令人痴迷，这本身就是一个疑团。任何学问都是以特定的历史、时代为背景的，儒学有自己独特的时代背景。

　　审视儒家道德研究的现实，使自己感觉到，都存在肢解或者一知半解的情况，显然，在今天 21 世纪的境遇里，这种研究的方法是滞后了。立足中国的昨天与今天，放眼世界舞台上的中国，然后再来静心审视儒家道德；道德毕竟是道德，在其他要素没有达到指标的情况下，它不可能成为生产力，它自身还需要驱动力，这是应该首先具有的自觉。在这样的想法之下，加上自己在日本 10 年的切身体会，认识到日本人深知中国的问题就在于把儒学无限理想化，使之成为远离人们性情的乌托邦，所以，他们是在改造儒学的基础上走向现代化的。

儒家道德这个课题有许多问题可以写，本书以人云亦云为大忌，流露的都是自然真性。不仅解构不是本人的初衷（可能本无构），而且建构也不是本人的企求。中国不需要建构什么理论，我们急需的是做。道德是做出来的，不是说出来的；道德不应该是舞台唱本，当是现实生活里的行为规则，这些儒家道德的现实效应是无法回答的；在世界舞台上，我们缺乏的大概就是这些。

最后，想说的是，这是我的先秦三部曲中的第二部，《先秦道家的道德世界》已于 2006 年 12 月面世，剩下的另一部《先秦法家的道德世界》也将很快完成面世。本书乃至这三部曲是上苍恩赐的礼物，并非本人的初衷。本书的 3/5 完成于 2003 年，当时是为伦理学专业硕士生的"中国伦理研究"开课准备的，而且也不仅仅是儒家道德的分析，是与道家道德一起讨论的。应该说，与儒家道德比，自己更爱好和得力于道家道德的方面，所以，当时定的讲义的题目是《先秦道儒道德之维》。剩下的 2/5 的内容，是这次在美国与家人团聚的温馨氛围里一气呵成文字形式的。

最后，我要感谢我的导师、日本著名汉学家、日本中国学会评议员、日本国立东北大学教授中嶋隆藏博士。东北大学曾经是鲁迅先生留学过的地方，她位于日本东北重镇仙台，这里绿树成林，景色迷人，与日本三大景色之一的小松岛千岛景色近在咫尺；我在这里度过了人生最为快乐的 9 个年头。中嶋隆藏先生为人严谨规范，待人热情诚恳，学问博大精深；正是他的严格要求，才使我今天能够在中国大学的讲堂上得到一足之地，才使我有勇气朝着学术研究的大门继续迈进。

毋庸置疑，本书最多也只能是在既有研究成果的基础上形成的阶段性的样式，缺陷在所难免，请学界同仁不吝指正。感谢杨帆、王辉、张友才、庞俊来、吴宁宁、魏艾、王萍萍、曹兴江、杨艳萍、刘伏芝同学在成书过程中付出的艰辛劳动；真心谢忱中国社会科学出版社冯斌主任的大力支持和辛勤劳动，感谢东南大学同仁的理解和支持。

愿以此书献给我尊敬的父亲许靠泉和母亲王金妹，是他们在我人生的困难期给予我最大的支持和生活上的照顾；尤其是家父愿意为了我的幸福去付出自己生命的情感表达，至今历历在目并回响在我的心头，也成为我完成此书的现实动力。

最后，作为礼物，我要把此书献给我的人生朋友邹丹博士，每次都是她在美国给我安置平静的港湾，让我度过人生少有的宁静和愉悦。

许建良

2003 年 9 月初稿于南京

2007 年 7 月完稿于 Great Falls，Montana，U. S. A.

2008 年 3 月修改于南京